中国科学院年鉴

（2021）

中国科学院科学传播局　编

科　学　出　版　社

北　京

内 容 简 介

《中国科学院年鉴（2021）》全面、系统反映了中国科学院2020年各方面工作，分综合情况、学部与院士工作和院直属单位情况三部分。综合情况主要记录中国科学院领导、机构变更、规划与战略、科研管理、重大科技成果、队伍建设与人才培养、基础设施与支撑条件、科技成果转移转化与对外合作、国际合作、基本建设、党的建设、科学传播、2020年大事记等内容；学部与院士工作主要记录学部领导机构、院士名单、咨询评议工作、科学道德建设、学术与出版工作、科学普及与教育工作、陈嘉庚科学奖基金会工作等内容；院直属单位情况全面介绍分院机构、科研机构、学校及公共支撑单位、其他机构、院直接投资的全资及控股企业情况等。

本年鉴各种资料的截止时间为2020年12月31日。

图书在版编目（CIP）数据

中国科学院年鉴．2021 / 中国科学院科学传播局编．—北京：科学出版社，2022.3

ISBN 978-7-03-070466-5

Ⅰ.①中…　Ⅱ.①中…　Ⅲ.①中国科学院 –2021– 年鉴　Ⅳ.① G322.21-54

中国版本图书馆CIP数据核字（2021）第223207号

责任编辑：王海光　王　好 / 责任校对：严　娜
责任印制：肖　兴 / 封面设计：刘新新

科学出版社 出版
北京东黄城根北街16号
邮政编码：100717
http://www.sciencep.com

中国科学院印刷厂 印刷

科学出版社发行　各地新华书店经销

*

2022年3月第　一　版　开本：787×1092　1/16
2022年3月第一次印刷　印张：25 1/4
字数：662 000

定价：298.00元

（如有印装质量问题，我社负责调换）

中国科学院年鉴（2021）编辑委员会

目　录

综 合 情 况

学部与院士工作

院直属单位情况

综 合 情 况

中国科学院领导集体

（2020 年）

院　　长　白春礼[1]　侯建国[2]

副 院 长　丁仲礼[3]　侯建国[4]　阴和俊[5]　张亚平　相里斌[6]　张　涛　李树深　高鸿钧[7]　周　琪[8]

党组书记　白春礼　侯建国

党组副书记　侯建国　阴和俊

中央纪委国家监委驻院纪检监察组组长　孙也刚

党组成员　张亚平　相里斌　张　涛　孙也刚　李树深　邓麦村[9]　周　琪　汪克强[10]　于英杰[11]

秘 书 长　邓麦村[12]　汪克强[13]

副秘书长　周　琪[14]　汪克强[15]　高鸿钧[16]　李和风　严　庆[17]　于英杰

---

① 白春礼 2020 年 11 月免职。
② 侯建国 2020 年 11 月任职。
③ 丁仲礼 2020 年 5 月不再兼任。
④ 侯建国 2020 年 11 月任党组书记、院长。
⑤ 阴和俊 2020 年 11 月任职（正部长级）。
⑥ 相里斌 2020 年 10 月免职。
⑦ 高鸿钧 2020 年 9 月任职。
⑧ 周琪 2020 年 11 月任职。
⑨ 邓麦村 2020 年 5 月免职。
⑩ 汪克强 2020 年 5 月任职。
⑪ 于英杰 2020 年 11 月任职。
⑫ 邓麦村 2020 年 4 月免职。
⑬ 汪克强 2020 年 4 月任职。
⑭ 周琪 2020 年 11 月免职。
⑮ 汪克强 2020 年 4 月任秘书长。
⑯ 高鸿钧 2020 年 10 月免职。
⑰ 严庆 2020 年 8 月任职。

中国科学院院设委员会

科技智库理事会

教育委员会

学术委员会

发展咨询委员会

中国科学院院部机关机构

办公厅（党组办）

主　任　乔均录

副主任　王树志　张学成　占　剑[①]

处　室：综合处、政策研究室（重点工作督查室）、秘书处（院总值班室）、文书处、科技安全处、保密处、财务处、机关事务管理处、网络安全与信息化工作处

学部工作局

局　长　李　婷[②]　王笃金[③]

副局长　苏荣辉　　石　兵

处　室：综合处（陈嘉庚科学奖基金会办公室）、咨询与科普教育处、学术与文化处、数理化学办公室、生命地学办公室、技术信息办公室

前沿科学与教育局

局　长　徐　涛

副局长　王　颖　张永清　黄　敏

处　室：综合处（香山科学会议办公室）、教育处、数理化学处、生命科学处、地球科学处、技术科学处、重点实验室处

重大科技任务局

局　长　于英杰

副局长　黄铁青　齐　涛　孙德刚

处　室：综合处、综合技术处、光电空天处、信息海洋处、材料能源处、资环生物处

---

① 2020 年 4 月任职。

② 2020 年 3 月免职（保留正局级）。

③ 2020 年 3 月任职。

科技促进发展局

局　长　严　庆[①]　文　亚[②]

副局长　赵千钧　　陈文开　　孙　命

处　室：综合处、农业科技办公室、生物技术处、资源环境处、高技术处、科技合作处（科技副职办公室）、知识产权管理处

发展规划局

局　长　谢鹏云

副局长　陶宗宝[③]

处　室：综合处、规划管理处、综合改革处、评估奖励处（奖励办）、战略研究处

条件保障与财务局

局　长　郑晓年[④]　黄向阳[⑤]

副局长　曹　凝　　林明炯　　高　军　　杨为进

处　室：综合处、基建工程管理处、重大设施处、预算制度处、资产财务处、投资处、科技条件处、后勤保障处

人　事　局

局　长　孙晓明

副局长　唐裕华　李猛力　蔡宏志[⑥]

处　室：综合处、领导干部处、人才处、机构与岗位管理处、薪酬与社会保障处、继续教育与干部监督处、机关人事处、人才项目办公室

---

① 2020 年 9 月免职。

② 2020 年 9 月任职。

③ 2020 年 4 月任职。

④ 2020 年 12 月免职（保留正局级）。

⑤ 2020 年 12 月任职。

⑥ 2020 年 6 月任职。

直属机关党委

书　记 侯建国（兼）[①] 阴和俊（兼）[②]

常务副书记 李和风

副书记 房自正 刘京红 杨卫平（兼） 孙晓明（兼）

处　室：办公室、组织统战部[③]、宣传部、群众工作部、纪检工作部（纪委办公室）、机关工作部

直属机关纪委

纪委书记 刘红辉

国际合作局

局　长 李　寅[④]

副局长 王振宇 沈　毅[⑤]

处　室：综合处、国际组织处（TWAS 中国中心、人与生物圈秘书处）、亚非合作处、美大合作处、欧洲合作处、港澳台办公室

科学传播局

局　长 周德进

处　室：综合处、新闻联络处、政务信息处、科普与出版处

监督与审计局

局　长 杨卫平

副局长 袁　东 周传忠

处　室：综合处、审计室、巡视室、科研诚信办公室

---

① 2020 年 12 月不再兼任。

② 2020 年 12 月兼任。

③ 2020 年 3 月，组织部和统战部合并为组织统战部。

④ 2020 年 10 月免职。

⑤ 2020 年 10 月任职。

离退休干部工作局

局　长　黄向阳
副局长　李　杰　曹以玉
处　室：综合处（局值班室）、组织调研处、宣教活动处、机关离休干部处、机关退休干部处

中央纪委国家监委驻院纪检监察组

组　长　孙也刚
副组长　王大同　孙中和　张秋霞

中国科学院院属机构变更

截至2020年12月底，全院事业单位共137个，其中包括院机关和分院11个、科研单位105个、教育单位2个、管理与公共支撑单位8个、其他单位10个。另外，还有院直接投资的全资及控股企业23个，院级非法人单元130个。

综　述

2020 年，中国科学院广大干部职工深入学习贯彻习近平新时代中国特色社会主义思想，党中央、国务院重大决策部署，克服新冠肺炎疫情带来的不利影响，开拓奋进、真抓实干，产出一大批重大创新成果，改革发展工作成效显著，全院各项事业进入加速发展的新阶段，呈现出崭新风貌。

一、规 划 战 略

（一）推进中长期发展规划与“率先行动”计划总体评估

组织开展国家“十三五”规划实施总结评估工作，参与国家“十四五”规划研究编制工作。推进中国科学院中长期发展规划纲要编制工作、院所两级“十四五”发展规划编制工作。完成“率先行动”计划第一阶段总结评估、国家精准扶贫工作成效第三方评估等国家交办、有关部门委托的重大研究咨询和评议评估任务。

（二）推动四类机构分类改革

协调推进国家科技体制改革工作，研究起草《中国科学院深化科研院所改革方案》并报送中央财办。对 14 个四类机构开展建设验收，对 4 个四类机构开展前沿基础研究综合改革试点，研究推动特色研究所重新定位，截至 2020 年底共布局建设 73 个四类机构。

（三）参与科创中心、综合性国家科学中心、雄安新区规划建设

承建、参建怀柔科学城的 26 个项目全部启动建设。“怀柔一号”卫星发射任务取得圆满成功。2020 中关村论坛取得良好反响。加速推进上海科创中心装置建设和上海集成电路、人工智能、生物医药创新高地建设，在临港新片区形成“一院一所四基地”布局。

推进合肥综合性国家科学中心建设，加速构建国际化前沿科学研究和技术研发机构群、国际化前沿科学研究和技术研发机构群；积极共建粤港澳大湾区综合性国家科学中心先行启动区，高水平研究机构建设和科教融合进展显著。

明确雄安创新研究院项目选址，建立共建领导体制和工作机制。

（四）院设委员会工作进展

发展咨询委员会新聘任赵晓哲、王志军等 4 人担任委员；组织召开中国科学院“率先行动”计划第一阶段实施情况咨询评议会议暨院发展咨询委员会第六次会议。科技智

库理事会第二次会议在北京召开；印发《中国科学院科技智库理事会重大项目管理办法》。学术委员会组织完成“功能pi-体系的分子工程”等9个B类先导专项总体验收和“变革性洁净能源关键技术与示范”等8个A类先导专项中期检查。

二、科 研 工 作

（一）积极组织抗击新型冠状病毒肺炎疫情科研攻关

2020年1月，中国科学院党组成立应对新型冠状病毒肺炎（简称“新冠肺炎”）疫情工作领导小组和科研攻关组，组织全院50个单位、396个团队、2729名科研人员投入疫情防控科研攻关。紧急启动“新型冠状病毒应急防控”专项，部署“病毒溯源研究”、“快速检测技术产品研发”、“抗病毒应急药物研发”和“疫苗及抗体研发”4个核心方向和“大数据信息支撑”等攻关任务，牵头承担“新型冠状病毒动物模型研究”等12个国家应急攻关项目。中国科学院科研人员发现托珠单抗等有效药物并纳入国家诊疗方案；自主研发干细胞CAStem注射液纳入国家“三药三方案”；成功研发CB6单克隆抗体、重组蛋白疫苗、灭活疫苗等并进入临床；在检测技术与诊断设备、心理援助等方面也取得系列重要进展。

中国科学院还积极发挥优势推动抗疫国际科技合作。截至2020年底，依托国家生物信息中心收集29.7万多条病毒基因组数据，向全球开放服务，下载量超过2.1亿条。同时，在海内外重要媒体及时宣传中国科学院抗疫科研攻关进展与成果。

（二）加强专项组织管理

2020年，中国科学院完成67个国家重点研发专项各批次专项项目组织推荐工作，分12个领域提交国家重点研发计划“十四五”重大研发需求109项。

2020年，中国科学院组织国家重大仪器研制项目验收11项；组织国家自然科学基金委员会国家重大科研仪器研制项目（部门推荐）推荐工作，共推荐16项。与科技部共同倡议“十四五”13个重点专项，完成2020年基础类专项组织申报工作。组织召开中国科学院关键核心技术攻关领导小组会议暨工作推进会，加强牵头的11项攻关任务管理。克服新冠肺炎疫情影响，开展第二次青藏高原综合科学考察研究。

2020年，中国科学院在研14个A类先导专项、9个C类先导专项有序推进。“新一代超导与拓扑物理学”等12个B类先导专项正式立项，6个B类先导专项完成结题验收，布局12个B类先导专项培育项目。

（三）科研工作取得重要进展

1. 前沿科学领域重大科技成果

证明“哈密尔顿-田猜想”和“偏零阶估计猜想”；岩泽主猜想研究获重大突破；在磁性外尔半金属中首次提出“自旋轨道极化子”新概念；实现单个超冷分子的相干合成；首次合成近质子滴线百纳秒寿命新核素超铀 ^{222}Np；实现类星体几何距离测量；研究揭示宇宙全尺度暗物质晕内部结构；发现“时间调控手性反转”现象；首次实现亚分子分

辨的单分子光致荧光成像；研制出新一代DNA纳米机器疫苗用于肿瘤免疫治疗；揭示蝗虫群聚成灾的奥秘；发现长非编码RNA种属特异性加工决定其功能差异；在豆科植物根瘤发育研究中获进展；揭示植物干细胞如何免疫病毒；揭示植物中连接细胞膜和叶绿体的抗病信号途径；开发RIC-seq新技术系统解析RNA的原位高级结构及作用靶标；解析核糖体组装的动态过程；发现横断山是高寒植物的起源地、分化摇篮和避难所；古DNA研究确认福建及周边古南方人群是南岛语系人群祖先；发现全球变冷促使360万年来亚洲中纬度地区气候急剧变干；发现人类活动导致黄河径流和泥沙500年来空前减少；澄江生物群发现过渡型物种“章氏麒麟虾”为生物进化论增添重要实证；提出生态系统生产总值（GEP）及其核算制度体系；普适性机械解理技术制备大面积二维材料；在“最简单”的化学反应中发现新量子干涉现象；发现二维层状$MoSi_2N_4$材料家族；首次在本征磁性拓扑绝缘体中实现量子反常霍尔效应；提出一种预测钠离子电池层状氧化物构型的方法；提出一种高度CMOS工艺兼容的铁电二极管；提出光电随机与参量振荡器。

2. 重大任务领域重大科技成果

“北斗三号”全球卫星导航系统建成开通；助力“嫦娥五号”月球样品采集、“嫦娥四号”成果持续产出；为“天问一号”火星探测器成功发射发挥重要作用；“慧眼”直接测量到宇宙最强磁场；全海深载人潜水器“奋斗者”号创造深潜新纪录；量子通信与量子计算等研究取得突破；新一代煤制烯烃技术进入工业化阶段；“液态阳光”技术完成千吨级示范；煤炭清洁高效燃烧技术取得系列突破；大豆和小麦基因组学研究获突破性进展；植物基因精准编辑技术研发继续领跑全球；设计型新品种培育成效显著；深层钻探智能地震成像导钻技术取得突破；随钻方位电磁波成像测井仪现场测试成功；6.75英寸智能柔性旋转导向系统研制成功。

3. 科技促进发展领域重大科技成果

农业生产“伏羲系统”量产应用；黄河三角洲农业高新技术产业示范区研发平台建设稳步推进；科技支撑联合国《2030年可持续发展议程》；完成美丽中国建设第三方评估试评估；支撑《长江三角洲区域生态环境共同保护规划》编制；分布式可再生能源交直流混合集成技术实现工程化突破；半潜式波浪能养殖旅游平台产业化取得突破；循环流化床煤气化技术产业化成效显著；千吨级“液态阳光”合成项目示范成功；高镁锂比盐湖卤水提锂关键技术实现大规模工业化应用；碳化硅晶体制造技术的产业化取得重要进展；“弘光”品牌催生中科系科创板“批量”上市。

4. 生命健康领域重大科技成果

发展CAR-T细胞治疗新方法；发现蛋白异常“液-液相分离”导致人类发育性疾病新机制；发现新的抗衰老靶标基因；发现神经活动调控睡眠稳态的机制；绘制人类海马体发育的细胞图谱和基因调控网络；研发可用于治疗重症、危重症新冠肺炎的创新型干细胞药物——CAStem细胞注射液；系统解析灵长类动物器官衰老的标记物和调控靶标；建立干细胞来源的胰岛类器官长期扩增培养体系；九期一®获美国食品和药物管理局（FDA）批准进行国际多中心Ⅲ期临床试验；三靶点激酶抑制剂AL3810有望填补胸腺癌分子靶向治疗空白；绘制肺腺癌分子全景图谱揭示个性化治疗靶标；研发的人体气体磁共振成像系统被选定为新冠肺炎康复患者肺功能评价设备。

三、人力资源管理

（一）人力资源管理研究

开展研究所人才分类评价制度体系与实例研究、开展与重大创新平台紧密衔接的青年人才培养举措研究。

（二）领导班子与干部队伍建设

克服新冠肺炎疫情影响，针对全院所局级领导、可近期关注干部、年轻干部、管理骨干等关键少数实施调训工作。强化对选人、用人的主导把关作用，完成26个单位任期考核、24个单位党委换届，新组建1个单位（部门）领导班子，对53个院属单位领导班子进行了个别调整，新提任所局级领导干部59人（其中45岁以下的18人）。进一步贯彻落实“四项监督”制度。开展院属单位中层干部选任巡视要求整改工作、全院领导干部个人有关事项报告专项整治工作、13个院属单位的“一报告两评议”工作和29个院属单位领导班子的离任检查工作。全年针对“领导干部报告个人有关事项填报”重点查核759人，随机抽查398人。

（三）机构编制与岗位管理

经中央机构编制委员会办公室（简称“中央编办”）批复同意，中国科学院监督与审计局加挂党组巡视工作领导小组办公室牌子；设立中国科学院赣江创新研究院。经中国科学院党组会议审议同意，将中国科学院上海巴斯德研究所调整为院直属事业单位，将中国高等科学技术中心调整为高能物理研究所下属事业单位。成立中国科学院临床研究医院（合肥）。开展院级非法人单元和所级分支机构专项清理工作。

（四）薪酬与福利管理

全面实施岗位绩效工资制度。加强高层次人才保障，落实《关于完善事业单位高层次人才工资分配激励机制的指导意见》精神。加强党政主要负责人薪酬管理，首次启动直属事业单位党政主要负责人薪酬初核和备案审批工作。

（五）科技创新人才培养与引进

通过人才计划引进318人。创新人才推进计划31人入选中青年科技创新领军人才，15个团队入选重点领域创新团队，5个单位入选创新人才培养示范基地；29人获批新世纪百千万人才工程国家级人选。新增中国科学院青年创新促进会会员459人，优秀会员93人。遴选支持15个卢嘉锡国际团队和20个创新交叉团队，聘请87名海外知名科学家担任中国科学院海外评审专家。通过“西部之光”人才培养引进计划支持“西部之光”交叉团队20个、“西部青年学者”154人，接收“西部之光”访问学者22人，鼓励优秀人才扎根西部。遴选关键技术人才49人。支持产研人才扶持项目10个。

（六）继续教育与培训

落实《2018—2022年中国科学院干部教育培训规划》，线上线下共举办4795个培训班，培训36万多人次，培训班实施率为89%。针对新冠肺炎疫情影响在中国科学院继续教育网开启“延学不停学”和“线上线下互动互补”的直播培训模式，累计制作150余个课件资源，在线培训4000多人次。完成国家公派留学人员遴选推荐工作，推荐274人，录取250人，录取率91.2%。简化公派留学变更手续、为因新冠肺炎疫情延期回国的公派留学人员继续提供奖学金支持等系列政策支持。

四、对外交流与合作

（一）院地合作与交流

2020年，中国科学院科技成果转移转化使社会企业当年新增销售收入4588.07亿元，新增利税499.94亿元。与地方政府共建的20个科技成果转移转化平台年度转化项目788个，使企业创造经济效益超57.6亿元，孵化企业233个，为社会培训各类人才20 191人次。全国科学院联盟整体队伍壮大至21家，同时成立8个专业领域分会，已有51家中国科学院院属机构、82家地方科学院研究机构、61家社会企业加入相关专业领域分会。按照分期分批原则，持续深入推进《科研组织知识产权管理规范》国家标准贯彻工作，截至2020年底，累计33家院属研究所通过标准认证。与相关省区市高层领导会商会议40余次，继续与行业部门、龙头企业建立合作关系，推动院属机构与地方各类创新主体建立合作关系。

（二）国际化推进战略

2020年，中国科学院在新冠肺炎疫情暴发、蔓延，日益复杂多变的国际环境中，坚持开放合作创新，以疫情防治领域国际合作引领双边、多边合作与攻坚，与40多个国家的130多个科研机构和国际组织加强合作，有效组织疫情期间国际合作管理与服务，面向海外开展抗疫主题宣传，着力恢复和扩大、夯实和全面推进“后疫情时代”国际科技合作。

联合美国、德国、巴西等国科研机构举行抗疫合作视频会，推动签署《中国科学院微生物研究所与俄罗斯医学科学院梅奇尼科夫疫苗与血清研究所合作谅解备忘录》，应势推进国际抗疫合作。

推动中美物理科学家高层对话，与英国约翰·英纳斯中心签署关于共建“植物和微生物科学联合研究中心（CEPAMS）”新的5年合作协议，与英国杜伦大学启动“知识无疆界”系列线上讲座，召开“CAS-CEA中法碳循环论坛”学术研讨会，推动落实中俄重离子超导同步加速器项目（NICA）合作实施协议，不断开拓合作新领域。

与荷兰、澳大利亚、土耳其、泰国、日本、韩国等实施旗帜性和典范性强的双边协议项目，激发新的合作活力。

推动“一带一路”国际科学组织联盟（ANSO）快速拓展影响力、发挥实质性领导作用，ANSO 成员增加至 59 家（46 个国家）。撰写完成《地球大数据支撑可持续发展目标报告（2020）》，并在第 75 届联合国大会上由中国政府正式发布。与美国国家科学院等 14 家科学院就“基础科学”、“数字健康”和“全球昆虫种群的衰退”3 个领域联合发布宣言。推动“全球开放科学云”有关合作正式举行合作签约。推动全超导托卡马克核聚变实验装置（EAST）、高时间分辨硅传感器技术在国际合作中积极发挥作用。

中国 - 斯里兰卡联合科教中心、加德满都科教中心、南美天文研究中心等海外科教合作中心形成重要产出；推动中国科学院 - 亥姆霍兹自由电子激光联合实验室全面重启、中葡星海联合研究实验室机制调整、中国科学院白俄罗斯研发中心建设。

（三）港澳台工作

2020 年，中国科学院助力粤港澳大湾区建设规划，加快推动香港创新研究院建设，全年累计接收特区政府资助超 1 亿港元，完成研究院总部办公室及下设两个创新中心设施建设和人员招聘工作。加强与香港裘槎基金联合实验室资助计划项目合作。鼓励开展多种形式的两岸学术交流活动，积极推进澳门高等院校产学研发展及人才培养、中医药产业发展。

（四）院、所投资企业

2020 年，中国科学院纳入统计范围的 777 家院所投资企业实现营业收入 5236 亿元，同比增长 6.6%；利润总额 169 亿元，同比增长 14.8%；资产总额 9185 亿元，同比增长 6.6%。中国科学院经营性国有资产权益 489 亿元，同比增长 5.2%。截至 2020 年底，中国科学院共有院所直接投资上市公司 36 家，新三板挂牌 15 家，直接持有股份市值约 759.80 亿元（按 2020 年 12 月 31 日收盘价计，不含新三板）。

五、学 部 工 作

2020 年，中国科学院学部修订《中国科学院学部咨询评议工作条例》、《中国科学院学部咨询评议工作实施细则》等文件。克服新冠肺炎疫情困难，部署咨询项目 27 项，上报咨询报告、院士建议近 40 份，为国家宏观决策提供重要科学依据和咨询建议。开展“院士八闽行”等活动，为地方政府决策提供智力支持和咨询建议。

2020 年，中国科学院学部持续开展科学道德建设工作：开展“科学人生 · 百年”主题宣传活动，在全国 40 家科技馆、大中小学或科研机构展出。修订完善《中国科学院院士行为规范》、《中国科学院学部纪律处分规定》和《中国科学院院士兼职情况报备办法》等制度文件。组织召开以科学道德与伦理教育要“内化于心、外化于行”为主题的中国科学院学部 2020 科技伦理研讨会。部署的“人工智能伦理研究”等研究项目顺利结题，“传染病突发事件的伦理问题与监管”顺利立项。协助院士在规定时间内完成超规院士工作站的规范清理工作。顺利组织道德委员会会议，其间组织系列支持抗疫、防疫工作的活动。

2020 年，中国科学院学部重点开展学部与国家自然科学基金委员会联合部署学科发展战略研究工作，持续开展“新时代科技融合发展”、“工业互联网”等学部品牌学术交流活动。在学部平台出版学术专著，提升学部学术影响力。进一步发挥学部平台优势，助力《中国科学》和《科学通报》取得新进展。组织学术与出版委会议，审议通过学部学术工作“十四五”规划。

2020年，中国科学院学部不断加强科普与教育工作的顶层设计和统筹协调。积极组织院士专家对科技热点进行述评，编写的《中国科技热点述评2019》出版；组织开展我国科学教育发展、科普工作发展等多个战略研究，形成多份咨询报告；成功举办以“新冠肺炎疫情影响下的科学教育：问题与启示”为主题的学部第五届科学教育论坛；继续组织百余位专家开展科学思维与决策课程讲座等专题活动，应对疫情及时策划推出“科学与中国”云讲堂，全年共举办报告活动110余场，直接听众200余万人，“科学与中国”网站总浏览量达105万人次。向“学习强国”学习平台推送录制30门共132个课程。推动院士文库建设，截至2020年底共收藏各类数据12.69T。

六、科技基础设施建设

截至2020年底，中国科学院已投入运行和正在建设的国家重大科技基础设施共32个，其中投入运行21个，在建设施11个。

2020年，中国科学院组织完成2021年修缮购置专项资金购置项目的申报及争取工作，落实财政部仪器设备类修购专项279个项目，总经费10.99亿元。编报完成2021年修缮项目计划，103个项目获财政部修购专项资金支持，预算经费额度5.87亿元。共安排中央预算内投资241 700万元。

推进国家重点实验室体系重组工作，形成《中国科学院国家重点实验室体系重组工作进展报告》及《中国科学院国家重点实验室体系重组工作方案汇编》。截至2020年底，国家发展改革委已在中国科学院建设17个国家工程实验室、11个国家工程研究中心，科技部已在中国科学院建设19个国家工程技术研究中心。

2020年，中国科学院信息化工作进展顺利，为全院科研（尤其是新冠肺炎疫情科研攻关）、教育、管理和宣传工作提供了有力支撑。

2020年，中国科学院部署的17个野外站重点科技基础设施建设项目中，一期11个项目中7个设施已完成验收。国家自然科学基金委员会国家重大科研仪器研制项目“三亚非相干散射雷达”于2020年在三亚空间环境野外观测研究站建设完成。中国生态系统研究网络（CERN）长期监测数据挖掘、共享与应用稳步推进。中国科学院22个野外站入选国家站优先建设名单，截至2020年底全院共有67个国家站。

2020年，中国科学院不断提升文献情报服务能力，持续开展新冠病毒科技进展监测和情报调研，保障抗疫科研活动顺利开展。持续夯实、优化商业知识资源保障体系，截至2020年底共引进电子数据库173个，可共享全文电子资源中，外文期刊33 237种；中文图书356 993种（套）/441 704册，中文期刊18 150种，中文学位论文4 979 853篇。2020年全文下载6937万次，原文传递超10万篇。

规划与战略

2020年，中国科学院认真学习贯彻党中央、国务院关于科技创新的战略部署，积极推进“率先行动”计划第一阶段总结评估、中长期发展规划纲要和“十四五”规划纲要编制、研究谋划“率先行动”计划第二阶段发展战略等重点工作，高质量完成各项重点任务，推进全院战略研究体系不断完善。

一、不断完善规划体系

（一）积极为国家规划编制建言献策

认真组织开展国家“十三五”规划实施总结评估工作，向国家发展改革委报送《国家“十三五”规划总结评估和典型经验报告》，向科技部报送《中国科学院关于“十三五”规划实施情况的总结评估报告》。

积极参与国家“十四五”规划研究和编制工作。向中央财办报送《“十四五”规划研究报告》，向国家发展改革委报送《中国科学院关于国家“十四五”规划〈纲要〉的意见建议》，向科技部报送《关于国家中长期科技发展若干建议》。

加强与国家有关部门沟通，加强与国家规划的衔接，多次邀请国家发展改革委、科技部等部门领导调研座谈，听取科学家、管理专家对国家中长期科技规划和国家“十四五”规划纲要的意见建议。

（二）积极推进中国科学院中长期发展规划纲要编制工作

按照“突出基础、突出前瞻、突出重点”原则，进一步精简科技布局重点，组织基础前沿交叉、先进材料、能源、生命与健康、海洋、资源生态环境、信息、光电空间8个领域专家组160余位院士、专家开展咨询评议，根据评议意见组织跨部门协调和多轮修改，凝练提出100余项中长期科技发展重点。积极推动人才高地、科教融合、科技智库、党建与创新文化、科研机构评价及治理体系、国际合作与国际化发展6个专题研究组开展战略研究，组织召开规划战略研究研讨会，在深入研讨基础上进一步修改完善中国科学院中长期发展规划纲要。

（三）组织开展院所“十四五”发展规划研究编制工作

推进中国科学院“十四五”规划纲要研究编制工作，形成框架稿并通过组织召开研讨会、座谈会等方式不断加以完善，对标党的十九届五中全会精神进一步提升规划站位、凝练科技重点、提出可行举措。

积极推进中国科学院“十四五”规划配套规划和研究所规划编制工作。组织生命与健康、先进材料、能源、海洋领域分别召开研究所规划研讨交流会。

组织有关单位和专家承担并高质量完成国家交办和有关部门委托的重大研究咨询和评议评估任务。组织完成中央有关部门委托的科技体制改革、生态文明体制改革等研究任务，系统梳理进展成效，总结提炼改革经验，深入剖析难点问题，研究提出政策建议，为持续推进重点领域和关键环节深化改革提供决策参考。中国科学院连续5年承担国家精准扶贫工作成效第三方评估重大任务，为全国脱贫攻坚形势研判和决策部署提供了重要参考和数据支撑。

二、推进研究所分类改革

2020年，中国科学院履行国家科技体制改革和创新体系建设领导小组办公室成员单位职能，推进扩大自主权相关工作，研究起草科技体制改革工作总结、工作要点、重点方案落实情况，提出对国家新一轮深化科技体制改革举措等政策文件的意见等。组织召开专题会议研究起草落实国家领导人指示批示精神的情况报告，提出改革建议。研究起草《中国科学院深化科研院所改革方案》并报送中央财办。协调推进研究所分类改革，截至2020年底共布局建设73个四类机构，包括创新研究院27个（含赣江、雄安、香港创新研究院）、卓越创新中心24个、大科学研究中心5个、特色研究所17个。按照《2020年四类机构建设工作验收方案》，在四类机构自评基础上，对海洋大科学中心等14个四类机构开展建设验收工作。

（一）卓越创新中心2020年进展情况

围绕全院深化体制机制改革部署，开展卓越创新中心深化改革工作，将“数学科学卓越创新中心”深化改革方案作为首个试点特区启动实施。深入实施“卓越创新中心特区行动计划”，推动“凝聚态物理”、“分子科学”、“生物大分子”和“青藏高原地球科学”等卓越创新中心开展前沿基础研究综合改革试点，强化对优秀科研骨干的稳定支持。组织推进“深地科学卓越创新中心”筹建，完成“拓扑量子计算”等5个卓越创新中心验收工作。

（二）大科学中心2020年进展情况

合肥大科学中心聚变堆主机关键系统综合研究设施工程建设进展顺利，合肥先进光源预研项目各系统关键技术取得重要突破。上海大科学中心上海光源线站工程（上海光源二期）全面进入设备集成安装和通光调束阶段，部分系统通过工艺测试。海洋大科学研究中心通过验收专家组评议，“奋斗者”号全海深载人潜水器2020年11月完成万米海试并胜利返航。天文大科学中心提出天文领域国家重大科技基础设施“十四五”规划备选项目，郭守敬望远镜（LAMOST）将包含先导巡天及正式巡天前七年的数据集正式对国内天文学家和国际合作者发布。

新冠肺炎疫情暴发后，生物安全大科学中心产出一批应用于新冠肺炎疫情一线防控的重要创新成果。在病原鉴定与溯源方面，最早检测到新冠病毒基因，作为国家卫生健康委指定机构，会同国家有关部门向世界卫生组织提交了病毒序列；合作研发的血清和核酸检测试剂盒获国家医疗器械注册证；率先完成新冠肺炎恒河猴模型、转基因小鼠模型构建；率先合作发现磷酸氯喹、瑞德西韦等多种药物 / 化合物有抗新冠病毒活性；合作研发的灭活疫苗全球首个进入临床试验。上海大科学中心依托上海光源、蛋白质（上海）设施开设绿色通道，全力支持“新型冠状病毒”科研攻关，支撑国内科研用户在新冠病毒关键药物靶点结构、病毒与宿主作用机制等方面开展研究，率先支持上海科技大学用户团队解析全球首个新冠病毒蛋白的高分辨率三维结构（主蛋白酶）及药物作用机制。

（三）创新研究院 2020 年进展情况

围绕国家重大战略需求，部署筹建精密仪器与装备创新研究院和红外光电创新研究院；赣江创新研究院获中央编办批复同意；积极推进雄安创新研究院筹建工作。深入推进 23 个筹建或运行的创新研究院体制机制改革，进一步强化与国家重大科技任务部署和中国科学院重点科研布局的有效衔接。创新研究院运行机制顺畅，创新能力和承担国家重大科技任务的竞争力显著提升。

（四）特色研究所 2020 年进展情况

特色研究所继续优化调整学科布局，深化体制机制改革，吸引和稳定人才，承担国家重大任务，力促重大成果产出，在解决经济社会可持续发展的重大问题中发挥重要作用。研究推动特色研究所重新定位，审议并原则同意理化技术研究所、电工研究所按照创新研究院定位，长春应用化学研究所、上海硅酸盐研究所继续按照特色所定位运行。

三、参与科创中心、综合性国家科学中心和雄安新区规划建设

（一）参与北京科创中心建设情况

怀柔科学城项目建设工作稳步推进，承建、参建的 26 个项目全部启动建设，其中 6 个项目土建工程已竣工，竣工项目中一个装置项目、两个平台项目已启用。北京怀柔综合性国家科学中心空间科学实验室挂牌后发射的首颗科学卫星“怀柔一号”发射任务取得圆满成功。与北京市政府、科技部、中国科协共同主办 2020 中关村论坛，取得良好反响。

（二）参与上海科创中心建设情况

加快推进装置建设，承建的 7 个装置项目中，X 射线自由电子激光试验装置全面实现建设目标，于 2020 年 11 月 4 日通过国家验收，为硬 X 射线自由电子激光装置建设提供了关键核心技术和人才储备；上海超强超短激光实验装置通过上海市验收；三个项目正抓紧推进设备安装调试；两个项目正进行土建施工。助力打造上海集成电路、人工智能、生物医药创新高地，中国科学院院属研究所充分发挥原始创新、自主创新优势，在芯片研制、超导器件与大规模集成电路工艺、人脑图谱数据服务、原创新药研发等方面提供技术支撑，产出亮点成果。有力支撑临港新片区建设。根据自由贸易试验区临港新片区建设要求，中国科学院在临港形成“一院一所四基地”布局。

（三）参与合肥综合性国家科学中心建设情况

加速构建国际化前沿科学研究和技术研发机构群：院省加快推进中国科学院量子信息与量子科技创新研究院、合肥综合性国家科学中心能源研究院、人工智能研究院建设，签署大健康研究院合作协议。加快建设世界一流重大科技基础设施集群：聚变堆主机关键系统综合研究设施全面进入建设实施阶段；不断提升全超导托卡马克核聚变实验装置（EAST）性能；联合承担国际热核聚变实验堆（ITER）计划总装核心任务，成功研制ITER装置中最重最复杂的PF6超导磁体线圈；国家未来网络试验设施合肥分中心正式开通；合肥先进光源预研通过工艺验收。加紧推进一批重大科研项目实施：加快推动多项中国科学院战略性先导科技专项（C类）实施，推进大气环境污染监测先进技术与装备国家工程实验室、合肥微尺度物质科学国家研究中心等一批国家级创新单元开展关键技术攻关。

（四）参与粤港澳大湾区国际科技创新中心建设情况

与广东省联合报送的粤港澳大湾区国际科技创新中心先行启动区建设方案获国家发展改革委和科技部联合批复，已与深圳市、东莞市分别签署共建协议，“光明科学城-松山湖科学城”将成为未来大湾区科技创新资源的主要承载区。在粤部署中国科学院南海生态环境工程创新研究院、中国科学院核心植物园特色研究所等创新主体，中国科学院广州明珠科学园一期项目、中国科学院深圳理工大学已启动建设，松山湖科学城、中国科学院香港创新研究院（深圳）正积极谋划，科教融合园区建设进展显著。

（五）参与雄安新区规划建设情况

推进雄安创新研究院筹建工作，起草建设方案并获中国科学院推进改革工作小组第2次会议审议通过。组织起草雄安创新研究院地方法人章程，于2020年5月完成地方事业单位法人注册登记，明确雄安创新研究院项目选址。建立雄安创新研究院共建的领导体制和工作机制，成立中国科学院、河北省政府共建中国科学院雄安创新研究院领导小组。

四、院设委员会工作进展情况

（一）发展咨询委员会工作进展

新聘任赵晓哲、王志军、欧文汉、高培勇4人担任委员。组织召开中国科学院“率先行动”计划第一阶段实施情况咨询评议会议暨院发展咨询委员会第六次会议，各位委员在听取报告、审阅材料的基础上进行充分讨论并发表意见建议，一致认为中国科学院“全面完成了‘率先行动’计划第一阶段目标任务，整体创新能力和国际影响力显著提升，国家战略科技力量的作用进一步发挥，在我国创新型国家和科技强国建设中起到了引领带动作用，为2030年全面实现‘四个率先’目标打下了坚实的基础”。

（二）学术委员会工作进展

商请 133 位专家参与完成“功能 pi- 体系的分子工程”、“拓扑与超导新物态调控”、“作物病虫害的导向性防控”、“动物复杂性状的进化解析与调控”、“典型污染物的环境暴露与健康危害机制”、“土壤 - 微生物系统功能及其调控”等 9 个 B 类先导专项总体验收。邀请函评专家 58 人（院外 50 人，占比 86.2%）、会评专家 66 人（院士 30 人；院外 39 人，占比 59.1%）完成“变革性洁净能源关键技术与示范”、“超导计算机研发”、“地球大数据科学工程”、“智能导钻技术装备体系与相关理论研究”、“器官重建与制造”、“空间科学（二期）”、“丝路环境”、“鸿鹄专项”8 个 A 类先导专项中期检查。

科 研 管 理

一、抗击新冠肺炎疫情科研攻关

新冠肺炎疫情暴发后，中国科学院党组按照党中央、国务院决策部署，迅速成立应对领导小组和科研攻关组，组织全院 50 个单位、396 个团队、2729 名科研人员投入疫情防控科研攻关。

紧急启动“新型冠状病毒应急防控”专项，部署“病毒溯源研究”、“快速检测技术产品研发”、“抗病毒应急药物研发”、“疫苗及抗体研发”4 个核心方向和“大数据信息支撑”等攻关任务，牵头承担“新型冠状病毒动物模型研究”等 12 个国家应急攻关项目，取得系列重大成果：会同国家有关部门及时向世界卫生组织提交病毒基因组序列信息，为全球科学家开展药物、疫苗、诊断研究提供了重要基础；发现托珠单抗等有效药物并被纳入国家诊疗方案，自主研发的干细胞 CAStem 注射液被纳入国家“三药三方案”，成功研发出 CB6 单克隆抗体、重组蛋白疫苗、灭活疫苗等并进入临床；在检测技术与诊断设备、心理援助等方面为抗疫提供关键科技支撑。此外，中国科学院积极发挥优势推动抗疫国际科技合作。截至 2020 年底，依托国家生物信息中心收集 29.7 万多条病毒基因组数据，向全球开放服务，下载量超过 2.1 亿条。同时，在海内外重要媒体及时宣传中国科学院抗疫科研攻关进展与成果。

二、国家重大科技任务

（一）国家重点研发计划

2020 年，中国科学院完成 67 个国家重点研发专项各批次专项项目的组织推荐工作；按科技部工作部署要求，分 12 个领域提交国家重点研发计划“十四五”重大研发需求 109 项。组织完成京区院属单位 62 个项目的视频答辩。

（二）国家重大科研仪器设备研制专项

2020 年，中国科学院组织国家重大仪器研制项目验收 11 项，其中财政部 1 项、科技部 9 项、国家自然科学基金委 1 项。

中国科学院化学研究所承担的国家重大科研装备研制项目“金属富勒烯纳米肿瘤无创诊疗研究系统研制”通过综合验收。项目组成功研制出磁共振成像和射频治疗集成系统、活体荧光成像和血管可视化系统，实现对金属富勒烯肿瘤血管阻断治疗的实时监测，完成金属富勒烯在小鼠、大鼠和兔子等动物模型上的金属富勒烯肿瘤疗效评价和安全性评价，搭建了富勒烯生物医药研发平台，推动金属富勒烯肿瘤治疗技术的临床化应用进程。

中国科学院理化技术研究所承担的科技部国家重大科学仪器设备开发专项项目“新型深紫外全固态激光源及其前沿装备开发”、空天信息创新研究院承担的“新型飞秒激光跟踪仪研发”、精密测量科学与技术创新研究院承担的“海洋 / 航空重力仪研制”、力学研究所承担的“水下油气水高效分离与计量装置”、大连依利特分析仪器有限公司（大连化学物理研究所）承担的“多维生物色谱仪及液质联用关键部件的研制”、北京物科光电技术有限公司（物理研究所）承担的“先进飞秒激光设备的产业化开发和应用”、上海大恒光学精密机械有限公司（上海光学精密机械研究所）承担的“机载双频激光雷达产品开发和应用”、武汉中科创新技术股份有限公司（精密测量科学与技术创新研究院）承担的“电磁超声无损检测设备开发和应用”、西安炬光科技股份有限公司（西安光学精密机械研究所）承担的“半导体激光器测试与分析仪器开发和应用”9 项通过综合验收。

中国科学院长春光学精密机械与物理研究所承担的国家自然科学基金委员会国家重大科研仪器研制项目（部门推荐）“1.5 米扫描干涉场曝光系统”通过验收。项目组成功研制 1.5 米扫描干涉场曝光系统，解决和突破长程重载工作台超精密定位、曝光干涉场超精密测量及相位锁定等十几项基础问题和关键技术，具备独立制作米级单体无拼缝全息光栅的能力，对高能激光、可控核聚变、高端光刻等领域的技术与产业推进具有重大的战略意义。

2020 年，中国科学院积极组织国家自然科学基金委员会国家重大科研仪器研制项目（部门推荐）推荐工作，共推荐 16 项，中国科学院生物物理研究所牵头的“细胞图谱超微结构高通量分析系统”项目获立项支持。

（三）其他重大项目

2020 年，中国科学院与科技部共同倡议“十四五”13 个重点专项；完成 2020 年基础类专项组织申报工作，取得较好成绩，如承担大装置重点专项 6 项（全国共 9 项）；完成“大装置”、“天文”、“空间科学”三个联合基金相关工作，全年共部署 160 个项目，全国 84 个单位获支持，中国科学院 23 个单位共牵头 83 个项目；推动“国家生物信息中心”建设，充分整合中国科学院微生物研究所、上海营养与健康研究所等优势团队和数据平台资源，建设生物数据集中管理和高效利用的国家生物大数据资源中心。

2020 年，中国科学院组织召开关键核心技术攻关领导小组会议暨工作推进会，强化组织领导和统筹协调；加强所牵头 11 项攻关任务的管理，实施“挂图作战”，实行专员负责和月报管理制度，以钉钉子精神强化责任落实，确保按期高质量完成；组织梳理并积极建议第二批关键核心技术攻关任务。

2020 年，中国科学院积极克服疫情影响推进第二次青藏高原综合科学考察研究，组织 350 多支队伍、超 5000 人次开展野外考察，取得主要成果包括：评估认为亚洲水塔是全球最重要的水塔；发现 2000 年以来青藏高原生态系统每年净吸收 0.51 亿吨碳，占中国陆地生态系统碳汇的 15%—23%，高原碳汇功能持续增强；首次证实喜马拉雅小熊猫的存在，重新发现枯鲁杜鹃、墨脱百合等一批已认为灭绝或者濒临灭绝的高原物种；发现丹尼索瓦人在 19 万年前高原广泛分布的关键证据，揭示藏族人群适应高原的遗传结构及迁徙演化过程；研究证实高原中部4700万年前为低海拔亚热带森林，改写高原隆升与生态环境历史。

三、战略性先导科技专项

（一）A/C 类先导专项

2020年，中国科学院继续坚持A类先导专项“目标清、可考核、用得上、有影响”和C类先导专项“实战导向、会战攻坚、能战必胜”要求，坚持工程管理理念，进一步强化承担单位主体责任意识，进一步强化先导专项的过程管理和目标管理，强化监理意见闭环，持续凝练聚焦，确保在研14个A类先导专项、9个C类先导专项按预期目标有序推进，取得重要进展。面向“卡脖子”问题和重大创新领域，新部署“铭心计划”和“自主进化智能”等先导专项。C类先导专项“国产安全可控先进计算系统研制”提前完成专项目标并通过专家验收。

未来先进核裂变能——钍基熔盐堆核能系统 完成世界首座熔盐缩比仿真堆的系统联调，并相继完成非能动余热排出系统排热能力验证试验、熔盐-熔盐换热器性能验证试验、上/下堆舱热平衡试验等关键验证试验内容，有力支撑实验堆相关许可证的申请；完成整体效应试验和熔盐堆关键设备、材料相容性考验；取得TMSR-LF1实验堆建造许可，完成实验堆主体装置厂房结构施工到顶（22.27米），完成放射性废物处理中心土建施工；关键设备制造进入收尾阶段，陆续运抵现场；取得安全级设备安装特许，并启动实验堆关键设备下安全容器、堆本体离线安装工作；正式上报运行许可并完成第一轮审评沟通；完成实验堆用熔盐制备台架建设并顺利出料。

江门中微子实验 完成地下实验大厅直径43.5米水池开挖；完成实验站现场运维、物业及斜竖井提升系统招标工作；探测器部件按年度计划推进，完成所有不锈钢主体结构的批量生产；完成有机玻璃板材80%的批量生产和在厂家的预拼装工作；完成20 000只光电倍增管的验收测试，以及15 000只光电倍增管的防水封装及测试；完成反符合探测器内部支撑结构的生产和顶部支撑桥主体结构的深化设计评审；完成液闪地面5000吨烷基苯大罐和地面液闪厅的施工；探测器安装工作准备就绪，完成3次PMT模块吊装试验，进一步优化探测器安装方案。

个性化药物——基于疾病分子分型的普惠新药研发 在推进药物临床、临床前研究的同时，开展生物标志物等个性化特征研究和新靶标发现研究：8个候选新药（DC371739、DC892081、HL-012、Hu315s、PY-34、HH2853、HH2710、DW10139）获临床批件，1个候选新药（SS001）提交临床研究申请；5个候选新药（GV-971、TPN171、SCC244、HH2853、SAF-189s）在美、欧、乌兹别克斯坦等不同国家（地区）获批临床；发现AL3810的疗效标志物、ASK120067的耐药标志物等；绘制中国肺腺癌的分子全景图谱，揭示潜在预后生物标志物及个性化治疗的新药物靶标；推广个性化药物研究关键资源及技术平台的应用。

南海环境变化 确定南科1井高分辨率生物礁极性序列，解析岛礁地层空间格架和三维结构，证实关键岛礁的基础地质稳定性和工程地质安全性；总结建立热带岛礁的陆海生态系统修护技术体系，编制生态岛礁构建指南或标准；基于自主研发的观测装备，开展立体海洋观测系统的集成示范，指导未来立体异构装备的精准海洋观测；突破多项绿色能源高效利用技术，推进南海环境腐蚀规律认知和防护技术研发，为岛礁可持续发展提供有力科技支撑。

智能导钻技术装备体系与相关理论研究 通过对“盆地 - 区带 - 目标”联合评价，确定四川盆地角探 1 井钻探目标，获日产 51.62 万立方米高产气流；智能导钻“钻、测、传、控”系统初步形成，研制智能柔性旋转导向系统、随钻方位电磁波成像测井仪、泥浆连续波高速传输等井下仪器工程样机，完成井场数据平台与远程决策系统软件主要模块研发和平台建设；在新疆轮台、山东东营、江苏淮安等地开展 20 余次实钻井和生产井试验，为智能导钻技术迭代与走向应用奠定坚实基础。

空间科学（二期） 引力波暴高能电磁对应体全天监测器卫星（GECAM）完成正样研制并于 2020 年 12 月 10 日成功发射，其 B 星探测到伽马暴和磁星候选体、X 射线双星爆发、X 射线脉冲星、地球伽马闪等；先进天基太阳天文台（ASO-S）、爱因斯坦探针卫星（EP）、太阳风 - 磁层相互作用全景成像卫星（SMILE）开展初样研制；空间引力波探测技术实验卫星“太极一号”验证了“太极计划”技术路线的正确性和方案的可行性，完成了我国首次无拖曳实验。空间科学（一期）持续产出重大科学成果：“悟空”号暗物质粒子探测卫星首次以高置信度探测到氦核能谱在 7TeV/n 附近出现变软的拐折结构；“墨子号”量子科学实验卫星基于纠缠的量子密钥分发实验等 3 项研究成果在 *Nature* 等杂志上发表；“慧眼”硬 X 射线调制望远镜卫星发现距离黑洞附近的高速喷流，测量到宇宙中的最强磁场，相关成果在 *Nature* 子刊等杂志上发表。

器官重建与制造 在原位再生、体外制造、异体再造及临床研究均按计划取得系列成果，揭示调控器官衰老和组织再生能力减损的重要信号通路及关键调控因子；发现小鼠胰岛干细胞并构建胰岛类器官；初步实现肌肉体外取向性培养；实现肝 - 胰的可控动态培养与互作的芯片系统；初步构建人免疫系统重建的人源化猪模型（达 20%），实现缺陷猪存活半年以上；临床研究共计入组 60 余例。

临近空间科学试验系统 开展 10 项临近空间科学探测实验和平台新技术试验，临近空间超压浮空器在青海省大柴旦地区实现驻空飞行 74 小时，创造我国同类型浮空器区域驻空飞行时长记录。

超导计算机研发 攻克超导 CPU 设计、制备与测试等核心技术，成功研制国内第一颗 8 位超导 CPU 芯片并通过全功能测试；开发的“SIMIT Nb03”标准工艺作为我国唯一的超导大规模集成工艺首次入列电气与电子工程师协会（IEEE）发布的 2020 年国际器件与系统技术路线图 IRDS 超导集成电路工艺表，填补我国在超导集成电路领域的长期空白；突破低温 SRAM 存储器、超导电路与 SRAM 低温异质芯片集成与低温 / 室温系统互联等关键技术，为超导计算机原理样机研制打下重要基础。

洁净能源 围绕三条主线累计突破 55 项关键技术，落实企业合同 64 个。全球首套合成气直接转化制低碳烯烃（OXZEO®-TO）技术千吨级工业性装置 2020 年 9 月打通全流程；煤炭清洁高效分级转化利用技术突破多项关键技术，新一代费托合成催化剂在伊泰 16 万吨 / 年煤炭间接液化示范装置上完成 72 小时标定；新一代甲醇制低碳烯烃技术（DMTO- Ⅲ）完成 72 小时连续运行考核和科技成果鉴定；基于单原子催化的 5 万吨 / 年乙烯制正丙醇工业装置投产，破解了困扰催化界 80 多年的均相催化多相化难题；燃煤工业锅炉高效超低氮氧化物燃烧技术获得突破性进展；全球首套 100 兆瓦液流电池储能电站完成主体工程建设；国际首套 100 兆瓦压缩空气储能电站全面开工建设；全球首套规模化太阳燃料合成示范项目通过成果鉴定。

深海 / 深渊智能技术及海底原位科学实验站　开展钛合金、浮力材等特种材料优化设计、部件制备技术攻关，实现固态锂电池批量制备；完成 CTD 等四类样机的阶段性海试；开展深海通讯及导航系列装备系统等关键技术研究与验证；完成深海 / 深渊原位科学实验站、深海底多功能移动作业系统的关键技术验证及分系统的详细设计；“探索二号”船水面支持系统完成全部研制、安装和测试任务，执行全海深载人潜水器海试保障任务，并搭载“深海勇士”号、全海深视频直播系统、深海采矿验证平台执行科考及装备海试。

种子精准设计与创造　解析获得农业生物复杂性状调控因子 35 个、分子网络 10 个；完成世界首份大豆泛基因组和麦属全基因组遗传变异图谱的构建，建立同时编辑多碱基精准替换、精准多核苷酸删除、多重编辑和双功能编辑等系统 4 套，申请国内专利 8 项、PCT 专利 5 项、获国外专利 1 项；审定作物新品种 14 个，推广水稻、小麦 203 万亩（1 亩≈ 666.7 平方米），推广鱼苗 10 亿尾；获得驯化候选模块 8 个，形成农业生物快速驯化设计方案 8 套；完成昌平数码农场研发和示范。

自主进化智能　研制庙算人机对抗平台，并面向全网开放服务，支撑人机对抗比赛和评估活动，打造集智开放创新生态；针对即时博弈对抗问题，在多智能体强化学习等方面提出系列创新算法，设计并实现博弈进化七层协议框架，构建百倍超实时进化环境，完成 5 类典型应用和 10 余种算法的交叉验证，形成万级指数复杂度博弈问题的求解能力。

地球大数据科学工程　聚焦地球大数据平台系统、小卫星、SDG 和数据共享新模式 4 项核心任务开展工作，获得系列重要成果。广目地球科学卫星工程进入正样研制阶段；建成大数据云服务基础平台并提供服务，地球大数据共享服务平台中英文版向全社会提供数据共享服务，共享数据量达 8PB，截至 2020 年 12 月 31 日有 141 个国家的近 6 万用户访问平台，总浏览量约 3995 万次，在线下载量超 63TB。撰写完成《地球大数据支撑可持续发展目标报告（2020）》，作为中国政府的正式文件，在第 75 届联合国大会上发布。在生命与环境协同演化、生物多样性变化及其环境制约、北极放大效应对中纬度气候的影响等方面取得重大科学发现；围绕数字“一带一路”、美丽中国建设、生物生态安全、三维信息海洋等方向，完成 20 余份省部级及以上咨询建议报告，为国家和地方政府提供重要的决策支撑。

泛第三极环境变化与绿色丝绸之路建设　构建起青藏高原生态文明高地国家战略和区域发展的科技支撑体系。专项成果融入国家生态文明建设并纳入国家治藏方略和国家水资源保护战略，服务西藏自治区高质量发展和青海省保护第三极战略，完成并深化地球第三极国家公园群总体布局方案，建立国际领先的亚洲水塔冰川-河流-湖泊观测体系。发展了绿色丝绸之路建设的知识和技术创新与示范体系。完成“一带一路”建设第三方评估，参与完成“一带一路”建设“十四五”规划，形成的知识创新智库产品为“一带一路”决策服务。冻土灾害防控技术服务中俄原油管线建设，热管优化组合技术已经在中俄原油管道二线中推广应用 1.3 万根。哈萨克斯坦首都圈生态屏障试验示范区建设初具规模。中-乌（乌兹别克斯坦）全球葱园建成并对公众开放，开展了乌兹别克斯坦咸海流域生态修复治理技术创新示范。突破第三极地球系统科学国际前沿相关问题并主导泛第三极气候变化应对国际合作。

美丽中国生态文明建设科技工程 专项通过与国家发展改革委、生态环境部、自然资源部等部门，及福建省、浙江省、贵州省、重庆市、湖北省等地方合作，取得良好进展。建成在用柴油车排放远程在线监控平台，与河北省、江苏省和上海市等合作，接入新车 5 万余台，同时研发的柴油车改造技术应用于近 5000 台柴油车；长江模拟器成果得到重庆市政府高度重视，开始应用于重庆市长江干流水生态水环境综合影响评估；明确黑土现状及其退化发展趋势，秸秆覆盖还田条耕技术被纳入东北黑土地保护性耕作国家行动计划，为黑土地保护提供重要的技术支撑；与相关部门共同编制《美丽中国建设进程评估技术标准》，研制出美丽中国建设评估监测系统，开展美丽中国建设第三方评估的试评估工作，初步完成全国及省级美丽中国建设试评估报告。

创建生态草牧业科技体系 2020 年 11 月起启动实施，在草地生态、牧草分子快速育种、饲草产品加工、畜牧养殖等方面开展大量研究，针对全国适宜发展草牧业的三类典型区域，分别在草原牧区、农区盐碱地、南方草山草坡选择内蒙古呼伦贝尔市、山东黄三角、云南昭通市三个示范区，并与地方政府和农牧业企业签署合作协议。在草地生态方面，天然草地恢复改良技术推广至内蒙古锡林郭勒盟和赤峰巴林右旗、河北承德市等地；在牧草育种方面，将分子育种技术应用到牧草育种，建立了鉴定牧草耐逆、现蕾期、高效固碳与固氮等重要性状的表型分析平台；在牧草加工饲喂方面，利用研发的功能菌株配制复合菌剂，加工牧草青贮产品并在 6 个牧场（肉牛、肉羊、奶牛）饲喂，转化率提高 10%—14%。“生态草牧业科技示范”成果获 2020 年度中国科学院科技促进发展奖，并入选 2020 年度全国大众创业万众创新活动周呼伦贝尔市成果展。

（二）B 类先导专项

2020 年，中国科学院围绕重大突破和重点培育方向，开展建制化、导向性基础研究，加强学科交叉融合，持续推进“从 0 到 1”的原始创新，促进重大原创成果产出。“新一代超导与拓扑物理学”等 12 个 B 类先导正式立项，“拓扑与超导新物态调控”等 6 个 B 类先导专项完成结题验收工作，计划前瞻布局 12 个 B 类先导专项培育项目。结合卓越创新中心布局，加强基础研究项目投入。

超强激光与聚变物理前沿研究 发展三维超晶格激光增益材料新体系，实现腔增强的超荧光，进一步提高其光能转换速率极限，成功演示 0.1 太赫兹量子超快开关过程；利用机器学习算法从拉曼光谱中提取的多维光谱信息，对二维材料层数进行准确识别，解决了仅通过单一光谱特征无法有效识别样本问题。在超强超短激光新材料和前沿应用方面，发展能带连续调谐激光增益材料新体系，实现单个纳米结构器件上连续可调谐微纳激光输出；发展中红外超强超短激光光场调控新技术，利用空间相位调控结合光参量啁啾脉冲放大，在国际上首次实现中红外波段的大能量飞秒涡旋激光输出，获得脉冲能量达 10 兆焦耳、脉冲宽度为百飞秒量级的中红外涡旋激光，相关成果发表于 *Photonics Research*，并被遴选为当期“编辑精选”。

能源化学转化的动态本质与调控 在最简单的化学反应 H+HD ⟶ H_2+D 中发现新的量子干涉现象，并证明该反应在低于锥形交叉的能量下依然存在几何相位效应；利用大连相干光源，发现最小水滴立体结构、最小冰立方新结构；揭示水分子极紫外光解动力学机理；发现单原子催化剂中金属载体强相互作用，阐明反应气氛诱导催化剂表界面结构的动态变化机制，并据此创制高稳定催化剂；基于单原子催化的 5 万吨 / 年乙烯氢甲酰化制备制正丙醇工业装置投产，实现单原子催化剂的首次工业应用；发现经典光解水制氢系统催化位点的结构变化；揭示铁电光催化剂体电场增强电荷分离新机制；发展光催化自由基 - 自由基交叉偶联合成杂芳胺的新策略。

地球内部运行机制与表层响应 专项召开各种形式的线上、线下学术研讨会，针对 2021 年度专项验收情况进行重点部署，召开验收筹备工作会议。产出系列高水平原创成果：发现岩浆演化过程中 V 同位素分馏主要受控于铁钛氧化物；基于核体积效应，采用蒙特卡洛随机模拟方法，结合第一性原理计算考察 NVE 在封闭体系中的多阶段熔融结晶过程，为幔源岩石样品 ±182W 同位素异常提供了新解释；发现基于 P′P′ 前驱波探测的非洲下方下地幔 785 千米不连续面并不可靠；应用噪声提取微弱体波信号，探测到东北亚地区下地幔 900—1000 千米深度的小尺度散射体；发展反演单力源类型地震事件机制解新算法，获得 2017 年格陵兰岛滑坡的精确位置，将定位精度由传统的约 16 千米提高至 2.5 千米左右。全年发表学术论文 318 篇，其中 78 篇发表在 *Nature*、*Science*、*Nature Geosciences*、*Science Advances*、*PNAS* 等权威期刊。

细胞命运可塑性的分子基础与调控 专项 2020 年取得系列国际领先的研究成果：发现精子发育过程中 PIWI/piRNA 复合体可作为蛋白质生产的调控“机器”，激活小鼠精子细胞中蛋白质的翻译，保障功能性精子生成，为相关男性不育症的相关诊断治疗提供理论依据和方法技术；首次发现长非编码 RNA 在不同物种来源干细胞中的特异性，加工是其发生适应性功能变化的重要机制；发现并鉴定了小鼠胰岛中的干细胞类群，基于此建立了小鼠胰岛类器官体外长期扩增的培养体系，为在体外获得大量有功能的胰岛 β 细胞、糖尿病治疗开拓了新途径、提供了理论和技术支持；揭示组蛋白变体 H2A.Z 对 DNA 复制起始位点的调控，对理解高等生物 DNA 复制起始位点的识别提供了新视角，为解决长期存在的真核细胞 DNA 复制起始点选择启动问题做出了重要贡献，该成果入选 2020 年度中国科学十大进展。

结构与功能导向的新物质创制 在研究铱催化的不对称烯丙基取代反应时，首次发现一种独特的“时间调控手性反转”现象，为手性分子合成提供了新途径，被美国 *Chemical & Engineering News* 评选为 2020 年度三项轰动性合成工作之一；应用自主发展的“俞氏”金催化糖苷化反应，合成肠道共生菌 *Bacteroides vulgatus* 的脂多糖 *O*- 抗原，其中合成的 128 聚糖是目前化学合成的最长线性聚糖；首次发现在人类发育性疾病中，基因突变导致非受体酪氨酸磷酸酶（SHP2）异常的液 - 液相分离，激活其磷酸酶活性及下游的 MAPK 信号通路最终导致疾病，首次解开了不同类型 SHP2 的疾病突变导致相似临床表型的本领域的一个长期未解之谜，并为发展通过调控蛋白相分离的小分子药物来治疗人类重大疾病提供了新思路。

基于原子的精密测量物理　在实验室中利用微波将光阱中一对超冷异核原子相干合成单个超冷分子，在国际上首次实现单个分子的相干合成，开启了原子 - 分子体系所有自由度全面相干操控的研究大门；成功研制出系统不确定度达 1.3×10^{-17}（相当于 24 亿年不差一秒）的可搬运光频标，这是目前国际上系统不确定度和稳定度水平最高的钙离子光频标，是国际上第二种达到如此高分辨能力（稳定度为 10^{-18}）的离子光频标；在飞秒强激光与团簇分子相互作用研究中发现一种在亚光学周期时间尺度内发生的激光诱导电子转移（LITE）新现象。

超常环境下系统力学问题研究与验证　完成 VC-20A 总体方案的优化、完善和全系统风洞验证试验、VC-20A 初样装配、全部地面试验方案和部分地面测试试验。发展了气动 - 动力学紧耦合分析、载荷谱预测、金属材料疲劳性能预测理论，建立了高速列车多学科耦合数值分析平台，提出了服役受电弓和列车头型优化方案。设计制造了 48 000 方 / 天的超高处理量管道式分离设备，构建了磁响应型破乳剂体系，实现快速油水分离及绿色智能响应；揭示南海北部深水区生物质软黏土海床工程性质的统计学特征。揭示珠光体钢丝位错与界面在循环载荷下的相互作用，阐明纠缠高聚物溶液纳米颗粒的活化跳跃扩散新机制及纳通道限域特性和壁面结构对气体输运的重要影响等。

多波段引力波宇宙研究　利用中国天眼 FAST 首次确定磁层是快速射电暴的产生地；严格限制磁星高能暴发所伴随的射电脉冲的流量和概率，两项结果均发表在 *Nature*，入选 2020 年度十大天文科技进展和《科技导报》评选的 2020 年度中国科学十大进展。提出测量类星体宇宙学距离的几何方法，首次成功应用于类星体 3C 273，为解决“哈勃常数危机”提供了新途径；首次在 GRB 070809 中发现千新星信号，为双中子星等引力波源产生的千新星现象提供了新视角；HXMT“慧眼”卫星发现首个快速射电暴的 X 射线对应体，证认其来自磁星爆发，破解了快速射电暴的产生之谜，上述三项成果发表在 *Nature Astronomy*。阿里原初引力波探测项目（AliCPT-1）完成基础运行平台建设和各部分器件的研制、加工、测试，建立了实验模拟和数据分析平台。

大规模光子集成芯片　在规模化阵列芯片研制、大规模功能器件单片集成、创新型计算系统应用、新型量子光源及系统研究等方面取得系列进展，部分成果超过预期目标，专项总体进展顺利。成功实现高性能无源介质材料与规模化调制器件的单片集成，制备了 8×8 光开关芯片，是自主可控的可实现超高带宽光交换技术的光子集成解决方案；成功将可重构光交换技术应用于 AI 训练节点间互连网络，大幅减少了 AI 训练的通信延迟，成为持续提升深度学习算力的有效途径；创新性地将压电材料和半导体材料混合集成，实现片上集成能量可调谐的量子点单光子源，为发展可扩展多功能的复杂集成量子光路提供了一种新思路；突破现有量子光源的技术瓶颈和信息编码维度限制，将超构透镜与非线性光学晶体组合在一起构成全新超构表面量子光源系统，可制备 100 维路径纠缠。

脑认知与类脑前沿研究 2020 年，专项在脑认知功能的基础研究、脑疾病机理研究和早期诊断手段研发、脑研究新技术的研发、类脑模型与智能信息处理、类脑器件与系统方面取得系列重要进展，相关研究成果发表在 *Cell*、*Nature*、*Science*、*Nature Neuroscience*、*Neural Network* 等重要学术期刊上。代表性成果揭示人类海马在胚胎发育过程中的细胞类型和细胞命运调控网络、睡眠稳态调控的神经环路机制，发现新的抗衰老靶标基因、瞬时性神经元电活动对大脑在工作记忆过程中存储信息的重要作用；成功将胶质细胞向神经元转分化治疗神经性疾病，发展了一种新型在体成像技术，可高速记录大脑神经元活动和血流的快速动态变化；在运动想象脑机接口研究中取得新进展，证明深度学习方法对同一肢体不同关节的运动想象任务解码的有效性，以及这种单侧肢体多个关节运动想象任务在实际应用中的潜力，建立基于自身经验的类脑思维揣测脉冲神经网络模型，使人工智能体可以通过错误信念任务，获得初步的类脑思维揣测能力，提出一种基于状态基元生成的机器人学习方法，构建稳态视觉诱发电位脑机接口、快速序列视觉呈现脑机接口、群体脑机接口等多范式的标准脑机接口数据集。

关键地史时期生物与环境演变过程及其机制 专项发掘并采集了大批化石及地球化学样品。发展了多种金属稳定同位素分析方法，重建了新生代百万年尺度植被和土地利用格局，以及中国生物可利用锶同位素背景。在 MorphoBank 平台上完成人属（*Homo*）化石的形态特征矩阵 MorphoHomo V1.0 建设。在人类古 DNA、早期直立人的形态、早期人类的动植物考古，以及新生代动物群与环境协同演化方面获得大批重要成果。

拓扑物态与量子计算研究 在磁性外尔费米子体系中首次提出“自旋轨道磁极化子”概念，为磁性外尔体系磁序与拓扑性质调控开辟了新路径；提出一类基于铁基非常规配对高阶拓扑超导体，具有由手性对称性保护的“角”或者“棱”Majorana 零能模式，并预言铁砷超导 112 体系是理想的实现体系；利用 16 个全联通的超导量子比特，成功观察到系统的动力学相变现象，为将来实现更大规模超导量子模拟研究多体物理奠定了基础；理论模拟了铁基超导中的上百个马约拉纳零能模，揭示在铁基超导中马约拉纳零能模具有扩展性，因而基于此类马约拉纳零能模的拓扑量子比特也可具有扩展性。

下一代高温超导磁体关键科学与技术 专项通过有机离子插层在 $SnSe_2$ 获得准二维超导电性；化学法 ReBCO 带材宽度和超导层厚度取得提升与突破；完成两项国家标准报批、两项国家标准被批准立项、两项国家标准正式发布；高场二极磁体 HTS 内插线圈完成初步性能测试，长尺度铁基超导线圈在 10 特斯拉下达到零场环境的 80% 高载流性能；完成 YBCO 螺线管线圈研制及 10T 背景场下性能测试；国际上首次在 Nb 上生长出超导的 FeSe 薄膜；开发快速磁共振三维成像技术。

大尺度区域生物多样性格局与生命策略 在总体组及邀请专家论证的基础上，跨项目的 3 个攻关团队于 2020 年 9 月正式启动。12 月，专项召开专题培训交流会，对经费管理和档案管理进行培训和专项自查。通过万种鸟类基因组计划的实施，发布覆盖 92% 科的 363 种鸟类基因组数据，建立无参考序列下多基因组比对和分析的新方法，构建鸟类物种谱系基因组动态演化图谱。对横断山及周边山地高寒植物多样性的演化历史研究显示，横断山拥有目前已知起源最早的高寒生物区系，是喜马拉雅和青藏高原的高寒植物多样性的主要来源，也是高寒植物的重要避难所。发现在商业化经济养殖的影响下，我国大鲵野外稀少，各类商业养殖场却大量囤积，据此呼吁调整大鲵保护策略及规范养殖产业管理。在 *Nature Climate Change*、*Nature Plants*、*Nature Communications*、*PNAS*、*Genome Biology*、*Systematic Biology*、*Current Biology* 和 *Ecology Letters* 等高影响力学术期刊及中国科技期刊卓越行动计划领军期刊发表 21 篇相关研究论文。专项团队中多人获国家自然科学基金优秀青年科学基金项目支持。

病原体宿主适应与免疫干预 专项为中国科学院在病原与免疫领域前瞻部署的先导专项，2020 年在 *Nature* 发表论文 4 篇，在 *Science* 发表论文 3 篇，在 *Cell* 发表论文 5 篇，全年转化合同金额 1.78 亿元。新冠肺炎疫情暴发后，鉴定出新冠肺炎病原为一株新型冠状病毒，确定新冠病毒利用 SARS 病毒的同源受体 ACE2，发现蝙蝠可能是新冠病毒的自然宿主。专项还建立了一体化应对体系，为新冠病毒诊断、抗病毒药物筛选和疫苗研制提供了技术和平台，产出了全球首个紧急使用新冠病毒抗体药物、全球首个紧急使用重组蛋白新冠病毒疫苗以及全球首个冠状病毒通用疫苗可行策略等先进成果，为我国“十四五”病原与防疫重点研发计划，2030 传染病重大专项奠定坚实的科技储备。

植物特化性状形成的分子基础及定向发育调控 2020 年，专项在揭示作物遗传基础、物质与能量代谢、植物再生和全能性、共生固氮、抗逆及环境适应、基因编辑技术等方面取得重要突破。克隆了控制水稻氮肥高效利用的关键基因 *NGR5*，开辟了在保证粮食产量不断提高的同时能提高水稻氮肥利用效率、降低化肥投入、减少环境污染的育种新策略，成果入选 2020 年度中国生命科学十大进展；创建全新细胞核源 D1 合成途径提高光合效率和产量，突破光合作用“极限”，颠覆了对于 D1 蛋白在光合作用中限制性功能的认知；揭示植物体细胞胚发生的转录调控等级网络；揭示豆科植物特异的细胞命运决定根瘤共生固氮的奥秘，解答了为什么只有豆科植物的皮层细胞分裂形成根瘤；揭示了植物干细胞抵御病毒侵染的分子机制，首次在植物广谱病毒抗性和分生组织维持机制之间建立了精确的分子联系；揭示了植物中存在连接细胞膜和叶绿体的重要抗病信号途径，为设计植物保护策略和开发新的抗病品种提供了新思路；揭示植物叶际微生物群的稳态维持机制，提示可以通过设计和改变植物微生物群落结构，从而改善植物生长和抗逆等性状；在水稻上建立了一种高效的片段靶向敲入和替换技术，高至 50% 的靶向敲入效率将极大地方便植物研究和育种。

功能导向的原子制造前沿科学问题 在新型二维功能材料的可控构筑与物性调控，以及新型原型器件开发等方面取得系列重要进展。制备出一种不存在已知母体材料的全新二维范德华层状材料 $MoSi_2N_4$，具有优异的电学与力学性能；预测了电子平带在双层 - 双层转角石墨烯超晶格中存在，成功观测到电子平带分数填充时电子强关联效应导致的关联绝缘态；发展出一种室温下利用扫描隧道显微镜针尖操纵可控构造 zigzag 边界石墨烯纳米结构的方法；发现二维材料的边界态是控制器件亚阈值特性及影响器件迁移率的关键因素；实现基于有机电荷转移复合物 / 石墨烯异质结构的高灵敏度的室温短波红外（SWIR）探测；实现基于二维 1T-TaS_2 材料在室温附近的电荷密度波相变的近红外波段高灵敏度光电探测器件。

亚太多尺度气候环境变化动力学 2020年上半年召开线上启动会，11月召开年度工作会议。专项发表SCI论文147篇，包括*Nature* 1篇、*Science* 1篇、*Nature Geoscience* 1篇、*Nature Communications* 3篇、*Science advance* 1篇、*PNAS* 5篇。专项团队中多人获国家杰出青年科学基金、优秀青年科学基金支持及中国青年科技奖特别奖。在构造和轨道尺度上，揭示大气二氧化碳浓度降低和南极冰盖大规模形成可能导致始新世—渐新世亚洲大陆气候的轨道周期转型，阐明360万年以来全球变冷促使亚洲中纬度内陆气候急剧变干；千年尺度上，发现末次冰消期东赤道太平洋和赤道大西洋中层海洋大洋通风良好；百年尺度上，揭示黄河径流和泥沙500年来空前减少为人类活动导致；天气尺度上，揭示砗磲有潜力成为前所未有的古天气研究载体。

类地行星的形成演化及其宜居性 专项全年发表SCI论文200余篇，包括*Nature Astronomy* 1篇，*Nature Communications* 5篇，*National Science Reviews* 3篇。专项团队中1人获评中国科学院院士，多人获国家杰出青年科学基金、优秀青年科学基金支持及中国青年科技奖特别奖，1人担任*Geochimica et Cosmochimica Acta*杂志副主编。专项取得系列重要进展：牵头组织环日全景探测计划，通过间隔分布的6个探测器，提供360度太阳和内日球层的全景图像，准确测量光球层的矢量磁场，多尺度多经度地解析太阳风扰动结构；首次发现磁场重联触发过程起始于小尺度的电子尺度区域，首次发现磁通量绳内部丝状电流中可发生次级重联；首次发现月球上小撞击体的大小-频率分布的变化过程，确定了35亿—38亿年前月壤极慢的增长速率；首次揭示火星沙尘暴期间存在的剧烈沙尘潮汐现象，并提出沙尘暴期间大气H逃逸的短周期输运新机制。

印太交汇区海洋物质能量中心形成演化过程与机制 专项于2020年上半年召开线上启动会，10月召开年度工作会议。全年发表SCI期刊62篇，其中CNS（*Cell*、*Nature*、*Science*）子刊3篇，自然指数收录期刊9篇。专项团队中2人获优秀青年科学基金支持，1人获评涂光炽优秀青年学者（A类）。专项取得系列重要成果：发现并揭示北赤道次表层流形成机制，发现存在ITF逆流和潜流的初步证据；刻画俯冲带结构并建立与大地震关系，构建了印太板块汇聚过程确立诱导式俯冲起始，阐释深部岩浆过程的岩石地球化学响应，揭示深海热液活动特征与水岩反应机制。

光电融合与调控前沿研究 专项通过能带工程利用较大离子半径的$EA^+(CH_3CH_2NH_4^+)$部分代替$PEA_2(CsPbBr_3)_2PbBr_4$中的Cs^+成功地将钙钛矿发光峰位调节到蓝色区域，并成功制备光谱稳定的蓝光钙钛矿发光二极管，器件外量子效（EQE）达12.1%，为目前该领域已报道的最高效率，为钙钛矿发光二极管在显示照明应用方面奠定了基础研究，相关研究成果发表于*Nature Communications*杂志；利用超表面实现对中波红外光子偏振、相位和色散等维度的独特操控能力，提出一种可用于中波红外偏振探测集成的高效多功能偏振-色散调制超构光子器件，有望在宽谱偏振成像、自由空间量子通信、机器视觉及信息加密等领域得到应用，相关研究成果发表于*Science Advances*。

存算一体基础器件与系统前沿科学 专项从系统层面分解了存算一体器件、计算模型、电路设计和软件框架的研究任务与技术指标。首次观测到氧化铪基铁电材料中$Pca2_1$铁电相，揭示了其铁电起源，发展了新型的三维集成铁电存储器和光电器件。揭示了缺陷态诱导非线性开关机理，实现了高驱动力、低漏导的硫基选通管。发展了人工脉冲传入神经元电路，实现了智能传感系统。在中芯国际 28 纳米和 14 纳米 CMOS 平台上开发 RRAM 大规模集成技术，研制的 RRAM 测试芯片集成密度刷新世界纪录。完成存算一体架构及指令集的设计构思，神经网络算子分析与算子集设计，构建了以国产处理器为控制器的存算一体器件功能测试平台，完成全系统模拟器的模块设计。相关成果发表在 *Nature Electronic*、*Nature Communications*、*VLSI*、*IEDM* 等杂志。

功能纳米系统的精准构筑原理与测量 专项将 DNA 纳米机器用于精准化智能化肿瘤疫苗研究，在多种肿瘤小鼠模型上都展现出良好的抗肿瘤疗效，显示了长期的免疫记忆效果，在疫苗体系开发及个体化抗肿瘤免疫治疗应用中显示了巨大潜力；揭示了 MOF 催化剂的活性与结构的构效关系，为后续设计研究挑战性的精细化学品的催化转化提供了启示；在世界上首次实现亚分子分辨的单分子光致荧光成像，为在原子尺度上展现物质结构、探测和调控分子局域环境、揭示光与物质相互作用本质提供了新的技术手段；利用分子模具精确构建了具有特定对称性的多磁性原子复合中心，实现对金属 / 分子界面磁性原子近藤效应的规范性调控。

基于空间平台的广域超高精密量子光频标 面向高轨空间平台，完成工程样机技术指标分解和初步的载荷配置方案；对于光频标物理系统，开展超稳激光系统中关键元器件的性能测试和优化，完成深低温单晶硅腔体的设计工作，开展原子物理系统搭建工作，初步建立了黑体辐射频移修正计算模型，实现锶 88 原子两级 MOT 冷却和一维光晶格装载，扫描得到锶 88 原子钟跃迁谱线；发展广域精密时频传递技术，开展星地时频传输的模拟计算和多普勒模拟器的方案设计，在 16 千米链路上测试了整个时频传递系统的性能，实现 72dB 链路衰减下长稳达到 E–18 量级。发展了高轨量子光频标空间平台技术，开展高精度深低温平台和微振动超稳平台研制工作。

新一代超导和拓扑物理学 专项理论提出并实验证实了一种全新的拓扑光子晶体微腔，填补了半导体激光器在选模腔体设计上的空白，为下一代高亮度单模面发射器件提供了符合商用激光器历史规律的新发展方向；基于标准四电极法研究笼型富氢化物 LaH_{10} 的高温超导电性，发展了利用金刚石对顶砧开展兆巴高压下的原位激光加热与标准四电极电阻测试技术，有助于推动超高压下富氢高温超导材料的探索研究；提出非厄米体系中趋肤模、周期边界能谱绕数和持久电流三者的对应关系，首次揭示了非厄米趋肤效应的拓扑本质。

核物质相结构与重元素合成研究 完成专项管理体系建设。依托兰州重离子加速器装置等，在基础研究方面，首次合成了半衰期为 380 纳秒，且具有 α 放射性的镎（Np）新同位素核 ^{222}Np，该成果入选《科技导报》评选的 2020 年度中国科学十大进展；开展质子滴线核 ^{22}Si 衰变性质的高精度测量，观察到迄今实验上测量的原子核低激发态最强的同位旋对称性破缺现象。两项成果均发表于 *Physical Review Letters*。在关键技术突破方面，研发了我国在核物理实验领域首款基于国内流片工艺的先进硅微像素探测器芯片 Topmetal-M，为开展 QCD 相变临界点前沿问题研究提供重要支撑。

衰老的生物学基础和干预策略 专项于 2020 年正式立项启动，完成任务团队调整。

围绕衰老和相关退行性疾病的机制和干预展开研究，在衰老的表观遗传调控、衰老的细胞器稳态调控、神经退行性疾病干预策略、视网膜细胞衰老图谱和新型动物模型建立方面取得系列重要进展，在 *Nature*、*Nature Neuroscience*、*Cell Research* 等国际学术期刊上发表文章 50 余篇。包括发现细胞增殖时 DNA 甲基化维持效率在基因组上的差异性是衰老过程中 DNA 甲基化在异染色质区选择性丢失的原因；阐释线粒体应激状态下 NuRD 复合体通过响应细胞内代谢物 acetyl-CoA 的水平变化调控表观基因组并促进机体寿命延长的分子机制；发现干预神经退行性疾病的新靶点 TRADD 及小分子药物，提出抑制细胞死亡并恢复细胞稳态的新的疾病干预策略；建立迄今最详尽的人类及非人灵长类恒河猴视网膜衰老单细胞图谱，同时建立了视网膜色素变性非人灵长类动物研究模型；发现颈动脉粥样硬化和扩张与脑小血管病的影像标志物相关，提示颈动脉无创评估可能是脑小血管病风险分层的合理方法。

多维大数据驱动的中国人群精准健康研究 专项围绕建设中国自然人群样本库和多组学数据库，发展支撑大健康需求的新技术和知识体系的战略目标，开展了大规模中国自然人群收集的前期工作；建立基因组、蛋白质组、代谢组、宏基因组等多维组学分析技术平台，并初步开展人群的多维组学分析；初步建立了人群多维组学数据技术标准和技术体系、多维组学大数据的处理和挖掘技术、知识图谱和知识推理工具库，设计了多维组学大数据处理的系统框架；结合专项研究团队优势，开展新冠病毒数据汇聚信息挖掘知识转化和健康监测的攻关研究。

生物大分子复合体结构与功能的跨尺度研究 2020 年 9 月召开专项启动会暨 2020 年度工作会议，对专项未来发展和实施进行布局规划。全年发表高水平科研论文 30 篇，其中 *Cell*、*Nature*、*Science* 论文 5 篇。专项团队利用单颗粒冷冻电镜技术解析了核糖体组装的动态过程，对理解核糖体组装这一基本生命过程有着重要意义；揭示了天然免疫中 caspase 活化和识别 GSDMD 介导细胞焦亡的完整分子机理，为针对 caspase 和 GSDMD 开发自身炎症性疾病和败血症的药物提供了重要的新方向；揭示了细胞毒性淋巴细胞诱导靶细胞焦亡的全新分子机制，极大地拓展了细胞焦亡的生理意义；利用单颗粒冷冻电镜技术解析了人源胰高血糖素受体复合物三维结构，揭示了 GPCR 对 G 蛋白的选择性机制；解析出癌症重要靶标 CXCR2 及相关复合物三维结构，为精准的新型抗癌药物设计开启新篇章。

四、中国科学院重点部署项目

（一）前沿科学方面

研究提出设立“无人区”计划方案，以“夯实基础，探索未知，聚焦原创，谋求引领”为出发点，进一步夯实中国科学院前沿与交叉科学的研究基础，聚焦源头创新，稳定支持一批有可能冲击国际一流甚至国际顶尖水平的前沿科学研究项目，鼓励科学家围绕重要方向和前沿科学问题开展长期研究工作，勇于挑战风险性强的最前沿问题，坐住冷板凳，深入“无人区”，促进“从 0 到 1”和前沿交叉重大原始创新成果产出，孕育国际学术大师，为率先实现科学技术跨越发展做出贡献。2020 年 12 月，面向全院卓越创新中心启动首批试点工作。

（二）重大任务方面

根据《中国科学院“十三五”重大科技任务发展规划》，围绕重大科技任务，按照“顶层设计、统一规划、自上而下”的方式组织实施中国科学院重点部署项目，重点支持跨所、跨学科组织的科技活动，重点解决相关领域或学科的基础性、战略性和前瞻性重大科技问题，为建议和承担关键核心技术攻关任务、国家重大科技任务、策划部署新的 A 类和 C 类先导专项提供研究基础。2020 年部署启动重点部署项目 14 项，总经费 2.8 亿元。

（三）科技促进发展方面

完成重点部署专项 2016—2019 年度绩效评价工作，重点部署专项综合绩效级别为“优”。2020 年实施中的重点部署项目进展顺利：执行支撑服务川藏铁路建设专项（10 项，经费 2000 万元），有力支持川藏铁路建设方案论证，推动国家重点研发计划“川藏铁路”重点专项立项；推进民航强国战略实施的民航科技创新项目（9 项，经费 960 万元），有力支撑服务民航高质量发展；在农业领域部署实施“黄河三角洲主要经济作物提质增效技术集成研究与示范”项目，实验种植德国甘菊、油沙豆等多个耐盐碱经济作物，通过种养加全产业链设计，探索了黄三角农业高质量发展的新途径；在生命与健康领域部署实施“人类衰老风险与调控因子发掘与评估”项目，为卵巢衰老和增龄性生育力降低提供了新型诊断标记物和潜在治疗靶点，相关工作以封面文章形式发表在 *Cell*，项目负责人获中国科学院 2020 年度杰出科技成就奖；“重离子精准放射治疗技术研发”项目完成带呼吸引导功能的门控系统、快速 QA 的闪烁体探测器和 PET 样机的研制。

重大科技成果

一、2020年度重大科技成果

（一）世界科技前沿方面重大科技成果

1. 数理化学领域

在里奇流研究中取得重大突破 中国科学技术大学陈秀雄、王兵成功证明“哈密尔顿-田猜想”和“偏零阶估计猜想”这两个国际数学界20多年悬而未决的核心猜想，对几何分析，尤其是里奇流研究将产生深远影响，被菲尔兹奖得主唐纳森评价为“几何领域近年来的重大突破”。该成果发表在国际知名数学期刊*Journal of Differential Geometry*上。

在岩泽主猜想研究中取得突破 岩泽理论是研究千禧年问题BSD猜想的主要工具之一。中国科学院数学与系统科学研究院万昕研究员证明了关于Rankin-Selberg积的岩泽主猜想的Selmer群的下界，是近年来BSD猜想和岩泽理论国际上多个突破性成果的理论基础。相关研究成果在*Algebra & Number Theory*上发表。

在磁性外尔半金属中首次提出“自旋轨道极化子”新概念 中国科学院物理研究所高鸿钧院士带领的联合研究团队，利用自主设计组装的极低温-强磁场-自旋极化扫描隧道显微镜/谱和低温-原子力显微镜，在磁性外尔费米子体系中发现“自旋轨道磁极化子”，为磁性外尔体系磁序与拓扑性质调控开辟了新路径，对其在功能化量子器件方面的应用具有重要意义。相关研究成果在*Nature Communications*上发表。

实现单个超冷分子的相干合成 中国科学院精密测量科学技术与创新研究院詹明生、何晓东研究团队联合多家国内外研究机构，利用微波将光阱中一对接近绝对零度的异核原子相干合成为单个超冷分子，在国际上首次实现单个分子的相干合成。该研究利用的合成方法具有优越相干性，实现了对原子之间核间距自由度的相干控制，为原子-分子体系全自由度相干操控研究奠定了基础。相关研究成果在*Science*上发表。

首次合成近质子滴线百纳秒量级超铀新核素^{222}Np 中国科学院近代物理研究所研究团队与合作者在2020年首次发现了镎（Np）的一种新同位素核^{222}Np，半衰期为380纳秒，该研究几乎达到了用充气反冲核谱仪研究新核素合成的半衰期极限。^{222}Np的实验数据进一步完善了126中子满壳附近Np同位素核α放射性衰变的系统性。研究人员可从α衰变能、半衰期和约化α衰变宽度等不同层次系统性探讨126中子满壳对缺中子镎同位素核稳定性的影响，研究发现在镎的缺中子核素中126中子壳效应依然明显。相关研究成果在*Physical Review Letters*上发表。

实现类星体几何距离测量 中国科学院高能物理研究所团队利用欧洲南方天文台甚大望远镜的观测数据，结合中国科学院云南天文台2.4米望远镜和美国Steward天文台

Bok 2.3 米望远镜长达 10 年的反向映射数据，首次实现对类星体 3C 273 宇宙学距离的直接测量，并用新方法计算了 H0，为解决哈勃常数危机提供了新的途径。相关研究成果在 *Nature Astronomy* 上发表。

研究揭示宇宙全尺度暗物质晕内部结构 由中国科学院国家天文台领衔的国际团队利用我国和欧洲的超级计算机，采用全新的多重放大数值模拟技术，在当前标准宇宙学模型下，首次获得宇宙中从类似地球质量大小到 10 000 个银河系质量大小，跨越 20 个数量级的暗物质晕内部结构清晰图像，发现各种质量暗物质晕均具有极为相似的“中心致密、往外逐渐稀疏”的内部结构。该研究成果为暗物质粒子探测提供了理论指导，于 2020 年 9 月在 *Nature* 上发表。

“时间调控手性反转”研究工作入选 2020 年度三项轰动性合成工作之一 中国科学院上海有机化学研究所团队首次发现反应时长可以作为控制产物绝对构型的主要因素，即发现一种独特的“时间调控手性反转”现象。该成果在 *Nature Chemistry* 上发表，并被美国 *Chemical & Engineering News* 评选为 2020 年度三项轰动性（sensational）合成工作之一。

首次实现亚分子分辨的单分子光致荧光成像 继 2013 年首次实现亚纳米分辨的单分子拉曼成像后，中国科学技术大学单分子物理化学团队又首次成功实现亚纳米分辨（8 埃）的单分子光致发光成像，发展了可消除荧光猝灭的普适技术，为在亚纳米尺度上探测和调控分子局域环境，以及光与物质相互作用提供了新的工具。相关研究成果在 *Nature Photonics* 上发表。

研制出新一代 DNA 纳米机器疫苗用于肿瘤免疫治疗 中国科学院国家纳米科学中心丁宝全课题组构建了尺寸形状精准可控、定位定量搭载肿瘤抗原和多种佐剂的 DNA 纳米机器，作为肿瘤疫苗进行免疫治疗。由于解决了疫苗精准化及多佐剂联用的难题，该 DNA 纳米疫苗在多种肿瘤小鼠模型上都展现出良好的抗肿瘤疗效，并显示了长期的免疫记忆效果，有效抑制肿瘤复发与转移，在疫苗体系的开发及个体化的抗肿瘤免疫治疗应用中显示了巨大潜力。相关研究成果在 *Nature Materials* 上发表。

2. 生命科学领域

揭示蝗虫聚群成灾的奥秘 蝗灾对农业、经济和环境构成重大威胁。群聚信息素被认为是蝗虫聚群成灾的最关键因素，然而 50 余年来，没有一种化合物能符合群聚信息素的所有标准。中国科学院动物研究所康乐院士团队鉴定到一种由群居型蝗虫特异性挥发的气味，释放量低但生物活性非常高的化合物，4-乙烯基苯甲醚（4VA），并从化学分析、行为验证、神经电生理记录、嗅觉受体鉴定、基因敲除、野外验证等多个层面对 4VA 作为飞蝗群聚信息素进行了全面而充分的鉴定和验证。该研究被认为是昆虫学研究的一个重要突破，对世界蝗灾的控制和预测具有重要意义。提出的基于该化合物的 4 种防治策略被认为是未来害虫绿色控制的新方向。该项研究不仅揭示了蝗虫群聚成灾的奥秘，而且使蝗虫的绿色和可持续防控成为可能。国际学术界评价为用科学战胜蝗灾，用蝗虫自身的感受控制蝗灾。该成果在 *Nature* 上发表，并入选 2020 年度中国生命科学十大进展。

发现长非编码 RNA 种属特异性加工决定其功能差异 人类基因组中超过 98% 的区域都是非编码区域。长非编码 RNA 是一类广泛转录但不翻译产生功能性蛋白质的核糖核酸大分子。越来越多的研究表明它们在基因表达调控过程中发挥着重要功能。中国科学院分子细胞科学卓越创新中心(生物化学与细胞生物学研究所)陈玲玲研究组通过分离人、鼠胚胎干细胞细胞核和细胞质来源的RNA结合高通量测序分析，首次发现人、鼠胚胎干细胞中长非编码RNA的加工及亚细胞定位存在显著差异。该工作发现非保守的RNA加工和定位在长非编码RNA发挥功能过程中具有重要作用，从而提示长非编码RNA的姿态万千可能是物种特异性的调控和适应的一个重要机理。相关研究成果于2020年4月6日在*Cell*上发表，并在当期杂志获同行专评。

在豆科植物根瘤发育研究中获进展　氮肥能使农作物产量大大增加，但也带来水体富营养化污染、加剧全球气候变暖等负面影响。豆科植物能与根瘤菌“合作”将空气中的氮元素转化为氮素（固氮），但“为什么豆科植物具有这种本领”的奥秘一百多年来都无人能解。中国科学院分子植物科学卓越创新中心王二涛研究团队发现，豆科植物SHR-SCR分子模块特异的在皮层细胞中积累，根瘤菌信号的刺激能进一步激活SHR-SCR分子模块的表达，从而诱导皮层细胞分裂，形成根瘤菌的“住所”。该研究为提高豆科植物固氮效率和改造非豆科植物获得固氮能力奠定了理论基础。相关研究成果于2020年12月10日在*Nature*上在线发表。

揭示植物干细胞如何免疫病毒　植物病毒病害是危害农业的第二大病害，严重影响作物产量和品质，甚至绝收。目前尚无有效农药或化学制剂能够特异性地防治植物病毒，而茎尖脱毒技术是迄今唯一有效的、能够清除植物体内多种病毒的生物技术。中国科学技术大学赵忠团队揭示了植物茎顶端分生组织存在广谱抗病毒免疫的分子机制。在侵染过程中，病毒必须利用植物细胞内的蛋白质合成系统合成自身的蛋白，以完成自身的复制、组装和侵染过程。而干细胞关键调节基因*WUS*则通过直接抑制细胞内蛋白质合成的速率，限制了病毒的复制和传播。该研究不仅回答了为什么植物病毒不能侵染植物分生组织这一长而未决的生物学问题，同时也为未来作物抗病毒防治提供了新的技术策略。相关研究成果于2020年10月9日在*Science*上发表。

揭示植物中连接细胞膜和叶绿体的抗病信号途径　植物在长期进化过程中已形成一系列复杂且巧妙的机制来感知来自病原体的威胁，从而阻止或消除病原体的入侵。植物细胞通过细胞膜识别特定的分子以感知潜在攻击者的存在并发出“警报”，然后将信号传递到细胞核，但这种“警报”信息如何在细胞内传递，科学家们尚未完全了解。中国科学院分子植物科学卓越创新中心Rosa Lozano-Duran（罗莎·洛萨诺·杜兰）团队发现一些植物蛋白具有细胞膜和叶绿体双重定位。它们可以从细胞膜移动至叶绿体内部，帮助叶绿体感知威胁信号，然后叶绿体通过“逆行信号传递”将这些信息传递至细胞核，从而调节抗病基因表达，激活防御以对抗入侵者。该途径是植物细胞将危险信号从外界传递到叶绿体的策略之一，能快速、及时、准确地整合信号并产生适当的下游响应。该项发现为设计植物保护策略和开发新的抗病品种提供了新思路。相关研究成果于2020年9月3日在*Cell*上发表。

开发RIC-seq新技术系统解析RNA的原位高级结构及作用靶标　解析细胞内RNA的原位高级结构及作用靶标是研究其功能机制的关键。虽然目前已有多种研究RNA二级结构和分子间相互作用的高通量测序技术，但是这些实验方法不能有效地捕获RNA

高级结构，且假阳性率普遍过高。针对以上问题，中国科学院生物物理研究所薛愿超团队开发了 RIC-seq 新技术，解析了 HeLa 细胞中 mRNA 和非编码 RNA 的构象和组织规律，绘制了全基因组增强子 - 启动子 RNA 调控网络图谱，并阐明了增强子 RNA 激活癌基因 *MYC* 转录的新机制。研究发现 RIC-seq 技术不仅能检测 RNA 高级结构，而且可准确鉴定各类非编码RNA的作用靶标，这为后续深入研究非编码RNA所携带的"结构密码"及其功能性提供了全新的实验工具。此外，该技术在病毒 RNA 的结构和靶标研究方面也有广阔的应用前景。相关研究成果于 2020 年 5 月 6 日在 *Nature* 上发表。

解析核糖体组装的动态过程 核糖体是所有生物用来合成蛋白质的分子机器，是生命的基本元件。在真核细胞中，核糖体的组装是一个高度复杂、动态的过程，两个亚基在成熟过程中会结合大量的组装因子，形成一系列前体复合物。小亚基在成熟过程中形成两种主要的前体：位于细胞核仁区的早期前体和位于细胞质的晚期前体。中国科学院生物物理研究所叶克穷团队利用单颗粒冷冻电镜技术解析了酵母核糖体小亚基早期前体向晚期前体转化过程中的一系列过渡状态的结构，首次观察到该转化的动态分子过程。这些结构显示核糖体前体 RNA 上的转录间隔序列在核糖体前体上发生降解，驱动组装因子的有序解离和核糖体结构的成熟。研究人员还观察到切割间隔序列的核酸酶——外切体在核糖体前体上的结合位置。该研究对理解核糖体组装这个基本生命过程具有重要意义。相关研究成果于 2020 年 9 月 18 日在 *Science* 上发表。

发现横断山是高寒植物的起源地、分化摇篮和避难所 横断山及周边山地拥有全球最丰富的高寒植物多样性，其演化历史对于认识全球植物多样性格局具有重要意义。中国科学院西双版纳热带植物园星耀武团队通过国际合作新建了可联合推演地理分布区和生物区演化的生物地理模型，探讨了 18 个被子植物类群的多样性演变过程。研究表明，横断山的高寒植物多样性是已知全球起源最早的，可追溯至 3000 万年前。其演化速率在中新世后加快，受新近纪的降温、造山运动与季风增强的共同驱动，是高寒物种分化的摇篮。此外，横断山还是第四纪时高寒植物的重要避难所，是喜马拉雅和青藏高原高寒植物多样性的主要来源。该研究加深了对全球山地生物多样性形成的认识，为预测未来气候变化对高寒植物多样性的影响、制定合理的保护策略提供了重要科学支撑。相关研究成果于 2020 年 7 月 31 日在 *Science* 上发表。

3. 地球科学领域

古 DNA 研究确认福建及周边古南方人群是南岛语系人群祖先 中国史前人群南北格局怎样形成？又是如何迁徙扩散及遗传混合传播？中国科学院古脊椎动物与古人类研究所付巧妹研究员团队首次通过古基因组数据研究发现，中国、东亚主体人群连续演化是主旋律，中国南北方古人群早在 9500 年前已经分化，新石器时代古北方人群在迁徙和基因传播方面对所有现代人群的影响都非常显著，至少在 8300 年前南北人群融合与文化交流的进程即已开始，4800 年前出现强化趋势，至今仍在延续。福建及毗邻地区距今 8400 年的古南方相关人群，是南岛语系人群（现今主要生活在中国台湾岛及太平洋岛屿等地）的祖先来源，并确认整个东亚沿海族群之间都存在遗传联系，此成果填补了东方尤其是中国史前人类遗传、演化、适应方面的重要信息。相关研究成果于 2020 年 5 月 15 日在 *Science* 上发表。

全球变冷促使360万年来亚洲中纬度地区气候急剧变干　亚洲内陆干旱区的形成演化过程和驱动机制是当今地学研究的重要前沿科学问题，不仅关系到我国西部和中亚地区的生态环境保护和建设，还可能对全球气候产生重要影响。中国科学院青藏高原研究所方小敏研究员与中国科学院地球环境研究所安芷生院士等共同主导的研究发现，北半球高纬度冰量增加和全球变冷，可能是驱动亚洲中纬度地区360万年以来干旱气候和西风环流演化的主控因素，并可能通过粉尘输送对北太平洋和南海生物生产力及与其相关的大气二氧化碳浓度吸收和全球变冷产生重要影响。这项研究揭示了360万年北半球西风气候变化的可能历史，为深入理解亚洲内陆干旱化与全球气候变化的相互作用过程和机制提供了新证据。相关研究成果于2020年10月6日在*PNAS*上发表。

人类活动导致黄河径流和泥沙500年来空前减少　目前，水量变化已成为黄河流域生态治理的关键问题。中国科学院地球环境研究所安芷生、刘禹团队联合国内外相关单位，重建了黄流中游1492—2013年天然径流量变化历史，定量计算1961年以来人类活动耗水量，发现农业灌溉用水是中上游径流和泥沙量同时减少的主因，为黄河水文模型分析提供了重要的基础数据，对评估黄河水文长期变化趋势和黄河流域治理策略的制定具有重要理论和实践意义。相关研究成果于2020年7月20日在*PNAS*上发表。

澄江生物群发现过渡型物种“章氏麒麟虾”为生物进化论增添重要实证　中国科学院南京古生物研究所朱茂炎研究员团队在云南5.2亿年前的“澄江动物群”澄江化石群中最新发现“章氏麒麟虾”。比较解剖学和谱系发生学分析表明，“章氏麒麟虾”结合了真节肢动物和节肢动物祖先类型的身体特征，是典型的过渡型物种，填补了节肢动物起源过程中关键的缺失环节，为生物进化论增添了一个有力的化石证据。相关研究成果于2020年11月5日在*Science*上发表。

建立生态系统生产总值及其核算制度体系　中国科学院生态环境研究中心欧阳志云研究团队在全国多地开展生态系统生产总值（GEP，又称生态产品总值）探索，并协助深圳建立全国第一个GEP核算制度体系。生态系统生产总值，是指生态系统为人类福祉和经济社会可持续发展提供的最终产品与服务价值的总和，包括物质产品价值、调节服务价值和文化服务价值三部分。开展GEP核算通过对典型生态系统服务（如气候调节、水源涵养、洪水调蓄、文化服务、物质供给等）进行核算和定价，来反映自然生态系统对人类发展的经济价值，是对“绿水青山就是金山银山”生态文明理念实践的重要技术支撑，被联合国环境经济统计委员会吸纳为新的评估指标，并列入可持续发展议程2030体系。该团队已牵头编制多地的GEP核算技术标准和生态环境部GEP核算技术规范。相关研究成果于2020年6月8日在*PNAS*上发表。

4. 技术科学领域

普适性机械解理技术制备大面积二维材料　中国科学院物理研究所周兴江、高鸿钧团队发展了一种金膜辅助的普适性机械解理方法，成功获得大尺寸超薄二维材料，实现了对40多种二维材料的大面积解理，尺寸在毫米至厘米量级，制备效率接近100%，首次给出针对不同层状材料的普适性解理规律。相关研究成果在*Nature Communications*上发表。

在“最简单”的化学反应中发现新量子干涉现象 中国科学院大连化学物理研究所杨学明团队利用自行研制的高分辨交叉分子束装置，结合高精度的动力学方法，在最简单的化学反应 H+HD → H_2+D 中发现了量子干涉现象，并证明了该反应在低于锥形交叉的能量下仍存在几何相位效应。该成果在 *Science* 上发表。

发现二维层状 $MoSi_2N_4$ 材料家族 中国科学院金属研究所成会明团队制备出不存在已知母体材料的全新二维范德华层状材料 $MoSi_2N_4$，并获得厘米级单层薄膜，具有半导体性质、高载流子迁移率、优异力学性能和稳定性，有望用该方法制备 10 多种相同结构的二维层状材料。相关研究成果在 *Science* 上发表。

首次在本征磁性拓扑绝缘体中实现量子反常霍尔效应 中国科学技术大学陈仙辉团队在 5 层厚度的 $MnBi_2Te_4$ 单晶薄层样品中在 1.4K 温度下观察到量子反常霍尔效应。通过外磁场进一步改善薄层样品中的铁磁排列，将实现量子化的温度提高到 6.5K，是迄今为止观察到量子反常霍尔效应的最高温度纪录，成功证明了 $MnBi_2Te_4$ 是第一个本征磁性拓扑绝缘体。相关研究成果在 *Science* 上发表。

一种预测钠离子电池层状氧化物构型的方法 中国科学院物理研究所胡勇胜研究员、陈立泉院士研究组与合作者开展钠离子电池层状氧化物成相规律理论研究，通过引入“阳离子势（Φ_{cation}）”这一新物理量指示不同相结构之间的竞争关系，绘制出能够区分这两种结构的“相图”，提出了预测和设计层状氧化物正极材料的新方法，为低成本、高性能钠离子电池层状氧化物正极材料的设计制备打下了坚实的科学基础。相关研究成果在 *Science* 上发表。

一种高度 CMOS 工艺兼容的铁电二极管 中国科学院微电子研究所刘明院士研究团队利用原子分辨率球差校正透射电镜，观察到 Hf/Zr 和 O 在晶格中的排列，国际上首次确认了 $Pca2_1$ 相的存在，为 HfO_2 铁电的基础理论提供了最为直接的证据；提出了一种新型的 HZO 基铁电二极管（Fe-diode）器件，通过极化方向的改变来控制铁电二极管导通方向。由于界面势垒的存在，该器件具有高度的非线性（＞ 100），可以克服交叉阵列中的漏电，实现自选通功能，操作速度＜ 20 纳秒，疲劳特性＞ 109，开态电流密度＞ 200 安 / 平方厘米，并实现了垂直尺寸小于 20 纳米的三维集成。相关研究成果在 *Nature Communications* 和 *IEEE International Electron Devices Meeting* 上发表。

光电随机与参量振荡器 中国科学院半导体研究所李明研究组与合作者提出了新型宽带随机光电振荡器和新型光电参量振荡器，可产生多频的微波信号。首先利用光纤中的瑞利散射作为反馈机制将随机分布反馈与光电振荡器结构结合起来，提出了具有独特开放环腔的新型光电振荡器结构。在该方案中，光信号在光电振荡器中发生大量且随机分布的瑞利散射，使得环腔长度近似连续地改变，因而振荡信号的频率也近似连续且具有随机特性，为宽带随机的多频微波信号。研究团队还提出并演示了一种基于光电混合谐振腔内参量频率转换过程的新型光电参量振荡器，通过非线性参量频率转换过程，将成对出现的振荡模式的相位和锁定。相关研究成果分别在 *Nature Communications* 和 *Light: Science & Applications* 上发表。

（二）国家重大需求方面重大科技成果

1. 光电空间领域

“北斗三号”全球卫星导航系统建成开通 中国科学院充分发挥学科门类齐全的综合优势，全方位参与“北斗三号”全球卫星导航系统研制建设，是参与任务面最广、任务类型最多的部门，成为“北斗三号”系统研制建设和创新发展的主力军之一。率先验证Ka波段星间链路信号体制，首先采用星载国产龙芯CPU技术，研制2颗试验卫星和10颗中轨道地球卫星；在国内率先攻克高精度星载氢原子钟和铷原子钟的轻小型化问题，为天基时空基准提供了核心技术支撑，达到国际先进水平；基础性支撑“北斗三号”系统地面信息处理、时统系统、时间溯源、测试评估工作，突破星地星间链路联合信息处理等多项关键技术，实现高实时性导航电文产品自动化生成，为完好性服务提供保障。作为专项学术交流中心挂靠部门，有效支持专项学术交流工作；专业支撑全球卫星导航系统多边双边平台，有力服务大国外交和北斗国际化。

助力“嫦娥五号”月球样品采集、“嫦娥四号”成果持续产出 在“嫦娥五号”探月任务中，中国科学院作为我国月球探测工程的发起者、参与者、实施者之一继续承担重要任务，所研制的月壤结构探测仪识别出月壤结构分层，有效支持钻取取样工作；全景相机在转台的支持下，完成环拍、国旗展开成像等关键操作；月球矿物光谱分析仪对表取采样前后多个关键位置进行全波段采集。甚长基线干涉测量（VLBI）测轨分系统实现多个探测器同时测量、快速准确定位着陆器月面着陆位置等多项关键技术突破。2020年12月19日，1731克月球样品安全进入中国科学院“月球样品实验室”，相关科学家将陆续开展月球样品解封、制备和处理和分发工作，力争早日产出科学研究成果。“嫦娥四号”探测器继首次揭示月球背面着陆区域地下40米深度内地质分层结构以来，首次获得月表粒子辐射剂量数据。2020年，中国科学院科学家团队已在*Nature Astronomy*等国内外刊物上发表论文20余篇。

“天问一号”火星探测器发射成功 在“天问一号”任务中，中国科学院继续牵头论证提出了“天问一号”任务科学目标与有效载荷配置方案，继续承担了地面应用系统、有效载荷分系统、VLBI测轨分系统和多项工程关键重要产品的研制任务，以及相关科学数据应用研究。 国家天文台、国家空间科学中心、上海天文台、云南天文台、新疆天文台、长春光学精密机械与物理研究所、西安光学精密机械研究所、空天信息创新研究院、光电技术研究所、上海技术物理研究所、地质与地球物理研究所、中国科学技术大学、合肥物质研究院固体物理所13家单位，作为主要研制单位参与了“天问一号”相关任务研制，突破了地火远距离大数据量数传，高精度、低时延、多目标干涉测量及定轨预报，关键有效载荷研制和数据处理技术，特种航天材料研制等多项关键技术，为“天问一号”发射任务圆满成功发挥了不可替代的作用。

“慧眼”直接测量到宇宙最强磁场 中国科学院高能物理研究所“慧眼”卫星团队通过对X射线吸积脉冲星的详细观测，采用直接测量的方法得出其表面磁场强度约为10亿特斯拉。这是迄今为止人类直接且非常可靠地测量到的宇宙中最强磁场，比此前美国宇航局“罗西X射线时变探测者”卫星保持的最强磁场测量结果纪录提高约60%。相

关研究成果在 *Astrophysical Journal Letters* 上发表。中子星是宇宙中具有最强磁场的天体，其与伴随恒星可组成 X 射线双星系统，通过探测其相互作用时辐射能谱中的回旋吸收线，可以直接测量中子星表面附近的磁场强度。“慧眼”作为我国第一颗 X 射线天文卫星，于 2017 年 6 月发射，与国外 X 射线卫星相比，具有覆盖能段宽、在高能 X 射线能段的有效面积最大、时间分辨率高、探测死时间小、观测强源没有光子堆积效应等突出优点，因此具有探测高能量回旋吸收线的独特能力。

2. 信息海洋领域

全海深载人潜水器“奋斗者”号创造 10 909 米的中国载人深潜新纪录 中国科学院在“奋斗者”号全海深载人潜水器研制和海试中发挥核心关键作用，10 余家单位全面参与研制和海试工作，相关科技成果经受住了万米深潜试验的检验。其中，深海科学与工程研究所作为“奋斗者”号的业主单位组织并保障海试成功，牵头研制“沧海”号着陆器和全海深视频直播系统，为万米载人深潜的电视直播提供了技术支撑。金属研究所、理化技术研究所、声学研究所、沈阳自动化研究所等单位完成钛合金载人舱、固体浮力材料、高速数字水声通信系统、自动控制系统、机械手等多项关键技术攻关，保障“奋斗者”号“下得去、上得来”，并为潜水器提供了“眼睛、耳朵、嘴巴”、“控制大脑”及“灵巧的双手”。

量子通信与量子计算等研究取得突破 中国科学技术大学等研究团队利用“墨子号”量子卫星，在国际上首次实现基于纠缠的千公里级量子密钥分发，将以往地面无中继量子保密通信的空间距离提高一个数量级，并通过物理原理确保了在卫星被他方控制的情况下依然能实现安全的量子通信，成为量子通信向现实应用的重要突破。中国科学技术大学等研究团队构建了 76 个光子的量子计算原型机“九章”，实现具有实用前景的“高斯玻色取样”任务的快速求解，使我国成功达到量子计算研究第一个里程碑“量子计算优越性”，牢固确立国际第一方阵地位。

3. 材料能源领域

新一代煤制烯烃技术进入工业化阶段 中国科学院大连化学物理研究所成功进行“合成气直接制低碳烯烃”技术工业试验，一氧化碳单程转化率超过 50%、低碳烯烃选择性优于 75%，验证了这一煤炭清洁利用新技术路线的先进性和可行性。该技术是大连化学物理研究所的原始创新成果，从原理上颠覆了 90 多年来煤化工一直沿袭的德国科学家发明的费 - 托合成路线，创造性地采用复合氧化物和分子筛耦合的催化新策略，实现了煤经合成气直接制备低碳烯烃的新路线，突破了传统费 - 托路径低碳烯烃选择性为 58% 的理论极限值。经与陕西延长石油（集团）有限责任公司合作，该技术已实现产研融合，为“能不能不用水或少用水进行煤化工”问题初步提供了解决途径。

“液态阳光”技术完成千吨级示范 由中国科学院大连化学物理研究所研发、兰州新区石化产业投资集团有限公司投资、华陆工程科技有限责任公司设计，联合开发的“液态太阳燃料合成示范项目”集成创新了液态太阳燃料合成全流程工艺装置，具有完全自主知识产权，整体技术处于国际领先。该项目基于两项关键创新技术：高效、低成本、长寿命规模化电催化分解水制氢技术和廉价、高选择性、高稳定性二氧化碳加氢制甲醇催化技术。该项目由太阳能光伏发电、电解水制氢和二氧化碳加氢合成甲醇三个基本单元构成，总投资约 1.4 亿元，甲醇产能为 1500 吨 / 年。

煤炭清洁高效燃烧技术取得系列突破　中国科学院大连化学物理研究所采用自研燃烧技术和国产通用装备，成功研制出 210 千瓦燃气锅炉低氮燃烧机样机，并在热水锅炉上实现连续稳定运行，氮氧化物排放量仅为 14 毫克 / 立方米，远低于现行国内 30 毫克 / 立方米最高标准。该技术创造性地改变燃烧机燃烧头结构，成功实现气体高效混合和稳定清洁燃烧一体化、集成化，通过与国产风机、阀组、控制系统等装配，样机成功实现了整机完全国产化，性能优于国外同功能垄断产品，预估量产成本仅为其 30% 左右。该技术通过改造更换燃烧头，同样可适配现有各吨位锅炉燃烧机。新型蓝柔燃烧技术及低氮燃烧机的推广，将有效助推全国范围的燃气锅炉低氮改造，极大降低成本。

4. 资环生物领域

大豆和小麦基因组学研究开展“里程碑”式工作　在植物中首次实现基于图形结构（graph-based genome）的大豆泛基因组构建，有望引领全新的下一代基因组学研究思路和方法，助力实现大豆“绿色革命”，被国内外同行誉为“基因组学的里程碑工作”；完成世界首份麦属全基因组遗传变异图谱，并首次实现全属水平的遗传变异挖掘，为加速小麦和其他作物的遗传改良提供了全新思路。相关研究成果在 *Cell* 和 *Nature Genetics* 上发表，对作物精准设计育种有重要指导意义。该成果由中国科学院遗传与发育学研究所完成。

植物基因精准编辑技术研发继续领跑全球　构建了饱和靶向内源基因突变碱基编辑器 STEME，为原位定向进化植物内源基因提供了新型技术支撑；开发了新型精准、可预测多核苷酸靶向删除系统 AFID，为植物基因组调控 DNA 的功能研究及设计育种提供了强有力新工具；建立了植物引导编辑技术，实现了 12 种类型单碱基或多碱基替换、小片段精准插入或删除。三项成果均在 *Nature Biotechnology* 上发表。应邀在 *Nature Reviews Molecular Cell Biology* 上发表综述，系统介绍基因编辑在农业和植物生物技术中的应用情况。该成果由中国科学院遗传与发育学研究所完成。

设计型新品种培育成效显著　2020 年度审定设计型新品种 14 个，作物推广面积达 200 多万亩，推广鱼苗 10 亿多尾。国审水稻新品种‘中科发 8 号’在黑龙江呼兰区和尚志市完成 500—800 亩连片示范，比当地主栽品种增产 10% 以上；高蛋白型国审大豆新品种‘科豆 10 号’平均蛋白质含量高达 45.63%，同时比对照增产 5.06%，适合黄淮地区夏播种植；高糖原型牡蛎国审新品种‘海蛎 1 号’糖原含量平均提升 25.4%，比传统方法育种效率提高 63.5%，在主产区乳山、即墨和胶南等多个海区进行推广养殖 6000 余亩，单产平均增加 17.05%。该成果由中国科学院遗传与发育学研究所、水生生物研究所、海洋研究所、东北地理与农业生态研究所、成都生物研究所、西北高原生物研究所等单位共同完成。

深层钻探智能地震成像导钻技术取得突破　利用钻井已揭示的上覆地层信息更新地震成像，实现地震成像引导钻井，钻井引导地震成像更新，更新成像再次引导钻井的闭环。为解决随钻地震成像实时需求，对地震成像算法模块进行 GPU 加速改造，以跃进工区三维地震数据成像为例，采用 2080Ti 32 卡 GPU 服务器，钻前局部区域成像更新处理时间可控制在 25 分钟左右，基本可满足实时成像需求。该成果由中国科学院地质与地球物理研究所完成。

随钻方位电磁波成像测井仪现场测试成功 方位电磁波成像成功命中预定靶点，实现对钻井过程中井眼轨迹的高精度控制。测井仪通过发射天线向地层发射电磁波，利用方位天线定向接收反射信号，探明岩石电阻率特性与地层边界。突破完全正交方位天线、高强度钻铤结构、二次封装混合电路等核心技术，研制了耐温 150 摄氏度，耐压 138 兆帕随钻方位电磁波成像测井仪，实现了 16 扇区电阻率成像，方位探边距离 6 米。在长庆油田完成两口页岩油井的现场实钻，获得井眼上下 6 米范围的电阻率图像。该成果由中国科学院地质与地球物理研究所完成。

6.75 英寸智能柔性旋转导向系统研制成功 突破直井造斜、高精度井眼轨迹控制技术瓶颈，研制成功 6.75 英寸“智能柔性旋转导向系统”，在中石化胜利油田营 88- 斜 11 井对该系统进行实钻试验。试验在 1834—1864 米、2495—2888 米两个深度段进行，实际工作进尺是 423 米，系统连续工作时间 101 小时，成功完成直井造斜、稳斜和扭方位等功能。导向钻进过程中最大造斜率为 6.8 度 /30 米，并成功命中预定靶点，实现对钻井过程中井眼轨迹的高精度控制。该成果由中国科学院地质与地球物理研究所完成。

（三）国民经济主战场方面重大科技成果

农业生产“数据决策＋智能执行”的“伏羲系统”成功示范 以第三代农机装备为基础，结合我国农业生产复杂性的特点，通过人工智能、大数据等新一代信息技术手段，实现水文、土壤、生物、气象、农机、农艺等农业生产全要素在信息空间的数据融合，打造农业生产“数据决策＋智能执行”的生态体系，并命名为“伏羲系统”。2020 年成功研制 50 马力新能源智能农机并量产，建成全国最大规模的农机大数据平台。在山东黄河三角洲完成“七个一”框架搭建，实现数据采集、分析，农业作业调度，以及智能农机实时控制等功能；在呼伦贝尔农垦集团开展“伏羲系统”的草牧业示范；在河南洛阳开展丘陵地貌系统部署，建成覆盖“耕种管收加储运销”全环节的数据平台系统，并成功开展基于智能农机、数据驱动的无人化智能化作业示范。

黄河三角洲农业高新技术产业示范区研发平台建设稳步推进 中国科学院联合黄河三角洲农业高新技术产业示范区（简称“黄三角农高区”），抢抓黄河流域生态保护和高质量发展国家战略重大历史机遇，坚持“平台、团队、项目、产业”一体化建设，边谋划、边推进、边落地，2020 年各项工作取得阶段性成果。建立轻度（黄三角农高区 5700 亩）及中重度盐碱（东营现代农业示范区 5200 亩）试验示范基地 2 个；落地实施黄河三角洲主要经济作物提质增效技术集成研究与示范、苜蓿分子选育与生态友好栽培关键共性技术研发、设施农业智能装备技术攻关与系统示范、授粉熊蜂规模化繁育技术的研发和示范、生物可降解地膜制备产品研发与示范、食品风险因子防控及安全保障体系等 8 个重大科研项目；支持黄三角农高区 5 个中试研发平台建设，农业益虫完成中试和小规模量产，配合黄三角农高区启动建设新一代智能农机装备产业孵化园，自主建立重度盐碱地“草 - 牧 - 园”及精致设施农业试验示范基地、中国科学院黄河三角洲滨海盐生试验植物园。通过近 3 年的建设和发展，初步构建起技术集成、试验示范、中试研发、成果转化、人才培养、产业发展融合贯通的中国科学院现代农业科技集成创新体系和示范样板。

科技支撑联合国《2030年可持续发展议程》 专项组织撰写的《地球大数据支撑可持续发展目标报告（2020）》连续作为中国政府的正式文件，由国家领导人在第74届和第75届联合国大会上发布。报告聚焦零饥饿、清洁饮水、可持续城市、水下生物、陆地生物等指标，采用科学大数据、云计算、人工智能等方法，构建了可持续发展目标评价体系，揭示了地球大数据技术对监测和评估可持续发展目标的应用价值和前景，为国际社会填补了数据和方法论空白，展现了我国利用科技创新推动落实联合国《2030年可持续发展议程》的成功实践，彰显了国际发展合作引领地位。该专项入列联合国可持续发展技术促进机制在线平台，成为全球24个合作机构之一。研究成果由国家主席习近平在第75届联合国大会一般性辩论上宣布，为我国后续设立可持续发展大数据国际研究中心奠定了重要基础。

完成美丽中国建设第三方评估试评估 面向2035年“美丽中国目标基本实现”的愿景，编制完成《美丽中国建设评估技术规程》，研制美丽中国建设评估监测与动态模拟系统，开展31个省（自治区、直辖市）美丽中国建设进程实地调研并获50余万公众满意度问卷调查结果，初步完成国内首份美丽中国建设第三方评估全国总报告、美丽中国建设公众满意度评估报告和31个省级评估分报告。主客观结合量化美丽中国建设进程，认为2000—2019年美丽中国建设进程加快，尤其是党的十八大以来建设进程明显加快，公众对美丽中国建设满意度达到80%以上，但区域差异显著。同时指出美丽中国建设当前存在问题及短板，提出对策建议。

支撑《长江三角洲区域生态环境共同保护规划》编制 2020年12月，推动长三角一体化发展领导小组办公室印发《长江三角洲区域生态环境共同保护规划》（简称《规划》），《规划》由生态环境部会同国家发展改革委和中国科学院共同编制。在中国科学院战略性先导科技专项（A类）“美丽中国生态文明建设科技工程”的支持下，南京地理与湖泊研究所作为《规划》编制技术组副组长单位，承担了太湖流域生态环境共同保护研究、区域生态体系建设与生物多样性保护、重点地区跨界生态环境协调机制与政策研究等规划编制重要研究任务，并牵头完成《规划》中生态共保、水环境协调治理、机制共创等部分的撰写，先导专项研究成果的应用为完成规划编制起到了重要的科技支撑作用。

分布式可再生能源交直流混合集成技术实现工程化突破 针对目前高比例分布式可再生能源接入系统转换环节多、效率低、波动性大等问题，中国科学院电工研究所在院重点部署项目支持下，提出通过多端口电力电子变压器高度集成分布式可再生能源的创新方案，研制成功3兆伏安多端口电力电子变压器，实现最高10千伏的多电压等级交直流微网柔性交汇互通，实现区域内分布式可再生能源全部消纳和可靠、高质量供电。作为世界首台应用于实际工程、容量最大的电力电子变压器，该示范系统支撑了国家电网同里综合能源服务中心的建设和运营。

半潜式波浪能养殖旅游平台产业化取得突破 针对远海海洋养殖缺装备、缺平台、缺能源的“卡脖子”瓶颈问题，中国科学院广州能源研究所研发了半潜式波浪能养殖旅游装备技术，并建成全球首台示范平台“澎湖号”。该平台集波浪能发电、网箱养鱼、旅游休闲为一体，并搭载了海水淡化、污水处理、热水器、空调、冰柜等生活设施，具备

20 人居住空间，成功开展了多鱼种、多季度渔业养殖示范，并累计接待游客 2000 余人次，开创了海水养殖产业转型升级和休闲渔业产业发展的新模式。该所已完成平台不同尺寸、不同配置的系列化定型设计，并于 2020 年获得广东、海南多个商业订单，有望实现在我国沿海海域的规模化应用。

循环流化床煤气化技术产业化成效显著 中国科学院工程热物理研究所在中国科学院科技成果转移转化重点专项（简称“弘光专项”）的支持下，大力推进循环流化煤气化技术的产业化，实现技术在工业燃气和合成氨领域多个新增项目的投运。贵州安顺建成中国首台无烟煤循环流化床气化装置；新疆五彩湾高碱煤气化装置解决准东高碱煤大规模转化利用难题；江西高安全球最大煤制清洁工业燃气集中供气项目推动建陶产业转型升级。开展面向现代煤化工的工程应用，已开工建设煤气化制加氢气源项目和气化制乙醇合成气项目。该技术的推广应用持续引领了清洁煤气化的技术及装备升级，并将为我国现代煤化工产业提供新动能。相关研究成果获中国科学院 2020 年度杰出科技成就奖。

千吨级液态太阳燃料合成项目示范成功 中国科学院大连化学物理研究所开发的液态太阳燃料（简称“液态阳光”）合成技术成功实现千吨级项目运行示范并完成科技成果鉴定。该项目发展了两项国际领先的催化技术，电解水制氢和二氧化碳催化合成绿色甲醇，其中，电解水制氢能耗降低至 4.0—4.2 度电 / 方氢，二氧化碳加氢制甲醇技术使用具有自主知识产权的固溶体催化剂（$ZnO\text{-}ZrO_2$），单程甲醇选择性大于 90%，同时项目集成创新了液态太阳燃料合成全流程工艺装置，具有完全自主知识产权，整体技术处于国际领先。该项目将二氧化碳作为碳资源进行转化，并首次将太阳能规模化转化为液体燃料，提供了高压输电之外的太阳能利用新途径，为我国实现“碳达峰”、“碳中和”目标提供了切实可行的全新技术。

高镁锂比盐湖卤水提锂关键技术实现大规模工业化应用 中国科学院青海盐湖研究所与青海东台吉乃尔锂资源股份有限公司密切合作，在“弘光专项”项目支持下，实施选择性离子迁移电渗析膜分离提锂的专利技术转化，建成首个年产 1 万吨低成本、清洁地直接生产电池级碳酸锂新生产线，形成连续平稳运行的应用体系，可复制、可推广，成为盐湖锂资源可持续开发利用的核心技术之一。累计实现销售收入 5 亿元，实现利润 2.4 亿元。同时，建成 5 条关键工艺及装备中试线，为解决制约电池级碳酸锂生产和镁、硼高值化产品开发的共性技术问题提供了产业化的可行性方案。

碳化硅晶体制造技术的产业化取得重要进展 中国科学院物理研究所创办的碳化硅生产企业——北京天科合达半导体股份有限公司（物理所占股 30%），碳化硅单晶衬底产品 2020 年销售收入达 2.1 亿元。2020 年 8 月，在北京大兴区投资 9.5 亿元开工建设年产 12 万片碳化硅生产线，预计 2022 年投产。中国科学院上海硅酸盐研究所开发的成套碳化硅晶体生长加工技术在 2020 年实现转移转化，获得收益 1.5 亿元。年产 5 万片碳化硅衬底生产线已开工建设，远期将形成年产 25 万片碳化硅衬底产能。上述工作将为破解我国在碳化硅核心关键材料上的瓶颈问题做出贡献，有力促进我国第三代半导体产业实现自主可控发展。

“弘光”品牌催生中科系科创板“批量”上市 在中国科学院“弘光专项”支持下，“空天大数据平台产业化”、“深度学习处理器研发及产业化”、“硅基二氧化硅阵列波导光栅芯片产业化”三个项目的产业化主体中科星图股份有限公司、中科寒武纪科技股份有限公司、河南仕佳光子科技股份有限公司先后在上海证券交易所首次公开发行股票并在科创板上市。“空天地一体化网络卫星移动通信终端芯片研发及产业化”、“支撑现代物流体系建设的核心智能装备系统产业化”两个“弘光专项”的产业化主体北京中科晶上科技股份有限公司、中科微至智能制造科技江苏股份有限公司进入上市辅导期。

（四）人民生命健康方面重大科技成果

发展 CAR-T 细胞治疗新方法 CAR-T 细胞治疗成功应用于肿瘤临床治疗，但面临细胞因子释放综合征和细胞持续性低等挑战。CAR 的信号元件来自抗原受体 TCR 的 CD3z 链及共刺激分子（如 CD28）。目前对 CAR 的改造主要集中在共刺激信号元件，而忽视了抗原信号元件。中国科学院分子细胞科学卓越创新中心（生物化学与细胞生物学研究所）许琛琦研究组与北京大学和美国加州大学圣地亚哥分校合作，通过定量质谱和生化方法发现 TCR 的 CD3z 链具有特殊的信号转导功能，可同时招募抑制性分子 Csk 和活化性分子 PI3K。将 CD3z 胞内区加入临床使用的 CAR 序列中，可使 CAR-T 细胞持续性更好，抗肿瘤功能更强，并且将细胞因子释放综合征的风险降低。相关研究成果于 2020 年 8 月 20 日在 *Cell* 上发表，并入选 2020 年度中国生命科学十大进展。

发现蛋白异常“液 - 液相分离”导致人类发育性疾病新机制 蛋白质的相分离不仅在细胞行使正常生理功能中扮演重要的角色，其调控紊乱与人类多种重大疾病密切相关。中国科学院上海有机化学研究所生物与化学交叉中心朱继东团队与刘聪团队首次发现了蛋白酪氨酸磷酸酶（SHP2）液 - 液相分离的现象，阐释了 SHP2 的磷酸酶结构域通过全新的蛋白质表面多价静电相互作用模式介导分相，并通过分相促进酶的反应活性。该研究进一步发现 SHP2 液 - 液相分离紊乱是导致多种发育性疾病（如努南综合征和豹皮综合征）的直接原因，揭示了蛋白质分相紊乱在人类发育性疾病中的重要作用，为人们理解疾病的分子机制提供了新的视角。更为重要的是，研究团队首次通过小分子药物靶向 SHP2 通过调节液 - 液相分离来控制酶活和其下游信号通路，为 SHP2 相关疾病治疗提供了新策略。首次提出以靶向蛋白相分离作为药物靶点的可能性，为研发诸多原来难以靶向或无法靶向的疾病靶点开辟了全新策略和方向。相关研究成果于 2020 年 10 月 15 日在 *Cell* 上发表。

发现新的抗衰老靶标基因 全球人口老龄化问题日益严重，老年人在享受更长寿命的同时，也面临生理功能退化带来的各种健康问题，寻找有效途径来延缓衰老伴随的行为和认知等功能退化成为重要且迫切的任务。中国科学院脑科学与智能技术卓越创新中心蔡时青团队与中国科学院上海巴斯德研究所江陆斌团队合作，利用线虫、小鼠动物模型和人类基因表达数据库，在全基因组水平上筛选调控衰老的基因，获得 59 个候选基因。通过构建这些基因之间的相互作用网络，发现其中两个表观遗传调控因子 BAZ2B 和 EHMT1 位于该调控网络的关键节点。在人类大脑中，BAZ2B 和 EHMT1 的表达量随年龄逐渐增加，且与阿尔茨海默病病情进展呈正相关；降低小鼠 *Baz2b* 基因的功能可提高神经元线粒体功能，改善小鼠老年时期的认知能力。该研究揭示了神经系统衰老新的基因调控网络，发现了调控大脑衰老的关键表观遗传因子，为延缓大脑衰老提供了新的理论依据和作用靶标。相关研究成果于 2020 年 3 月 5 日在 *Nature* 上发表。

发现神经活动调控睡眠稳态的机制 睡眠行为是动物界普遍存在的生理现象，人一生有三分之一的时间在睡眠中度过。然而，目前尚不清楚睡眠行为是如何被调控的。觉醒期间大脑促睡眠物质的积累导致机体睡眠压力增加和“困意”产生。基底前脑区域的腺苷是介导睡眠压力的重要分子，但神经活动如何调控腺苷的动态变化尚不清楚。中国科学院脑科学与智能技术卓越创新中心徐敏研究组，采用北京大学生命科学学院李毓龙研究组开发的新型遗传编码腺苷探针，揭示了睡眠 - 觉醒周期中小鼠基底前脑区神经活动依赖的快速腺苷释放，发现谷氨酸能神经元对于胞外腺苷浓度和睡眠压力的积累起着重要调控作用。该研究首次揭示了睡眠稳态调控的神经环路机制，为探索睡眠障碍的治疗方法提供了重要参考。相关研究成果于 2020 年 9 月 4 日在 *Science* 上发表。

绘制人类海马体发育的细胞图谱和基因调控网络 海马体是大脑中一个至关重要的结构，和癫痫、智力障碍、阿尔茨海默病等多种病理的发病机制密切相关。中国科学院生物物理研究所王晓群团队系统阐明了人海马体胚胎发育过程中的基因表达调控网络和细胞命运决定因子，绘制了高精度发育细胞图谱，解析了海马体发育过程中的不同细胞类型及其关键的分子与调控网络。在该研究中，首次通过高通量单细胞转录组技术对海马体关键发育期的 30 416 个单细胞进行了测序，利用 tSNE 分析把细胞划分为 8 大类 47 个不同的细胞亚型，深入阐明了人脑海马体动态变化的发育过程以及记忆功能环路形成的细胞基础和分子机制。同时，结合跨物种平台，比较了人类与啮齿类动物海马体的关键差异，揭示了海马体发育的关键时间节点和基因，为相关疾病的诊疗提供了坚实基础。相关研究成果于 2020 年 1 月 15 日在 *Nature* 上发表。

干细胞药物治疗新冠肺炎重症 / 危重症患者 依托中国科学院干细胞与再生医学创新研究院建设的国家干细胞资源库自主研发的新型细胞药物“科舒达”在新冠肺炎重症和危重症患者救治过程中，除通过抑制炎症有效救治重症患者生命外，还可防治这些患者的肺纤维化。经初步评价，接受治疗的 14 名急性呼吸窘迫综合征患者在相关临床指标中显示出不同程度的改善，6 名参加Ⅱ期随机双盲试验。27 名新冠肺炎相关肺纤维化患者已完成Ⅰ期临床研究随访，临床试验药物安全性良好，受试者相关临床症状及临床检测指标显示出不同程度的改善；另有 27 名新冠肺炎相关肺纤维化患者入组Ⅱ期随机双盲的注册临床试验。

人体气体磁共振成像系统被选定为新冠肺炎康复患者肺功能评价设备 中国科学院精密测量科学与技术创新研究院自主研制成功的人体气体磁共振成像系统，在武汉同济医院、武汉金银潭医院应用，对普通和重症新冠肺炎出院患者进行超过 1000 人次的气体磁共振扫描，对受试者肺功能进行全面评价和研究，为后续新冠肺炎患者的治疗提供了客观、有效、可量化的评价。该系统被选定为新冠肺炎康复患者的肺功能评价设备，以解决 CT 检测存在放射性且无法探测肺部功能的难题。

队伍建设与人才培养

2020年，中国科学院坚持以习近平新时代中国特色社会主义思想为指导，深入学习贯彻党的十九大和十九届二中、三中、四中、五中全会精神，坚决贯彻落实党中央决策部署，人才各项工作取得新成效。

一、人才队伍建设

（一）人力资源管理研究

开展研究所人才分类评价制度体系与实例研究。从国家和中国科学院人才评价政策、国外科技人才评价经验及对我国的启示、国家重要科技和人才项目评价方法等方面进行文献调研和案例梳理，通过调查问卷分析中国科学院人才评价工作中存在的主要问题并提出政策建议，为研究所人才评价工作提供参考，营造人才良性发展环境。

开展与重大创新平台紧密衔接的青年人才培养举措研究。从青年人才培养现状、与重大创新平台紧密衔接的青年人才培养举措、健全分类评价、优化发展环境、加强历练和拓宽视野等方面开展研究，为促进创新链不同环节青年人才发展提出举措建议。

（二）领导班子与干部队伍建设

落实《2018—2022年中国科学院干部教育培训规划》，克服新冠肺炎疫情影响，坚持把学习贯彻习近平新时代中国特色社会主义思想摆在全院干部教育培训最突出的位置，以坚定理想信念、加强党性教育、提高政治觉悟、提升能力建设为主要内容，针对全院所局级领导、可近期关注干部、年轻干部、管理骨干等关键少数实施调训工作。2020年度共选调24名院领导和所局级、处级领导干部参加中组部调训，选调15名所局级领导参加中央和国家机关司局级干部专题研修，选调62名新任所局级干部和50名年轻干部参加院级调训相关班次。

中国科学院党组强化对选人用人的主导把关作用，坚持把政治标准放在首位，坚持事业为上、突出干事导向，坚持“凡提四必”，进一步规范选人用人重点关口，严把程序关。注重培养选拔懂科研会管理的复合型干部，选优配强院属单位领导班子，共完成26个单位任期考核、24个单位党委换届，新组建1个单位（部门）领导班子，对53个院属单位领导班子进行个别调整，新提任所局级领导干部59人（其中45岁以下的18人），进一步强化对党委书记、纪委书记选任考察和把关。加大年轻干部的培养使用力度，举办新任所局级领导人员上岗培训班和全院年轻干部特训班。强化干部日常管理和监督，开展中层干部选任工作专项整改，推进干部人事档案专项审核全覆盖。

进一步贯彻落实“四项监督”制度，推动从严管理监督干部常态化。在监督内容上，突出对干部遵守政治纪律、政治规矩，以及贯彻执行党中央决策部署情况的监督；在监督对象上，重点聚焦党政正职和关键岗位干部的监督。落实中央部署，开展院属单位中层干部选任巡视要求整改工作、全院领导干部个人有关事项报告专项整治等专项工作。开展13个院属单位的“一报告两评议”工作和29个院属单位领导班子的离任检查工作。针对中央个人有关事项“两项法规”实施以来出现的新问题和新形势，2020年1月制作《领导干部报告个人有关事项填报必读手册》并印发全院，全院共重点查核759人，随机抽查398人。

（三）机构编制与岗位管理

1. 事业单位法人调整

经中央机构编制委员会办公室批复同意，中国科学院监督与审计局加挂党组巡视工作领导小组办公室牌子，设立中国科学院赣江创新研究院。

经中国科学院党组会议审议同意，将上海巴斯德研究所调整为院直属事业单位，将中国高等科学技术中心调整为高能物理研究所下属事业单位。

2. 院级非法人单元和所级分支机构

成立中国科学院临床研究医院（合肥）。

为落实中央巡视整改要求，开展院级非法人单元和所级分支机构专项清理工作。召开11次专题会议，成立13个工作专班，与院属单位党政正职和有关地方政府面对面逐一沟通。院级非法人单元完成撤销目标；所级非法人分支机构全部提出撤销方案；从严清理参与设立的地方事业单位。

（四）薪酬与福利管理

全面实施岗位绩效工资制度。审核批复130多家院属事业单位岗位绩效工资实施办法，健全与岗位职责、工作业绩、实际贡献紧密联系的收入分配机制，规范各单位绩效工资的分配导向、分配程序、绩效考核内容，合理控制各单位工作人员绩效工资的差距。

加强高层次人才保障。落实《关于完善事业单位高层次人才工资分配激励机制的指导意见》精神，为缓解中国科学院绩效工资总量不足的压力，有效提升优秀人才激励保障水平，认真组织院属单位遴选高层次人才，积极争取高层次人才绩效工资总量单列支持政策。

加强党政主要负责人薪酬管理。为建立适合中国科学院特点的党政主要负责人薪酬激励约束机制，规范薪酬管理，按照人社部要求，首次启动院直属事业单位党政主要负责人薪酬初核和备案审批工作。

（五）科技创新人才培养与引进

坚持聚焦国家需求，坚持精准引才，加大引才力度。2020年通过人才计划引进318人。其中，31人入选创新人才推进计划中青年科技创新领军人才，15个团队入选重点领域创新团队，5个单位入选创新人才培养示范基地；29人获批新世纪百千万人才工程国家级人选。

立足自主培养，着力加强青年人才队伍建设。新增中国科学院青年创新促进会会员 459 人，优秀会员 93 人，在武汉策划举办以“科技战‘疫’践初心”为主题的第三期“青促会讲堂”，号召青促会会员主动肩负起时代赋予的科技创新责任，勇立时代潮头，争做时代先锋。对获得中国科学院“青年科学家奖”的 10 位青年科技工作者进行表彰奖励。

强化团队建设，完善人才智力共享机制。充分发挥平台和科研环境优势，继续推进人才智力共享机制建设，加强团队协同合作。共遴选支持 15 个卢嘉锡国际团队和 20 个创新交叉团队，聘请 87 名海外知名科学家担任中国科学院海外评审专家，积极鼓励院内学术领军人才及中青年骨干与海内外优秀学者开展跨系统、跨地域、跨学科交流与科研合作。

加强对西部人才、工程技术和产研人才的培养支持。通过“西部之光”人才培养引进计划支持“西部之光”交叉团队 20 个、“西部青年学者”154 人，接收“西部之光”访问学者 22 人，鼓励优秀人才扎根西部。遴选关键技术人才 49 人。支持产研人才扶持项目 10 个。

（六）继续教育与培训

加强优质继续教育与培训资源的建设和共享，持续优化“中国科学院继续教育网”。2020 年，受新冠肺炎疫情影响，中国科学院继续教育网开启“延学不停学”和“线上线下互动互补”的直播培训模式，通过继续教育网共开展直播培训 50 余场，进行 29 场直播录制，在线培训 4000 多人次，服务近 20 个研究所。2020 年度累计制作 150 余个课件资源，逐步细分培训领域，形成系列主题课程，满足各领域专业知识需求。积累 450 名培训师信息，有效支持全院干部教育培训工作。进一步扩大对精品培训项目的支持力度和数量，持续打造品牌培训项目。2020 年全院线上线下共举办 4795 个培训班，培训 36 万多人次，培训班实施率为 89%。

继续围绕建设人才高地的核心目标，不断推进人才国际化培养，积极贯彻落实《中国科学院公派出国留学研修管理办法》。完成国家公派留学人员的遴选推荐工作，共计推荐274人，录取250人，录取率91.2%，创历史新高。出台切实关心关爱在外公派留学人员、简化公派留学变更手续、为因新冠肺炎疫情延期回国的公派留学人员继续提供奖学金支持等系列政策支持。

二、人才教育培养

2020 年，中国科学院录取本科生 2311 人、硕士生 16 567 人、博士生 9428 人，在学本科生 9172 人、硕士生 41 456 人、博士生 35 832 人，授予学士学位 2213 人、硕士学位 8503 人、博士学位 6991 人。

（一）积极建言献策，服务我国教育事业发展

中国科学院院长白春礼向中共中央政治局委员、国务院副总理孙春兰汇报中国科学院高等教育工作情况，系统报告中国科学院高等教育的历史经验与成效，分析说明依托高水平科研机构举办高水平大学已成为世界范围内举办高水平大学的新趋势，并提出支

持中国科学院大学建设一流大学、支持中国科学院深圳理工大学筹建、支持中国科学院中西部地区研究所教育发展三项恳请支持事项。完成中央教育工作领导小组、国务院学位委员会、国家教材委员会及教育部相关部门39份来文的征求意见与建议反馈，对其中16份文件提出32条修改意见。中国科学院推荐国务院学位委员会第八届学科评议组成员名单共76人，经批准，聘任49人，推荐率64.5%。推荐全国师德师风建设专家委员会名单3人，经教育部研究决定，聘任1人担任委员会委员。推荐125名长江学者候选人，入选11名。

（二）推进教育内涵式发展，提升人才培养质量

根据中国科学院党组深化改革总体要求，进一步深入推进科教融合战略，推动区域空间集聚、一体化发展，通过制定《由分院承办的中国科学院大学科教融合学院深化改革指导意见》，助推分院科教融合改革，引导中国科学院大学京外科教融合学院由外延式发展转向内涵式发展。积极推动中国科学院哲学研究所成立、中国科学院深圳理工大学筹建、国家创新与发展战略研究会申请社会组织法人登记注册以及中国科学院肿瘤与基础医学研究所建设发展等工作。推动院属高校双一流建设，推进开展双一流建设周期总结工作。评选出院教育教学成果奖特等奖2项、一等奖6项、二等奖32项，100篇院优秀博士学位论文、80名中国科学院院长特别奖、400名中国科学院院长优秀奖、172名中国科学院优秀导师奖，激励研究生奋发向上和创新进取，引导更多优秀的科研人员从事教育教学研究与实践。

（三）开展教育研究工作，提高教育管理水平

组织有关单位参与《中国科学院科教融合发展战略与激励机制研究》和《科教融合培养高质量科技创新型人才模式与政策研究》课题研究工作，发表《科研机构研究生教育管理模式演变剖析——以中国科学院所属研究所为例》，初步形成《关于培养适应新科技革命与产业变革要求的创新人才建议》和《关于大力加强科教融合培养研究生的建议》2篇咨询报告。基于以上研究成果，初步形成关于加强科研机构和高等学校联合培养研究生的建议，拟以科研机构工委会名义报送国务院学位委员会办公室。组织开展中国科学院高等教育规划研究工作，形成万余字报告，研究成果在中国科学院中长期发展规划战略研究研讨会上汇报。基于以上研究，做好《中国科学院“十四五”高等教育发展规划纲要》、《中国科学院中长期高等教育发展规划纲要》编制。

（四）开展对外合作交流，扩大中国科学院影响力

作为中国学位与研究生教育学会科研机构研究生教育工作委员会主任委员单位，履行秘书处职责，组织召开第一届委员会第三次委员会会议，学习全国研究生教育会议精神；4个小组开展各种线上线下学习全国研究生教育会议精神活动，加强各单位交流，提升科研机构研究生教育理论水平。2020年，中国科学院共有66家研究所与76所高校开设178个菁英班，受资助学生累计1万余人；举办129个大学生暑期学校和夏令营，来自全国500余所高校的1.4万名大学生参加；资助来自近300所高校的2800余名大学生

在 116 家研究所开展超过半年的科技创新实践；另有 32 家京区研究所参加北京市教委组织的实培计划，有效提高生源质量。积极支持沈阳分院与山东省教育厅、南京分院与江苏省教育厅签署科教融合协同育人战略合作协议，探索和完善高校与科研院所间协同创新与人才联合培养新机制。作为组委会成员单位，中国科学院参与组织第六届中国“互联网 +”大学生创新创业大赛，着力增强学生的创新精神、创业意识和创新创业能力，中国科学技术大学获银奖 2 项、铜奖 2 项，中国科学院大学获铜奖 3 项。

基础设施与支撑条件

一、重点实验室、工程实验室及工程中心建设与管理

（一）重点实验室建设与管理

1. 开展中国科学院“重点实验室巡礼”系列宣传报道

启动“重点实验室巡礼”系列宣传报道工作。在《中国科学报》开设“重点实验室巡礼”专栏，从中国科学院主管的国家研究中心、优秀国家重点实验室和院重点实验室中，遴选出32个实验室进行采访和广泛宣传。宣传报道聚焦重点实验室的创新性、先进性和引领性。

2. 持续推进中国科学院国家重点实验室体系重组工作

2020年3月，中国科学院院长白春礼与科技部副部长黄卫进行会谈，就科技部重组国家重点实验室体系方案提出意见建议。7月，下发《中国科学院关于重点实验室体系重组的预通知》，组织100余研究所系统规划自身的科研组织架构，对现有国家重点实验室和中国科学院重点实验室提出优化整合方案。11月，形成《中国科学院国家重点实验室体系重组工作进展报告》、《中国科学院国家重点实验室体系重组工作方案汇编》，呈报中共中央政治局委员、国务院副总理刘鹤。12月，进一步完善中国科学院国家重点实验室体系重组总体工作方案，按照基础研究、前沿技术攻关、国家重大需求三个板块重组中国科学院国家重点实验室体系，进一步体现国家使命。组织完成对国家数学与交叉科学国家研究中心及青藏高原地球系统科学、空间天气学、现代古生物学和地层学3个国家重点实验室重组方案（优化整合方案）的专家咨询论证。

3.“西部之光”创新交叉团队 - 重点实验室专项

2020年9月，下发《关于组织申报“西部之光”创新交叉团队 - 重点实验室专项的通知》，收到39个申报项目，最终支持其中20个项目。该项工作进一步提升了西部地区重点实验室团队的创新能力。

4. 中国科学院重点实验室整改验收

组织完成纳米标准与检测和高性能合成橡胶及其复合材料2个中国科学院重点实验室评估后的整改验收工作。

（二）工程实验室及工程中心建设与管理

1. 国家工程实验室建设

截至2020年底，国家发展改革委已在中国科学院建设17个国家工程实验室（表1）。

表 1　2020 年中国科学院国家工程实验室名单

序号	工程实验室名称	依托单位	批准时间
1	甲醇制烯烃国家工程实验室	大连化学物理研究所	2008 年 6 月 6 日
2	中药标准化技术国家工程实验室	上海药物研究所	2008 年 6 月 13 日
3	工业酶国家工程实验室	天津工业生物技术研究所	2008 年 6 月 13 日
4	煤炭间接液化国家工程实验室	山西煤炭化学研究所	2008 年 7 月 4 日
5	湿法冶金清洁生产技术国家工程实验室	过程工程研究所	2008 年 11 月 28 日
6	遥感卫星应用国家工程实验室	空天信息创新研究院（遥感应用研究所）	2008 年 11 月 28 日
7	信息内容安全技术国家工程实验室	信息工程研究所	2008 年 11 月 28 日
8	真空技术装备国家工程实验室	沈阳科学仪器研制中心有限公司	2008 年 11 月 29 日
9	碳纤维制备技术国家工程实验室	山西煤炭化学研究所	2009 年 2 月 26 日
10	土壤养分管理国家工程实验室	南京土壤研究所、沈阳应用生态研究所	2011 年 8 月 17 日
11	农田土壤污染防控与修复技术国家工程实验室	南京土壤研究所	2016 年 10 月 21 日
12	畜禽养殖污染控制与资源化技术国家工程实验室	亚热带农业生态研究所	2016 年 10 月 21 日
13	高浓度难降解有机废水处理技术国家工程实验室	生态环境研究中心	2016 年 10 月 21 日
14	挥发性有机物污染控制材料与技术国家工程实验室	中国科学院大学	2016 年 10 月 21 日
15	大气环境污染监测先进技术与装备国家工程实验室	合肥物质科学研究院	2016 年 10 月 21 日
16	大数据分析系统国家工程实验室	计算技术研究所	2017 年 12 月 11 日
17	类脑智能技术及应用国家工程实验室	中国科学技术大学	2017 年 12 月 11 日

2. 国家工程中心建设

截至 2020 年底，国家发展改革委已在中国科学院建设 11 个国家工程研究中心，科技部已在中国科学院建设 19 个国家工程技术研究中心（表 2）。

表 2　2020 年中国科学院国家工程中心名单

序号	工程中心名称	依托单位	批准部门
1	机器人技术国家工程研究中心	沈阳自动化研究所	国家发展改革委
2	高档数控国家工程研究中心	沈阳计算技术研究所	国家发展改革委
3	精细石油化工中间体国家工程研究中心	兰州化学物理研究所	国家发展改革委

续表

序号	工程中心名称	依托单位	批准部门
4	膜技术国家工程研究中心	大连化学物理研究所	国家发展改革委
5	工程塑料国家工程研究中心	理化技术研究所	国家发展改革委
6	基础软件国家工程研究中心	软件研究所	国家发展改革委
7	信息安全共性技术国家工程研究中心	信息工程研究所	国家发展改革委
8	光电子器件国家工程研究中心	半导体研究所	国家发展改革委
9	高性能均质合金国家工程研究中心	金属研究所	国家发展改革委
10	手性药物国家工程研究中心	成都有机化学有限公司	国家发展改革委
11	燃料电池及氢源技术国家工程研究中心	大连化学物理研究所	国家发展改革委
12	国家网络新媒体工程技术研究中心	声学研究所	科技部
13	国家生化工程技术研究中心	过程工程研究所	科技部
14	国家遥感应用工程技术研究中心	空天信息创新研究院（遥感应用研究所）	科技部
15	国家并行机计算机工程技术研究中心	计算技术研究所	科技部
16	国家高性能计算机工程技术研究中心	曙光信息产业股份有限公司	科技部
17	国家专用集成电路设计工程技术研究中心	自动化研究所	科技部
18	中国岩土工程研究中心	武汉岩土力学研究所	科技部
19	国家淡水渔业工程技术研究中心	水生生物研究所	科技部
20	国家金属腐蚀控制工程技术研究中心	金属研究所	科技部
21	国家真空仪器装置工程技术研究中心	沈阳科学仪器中心	科技部
22	国家催化工程技术研究中心	大连化学物理研究所	科技部
23	国家光栅制造与应用工程技术研究中心	长春光学精密机械与物理研究所	科技部
24	国家节水灌溉工程技术研究中心	水土保持与生态环境研究中心	科技部
25	国家天然药物工程技术研究中心	成都生物研究所	科技部
26	国家光电子晶体材料工程研究中心	福建物质结构研究所	科技部
27	国家环境光学监测仪器工程技术研究中心	合肥物质院安徽光学机密研究所	科技部
28	国家荒漠 - 绿洲生态建设工程技术研究中心	新疆生态与地理研究所	科技部
29	国家半导体泵浦激光工程技术研究中心	北京国科世纪激光技术有限公司、光电研究院	科技部
30	国家海洋腐蚀防护工程技术研究中心	海洋研究所	科技部

3. 中国科学院工程实验室建设

2019 年 7 月，中国科学院系统性制定发布《中国科学院工程实验室管理办法》（科发促字〔2019〕57号）。截至2020年底，中国科学院已成立33个中国科学院工程实验室（表3）。

表3　2020年中国科学院工程实验室名单

序号	工程实验室名称	依托单位	执行期
1	中国科学院石墨烯工程实验室	宁波材料技术与工程研究所	2018年7月至2021年6月
2	中国科学院黄河三角洲现代农业工程实验室	地理科学与资源研究所	2018年7月至2021年6月
3	中国科学院生态草牧业工程实验室	植物研究所	2019年1月至2021年12月
4	中国科学院猕猴桃产业技术工程实验室	武汉植物园	2019年7月至2022年6月
5	中国科学院智能农业机械装备工程实验室	计算技术研究所	2019年7月至2022年6月
6	中国科学院绿色肥料工程实验室	沈阳应用生态研究所	2019年7月至2022年6月
7	中国科学院辽河源水源地生态农业工程实验室	东北地理与农业生态研究所	2019年7月至2022年6月
8	中国科学院医学成像技术与装备工程实验室	深圳先进技术研究院	2019年7月至2022年6月
9	中国科学院纳米酶工程实验室	生物物理研究所	2019年7月至2022年6月
10	中国科学院海岛及海岸带生态修复工程实验室	华南植物园	2019年7月至2022年6月
11	中国科学院腐蚀控制工程实验室	金属研究所	2019年7月至2022年6月
12	中国科学院农业微生物先进技术工程实验室	微生物研究所	2020年1月至2022年12月
13	中国科学院盐碱地资源高效利用工程实验室	遗传与发育生物学研究所（石家庄中心）	2020年1月至2022年12月
14	中国科学院海洋牧场工程实验室	海洋研究所	2020年1月至2022年12月
15	中国科学院营养工程实验室	上海营养与健康研究所	2020年1月至2022年12月
16	中国科学院离子加速器及质量检验检测工程实验室	近代物理研究所	2020年1月至2022年12月
17	中国科学院湖泊环境治理与生态修复工程实验室	南京地理与湖泊研究所	2020年1月至2022年12月
18	中国科学院地下工程灾变与防护工程实验室	武汉岩土力学研究所	2020年1月至2022年12月
19	中国科学院盐湖盐矿绿色开发工程实验室	西北生态环境资源研究院（青海盐湖研究所）	2020年1月至2022年12月
20	中国科学院新型特种精细化学品工程实验室	广州化学有限公司	2020年1月至2022年12月

续表

序号	工程实验室名称	依托单位	执行期
21	中国科学院智能物流装备系统工程实验室	微电子研究所	2020年1月至2022年12月
22	中国科学院城市固体废弃物资源化技术工程实验室	城市环境研究所	2020年1月至2022年12月
23	中国科学院电化学储能技术工程实验室	大连化学物理研究所	2020年1月至2022年12月
24	中国科学院天然活性多肽工程实验室	昆明动物研究所	2020年7月至2023年6月
25	中国科学院心理服务工程实验室	心理研究所	2020年7月至2023年6月
26	中国科学院先进体外诊断技术工程实验室	苏州生物医学工程技术研究所	2020年7月至2023年6月
27	中国科学院半导体光电器件工程实验室	半导体研究所	2020年7月至2023年6月
28	中国科学院深地资源装备技术工程实验室	地质与地球物理研究所	2020年7月至2023年6月
29	中国科学院煤炭清洁燃烧与气化工程实验室	工程热物理研究所	2020年7月至2023年6月
30	中国科学院高端装备润滑油脂工程实验室	兰州化学物理研究所	2020年7月至2023年6月
31	中国科学院精密光电制造技术工程实验室	长春光学精密机械与物理研究所	2020年7月至2023年6月
32	中国科学院高端硅基材料工程实验室	上海微系统与信息技术研究所	2020年7月至2023年6月
33	中国科学院工业视觉智能装备技术工程实验室	自动化研究所	2020年7月至2023年6月

二、重大科技基础设施建设与管理

（一）中国科学院国家重大科技基础设施基本情况

国家重大科技基础设施由国家发展改革委统筹布局。中国科学院一直是我国重大科技基础设施建设和运行的主要力量，已投入运行和正在建设的重大科技基础设施共32项，包括用于高能物理、重离子物理、等离子体物理、天文望远镜等专用研究设施，也有同步辐射、强磁场等为多学科领域基础研究、应用基础研究和应用研究服务的公共实验平台，以及遥感卫星地面站、长短波授时台、遥感飞机等公益基础设施。截至2020年底，投入运行设施21个，在建设施11个（表4）。

表 4　中国科学院重大科技基础设施建设情况一览表

运行设施（21 项）	1	北京正负电子对撞机	运行设施（21 项）	17	武汉国家生物安全实验室
	2	兰州重离子研究装置		18	散裂中子源
	3	郭守敬望远镜		19	大连相干光源
	4	合肥同步辐射装置		20	500 米口径球面射电望远镜
	5	超导托卡马克核聚变实验装置 EAST		21	X 射线自由电子激光试验装置
	6	遥感飞机	在建设施（11 项）	1	航空遥感系统
	7	中国遥感卫星地面站		2	上海光源线站工程
	8	长短波授时系统		3	综合极端条件实验装置
	9	神光高功率激光实验装置		4	高海拔宇宙线观测站
	10	中国西南野生生物种质资源库		5	强流重离子加速器
	11	上海光源		6	地球系统数值模拟装置
	12	“实验 1”科学考察船		7	高能同步辐射光源
	13	东半球空间环境地基综合监测子午链		8	模式动物表型与遗传研究设施
	14	海洋科学综合考察船		9	聚变堆主机关键系统综合研究设施
	15	蛋白质科学研究（上海）设施		10	空间环境地基综合监测网
	16	稳态强磁场实验装置		11	高效低碳燃气轮机试验装置

（二）设施建设取得重要进展

1. 高效低碳燃气轮机试验装置开工建设

2020 年 7 月，高效低碳燃气轮机试验装置开工建设。该项目是国家“十二五”重大科技基础设施，于 2017 年获项目建议书批复。该项目法人单位为中国科学院工程热物理研究所，建设周期 4 年，建设地点为江苏省连云港市和上海市浦东新区。项目将建成总体技术水平和研究支撑能力位居世界前列的高效低碳燃气轮机试验装置，填补我国大功率燃气轮机试验装置的空白，为燃气轮机基础理论研究、应用基础研究、关键技术开发提供先进的试验平台。

2. FAST 望远镜通过国家验收

2020 年 1 月 11 日，500 米口径球面射电望远镜（FAST）通过国家验收，正式开放运行。该项目法人单位是中国科学院国家天文台，2011 年开工建设，2016 年完成建设任务并开始调试和试运行。验收委员会认为，项目法人单位按期全面完成了 FAST 建设任务，各项指标均达到或优于批复的验收指标。望远镜系统整体性能稳定可靠，具备开放运行条件，并在调试阶段取得一批有价值的科学成果。验收委员会一致同意该项目通过国家验收。

3. X 射线自由电子激光试验装置通过国家验收

2020 年 11 月 4 日，X 射线自由电子激光试验装置通过国家验收。该装置由中国科学院和教育部共建，经过 5 年半的紧张建设和精细调试，高质量地建成我国首台 X 射线波段自由电子激光试验装置。验收委员会认为，设施各项指标均达到或优于批复的验收指标。建设单位掌握了自由电子激光装置设计、加工集成、安装和调试以及射频超导加速单元等关键核心技术，取得系列重大技术成果，为硬X射线自由电子激光装置的建设提供了技术和人才储备。

4. 航空遥感系统完成工艺验收

2020年12月17日，航空遥感系统工艺验收会在西安阎良召开。工艺验收专家组认为项目团队高质量地建成航空遥感飞行平台，成功研制基于10套遥感载荷的航空遥感信息获取系统，成功研制具备多源数据处理能力的航空遥感数据处理与管理系统，性能指标全部达到且部分优于批复的验收指标。

5. 散裂中子源通过设计指标工艺测试

2020年2月28日，散裂中子源达到打靶束流功率100千瓦的设计指标，并开始100千瓦稳定供束运行。7月10日，散裂中子源通过设计指标工艺测试。专家一致认为：散裂中子源打靶束流功率103.87千瓦，超过国家发展改革委批复的设计指标；散裂中子源在验收后仅一年半全面达到设计指标，在国际同类装置中所用的时间最短，装置运行效率超过90%，达到国际同类装置先进水平。

6. 大亚湾反应堆中微子实验装置正式退役

大亚湾反应堆中微子实验装置原定科学目标已全部实现，部分实验内容和获得成果超出原定的目标，其科学使命已完成，从运行投入产出比考虑，项目承担单位提出退役申请。2020年10月16日，同行专家和财务专家对大亚湾反应堆中微子实验装置退役方案进行评估论证。11月，经中国科学院院长办公会审议通过退役方案。12月12日，中国科学院高能物理研究所在实验站现场举行大亚湾反应堆中微子实验装置退役仪式，该装置正式退役。

（三）设施运行产生一批重大成果

国家重大科技基础设施高效运行取得系列成绩，为解决世界前沿科学问题、保障国家重大战略安全、促进国民经济发展、护航人民生命健康做出了贡献。

1. FAST快速射电暴成果入选*Nature*的2020年十大科学发现

2020年11月，*Nature*首次报道了在银河系内观测到的快速射电暴，最新观测证实极强磁场中子星（磁星）是快速射电暴的来源之一，其中一篇论文观测结果来自500米口径球面射电望远镜（FAST），这是天文学家第一次观测到位于银河系内的快速射电暴，极强磁场中子星也成为目前唯一被观测验证的可以产生快速射电暴的天体。

2. 解析首个新冠病毒蛋白三维结构并发现两个临床候选药物

上海科技大学饶子和团队利用上海光源在国际上率先解析了新冠病毒主蛋白酶的高分辨率晶体结构，这是世界上首个被解析的新冠病毒蛋白三维空间结构，该结构数据对解决全球面临的新冠肺炎疫情有重大意义。随后利用蛋白质设施得到该复合物更高分辨率的晶体结构。研究团队又发现依布硒和双硫仑等老药或是靶向主蛋白酶的抗病毒小分子。上述成果为抗新冠病毒药物的研发奠定了重要基础。相关成果发表在*Nature*上，入选2020年度中国生命科学十大进展。

3. 依托散裂中子源开展的高强高韧变形超高钢的研发取得重要进展

中国散裂中子源用户香港大学机械工程系黄明欣教授团队通过中子衍射谱有效获得低成本高强高韧变形超强钢的相体积分数和位错密度等重要的微观参数信息，开创性地提出高屈服强度诱发晶界分层开裂增韧新机制，打破了传统的提高强度会降低材料断裂韧性的认识。相关研究成果发表在 *Science* 上。

4. EAST 首次实现高极向比压、高约束条件下的分钟量级运行

2020 年，EAST 物理实验在纯射频波加热、钨偏滤器等接近国际热核聚变实验堆（ITER）运行条件下，实现 65 秒稳态高极向比压、高约束长脉冲等离子体运行，这是国际聚变研究的又一项重大突破。成果对未来核聚变装置提高等离子体自举电流和聚变功率具有重要意义，也为未来聚变堆高约束稳态运行提供了一种新途径。

5. 上海光源用户开发出极紫外光刻胶

自 2013 年起，由中国科学院化学研究所和理化技术研究所共同建立的极紫外光刻胶研发团队一直利用上海光源软 X 射线干涉光刻线站进行极紫外光刻胶性能检测评估的工作。研发团队开发出具有国际先进水平和完全自主知识产权的极紫外光刻胶，实现从材料设计到中试生产的全流程，填补了国内技术空白，标志着我国在高端光刻胶领域取得重大进展，为国内半导体产业安全、国家经济安全和信息安全提供有力保障。该成果入选中国科协 2020 年“科创中国”先导技术榜单，成为先进材料领域 10 项先导技术之一。

6. 长短波授时系统首次实现脉冲激光抽运铷原子钟研制

中国科学院国家授时中心围绕铷钟国产化、性能指标提升和工程应用，论证设计了采用激光抽运、微波共振及钟跃迁探测三者在时间上相互分离的脉冲激光抽运方案，突破了激光自动锁频、低温度系数物理系统、低激光噪声探测，实现目前国际唯一的脉冲激光抽运铷原子钟工程样机。该铷原子钟产品整体成果国际先进，其中频率稳定度指标居于国际领先水平，可提升长短波授时系统守时性能和自主性，为下一步天地一体化时空基准的建立提供支撑。

7. 碳离子治疗系统投入临床使用

依托兰州重离子研究装置研发的我国首台自主研发制造的医用重离子加速器——碳离子治疗系统武威示范装置正式投入临床治疗，对我国大型医疗设备研发制造和医疗水平提升具有重要意义。该装置与国际同类型装置相比，在组合模式、同步主加速器结构设计、束流注入与引出 4 个方面实现了重要创新和突破，拥有专利 97 项。目前推广 5 台，累计合同额近 30 亿元。项目获 2020 年度甘肃省科技进步奖特等奖。

三、科技基础设施

（一）信息化建设

2020 年是《中国科学院“十三五”信息化规划》各项任务收官之年，是中国科学院全面谋划《中国科学院“十四五”网信规划》发展任务之年。全院网信工作坚持应用导向、

服务率先、稳中求进、前瞻部署的工作基调，为全院科研、教育、管理和宣传工作提供了有力支撑。

1. 支撑疫情防控，应用信息化技术为科技攻关保驾护航

2020年初世界各地突发新冠肺炎疫情，中国科学院利用大数据、人工智能等技术手段构建数据库和信息平台，为国内外疫情防控科研攻关工作提供了支撑保障。

一是发布新型冠状病毒国家科技资源服务系统。依托中国科学院微生物研究所建设的国家微生物科学数据中心联合国家病原微生物资源库等多家单位于2020年1月24日发布“新型冠状病毒国家科技资源服务系统”，向社会动态发布新冠病毒相关科技资源和科学数据信息，为新冠病毒防控研究提供专项服务。截至2020年9月底，系统总访问量近1118万次，访客数量35.9万人次，其中境外访问155.21万次，境外访客数量49 852人次。该系统获2020年世界互联网领先科技成果。

二是国家基因组科学数据中心发布病毒信息库。依托中国科学院北京基因组研究所建设的国家基因组科学数据中心于2020年1月22日发布我国首个“2019新型冠状病毒信息库”，至3月27日已汇交全球1856株病毒的1877条非冗余的基因组序列信息，实现病毒基因组数据国内首发。2019新型冠状病毒信息库还提供了1247株病毒全基因组数据的可视化比较分析结果，为全球153个国家/地区的8万余位访客提供数据服务，序列文件下载472万余次。

三是视频会议系统保障工作平稳运行。新冠肺炎疫情期间，中国科学院部署“院级视频会议系统”、“桌面云视频会议系统”和“科技云会”3套视频会议系统，面向不同会议场景提供会议支持。2020年全年，3套视频会议系统支持全院各类视频会议近6万场，会议总时长2000万分钟，参会人员近50万人次。

2. 聚焦主责主业，扎实推进“十三五”信息化专项工程建设工作

2020年是“十三五”信息化专项建设收官之年，信息化专项“五大工程”建设目标均已达成。

中国科技云工程 实现高速科研网络、海量数据存储、大规模计算分析、科学数据与信息资源、科研软件资源等的全面整合集成与云化，汇聚315PF计算资源、150PB存储资源及数十PB的科学数据资源，集成部署综合服务平台52个、各类科研软件400余款，为国内外科技工作者提供便捷易用的云服务。同时，中国科技云与欧洲开放科学云的EGI签署战略合作协议，正式加入跨国身份联盟组织eduGAIN，为“十四五”时期中国科技云国际化发展开启了新篇章。

智慧中国科学院工程 围绕管理信息化、教育网络化、传播矩阵化，面向全院建成涉及人力资源、综合财务、科研项目、科研条件、电子公文、国际合作六大管理领域，提供405个应用服务的新一代ARP系统，累计访问9 875 568人次，为全院科研管理工作提供有力支撑。网站群专用环境、继续教育和教育管理平台与科学传播平台功能持续完善，为全面实现智慧化管理提供了坚实基础。

科学大数据工程 建成在线数据库服务、大数据基础分析和软件云服务平台，支持74个数据库在线创建及服务，支持4类共性算法工具软件云服务，支持多维异构数据关

联发现，在微生物云等 3 个领域形成示范应用。建成科学大数据分布式数据汇聚与关联网络，已具备支撑亿级数据对象关联管理能力。建成支持科学数据长期保藏、出版、引用等开放共享服务需求的公共存储云平台，出版数据集 425 个，科学大数据云服务门户，用户达 13.25 万人，累计在线访问达 17 886.32 万人次。

科研信息化应用工程　建立 6 个面向学科领域服务的信息化环境，系列面向中国科学院重大突破及研究所“一三五”规划的应用示范，服务科研用户超过 7700 余人，在江门中微子实验、京雄高速列车等领域形成一批典型应用示范。

网络安全工程　建成覆盖全院 509 家科研院所及用户单位的网络安全态势监控平台，数据采集能力达 300Mbps/ 秒以上，数据入库能力达 20 万条 / 秒以上，全年扫描全院范围内主机 26 万台次。通过监控平台管理，建立对于网络安全事件的检测、响应、处置、跟踪机制，为全院网络安全事件的关联分析、事件研判、安全预警与决策提供支持，做到早发现早处置，有效防范网络安全事件的发生。

3. 增强数据驱动，构筑促进科技创新发展的科学数据中心体系

2020 年，中国科学院着力推动数据资源开放共享，推动院科学数据中心体系建设，支持产出一批重大科技成果。

一是科学数据中心体系不断完善。组织遴选第二批 7 家学科中心，中国科学院学科中心布局更加完善，形成 1 个总中心、18 个学科中心、16 个所级中心的院科学数据中心体系。学科中心资源总量达到 56.54PB，支持超过 600 个国家级项目开展数据汇交。积极开展中国科学院科学数据中心标准规范体系研究，牵头我国首个科学数据标准方面的国家重点研发计划项目“科学数据安全技术及基础技术标准研究”，相关成果已申报 10 项国家标准。

二是国际影响力不断增强。部分科学数据平台服务能力处于国际前列，形成一批具有国际影响力的权威数据。基因组科学数据中心被生物大数据领域权威期刊 *Nucleic Acids Research*（《核酸研究》）列为与美国 NCBI、欧洲 EBI 齐名的全球核心数据中心。LAMOST 数据库成为世界上最大的光谱库，也是世界上最完备的脉冲星数据库。国家高能物理科学数据中心通过网格计算技术加入到全球高能物理网格系统 WLCG 中，其系统的可靠性和可用性位列前三。国家微生物科学数据中心形成系列国际权威数据平台，正在开发微生物数据领域第一个国际 ISO 标准。

4. 服务创新发展，持续提升信息化对院中心工作支撑保障能力

2020 年，中国科学院坚持需求和问题导向，结合业务工作开展的实际情况，不断深化对院中心工作的服务保障。

服务科研管理方面　推动新一代 ARP 系统管理数据质量提升，开展“1+N”专项行动，即“1 套办法 +N 项措施”。印发《中国科学院资源规划管理信息系统（ARP）运行管理办法》（科发办字〔2020〕87 号），按季度发布《中国科学院 ARP 系统数据质量报告》，组织召开首届 ARP 系统用户技能大赛，提升系统用户使用技能。目前，系统数据质量得到院属各单位重视，ARP 系统模块中的数据质量得到有效提高。

服务教育培训方面　建成全院教育基础数据库，汇聚中国科技大学、中国科学院大学、上海科技大学教育信息资源，客观反映中国科学院教育发展态势，为教育管理决策

提供有效支撑。建成全院继续教育共享平台，实现在职职工教育培训的全周期管理，建立线上、线下、混合、专题、直播等学习模式，面向151个院属机构的3836名培训主管开展培训，服务68 853名在职职工学习并建立学时档案，在线学时累计208万小时，线下学时累计1507万小时，总学时达到1715万小时，共发布2402个课件和17 657个培训项目。

服务科学传播方面 建成新媒体科学传播专有云环境，实现“网站＋社会化媒体”一体化的信息宣传、科学普及的新媒体科学传播平台，实现新媒体环境下的科学传播融合创作、聚合服务和便捷应用能力。中国科学院网站群支撑全院140多个研究机构和机关部门的900多个网站稳定运行，发布中国科学院“率先行动”计划第一阶段重大科技成果及标志性进展等20余个专题信息超过2.1万条。中国科普博览（科普云）形成一网多号推广渠道，支撑院内外300多个科普团队开展科普创作，原创或集成科普作品3000多个，解读中国科学院重大科研成果近50项。全网传播量年均超过40亿次，打造出科学大院、格致论道、格致课堂和科普中国等科普品牌，显著地提升了科学传播的可信度和影响力。

（二）野外台站网络

1. 野外站重点科技基础设施建设

前瞻布局建设一批基于顶层设计的野外重点科技基础设施，成为多所联合、多学科交叉的野外研究平台，逐步实现每一个野外站至少有一个符合该站学科特点的标志性装置，作为“镇站之宝”，显著改变野外站的装备状况，增强野外站的科学研究能力和核心竞争能力。部署的17个野外站重点科技基础设施建设项目，一期11个项目中的7个设施完成验收。沙坡头站建成我国首个规模最大的中国北方沙区水量平衡自动模拟监测系统—— Lysimeter群，模拟不同气候带降水和地下水位变化下沙地演变过程，实现北方沙区水量平衡的模拟、监测及状态自动控制和数据实时传输，提升了我国沙区生态水文、逆境植物生理生态及生物地球化循环等研究和融合；清原站建成次生林生态系统结构塔群LiDAR监测平台，是国内首个独立集水区内观测塔群和多级水文站综合监测平台，为森林生态系统野外站监测平台建设提供范例；东湖站建成城市湖泊多组分在线监测平台，做到高频度、自动化、全方位地对水生生态系统进行监测，成为支撑湖泊生态系统研究的重要科技基础设施；阜康站建成绿洲-荒漠共生关系研究平台，为回答绿洲和荒漠生态系统的共生关系关键科学问题提供了重要科技基础设施支撑；栾城站建成大埋深地下水-土壤-作物系统水分溶质循环试验观测平台，成为研究华北平原农田关键带水和污染物迁移转化机制、探索适水农业发展模式和地下水量/质保护的重要平台；太湖站建成太湖大型生态模拟平台，是解决湖泊生态系统与环境要素之间相互关系研究这一科学问题不可或缺的重要科技设施；禹城站建成地下水-农田生态系统关键过程综合试验模拟装置，是研究黄河下游平原地下水变化对农田生态系统关键过程影响机制、探索未来地下水变化对农业生产的影响及适应对策的重要平台。

2. 国家自然科学基金委重大科研仪器项目建设

历时6年研制，国家自然科学基金委重大科研仪器研制项目“三亚非相干散射雷达”

于 2020 年在三亚空间环境野外观测研究站建设完成。三亚非相干散射雷达是一套采用"相控阵体制、全固态发射、全数字接收"等全新模式，具有自主知识产权的非相干散射雷达系统。该雷达系统包含 4096 个收发天线单元，占地超过 2000 平方米，峰值功率达到 2 兆瓦，能获取海南及周边超过 1000 千米区域、空间高度 2000 千米内多种空间环境物理参量信息，在解决低纬度大气层 - 电离层 - 磁层耦合和电离层动力学、赤道电离层不规则体与电离层闪烁、东亚电离层地区特性等空间科学领域关键科学问题的国之重器，也是太阳系内天体成像等行星科学研究的重要设施，显著提升了三亚站对空间环境中高层大气和电离层等探测能力，为我国南海地区卫星导航通信保障和太空空间碎片监测等重大科技需求应用服务中发挥重要作用。

3. 中国生态系统研究网络长期监测数据挖掘、共享与应用稳步推进

中国生态系统研究网络（CERN）积累了近 30 年的水、土、气、生和水体的长期观测数据，建立了目前我国唯一的长期典型生态系统定位观测数据集。该数据集覆盖全国农田、森林、草地荒漠、水体等生态系统类型 44 个生态站的近 282 个观测指标。挖掘数据潜力、实现数据共享、推动数据广泛应用是 CERN 的基础性、长期性任务。针对联网观测数据的产品开发，CERN 数据中心联合 10 个森林站基于模型和数据同化开发了 2000—2015 年我国典型森林生态系统碳循环研究动态参照数据集，在线发表于自然出版集团创办的国际权威期刊 *Scientific Data*。推动长期观测数据的共享和服务，中国农业科学院农业资源与农业区划研究所面源污染团队研究人员基于 CERN 的 11 个生态站，包括版纳站、常熟站、鹤山站、长白山站、鼎湖山站、北京森林站、鹰潭站、哀牢山站、茂县站、会同站等的降雨 - 径流长期观测数据，建立了 CN-China 参数指标体系，大幅提高了我国径流预测的准确性，研究成果发表在环境科学领域国际顶级期刊 *Water Research*；北京大学城市与环境学院、地表过程分析与模拟教育部重点实验室的科研人员利用 CERN 南方 6 个森林站及 8000 多个 LAI 地面调查数据，为中国华南热带 - 亚热带常绿森林遥感 LAI 数据产品的误差和偏差特征分析提供了支撑。开展区域尺度的联网研究，于贵瑞院士团队有了重要科学发现，基于全国野外调查数据，引入多维度网络分析技术和思路，发展了"植物性状网络（plant trait networks，PTNs）"的理论体系，在线发表于生态学领域排名第一的 *Trends in Ecology and Evolution*，是原创性工作，引领了我国生态系统功能性状的研究。

4. 22 个野外站入选国家站优先建设名单

科技部印发《科技部办公厅关于组织填报〈国家野外科学观测研究站建设运行实施方案〉的通知》（国科办函基〔2020〕470 号），公布 69 个获批新建的国家野外科学观测研究站名单。由中国科学院推荐的浙江钱江源森林生物多样性野外科学观测研究站等 13 个野外站和省 / 部推荐的中国科学院湖南洞庭湖湿地生态系统野外科学观测研究站等 9 个野外站列入国家野外站择优建设名单，完成《国家野外科学观测研究站建设运行实施方案（2021—2025）》编制。本轮遴选中，中国科学院共推荐 24 个站，入选率达 54.2%，通过省 / 部推荐 9 个站全部入选，入选率 100%。至此，中国科学院共有 67 个国家站，特别是生态系统领域，中国科学院野外站优势明显，是生态系统领域国家站的主体，主导、引领我国生态系统领域国家站建设和发展的方向。

（三）植物园、标本馆

2020 年，植物园体系完成 9694 个植物引种号的迁地保育，当前引种保育登录号总数为 90 654，包含 30 000 多个分类单位。承担科研项目 1456 项，出版专著 69 部，在 *Science*、*Cell*、*Nature Plants*、*Nature Communications*、*PNAS*、*Molecular Plant*、*Plant Cell* 等学术期刊上发表科研论文 1713 篇，其中一些研究成果已在国内外产生重要影响。积极探索国际合作新思路和新路径，植物园国际合作交流形式由“线下”转向“线上”，组织“线上线下”相结合的各领域专业培训班，并通过网络视频会议、电话会议、邮件来往、社交平台群组等形式继续开展科研合作，开拓“后疫情时代”国际合作新局面。2020 年，中国科学院植物园创新性地利用网络平台，通过“云赏花”、“云会议”等手段将植物园抗疫措施及植物园的发展推介世界，提升扩大中国植物园的国际地位与影响力；由中国科学西双版纳热带植物园、华南植物园与庐山植物园联合申请的“一带一路”国际科学组织联盟（ANSO）植物园专题联盟于 6 月获批，专题联盟将由中国植物园牵头，联合欧美、亚洲等多个地区的植物园，共同打造区域化和全球的植物园合作平台，助力国家植物园体系建设。深入开展本土植物保护及迁地保护植物数据平台等建设，提高我国生物多样性保护能力。植物园联盟继续开展本土植物保护及迁地保护植物数据平台等建设，通过“本土植物全覆盖保护计划”继续对 15 个代表性区域（359 万平方千米）开展本土植物评估、清查与保护等工作。在“本土植物全覆盖保护计划”基础上，2020 年联盟创新方式、拓展范围，并结合社区发展及《生物多样性公约》第十五次缔约方大会（COP15）的召开，推出“城市社区生物多样性保护”计划并与昆明润城集团合作探讨城市社区生物多样性保护新模式，有效协调自然保护与当地社区发展之间的关系，在促进社区发展的同时，提升生物多样性保护意识及开展科学实践；联盟还推出公民科学小程序“加新笔记”，助力本土植物保护的普及化。2020 年，联盟继续推进迁地保护植物数据平台建设，目前涵盖中国植物园联盟植物信息管理系统（Plant Information Management System，PIMS）、植物园影像库、本土植物全覆盖保护数据库等 7 个子系统，目前均已上线，打造成为面向专业人士和公众的重要数据平台，为了解中国植物园提供有力支撑。2020 年，联盟配合科学院战略部署，参与国家植物博物馆《教育产品方案》编制项目；积极参与 COP15 的筹备工作；积极推进“一带一路”植物园联盟（ANSO-BGU）建设等，辅助推进国家植物园体系建设。

生物标本馆（博物馆）已成为亚洲最大的生物标本馆体系，2020 年新增标本量 81.1 万号，馆藏标本共计 2203.6 万号，占全国 60% 以上。2020 年共完成 25.6 万号标本的数字化工作，已数字化标本总量突破千万号达到 1027.7 万号，馆藏标本的 47% 均已完成数字化工作。2020 年战略生物资源工作委员会按时向中国科学院战略生物资源计划信息化工作组报送标本数字化信息 12.7 万余号，所提交信息总量共计 696.5 万条。在 2020 年 12 月 22 日发布的中国科学院生物资源目录中，标本资源信息占总数的 94.8%。向国家标本资源共享平台（NSII，http://www.nsii.org.cn）提交标本信息数据共计约 616 万条。中国科学院生物标本信息数据不断积累，数据收集的类型和范围也不断扩展。其中中国数字植物标本馆完成全国 31 家单位共 29 万份标本的数字化，累计数字化标本总量达到

820 万份，覆盖中国约 81.7% 的高等植物。中国植物图像库新增高质量彩色图片 114 万幅，涉及 2740 种，使彩色图片总量达到 644 万幅。新建成的菌物标本馆信息平台已搭载 120 万条数据和 1.8 万张图像，包含中国菌物名录数据库收录的 1.8 万篇文献和书籍中的 30 万条中国菌物记录。标本数字化总量在 2020 年已突破 1000 万号。2020 年由菌物标本馆牵头正式建立了中国菌物标本馆联盟，旨在推进全国菌物标本馆的规范化建设和高质量发展，加强交流与创新，建成国际顶尖水平的菌物标本馆体系。同时，战略生物资源工作委员会于 2020 年 11 月成功举办“全国生物标本资源创新应用联盟筹备会”，标志着“中国生物标本资源创新应用联盟”即将成立。平台已有国家动物标本资源库和国家植物标本资源库，再加上在中国科学院“一带一路”国际科学组织联盟（ANSO）支持下建立的“‘一带一路’生物标本资源与保护联盟”，目前形成两“库”三“联盟”的体系。在这一体系的促进下，未来各馆将在资源收集和积累的同时，不断加强生物资源领域的国内国际合作交流，在资源的挖掘和利用方面开展系列重要工作。随着标本数字化工作的持续推进，基于标本信息的挖掘和二次开发利用也不断深入，利用标本数据开发的系列相关 APP、微信小程序，如花伴侣、iHerbarium 标本馆伴侣、iMoss 苔藓伴侣、iPlant 植物智、海洋生物标本馆标本资源 APP 平台、Biotracks 平台和 Kingdonia 平台也在不断更新和完善。受疫情影响，2020 年入馆参观和室内科普活动大幅减少，但各馆改变思路，采取直播、视频及线上和线下结合等方式，积极参与到“中国科学院公众开放日”、“中国科学院科学节”等活动中，举办各类科普活动 180 余次，在线观看达 600 多万人次，受学生、家长和社会公众的好评。

（四）文献情报

2020 年，中国科学院文情系统根据科技创新的新形势和新需求，克服新冠肺炎疫情带来的影响，积极落实发展任务，不断提升服务能力，有力支撑国家及中国科学院科技创新发展。

新冠肺炎疫情发生后，中国科学院迅速组织部署为疫情防控科研攻关提供文献情报支撑，保障抗击新冠肺炎疫情科研活动顺利开展。持续开展新冠病毒科技进展监测和情报调研，搭建新冠病毒科研攻关信息及交流平台，提供大数据专题信息服务，系统开展病毒诊断、疫苗、抗体、药物等专利分析，支撑中国科学院新冠病毒科研攻关信息共享与交流。积极主动向科研一线提供文献保障服务，迅速推出多种方式支持远程文献获取，有效解决疫情期间数万名研究人员居家办公访问文献数据库受限的问题。开展应对突发公共卫生事件情报研究工作，针对疫情防控、应急体系及疫情对经济产业影响等高质量完成若干份对上决策建议，为国家及相关部门科学决策提供支撑。

组织战略情报团队持续监测研究科技发展态势和领域前沿进展，开展学科信息保障与领域情报研究和服务。在 2020 年中国科学院党组理论中心组学习会上，组织战略情报专家汇报“8+2”重大创新领域的世界科技前沿和创新政策态势，为中国科学院党组准确研判发展态势、开展战略决策、布局重大领域提供情报支撑。

截至 2020 年 12 月 31 日，中国科学院共引进电子数据库 173 个，可共享的全文电子资源中，外文期刊 33 237 种，外文图书 221 360 卷（册），外文工具书 30 419 卷（册），外文会议录 61 758 卷（册），外文学位论文 2 740 000 篇，中外文行业报告 559 100 篇；中文图书 356 993 种（套）/441 704 册，中文期刊 18 150 种，中文学位论文 4 979 853 篇。2020 年，全文下载多达 6937 万次，原文传递超 10 万篇。

四、科研装备与技术监督

（一）科研装备建设工作

1. 积极落实修缮购置专项

依据修缮购置专项 2019—2021 年规划，组织完成 2021 年修缮购置专项资金购置项目的申报及争取工作，落实财政部仪器设备类修购专项 279 个项目，总经费 10.99 亿元。

为应对贸易战影响下部分进口设备的“卡脖子”问题，中国科学院鼓励院属单位积极采购国产仪器设备，对同类国产仪器可满足需求而仍采购进口仪器的项目要求自筹部分经费。严格执行财政部定期进度报告制度，督促研究所按计划逐步推进专项实施。

2. 深入推进技术支撑系统建设

继续推进大型仪器区域中心和所级公共技术服务中心平台建设工作。组织召开区域中心管委会主任会议、管理办公室主任会议和片区交流会；组织专家对新建所级公共技术服务中心进行评审，中国科学合肥物质科学研究院强磁场科学中心所级中心纳入院择优支持范围；完成中国科学院半导体研究所等 17 个数理领域单位所级中心评估，其中 3 个所级中心评估结果为优秀；进一步完善区域中心布局，组织推进成渝地区大型仪器区域中心建设。截至 2020 年底，中国科学院共有大型仪器区域中心 16 个，择优支持的所级中心 90 个。

为进一步促进中国科学院技术支撑工作发展，按照《中国科学院院所两级公共技术服务中心评优工作暂行规定》，表彰、奖励为院所两级公共技术服务中心建设发展做出突出贡献的集体和个人。评优工作按照院和区域中心两个层面进行组织，包括优秀集体和优秀个人两类，2020 年度评选优秀集体 5 个、优秀个人 10 个。

2020 年，中国科学院仪器设备共享管理平台 V3.0 继续高效、稳定运行。应用规模涵盖 15 个大型仪器区域中心、114 个研究所（院、中心），上线仪器设备 1.1 万余台（套），价值超 200 亿元，系统活跃用户数 5 万余人，年实际处理业务 91 万余单。结合院共享管理平台，组织推动科学仪器分析测试数据集中存储，进一步加强和规范科学仪器分析测试数据管理。院属 99 家单位完成国家重大科研基础设施和大型科研仪器开放共享评价考核，中国科学院继续保持领先地位。

3. 积极推进科研装备自主研制

完善项目管理，继续推进院级科研仪器研制项目。应对疫情影响，改进项目评审流程，建立健全信用承诺制度，项目向青年人才等倾斜；2020 年，全院共受理院级科研仪器设备研制项目申请 264 个，通过形式审查、书面评审和视频答辩，资助项目 77 个，资助经费 2.07 亿元。

进一步推进中国科学院仪器研制关键核心技术攻关，加强仪器研制工作“自上而下”的组织策划。通过专家委员会组织策划、遴选推荐院级重大科研仪器研制项目、关键技术团队，部署院级重大仪器研制项目 7 个，遴选 6 个技术研发团队开展持续攻关。组织召开科学仪器自主研制创新论坛，围绕探测器技术基础与需求开展充分研讨交流。

通过《中国科学院院刊》正式出版《中国科学院自主研制科学仪器 2020》专刊，进一步加强中国科学院自主研制科学仪器和核心关键部件的推广应用；加强对自主研制科学仪器的应用示范，借助院、国家与国际交流平台，大力推广具有自主知识产权的国产科学仪器。

（二）技术监督工作

截至 2020 年底，中国科学院共有 26 个单一资质认定实验室，26 个资质认定、实验室认可二合一实验室，3 个国家质检中心。“国家计量认证中国科学院评审组”依据国家认证认可监督管理委员会的年度计划，完成 2 个实验室新申请资质认定和 8 个实验室复查 / 扩项评审工作，组织完成 2 个项目实验室间比对。挂靠在中国科学院的国际标准化专业技术委员会 1 个，全国专业标准化技术委员会共 9 个、分技术委员会 12 个。根据国家标准化管理委员会的工作部署，中国科学院开展服务国家发展战略的中国科学院标准化工作研究，积极推进相关前沿科技标准化工作水平提升。

五、后勤支撑体系建设

2020 年，中国科学院深入实施“3H”工程，持续部署和推进一批人才周转公寓、子女入园入学、健身和食堂类项目，解决科研人员工作生活实际困难，持续完善全院后勤保障基础设施。

（一）Housing（安居）工程

安居工程方面，持续通过改造、租赁、新建和购置形式拓展人才周转用房，全年支持各类人才公寓项目近 900 套，新增及改造面积 5.4 万平方米。

（二）Home（安家）工程

安家工程方面，支持部分院属单位幼儿园改造升级，提升办园品质和服务水平；鼓励加大与地方中小学的合作力度，支持北京、上海、昆明等地区实施 7 个科教协同合作项目。

2020 年，解决京区科研人员子女“幼升小”371 人、“小升初”229 人，中国科学院幼儿园共招收院内子弟 1060 人。

（三）Health（安康）工程

安康工程方面，支持院属单位健身场地改造、健身设施完善类项目 51 项，食堂改造提升项目 14 项，改造面积 1.7 万平方米。进一步加大后勤管理信息共享平台推广应用，近 30 家院属单位开通使用 43 个主要业务模块，其中，智能访客、移动餐饮等服务在疫情期间院属单位园区管理方面发挥了积极作用。

科技成果转移转化与对外合作

一、整 体 情 况

2020年，中国科学院坚持以习近平新时代中国特色社会主义思想为指导，深入学习贯彻党的十九大和十九届二中、三中、四中、五中全会精神以及中央经济工作会议精神，认真落实党中央、国务院关于促进科技成果转移转化工作的系列重要部署，以"率先行动"计划为统领，以"三重大"成果产出为目标，以深化改革为动力，面向国民经济主战场，克服新冠肺炎疫情带来的不利影响，推进"促进科技成果转移转化专项行动"，科技成果转移转化取得显著经济社会效益。

（一）科技合作工作成效显著

中国科学院科技成果转移转化和规模产业化坚持以需求为牵引，以市场为导向，加强组织领导，扎实推进工作，促进科技创新活动与国家经济社会发展需求紧密衔接，为不同领域和地域的经济发展与产业升级做出贡献。据初步统计，2020年，科技成果转移转化使社会企业当年新增销售收入4588.07亿元，新增利税499.94亿元。科技合作促进科技成果转移转化的作用日益显著。

（二）创新平台建设集聚各方资源

中国科学院联合地方政府、企业、大学和其他科研机构等国家创新体系各单元，以提升服务经济社会发展能力为核心，完善科技布局、承担科技任务、集聚优秀人才、创新体制机制、促进转移转化，扎实推进创新平台建设，服务经济发展的能力大幅提升。

据不完全统计，2020年，中国科学院以促进成果转移转化为核心，集聚技术、成果、项目和人才等创新资源，不断优化体制、壮大队伍、规范管理，有效提升了服务区域经济社会发展的能力。20个与地方政府共建的科技成果转移转化平台年度转化项目788个，使企业创造经济效益超57.6亿元，孵化企业233个，为社会培训各类人才20 191人次。

（三）创新联盟建设促进协同创新

全国科学院联盟建设有效推动了中国科学院与地方科学院的联合合作，在共同承担科学任务、开展合作研究、促进科技成果转化、培养创新创业人才、探索和实践科技与经济结合、协同创新的体制机制等方面取得积极进展。2020年12月25日，全国科学院联盟理事会第九次全体会议在黑龙江省哈尔滨召开。会议审议决定联盟理事会第十次全体会议于2021年在甘肃省召开，由中国科学院兰州分院和甘肃省科学院负责人担任2021年度全国科学院联盟轮值执行秘书长。

全国科学院联盟各成员单位充分发挥各自优势，以提升区域自主创新能力、服务区域创新发展为目标，紧密围绕区域发展需求，共同承担科学任务，在知识创新、技术创新与成果转化方面发展顺利。截至2020年底，联盟整体队伍壮大到21家，同时成立了8个专业领域分会，已有51家中国科学院院属机构、82家地方科学院研究机构、61家社会企业加入相关专业领域分会。

（四）科技成果管理体系逐步建立

强化“中国科学院知识产权运营管理中心”建设，通过“核心＋网络”、“行政＋市场”和“服务＋领域”模式，初步建立面向全院研究所的知识产权运营服务网络和以需求为导向的市场化机制，形成辐射全院的知识产权服务网络。深入挖掘存量专利价值，实行分类评估管理，实施“挑战计划”、“普惠计划”、专利拍卖、“护航计划”等活动，探索存量专利的批量转化，提升全院知识产权运用水平和转化效益。

按照分期分批原则，持续深入推进《科研组织知识产权管理规范》国家标准贯彻工作。经相关单位共同努力，截至2020年底，累计33家院属研究所通过标准认证，超额完成首期贯标任务目标。通过贯标工作，全院培育了一批示范单位，积累了经验，规范了管理，提升了效率，取得了显著成效。

探索市场化运营模式，依托中国科学院科技成果转化基金助推科技成果加快转化。中国科学院控股有限公司通过市场化机制引进并培养一支专业化运营团队，联合社会机构为研究所提供知识产权咨询、评估、维权、转化交易等服务，组织开展知识产权投资，共同推动中国科学院科技成果转移转化，取得良好的经济效益与社会效益。中国科学院科技成果转化基金坚持促进中国科学院科技成果转化和投资中国科学院早期科技项目的定位，积极引导社会资本，推动金融与科技深度融合，截至2020年底，母基金募资28.5亿元，出资子基金18支；母基金一期已投资中国科学院项目79个，资金12.25亿元，覆盖32家研究院所。

（五）科技成果转移转化工作体系逐步完善

2020年，中国科学院统筹协调全院科技资源，推进与各省（区、市）开展紧密的科技战略合作，组织与贵州、南京、湖北、重庆签署新一轮战略合作协议，组织举行与相关省（区、市）高层领导会商会议40余次，推进协议落实协议内容等相关工作。推动院属机构与地方各类创新主体建立合作关系，有力支持区域创新体系建设和加快企业技术创新能力提升。继续拓展与行业部门、龙头企业建立合作关系，为科技成果打通行业“准入门槛”提供保障，持续推进与中国铁路总公司（中国国家铁路集团有限公司）、中国石油天然气集团有限公司、呼伦贝尔农垦集团、潍柴动力股份有限公司、正大制药集团、中国节能环保集团有限公司等大型企业的科技交流与合作。

（六）科技促进发展奖表彰先进团队

2020年，授予中国科学院空天信息创新研究院“GEOVIS空天大数据平台研发及产业化应用团队”等9个团队2020年度中国科学院科技促进发展奖。

1. 团队名称：GEOVIS 空天大数据平台研发及产业化应用团队
推荐单位：中国科学院空天信息创新研究院
主要合作单位：中科星图股份有限公司
主要完成人：丁赤飚（中国科学院空天信息创新研究院）
付　琨（中国科学院空天信息创新研究院）
许光銮（中国科学院空天信息创新研究院）
胡玉新（中国科学院空天信息创新研究院）
滕启治（中国科学院空天信息创新研究院）
邵宗有（中科星图股份有限公司）
胡　煜（中科星图股份有限公司）
陈　伟（中科星图股份有限公司）
唐德可（中科星图股份有限公司）
侯树强（中科星图股份有限公司）

2. 团队名称：碳化硅晶体生长和加工技术研发及产业化团队
推荐单位：中国科学院物理研究所
主要合作单位：北京天科合达半导体股份有限公司
主要完成人：陈小龙（中国科学院物理研究所）
王文军（中国科学院物理研究所）
王　刚（中国科学院物理研究所）
郭丽伟（中国科学院物理研究所）
金士锋（中国科学院物理研究所）
郭建刚（中国科学院物理研究所）
许燕萍（中国科学院物理研究所）
彭同华（北京天科合达半导体股份有限公司）
刘春俊（北京天科合达半导体股份有限公司）
杨　建（北京天科合达半导体股份有限公司）

3. 团队名称：有机光导鼓及其相关产品的技术开发与产业化应用团队
推荐单位：中国科学院化学研究所
主要合作单位：中船重工汉光科技股份有限公司
主要完成人：杨联明（中国科学院化学研究所）
王艳乔（中国科学院化学研究所）
樊新衡（中国科学院化学研究所）
高彩艳（中国科学院化学研究所）
李英锋（中国科学院化学研究所）
李　刚（中国科学院化学研究所）
张立鹏（中国科学院化学研究所）
汪学文（中船重工汉光科技股份有限公司）

续守民（中船重工汉光科技股份有限公司）
李安洲（中船重工汉光科技股份有限公司）

4. 团队名称：高产多不饱和脂肪酸菌种创制和产业化关键技术科研团队

推荐单位：中国科学院合肥物质科学研究院

主要合作单位：嘉必优生物技术（武汉）股份有限公司
武汉中科光谷绿色生物技术有限公司
武汉烯王生物工程有限公司

主要完成人：余增亮（中国科学院合肥物质科学研究院）
姚建铭（中国科学院合肥物质科学研究院）
李翔宇（嘉必优生物技术（武汉）股份有限公司）

5. 团队名称：新一代氢燃料电池技术研发与应用团队

推荐单位：中国科学院大连化学物理研究所

主要合作单位：安徽明天氢能科技股份有限公司
新源动力股份有限公司
阳光电源股份有限公司
国家电网全球能源互联网研究院
国网安徽省电力有限公司电力科学研究院
国网辽宁省电力有限公司电力科学研究院
潍柴动力股份有限公司
中国长江三峡集团有限公司
中国葛洲坝集团装备工业有限公司
东风汽车集团股份有限公司技术中心

主要完成人：邵志刚（中国科学院大连化学物理研究所）
侯　明（中国科学院大连化学物理研究所）
俞红梅（中国科学院大连化学物理研究所）
衣宝廉（中国科学院大连化学物理研究所）
宋　微（中国科学院大连化学物理研究所）
孙树成（中国科学院大连化学物理研究所）
艾　军（中国科学院大连化学物理研究所）
林永俐（中国科学院大连化学物理研究所）
郑利民（中国科学院大连化学物理研究所）
周　利（中国科学院大连化学物理研究所）

6. 团队名称：新能源汽车电子关键技术研发与产业化团队

推荐单位：中国科学院微电子研究所

主要合作单位：国家新能源汽车技术创新中心
意法半导体
德州仪器（Texas Instruments）

清华大学
广州汽车集团股份有限公司
浙江吉利汽车研究院有限公司
奇瑞汽车股份有限公司
安徽安凯汽车股份有限公司
北汽福田汽车股份有限公司
中国科学院半导体研究所
中国科学院物联网研究发展中心
深圳市德赛微电子技术有限公司
中科芯时代科技有限公司

主要完成人：陈大鹏（中国科学院微电子研究所）
王　云（中国科学院微电子研究所）
李　庆（中国科学院微电子研究所）
赵　野（中国科学院微电子研究所）
刘　建（中国科学院微电子研究所）
常　琳（中国科学院微电子研究所）
薛　静（中国科学院微电子研究所）
韩　威（中国科学院微电子研究所）
梁艳菊（中国科学院微电子研究所）
章军辉（中国科学院微电子研究所）

7. 团队名称：生态草牧业科技示范团队

推荐单位：中国科学院植物研究所

主要合作单位：中国科学院微生物研究所
呼伦贝尔农垦集团有限公司
呼伦贝尔农垦科技发展有限责任公司
呼伦贝尔生态产业技术研究院
库伦旗农业技术推广中心
水城县恒丰祥现代农业发展有限公司
锡林浩特市白音锡勒牧场
内蒙古生原农牧业开发有限公司
河北龙湾农业科技有限公司

主要完成人：方精云（中国科学院植物研究所）
景海春（中国科学院植物研究所）
张文浩（中国科学院植物研究所）
潘庆民（中国科学院植物研究所）
钟　瑾（中国科学院微生物研究所）
高树琴（中国科学院植物研究所）

刘智全（中国科学院植物研究所）
胡兆民（呼伦贝尔农垦集团有限公司）
匡廷云（中国科学院植物研究所）

8. 团队名称：科技支撑精准扶贫助推水城县脱贫摘帽团队

推荐单位：中国科学院地球化学研究所

主要合作单位：水城县蟠龙镇二道岩村
水城县蟠龙镇院坝村

主要完成人：夏　勇（中国科学院地球化学研究所）
田弋夫（中国科学院地球化学研究所）
余德顺（中国科学院地球化学研究所）
唐从国（中国科学院地球化学研究所）
王大州（中国科学院地球化学研究所）
林庆华（中国科学院地球化学研究所）
林　剑（中国科学院地球化学研究所）
赵贵山（中国科学院地球化学研究所）
韩　力（中国科学院离退休干部工作局）
田　通（中国科学院离退休干部工作局）

9. 团队名称：西北内陆区极端环境生态系统修复理论、技术及其应用团队

推荐单位：中国科学院西北生态环境资源研究院

主要完成人：冯　起（中国科学院西北生态环境资源研究院）
周华坤（中国科学院西北生态环境资源研究院）
司建华（中国科学院西北生态环境资源研究院）
曹广民（中国科学院西北生态环境资源研究院）
席海洋（中国科学院西北生态环境资源研究院）
刘　蔚（中国科学院西北生态环境资源研究院）
鱼腾飞（中国科学院西北生态环境资源研究院）
尹振良（中国科学院西北生态环境资源研究院）
杨林山（中国科学院西北生态环境资源研究院）
温小虎（中国科学院西北生态环境资源研究院）

二、经营性国有资产管理

2020年，中国科学院纳入统计范围的856家院所投资企业实现营业收入5361亿元，同比增长8.1%；利润总额192亿元，同比增长26.3%；资产总额9353亿元，同比增长8.8%。中国科学院经营性国有资产权益530亿元，同比增长13.4%。其中，国科控股及持股企业实现营业收入4489亿元，同比增长7.9%；利润总额152亿元，同比增长19.6%；资产总额7236亿元，同比增长5.9%；国科控股权益302亿元，同比增长2.3%。

截至2020年底，中国科学院共有院所直接投资上市公司36家，新三板挂牌15家，按 2020 年 12 月 31 日收盘价计，中国科学院直接持有股份市值约 759.80 亿元（不含新三板）。

三、港澳台工作

加快推动香港创新研究院筹建工作，研究院 2020 年度累计接收特区政府资助超过 1 亿港元。克服修例风波、新冠肺炎疫情等不利因素，完成香港创新研究院总部办公室及下设两个创新中心设施建设和人员招聘工作，保障基本运行条件。

加强与香港裘槎基金联合实验室资助计划项目合作，双方加大资助力度，基金会比往年增长 3 倍资金资助双方联合项目。以“空间科学”为主题，协同做好粤港澳大湾区院士联盟及赴港科普报告工作。

鼓励开展多种形式的两岸学术交流活动，加大中国科学院台湾青年人才计划宣传力度，吸引更多台湾优秀青年来大陆学习工作。为港澳青年内地实习提供更多平台和机会。积极推进澳门高等院校产学研发展及人才培养、中医药产业发展。

国 际 合 作

2020 年，新冠肺炎疫情在全球暴发蔓延，加之中美交流形势复杂严峻，国际科技合作遭遇改革开放以来最严峻困难和全方位冲击。中国科学院坚持开放合作创新，以疫情防治领域国际合作引领双边、多边合作与攻坚，与 40 多个国家的 130 多个科研机构和国际组织加强合作，有效组织疫情期间国际合作管理与服务，及时解决广大科研人员及外籍专家、学生急难问题，面向海外开展抗疫主题宣传，为恢复和扩大、夯实和全面推进“后疫情时代”国际科技合作贡献力量。

一、应势推进国际抗疫合作

中国科学院联合美国国家科学院、美国国家医学院等机构举办 5 次中美新冠肺炎疫情防控视频交流会议，中美专家围绕新冠肺炎治疗及管理的临床医学问题、如何限制新冠病毒传播以及重启社会的步骤等议题开展交流讨论，分享抗疫经验。与法国梅里埃基金会、法国巴斯德所就抗击新冠肺炎疫情合作举行视频会议。与德国马普学会举行合作座谈视频会，向德方介绍“2019 新型冠状病毒信息库”和“新型冠状病毒国家科技资源服务系统”。推动签署《中国科学院微生物研究所与俄罗斯医学科学院梅奇尼科夫疫苗与血清研究所合作谅解备忘录》，共同建立中俄新型冠状病毒联合研究中心或联合实验室，开展中俄病原微生物学与免疫学合作研究，以及微生物学与免疫学联合大数据平台建设。与巴西科学院联合举办新冠肺炎疫情防控视频交流会议，共同推动两国相关政府部门、科研机构及专家学者交流合作。

二、不断开拓合作新领域

在官方交流困难的局面下发挥民间对话渠道的独特作用，推动中美科学家高层对话，与美国物理学会以视频会议方式举行对话，在激光物理、高能物理及引力波、天文学领域成立专题工作小组，推进青年人才交流；积极与比尔及梅琳达 · 盖茨基金会接洽，推进双方在传染病领域（疟疾、结核等）合作。与英国约翰 · 英纳斯中心签署关于共建“植物和微生物科学联合研究中心（CEPAMS）”新的 5 年合作协议，继续双方在粮食安全和药用天然产物等领域的科研合作；启动与英国杜伦大学联合举办的“知识无疆界”系列线上讲座，首期主题为古生物学。与澳大利亚联邦科学与工业研究组织（CSIRO）通过视频方式，围绕双方合作 5 个重点领域联合举办 5 场学术研讨会，就双方项目合作进展和未来合作方向及模式等展开了深入研讨。召开“CAS-CEA 中法碳循环论坛”学术研讨会，双方就热催化、光 / 电催化和生物催化二氧化碳转化三个领域研究进行交流，进一步明确合作方向，并共同资助 3 个合作项目。在中俄科技创新年框架下，落实中俄重离子超导同步加速器项目（NICA）合作实施协议，中国科学院近代物理研究所牵头并承担下一代重离子加速器关键部件合作研制项目、合肥物质科学研究院承担其中超导储能磁体研制国际合作项目。

三、启动双边合作新项目

与荷兰科学研究组织（NWO）在“绿色城市”主题下联合择优支持双边合作项目。启动与韩国国家科技理事会（NST）在生物、能源、信息通讯、基础和前沿学科领域共同支持合作研究项目，双方共同举办能源领域线上研讨会，围绕一碳化学、生物质转化、太阳能、燃料电池及储能电池 5 个主题开展深入讨论。在我院与澳大利亚联邦科学与工业研究组织（CSIRO）的联委会协调机制下，双方进一步加强合作，在农业、气候变化、健康及纳米科学等优先合作领域联合支持了 5 个合作研究项目。进一步推进“中国科学院 - 澳大利亚昆士兰州合作科学基金项目”，在农业、健康和环境科学领域联合支持 4 个合作研究项目。与土耳其科学技术研究理事会联合举办材料科学线上研讨会，围绕纳米、磁性、高分子、生物材料及空天信息领域的应用研究热点分享各自研究进展。推动与泰国国家科技发展署的双边合作项目，进一步聚焦生命科学、信息技术、材料科学等双方关切领域，联合泰方共同资助 8 个合作项目。与奥地利联邦交通、创新与技术部和奥地利科研促进署切实加强在应用科学领域的合作，聚焦纳米技术与应用、先进材料和信息技术三个领域，自 2015 年至 2020 年共同资助 18 个产学研一条龙项目。在“一带一路”国际合作专项资助下与巴西共建中巴大豆联合研究中心，以大豆种子创制和产业化为主线，构建“理论创新—技术集成—设计育种—产业孵化”创新链。

四、多边舞台上取得新进展

“一带一路”国际科学组织联盟（ANSO）组织影响力快速拓展，在“一带一路”科技合作中发挥实质性领导作用的能力快速显现。一是积极开展国际合作抗疫，在新冠肺炎疫情暴发后第一时间发出倡议、协调物资、共享信息，发起并资助抗疫实质性科技合作，着手推动我院相关疫苗海外三期实验。二是在 ANSO 框架下围绕“一带一路”健康走廊、粮食安全走廊、绿色技术走廊和能源走廊四大旗舰计划支持并推动 62 项联合项目研究；ANSO 专题联盟增加至 18 家，覆盖基础科学、气候变化、粮食安全、公共健康、绿色技术等多个领域；建设“一带一路”创新发展智库，针对“一带一路”地区重大民生问题为政府献计献策。三是发展成员机构，吸收 7 家机构成为新成员，ANSO 成员增加至 59 家（46 个国家）；ANSO 奖学金正式启动并完成首批 500 名留学生招生；积极与成员机构、合作伙伴举办各类线上培训班与研讨会。

同时，我院参与完成发展中国家科学院（TWAS）抗击新冠肺炎疫情声明。该声明充分肯定了中国对疫情防控信息与经验的分享及贡献，号召已成功应对 COVID-19 疫情的各国政府与科学院共享疫情防控的最优方案。推荐来自我院微生物所、心理所、巴斯德所、基因组所、网络中心和中科大的 6 位专家参加国际科学院组织（IAP）新冠肺炎疫情专家组。推荐高福院士代表我院参加国际科学院协会（IAAS）病毒学专家委员会。

在我院牵头主办的“2020 中关村论坛：全球科研机构首脑平行论坛”上，我院领导与美国、俄罗斯、奥地利、日本等国立科研机构负责人研讨了后疫情时代的全球科技合作。

撰写完成《地球大数据支撑可持续发展目标报告（2020）》，经外交部征求国务院 10 个部委意见并得到一致支持，在 2020 年 9 月召开的第 75 届联合国大会上由中国政府正式发布。与美国国家科学院等 14 家科学院就“基础科学”、“数字健康”和“全球昆虫种群的衰退”三个领域联合发布宣言，供各国政策制定者参考讨论，签署单位包括巴西科学院、德国利奥波第那科学院、法兰西科学院、韩国科学技术院、加拿大皇家学会、美国国家科学院、尼日利亚科学院、日本科学理事会、意大利林琴科学院、印度国家科学院、印度尼西亚科学院、英国皇家学会、中国科学院以及全球青年科学院。在国际科学理事会数据委员会北京会议期间孵化的“全球开放科学云”有关合作正式举行合作签约仪式，中国科学院计算机网络信息中心与“欧洲开放科学云”核心机构欧洲网格基础设施（EGI）基金会正式启动“中国科技云”与“欧洲开放科学云”战略合作，双方将共同推动中欧跨洲开放科学云的协作与联邦服务，围绕共建“全球开放科学云”的远景目标开展培育与示范工作，共同构建首个跨洲开放科学云示范环境。

全超导托卡马克核聚变实验装置（EAST）作为我国开放共享的优秀平台，被纳入金砖国家开放共享的重大科技基础设施清单。2020 年 11 月，中国科学院合肥物质科学研究院举办金砖国家聚变合作周活动，推动大科学装置持续加强与欧美发达国家的深度合作，扩大与“一带一路”国家合作，形成深层次、多元化、多体系的国际合作网络。自主研发的高时间分辨硅传感器技术获国际合作项目认可。欧洲核子研究中心 ATLAS 实验的高颗粒度时间探测器项目（HGTD）获批建设，该项目涉及的超快传感器芯片等为国际顶尖技术，我国及法国、美国、西班牙、德国等国参与研发，中国科学院高能物理研究所在多方面做出贡献并获认可，研究所团队成员还担任了该项目的多项重要职务。

五、海外科教合作中心形成重要产出

中国 - 斯里兰卡联合科教中心为斯里兰卡近海失火油轮救援提供重要洋流及天气预报信息，最大限度减少洋流及天气原因对救援工作的阻碍；其下设中国 - 斯里兰卡水技术研发与示范中心完成基建并按时投入使用。中国 - 巴基斯坦地球科学研究中心基建奠基启动建设。在斯里兰卡和埃塞俄比亚启动海外卫星地面站建设，签署框架协议。加德满都科教中心科研楼完成土建和科研设备安装调试投入使用。推动南美天文研究中心中国科学院重点实验室建设、圣地亚哥科学园区建设、启动南美空间天气实验室二期建设。扎实推进中阿 40 米射电望远镜（CART）建设、中亚药物研发中心产业化基地运行。中国科学院 - 亥姆霍兹联合会自由电子激光联合实验室全面重启。中葡星海联合研究实验室根据葡方提议进行调整，提出后续合作机制方案。中国科学院白俄罗斯研发中心启动建设。

基本建设

2020 年，中国科学院完成“十三五”科教基础设施项目 36 个项目（43 个子项目）初步设计方案和投资概算批复，总建筑面积 23.46 万平方米；总投资 20.06 亿元，其中中央预算内投资 12.68 亿元。

2020 年，中国科学院完成国家重大科技基础设施项目初步设计方案和投资概算审批 3 项，总建筑面积 5.02 万平方米；总投资 40.18 亿元，其中中央预算内投资 23.65 亿元，地方投资 16.53 亿元。

2020 年，中国科学院批复项目建议书 9 项，新建建筑总面积 199 534 平方米，总投资 167 047 万元，全部由研究所多渠道筹措。批复项目可行性研究报告 9 项，新建建筑总面积 88 511 平方米，总投资 67 634 万元，全部由研究所多渠道筹措。批复项目实施方案 1 项，总投资 898 万元，全部由研究所多渠道筹措。批复园区征地 3 项，征地面积 305 亩。推进落实基建领域“放管服”改革，全院备案院所投资项目 10 项，总建筑面积 31 972 平方米，总投资 23 168 万元，全部由研究所多渠道筹措。

2020 年，中国科学院组织编报完成 2021 年修缮项目计划，103 个项目获得财政部修购专项资金支持，预算经费额度 5.87 亿元。

2020 年，中国科学院共安排中央预算内投资 241 700 万元，其中包含国家重大科技基础设施专项资金 74 240 万元，“十三五”科教基础设施专项资金 61 000 万元，财政部修缮专项资金 59 430 万元，民用空间基础设施专项资金 47 030 万元。

2020 年，中国科学院新开工项目 155 项，其中科研平台、科研及辅助用房建设项目 45 项，房屋及基础设施修缮项目 110 项。新开工项目总建筑面积 91.86 万平方米，其中，科研及辅助用房建设项目的新建面积 60.02 万平方米，房屋及基础设施修缮面积 31.84 万平方米。

2020 年，中国科学院新竣工项目 128 项，其中科研及辅助用房建设项目 26 项，房屋及基础设施修缮项目 102 项。新竣工项目总建筑面积 64.43 万平方米，其中科研及辅助用房建设项目的新建面积 49.56 万平方米，房屋及基础设施修缮面积 14.87 万平方米。

2020 年，全院组织完成 100 项项目验收工作，其中 18 项“十二五”科教基础设施项目，74 项财政部批复修缮项目（其中中国科学院条件保障与财务局组织 20 项，各分院组织完成 54 项）和 8 项自筹项目。验收项目完成总投资 27.24 亿元，其中完成中央预算内资金 10.47 亿元，验收总建筑面积 55.28 万平方米。

党的建设

2020年是全面谋划“十四五”规划和中长期发展的关键之年，也是中国科学院基本实现“四个率先”目标的收官之年。一年来，全院各级党组织和广大党员以习近平新时代中国特色社会主义思想为指导，认真贯彻党的十九大和十九届二中、三中、四中、五中全会精神，增强“四个意识”，坚定“四个自信”，做到“两个维护”，坚持和加强党对科技工作的全面领导，统筹疫情防控和科技创新，认真贯彻新时代党的建设总要求，扎实推进党建工作和中央巡视整改，进一步促进党建与科技创新深度融合，为中国科学院改革创新发展提供坚强保证。

一、坚持和加强党的领导

1. 认真贯彻落实习近平总书记重要指示批示精神

中国科学院党组不断健全完善贯彻落实习近平总书记重要指示批示精神机制，将总书记关于科技创新重要论述及对中国科学院工作重要指示批示精神作为改革创新发展的根本遵循和推动各项工作的重中之重，通过及时传达学习、建立督办机制、专题协调推进、实行项目化闭环管理，逐级压实承办责任，实时掌握每件指示批示的落实进展情况，并定期要求任务牵头部门书面呈报任务进展，确保各项重要指示批示精神在中国科学院有效落实、落地生根。

2. 进一步加强党对科技工作的全面领导

认真贯彻落实中央巡视整改要求，改革完善相关体制机制，调整分院分党组职责、明确分党组发挥领导作用，将4家院属单位调整为党委领导下的行政领导人负责制，进一步完善实行所长负责制的自然科学与工程技术类研究所党委发挥作用的具体举措，推动分院建立系统单位党委，理顺企业党建工作机制。举办分院党政正职专题培训班、院属事业单位党委书记研讨班、党委委员轮训班，就贯彻落实进一步提出要求、做出部署，把党的领导落实到科研管理各领域和基层。

3. 深入开展“创建模范机关”活动

在2019年部署创建模范机关活动的基础上，进一步凝练出抓在日常、抓在经常的6项活动载体和7项工作机制，细化为26项具体内容工作台账，推动创建工作落实落地。将强化政治机关意识教育、“灯下黑”问题专项整治和党支部标准化规范化建设纳入创建模范机关工作中统筹安排、一体推进。在院机关开展“新时代机关工作人员价值理念和职业操守”专题学习活动。

二、持续深化党的创新理论武装

1. 深入学习贯彻习近平新时代中国特色社会主义思想

认真学习宣传贯彻党的十九届五中全会精神，召开宣讲报告会、座谈会，举办全院处级以上领导干部学习贯彻五中全会精神培训班。加强对院属单位理论学习中心组学习的督导，编印学习参考。组织全院各级党组织及时学习《习近平谈治国理政》第三卷、习近平总书记给 25 位科技工作者代表回信、习近平总书记在科学家座谈会上的重要讲话精神等。持续推动院属各单位成立年轻干部理论学习小组，截至 2020 年底已建立 755 个小组，开展了 1884 次活动。

2. 大力弘扬科学家精神

坚持正向引导和典型引领，持续推动党员主题教育基地建设，已在全院建设 20 个基地，挖掘整理近 60 位老科学家先进事迹，集中开展多场示范性活动，接待 10 多万人次参观学习。深入开展“一所一人一事”先进事迹征集、中国科学院年度人物和年度团队评选发布等活动，发布会共有 67 万多人次实时收看。召开庆祝建党 99 周年表彰交流大会，表彰“两优一先”并交流经验，激励各级党组织和广大党员敢于担当、勇于奉献。开展“老科学家入党志愿书联播”活动，展示中国科学院 99 位老一辈科学家的入党材料，在院内外产生较大反响，引导广大科技工作者不断强化理想信念，为科技创新凝心聚力。

3. 加强党建研究工作

召开 2020 年度优秀课题成果交流会，对上年度课题进行评选。部署 14 项研究课题，指导 5 个片区及专业分会召开交流研讨会。制定《党建专项经费管理办法》，进一步规范相关经费管理使用。

三、不断提升基层党组织的组织力

1. 充分发挥“两个作用”，为疫情防控和科技攻关提供坚强保证

中国科学院党组积极响应中央号召，第一时间印发通知，对全院各级党组织和广大党员、干部在打赢疫情防控阻击战中发挥作用提出明确要求。建立院、分院和研究所三级工作机制，层层压实责任。全院共成立 29 个临时党支部，全力投入科研攻关，为疫情防控提供有力科技支撑。156 人在抗疫一线递交入党申请书，38 名入党积极分子被批准入党。全院共有 5 人获评“全国抗击新冠肺炎疫情先进个人”，1 家单位获评先进集体。

2. 坚决落实党中央脱贫攻坚决策部署

推动各相关党组织通过强化政治引领、选派挂职干部、党支部结对共建、点对点联系帮扶、消费扶贫等方式，充分发挥“两个作用”，将党的组织优势转化为科研工作的强劲动力，不断加大科技扶贫力度，促进贫困地区发展。中国科学院定点扶贫的广西环江县、内蒙古库伦旗、贵州水城县和六枝特区 4 个国家级贫困县都已实现脱贫摘帽，并按照“四个不摘”的要求，打牢脱贫根基，促进科研任务与当地经济社会发展相融合，稳步推进脱贫成果巩固和乡村振兴战略有效衔接。

3. 扎实推进提升基层党组织组织力相关工作

推动落实提升组织力 17 项举措，开展“基层组织建设年”活动，聚焦支部建设，按照学习讨论、自检自查、整改落实、达标总结 4 个步骤，推动党支部标准化规范化建设，建设“四强”党支部。持续加强对科技骨干的政治引领和政治吸纳。统计数据显示，2019 年发展的职工党员中具有正高级专业技术职务的比 2018 年增加 28%，副高级的比 2018 年增加 28.2%。

截至 2020 年 12 月 31 日，全院共有基层党组织 4098 个，其中党委 216 个（直属机关党委 1 个，系统单位党委 8 个，分院机关党委 11 个，院属一级法人单位党委 110 个，院属二级法人单位党委 13 个，院属单位所属党委 50 个，院直接投资企业党委 23 个），党总支 293 个（院属单位党总支 3 个，院属单位所属党总支 290 个），党支部 3589 个。中国科学院党员总数为 102 317 名，其中在职党员 52 157 名，学生党员 28 863 名，离退休党员 19 407 名，其他党员（出国境工作学习、离职等情况，但仍将组织关系保留在原单位的党员）1890 名。全年共发展党员 1997 名。

四、加强纪律建设和党风廉政建设

1. 层层压实全面从严治党主体责任

印发中国科学院党组、院属单位党委落实《党委（党组）落实全面从严治党主体责任规定》的责任清单，出台分院分党组和基层党组织书记抓党建工作的考评办法，修订《中国科学院党风廉政建设责任制实施办法》，对落实相关责任做出明确规定。开展 2020 年党建工作督查，围绕中央巡视反馈的基层党建中存在的问题，重点从六个方面进行督查。向被巡视的院属单位党委发送党建问题整改提醒函，促进形成巡视工作合力。

2. 持续推进正风肃纪

深入推进纪检工作体制机制改革，推动建立中国科学院党组与驻院纪检监察组建立专题会商工作机制。开展 2017 年以来部分院属单位违反中央八项规定精神问题“回头看”、“四风”问题专项整治、以虚假合同虚假事项套取科研经费专项整治。认真贯彻落实习近平总书记关于厉行节约、反对浪费，特别是制止餐饮浪费行为的重要指示批示精神，组织院属京区各基层党组织召开专题组织生活会，开展专项监督检查，迎接上级抽查。持续加强纪律教育和警示教育，召开全院警示教育会。

3. 深化政治巡视

扎实推进中央巡视整改工作，紧扣中央巡视整改和促进科技创新谋划全年党建工作，将党建重点任务与落实中央巡视整改举措逐一对照、联动推进，逐项狠抓整改落实。

五、加强对统战、群团、离退休工作的领导

1. 统战工作

加强统战工作理论研究，完成中央统战部部署的 2 项课题研究。提升党外人士建言献策水平，征集优秀参政议政与建言献策成果为党外代表人士参政议政提供参考。支持中国科学院留学人员联谊会完善对团体会员的组织建设，持续开展“一带一路”科技论

坛等品牌活动。开通“统战工作平台”，提升统战工作信息化水平。

2. 群团工作

中国科学院工、青、妇、体群团组织突出政治性、先进性、群众性，进一步加强制度建设和队伍建设，充分发挥桥梁纽带作用。大力选树先进典型，引导职工岗位建功。增强关心关爱，竭诚服务广大职工。与人社部联合开展“中国科学院先进集体、先进工作者、劳动模范”评选表彰工作。

3. 离退休工作

积极做好疫情防控，组织引导全院离退休老同志同心战“疫”；加强全院老科协规范化建设，积极拓展在线科普，筹备成立“科学精神宣讲团”，持续引导老年群团发光发热；做好中国人民志愿军入朝作战人员 70 周年纪念章的统计发放和慰问工作，持续开展“送温暖办实事”活动，切实落实好离退休干部政治和生活待遇；探索央地资源共享，加大老年志愿者服务、法律援助服务、社会养老机构入住推荐服务等为老服务新模式的推广力度，不断提升为老服务的社会化程度。

科 学 传 播

2020 年，中国科学院科学传播工作坚持阵地意识和底线思维，坚持“大宣传”理念，遵循“大局下思考、全局中实施”，实施“全员、全面、全媒体、全过程、全方位”传播，为国家、全院相关工作开展提供了坚强保障和有力支撑。

一、主动稳妥，为抗击新冠肺炎疫情提供有力支撑

1. 支撑服务国家大局

在舆情研判应对、专家资源支撑、科学专业建议等方面积极支撑服务国家大局，配合中央和国家有关部门为舆论工作做出应有贡献，全院 4 项工作被纳入国务院新闻办公室《抗击新冠肺炎疫情的中国行动》白皮书。

2. 积极稳妥做好疫情相关新闻宣传工作

迅速出台制度文件，制定新闻宣传工作方案，确保疫情期间中国科学院相关新闻信息对外发布客观准确、稳妥有序；积极回应社会关切，完成美国全国广播公司、路透社、*Science* 杂志、中国国际电视台专访中国科学院武汉病毒研究所和 P4 实验室等活动，有力有效回击国际舆论场“阴谋论”。积极向中央媒体推荐报道中国科学院抗疫科研攻关优秀典型。

3. 切实做好疫情相关政务信息、网络宣传、信息公开、舆情应对工作

围绕疫情攻关重大部署和需求，加强对上政务信息报送，全年报送相关《中国科学院专报信息》272 期；在中国科学院网站设置“抗击新冠病毒：中国科学院在行动”专题，发布信息近 1700 条，“中国科学院之声”新媒体（微博、微信、短视频等）发布信息近 400 条，总阅读人次超 1 亿；研究印发疫情相关信息公开申请办理原则通知，针对相关信息公开申请办理事项进行及时、细致地解答；稳妥做好疫情相关的舆情监测和发声引导工作。

4. 主动加强疫情相关科普及文献共享平台工作

服务疫情期间公众科普需求，发布疫情科普视频 800 余则、文章 1177 篇，累计阅读量超 5.84 亿；以线上形式举办第 16 届“云游中科院 畅想新生活”公众科学日活动，线上观看和阅读人次超 1 亿，在抖音开设的 # 抖进科学 # 话题汇聚视频达 32 万部，播放总量逾 18 亿人次。促进疫情科研攻关的国际交流和文献共享，依托研究所搭建“中国科学院新型冠状病毒肺炎科研文献共享平台”，截至 2020 年底为全球约 140 万余访客提供超过 1.93 亿次的数据浏览、检索和下载服务。

二、新闻宣传工作成绩斐然

1. 继续推进新闻宣传工作规范化、制度化

对新闻宣传绩效统计系统进行升级优化，搭建新闻报道自动抓取平台，全年累计抓取报道超 4 万条。全院新闻发布活动备案数量同比增长 312%，其中组织实施 1863 项；原创新闻报道 16 471 条，其中中央电视台新闻频道报道 281 条。落实国务院要求坚持推进新闻发布“4.2.1+N”工作机制，举办季度发布会和多次专题发布会，社会反响良好。

2. 加强重大宣传选题策划

策划开展“率先行动”计划第一阶段进展宣传报道，反映中国科学院创新成果的系列专题片《创新跨越 2020》连续 5 天在中央电视台新闻频道首播，《中国科学报》开设专栏、科学网开设专题进行重点报道。多角度、成系列开展科技扶贫宣传报道，中央电视台 5 集系列新闻片《科技扶贫调研行》深入反映中国科学院各扶贫点的重要进展和人物；与中国网深度合作策划制作中国科学院科技扶贫微纪录片，在境内外新闻网站广泛传播。

3. 做好重大成果宣传

积极稳妥开展“奋斗者”号全海深载人潜水器成功开展万米深潜海试宣传报道，中央主要媒体进行大规模报道。“嫦娥五号”相关宣传有所突破，首次实现在国家天文台设立中央电视台直播点并进行 4 次直播。组织古 DNA 探源华夏族群、量子密钥分发、蝗虫聚群成灾、地球大数据、麒麟虾、第三代甲醇制烯烃等重大成果发布。开展“弘光专项・科技助力先进制造”专题系列记者行活动。

4. 大力弘扬科学家精神

通过组织新闻发布活动等多种形式，做好曾庆存院士获得国家最高科学技术奖前后的长线新闻宣传工作。与新华社重点栏目《国家相册》共同策划对“天问一号”首席科学家万卫星院士纪念报道，累计阅读量超过千万。

三、政务信息工作成效显著

1. 提高对上政务信息质量

全年报送《中国科学院简报》12 期、《中国科学院每月专报》12 期（注：自 2020 年 11 月起，《中国科学院工作月报》改版更名为《中国科学院每月专报》），及时、全面反映中国科学院改革重要进展与科研重大成果；报送《中国科学院专报信息》597 期，围绕新冠肺炎疫情科研攻关、脱贫攻坚、生态文明建设、粮食遥感监测、“十四五”规划等国家重大需求报送工作进展和咨询建议，获上级主管部门肯定。

2. 做好院内政务信息刊物工作

编发《要情》132 期，《领导参阅材料》38 期，《情况通报》37 期，《“率先行动”动态》11 期，有力服务、推动相关工作开展。

四、网络宣传影响力持续提升

持续丰富官方融媒体平台，及时报道、集中宣传中国科学院改革创新发展重要进展成果。中国科学院中文网站全年策划发布 20 个专题、2 万余条信息。“中国科学院之声”微博粉丝突破 445 万人，全年发布信息 3400 余条，累计被转发近 27 万次；微信累计被 53.1 万人关注，发布信息 700 余期。开通“中国科学院之声”央视频号，发布视频 170 余条，累计点击量突破 3 亿。全年手机报发布 135 期，电子杂志发布 46 期，各客户端发布信息 2000 余篇。在 2020 年度中国优秀政务平台推荐及综合影响力评估中，院中文主站获“2020 年度中国政务网站领先奖”；“中科院之声”新媒体入选“2020 年度中国优秀政务新媒体”。做好中国科学院政府网站、政务新媒体季度抽查、报告、整改。做好中国科学院科技创新亮点成果、科技成果转移转化亮点工作的季度、年度传播工作。

五、信息公开、舆情应对工作更趋规范化体系化

完成全院 2020 年度信息公开工作情况统计、报送和报告起草、发布工作，继续做好中国科学院机关信息公开综合协调，配合相关部门做好院预决算报告等主动公开信息发布工作。深入贯彻《中国科学院舆情应对管理办法》，推进全院相关人员工作意识和能力进一步提升，基本建成全院舆情应对工作体系；高度重视舆情动态，认真处理舆情问题，及时回应公众关切，积极营造良好舆论氛围。

六、科普工作影响力显著提升

1. 科普工作进一步服务国家、社会需求

组织“格致论道”进军营活动，提升官兵科学素养；助力扶贫，开展边疆民族地区科普行动，共为当地学生带去 42 场科普报告；参与全国科技周、全国科普日，共吸引 500 余万人次观众参观体验云展厅。组织第三届“科学节”，近 8 万名公众走进活动现场，共计 5000 万人次参与“云上科学节”；面向数千所中小学开设格致课堂，服务科学教育；开发科普展品资源库。

2. 科普工作进一步支撑中心工作

在北京和广西举行科技创新年度巡展，展出成果 142 项、展品及模型 41 件；举办“格致论道”讲坛“率先行动”专场，各平台累计直播量达 80 万次。

七、科技出版改革与发展向纵深推动

1. 院属科技期刊影响力不断提升

2020 年，中国科学院 SCI 收录期刊由 82 种增至 95 种；Q1 区期刊数量 37 种，全国占比 46%；跻身国际同学科排名前 10% 的期刊数量增至 19 种。《细胞研究》继续保持办刊优势，在亚太地区生命科学领域学术期刊中继续排名第一，影响因子达 20.507，实现我国自主创办学术期刊影响因子首次突破 20；《国家科学评论》影响因子 16.693，位

居 *Nature* 和 *Science* 之后，在全球多学科综合性期刊中排名第三。

2. 加强规范管理和学风建设，推动期刊高质量发展

组织召开全院科技期刊工作会议，印发《中国科学院科技期刊工作管理办法》，与 111 家院属办刊单位签署《中国科学院科技期刊工作责任书》。修订《中国科学院科学出版基金中文科技期刊择优支持管理办法》，加强对院属中文期刊支持。

3. 推动数字化出版平台建设

支持 SciEngine 建成学术期刊全流程数字出版平台，汇聚 229 种期刊 22.4 万篇论文，初具集群化规模；支持建设论文关联数据仓储平台 ScienceDB（科学数据银行），促进国内外高质量科学数据资源汇聚，成为国内首家获得 Spinger、*Nature* 和美国地球物理学会（AGU）推荐的通用型数据存储库。

中国科学院2020年大事记

一　月

1月2日　　中国科学院党组召开会议，传达中央农村工作会议精神，并就全院学习贯彻会议精神提出要求。

1月2日　　中国科学院上海巴斯德研究所调整为院直属事业单位。

1月6日　　中国科学院党组召开会议，传达习近平总书记关于巡视工作的重要讲话精神，以及中央第十五巡视组选人用人工作专项检查反馈意见，并就院党组贯彻落实中央巡视反馈意见的工作部署与总体安排进行研究。

1月8日　　中国科学院向国务院报送2019年工作总结和2020年工作要点（科发办字〔2020〕2号）。

1月9日　　“弘扬科学家精神 做新时代追梦人”2019年中国科学院年度人物和年度团队发布会在京举行，中国科学院党组副书记、副院长侯建国出席并致辞。张敬杰等6位个人和国家天文台中国天眼FAST团队等2个团队分别获2019年中国科学院年度人物和年度团队荣誉。

1月9日　　中国科学院党组召开会议，传达中共中央政治局“不忘初心、牢记使命”专题民主生活会精神。

1月16日　　中国科学院国家科技创新中心建设领导小组、工作小组第一次全体会议在中国科学院大学怀柔校区召开。中国科学院院长、党组书记、院科创中心领导小组组长白春礼出席会议并讲话。

1月16日—17日　　中国科学院2020年度工作会议在京召开。本次会议的主要任务是：以习近平新时代中国特色社会主义思想为指导，深入贯彻党的十九大和十九届二中、三中、四中全会精神以及中央经济工作会议精神，深入学习贯彻习近平总书记贺信精神，深入贯彻落实党中央、国务院重大决策部署，回顾建院70年的进展和成就，总结2019年工作，全面部署“率先行动”计划第一阶段收官任务和2020年重点工作。中国科学院院长、党组书记白春礼做《勇立改革潮头，勇攀科技高峰，以“四个率先”推动世界科技强国建设》报告。会上颁发了2019年度中国科学院杰出科技成就奖、国际科技合作奖、科技促进发展奖、青年科学家奖，表彰了2018—2019年度安全保密先进工作者。

1 月 22 日　印发《中共中国科学院党组关于印发〈中共中国科学院党校工作细则〉的通知》（科发党字〔2020〕8 号）。

1 月 27 日　中国科学院党组召开会议，传达习近平总书记关于新冠肺炎疫情防控工作的重要讲话和指示批示精神以及中央政治局常委会会议精神，就贯彻落实党中央、国务院系列重大决策部署进行再研究、再部署、再动员。

1 月 29 日　中国科学院天津工业生物技术研究所所长马延和同志当选天津市第十七届人民代表大会常务委员会副主任。

1 月 30 日　印发《中共中国科学院党组关于加强党的领导在防控疫情斗争中充分发挥党组织和广大党员、干部作用的通知》（科发党字〔2020〕9 号）。

二　月

2 月 5 日　中国科学院党组向中共中央报送 2019 年工作总结和 2020 年工作要点（科发党字〔2020〕4 号）。

2 月 5 日　中国科学院党组召开会议，传达习近平总书记重要批示和 2 月 3 日中央政治局常委会会议精神，以及中央应对新冠肺炎疫情工作领导小组第二次至第五次会议精神。

2 月 13 日　中国科学院党组召开会议，传达习近平总书记 2 月 10 日在北京调研指导新冠肺炎疫情防控工作和 2 月 12 日主持召开中央政治局常委会会议时的重要指示精神，中央应对新冠肺炎疫情工作领导小组第六次、第七次会议精神，以及党中央、国务院重要决策部署和中央领导同志重要批示精神，并就全院认真贯彻落实工作提出要求。

2 月 18 日　中国科学院党组召开会议，传达习近平总书记在中央全面深化改革委员会第十二次会议上的重要讲话精神，第八次和第九次中央应对新冠肺炎疫情工作领导小组会议精神，以及党中央、国务院关于应对新冠肺炎疫情科技攻关的重要部署，并就全院尤其是从事科研攻关的同志认真学习领会、坚决贯彻落实工作提出要求。

2 月 28 日　中国科学院党组理论学习中心组召开学习会，传达习近平总书记在全国组织工作会议上的重要讲话精神。中国科学院院长、党组书记白春礼主持会议，就学习贯彻习近平总书记重要讲话精神提出要求。中国科学院党组副书记、副院长侯建国做重点发言。

2 月 28 日　中国科学院党组理论学习中心组召开学习会，学习领会党中央关于加强党对一切工作领导的部署。中国科学院院长、党组书记白春礼主持会议，就学习贯彻中央部署提出要求。中国科学院党组副书记、副院长侯建国做重点发言。

2 月 28 日　　中国科学院党组召开会议，传达习近平总书记在中央政治局常委会会议、中央政治局会议、统筹推进新冠肺炎疫情防控和经济社会发展工作部署会议上的重要讲话精神，第十次、十一次、十二次中央应对新冠肺炎疫情工作领导小组会议精神，以及新冠肺炎疫情防控科技攻关专题会议精神，并就全院在后续工作尤其是科研攻关和舆情应对工作中认真学习领会和坚决贯彻落实提出要求。

三　月

3 月 13 日　　中国科学院党组召开会议，传达习近平总书记关于新冠肺炎疫情防控系列重要讲话精神和第十三至十六次中央应对新冠肺炎疫情工作领导小组会议精神，以及新冠肺炎疫情防控科技攻关专题会议精神。会上还传达了上级部门关于巡视整改工作的相关要求，就贯彻落实和抓紧推进巡视整改工作做出部署。同时，在院年度工作会议传达、提出要求的基础上，传达学习习近平总书记在十九届中央纪委四次全会上的重要讲话精神和全会精神，并对贯彻落实工作做出部署。

3 月 20 日　　印发《中国科学院关于成立中国科学院北京科技创新中心建设工作专项办公室的通知》（科发函字〔2020〕77 号）。

3 月 21 日　　中共中央政治局委员、北京市委书记蔡奇，中国科学院院长、党组书记白春礼，北京市委副书记、市长陈吉宁，国家发展改革委副主任林念修联合调研怀柔科学城，并组织召开座谈会，听取怀柔科学城整体建设情况、科学设施平台建设及科研工作进展情况汇报。

3 月 23 日　　发布《中国科学院关于转发〈科研诚信案件调查处理规则（试行）〉的通知》（科发函字〔2020〕71 号），2016 年 3 月印发的《中国科学院对科研不端行为的调查处理暂行办法》（科发纪监审字〔2016〕30 号）同时废止。

四　月

4 月 3 日　　中国科学院党组召开会议，传达习近平总书记关于新冠肺炎疫情防控和经济社会发展的一系列重要讲话精神和 3 月 18 日中央政治局常委会会议、3 月 27 日中央政治局会议的主要精神，第十七至第二十一次中央应对新冠肺炎疫情工作领导小组会议及李克强总理关于统筹疫情防控和经济社会发展的重要指示批示精神，新冠肺炎疫情防控相关会议精神，并对全院贯彻落实习近平总书记重要讲话精神和党中央、国务院决策部署提出要求。

4 月 3 日　中国科学院党组审议通过《院属事业单位完善体制机制 加强党的领导的工作方案》，进一步明确分院分党组的领导作用，在 4 家单位实行党委领导下的行政领导人负责制，提出在实行行政领导人负责制的单位加强党的领导等 5 项具体举措。

4 月 7 日　印发《中共中国科学院党组关于贯彻落实〈中国共产党重大事项请示报告条例〉的具体举措》（科发党字〔2020〕15 号）。

4 月 7 日　第八届中国科学院学部主席团以视频形式组织召开第十八次会议。会议通报了中央第十五巡视组对中国科学院党组巡视及相关整改情况，研究了中国科学院第二十次院士大会筹备工作，审议了第七届中国科学院学部学术年会工作方案、《中国科学院学部咨询评议项目选题指南（2020 年）》，研究审议了《中国科学院院士章程（修订稿）》，并听取了学部 2019 年经费执行及 2020 年经费预算有关情况的汇报。

4 月 7 日　印发《中国科学院科技副职工作管理办法》（科发促字〔2020〕26 号）。

4 月 9 日　印发《中国科学院领导工作规则》（科发办字〔2020〕27 号）。

4 月 10 日　印发《党建专项经费管理办法》（科发直党字〔2020〕5 号）。

4 月 10 日　印发《中国科学院党的建设工作领导小组办公室关于进一步加强和改进研究所学生思想政治工作的通知》（科发直党字〔2020〕3 号）。

4 月 10 日　印发《中国科学院党的建设工作领导小组办公室关于进一步加强院级非法人单元和院属单位分支机构等党建工作的通知》（科发直党字〔2020〕4 号）。

4 月 14 日　印发《中共中国科学院党组关于印发〈中共中国科学院党组落实全面从严治党主体责任的责任清单〉的通知》（科发党字〔2020〕16 号）。

4 月 16 日　中国科学院党组理论学习中心组召开学习会，学习领会中央巡视工作新精神新部署新要求。中国科学院院长、党组书记白春礼主持会议，就贯彻落实党中央巡视工作精神，抓好中央巡视反馈意见整改、提升中国科学院巡视工作质量提出要求。中国科学院党组副书记、副院长侯建国做重点发言。

4 月 20 日　印发《中国科学院党的建设工作领导小组办公室关于印发〈中国科学院院属单位党委落实全面从严治党主体责任的责任清单〉的通知》（科发直党字〔2020〕6 号）。

4 月 21 日　印发《中国科学院党的建设工作领导小组办公室关于组织开展“四风”问题专项整治工作的通知》（科发直党字〔2020〕7 号）。

4 月 24 日　印发《中国科学院贯彻实施〈关于进一步弘扬科学家精神 加强作风和学风建设的意见〉任务分工方案》（科发直党字〔2020〕10 号）。

4 月 26 日　印发《中共中国科学院党组关于加强年轻干部队伍建设的意见》（科发党字〔2020〕18 号）。

4 月 27 日　印发《中国科学院院属单位知识产权管理办法》（科发促字〔2020〕31 号）。

4 月 28 日　工信部批复同意组建国家高性能医疗器械创新中心（医疗器械领域唯一一家国家级创新中心），由中国科学院深圳先进技术研究院、深圳迈瑞生物医疗电子股份有限公司、上海联影医疗科技有限公司、先健科技（深圳）有限公司和哈尔滨工业大学等单位发起设立，并成立深圳高性能医疗器械国家研究院有限公司作为运营实体。批复同意组建国家集成电路特色工艺及封装测试创新中心，由华进半导体封装先导技术研发中心有限公司（中国科学院微电子研究所联合国内多家集成电路封测与材料领域骨干企业投资设立）作为依托单位。

4 月 30 日　中国科学院与安徽省在 2020 年安徽省“抓创新、抗疫情、促六稳”科技成果发布暨线上交易会上举行共建合肥综合性国家科学中心大健康研究院签约揭牌活动。中国科学院院长、党组书记白春礼，安徽省委副书记李锦斌出席会议并讲话，安徽省委副书记、省长李国英主持活动。中国科学院副院长相里斌与安徽省委常委、常务副省长邓向阳在线签署共建合肥综合性国家科学中心大健康研究院合作协议。白春礼、李锦斌、李国英与相里斌在线为合肥综合性国家科学中心大健康研究院揭牌。

4 月 30 日　中国科学院党组理论学习中心组召开学习会，学习领会中央全面深化改革委员会第十三次会议精神，交流研究贯彻落实会议精神相关举措，并深入学习领会习近平总书记在决战决胜脱贫攻坚座谈会上的重要讲话和关于全面建成小康社会的重要论述。中国科学院院长、党组书记白春礼主持会议，就贯彻落实工作提出要求。

4 月 30 日　中国科学院党组召开会议，传达习近平总书记关于统筹推进新冠肺炎疫情防控和经济社会发展的系列重要讲话精神，4 月 8 日、4 月 15 日、4 月 29 日中央政治局常委会和 4 月 17 日中央政治局会议的主要精神，中央全面深化改革委员会第十三次会议精神，第二十二至第二十七次中央应对新冠肺炎疫情工作领导小组会议及李克强总理关于统筹推进疫情防控和经济社会发展的重要指示批示精神，新冠肺炎疫情防控相关会议精神，并对全院贯彻落实工作提出要求。会上，院党组还传达学习了 2020 年中央和国家机关党的工作暨纪检工作会议精神，并对贯彻落实工作提出要求。

4 月 30 日　印发《中共中国科学院党组关于汪克强、邓麦村同志职务任免的通知》（科发党任字〔2020〕43 号），汪克强同志任中国科学院秘书长，免去邓麦村同志中国科学院秘书长职务。

五　月

5 月 8 日　按照中央巡视整改要求，中国科学院党组召开巡视整改专题民主生活会。中央纪委国家监委、中央组织部、中央和国家机关工委有关同志到会指导。中国科学院院长、党组书记白春礼主持会议，党组副书记、副院长侯建国，党组成员张亚平、相里斌、张涛、孙也刚、李树深、邓麦村、周琪参加会议，开展批评和自我批评。

5 月 13 日　印发《中国科学院党的建设工作领导小组办公室关于印发〈中国科学院“基层组织建设年”活动实施方案〉的通知》（科发直党字〔2020〕12 号）。

5 月 15 日　中国科学院召开全面从严治党暨 2020 年党建工作推进会。学习贯彻习近平总书记重要讲话和中央关于全面从严治党重要精神，推动全院各级党组织落实全面从严治党主体责任，回顾党的十九大以来中国科学院全面从严治党工作进展和成效，围绕加强中央巡视反馈意见整改，部署推进党的建设年度重点工作，努力解决党建工作与科技创新工作“两张皮”问题，为中国科学院改革创新发展、基本实现“四个率先”目标提供坚强保证。中国科学院党组书记、院长、院党建工作领导小组组长白春礼出席会议并讲话。

5 月 19 日　印发《关于科研活动原始记录中常见问题或错误的诚信提醒》（科发监审函字〔2020〕2 号）。

5 月 21 日　印发《中共中国科学院党组关于转发中共中央组织部〈汪克强、邓麦村同志职务任免〉的通知》（科发党字〔2020〕22 号），汪克强同志任中国科学院党组成员，免去邓麦村同志的中国科学院党组成员职务。

5 月 27 日　印发《中共中国科学院党组转发国务院关于丁仲礼不再兼任中国科学院副院长职务的通知》（科发党字〔2020〕24 号），丁仲礼不再兼任中国科学院副院长职务。

5 月 29 日　据《人力资源社会保障部 中国科协 科技部 国务院国资委关于表彰第二届全国创新争先奖获奖者的决定》（人社部发〔2020〕39 号），中国科学院丁健等 4 人获全国创新争先奖章，于贵瑞等 33 人获全国创新争先奖状。

5 月 29 日　中国科学院党组理论学习中心组召开学习会，传达学习习近平总书记对毛南族实现整族脱贫做出重要指示精神。中国科学院院长、党组书记白春礼主持会议，就贯彻落实工作提出要求。

5 月 29 日　中国科学院党组理论学习中心组召开学习会，学习贯彻落实两会精神和习近平总书记两会期间发表的系列重要讲话精神，深入学习两会期间有关科技创新的工作要求，讨论研究中国科学院全年重点工作。

5 月 30 日　印发《中国科学院党的建设工作领导小组办公室关于认真学习贯彻习近平总书记给科技工作者代表回信精神的通知》，号召全院科技工作者认真学习贯彻习近平总书记回信精神。

六 月

6 月 1 日 中国科学院党组理论学习中心组召开学习会，传达学习习近平总书记给袁隆平、钟南山、叶培建等 25 位科技工作者代表的回信精神。中国科学院院长、党组书记白春礼主持会议，就贯彻落实工作提出要求。

6 月 2 日 印发《分院分党组和基层党组织书记抓党建工作考评办法》（科发直党字〔2020〕13 号）。

6 月 9 日 中国科学院党组理论学习中心组召开学习会，学习领会习近平总书记在 6 月 2 日专家学者座谈会上发表的重要讲话精神和关于干部工作的重要论述。中国科学院院长、党组书记白春礼主持会议，就贯彻落实工作提出要求。党组副书记、副院长侯建国就干部工作做专题报告。

6 月 15 日 第八届中国科学院学部主席团第十九次会议在京召开，研究第二十次院士大会等有关议题。会议指出，突如其来的新冠肺炎疫情给学部既定工作带来挑战，希望广大院士深入学习贯彻习近平总书记对防疫和经济建设工作的重要指示，以及 5 月 29 日给科技工作者代表回信、6 月 2 日在专家学者座谈会上的重要讲话等一系列精神，按照党中央决策部署，全力保证学部工作的正常推进，为夺取疫情防控和经济社会发展新胜利做出贡献。

6 月 22 日 中国科学院与江苏省政府在 2020“南京创新周”紫金山创新大会开幕式上举行共建南京麒麟科技城云签约活动。中国科学院院长、党组书记白春礼出席活动。中国科学院副院长张亚平与江苏省副省长马秋林代表双方在线签署《中国科学院江苏省人民政府共建南京麒麟科技城推动南京综合性科学中心建设打造南京区域创新高地合作协议》。

6 月 23 日 中国科学院党组与中央纪委国家监委驻中国科学院纪检监察组召开 2020 年年中主题会商会议，听取中国科学院党组新修订制订的两个文件情况（《中国科学院党风廉政建设责任制实施办法》、《中国科学院纪检工作暂行办法》）和进一步加强中国科学院非法人机构管理监督的有关工作。

6 月 23 日 中央机构编制委员会办公室批复（中央编办复字〔2020〕104 号），同意中国科学院监督与审计局加挂党组巡视工作领导小组办公室牌子。

6 月 28 日 中国科学院“赤心报国 · 格物攻坚”党员主题教育基地在中国科学院福建物质结构研究所建成并举行示范性活动。

6 月 29 日 印发《中国共产党中国科学院直属机关委员会关于党费收缴、使用和管理的办法（试行）的通知》（直党委字〔2020〕6 号）。

七　月

7 月 1 日　中国科学院隆重举行庆祝建党 99 周年表彰交流大会，授予丁林等 100 位同志“优秀共产党员”荣誉称号，授予丁隽等 48 位同志“优秀党务工作者”荣誉称号，授予中国科学院物理研究所超导党支部等 50 个基层党组织“先进基层党组织”荣誉称号。

7 月 1 日　中国科学院党组书记、院长白春礼为全院党员干部做题为《强化政治机关意识，走好第一方阵》的专题党课报告。中国科学院党组副书记、副院长侯建国主持报告会。

7 月 3 日　中国科学院党组召开会议，传达习近平总书记关于新冠肺炎疫情防控的重要讲话和指示批示精神和中央政治局常委会会议精神，第二十八次至第三十二次中央应对新冠肺炎疫情工作领导小组会议精神和国务院联防联控机制新冠肺炎疫情防控科研攻关组会议精神，并就全院贯彻落实工作提出要求。

7 月 7 日　中国科学院党组召开会议，传达学习习近平总书记在中央政治局第二十一次集体学习时发表的重要讲话精神，并就院机关组织好习近平总书记重要讲话精神的学习宣贯和贯彻落实工作提出要求。

7 月 9 日　由国家发展改革委、科技部、工信部、国家互联网信息办公室、中国科学院、中国工程院和上海市政府共同举办的 2020 世界人工智能大会在上海开幕，大会以“智联世界，众智成城”为主题，聚焦“AI 技术趋势”、“AI 赋能经济”以及“AI 温暖家园”三大议题，7 位图灵奖得主、62 位中外院士、约 500 位海内外学界和商界代表参会分享前沿观点。

7 月 10 日　印发《中共中国科学院党组关于印发〈中国科学院党风廉政建设责任制实施办法〉的通知》（科发党字〔2020〕38 号）。

7 月 10 日　印发《中共中国科学院党组关于印发〈中国科学院纪检工作暂行办法〉的通知》（科发党字〔2020〕39 号）。

7 月 16 日　中国科学院与湖北省政府在武汉市举行科技合作会谈。中国科学院院长、党组书记白春礼，湖北省委书记、省人大常委会主任应勇，省委副书记、省长王晓东出席座谈会。中国科学院副院长张涛与湖北省副省长肖菊华代表双方签署《中国科学院 湖北省科技合作协议》和《“美丽中国专项”示范省项目合作协议》。

7 月 27 日—28 日、30 日　中国科学院党组在北京召开 2020 年夏季扩大会议，深入学习习近平新时代中国特色社会主义思想，深入贯彻落实党的十九大和十九届二中、三中、四中全会精神，深入贯彻落实党中央、国务院重大决策部署，深入分析当前发展形势，特别是疫情防控常态化新要求，认真总结“率先行动”计划第一阶段进展和成效，明确下一步改革创新发展总体思路，为开启全面实现“四个率先”新征程奠定坚实基础。中国科学院院长、党组书记白春礼主持会议，全体院领导和院机关各部门、中央纪委国家监委驻院纪检监察组、中国科学院大学、中国科学技术大学、上海科技大学、中国科学院控股有限公司负责同志出席。

7月29日　上海推进科技创新中心建设办公室第十二次全体会议召开。上海市市长龚正、国家发展改革委副主任林念修、中国科学院副院长相里斌出席并发言。会上通报了集成电路、人工智能、生物医药三大产业高地“上海方案”推进落实情况，上海科技创新中心建设进展和下一阶段重点工作。

7月31日　印发《关于开展以虚假合同虚假事项套取科研经费专项整治的紧急通知》（科发直党字〔2020〕16号）。

八　月

8月11日　联合人力资源社会保障部印发《关于评选中国科学院先进集体、先进工作者和劳动模范的通知》，启动中国科学院先进集体、先进工作者和劳动模范评选表彰工作。

8月20日　中国科学院党组理论学习中心组召开学习会，学习研讨《习近平谈治国理政》第三卷。中国科学院院长、党组书记白春礼主持会议，传达《中央宣传部、中央组织部关于认真组织学习〈习近平谈治国理政〉第三卷的通知》精神，就全院贯彻落实工作提出要求。

8月25日　举办分院党政正职专题培训，深入学习贯彻习近平总书记关于坚持和加强党的全面领导的重要论述和重要讲话精神，认真贯彻落实新时代党的组织路线，认真做好中央巡视反馈意见整改工作，推动院治理体系建设。

8月31日　中国科学院党组理论学习中心组召开学习会，专题学习交流《中华人民共和国民法典》，中国科学院院长、党组书记白春礼主持学习会并做总结讲话。

8月31日　印发《中共中国科学院党组关于严庆同志任职的通知》（科发党任字〔2020〕92号），严庆同志任中国科学院副秘书长。

九　月

9月1日　印发《中国科学院党的建设工作领导小组办公室关于开展2020年党建工作督查的通知》，部署10月至11月在全院开展党建工作督查，进一步压实院各级党组织全面从严治党责任。

9月11日 印发《中国科学院“西部之光”人才培养引进计划管理办法》（科发人字〔2020〕59号）。

9月14日 中国科学院党组理论学习中心组召开学习会，学习领会习近平总书记在科学家座谈会上的重要讲话精神。中国科学院院长、党组书记白春礼主持会议，就贯彻落实工作提出要求。

9月15日 由工信部、国家发展改革委、商务部、科技部、中国科学院、中国工程院、中国国际贸易促进委员会、上海市政府共同主办的第二十二届中国国际工业博览会在国家会展中心（上海）开幕，本次工博会以“智能、互联——赋能产业新发展”为主题，全球22个国家和地区的2238家展商参展。

9月15日 由工信部、国家发展改革委、科技部、国家网信办、中国科学院、中国工程院、中国科协、新加坡贸工部和重庆市政府共同主办的2020中国国际智能产业博览会在重庆开幕，线上参会参展单位和企业551家，71个重大招商项目集中签约，总投资2712亿元。

9月15日 中国科学院党组召开会议，传达学习习近平总书记在全国抗击新冠肺炎疫情表彰大会上的重要讲话精神，并就全院深入学习和贯彻落实工作提出要求。会上还传达学习习近平总书记关于厉行节约、反对浪费的系列重要指示批示精神，并就全院贯彻落实工作提出要求。

9月16日 中国科学院党组召开会议，传达中央纪委国家监委、中组部对院党组巡视整改反馈意见，并就做好下一步巡视整改工作做出部署。会上还传达了赵乐际同志关于被问责和受处分干部跟踪回访的有关批示要求，并就全院各级党组织和纪检机构深入学习贯彻落实工作提出要求。

9月17日 印发《中国科学院党的建设工作领导小组办公室关于认真学习贯彻习近平总书记在科学家座谈会上重要讲话精神的通知》（科发直党字〔2020〕18号）。

9月17—20日 由科技部、中国科学院、中国科协、北京市政府共同举办的2020中关村论坛召开。此次论坛以“合作创新·共迎挑战”为年度主题，采用线上线下结合的办会方式开展50余场活动，包括“2020中关村论坛：全球科研机构首脑平行论坛”、“中关村论坛：全球科学与生命健康论坛平行论坛”。

9月18日 印发《中共中国科学院党组关于转发高鸿钧同志任职的通知》（科发党字〔2020〕44号），高鸿钧同志任中国科学院副院长。

9月21日—25日 举办第三期非所局级党委委员轮训班，中国科学院党组副书记、副院长侯建国讲党课，副秘书长、直属机关党委常务副书记李和风作辅导报告。160余名党委委员参加培训。

9月28日 第八届中国科学院学部主席团第二十次会议在京召开。会议修订了《中国科学院院士增选工作实施细则》等8个制度文件，涉及院士增选、学部工作规则、院士行为规范等多个方面；研究了增选工作，强调维护风清气正的增选环境是学部和每位院士的重要责任；听取了各学部常委会关于 2021 年院士增选新兴和交叉学科特别推荐工作进展情况的汇报，并就应重点关注的学科进行研究讨论。

9 月 29 日　在抗击新冠肺炎疫情全国三八红旗手（集体）表彰云发布活动上，中国科学院动物研究所郝捷、中国科学院上海巴斯德研究所郝沛、中国科学院大学宁波华美医院郑南红、中国科学技术大学附属第一医院（安徽省立医院）谢少清 4 人获“抗击新冠肺炎疫情全国三八红旗手”称号，中国科学院微生物研究所新型疫苗与抗体工程研究组获“抗击新冠肺炎疫情全国三八红旗集体”称号。

十　月

10 月 8 日—9 日　中国科学院党组副书记、副院长侯建国赴贵州省六盘水市六枝特区和水城县调研科技扶贫工作，慰问中国科学院在当地的挂职干部、驻村第一书记和科研人员，并与地方、相关院属单位举行座谈会。

10 月 9 日　中央机构编制委员会办公室批复，同意设立中国科学院赣江创新研究院。

10 月 12 日　印发《中共中国科学院党组关于高鸿钧同志免职的通知》（科发党任字〔2020〕119 号），高鸿钧同志不再担任中国科学院副秘书长职务。

10 月 18 日—27 日　中国科学院举办第 36 期所局级领导人员上岗培训班，中国科学院院长、党组书记白春礼出席开班仪式并做开班报告，党组副书记、副院长侯建国参加学员主题交流会并发表讲话。开班当日组织全体学员进行宪法宣誓。

10 月 20 日　中国高等科学技术中心调整为高能物理研究所下属事业单位。

10 月 22 日　由科技部、商务部、农业农村部、国家林业和草原局、国家知识产权局、中国科学院、陕西省政府举办的第 27 届中国杨凌农业高新科技成果博览会开幕。本次农高会以“科技创新引领高质量发展”为主题，主要举办上合组织农业展、农业高新技术展、智慧农业技术集成展、脱贫攻坚成果展、杨凌农科展、陕西“3+X”特色现代农业展等 40 多个专题展览。

10 月 23 日　中国科学院原副院长、党组成员相里斌同志任科技部副部长。

10 月 30 日　印发《中共中国科学院党组关于转发相里斌同志免职的通知》（科发党字〔2020〕52 号），相里斌同志不再担任中国科学院副院长、党组成员职务。

10 月 30 日　印发《〈中共中国科学院党组讨论和决定重大问题清单〉〈中国科学院院长办公会议审议事项清单〉和〈中国科学院秘书长办公会议审议事

项清单〉》（科发党字〔2020〕50 号）。

10 月 30 日　中国科学院党组召开会议，传达学习党的十九届五中全会精神，并就全院贯彻落实十九届五中全会和习近平总书记重要讲话精神提出要求。

10 月 30 日　印发《中国科学院院士增选工作实施细则》、《中国科学院院士增选投诉信处理办法》、《中国科学院院士增选候选人材料公示办法》和《中国科学院院士增选工作中被推荐人行为守则》（科发学部字〔2020〕73 号）。

10 月 30 日　中国科学院“纵横星际·筑梦钟山”党员主题教育基地在紫金山天文台建成并举行示范性活动。

10 月 30 日　全国妇联印发《全国妇联关于表彰 2019 年度全国三八红旗手标兵、全国三八红旗手、全国三八红旗集体的决定》，中国科学院遗传与发育生物学研究所王秀杰被授予“全国三八红旗手”称号。

十一月

11 月 2 日　印发《中国科学院学部咨询评议工作条例》（科发学部字〔2020〕75 号）。

11 月 2 日　印发《关于对中国共产党中国科学院京区企业委员会进行名称变更和职责调整的通知》（科发直党字〔2020〕7 号）。

11 月 3 日　印发《中国科学院内部审计工作规定》（科发党字〔2020〕53 号）。

11 月 4 日　印发《中国科学院党的建设工作领导小组办公室关于开展〈中央纪委国家监委驻中国科学院纪检监察组与中国科学院工作协调联系办法〉落实情况自查自纠工作的通知》（科发直党字〔2020〕20 号）。

11 月 4 日　中国科学院党组理论学习中心组召开学习会，学习领会习近平总书记在深圳经济特区建立 40 周年庆祝大会上的重要讲话和在中央政治局第二十四次集体学习时的重要讲话精神。中国科学院院长、党组书记白春礼主持会议，就贯彻落实工作提出要求。

11 月 11 日　由商务部、科技部、工信部、国家发展改革委、农业农村部、国家知识产权局、中国科学院、中国工程院等部委和深圳市政府共同举办的第二十二届中国国际高新技术成果交易会在深圳市开幕，本次交易会以“科技改变生活 创新驱动发展”为主题，3300 多家海内外展商、近万个项目参展，各项活动超过 140 场。

11 月 11 日　由中国科学院等国家九部委和湖北省政府主办的第十七届“中国光谷”国际光电子博览会在武汉开幕，近 300 家国内外企业参展，同期共策划论坛和各类活动 16 场。

11 月 12 日　民建中央主席郝明金一行主要就关于加强中国特色社会主义参政党建设的“三个文件”的落实情况实地走访中国科学院。中国科学院院长、党组书记白春礼，党组副书记、副院长侯建国出席接待座谈。

11 月 16 日　印发《中共中国科学院党组关于转发于英杰同志任职的通知》（科发党

字〔2020〕54 号），于英杰同志任中国科学院党组成员。

11 月 16 日　中国科学院举行学习贯彻党的十九届五中全会精神中央宣讲团报告会。

11 月 17 日　印发《中国科学院党的建设工作领导小组办公室关于认真学习宣传贯彻党的十九届五中全会精神的通知》（科发直党字〔2020〕21 号）。

11 月 20 日　印发《中国科学院党员主题教育基地管理办法（试行）》（科发直党字〔2020〕23 号）和《中国科学院年度人物和年度团队评选管理办法（试行）》（科发直党字〔2020〕24 号）。

11 月 24 日　2020 年全国劳动模范和先进工作者表彰大会在北京人民大会堂隆重举行。中国科学院物理研究所方忠等 8 人获“全国先进工作者”称号。

11 月 25 日—27 日　中国科学院工会在昆明举办 2020 年基层工会主席培训班暨工会工作创新奖评选会。中国科学院副秘书长、工会主席李和风出席培训班并做专题报告。18 个基层工会进行交流、评奖。培训期间对获得中国科学院模范职工之家、模范职工小家、优秀工会工作者称号的单位和个人进行表彰。

11 月 25 日　印发《中共中国科学院党组关于于英杰同志任职的通知》（科发党任字〔2020〕144 号），于英杰同志任中国科学院副秘书长。

11 月 25 日　印发《中共中国科学院党组关于周琪同志免职的通知》（科发党任字〔2020〕145 号），周琪同志不再担任中国科学院副秘书长职务。

11 月 25 日　中国科学院党组理论学习中心组召开学习会，学习领会党的十九届五中全会精神。中国科学院院长、党组书记侯建国主持会议并做重点发言，就贯彻落实习近平总书记重要讲话和五中全会精神提出要求。副院长、党组副书记阴和俊做重点发言。

11 月 27 日　印发《中共中国科学院党组关于转发周琪同志任职的通知》（科发党字〔2020〕58 号），周琪同志任中国科学院副院长。

十二月

12 月 1 日　全国人大常委会副委员长、中华全国总工会主席王东明率队到中国科学院调研。院长、党组书记侯建国，全总副主席、书记处书记蔡振华，院副秘书长、院工会主席李和风等陪同调研。

12 月 3 日　中国科学院党组理论学习中心组召开学习会，学习领会习近平总书记致“奋斗者”号全海深载人潜水器成功完成万米海试并胜利返航的贺信；深入学习习近平总书记在中央全面依法治国工作会议上的重要讲话和相关重要论述，深刻理解和把握习近平法治思想。中国科学院院长、党组书记侯建国主持会议并做重点发言，就贯彻落实工作提出要求。

12 月 4 日　印发《中国科学院科技智库理事会重大项目管理办法》（科发学部字〔2020〕82 号）。

12 月 4 日　印发《中共中国科学院党组关于转发侯建国、白春礼同志职务任免的通知》（科发党字〔2020〕60 号），侯建国同志任中国科学院院长、党组书记，白春礼同志不再担任中国科学院院长、党组书记职务。

12 月 4 日　印发《中共中国科学院党组关于转发阴和俊同志任职的通知》（科发党字〔2020〕61 号），阴和俊同志任中国科学院副院长、党组副书记（正部长级）。

12 月 7 日　全国人大常委会副委员长、民盟中央主席丁仲礼赴“美丽中国生态文明建设科技工程”先导专项的云南重点湖泊水污染源头防控与水质提升对策示范工程区进行调研，实地查看玉溪市江川区大庄河河道、湿地污染物拦截示范点，以及白龙潭村整村污水就地处理示范点、白龙潭村绿狐尾藻资源化利用示范点、星云湖保护治理等情况，同时了解当地纳污河道水质提升、农业农村面源污染综合治理、高原湖泊保护治理工作，对示范工程已取得的显著治理效果给予肯定，并要求与地方紧密合作，加快关键技术和重大应用示范推广，合力做好滇池、抚仙湖、星云湖等高原湖泊水污染防治工作，推动云南水污染防治取得实效。

12 月 8 日　印发《中共中国科学院党组巡视工作协作配合实施办法（试行）》（科发党字〔2020〕62 号）。

12 月 9 日　中国科学院党组召开巡视整改工作推进会。中国科学院院长、党组书记侯建国主持会议并讲话，党组成员、秘书长、院党组巡视整改工作办公室主任汪克强出席会议。

12 月 13 日　印发《中共中国科学院党组贯彻〈中国共产党巡视工作条例〉实施办法》（科发党字〔2020〕63 号）。

12 月 14 日　第八届中国科学院学部主席团第二十一次会议在京召开。会议举行学部主席团执行主席交接仪式。根据《中国科学院院士章程》，侯建国同志接任中国科学院学部主席团执行主席。经侯建国同志提议，会议决定聘任白春礼同志为中国科学院学部主席团名誉主席。会议重点研究了 2021 年中国科学院院士增选工作，审议确定了 2021 年中国科学院院士增选特别名额、应重点关注的新兴和交叉学科及支持名额，研究确定了 2021 年中国科学院院士增选总名额及其分配，并对相关工作进行部署和安排。

12 月 15 日　中国科学院与重庆市政府科技合作座谈会在京举行。中国科学院院长、党组书记侯建国，重庆市委副书记、市长唐良智出席并讲话。会后，中国科学院副院长张涛与重庆市副市长熊雪代表院市双方共同签署《重庆市人民政府 中国科学院战略合作协议》。

12 月 17 日　全国妇联印发《关于表彰第十二届全国五好家庭暨家庭工作先进集体、先进个人的决定》，中国科学院微生物研究所严景华家庭被授予第十二届“全国五好家庭”称号，动物研究所妇女委员会被授予“全国家庭工作先进集体”称号，声学研究所周秀霞被授予“全国家庭工作先进个人”称号。

12 月 18 日　中国科学院举办 2020 年纪检组组长（纪委书记）专题研讨班，深入学习贯彻习近平新时代中国特色社会主义思想，贯彻落实党的十九届五中全会、十九届中央纪委四次全会精神，研讨推进中国科学院纪检工作高质量发展的具体举措。中国科学院副院长、党组副书记阴和俊做开班讲话，中央纪委国家监委驻中国科学院纪检监察组组长、院党组成员孙也刚做专题授课，副秘书长、直属机关党委常务副书记李和风主持研讨班。研讨班以视频方式召开，各分院纪检组组长、院属企事业单位纪委书记共 160 余人参加培训交流。

12 月 18 日　印发《中国科学院关于公布 2020 年度中国科学院青年科学家奖获奖者名单的通知》（科发函字〔2020〕418 号），钱天等 10 位青年学者获评 2020 年度中国科学院青年科学家奖。

12 月 18 日　中国科学院在京召开警示教育会，传达学习中央和国家机关警示教育会精神，通报 2018 年以来查处的中国科学院党员干部违纪违法典型案例，对全院开展警示教育作出部署。

12 月 21 日　中国科学院党组理论学习中心组召开学习会，学习领会习近平总书记祝贺“嫦娥五号”任务圆满成功的贺电精神和刘鹤副总理讲话精神。中国科学院院长、党组书记侯建国主持会议并做重点发言，就贯彻落实工作提出要求。

12 月 21 日　中国科学院党组召开会议，通报中央经济工作会议基本情况，传达习近平总书记重要讲话、李克强总理讲话和总结讲话精神，并就全院贯彻落实工作提出要求。

12 月 21 日—24 日　中国科学院党组在京召开 2020 年冬季扩大会议，会议围绕贯彻落实习近平总书记重要指示批示精神和党中央决策部署，聚焦中国科学院履行国家战略科技力量职责使命，全面分析面临的新形势新任务，深入研究全院改革创新发展存在的问题与挑战，讨论确定下一步发展战略方向和总体思路。中央财经委员会办公室副主任尹艳林应邀作十九届五中全会精神解读。中国科学院院长、党组书记侯建国主持会议，全体院领导和院机关各部门、中央纪委国家监委驻院纪检监察组、中国科学院大学、中国科学技术大学、上海科技大学、中国科学院控股有限公司负责同志出席。

12 月 21 日　印发《中国科学院党的建设工作领导小组办公室关于印发〈关于加强基层党务干部队伍建设的意见〉的通知》（科发直党字〔2020〕27 号）。

12 月 22 日　印发《中国科学院党的建设工作领导小组办公室关于做好 2020 年度党建、纪检工作述职考评工作的通知》（科发直党字〔2020〕29 号）。

12 月 25 日　中央纪委国家监委驻中国科学院纪检监察组与中国科学院党组召开 2020 年第二次专题会商会议。中国科学院院长、党组书记侯建国代表院党组通报 2020 年全面从严治党、党风廉政建设和反腐败工作情况，落实中央巡视反馈意见的整改进展情况，以及 2020 年驻院纪检监察组与中国科学院党组第一次专题会商会意见落实情况，介绍 2021 年全面从严治党重点工作总体考虑。

12 月 26 日　中共中央政治局委员、北京市委书记蔡奇，科技部党组书记、部长王志刚，中国科学院院长、党组书记侯建国，北京市委副书记、市长陈吉宁联合调研怀柔科学城建设进展，并组织召开座谈会，听取怀柔科学城整体建设情况、科学设施平台建设及科研工作进展情况汇报。

12 月 28 日　中国科学院举办全院处级以上领导干部学习贯彻党的十九届五中全会精神培训。中国科学院院长、党组书记侯建国做专题报告，副院长、党组副书记阴和俊主持。国家发展改革委副主任胡祖才应邀做十九届五中全会精神解读。全院近 3500 名所局级和处级领导干部以视频方式参加培训。

12 月 29 日　印发《中国科学院院士增选特别推荐评审暂行办法》（科发学部字〔2020〕92 号）。

12 月 29 日　印发《中国科学院学部工作规则》、《中国科学院学部主席团会议议事规则》、《中国科学院学部主席团执行委员会工作办法》（科发学部字〔2020〕93 号），印发《中国科学院学部专门委员会工作办法》、《中国科学院学部常务委员会工作办法》（科发学部字〔2020〕94 号），印发《中国科学院院士行为规范》（科发学部字〔2020〕95 号）。

12 月 29 日　中国科学院文学艺术联合会举办纪念成立 30 周年座谈会。中国科学院副秘书长李和风出席会议并讲话。

12 月 30 日　印发《中国科学院党的建设工作领导小组办公室关于印发〈中国科学院院部机关贯彻落实〈关于破解“两张皮”问题推动中央和国家机关党建和业务工作深度融合的意见〉的工作方案〉的通知》（科发直党字〔2020〕31 号）。

12 月 31 日　中华全国总工会印发《关于表彰全国模范职工之家、全国模范职工小家、全国优秀工会工作者的决定》。中国科学院计算技术研究所工会委员会、武汉病毒研究所工会委员会获“全国模范职工之家”称号，微生物研究所病原微生物与免疫学重点实验室分工会、武汉分院机关工会获“全国模范职工小家”称号，直属机关党委王宇星、成都信息公司高惠兰获“全国优秀工会工作者”称号。

学部与院士工作

中国科学院学部领导机构

第八届中国科学院学部主席团

名誉主席　周光召　路甬祥　白春礼[①]

第八届中国科学院学部主席团

执行主席　侯建国[②]　白春礼[③]

成　　员　（以姓氏笔画为序，下同）

丁仲礼[④]　王恩哥　朱道本　刘国治　安芷生　许智宏
李树深　杨　卫　杨玉良　沈文庆　陈　颙　陈宜瑜
欧阳钟灿　周其凤　胡海岩　饶子和　秦大河　顾秉林
高鸿钧[⑤]　傅伯杰　詹文龙　褚君浩　裴　钢

第八届中国科学院学部主席团执行委员会

执行主席　侯建国[⑥]　白春礼[⑦]

成　　员　丁仲礼[⑧]　王恩哥　朱道本　李树深　杨　卫　杨玉良
沈文庆　陈宜瑜　秦大河　高鸿钧[⑨]　傅伯杰　裴　钢

秘 书 长　高鸿钧[⑩]　汪克强[⑪]

第八届中国科学院学部主席团顾问

万　钢　王伟光　王志刚　宁吉喆　刘国治　李　伟
杨　卫　肖　捷　吴艳华　陈宝生　林念修　周　济
黄守宏

---

① 自2020年12月起。
② 自2020年12月起。
③ 至2020年12月。
④ 自2018年4月至2020年5月。
⑤ 自2020年9月起。
⑥ 自2020年12月起。
⑦ 至2020年12月。
⑧ 自2018年4月至2020年5月。
⑨ 自2020年9月起。
⑩ 自2020年6月起。
⑪ 至2020年6月。

中国科学院学部第六届咨询评议工作委员会

主　　任　沈文庆

副 主 任　吴国雄　饶子和　钟志华

委　　员　王光谦　申长雨　邢定钰　杨元喜　杨学军　张　希
　　　　　张学敏　陈凯先　陈晓亚　郑晓静　郝　跃　段　雪
　　　　　徐宗本　郭华东　雒建斌

中国科学院学部第六届咨询评议工作委员会顾问

马　援　王延觉　王春法　吕　薇　朱道本　任志武
邬贺铨　刘应杰　吴国凯　何鸣鸿　余　健　汪文斌
赵　路　赵忠贤　姜静波　潘云鹤

中国科学院学部第六届科学道德建设委员会

主　　任　裴　钢

副 主 任　欧阳钟灿　翟明国

委　　员　丁　汉　马志明　王　曦　冯守华　江桂斌　李启虎
　　　　　怀进鹏　陈木法　林国强　周　琪　周卫健　周成虎
　　　　　贺福初　郭　雷　翟婉明

中国科学院学部第四届学术与出版工作委员会

主　　任　秦大河

副 主 任　郑兰荪　梅　宏

委　　员　于起峰　包信和　朱作言　许宁生　李　林　武维华
　　　　　高　松　高　福　高鸿钧　郭正堂　龚旗煌　崔向群
　　　　　彭实戈　程时杰　焦念志　魏炳波

中国科学院学部第二届科学普及与教育工作委员会

主　　任　杨玉良

副 主 任　石耀霖　吴一戎

委　　员　叶培建　朱　荻　朱邦芬　李　灿　何积丰　张　杰
　　　　　张启发　陈小明　武向平　金之钧　周忠和　南策文
　　　　　侯凡凡　郭光灿　康　乐

中国科学院数学物理学部第十六届常务委员会

主　　任　王恩哥
副 主 任　马志明　张　杰　郑晓静　崔向群
委　　员　邢定钰　孙昌璞　吴岳良　张伟平　陈木法　陈仙辉
　　　　　武向平　罗　俊　赵政国　袁亚湘　高鸿钧　潘建伟

中国科学院化学部第十六届常务委员会

主　　任　朱道本
副 主 任　包信和　江桂斌　张　希　陈小明
委　　员　丁奎岭　田　禾　田中群　白春礼　刘忠范　安立佳
　　　　　严纯华　李静海　张　涛　周其林　程津培　谢　毅

中国科学院生命科学和医学学部第十六届常务委员会

主　　任　陈宜瑜
副 主 任　武维华　侯凡凡　饶子和　贺福初
委　　员　方精云　李　林　李家洋　张亚平　张学敏　孟安明
　　　　　赵国屏　桂建芳　高　福　康　乐　舒红兵　曾益新

中国科学院地学部第十六届常务委员会

主　　任　傅伯杰
副 主 任　杨元喜　周成虎　周忠和　郭正堂　焦念志
委　　员　王成善　王会军　朱日祥　刘丛强　吴立新　陈　骏
　　　　　金之钧　郑永飞　郝　芳　郭华东　龚健雅　崔　鹏
　　　　　穆　穆

中国科学院信息技术科学部第十六届常务委员会

主　　任　李树深
副 主 任　吴一戎　郭　雷　徐宗本　梅　宏
委　　员　王立军　尹　浩　包为民　杨学军　怀进鹏　郑建华
　　　　　郝　跃　黄　维　龚旗煌　谭铁牛

中国科学院技术科学部第十六届常务委员会

主　　任　杨　卫
副 主 任　王　曦　王光谦　朱　荻　沈保根　程时杰
委　　员　丁　汉　于起峰　申长雨　李应红　金红光　高德利
　　　　　赖远明　雒建斌　翟婉明　薛其坤　魏炳波

中国科学院学部国际合作和外籍院士工作小组

组　　长　高鸿钧[①]　侯建国[②]　丁仲礼[③]

成　　员　丁奎岭　刘　明　李家洋　吴立新　何满潮　汪卫华
张培震　武向平　林惠民　欧阳钟灿　饶子和　费维扬
郭正堂　龚旗煌　韩布兴　曾益新　谢心澄　薛其坤

① 自2020年9月起。
② 自2020年5月至2020年9月。
③ 至2020年5月。

2020 年中国科学院院士名单

（2020 年 12 月 31 日统计，811 人）

数学物理学部（152 人）

于　渌	万哲先	马志明	马余刚	王　元
王　迅	王乃彦	王广厚	王世绩	王诗宬
王贻芳	王恩哥	王梓坤	王绶琯	王鼎盛
王小云（女）	文　兰	方　成	方　忠	方复全
邓小刚	甘子钊	艾国祥	石钟慈	龙以明
叶向东	叶朝辉	叶叔华（女）	田　刚	白以龙
邝宇平	邢定钰	曲钦岳	吕　敏	朱邦芬
朱诗尧	向　涛	江　松	汤　涛	汤　超
孙　鑫	孙义燧	孙昌璞	孙斌勇	严加安
苏定强	苏肇冰	杜江峰	李大潜	李邦河
李安民	李家明	李家春	李惕碚	李德平
李儒新	杨　乐	杨应昌	杨国桢	杨振宁
杨福家	励建书	吴岳良	何国威	何祚庥
邹广田	汪承灏	汪景琇	沈文庆	沈学础
张　杰	张仁和	张平文	张伟平	张恭庆
张继平	张焕乔	张涵信	张维岩	张裕恒
张殿琳	张肇西	张宗烨（女）	张淑仪（女）	陆夕云
陈　彪	陈十一	陈木法	陈仙辉	陈永川
陈式刚	陈志明	陈和生	陈佳洱	陈建生
陈恕行	陈难先	武向平	范海福	林　群
林海青	欧阳颀	欧阳钟灿	罗　俊	罗民兴
周　恒	周又元	周光召	周向宇	周毓麟
郑厚植	郑晓静（女）	赵光达	赵红卫	赵忠贤

赵政国	胡仁宇	胡和生（女）	姜伯驹	洪家兴
贺贤土	袁亚湘	莫毅明	夏道行	徐至展
徐红星	徐叙瑢	高原宁	高鸿钧	郭尚平
郭柏灵	席南华	唐孝威	陶瑞宝	龚昌德
龚新高	常　进	常　凯	鄂维南	崔向群（女）
彭实戈	葛墨林	韩占文	景益鹏	谢心澄
詹文龙	解思深	蔡荣根	熊大闰	潘建伟
霍裕平	魏宝文			

化学部（129 人）

丁奎岭	于吉红（女）	万立骏	万惠霖	马大为
王　夔	王方定	王佛松	支志明	方维海
计亮年	田　禾	田中群	田昭武	白春礼
包信和	冯小明	冯守华	朱起鹤	朱清时
朱道本	任詠华（女）	刘元方	刘云圻	刘忠范
江　龙	江　明	江　雷	江桂斌	安立佳
孙世刚	麦松威	严纯华	李　灿	李玉良
李永舫	李亚栋	李洪钟	李景虹	李静海
杨万泰	杨玉良	杨金龙	杨学明	杨秀荣（女）
吴　奇	吴云东	吴养洁	吴新涛	吴骊珠（女）
何国钟	何鸣元	佟振合	余国琮	汪尔康
沙国河	沈家骢	沈之荃（女）	宋礼成	张　希
张　涛	张　锦	张玉奎	张东辉	张礼和
张存浩	张洪杰	张锁江	陆熙炎	陈　军
陈　懿	陈小明	陈庆云	陈凯先	陈学思
陈俊武	陈洪渊	陈新滋	林国强	岳建民
周其凤	周其林	郑兰荪	赵东元	赵宇亮
赵进才	赵玉芬（女）	胡　英	段　雪	侯建国
俞书宏	俞汝勤	施剑林	洪茂椿	费维扬
姚守拙	姚建年	袁　权	柴之芳	钱逸泰
倪嘉缵	徐如人	徐春明	高　松	郭子建

郭景坤	席振峰	唐　勇	唐本忠	唐有祺
涂永强	黄乃正	黄本立	黄春辉（女）	曹　镛
麻生明	彭孝军	韩布兴	程津培	程镕时
谢在库	谢作伟	谢毓元	谢　毅（女）	谭蔚泓
樊春海	黎乐民	颜德岳	戴立信	

生命科学和医学学部（149 人）

马　兰（女）	王大成	王文采	王正敏	王志新
王松灵	王福生	王志珍（女）	王恩多（女）	毛江森
卞修武	方荣祥	方精云	尹文英（女）	邓子新
石元春	叶玉如（女）	仝小林	印象初	匡廷云（女）
朱玉贤	朱兆良	朱作言	庄巧生	庄文颖（女）
刘以训	刘允怡	刘新垣	刘耀光	许智宏
孙大业	孙汉董	孙曼霁	苏国辉	李　林
李季伦	李振声	李家洋	李　蓬（女）	杨焕明
杨雄里	杨福愉	吴孟超	吴祖泽	吴常信
汪忠镐	沈　岩	沈允钢	沈善炯	宋尔卫
宋微波	张　旭	张友尚	张亚平	张启发
张明杰	张学敏	张春霆	张永莲（女）	陆　林
陈　竺	陈　霖	陈义汉	陈子元	陈可冀
陈孝平	陈国强	陈宜张	陈宜瑜	陈晓亚
陈晔光	陈润生	陈子江（女）	陈化兰（女）	陈文新（女）
邵　峰	武维华	林其谁	林鸿宣	尚永丰
季维智	金　力	周　琪	郑光美	郑守仪（女）
郑儒永（女）	孟安明	赵玉沛	赵进东	赵国屏
赵继宗	郝小江	种　康	段树民	侯凡凡（女）
饶子和	施一公	施蕴渝（女）	洪国藩	洪德元
姚开泰	贺　林	贺福初	骆清铭	桂建芳
顾东风	钱　前	徐　涛	徐国良	高　福
郭爱克	唐守正	唐崇惕（女）	黄路生	黄荷凤（女）
曹文宣	曹晓风（女）	戚正武	常文瑞	康　乐

阎锡蕴（女）	梁栋材	梁智仁	隋森芳	葛均波
董　晨	蒋有绪	蒋华良	韩　斌	韩启德
韩济生	韩家淮	程和平	舒红兵	童坦君
曾益新	谢华安	谢联辉	谢道昕	强伯勤
蒲慕明	赫　捷	裴　钢	翟中和	樊　嘉
鞠　躬	魏于全	魏江春	魏辅文	

地学部（136 人）

丁　林	丁仲礼	丁国瑜	于贵瑞	马宗晋
王　水	王　赤	王成善	王会军	王铁冠
王焰新	王德滋	王　颖（女）	文圣常	丑纪范
石广玉	石耀霖	叶大年	叶嘉安	冯士筰
戎嘉余	成秋明	吕达仁	朱日祥	朱永官
伍荣生	任纪舜	刘丛强	刘昌明	刘宝珺
刘嘉麒	安芷生	许厚泽	许志琴（女）	孙和平
孙鸿烈	苏纪兰	李廷栋	李崇银	李献华
李德仁	李德生	李曙光	杨元喜	杨文采
杨经绥	杨树锋	肖文交	肖序常	吴立新
吴国雄	吴新智	吴福元	邱占祥	邹才能
汪品先	汪集旸	沈其韩	沈树忠	张　经
张人禾	张宏福	张国伟	张培震	张弥曼（女）
陆大道	陈　旭	陈　骏	陈　颙	陈大可
陈发虎	陈运泰	陈俊勇	陈晓非	邵明安
林学钰（女）	欧阳自远	金之钧	金振民	周成虎
周志炎	周秀骥	周忠和	周卫健（女）	於崇文
郑　度	郑永飞	赵其国	赵国春	赵柏林
赵鹏大	郝　芳	胡敦欣	钟大赉	侯增谦
姚振兴	姚檀栋	秦大河	袁道先	莫宣学
贾承造	夏　军	徐义刚	徐冠华	殷鸿福
高　俊	高　锐	郭正堂	郭华东	涂传诒
陶　澍	黄荣辉	龚健雅	常印佛	崔　鹏

符淙斌	巢纪平	彭平安	彭建兵	程国栋
傅伯杰	焦念志	舒德干	童庆禧	曾庆存
窦贤康	翟明国	翟裕生	滕吉文	潘永信
薛禹群	穆　穆	戴永久	戴民汉	戴金星
魏奉思				

信息技术科学部（97 人）

干福熹	王　圩	王　越	王　巍	王之江
王占国	王立军	王永良	王阳元	王怀民
王启明	王金龙	王育竹	王建宇	王家骐
毛军发	尹　浩	包为民	冯登国	匡定波
吕　建	朱中梁	刘永坦	刘国治	刘颂豪
刘盛纲	刘　明（女）	江风益	许宁生	李　未
李启虎	李树深	李衍达	杨学军	杨德仁
杨芙清（女）	吴一戎	吴宏鑫	吴培亨	吴朝晖
吴德馨（女）	何积丰	沈绪榜	怀进鹏	宋　健
张　钹	张景中	陆元九	陆汝钤	陆建华
陈国良	陈星旦	陈俊亮	陈桂林	陈翰馥
林惠民	金亚秋	周兴铭	周志鑫	周炳琨
周巢尘	郑有炓	郑志明	郑建华	郑耀宗
房建成	郝　跃	相里斌	段广仁	侯　洵
侯朝焕	姜　杰（女）	姚建铨	姚期智	秦国刚
夏建白	顾　瑛（女）	徐宗本	郭　雷	郭光灿
黄　维	黄　琳	黄民强	黄宏嘉	黄　如（女）
梅　宏	龚旗煌	崔铁军	彭堃墀	董韫美
雷啸霖	简水生	褚君浩	管晓宏	谭铁牛
薛永祺	戴汝为			

技术科学部（148 人）

丁　汉	于起峰	王　曦	王大中	王立鼎
王光谦	王自强	王希季	王秋良	王崇愚

王淀佐	王锡凡	毛　明	方岱宁	卢　柯
卢　强	叶志镇	叶恒强	叶培建	申长雨
田永君	邢球痕	过增元	成会明	朱　荻
朱位秋	朱森元	朱　静（女）	朱美芳（女）	伍小平（女）
任露泉	庄逢辰	刘广均	刘竹生	刘昌胜
刘宝镛	刘维民	齐　康	闫楚良	孙　钧
孙家栋	芮筱亭	严陆光	李应红	李述汤
李东旭（女）	李依依（女）	杨　卫	杨　伟	杨　槱
杨叔子	杨孟飞	吴良镛	吴宜灿	吴承康
吴硕贤	邱　勇	邱大洪	何满潮	何雅玲（女）
余梦伦	邹世昌	邹志刚	闵桂荣	汪　耕
汪卫华	沈志云	沈保根	宋振骐	宋家树
张　泽	张　跃	张兴钤	张佑启	张统一
张清杰	张楚汉	陈云敏	陈祖煜	陈维江
范守善	林　皋	欧阳予	欧阳明高	金红光
周　远	周孝信	周国治	郑　平	郑时龄
郑泉水	郑哲敏	赵天寿	赵阳升	赵淳生
胡文瑞	胡聿贤	胡海岩	南策文	柳百新
钟万勰	段　进	段文晖	俞大鹏	俞鸿儒
闻邦椿	姜中宏	宣益民	祝世宁	祝学军（女）
姚　熹	都有为	贾振元	顾秉林	顾诵芬
顾逸东	倪晋仁	徐性初	徐建中	高镇同
高德利	郭万林	郭烈锦	唐叔贤	陶文铨
黄克智	曹春晓	常　青	彭一刚	彭练矛
葛昌纯	韩杰才	韩祯祥	程时杰	程耿东
温诗铸	蒙大桥	赖远明	路甬祥	蔡其巩
雒建斌	翟婉明	熊有伦	滕锦光	潘际銮
薛其坤	魏炳波	魏悦广		

2020 年中国科学院外籍院士名单

（2020 年 12 月 31 日统计，105 人）

姓名	英文姓名	当选年份	国籍
李政道	Tsung-Dao Lee	1994	美国
彼得・H. 雷文	Peter H. Raven	1994	美国
丁肇中	Samuel C. C. Ting	1994	美国
丘成桐	Shing-Tung Yau	1994	美国
卓以和	Alfred Y. Cho	1996	美国
朱经武	Ching-Wu Chu	1996	美国
简悦威	Yuet Wai Kan	1996	美国
毛河光	Ho-kwang David Mao	1996	美国
沈元壤	Yuen-Ron Shen	1996	澳大利亚
彼得・J. 威利	Peter J. Wyllie	1996	英国
伯勒尔・克拉克・伯奇费尔	Burrell Clark Burchfiel	1998	美国
朱棣文	Steven Chu	1998	美国
黎念之	Norman N. Li	1998	美国
鲁道夫・A. 马库斯	Rudolph A. Marcus	1998	美国
赫尔穆特・莫里茨	Helmut Moritz	1998	奥地利
何毓琦	Yu-Chi Ho	2000	美国
托马斯・霍克费尔特	Tomas Hökfelt	2000	瑞典
哈特穆特・米歇尔	Hartmut Michel	2000	德国
萨支唐	Chihtang Sah	2000	美国
崔　琦	Daniel Chee Tsui	2000	美国
埃尔塞・玛丽・傅睿思	Else Marie Friis	2002	丹麦
布赖恩・约翰・霍西金斯	Brian John Hoskins	2002	英国
古德夫・S. 库什	Gurdev S. Khush	2002	印度
吴耀祖	Theodore Yao-Tsu WU	2002	美国
杰马里・莱恩	Jean-Marie Lehn	2004	法国

续表

姓名	英文姓名	当选年份	国籍
肖荫堂	Yum-Tong Siu	2004	美国
托斯登·N. 威塞尔	Torsten N. Wiesel	2004	美国
理查德·N. 杰尔	Richard N. Zare	2004	美国
钱　煦	Shu Chien	2006	美国
蔡南海	Nam-Hai Chua	2006	新加坡
罗伯特·E. 迪金森	Robert E. Dickinson	2006	美国
克劳斯·冯·克利钦	Klaus Von Klitzing	2006	德国
彼得·J. 史唐	Peter J. Stang	2006	美国
万森·库尔提欧	Vincent Courtillot	2007	法国
艾伦·J. 黑格	Alan J. Heeger	2007	美国
胡正明	Chenming Calvin Hu	2007	美国
弗里德·穆拉德	Ferid Murad	2007	美国
菲立普·G. 希阿雷	Philippe G. Ciarlet	2009	法国
马佐平	Tso-Ping Ma	2009	美国
郎尼·汤姆森	Lonnie Thompson	2009	美国
徐立之	Lap-Chee Tsui	2009	加拿大
王中林	Zhong Lin Wang	2009	美国
戴维·格罗斯	David Gross	2011	美国
阿夫拉姆·赫什科	Avram Hershko	2011	以色列
饭岛澄男	Sumio Iijima	2011	日本
刘必治	Bede Liu	2011	美国
野依良治	Ryoji Noyori	2011	日本
D. 罗格·J. 欧文	D. Roger J. Owen	2011	英国
罗伯塔·鲁德尼克（女）	Roberta L. Rudnick	2011	美国
克里斯汀·阿芒托	Christian Amatore	2013	法国
弗莱明·贝森巴赫	Flemming Besenbacher	2013	丹麦
阿龙·切哈诺沃	Aaron Ciechanover	2013	以色列
雅各布·帕里斯	Jacob Palis	2013	巴西
C. N. R. 拉奥	C. N. R. Rao	2013	印度
苏布拉·苏雷什	Subra Suresh	2013	美国
王晓东	Xiaodong Wang	2013	美国
迈克·S. 沃特曼	Michael S. Waterman	2013	美国

续表

姓名	英文姓名	当选年份	国籍
理查德·劳伦斯·艾思本	Richard Lawrence Edwards	2015	美国
高华健	Huajian Gao	2015	美国
马丁·格勒切尔	Martin Groetschel	2015	德国
罗伯特·霍华德·格拉布斯	Robert Howard Grubbs	2015	美国
马库·塔皮奥·库马拉	Markku Tapio Kulmala	2015	芬兰
查尔斯·M. 李波	Charles M. Lieber	2015	美国
安德森·林奎斯特	Anders Lindquist	2015	瑞典
保罗·纳斯	Paul Nurse	2015	英国
阿塔·乌尔·拉曼	Atta-ur Rahman	2015	巴基斯坦
西蒙·D. M. 怀特	Simon D. M. White	2015	英国
张　翔	Xiang Zhang	2015	美国
庄小威（女）	Xiaowei Zhuang	2015	美国
瓦列里·邦杜	Valery Bondur	2017	俄罗斯
陈德亮	Deliang Chen	2017	瑞典
耶日·杜辛斯基	Jerzy Duszynski	2017	波兰
福田敏男	Toshio Fukuda	2017	日本
安德烈·K. 盖姆	Andre K. Geim	2017	荷兰、英国
约翰·爱德华·霍普克罗夫特	John Edward Hopcroft	2017	美国
黄永刚	Yonggang Huang	2017	美国
廖国男	Kuo-Nan Liou	2017	美国
查德·A. 米尔金	Chad A. Mirkin	2017	美国
H. 文森特·珀尔	H. Vincent Poor	2017	美国
肖开提·萨利霍夫	Shavkat Salikhov	2017	乌兹别克斯坦
沈志勋	Zhixun Shen	2017	美国
詹姆斯·弗雷泽·司徒塔特	James Fraser Stoddart	2017	英国
王小凡	Xiao-Fan Wang	2017	美国
谢晓亮	Xiaoliang Xie	2017	美国
叶　军	Jun Ye	2017	美国
戴宏杰	Hongjie Dai	2019	美国
默罕默德·贾马·迪恩	Mohamed Jamal Deen	2019	加拿大
樊文飞	Wenfei Fan	2019	美国
伯纳德·L. 费林加	Bernard Lucas Feringa	2019	荷兰

续表

姓名	英文姓名	当选年份	国籍
莱诺·伊·胡德	Leroy E. Hood	2019	美国
阿尼尔·库马尔·贾恩	Anil Kumar Jain	2019	美国
穆罕默德·阿瑟夫·汉	Muhammad Asif Khan	2019	巴基斯坦
勒让德·路易	Louis Legendre	2019	法国
逯高清	Gaoqing（Max）Lu	2019	澳大利亚
玛西娅·肯珀·麦克纳特（女）	Marcia Kemper McNutt	2019	美国
杰哈·阿尔贝·莫罗	Gérard Albert Mourou	2019	法国、美国
亚历山大·米哈伊洛维奇·谢尔盖耶夫	Alexander Mikhailovich Sergeev	2019	俄罗斯
卡尔·巴里·夏普利斯	Karl Barry Sharpless	2019	美国
约瑟夫·希发基思	Joseph Sifakis	2019	法国
保罗·D. 斯潘诺斯	Pol D. Spanos	2019	美国
约翰·罗杰·斯彼克曼	John Roger Speakman	2019	英国
孙立成	Licheng Sun	2019	瑞典
托萨蒂·埃瑞奥	Erio Tosatti	2019	意大利
安东·塞林格	Anton Zeilinger	2019	奥地利
穆拉特·朱里诺维奇·茹林诺夫	Murat Zhurinovich Zhurinov	2019	哈萨克斯坦

2020年逝世的中国科学院院士名单

（共19人）

姓名	学部	去世时间
方守贤	数学物理学部	2020年1月19日
李方华	数学物理学部	2020年1月24日
孙儒泳	生命科学和医学学部	2020年2月14日
周同惠	化学部	2020年2月23日
周　俊	生命科学和医学学部	2020年3月27日
张乾二	化学部	2020年5月3日
万卫星	地学部	2020年5月20日
童秉纲	数学物理学部	2020年7月9日
曾　毅	生命科学和医学学部	2020年7月13日
李吉均	地学部	2020年7月21日
曹楚南	技术科学部	2020年8月27日
陈定昌	信息技术科学部	2020年9月7日
张新时	生命科学和医学学部	2020年9月24日
戴元本	数学物理学部	2020年9月26日
刘若庄	化学部	2020年10月8日
张俐娜	化学部	2020年10月17日
保　铮	信息技术科学部	2020年10月21日
金展鹏	技术科学部	2020年11月27日
冯　端	数学物理学部	2020年12月15日

2020 年逝世的中国科学院外籍院士名单

（共 2 人）

中文姓名	英文姓名	国籍	去世时间
黄煦涛	Thomas S. Huang	美国	2020 年 4 月 25 日
弗朗斯瓦·马蒂	Francois Mathey	法国	2020 年 12 月 8 日

咨询评议工作

2020年，中国科学院学部紧紧围绕落实十九届五中全会和中央经济工作会议重要精神，在中国科学院党组和学部主席团领导下，聚焦推动高质量发展全局性重大问题，重点围绕抗击新冠肺炎疫情、攻关“卡脖子”科技创新能力、促进产业结构升级、推进绿色协同发展、参与全球治理变革等方面决策需求，积极部署咨询项目和推进咨询研究。学部咨询评议工作委员会修订《中国科学院学部咨询评议工作条例》和《中国科学院学部咨询评议工作实施细则》等规范性文件，加强咨委会对立项、经费、限项等预审机制和项目统筹功能，对项目具体类型、分类管理及其工作流程等进行细化规定，强化对重点重大项目的预审和规范。

在新冠肺炎疫情持续不断的情况下，中国科学院学部克服多重困难，全年部署咨询项目27项，上报咨询报告27份，以《中国科学院专报信息》方式报送院士建议11份。在新冠肺炎疫情总体防控要求下，结合实际工作和地方决策需求，咨委会在福州等地组织开展“院士八闽行”等活动，为地方政府决策提供智力支持和咨询建议。

科学道德建设

2020年，中国科学院学部持续开展科学道德建设工作，在加强院士队伍学风作风建设、修订完善学部相关制度文件、弘扬百年诞辰院士群体的科学精神等方面取得良好进展。

一是持续开展“科学人生 · 百年”主题宣传活动。宣传展示2020年恰逢百年诞辰的27位院士矢志报国的崇高理想、勇于创新的科学精神、严谨求实的治学风范和淡泊名利的人生态度。截至2020年12月在全国40个科技馆、大中小学或科研机构展出，参与“中国科学院第四届科学节”等科普活动，举行4场院士精神讲座、5场院士百年诞辰纪念座谈和学术交流活动。为27位百年诞辰院士每人制作单独的宣传页面，主要反映院士的个人简介、特别报道、人生重要时间节点等信息。与北京大学化学院、中国科学院理化技术研究所、中国科学院过程工程研究所、中国科学院物理研究所合作，联合中国科协调宣处，采用4K高清设备、全电影及拍摄流程，拍摄制作百年诞辰院士纪念视频5部，采访包括赵忠贤、刘忠范等院士及其家属、同事、学生共计30余人，积累近100T视频资源，纪录片在全网取得较高传播影响力。

二是修订完善相关制度文件。修订完善《中国科学院院士行为规范》、《中国科学院学部纪律处分规定》和《中国科学院院士兼职情况报备办法》等系列制度文件，为相关工作的顺利开展提供制度保障。

三是推动学部科技伦理的研究和研讨。组织召开以“科学道德与伦理教育”为主题的中国科学院学部2020科技伦理研讨会，取得良好反响和影响，作为研讨会成果之一，起草形成《加强我国科学道德与伦理教育，推进治理体系建设》院士建议，为促进相关技术规范有序发展建言献策，有效发挥学部在科技伦理方面的引领作用。部署的“人工智能伦理研究”、“大数据的伦理问题与社会治理”、“新生物技术的前沿发展与可能的伦理挑战及应对策略研究”等研究项目顺利结题；“脑科学伦理问题及应对策略研究”项目取得阶段性进展；“传染病突发事件的伦理问题与监管”顺利立项。

四是积极推动落实中央关于规范院士工作站的相关工作。2020年2月，向相关院士和院士所在单位寄送《关于做好规范院士工作站工作的函》、《关于落实“规范院士工作站”工作的通知》等文件，协助院士在规定时间内完成超规院士工作站规范清理工作，并于2020年4月将相关情况报送科技部，配合完成相关工作。

五是顺利组织道德委员会会议。中国科学院学部科学道德建设委员会六届十次会议期间组织“科学人生 · 百年”院士风采展、调研中国科学院武汉病毒研究所和同济医院、“科学与中国”院士报告会等活动，体现中国科学院学部对抗疫、防疫工作的支持。

学术与出版工作

2020年，中国科学院学部持续发挥学术引领作用，在组织学术研究、学术交流和传播等方面开展了卓有成效的工作。

一是重点开展学部与国家自然科学基金委联合部署学科发展战略研究工作。推动"数学发展战略研究：2021—2035"等18个学科系列项目，"人工智能的基础研究发展战略研究（2021—2035）"等20个前沿领域项目，以及1个总论项目，共计39项。"中国学科及前沿领域发展战略研究（2021—2035）"项目按计划实施，组织项目启动会和中期交流会，促进各项目组交流研讨、互相学习借鉴。

二是持续开展学部品牌学术交流活动。组织召开"新时代科技融合发展"、"工业互联网"等9场科学与技术前沿论坛，参加论坛做报告和讨论的院士专家人数近700人，其中有70位院士，现场听众近500人；约4万人次观看了论坛网络直播。论坛成果在《中国科学》、《科学通报》以专题或专栏的形式呈现。

三是在学部平台出版学术专著，提升学部学术影响力。组织编写的《大陆成矿学》、《微纳机电系统与微纳传感器技术》、《转化医学》、《半导体物理学进展》、《手性物质化学》、《材料科学与工程》、《固体力学》、《无中微子双贝塔衰变实验》、《强磁场下的基础科学问题》和《数学优化》10部中国学科发展战略专著，以及"地球科学学科前言丛书"的两部著作《深部地下生物圈》和《生态水文学》出版，并结合图书出版，及时宣传研究成果，提升学部学术影响力。

四是进一步发挥学部平台优势，助力《中国科学》和《科学通报》（以下简称"两刊"）取得新进展。组织召开"两刊"理事会，推动完成"两刊"的"十四五"规划编制工作；根据"两刊"理事会成员单位负责同志的分工调整情况，调整"两刊"理事会成员；对编委所提意见积极采取措施予以落实；研究中文期刊发展并提出发展建议。"两刊"学术指标不断攀升，"十三五"阶段性目标超额完成。

五是顺利组织学术与出版委会议。会议审议通过学部学术工作"十四五"规划，为未来学部学术工作发展提供思路和方案。会议期间组织多场内容丰富的"科学与中国"院士报告活动，反响热烈。

科学普及与教育工作

2020 年，中国科学院学部不断加强科普与教育工作的顶层设计和统筹协调，着力发挥其高端引领作用。针对社会关切，积极组织院士专家对科技热点进行述评，编写的《中国科技热点述评 2019》出版。围绕科学普及、科学教育与人才培养等，积极组织开展我国科学教育发展、科普工作发展等多个战略研究，形成多份咨询报告。成功举办以"新冠肺炎疫情影响下的科学教育：问题与启示"为主题的学部第五届科学教育论坛。依托"科学与中国"院士专家巡讲平台，继续组织百余位专家开展科学思维与决策课程讲座、院士专家视频公开课、院士专家进高校系列讲座、"科学道德与学风建设"宣讲等多项专题活动，并应对疫情及时策划推出"科学与中国"云讲堂，全年共举办报告活动 110 余场，直接听众约 200 余万人，"科学与中国"网站总浏览量达 105 万人次。向"学习强国"学习平台推送录制的 30 门共 132 个课程，选题内容涵盖气象、生物、食品、中医、大数据、互联网、人工智能、生态文明、采矿、通信、水利、数学等多个学科。积极推进科学文化建设与出版工作，院士文库建设稳步推进。截至 2020 年底，院士文库网站共收录 1955 年至 2019 年当选的全部 1434 位院士的相关专著、获奖、报道等珍贵数据 11 万余条，网站共展示照片、文件、音视频 12 万余件，收藏各类数据 12.69T。

陈嘉庚科学奖基金会工作

2020年，在理事会领导下，陈嘉庚科学奖基金会认真贯彻落实民政部和国家科学技术奖励工作办公室相关政策法规要求，克服疫情影响，成功组织2020年度陈嘉庚科学奖和陈嘉庚青年科学奖新闻发布会及相关宣传活动，积极加强内部建设，圆满完成陈嘉庚科学奖评奖委员会换届工作，并采取多种形式扩大陈嘉庚科学奖影响力。

一是召开新闻发布会，公布陈嘉庚科学奖和陈嘉庚青年科学奖奖项情况，并为获奖科学家颁发奖金。

二是加强宣传，扩大陈嘉庚科学奖影响力。拍摄2020年度获奖项目和获奖人视频短片；举办“格致论道”讲坛，搭建网络交流平台；举办4场陈嘉庚科学奖报告会；《科学通报》出版“2020年度陈嘉庚科学奖”专辑；在《科学世界》刊登获奖科学家文章8篇。

三是顺利有序完成评奖委员会换届工作，并完成理事会部分成员的调整工作。

四是加强基金会内部建设。经理事会批准，基金会办公室向民政部报送关于申请被认定为慈善组织的相关文件和材料，经民政部审查，陈嘉庚科学奖基金会被认定为慈善组织；办公室优化在线推荐、评审和管理系统，已于2022年度的推荐评审上线使用。

院直属单位情况

分 院 机 构

中国科学院科技创新发展中心（北京分院）

主　　任（院长）：周　琪（兼）
地　　址：北京市海淀区中关村南四街18号紫金数码园1号楼
邮政编码：100190
电　　话：010-62661266
传　　真：010-62661245
电子信箱：bjbxcc@cashq.ac.cn
网　　址：http://www.bjb.cas.cn

中国科学院北京分院（以下简称“北京分院”）是中国科学院的派出机构，于2005年3月成立。2019年5月，在北京分院的基础上，设立中国科学院科技创新发展中心（以下简称“科技创新发展中心”）。科技创新发展中心与北京分院采用“一个机构、两块牌子”的形式一体办公。

一、领导班子和后备干部队伍建设

1. 强化干部培养，着力打造忠诚干净担当干部队伍

一是突出政治标准，选优配强领导班子。配合中国科学院人事局完成11个单位的领导班子任期考核，11个单位民主推荐领导人员，33人提任和转正考察工作。二是强化干部监督，落实从严管理要求。严格执行干部选拔任用“凡提四必”制度，完成161人个人事项重点查核和109人随机抽查工作，对2019年个人事项报告开展专项整治。完成所局级领导人员任职回避自查整改。对领导人员配偶、子女及其配偶经商办企业制定《禁业范围》并开展清理试点。完成近3000人次领导干部因私出国（境）管理的备案人员信息上报。三是开展考核评价，激励关爱领导干部。完成36个单位年度考核，对232位所局级人员提出考核等次评定意见。协助5位符合条件的离任所级领导干部申请科研课题启动经费400万元。

2. 关注青年人才，加强年轻干部人才培养

一是深入了解青年干部人才所思所想。组织召开4次青年人才交流座谈会，39家单位的41位代表参加会议。二是加强党性修养，组织专题培训。选调分院所属研究所所领导、青年科学家及科技管理工作者共44人，在中国延安干部学院开展为期一周的青年干部人才高级研修班。三是注重培养使用，拓展锻炼平台。推荐12人参加中国科学院党校第二期年轻干部特训班。推荐6人参加2020年的巡视工作。推荐5名干部挂职北京市相关部门。推荐1名博士服务团成员赴贵州大数据中心挂职。

二、党建、党群与创新文化建设工作

1. 扎实推进党的政治建设

坚持和加强党的领导，严格执行《北京分院分党组工作规则》、《京区事业单位党委工作规则》等制度。制定《科技创新发展中心（北京分院）“三重一大”事项清单》。2020年召开19次分党组会、18次主任（院长）办公会。制定《北京分院分党组请示报告报备事项清单》。举办2次分院系统党委书记季度学习交流会。

2. 深入推进党的思想建设

围绕深入学习贯彻习近平新时代中国特色社会主义思想，重点落实中心组学习制度，统筹安排适时指导分院各单位年度中心组学习。召开7次分党组理论学习中心组学习扩大会。科技创新发展中心（北京分院）领导周琪、马扬带头做专题党课报告，领导班子其他成员分别在所属党支部做党课报告。推进年轻干部理论学习小组工作，开展“学习新思想、协力促

科创”学习心得分享活动。

3. 持续提升基层党建工作质量

扎实推进“基层组织建设年”活动，对分院所属单位开展抽查检查。举办党员发展对象培训示范班，76 名党员发展对象参加，其中 40% 以上为副高级以上科研管理骨干，指导京区协作片举办 4 期党员发展对象培训班，近 580 人参加培训。做好中国科学院和分院“两优一先”评选表彰工作。制定《北京分院基层党组织书记抓党建工作考评实施细则（试行）》，拓展完善“党员教育管理服务息化”系统。

4. 强化党风廉政建设“两个责任”

组织系统单位逐级签订个性化党风廉政建设责任书。配合巡视办召开 12 家单位巡视动员会，开展 17 家单位巡视整改满意度测评。处理问题线索 219 件，“四种形态”共处理 316 人次。完成 10 家单位经济责任审计现场工作，审计经费总计达 454 亿。结合中央巡视整改，配合审计署进驻 4 周。出具选拔任用鉴定 60 余人次，评优评先、党委委员鉴定共 284 人次。举办 4 期“科研诚信建设系列讲座”线上培训，累计上线人数约 4 万人次。

5. 推进群团和创新文化建设，凝聚强大发展动力

工会坚持送温暖、送健康、送文化，完成中国科学院先进集体和先进工作者、“十佳科苑名匠”、“中国青年五四奖章”、“全国向上向善好青年”、“两优两红”等推优荐先工作；团委开展“青春战‘疫’，你我同行”、“青春志愿行——星火行动”等活动；妇委会组织女性科技大讲堂、青年线上交友、“恒爱行动”等活动；体协组织开展第三届“全民健身日”和第三届职工气排球比赛。各群团组织为服务科技创新营造了积极和谐的氛围。

6. 加强机关党建和机关工作作风建设

有序推进“创建模范机关”工作，认真落实强化政治机关意识教育、开展“灯下黑”问题专项整治等工作。严格执行“三会一课”等组织生活制度，开展机关青年讲坛学习活动。认真开展党建督查和述职考评工作。

7. 大力弘扬科学家精神，引导广大科技工作者主动肩负科技创新重任

一是“诵读科学经典 弘扬科学精神”活动。在分院所属 700 余个基层党支部中开展主题党日活动，并在“学习强国”平台等陆续发布。最终活动的音视频作品，在“学习强国”平台播发。二是讲好“率先行动”故事。策划 40 余部“率先行动故事汇”微视频第一季作品连续在“学习强国”平台发布，同时组织开展第二季优秀作品交流分享会，学习强国、新华社、央视、全国党建研究会等领域专家参与圆桌交流。

8. 打造科学传播品牌，立体推进科学传播工作

一是积极拓展科学影响力和传播力。于全国科普日期间在主会场设置“科普阅读联合行动”专题展台，中共中央政治局委员、国务院副总理刘鹤到展台前驻足交流。与北京电视台策划录制 5 期《打开科学之门》系列节目，参与中国科协“2020 年青少年高校科学营”。二是着力做大做强科学传播品牌。举办第三届科学传播月，完成 10 场科普活动直播，累计观看达到 2383 万次，发布“云游驿”小程序。三是搭建科学传播媒体矩阵。加快建设新媒体矩阵，与北京字节跳动科技有限公司签署战略合作协议。微信公众号发布文章 328 篇，快手短视频平台播放量 1320 万。2020 年，科技创新发展中心（北京分院）网站在各分院网站中综合排名第一，政务信息在各分院中排名第一。

三、聚焦主责主业，着力推动科创中心建设

1. 聚焦国家战略，积极推动参与北京全国科创中心建设各项工作

一是整合成立北京专项办。根据院党组相关部署，将原中关村专项办和怀柔专项办整合为北京专项办，北京专项办设在科技创新发展中心。2020 年，北京专项办围绕院参与怀柔科学城和中关村科学城建设开展调研，并形成报告，为中国科学院党组推动相关工作发挥了积极作用。二是积极参与怀柔科学城建设。召开专题座谈会，深入了解各单位工作情况。统筹抓好建设项目任务，中国科学院 5 个大科学设施建设进展顺利，10 个中国科学院“十三五”科教基础设施主体结构实现封顶，第一批交叉研究平台竣工验收，第二批交叉研究平台陆续

启动建设。三是积极支撑中关村科学城建设。与中关村管委会建立协同工作机制，为支持推动中关村科学城建设提供保障。落实好中国科学院2020中关村论坛相关工作，确保论坛成功召开。

2. 瞄准区域创新发展需求，统筹抓好责任区内科技合作工作

在河北，组织“走进中国科学院”河北专场，面向河北科学院建设部署生态环境、重点产业信息项目，支撑河北万企转型任务持续提质增效，线上平台正式启动。在山西，推动山西面向中国科学院研究所设立专项并予以支持，推动山西高层次联盟，部署一批院省合作项目，支持超过1000万元。在天津，积极推动项目落地，组织新能源、新材料领域技术等多个专场对接会。在内蒙古，支撑做好“科技兴蒙”工作，建立包括多个领域的项目储备库，支撑内蒙古生态产品总值发布，指导包头稀土研发中心“包头稀土杯”科技创新邀请赛及建设相关工作。此外，面向区域发展，部署11个科技合作项目及中国科学院联盟项目，组织50余次院地对接活动。着力打造科创大数据平台，积极推动中科海淀科技创新综合体建设，建设并升级数据平台，形成“智汇科创大脑”和“智汇营商大脑”定制化产品。截至2020年底整合科研成果近千项、专家近6000位、院所40余家、仪器设备数千台、企业信息超1.5亿条。

3. 注重决策支撑，开展战略研究和规划工作

着力支撑院市“十四五”区域合作规划，形成中国科学院与北京、天津、内蒙古、山西、河北“十四五”区域规划5份，2020年底已进入征求意见阶段。凝练编制区域科技合作重点任务（2021—2022）10余项，累计部署10项院地合作项目，总资金预计超过1亿元。建立“十四五”院地合作项目库，编辑整理《京津冀协同发展科技创新政策选编》。

4. 助力科技战“疫”，在疫情防控工作中彰显使命担当

一是提高政治站位，着力发挥“两个作用”。成立应对疫情应急响应工作领导小组，第一时间制定印发《科技创新发展中心（北京分院）应对疫情应急响应工作方案》，及时部署分院系统单位落实防控责任。指导并服务分院系统单位广大党员、非党员职工自愿捐款总计500余万元。二是坚持关口前移，构筑科学严密的防控体系。加强信息摸排，严格执行日报告和零报告制度，全面掌握3.2万名职工、离退休人员实时情况。深化日常督导，累计形成战“疫”大事记录150余条，形成工作周报14期、专报12期，上报分院系统疫情防控工作周报16期。积极开展属地联防联控各项工作。全覆盖掌握滞留湖北472名人员情况，协助研究所职工离鄂返京，为研究所解决实际困难。三是加快任务攻关，推进科技支撑疫情防控。据不完全统计，分院系统有21家单位、130个科研团队、822名科研人员直接参与新冠肺炎科研工作。在疫情防控和科研攻关中，有7名中青年科研人员光荣加入党组织。四是统筹协调资源，全力服务保障一线科研攻关。京区事业单位党委、工会下拨专项资金300万。分党组、工会向赴武汉前线科研人员等开展系列慰问活动。在防疫物资供应匮乏时期，累计为研究所争取到46万只一次性防护口罩、6.8万只KN95口罩、5万双乳胶手套、2500升除菌消毒剂、1800瓶消毒酒精、1000余件防护服、630副护目镜、110支测温枪、5吨消毒液等防控物资。积极争取到67台医疗设备，捐赠配送至湖北7个地市的49家医院，为疫区医院开展病情监测提供了支撑。

四、公共事务管理与协调

围绕服务研究所，扎实做好各项综合协调支撑保障工作。一是认真细致做好人事人才管理服务工作。立足服务基层，做好人才引进落户，接收留学人员、高校毕业生、京外调配、接收安置军队转业干部等800余人。加强沟通协调，办理干部医疗手续47人次。加深与留学服务中心合作，组织参加海外人才招聘会。二是打造安全标准化管理平台。围绕网络安全管理工作中的重点方面，梳理形成《网络安全管理制度汇编》；设计开发实验室安全分级分类管理系统、安全隐患排查系统，为提升研究所安全管理水平提供支撑。三是协调推进行政后勤支撑工作。坚持“三统一”原则加强奥运村科技园综合管理服务。持续做好政策型住房管理协调、房改

服务、公有住宅管理、不动产登记审核、人防空间数据普查核对等工作。完成京区住房资金归口管理工作，划转住房资金5.9亿余元。完成10项修缮项目验收工作。继续做好“三委会”工作，组织京区单位做好垃圾分类、控烟等工作。继续推动食堂一卡通试点工作。

（撰稿：袁　念　韩　博　审稿：李　静）

沈阳分院

院　　长：韩恩厚
地　　址：辽宁省沈阳市和平区三好街24号
邮政编码：110004
电　　话：024-23983356
传　　真：024-23983343
电子信箱：syb@mail.syb.ac.cn
网　　址：http://www.syb.cas.cn

中国科学院沈阳分院（以下简称“沈阳分院”）的前身是1952年成立的中国科学院东北分院，负责管理中国科学院驻东北的工业化学研究所等8个科研单位。1954年8月东北分院撤销，所属研究所归中国科学院直接领导。1958年12月成立中国科学院辽宁分院，负责管理中国科学院在辽宁地区和地方的科研机构。1961年8月辽宁分院撤销，所属科研机构划归辽宁省科委领导。1962年10月恢复中国科学院东北分院，负责管理中国科学院在东北的科研单位。1970年8月东北分院撤销，所属单位归地方领导。1978年5月中央批准恢复成立中国科学院沈阳分院。

沈阳分院是中国科学院的派出机构，负责协助院党组领导和指导中国科学院在辽宁省和山东省的研究所有关工作，是连接院机关和研究所的桥梁纽带，区域科技管理和服务的中心。沈阳分院系统共有10个院属单位，除沈阳分院机关外，还有7个研究所和2个整体转制公司。包括在辽宁省的大连化学物理研究所、金属研究所、沈阳应用生态研究所、沈阳自动化研究所、沈阳计算技术研究所有限公司、沈阳科学仪器股份有限公司；在山东省的海洋研究所、青岛生物能源与过程研究所、烟台海岸带研究所。

在推动“率先行动”计划及“一三五”规划落实方面，沈阳分院立足于服务研究所和地方经济社会可持续发展，聚焦辽鲁两省重大科技需求，积极谋划部署院省合作重大事项，助推高层频繁互动，将中国科学院“率先行动”计划实施与地方创新体系建设紧密结合，编制“十四五”科技合作促进区域创新发展规划。及时了解各单位“率先行动”计划实施进展，帮助制定解决问题方案，大力推进“率先行动”计划任务的落实。与辽鲁两省教育厅签署科教融合战略协议，着力解决研究生指标不足问题，获得山东省委书记刘家义的批示。推动中国科学院与山东省、济南市正式签署《中国科学院　山东省人民政府　济南市人民政府共建中科院济南科创城合作协议》。共建青岛新能源山东省实验室和烟台先进材料与绿色制造山东省实验室。推动建设黄河流域生态保护和高质量发展科技先行示范区。积极参与《沈阳（浑南）科技城规划（2020—2030年）》、《沈阳产业技术研究院建设方案》等编制工作，协调推动辽宁实验室建设。与辽宁省科技厅筹划设立新时期省院合作专项，推动院市共建中国科学院洁净能源创新研究院，助力大连英歌石科学城建设。统筹推动沈阳市集成电路产业加快发展。

截至2020年底，沈阳分院系统共有在职职工7236人。其中高级研究人员1965人，包括中国科学院院士14人，中国工程院院士7人。

一、领导班子和后备干部队伍建设

组织完成6次系统单位所级领导推荐和考察工作。配合中国科学院人事局完成分院机关领导人员的个别调整、推荐和考察等工作。组织完成研究所领导班子和领导人员2019年度考核。完成个人事项报告的集中报告、重点核查、随机抽查和查核验证等干部监督工作。

按照中国科学院人事局要求，及时组织清理所长助理岗位。印发《关于加强年轻干部队伍建设的通知》，指导研究所不断加强干部队伍年轻化。推动研究所加强可近期关注干部工作。组织800余位40周岁以下年轻干部参加党的十九届四中全会精神培训。积极推荐优秀年轻干部参加院党校、辽宁省国情省情的培训。

组织开展第34期所级领导干部培训班，与研究所所长、党委书记进行年度廉政谈心谈话。

二、党建、党群与创新文化建设

认真履行中国科学院党组赋予的职责，自觉加强分党组自身建设，修订《分党组工作规则》，制定《分党组2020年工作要点》、《“三重一大”决策实施细则》等内容，进一步规范分党组、纪检组工作。全年组织召开分党组会议20次、分党组理论中心组学习12次。注重加强分党组成员作风建设，定期到系统单位开展调研，并认真落实分党组成员在支部讲党课要求。

认真学习贯彻党的十九届五中全会精神及习近平总书记重要指示批示精神，提高政治站位。分党组书记和院长带头做《学习党的十九届五中全会精神》专题党课报告，引导广大党员深刻学习领会党的十九届五中全会精神的丰富内涵。积极组织参加中国科学院、辽宁省委等宣讲报告会。组织201名处级以上领导干部结合个人岗位实际，开展集中研讨，将学习成效转化为推动改革创新发展的强大动力和实际行动。

全面落实“三会一课”、党日制度、双重组织生活等党的组织生活制度。完成机关党委换届工作，推动选优配强党支部书记和党支部委员，积极推动科研骨干入党工作。分院直属单位党委和机关党委分别对2019—2020年度“两优一先”及定点扶贫先进个人进行表彰。

组织开展基层组织建设年活动。聚焦建设“四强”党支部标准，认真听取党员意见，结合17个是否深入开展自检自查整改工作。持续加强学习型机关建设。

积极开展我身边“最美科技工作者”系列活动，大力弘扬新时代科学家精神。会同辽宁省相关部门联合主办“辽宁好人·最美科技工作者”选树和学习宣传活动，分院系统有3名科技工作者入选。

驻村扶贫工作再创新佳绩。通过科技扶贫，实施中国科学院科技服务网络计划（STS计划）等项目，帮助对口两个村发展食用菌、中草药、经济林三大产业，2020年两村经济收入均超过3000万元，139户341人建档立卡的贫困户全部实现脱贫，保证了长达6年的脱贫攻坚工作圆满收官。

三、院地合作

助力区域创新体系建设。与山东省化工专项行动办公室签署战略合作协议，牵头组织编制山东省化工、钢铁等产业“十四五”发展规划，全力推动山东钢铁、能源、化工传统行业转型升级。与南山集团签署科技合作协议，探索与行业龙头企业产教研合作新机制。中科（威海）乳山牡蛎研究院、济南未来技术研究院等一批创新平台落地山东，沈阳健康工程技术研究院、沈抚示范区数字经济产业园等一批创新平台落户辽宁。连续7年举办科技成果转化专题培训班，培训辽鲁科技管理干部超500人次。

促进重大科技成果落地转化。积极推动高端轴承自主可控制造项目（C类先导专项）、高品质稀土特殊钢产业化项目（“弘光专项”）等一批重大项目落地，保护性耕作技术在辽宁玉米带应用面积继续扩大。组织“长碳链尼龙制备关键技术与产业化”等8个STS区域重点项目顺利实施结题，在STS计划项目支持下，形成1000吨/年的专用树脂聚合生产线和5000吨的改性管材专用料生产线，打破了国外技术垄断；建成5条年产30吨非晶合金及其复合材料生产及后处理线，在军工领域迅速推广应用。支持沈阳经开区中科（沈阳）产业技术创新研究院建设，沈阳浑南成果转化基地总项目数15个，累计产值超过1亿元，支持沈阳产业技术研究院建设。

组织科技资源线上线下联动精准对接。在全院首创“沈阳分院科技成果云讲堂”，组织云对接，共举办18期，3324个异地会场收看。中国科学院科技促进发展局以此为基础在全院推出“中国科学院科技成果云服务”网上平台。科技成果网新版上线，更新团队116个、成果1600项，访问量突破180万次。组织中国科学院50家次研究所深入1300家次企业开展调研对接，举办各类对接活动54次，签署重要合作协议7个，落实合作项目191个，合同额23 423万元。

继续做好辽宁省科技奖励遴选提名工作，2020年获一等奖6项，二等奖2项。

四、纪检、监察和审计工作

加强党风廉政建设，组织开展落实“两个责任”宣讲，分院领导带头讲专题党课报告，通报典型案例。开展系统研究所2019年党风廉政建设责任制落实情况检查考核。分党组书记与各所党委书记、所长签订党风廉政建设责任书12份。2020年，先后实施审计项目六项，审计总额7.9亿元，发现问题56条并提出建议。开展分院系统“四风”问题专项检查，共发现问题25条，均提出解决和改进措施。受理核查信访件38件。在全院率先探索开展科研原始数据核查工作，大力推进科研诚信和学风建设，推荐23名干部参加中国科学院党组巡视，7人获“优秀巡视干部”。

五、院士联络工作

沈阳院士联络处建立院士服务网络体系，做好院士服务与联络工作。完成院士2020年新春慰问、生日慰问。发挥院士专家高端智库作用。结合地方需求，积极邀请院士参与科普教育工作，为社会公众宣传科学精神和科学思想。

六、公共事务管理和协调

2020年新冠肺炎疫情暴发后，沈阳分院及时组织成立疫情防控工作组，统筹协调、多措并举，认真制定工作机制方案，切实抓好落实，齐心协力打好疫情防控阻击战。

与沈阳市社保协调退还2014年10月以后退休人员的个人参保账户，涉及在沈单位1944人，缴费2754万元。

积极组织在辽单位申报省市人才项目，共获奖励资金3174万元。积极争取将中国科学院全系列人才项目纳入沈阳市新的人才认定标准。

围绕分院及研究所中心工作，全方位打造传播矩阵，获评2020年全国科普日优秀组织单位。

（撰稿：王绍辰　刘　妍　审稿：杨　宏）

长春分院

院　　长：甘建国
地　　址：吉林省长春市人民大街7520号
邮政编码：130022
电　　话：0431-85380224
传　　真：0431-85384068
电子信箱：ccb@ms.ccb.ac.cn
网　　址：http://www.ccb.ac.cn

中国科学院长春分院（以下简称“长春分院”）恢复成立于1978年5月。配合中国科学院有关部门做好所在地区院属单位的领导班子建设和后备干部队伍建设；推动、督促和检查所在地区院属单位的科技创新及事业发展重点工作；组织开展中国科学院与吉黑两省的院地合作，推动科技成果转化；指导和推动所在地区院属单位的党建、创新文化建设、纪检、监察审计等工作，并指导和监督财务管理工作；联系和服务所在地区的中国科学院院士；加强与地方政府部门的联系，为相关单位提供必要的公共服务。

长春分院组织机构包括党群办公室、综合办公室、科技合作处、组织人事处、财务资产处、监督审计处、后勤中心7个部门。长春分院联系单位有：长春分院机关、长春光学精密机械与物理研究所、长春应用化学研究所、东北地理与农业生态研究所及国家天文台长春人造卫星观测站。

截至2020年底，长春分院共有在职人员数3776人。

一、领导班子和后备干部队伍建设

组织学习习近平新时代中国特色社会主义思想和十九届五中全会精神。协助完成东北地理与农业生态研究所领导班子任期考核和新一届领导班子组建、长春光学精密机械与物理研究所领导班子个别调整及领导班子中期调研。开展分院系统单位领导班子年度工作总结、领导干部年度考核和个人事项年度报告、任前档案核定、干部任免表信息核实、兼职审批、因私出国（境）审批办理工作。开展分院分党组领导与所级领导人员任前谈话、分院领导与分院机关中层干部任前集体、个别谈话。

二、党建、党群与创新文化建设

加强政治建设。专题研究党建与业务深度融合。开展“两个维护”专项督导，提出问题意见22条，整改建议16条，强化政治意识。强化思想建设。发挥长春分院分党组理论学习中心组“头雁”效应，围绕习近平总书记系列重要讲话精神和中央、院党组重要文件、科技创新进行专题学习研讨。举办党务干部培训班。加强组织建设。完善工作制度，制定工作要点，召开分院系统党建工作推进会。独立设置分院党群工作处，明晰部门定位和基本职责。

开展“基层组织建设年”主题活动、基层组织“双达标”活动，制定达标评估指标量化表。开展年度重点党建工作等专项督导。成立分院机关党总支，配备专职党总支副书记。认真落实组织制度，对照“17个是否”提列机关自检问题清单及整改举措，开展“梨树”模式现场学习等主题党日活动。召开纪念建党99周年暨“两优一先”表彰大会。

三、院地合作

举办各类科技成果展会、对接会近50次。组织接待地方政府、企业到院属研究所调研和项目洽谈近70次。全年推动转移转化项目超100项，为吉黑两省科技合作储备中国科学院科技成果1935项，吉黑两省技术转移转化带动企业新增销售收入超100亿元，利税超15亿元。

1. 加强院地会商，推动工作落实。

吉林省省长景俊海，吉林省代省长韩俊先后到长春分院调研并主持召开座谈会，研究部署落实院省合作协议。协助组织中国科学院与吉林省政府科技合作会谈。中国科学院分别与一汽集团、中车长客签署战略合作框架协议，长春分院与长春新区管委会签署深入推进院地合作专项协议、与吉林森工集团签署战略合作框架协议。长春分院与吉林省科技厅、黑龙江省科技厅建立了常态化沟通工作机制。长春分院与吉林省辽源市、黑龙江省绥化市分别签署合作协议，与长春市、哈尔滨新区开展科技合作会商。

2. 加强系统谋划，编制工作规划。

完成中国科学院与吉林、黑龙江科技合作2021—2022年的重点任务征集和实施方案编制，完成中国科学院与吉林、黑龙江两省科技合作“十四五”规划（初稿）、《科技促进东北振兴，打造新动能实现高质量发展研究》主报告和分报告（初稿）编制工作。

3. 围绕区域需求，夯实特色平台。

中国科学院长春技术转移中心2020年6月获批吉林省级技术转移示范机构，2020年新孵化科技型企业2家，累计孵化企业89家，年度销售总额超1.2亿元。中国科学院哈尔滨产业技术创新与育成中心有中国科学院22家研究所的研发团队入驻，累计孵化企业48家，2020年总产值4120万元。设立黑龙江省科学家工作室7个。中白科技园首期建筑面积近4万平方米园区于2020年10月投入试运行。中俄科技园、中白科技园加入由俄罗斯科学院西伯利亚分院本年度组建的东北亚跨境合作国际学术研究中心。

4. 集聚创新资源，服务东北振兴。

一是聚焦核心主题，推动技术攻关。汽车及汽车电子领域：组织中国科学院兰州化学物理研究所等与一汽集团联合筹划申报国家级制造业创新中心。轨道客车领域：推动中国科学院金属研究所沈阳材料科学国家研究中心与中车长春轨道客车股份有限公司共建联合研发中心。生物质领域：推动中国科学院长春应用化学研究所与博大东方新型化工（吉林）有限公司5万吨/年二氧化碳基生物降解塑料重大示范项目落户运行并生产合格产品。医疗器械领域：推动长春应用化学研究所与吉林大学白求恩第一医院签署战略合作协议并开展合作。现代农业领域：推动中国科学院东北地理与农业生态研究所牵头成立的九所测试联盟及中科玉联合体成功运行7年，联盟玉米测试基地扩大到404个。2020年，习近平总书记视察的梨树县保护性耕作试验田实现连续2年玉米亩产1000千克以上的高产纪录。化工领域：组织兰州化学物理研究所、金属研究所、宁波材料技术与工程研究所与相关企业开展技术交流合作。二是加强专项资金引导，积极组织合作项目。与吉林、黑龙江省科技厅共同编制《中国科学院-吉林省科技合作工作方案（2021—2022年）》和《中国科学院-黑龙江省科技合作工作方案（2021—2022年）》。完善《吉林省与中国科学院科技合作高新技术产业化专项项目管理实施细则》，专项资金额度由2000万元增至2500万元。对2021年度项目进行初评、现场考察，完成83个项目论证答辩。

四、纪检、监察和审计

认真落实“两个责任”。研究部署党风廉政建设和反腐败工作。制定《长春分院分党组落实全面从严治党主体责任的责任清单》、《长春分院“一岗双责”监督清单》。组织签订个性化党风廉政建设责任书。开展党风廉政建设责任制落实情况考核。开展廉政教育，发布廉政提醒。组织实施审计项目4项，开展年度内部审计情况通报。

五、院士联络工作

认真做好吉黑两省21位院士的联络服务工作。

六、公共事务管理和协调

完成安全保卫工作，有力保障科研进展。依照《中国科学院安全检查参考表》，开展节前安全检查，有效避免各类重大安全事故事件发生，完成跨地区安全检查工作。组织长春分院系统生物安全和动物实验安全管理培训。强化网络安全管理，完善《长春分院网络安全应急预案》。协助完成系统基建验收。开展财务管理综合能力评价指标体系课题研究。积极推进《中国科学报》吉林记者站复建工作，为分院系统宣传工作争取平台和资源。

（撰稿：项　尚　封　帆　审稿：马七军）

上海分院

院　　长：胡金波

地　　址：上海市徐汇区岳阳路319号

邮政编码：200031

电　　话：021-64310242

传　　真：021-64374915

电子信箱：huangcs@shb.ac.cn

网　　址：http://www.shb.ac.cn

中国科学院上海分院（以下简称“上海分院”）前身是1950年3月经政务院批准成立的中国科学院华东办事处。1958年11月，在接管并改造“中央研究院”和北平研究院位于上海、南京的研究机构的基础上，成立上海分院。1961年，改为华东分院。1970年，中国科学院撤销分院体制。1977年11月，恢复成立上海分院。

上海分院是中国科学院的派出机构，负责联系和管理中国科学院在上海、浙江、福建地区的研究院所。上海分院现有18个法人研究机构：上海微系统与信息技术研究所、上海硅酸盐研究所、上海光学精密机械研究所、上海应用物理研究所、上海技术物理研究所、上海有机化学研究所、上海营养与健康研究所、分子细胞科学卓越创新中心、脑科学与智能技术卓越创新中心、分子植物科学卓越创新中心、上海天文台、上海药物研究所、上海巴斯德研究所、福建物质结构研究所、宁波材料技术与工程研究所、城市环境研究所、上海高等研究院、微小卫星创新研究院。

2020年，上海分院在中国科学院党组的领导下，以党的政治建设为统领，加强党对科技事业的领导，认真学习宣传贯彻党的十九届五中全会精神与习近平系列重要讲话和指示批示精神，高度重视政治巡视，严格督促整改落实，深入组织开展“四史”学习教育，扎实做好疫情防控和抗疫攻关，为扎实推进“率先行动”计划和上海科创中心建设提供政治、思想和组织保障。在“率先行动”计划第一阶段标志性成果与进展中，上海分院各研究所牵头12项，参与11项，占全院总数的38%。在研究所“一三五”规划任务书验收和台账验收中，中国科学院共263项优秀“三”、“五”和“其他代表性科技成果”，上海分院有7家研究所获得4项及以上优秀，占比24.1%。

截至2020年底，上海分院（含各研究所）共有在职职工11 516名。

一、领导班子和后备干部队伍建设

选优配强领导班子。调研系统18家研究所，完成系统领导班子未来5至10年建设规划。完成4家单位任期考核及换届，3家单位所领导增补。指导完成5家单位两委新建，7家单位两委换届，1家单位纪委增补。

加强年轻干部队伍建设。完成11家单位可近期关注干部的遴选，基本完成系统新一轮后备干部的调整。起草上海分院系统年轻干部能力提升计划，建立管理型后备干部库。完成111人次“凡提必核”，个人事项随机抽查31人次，专项查核验证4人次。做好领导干部因私出入境管理，开展分院系统干部档案审查。

强化政治引领，抓“关键少数”思想建设。举办系统领导干部学习贯彻党的十九届五中全会精神培训班、中心组（扩大）学习会、所长专题研修班、副所级领导能力提升班等专题活动。

二、党建、党群与创新文化建设

认真落实“基层组织建设年”，召开部署会，编制督查清单，组织阶段性互查，编制共性问题清单，督导会通报提醒。深入开展“支部建在实验室”活动，支持经费21.8万元，形成一批品牌项目，研究报告获全国党建研究会科研院所专业委员会优秀课题成果奖特等奖。抓党务干部队伍建设，实施分类培训。吸纳科研骨干入党，2020年党员发展总数80人，其中8人具有正高级职称，10人具有副高级职称。

指导推进统战和群团工作。完成九三学社、民盟等民主党派分院委员会专题调研。组织第四届科学文化月活动，组织工会干部、妇委干部培训班，指导研究所工青妇组织的成立及换届。推荐成功2位全国先进工作者，3位上海市最美科技工作者。

以文明创建培育创新文化。实现原上海生命科学研究院4家单位直接申报上海市文明单位，上海光学精密机械研究所成为全国文明单位。3个党员主题教育基地全年接待院内外人员近800人。聚焦成果，宣传典型，在各大媒体上发布报道近300次，科学传播工作及新闻宣传工作单项综合得分均位居分院系统第一。微信公众号作为院内10家单位之一，入选中国科学院微信创新传播计划。

三、院地合作

推动研究所融入上海科创中心建设。谋划院市新一轮战略合作，参与上海市“十四五”规划制定，建立月报制度，汇报上海专项办重点工作进展。

服务国家战略，有序推进各项重点工作。配合推进张江实验室成为首批国家实验室。协同推进上海量子科学研究中心完成组织架构搭建和创新任务开展。参与谋划生物医药和脑科学国家实验室建设方案。向中国科学院科技促进发展局建议并牵头编制《中国科学院融入长三角一体化国家战略专项行动方案》。谋划长三角医工协同创新平台，参与长三角国家技术创新中心和一体化示范区建设；共同构建中国科学院长三角一体化科技服务网络；推进长三角G60科创走廊“科创与产业融合发展”。

推进重大科技基础设施建设。上海光源线站工程（二期）建安工程和公用设施工程已全部完成。超强超短激光实验装置完成安装和调试。X射线自由电子激光试验装置通过国家验收。上海软X射线自由电子激光用户装置完成低温测试模组首次液氮降温试验。活细胞结构与功能成像等线站工程全面进入安装调试阶段。硬X射线自由电子激光装置建安工程按计划推进。

推动重大创新平台落地。编制上海科技创新联合发展中心建设方案。推动上海光机所建立境外分中心。推动先进光功能材料研发与应用国际联合实验室纳入上海市“一带一路”联合实验室项目，新型氟基固态电池、超分辨激光直写工艺联合研究等项目列入上海市国际科技合作领域项目第一批立项清单。推动上海处理器技术创新中心正式获批成立。

推进实施市级科技重大专项。高峰人才项目进展情况良好。“硬X射线自由电子激光装置关键技术研发及集成测试”项目通过中期评估。“全脑神经联接图谱与克隆猴模型计划”项目通过中期评估验收，国际大科学计划正式启动。“量子信息技术”专项按计划节点进展迅速，在量子通信等多方向实现技术突破。

支撑科创中心承载区建设。推动上海集成电路材料研究院在嘉定落地。围绕G60科创走廊建设，初步形成《中国科学院上海分院　上海科学院　九城市政府共同推进G60科创走廊建设合作框架协议》。形成中国科学院临港科产融合集聚建设初步构想，推动上海有机化学研究所临港分子智造研究院和上海技术物理研究所光技术研发与转化功能型平台前期工作，推动微小卫星创新研究院临港卫星研制基地加快建设。

服务区域创新能级提升。支撑浙江区域创新发展。推进院省共建肿瘤与基础医学研究所、中国科学院大学杭州高等研究院、宁波材料技术与工程研究所杭州湾研究院，“嘉兴摩贝”成为院地合作平台孵化的第一家在纳斯达克上市的企业。在福建创新体系中发挥核心骨干作用。放大中国科学院科技服务网络计划撬动示范效应，福建省每年5600万元配套专项经费；推进“创新大平台”建设，吸引28个中国科学院研究所139项科技成果在福建落地。

搭建成果转化展示平台。组织参展第22届中国国际工业博览会，第十届中国智博会。举办“嘉定·中国科学院上海分院院地合作会议暨科技成果转化对接会”。

四、纪检、监察和审计

统筹谋划推进，加强调研指导。召开年度党风廉政建设大会。坚持纪委书记季度例会。开展走访约谈。以落实中国科学院党组“四风”专项整治为抓手，一对一听取并督导各单位整改工作的落实。

层层传导压力，加强队伍建设。认真落实院党风廉政建设责任制实施办法，压实责任，履行“一岗双责”。开展纪委工作述职述廉，召开纪委书记座谈会，成立分院纪检工作案件核查小组。

聚焦主责主业，做好查信办案。定期听取分院纪检组关于信访举报的分析研判。分院纪检组对交办研究所的信访举报件，给予指导并复核；对上级要求报送结果的信访举报件，全部出具初核工作或初步了解情况报告。

加强宣传教育，营造廉洁氛围。持续开展廉政宣传教育活动，进一步提升廉洁从业意识。履行上海分院科研道德建设督导委员会职能，推动上海分院系统科研诚信建设工作。

五、院士和战略智库工作

聚焦国际科技前沿，举办交叉论坛21期、东方科技论坛10期。对标国家重大战略需求，召开院士专家峰会，为集成电路、人工智能、生物医药三大高地“上海方案”的制订建言献策。完成《国家实验室人才发展体制机制创新研究》等3项战略咨询课题，为上海科创中心和国家实验室建设提供战略咨询。协办香山科学会议两期。

六、公共事务管理和协调

发挥统筹协调作用，积极推进财务审计监督、安全保卫保密、基建、网络安全与信息化、国际合作等各项工作，为研究所科技创新提供支撑保障。

牵头争取地方人才资源，为研究所争取上海千人、领军人才、超级博士后等142人，地方人才经费5330万元。

七、研究生教育基地建设

抓研究生党建与思政工作。开展研究生思政专题调研，召开研究生党建与思政工作研讨会，修订完善《上海分院关于加强新时期研究生党建与思想政治工作的指导意见》。举办2期导师培训班，9期“科苑梧桐大讲坛”和4期“青咖沙龙”。指导办好《科浦青春》，举办迎新线上晚会，营造浓厚的校园文化。

（撰稿：黄初霜　章　静　审稿：赵　健）

南京分院

院　　长：杨桂山
地　　址：江苏省南京市北京东路39号
邮政编码：210008
电　　话：025-83367159
传　　真：025-83362239
电子信箱：xmgao@njbas.ac.cn
网　　址：http://www.njb.cas.cn

1950年，中国科学院接管“中央研究院”在南京的科研单位，成立中国科学院华东办事处，在此基础上，1978年11月，经国务院批准恢复成立中国科学院南京分院（以下简称“南京分院”）。

南京分院负责联络和协调中国科学院驻苏赣研究机构，协助做好各单位党建、干部队伍建设、纪检和监察工作，负责院与苏赣两省的科技合作和中国科学院院士联络。分院系统现有10家院属法人单位，包括紫金山天文台、南京地质古生物研究所、南京土壤研究所、南京地理与湖泊研究所、南京天文仪器有限公司、南京天文光学技术研究所、苏州纳米技术与纳米仿生研究所、苏州生物医学工程技术研究所、赣江创新研究院和院省共管的江苏省中国科学院植物研究所。

2020年，南京分院全面落实中国科学院党组各项决策部署，聚焦“率先行动”计划的深入实施，系统谋划和推进研究所改革创新发展，推动关键核心技术攻关，促进重大成果转化，为区域创新能力提升提供支撑。聚焦江苏重大战略需求，以分院麒麟新园区和中国科学院大学南京学院集中建设为契机，推动院省市共建南京麒麟科技城，打造中国科学院服务地方国民经济主战场的区域创新高地。面向江西省重大需求，加快推进中国科学院与江西省合作，赣江创新研究院、中药国家大科学装置、庐山植物园、江西产业技术创新与育成中心院省合作“四大工程”取得较好进展，助力江西创新型省份建设。

截至2020年底，南京分院共有在职职工2696人，其中科技人员1900人，包括“两院”院士10人，研究员及正高级工程技术人员407人，副研究员及高级工程技术人员643人。国家杰出青年科学基金获得者38人，新世纪百千万人才工程国家级人选入选者19人，江苏“333工程”108人。

一、领导班子和后备干部队伍建设

完成苏州纳米技术与纳米仿生研究所领导班子组建及党委纪委换届选举工作、南京天文光学技术研究所领导班子换届考核工作等。结合年龄优势、专业及性别结构、管理型与专业型干部合理搭配等要素，完成紫金山天文台、南京地理与湖泊研究所后备干部推荐工作。

二、党建、党群与创新文化建设

深入学习贯彻习近平新时代中国特色社会主义思想和党的十九大、十九届四中、五中全会精神，指导系统各单位结合实际开展多种形式的学习活动。组织科学家学习习近平总书记在科学家座谈会上的讲话，多篇学习体会在《人民日报》、《新华日报》等报刊发表；完成的2个课题获全国党建研究会科研院所专业委员会课题成果奖；积极投稿《科苑党建》部分被采用。

认真开展基层党组织建设年活动，组织系统单位全部制定完成达标评估办法、查找问题清单。开展分院系统“两优一先”争先创优活动，通过树立先进典型，调动和激励广大党员参与活动的积极性、创造性，把“基层组织建设年”活动引向深入。

以院内党建片区为抓手，以院外G12联盟为依托，互相交流促进党建工作共同提升。强化党务干部培训，联合举办党员领导、党务干部培训班3期，系统69位党务干部参加培训；支持紫金山天文台创建南京分院首家党员主题教育基地并开展示范教育活动。

三、院地合作和区域高地建设

2020年6月22日，《中国科学院江苏省人民政府共建南京麒麟科技城推动南京综合性科学中心建设打造南京区域创新高地合作协议》在南京正式签署，建设学科集群、空间集聚的中国科学院南京麒麟区域创新高地已成为江苏省、南京市科技创新战略核心内容，并被南京市政府列为2020“十件大事”之一，南京分院获南京2020年创新名城建设突出贡献奖。2020年，中国科学院副院长张亚平、张涛实地调研麒麟区域创新高地建设进展，与南京市委主要领导高层会商；全国人大常委会副委员长、民盟中央主席丁仲礼视察中国科学院大学南京学院建设进展情况。

南京分院新园区和中国科学院大学南京学院建设进展顺利。16万平方米自还建项目部分初步具备交付使用条件，4万平方米国家发展改革委“十三五”科教基础设施项目具备全面启动建设条件。

重大创新平台和载体建设得到地方支持。信息高铁实验设施、空天地一体化信息网络综合实验平台、开源软件供应链设施、决策智能与计算创新平台、新型疫苗/抗体/分子与免疫诊断研究平台、类脑超级计算平台、百兆瓦级大规模空气压缩储能实验与验证研究平台等重大科技基础设施和研究平台，分别获得江苏省重大创新平台或南京市创新名城建设专项资金支持。

重大关键技术攻关取得进展。落地南京的中国科学院弘光专项“空天地一体化网络卫星移动通信终端芯片研发及产业化”项目研制出业界首颗融合卫星移动通信和北斗导航的通导一体多模终端芯片并实现批量化生产，部分解决了制约我国卫星移动通信产业发展的高端核心器件“卡脖子”难题。“量化神经处理器（QNPU）”获南京市创新名城建设2020十项重大创新成果。

高水平建设中国科学院大学南京学院，推动科教深度融合。按照中国科学院有关文件精神研究制定《中国科学院南京分院科教融合改革方案》；谋划筹建空间天文、水土环境、人工智能、生物安全、未来能源、绿色制造等专业学院和前沿交叉研究中心。与江苏省教育厅签署战略合作协议；与10余所在苏一流高校联合培养研究生172名。学院年度导师培训班获中国科学院大学年度评估第一名。

推动中国科学院苏州市签署新一轮合作协议，共同支持重大创新平台建设。南京分院《关于加快集聚中国科学院高端创新资源大力提升苏州城市能级的建议》被采纳并成为院市协议的核心内容。2020年6月30日，中国科学院与苏州市成功签署新一轮院市合作框架协议。依托苏州纳米技术与纳米仿生研究所建设的纳米真空互联实验站2020年启动二期建设。共建的安全可控信息技术产业化基地-中科可控产业化基地首台安全可靠服务器于2020年9月在昆山下线，达到国内整机智能制造产线最高水平。

加快推进中国科学院与江西省合作“四大工程”，助力江西创新型省份建设。为落实习总书记2019年5月在赣州考察指示精神，2020年10月10日，赣江创新研究院揭牌成立。中药大科学装置于2020年2月紧急启动“基于效/毒物质基础的清肺排毒汤研究”预研项目在疫情防控中发挥重要作用，受到国务院中医药专班和中国科学院科研攻关组高度重视。庐山植物园科研能力与产出水平明显提升，承担国家和省级项目获突破，发表论文37篇，其中SCI论文9篇。积极协调助力江西产业技术创新与育成中心理顺运行管理机制、凝练工作目标和重点任务，引进5个产业化示范项目，并建设相应配套检验检测平台。

规范分支机构管理，积极探索成果转化新模式。优化中国科学院科技服务网络计划（STS计划）江苏中心节点布局，新增苏州吴江节点。在苏部署STS区域重点项目9项，在赣部署4项。认真执行中国科学院清理分支机构的工作部署，与地方沟通协商，坚决督促和协调各所按要求变更名称和举办单位，拟改为地方建设委托中国科学院各研究所以分部形式代为运行管理的合作方式，支持各所把有限的科研力量和创新资源聚焦到履行国家战略科技力量的使命担当上。

四、纪检、检查和审计工作

组织系统单位党政领导开展全面从严治党专题学习，对落实全面从严治党责任、纠治“四风”等工作进行部署。全年收到信访件22件，巡视组转交问题线索1件，完成核查报告11份。成立机关纪委，形成全覆盖监督体系；设置监督处，配备3名专职纪检干部；成立分院审计工作组。

五、院士联络工作

积极发挥在苏院士决策咨询作用，组织咨委会承担省重点决策咨询项目《江苏高端科技平台建设的建议》、《江苏高水平打造长三角世界级城市群战略思路与关键举措研究》等，获省委主要领导批示。与南京市委组织部共同举办南京第33届高层次人才交流洽谈会，签订“院士南京活动中心”协议。

六、公共事务管理和协调

抗击新冠肺炎疫情，保障各项工作安全稳步推进。制定工作方案和主要领导挂帅的工作组，实施疫情“日报告”和“零报告”制度，防疫物资器材配备到位，系统全年无一例新冠肺炎确诊或疑似病例。

2020年，南京分院通过选派扶贫干部担任村第一书记、落实扶贫项目和资金、开展科普活动等方式对口帮扶省级经济薄弱村——淮安市涟水县保滩街道洪荡村。

围绕重大科研进展、院地合作与科技成果转化典型案例、先进科学家人物典型等方面加强新闻宣传，2020年获《人民日报》、新华社、中新社、《新华日报》等中央、地方媒体报道300余次。整合系统单位特色科普展教资源，打造“天地生”品牌科普活动，全年接待社会公众千余次。制作一批抗击疫情的科普视频，在省市各级科协网站播放，全年举办科普讲座49场，惠及社会公众近万人。

重视网络安全及信息化建设，组建两支队伍参加中国科学院首届网络安全运维大师赛，分获团队第六、第七名；参加中国科学院新一代ARP用户交流会暨技能大赛，获团体赛第五名。

严格安全监管，狠抓安全隐患排查整治，提升研究所安全管理水平，全年未发生安全事故和失泄密事件。

（撰稿：范晓松　高晓敏　审稿：杨桂山）

武 汉 分 院

院　　长：袁志明
地　　址：湖北省武汉市武昌区小洪山
邮政编码：430071
电　　话：027-87197170
传　　真：027-87199480
电子信箱：whb@ms.whb.ac.cn
网　　址：http://www.whb.ac.cn

中国科学院武汉分院（以下简称“武汉分院”）于1956年开始筹建，1958年7月正式成立。1961年与广州分院合并成立中国科学院中南分院，武汉分院调整为中国科学院中南分院武汉办事处。1969年中南分院撤销，1970年中南分院武汉办事处撤销。1978年经国务院批准恢复中国科学院武汉分院建制。

武汉分院是中国科学院机关的派出机构，负责联络和协调中国科学院在武汉地区的武汉岩土力学研究所、精密测量科学与技术创新研究院、武汉病毒研究所、水生生物研究所、武汉植物园和武汉文献情报中心。

2020年，武汉分院认真履行院机关派出机构的职责定位，发挥统筹协调、督促检查等作用。面对新冠肺炎疫情严重冲击，面对改革发展艰巨任务，武汉分院坚决贯彻落实党中央、国务院、院党组重大决策部署，带领院属在汉各单位打赢疫情防控阻击战，实现科技创新和改革发展双提升，为开启“率先行动”计划新阶段和“十四五”新征程奠定了坚实基础。

截至2020年底，武汉分院系统共有在编职工1643人。

一、领导班子和后备干部队伍建设

坚定树牢政治方向。强化理论武装，提高政治站位，分党组建立巡听制度，加强对各单位党委理论中心组学习督导，带动基层党组织和党员干部学深悟透，切实把党建和科技创新有效融合。

切实履行领导职责。制定分党组重大事项请示报告具体举措，细化请示报备事项和程序规范，并推动落实到位。

持续优化干部队伍。完成4个单位领导班子换届和个别调整，进一步优化领导班子年龄、学科结构。完成规范领导干部配偶、子女及其配偶经商办企业行为，个人有关事项报告专项整治，以及管理类助理专项清理等工作。采取有效举措，进一步完善年轻干部选拔、培育、使用、管理环环相扣又统筹推进的全链条机制。

二、党建、党群与创新文化建设

落实党建重点任务。深入开展“基层组织建设年”活动，加强对各单位党委活动的督查。对标创建模范机关要求任务，强化政治机关意识，分院机关示范带动，加强对研究所创建工作指导，力求创建取得实效。通过定向联系、定向培养吸纳优秀科技骨干入党，发展副高级职称、副处长级别以上党员10名，创近五年新高。加强党建宣传策划，武汉分院党宣工作评分在各分院中排名第一。

大力弘扬科学家精神。开设专栏集中展示优秀科研团队和科学家先进事迹，大力宣传基层党组织和党员的先进典型。依托水生生物研究所建立“碧水丹心、报国为民”党员教育基地。积极选树身边典型，武汉国家生物安全实验室获中国科学院年度团队，周欣研究员获中国科学院年度创新人物。

三、院地合作

强化区域科技布局。着力统筹系统单位改革发展布局，指导研究所以四类机构建设为抓手，不断提升自主创新能力。在中国科学院“率先行动”计划第一阶段重大科技成果及标志性进展中，武汉病毒研究所主持和参与的两项成果入选，精密测量科学与技术创新研究院参与的一项成果入选，武汉分院系统单位3项重大突破、3项重点培育方向被评为院优秀。

谋划鄂湘院省合作。推动中国科学院与湖北省签署新一轮科技合作协议，共建中国科学院东湖科学中心、小洪山科学城，支撑武汉市谋划创建综合性国家科学中心。承建湖北省江夏实验室，推动P4实验室、作物表型组学、沼山长基线原子干涉观测等设施列入湖北省重大科技基础设施建设序列。推动“美丽中国专项”落地湖北，谋划争取中国科学院科技服务网络计划区域重点项目立项，实施“生物安全防控技术研发”、“面向眼健康管理的智能无人巡诊系统及大数据平台建设及应用”项目，带动政府和企业投入20亿元。分别完成鄂湘两省“十四五”科技合作促进区域创新发展规划，为支撑地方经济社会发展奠定长远基础。

推动科技成果转化。设立“武汉中科育成新动能创业投资基金”，规模5000万元。争取中国科学院与湖北省科技合作专项择优支持“正压生物安全防护服自主研发”、“玄武岩纤维新型复合材料”等9个项目，带动企业投入超过5.5亿元。推动全院科技成果与鄂湘两省企业对接。采取线下和线上相结合方式，成功举办科技成果对接活动10余场，发布中国科学院最新成果1100余项，签约金额超50亿元。已实施的省院科技合作专项项目为企业新增销售收入约53亿元，有力支持疫后重振。

科技助力脱贫攻坚。推动龙马村贫困户和村集体双增收，实现脱贫摘帽。五年来，贫困户人均收入从2900元增长到10 800元，集体收入从0元增长到15万元。

四、纪检、监察和审计

在落实日常廉政教育、警示教育的基础上，主动作为，推动纪检关口前移，编印《科研人员纪律规矩应知应会读本》，针对五方面60个政策问题，做好释疑解惑。用好审计监督抓手，组织完成经济责任、扶贫项目、基建结算等9个审计项目、金额2.89亿元，督促各单位完成22个审计项目、金额17.4亿元，武汉分院监察审计处获评2017—2019年度全国内部审计先进集体称号。

五、院士联络工作

当好在汉院士与学部局、省市领导沟通的桥梁，保持院士信息通畅、及时做好院士服务。落实省委主要领导联系慰问院士制度，协助做好省市领导看望院士的衔接工作。继续办好“科学思维与决策”课程，积极与湖北省委党校协调沟通课程设置与专家推荐工作。

六、公共事务管理和协调

大力改善园区整体风貌。小洪山科学城进入建设阶段，东区还建房9月开建，高层次人才培养教育设施项目竣工验收，项目获湖北省建设优质工程奖“楚天杯”荣誉，武汉教育基地研究生公寓加快修缮，园区导视系统设计改造完成，幼儿园、公共食堂耳目一新，良好风貌的教育园区基本形成。进一步完善基地型分院园区管委会决策机制，统筹疫情、汛期期间园区管理，确保生命财产安全，科研秩序平稳。

扎实做好安全保密工作。配合国家和湖北省安全部门开展网络安全等级保护督查评估。通过参与院第一届网络安全运维大师赛提升分院信息化队伍整体网络安全防范能力。认真开展各项安全、保密宣传、培训、检查、整改工作，11次安全、保密检查排查安全隐患37个，全部整改到位。

七、研究生教育基地建设

落实立德树人根本任务，发挥区域性科教优势，理顺管理服务机制，提升资源整合能力，统筹新冠肺炎疫情防控与教育改革发展稳定工作，为中国科学院大学及其武汉地区培养单位做好服务。

八、全力抗击新冠肺炎疫情

加强党的集中统一领导。建立分院分党组、各单位党委、基层党支部的三级党组织联络值守机制，坚持“分院一盘棋”的统一指挥，平稳有序推进抗疫工作。

协调推动应急科技攻关。武汉分院迅速组

织精干力量，实施应急科技攻关项目，成为湖北省疫情科研攻关的核心力量。武汉病毒研究所科研人员夜以继日、全力攻关，实现五个“第一”：第一时间分离出新冠病毒毒株；第一时间筛选出可用于治疗的药物；针对武汉市“十天大会战”发现的300名无症状感染者，第一时间给出未分离培养出活病毒的结论；研制全球第一款灭活疫苗，已获国家药监局批准附条件上市；第一个将恢复期血浆用于患者治疗。

全面落实疫情防控措施。保证在汉干部职工及下沉社区居民安全及物资供应。确保研究生群体安全稳定，实现零感染。组织党员突击队、下沉工作队到茶港社区、碧园社区，为创建无疫情社区贡献力量。

讲好武汉分院抗疫故事。主动做好正面宣传、信息发布、舆情应对、科学普及等工作。在分院官网开设“党旗飘扬 同心战‘疫’——中国科学院武汉分院在行动”专栏，编撰《武汉分院抗疫纪实集》。2个集体、4人获评省市区各级抗疫先进集体、先进个人，1人获评湖北省优秀共产党员，1位科研人员家庭获评湖北省最美抗疫家庭。

（撰稿：韩 轶 王以豪 审稿：袁志明）

广州分院

院　　长：徐　涛
地　　址：广东省广州市先烈中路100号
邮政编码：510070
电　　话：020-37656554
传　　真：020-87685791
电子信箱：zwxx@gzb.ac.cn
网　　址：http://www.gzb.cas.cn

中国科学院广州分院（以下简称“广州分院”）成立于1958年12月。1961年广州分院与中国科学院武汉分院合并成立中南分院。1969年中南分院撤销。1978年5月恢复成立广州分院，并与当年1月成立的广东省科学院机关合署办公，实行“两块牌子，一套机构”的管理模式。2015年6月28日起，广州分院和广东省科学院分设。

广州分院作为中国科学院的派出机构，负责联系中国科学院在广东省的南海海洋研究所、华南植物园、广州能源研究所、广州地球化学研究所、广州生物医药与健康研究院、深圳先进技术研究院，在湖南省的亚热带农业生态研究所，以及在海南省的深海科学与工程研究所等10个单位。负责协调、联络中国科学院与广东省、海南省和广西壮族自治区的科技合作，开展科技成果转移转化。当前，粤港澳大湾区发展战略正在深入推进，大湾区国际科创中心和综合性国家科学中心先行示范区建设工作已全面展开。广州分院坚决落实院党组工作部署，加强统筹协调，推动院属单位聚焦主责主业、着力推进“两加快一努力”，在加强“四个面向”领域的科研攻关的同时深入参与粤港澳大湾区建设。

截至2020年底，广州分院在职职工5049人，其中科研人员3443人，具有正高级职称608人、副高级职称838人，具有博士学位2421人、硕士学位1236人。

一、领导班子和后备干部队伍建设

加强领导班子建设。协助中国科学院党组、人事局做好广州能源研究所、广州地球化学研究所、深圳先进技术研究院班子任期考核及南海海洋研究所班子个别调整工作；配合人事局做好广州分院领导任期考核等相关工作；完成亚热带农业生态研究所班子任期中期调研及华南植物园1名所局级领导人员任职试用期满考核工作。完成亚热带农业生态研究所、深海科学与工程研究所所级后备领导人选选拔及各研究所所长助理岗位清理相关工作。按照中国科学院的统一部署，完成各研究所领导班子及班子成员2019年年度考核工作。

积极做好年轻干部队伍建设。2020年，选派4位优秀年轻干部参加年轻干部特训班。联合复旦科技园进修学院在线举办为期3天的年轻干部培训班，分院系统200余名年轻干部参加。

二、党建、党群与创新文化建设

做好机关党建工作。成立分院机关党建工作协调推进小组并召开6次小组会议，统筹推进机关党建工作。召开广州分院巡视整改情况通报会视频会议，做好巡视整改“后半篇文章”。牢固树立党的一切工作到支部的鲜明导向，加强组织领导，明确步骤和节点，做好“基层组织建设年”的推动和督促落实工作。

督促、推进系统单位党建工作。认真开展“基层组织建设年”活动，系统单位46个支部达标评估获“先进”。成立广州分院党建工作实地督查组，督察分院系统在粤8个单位的2020年党建工作。对系统各单位党委第三季度理论学习中心组学习情况进行全覆盖巡听、巡查。推动华南植物园建设以“根植华南·家国天下”为主题的党员主题教育基地。组织系统单位党委书记、纪委书记等到延安干部管理学院开展党性培训。

三、院地合作

加强院地会商，提升院地合作层次。广州分院协助组织召开中国科学院广东省全面战略合作领导小组会议，签署中国科学院与深圳、东莞二市共建综合性国家科学中心先行启动区的合作协议。先后与广东、海南的省科技厅开展会商，就实验室共建、高水平研究机构建设、重大科技基础设施建设运营、科技成果转化等内容进行深入交流讨论并部署下一步工作。到广西科学院开展调研交流，协调推动院属单位在平台建设、人才培养、项目联合攻关等方面开展合作。

强化中国科学院科技服务网络计划（STS计划）项目工作。做好STS计划项目管理。年度内完成2018—2019年度立项的8个区域重点项目验收，各项目均完成或超额完成预定目标。推进STS计划地方专项工作。在做好广西专项的同时，推动东莞专项年内启动立项13项、经费4100万元，并确定黄埔专项2021年启动，年出资总额5000万元。

四、纪检、监察和审计

强化“四风”问题专项整治。对系统各单位开展自查自纠情况进行督查检查，对发现的问题及时督促整改。深化运用监督执纪“四种形态”。全年受理信访件31件，完成核查上报21件，办结上年度库存的信访件18件。对党员干部监督执纪53人次，其中第一种形态50人次、第二种形态3人次。此外，行政处分3人；对监督执纪不作为、慢作为或不到位的单位印发《纪检监察建议函》3份。严把审计关口。高质量完成所长任期经济责任审计等7项审计，审计金额127亿元，发现管理问题和风险隐患87个，提出合理化建议86条。推动系统各单位完成自主审计27项，发现问题和风险隐患275个，提出合理化建议203条。

五、院士联络工作

加强与广东省委组织部、广东院士联络中心、广东院士联谊会、广州院士活动中心等部门以及院士所在单位的人事部门或秘书处的日常联系，按时完成信息报送。协助做好对院士慰问、体检、休养考察活动。做好出席2020年“读懂中国”国际会议（广州）的3位中国科学院院士在穗期间的接待工作；联系广东省委党校中国科学院院士专家团“科学思维与决策”专题讲座的授课师资。

六、公共事务管理和协调

协调推进明珠科学园建设。年内与广州市多次召开明珠科学园建设工作推进会议、建设工作领导小组会议等协调会议，确定一期项目清单与建设规模等内容。完成一期用地控制性详细规划编制和公示，通过国际竞赛确定建筑优化设计方案，明确明珠湾大桥隔音措施等。一期项目于2020年11月启动建设工作，基础设施第二批项目可研编制等前期工作开始推进。

妥善做好新冠肺炎疫情防控工作。分党组及时贯彻落实习近平总书记关于新冠肺炎疫情防控的重要讲话和指示批示，高标准执行党中央、院党组以及省委决策部署，妥善做好疫情防控工作。指导所属单位党委健全联络值守机制，明确疫情防控职责、任务、分工安排，督促系统单位疫情防控工作。编制分院疫情防控指引和宣传手册，购置口罩、消毒水等防疫物资并及时向分院系统单位发放。组织分院在穗党员、群众为抗击新冠肺炎疫情捐款55.56万元。

七、研究生教育基地建设

广州教育基地加强研究生网络课程建设和教师师德师风建设，组织研究生学术交流及导师培训300余人次。年度总计招收研究生930人(博士生328人，硕士生602人)，留学生41人。授予博士学位300人，硕士学位409人。顺利就业654人。57人获得国家奖学金，5人获得中国科学院优秀博士论文，20人获得中国科学院院长奖学金(特别奖1人，优秀奖19人)。

（撰稿：孙金龙　审稿：陈广浩）

成都分院

院　　长：张雨东
地　　址：四川省成都市人民南路四段9号
邮政编码：610041
电　　话：028-85223696
传　　真：028-85223719
电子信箱：bgs@cdb.ac.cn
网　　址：http://www.cdb.cas.cn

中国科学院成都分院（以下简称“成都分院”）前身是1958年3月成立的中国科学院四川分院，1962年机构调整更名为西南分院，1970年隶属四川省管理，1978年1月恢复重建后使用现名。

成都分院负责组织协调的院属单位有：光电技术研究所、成都生物研究所、成都山地灾害与环境研究所、重庆绿色智能技术研究院、中国科学院成都有机化学有限公司、中国科学院成都信息技术有限公司、成都中科唯实仪器有限责任公司、中国科学院成都文献情报中心。

成都分院坚持以习近平新时代中国特色社会主义思想为指引，深入学习贯彻党的十九届四中、五中全会精神，主动对标党中央关于成渝地区建设全国有影响力的科技创新中心要求，认真落实中国科学院党组重大部署，以党的政治建设为统领，坚持抗疫与复工两手抓、两不误，围绕中心、服务大局，在科创中心谋划、科教融合探索、基层党组织建设等方面取得积极进展，较好地完成了院党组赋予的各项职能。

截至2020年底，成都分院系统共有在职职工3200余人。其中科技人员2300余人，包括中国科学院院士2人、中国工程院院士2人，研究员270余人、副研究员近730人。

一、领导班子和后备干部队伍建设

完成分院领导班子换届，成都文献情报中心班子任期考核；完成成都山地灾害与环境研究所、重庆绿色智能技术研究院和分院机关两委换届。做好光电技术研究所、成都生物研究所、成都山地灾害与环境研究所个别领导人员提任、交流、试用期满考核。

二、党建、党群与创新文化建设

强化理想信念教育和政治引领。坚持分党组中心组学习制度，全年开展6次集中学习。分党组成员围绕十九届五中全会、习近平总书记给科技工作者代表回信等做专题党课；坚持基层党组织负责人谈心谈话制度。获批中国科学院党校成都分校。组织51名新任党支部书记分批次参加四川省直工委培训班，做到新任支部书记培训全覆盖。

发挥党的领导作用。修订《中共中国科学院成都分院分党组工作规则》、《中国科学院成都分院领导工作规则》，明确分党组发挥把方向、管大局、保落实的领导作用。修订分院“三重一大”事项决策实施细则。对院属单位党建工作开展督导；坚持分党组成员联系院属单位制度，分党组成员列席系统单位中心组学习会8次，实现全覆盖。

夯实基层党的建设。督促系统单位扎实开展“基层组织建设年”、“创建模范机关”活动。完成茂县党员主题教育基地一期建设。成都山地灾害与环境研究所游勇研究员入选第二批四川“最美科技工作者”。分院系统单位2个基层党组织、4名党员和1名党务工作者受院（省）“两优一先”表彰。在系统单位建立62个青年理论学习小组；分院系统2人获省直机关“青年学习标兵”称号。

坚持党对群团等工作领导。采取“以购代捐”等方式助力扶贫工作。分院3人获四川省劳动模范、四川省五一巾帼标兵、院优秀工会工作者称号；4个基层工会及工会小组获院（省）模范职工小家、职工之家称号。张文敬等老科协专家开展科普咨询50余次。

三、院地合作

1. 高标准谋划成渝科创中心

院省领导会商交流，共谋院地“十四五”合作重点任务，完善共建科创中心工作机制，明确中国科学院以成都科学研究中心、重庆科学中心为核心承载区，发挥中国科学院建制化优势支撑成渝地区建设全国有影响力的科创中心。

2. 推动重大创新平台落地

在稻城，高海拔宇宙线观测站基建工程全部完成，四分之三探测器阵列投入科学运行；圆环阵太阳风射电望远镜进展顺利。在阿里，高能物理研究所原初引力波项目基建工程完成验收，国家天文台紫外望远镜完成安装调试并成功开光。在拉萨和那曲，国家授时中心高精度地基授时系统启动建设长波授时及增强服务台站。

4 项中国科学院“十三五”科教基础设施初步设计和投资概算获国家发展改革委批复，其中宇宙线物理研究与探测技术平台已开工建设。成都市依托中科曙光投资 25 亿元建设的成都超算中心已投入使用。

3. 推进“率先行动”计划

积极支持院所实施“率先行动”计划与创新发展。光电技术研究所 4 项成果入选中国科学院“率先行动”计划第一阶段 59 项重大科技成果及标志性进展。成都生物研究所与四川省能源投资集团有限责任公司合作建成年处理污泥量 3.65 万吨的示范工程。成都山地灾害与环境研究所系统支撑川藏铁路山地灾害风险评估、减灾选线获国家批复。重庆绿色智能技术研究院构建数据密度导向建模理论研究获重庆市自然科学奖一等奖。

持续推进重大科技成果转化。大连化学物理研究所“电解水制氢技术的工程化研究与应用”项目落地彭州，争取到成都市 1 亿元支持。昆明动物研究所支持华西医院筹建 P3 实验室，填补四川省高等级生物安全实验室建设空白。兰州化学物理研究所在绵阳建设全球首套年产 15 万吨聚甲氧基二甲醚生产线。

圆满完成科技扶贫。2020 年广元市利州区农村居民人均可支配收入超 1.3 万元，定点帮扶的贫困村贫困户人均收入 1.1 万元，比 2019 年增长 54.5%；组织开展消费扶贫 50.22 万元，比 2019 年增长 29.36%。分院获四川省 2019 年度脱贫攻坚考核综合评价“优秀”。

四、纪检、监察和审计

落实全面从严治党责任。对党员领导干部经常开展提醒教育；把“抓党风廉政建设和反腐倡廉工作情况”作为年度党建述职考评重要内容；对党委书记、纪委书记党风廉政建设开展集体约谈，签订党风廉政个性化责任书，督促党员领导干部落实“一岗双责”。

继续推进纪检力量统筹和重要信访件交叉核查。完成成都文献情报中心、分院机关工会经济责任审计和系统各单位区域扶贫资金专项审计。

五、院士联络工作

支持四川省委省政府主办“四川省创新驱动发展两院院士四川行活动”，130 余位两院院士参会；配合中国科学院学部工作局组织院士宜宾、成都行活动，秦大河、包信和等 14 名院士深入调研宜宾市科技创新、成都市科创中心建设等，面向政府、高校等做 8 场专题科普报告，举办 4 场院士咨询座谈。成都分院、成都山地灾害与环境研究所、成都生物研究所、成都文献情报中心建设的智库提交 20 余篇咨询报告。

六、公共事务管理和协调

做好疫情防控，参与新冠肺炎防治应急任务。分院分党组以上率下，迅速成立由系统单位党政主要领导牵头的工作机构，建立纵横联动协调一致的抗疫组织体系。第一时间对华西坝园区采取封闭式管理，严控人员进出园区和楼宇；加强研究生及园区重点人群的管控；迅速筹措口罩、消毒水等应急抗疫物资，并及时向科分院社区和周边 7 个社区约 10 万人无偿提供消毒水等物资。

七、研究生教育基地建设

成立中国科学院大学成都、重庆学院领导班子，完成学院地方法人单位注册登记。2020 年 8 月，占地 260 亩的成都学院整体封顶。10 月，占地 500 亩的重庆学院交付使用。

（撰稿：谢 军 彭 丽 审稿：刘刚君）

昆明分院

院　　长：周　杰
地　　址：云南省昆明市茨坝青松路 19 号
邮政编码：650204
电　　话：0871-65223106
传　　真：0871-65223217
电子信箱：office@mail.kmb.ac.cn
网　　址：http://www.kmb.cas.cn

中国科学院昆明分院（以下简称“昆明分院”）的前身是 1957 年成立的中国科学院昆明办事处，1958 年扩建为中国科学院云南分院。1962 年，中国科学院云南分院与四川分院、贵州分院合并，共同在成都成立中国科学院西南分院。1978 年 10 月，经国务院批准，西南分院撤销，成立中国科学院昆明分院。

昆明分院是中国科学院机关派出机构，负责联络和协调中国科学院驻滇黔的科研机构，包括昆明植物研究所、昆明动物研究所、西双版纳热带植物园、地球化学研究所和云南天文台共 5 个单位。

截至 2020 年底，中国科学院昆明分院系统共有在职职工 2039 人，其中科技人员 1416 人，包括中国科学院院士 7 人，第三世界科学院院士 2 人，研究员 308 人，副研究员 422 人。

2020 年，昆明分院以习近平新时代中国特色社会主义思想为指导，认真贯彻落实党的十九届四中、五中全会精神，始终坚持把党和国家对科技工作的要求及院党组各项重大决策部署摆在首位，圆满完成既定任务目标。

一、领导班子和干部队伍建设

1. 抓好干部工作

完成 3 个单位领导班子和“两委”换届、一个单位领导班子换届考核、分院机关党委换届和一个单位领导班子个别成员增补。推动昆明植物研究所成为“云南组织人事干部教育培训现场教学点”。

2. 强化干部监督

将全面从严治党贯穿换届全过程，在班子和两委换届中对发现有问题的个别人选“零容忍”，运用“四种形态”问责。对因私出国（境）未履行审批手续、未按时交回护照、个人有关事项报告有漏报和瞒报行为的个别干部进行严肃问责，责令检查。

3. 推进“十四五”人力资源规划

组织昆明分院、成都分院联合召开“十四五”人力资源规划研讨会，为研究所做好“十四五”人力资源规划奠定基础。

二、党建、党群与创新文化建设

1. 深化理论武装，推进党的政治建设

举办“万名党员进党校”活动和年轻干部培训班，建立和实施“分党组—各单位党委—党支部”三级培训，强化思想和理论武装。通过 17 项具体工作举措推动政治和业务深度融合、党建和业务同频共振。

2. 加强党对科技工作的领导

召开分党组会 21 次，分析研判及深入把握分院系统单位科研布局及发展方向。健全议事规则和“三重一大”议事决策程序，保障分党组“把方向、管大局、保落实”的领导作用。

3. 提升组织力，夯实基层基础

配强基层党务干部，举办党务骨干培训班，推进“基层组织建设年”活动，打造“四强”党支部。编写《科学家爱国奋斗感人事迹学习读本》，协调筹拍《科技脊梁》系列短片之《蔡希陶》，开展科学精神宣讲。

4. 坚决打赢疫情防控阻击战

第一时间成立疫情防控工作领导小组，靠前指挥，实地指导和督促检查，纪检组织全程督导，确保责任到岗、到人、到位。及时会商研判疫情态势，积极筹措防疫物资，统筹整合各方力量。分阶段落实方案，加强与驻地的联建联管。积极开展新冠病毒感染的模型实验和药物筛选、疫苗研制的攻关工作。截至目前分院系统未发生一例疑似和确诊病例。

三、院地合作

1. 建立院省高层领导会商机制

签署院省战略合作协议，设立院省科技合作专项资金。建立院省科技合作专项项目库，打通院省科技合作“绿色通道”。

2. 加强科技平台建设

国家重大科技基础设施“模式动物表型与

遗传研究”项目进展顺利；正式启动院省签署合作协议共建景东120米全可动脉冲星射电望远镜项目；获批“天然活性多肽国家地方联合工程研究中心”，并获“科技入滇”专项经费支持。

3. 前瞻布局科技项目

作为国家公园体制建设和生态文明建设新典范的哀牢山-无量山国家公园建设取得阶段性进展；促成“云南省滇中新型锂矿科研勘查与开发示范”重大专项立项并开展全产业链布局；推动“云南昭通科技扶贫与特色生物产业示范”项目获专项匹配、新增昭通市为院A类先导专项“美丽中国生态文明建设科技工程”示范区；在国家植物博物馆建设共建机制、选址征地、展陈大纲等关键环节上发挥重要作用；推进联合国《生物多样性公约》第十五次缔约方大会（COP15）筹办工作和相应配套项目“生物多样性体验园”的提升改造。

4. 助力经济提质增效和乡村振兴战略

通过“科技入滇”专项绿色通道累计获经费支持3.5亿余元，促进最新科技成果迅速转移转化，惠及昆明、红河、普洱、丽江等州市。全面履行贵州水城、六枝的科技扶贫协调单位职责，高质量做好对云南澜沧的定点帮扶工作，指导帮助院驻滇单位的定点帮扶工作，确保挂钩县区如期脱贫出列。

四、纪检、监督和审计

1. 落实巡视整改要求

第一时间成立工作小组，全面配合巡视工作。高质量整改巡视发现问题。完成10个所级非法人机构清理工作。

2. 推进党风廉政建设

签订个性化党风廉政建设责任书，细化全面从严治党主体责任和“一岗双责”。制定完善“分院纪检工作规则”等制度性文件，将监督工作与业务工作同部署、同落实，深入开展监督执纪工作。

3. 防范风险促进管理

实施专项审计30项，审计金额9155.9万元，发现问题69个，提出建议50条。集中整治“四风”，发现问题21个，提出整改建议30条。正风肃纪，围绕公务接待、公务用车等重点领域开展集中警示教育近100人次。推进科研诚信建设，全年培训科研、管理人员约1100人次。规范处理各类信访举报12件。

五、院士联络工作

与云南省委组织部会商，确立中国科学院院士作为最高层次人才项目机制。2020年中国科学院3名科学家获得首次评选的云南省“科技领军人才”和科学家工作室项目，占50%；68个人才项目获云南省专项支持经费6971万元。

六、公共事务管理和协调

1. 完善分院系统后勤支撑体系建设

组织开展2022—2024年修缮项目规划和“3H”工程项目初评，优化各申报项目。昆明分院机关园区基础设施修缮项目通过验收。新迎园区科研辅助用房修缮项目建设接近尾声。与地方政府统筹谋划茨坝片区后勤支撑体系规划建设工作。

2. 助推“3H”工程取得新成效

强化与优质中小学合作，帮助46名高层次人才子女就读优质中小学。牵头与云南省阜外心血管病医院正式签署《就医绿色通道合作协议》。

3. 抓牢国家安全及保卫保密工作

协助云南省抓好落实“602”专项以及生态与生物安全工作。圆满完成上级对昆明分院系统进行的安全检查和保密抽查。组织申报院安全隐患整改及应急保障项目并获支持。

4. 协力推进其他各项工作

内控管理、中国科学院科技服务网络计划区域重点项目、中国科学院大学本科招生和学位与研究生教育工作、知识产权和国际合作等工作取得实效；新一代“ARP”顺利运行；不良企业和往来款清理工作落实到位。

（撰稿：袁　红　审稿：甘烦远）

西 安 分 院

院　　长：赵　卫
地　　址：陕西省西安市咸宁中路125号
邮政编码：710043
电　　话：029-83282621
传　　真：029-83282611
电子信箱：xab@xab.ac.cn
网　　址：http://www.xab.cas.cn

中国科学院西安分院（以下简称“西安分院”）成立于1954年7月，现与陕西省科学院合署办公。负责联络和协调西安光学精密机械研究所、国家授时中心、地球环境研究所、水土保持与生态环境研究中心和秦岭国家植物园等；负责管理陕西省科学院4个研究所。

截至2020年底，西安分院系统共有在职人员1728人。

2020年，西安分院以习近平新时代中国特色社会主义思想为指导，认真学习贯彻党的十九大和十九届五中全会精神，按照中国科学院党组和陕西省委省政府的部署和要求，协助院党组全面履行领导责任，发挥“把方向、管大局、保落实”的领导作用，加强对西安地区院属单位遵守政治纪律、贯彻决策部署、执行制度规定等情况的督促指导与了解掌握，敢于担当、善于担当。全面推进“率先行动”计划，积极推动中国科学院西安科学园建设，力促省院科技体制改革，各项工作取得显著成效。

一、领导班子和后备干部队伍建设

配合中国科学院人事局完成国家授时中心领导班子换届工作以及分院、西安光学精密机械研究所、地球环境研究所8位领导班子成员个别调整工作。督导各单位完成中央巡视整改中班子建设中存在的问题，通过整改，强化监督管理和政策规定学习，提升了纪律意识。

开展中层干部选聘工作，选拔提任年轻干部4人，推动分省院交流任职1人。组织分省院系统年轻干部能力提升培训班，积极协调选派优秀年轻干部参加中国科学院调训及巡视工作。

二、党建、党群与创新文化建设

认真落实全面从严治党主体责任，按照陕西省委要求扎实组织开展赵正永案“以案促改”专题教育并召开专题民主生活会，认真开展领导干部违规插手工程建设、违规收送礼金等专项整治，组织开展党风廉政宣传月活动。完成各级干部《党风廉政责任书》签订，切实扛起全面从严治党的政治责任。

开展“基层组织建设年”活动、着力加强基层组织建设，积极推进“模范机关”创建工作，举办庆祝中国共产党成立99周年暨“七一”表彰大会等活动。

举办“创新科技，服务国家，造福人民”科技价值观系列报告会、“青春心向党·建功新时代”青年报告交流会等弘扬科学家精神，加强作风学风建设，编发《科研诚信与学风建设宣传教育手册》。

三、院地合作

1. 编制“十四五”科技合作规划

按照中国科学院的要求，结合陕西、宁夏地方的科技需求，编制完成陕西省和宁夏回族自治区“十四五”科技合作规划。

2. 积极推进西安科学园建设

完成一期3000亩整体规划。中国科学院大学西安学院附属小学于2020年9月正式招生；地球环境研究所一期项目10万平方米即将封顶；国家授时中心一期项目完成总包招标；中国科学院大学西安学院、西安先进阿秒光源土地完成征拆，具备招拍挂条件；中国科学院大学西安学院设计已完成。

3. 积极助推中国科学院榆林能源革命创新示范区建设

积极主动对接榆林市，协助大连化学物理研究所等研究所项目在榆林落地。中国科学院洁净能源创新研究院启动编制《榆林能源革命创新示范区建设规划》，中国科学院洁净能源创新研究院榆林分院完成一期150亩的园区规划方案可研评审，榆横综合中试及示范基地启动一期2020年3月正式开工建设。

4. 积极谋划大科学装置建设

“十三五”国家重大科技基础设施“高精度地基授时系统”将在西安建设总体运控中心和科学实验平台，在新疆、甘肃、西藏增补完善增强型长波授时系统，项目建成后，将成为国际上规模最大、功能最完善、性能最先进的地基授时系统。“先进阿秒光源”已列入“十四五”国家重大科技基础设施建设范围，总投资24亿元，其中中央预算资金17.1亿元，地方政府匹配及自筹6.9亿元。

5. 支持地方重大科技活动

积极支持西安市主办2020西安全球硬科技创新大会。

圆满完成第 27 届杨凌农高会参展工作。以“科技创新引领黄河流域生态环境保护与高质量发展”为主题，组织中国科学院及陕西省科学院近百项成果参加，展示中国科学院围绕黄河问题开展的长期和系统性的研究和示范成果，中国科学院展团荣获优秀组织奖和优秀展示奖。

中国科学院化学研究所和陕西延长中煤榆林能源化工有限公司合作的“煤基长链支化聚丙烯树脂技术”获 2020 年陕西省科技工作者创新创业大赛一等奖。

6. 全面服务地方经济社会发展

中国科学院 30 余家研究所共开展科技合作项目 217 项，服务企业 110 多家，实现年度总销售收入 85.88 亿元，利税 14.4 亿元。将科技扶贫和省院“一所一品”工作结合，部署 4 项联盟项目，总经费 39 万元。

7. 推动重点项目实施

完成 2018 年 3 个中国科学院科技服务网络计划（STS 计划）区域重点项目的验收工作。大连化学物理研究所承担的锌镍电池项目将在陕西五洲矿业股份有限公司进一步产业化示范，化学研究所承担的项目获宁夏科技进步奖二等奖。组织完成 2021 年 STS 区域重点项目并完成论证，中国科学院支持 1600 万元。

8. 发挥两院合一优势，带动省科学院发展

持续推动“一所一品”战略实施，助力“一县一业”。完成“一所一品”品牌设计、注册。开发绿色设施果蔬、珍稀食用菌、植物与微生物天然产物、玉兰等大健康产品，形成 4 个特色鲜明的科技产业链，已成为当地支柱产业，推动县域经济蓬勃发展。2020 年 4 月，习近平总书记视察柞水木耳产业并称赞“小木耳，大产业”。

四、纪监审工作

在全面从严治党的新形势新要求下，分院纪检组聚焦主责主业，坚持政治引领，强化担当作为，严格执行《中国科学院纪检工作暂行办法》，充分发挥对系统纪检工作的组织、统筹、协调作用，协助推进系统全面从严治党、党风廉政建设，监督系统各单位全面从严治党“两个责任”的履行，日常监督保持常态长效，将专项整治、审计监督、日常监督相结合，以审计监督促风险防控，为科技创新活动保驾护航，持续加强科研诚信督导，推动作风学风建设。

五、院士联络工作

组织院士专家一行赴秦岭深处的山阳县法官镇，围绕乡村振兴的重点产业与生态环境建设开展调研咨询，赴柞水县小岭镇金米村木耳种植基地、丹凤县棣花古镇、许家塬核桃种植示范基地进行调研和技术推广工作。

六、公共事务管理和协调

积极发挥分院综合协调职能，规范管理流程，提高工作效率，强化服务意识、树立创新意识、增强担当意识，构建反应迅速、务实高效的工作机制。

靠前指挥、部署防控新冠肺炎疫情各项措施，及时研究部署落实新冠肺炎疫情防控措施，成立领导小组和工作小组，指导系统各单位密切协作，加强应急联动，推动督导各单位防控和有序复工复产工作，分省院系统无人员感染。

加强灾害风险防控建设，切实落实各项措施，保障科研生产环境安全稳定，全年未发生重大安全事故和失窃密案件。

（撰稿：孙　凯　刘　铮　审稿：杨青春）

兰州分院

院　　长： 肖国青
地　　址： 甘肃省兰州市城关区天水中路 6 号
邮政编码： 730000
电　　话： 0931-2198858
传　　真： 0931-8279855
电子信箱： lzb@lzb.ac.cn
网　　址： http://www.lzb.cas.cn

中国科学院兰州分院（以下简称“兰州分院”）前身是 1954 年经政务院批准成立的中国科学院西北分院筹委会，1958 年经中国科学院决定撤销，成立中国科学院兰州分院。1962 年，中共中央西北局与中国科学院议定撤销陕、甘、宁、青四省（区）分院，成立中国科学院西北分院。1970 年，中国科学院西北分院撤销。

1978年，恢复成立中国科学院兰州分院。

兰州分院作为中国科学院派出机构，负责联络和协调中国科学院所属驻甘肃、青海两省的研究机构，包括近代物理研究所、兰州化学物理研究所、西北生态环境资源研究院。兰州分院的主要职能：配合中国科学院机关有关部门，做好所在地区院属单位的领导班子和领导人员队伍建设；推动、督促和检查所在地区院属单位的科技创新及事业发展重点工作；组织开展院地合作，推动科技成果转化；指导和推动所在地区院属单位基层党建工作和创新文化建设；协调组织开展监察审计工作；公共事务管理工作；联系和服务所在地区的中国科学院院士；加强与地方政府部门的联系，为所在地区院属单位提供联络协调和服务；研究生教育基地的管理等主要职能。

2020年，兰州分院认真学习贯彻落实习近平总书记视察甘肃重要讲话精神和刘鹤副总理在兰州分院座谈会上的重要指示，以“率先行动”计划为统领，结合学科特点和区域特色，着力抓好重大创新成果产出，深入推进院所改革发展。

截至2020年底，兰州分院系统共有在职职工2797人。

一、领导班子和后备干部队伍建设

配合中国科学院人事局，完成研究所领导班子和分院班子成员个别调整5人次，新提任所局级领导人员7人，注重选拔使用年轻干部，班子结构进一步优化合理。

二、党建、党群与创新文化建设

1. 持续强化理论学习

一是坚持领导干部带头学，发挥“领头雁”效应。全年组织中心组学习5次，重点学习习近平总书记关于科技创新的重要论述、《习近平谈治国理政》(第三卷)等。二是组织党员干部集体学。三是督导党支部（总支）坚持“三会一课”制度，紧扣实际工作，促进学懂弄通做实。

2. 脱贫攻坚圆满收官

八年来先后在甘青两省10县18村执行区域精准扶贫帮扶任务，投入各类帮扶资金945万元，先后有56名干部驻村工作。利用中国科学院科技助力甘青脱贫攻坚项目经费200万元，在甘青5县11个点开展辐照甜高粱5000亩、杂交构树300种植示范，取得良好效果。2020年底，所有帮扶点均通过国家普查验收，如期实现脱贫。

3. 高度重视疫情防控

一是确保领导责任“落实在一线”。二是确保党员干部“抗疫在一线”。三是组织系统党员捐款32万余元。

4. 成立隶属于甘肃省委的分院系统单位党委

理顺兰州分院党建工作与地方党委、院党组的工作关系，为更好督导推动系统单位党建工作奠定组织基础。

5. 务实开展党建主题活动

对标“基层组织建设年”、“创建模范机关”，以及“形式主义”、“灯下黑”问题专项整治要求，督导各单位进一步提高党建工作规范化、标准化水平和与科研创新相融合的能力。

三、院地合作

为改善西部地区科技创新生态环境，积极协助地方培育建设“兰州综合性国家科学中心”得到好评。围绕落实习近平总书记视察甘肃时的重要讲话精神以及刘鹤副总理在兰州分院调研时的具体要求，主动担当，开展系列调研，协助编制《兰州综合性国家科学中心建设方案》，涉及中国科学院牵头承建的大装置和平台共计17项，超出总量一半。

协调服务院内重大科技创新平台及载体在甘建设方面成效显著。协调研究所与地方举办两场“我国首台自主知识产权重离子治疗系统在武威正式投入临床治疗”新闻发布会；协助近代物理研究所争取地方支持3800万元建设甘肃省同位素实验室；主动为“钍基熔盐实验堆”、“高精度地基授时系统”、“苏武沙漠摘星小镇科普馆”等平台争取地方专项债、免收草场补偿费等方面做好协调；积极争取“大型中微子探测阵列（GRAND）”落地甘肃；协调兰州化学物理研究所帮助地方建设甘肃省黏土矿物功能材料创新中心；主动跟进惠州“强流重离子加速器装置（HIAF）”和“加速器驱动嬗变研究装置（CIADS）”建设进展。

持续探索院地合作新模式，协同创新网络得到进一步提升扩大。2020年“一院三所”与省属企业签订各类技术服务合同额达 2065 万元；与甘青两省科技厅建立长效沟通机制；与定西市确定 7 个方面重点合作领域；继续加强与甘肃省科学院合作；积极协调推动枸杞、油橄榄等生物资源高值化利用分别落地西部的宁夏和云南，为地方带来 6800 万元经济效益，为研究所争取 3000 万元横向经费。

发挥院派出机构职责定位，提升服务研究所水平，助力系统单位重大科技成果产出成效显著。分院部分科技成果多次写入甘肃省主要领导的报告和讲话；甘肃省主要领导多次赞许兰州分院创新成果；“碳离子治疗系统在武威肿瘤医院正式接诊患者”入选 2020 年甘肃十大新闻；2020 年经分院推荐的项目获甘肃省科技计划支持 1200 余万元；经分院积极建议，甘肃省首次设立科技进步奖特等奖，近代物理研究所获此殊荣；2020 年各单位获各类奖励 14 项；兰州分院争取到甘肃省业绩奖补资金 500 万元，对院属在甘单位 117 人予以奖励。

积极参与地方战略研究规划编制与系统谋划专项。牵头编制中国科学院与甘青两省《科技合作工作方案（2021—2022 年）》、《科技合作促进区域创新发展规划》及《“十三五”科技合作总结报告》。

四、纪检、监察和审计

一是优化工作机制，推动主体责任和监督责任融合贯通。二是推动落实“一岗双责”。分党组成员“全覆盖”讲廉政党课；逐级签订个性化廉政责任书 764 份；将巡视整改作为履行“一岗双责”抓手等。三是重视运用“四种形态”。全年开展任前廉政谈话 49 人次，运用“第一种形态”182 人次，出具廉洁意见 270 人次。四是建立健全制度。

五、院士服务工作

在培育建设兰州综合性国家科学中心、推动国家技术创新中心建设、协助推动大科学装置落户甘肃、推动碳离子治疗装置发挥更大社会作用方面，借智院士资源，服务地方经济社会发展。积极发挥院士在科技传播、科普中的独特作用，推动分院的科技传播和科普事业深入发展。

六、公共事务管理和协调

积极实施科苑一、二区路面更新改造工程，解决了多年未解决的老大难问题；牵头组织编制兰州分院系统单位 2022—2024 年度修缮项目规划，申报 2021 年度“3H”项目 6 项，总经费 3656 万元。

七、研究生教育基地建设

牵头组织申报兰州分院系统单位“十三五”研究生公寓建设项目，初设及概算已获国家发展改革委批复，总建筑面积 15 900 平方米，投资 8823 万元。

（撰稿：陈正文　陈　华　审稿：肖国青）

新疆分院

院　　长：肖文交
地　　址：新疆维吾尔自治区乌鲁木齐市新市区科学一街 341 号
邮政编码：830011
电　　话：0991-3835430
传　　真：0991-3835229
电子信箱：wj-xiao@ms.xjb.ac.cn
网　　址：http://www.xjb.cas.cn

中国科学院新疆分院（以下简称“新疆分院”）成立于 1957 年，设水土生物土壤资源综合所、物理所、化学所、地质地理所、民族历史研究所。“文化大革命”期间下放地方，后与自治区科委、科协合署办公。1977 年 11 月 27 日，经党中央、国务院批准恢复中国科学院新疆分院。作为中国科学院在少数民族地区设立的唯一一所分院，具有重要的战略意义。创立之初，新疆分院即定位为新疆的经济、社会、科技发展服务。改革开放以来，尤其是伴随着西部大开发的强劲东风，新疆分院顺利进入中国科学院国家知识创新工程序列。成为自治区重要的综合性科学研究基地和高级人才培养基地；成为新疆“生态文明”建设领域的一支主导力量；成为中国科学院服务新疆的“桥头堡”和高新技术创新、集成和转移基地；成为我国综合性天文研究机构之一。

新疆分院共有 7 个处室，分别为：综合办公室、干部人事处、党群工作处、科技合作处、科技安全处、财务资产处、监察审计处。新疆分院负责联络和协调中国科学院在新疆的研究机构，包括新疆生态与地理研究所、新疆理化技术研究所、新疆天文台。

围绕国家“十三五”规划，中国科学院“创新 2020”“一三五”规划、“率先行动”计划等重大部署，新疆分院在深入研究分析新疆经济社会发展科技需求的基础上，不断凝练与提升科技创新目标，推进丝绸之路经济带创新驱动发展试验区、乌昌石国家自主创新示范区建设工作，集中优势技术力量在 110 米口径全向可动射电望远镜项目、第三次新疆综合科学考察、丝绸之路创新发展研究院建设、量子通信技术应用与产业发展、乌鲁木齐云计算中心建设、新疆生物医药创新研究院、新疆旅游研究院、人才队伍建设等方面积极推进，为新疆社会稳定长治久安和经济发展提供了重要科技支撑。

截至 2020 年底，新疆分院系统共有在职职工 881 人，其中科技人员 579 人，包括“两院”院士 1 人，研究员及正高级工程技术人员 183 人，副研究员及高级工程技术人员 207 人。

一、领导班子和后备干部队伍建设

新疆分院始终坚持党管干部，严格落实习近平总书记对领导干部提出的“忠诚干净担当”和“五个过硬”要求。注重从研究所主流研究方向、科研和管理骨干、“访惠聚”优秀干部中选拔使用年轻干部，培养所级领导，先后组织完成新疆理化技术研究所领导班子换届考核及民主推荐工作，新疆生态与地理研究所所长、副所长试用期转正考察工作，指导新疆生态与地理研究所党委委员、纪委委员的补选工作。树立鲜明用人导向，坚持在疫情防控和脱贫攻坚中考察识别选拔干部，提拔、重用表现突出的干部 6 名，5 人晋升专业技术职务和职员职级。严格执行“凡提四必”要求，完成 2020 年度领导干部个人事项报告集中填报、年度随机查核，对拟提任中层干部开展重点查核。组织各职能处室中层领导岗位竞聘，为分院机关招聘 4 位工作能力强，业务素质高的优秀年轻干部。在岗位管理、聘用、离岗等方面完善、制定管理办法，规范管理流程。

二、党建、党群与创新文化建设

新疆分院分党组在中国科学院党组的统一部署下，坚定不移推进政治建设纵深发展，把“两个维护”作为首要政治任务和政治责任，教育引导党员干部对党绝对忠诚，严明党的政治纪律。坚持和加强党的领导，制定“三重一大”事项清单，健全完善议事规则，共召开分党组会议 20 次，院长办公会 8 次，系统单位联席会议 7 次。围绕自治区党委、中国科学院党组重大战略部署，党政主要负责人带头到基层开展“访惠聚”调研、脱贫攻坚督战、民族团结活动，累计 18 次 71 天，帮助解决问题、推进工作，确保各项任务落实落细。新疆分院驻村联合党支部获评 2020 年中国科学院先进集体。

紧盯难点问题和薄弱环节，修订完善 27 项管理制度，赴研究所（台）督查对院党组、自治区党委重要部署的落实情况。扎实开展“基层组织建设年”活动，成立党群工作处，召开系统党建工作联席会议，指导机关党委、所台党委和基层党支部工作。以文明单位创建为抓手，推进模范机关创建和党支部标准化规范化建设，制定自查清单，落实“三会一课”、主题党日和党员领导干部双重组织生活等制度。

三、院地合作

新疆分院加强与自治区、兵团的沟通，推动高层会商，与昌吉自治州、克拉玛依市、新疆地震局、新疆地矿局、新疆电信公司、新疆有色金属集团、兵团矿业集团等地方政府部门、企业签署战略合作协议，建立合作机制，根据地方重大需求，推动丝绸之路创新发展研究院、中国科学院大学中亚科技学院、“新疆大脑”联合实验室等一批重点平台、项目实施。

积极开展“一带一路”多边科技合作，中国科学院中亚药物研发中心获批科技部中国 - 乌兹别克斯坦新药“一带一路”联合实验室。

四、纪检、监察和审计

推进党风廉政建设，签订个性化责任书，加强重点部门和关键岗位的管理监督，对老年大学、分院宾馆、唯实公司等经营场所以及驻村经费开展审计。以审计监督为抓手，督促各研究所、台持续开展科研经济业务真实性合法性审计，确保科研经费使用真实、合法、合规。完成新疆理化技术研究所领导人员任期经济责任审计工作。

五、公共事务管理和协调

以老旧园区改造为契机，紧盯突出问题，深入推进“3H”工程，组织专班解决住宅楼产权办理等历史遗留问题，保障广大干部群众利益不受侵害。落实科教基础设施建设，积极协调做好人才住房、子女入学、健康医疗保障等工作。

（撰稿：鹿娟娟　陈　聪　审稿：肖文交）

科 研 机 构

数学与系统科学研究院

院　　长：席南华
地　　址：北京市海淀区中关村东路 55 号
邮政编码：100190
电　　话：010-82541777
传　　真：010-82541972
电子信箱：contact@amss.ac.cn
网　　址：http://www.amss.cas.cn

中国科学院数学与系统科学研究院（以下简称“数学院”）成立于 1998 年 12 月 28 日，由中国科学院所属的数学研究所、应用数学研究所、系统科学研究所、计算数学与科学工程计算研究所整合而成。

数学院是综合性学术研究机构，覆盖数学与系统科学的主要研究方向。数学院的办院方针是：在数学与系统科学领域，面向国际发展前沿，面向国家战略需求，做出原创性、突破性和关键性的重大理论成果与应用成果，造就具有国际重要影响的学术带头人和一批杰出人才。数学院的发展目标是：在数学与系统科学领域内，成为国际上有重要影响的研究中心、培养和造就高级研究人才的著名中心、国民经济和国防建设有关问题研究和咨询的重要中心。数学院的优势研究领域有：分析数学与数学物理，数论、代数、几何与拓扑，运筹与管理科学，系统与控制科学，概率统计，科学计算，计算机数学。新兴交叉学科有：金融数学，生物信息学，复杂系统科学，不确定性决策，复杂网络理论，计算材料科学，知识科学理论等。应用研究领域有：工程技术，经济金融，生命科学，生态与环境等。

数学院共有 4 个研究所。

数学研究所　成立于 1952 年 7 月，著名数学家华罗庚为首任所长。数学研究所以基础数学研究为主，兼顾应用数学、计算数学和数学物理的基础理论以及理论计算机科学等方面的研究。

应用数学研究所　成立于 1979 年 10 月，华罗庚为首任所长。应用数学研究所以具有实际背景的应用数学基础理论研究为主，发展和创造在自然科学、高新技术、经济金融和管理决策等领域中有普遍意义的数学分支和方法，为国民经济建设服务。

系统科学研究所　成立于 1979 年 10 月，著名数学家、控制学家关肇直为首任所长。该所是以多学科交叉为特点的基础型研究所，面向航空航天、经济金融、生产制造等国家重大需求，发展系统与控制科学、管理科学与经济金融、数学机械化、统计学等，探索并解决系统科学和与之有关的数学及交叉学科领域的关键性、基础性、前瞻性科学问题，为实际生产、控制和管理问题提供理论和方法的支撑。

计算数学与科学工程计算研究所　成立于 1995 年 3 月，其前身是冯康院士于 1978 年创立的中国科学院计算中心。该所主要任务和发展定位是面向科学与工程中的重大应用问题，着眼于代表国际水准的基础性和关键性计算方法的理论创新和技术创新；伴随计算机技术的进步，进行反映国际科学计算最新研究成果的高性能计算程序和软件的研究与开发。

此外，中国科学院数学科学科教融合卓越创新中心、中国科学院国家数学与交叉科学中心、华罗庚数学科学中心、中国科学院晨兴数学中心和中国科学院预测科学研究中心以数学院为依托单位；还设有科学与工程计算国家重点实验室，中国科学院管理决策与信息系统重点实验室、系统控制重点实验室、数学机械化重点实验室、华罗庚数学重点实验室、随机复杂结构与数据科学重点实验室。数学院图书馆数学文献馆藏丰富，藏书逾25万册，已开通国内外主要出版社的数学及相关电子文献服务，向全国开放。数学院有先进的计算机及网络系统，包括千万亿次集群（联想深腾8810系统）和超级计算服务器，带有多种大型数学软件包。

截至2020年底，数学院共有在职职工408人，其中科研人员223人、管理支撑人员79人，特别研究助理106人；研究员及正高级工程技术人员118人、副研究员及高级工程技术人员82人。

数学院下属4个研究所是我国最早被批准具有硕士、博士学位授予权的单位之一，也是首批国家批准的博士后流动站之一，全院共有13个博士点（二级学科），分布在数学、系统科学、管理科学与工程、计算机科学与技术、统计学和应用经济学6个一级学科，并设有数学、系统科学、管理科学与工程、统计学4个一级学科博士后流动站。截至2020年底，共有在学研究生755人，其中硕士生315人，博士生440人。

2020年，数学院共有在研项目430项（包括新增项目120项）。其中，主持国家自然科学基金基础科学中心项目1项，创新研究群体1项，重大项目课题2项（新增1项），重点项目9项，国家自然科学基金重大研究计划重点项目1项，国家杰出青年科学基金项目7项（新增3项），优秀青年科学基金项目5项（新增1项），面上项目86项(新增18项)，青年科学基金23项(新增9项)；主持国家重点研发计划7项(新增4项)，课题22项（新增13项）；主持我国首个国防领域数学学科重大项目；主持中国科学院前沿科学重点研究项目15项（新增3项）；院地合作项目52项。科研人员共发表论文832余篇，其中被SCI收录639篇。

2020年，数学院全力推进数学科学卓越创新中心建设，取得一批原创性、突破性和关键性的重大理论与应用成果，如证明高阶L函数的Kazhdan-Mazur非零假设，为国际上多项重要成果的取得奠定了基础；在千禧问题BSD猜想取得突破，是“集数十年来发展的几乎所有方法之大成的皇冠性成果”；证明Demailly强开性猜想，是“近年来多复变与代数几何领域最伟大的成就之一”；奠定著名PID控制器广泛应用的理论基础，为国防科技做出重要贡献；首次提出用增加值测量国际贸易的新思想与测算模型，被APEC、WTO、OECD采用，商务部评价其“对我引领数据国际话语权具有战略意义”。

在中国科学院“率先行动”计划第一阶段目标任务总结评估中，数学院重大突破一“在基础数学重大难题研究方面取得突破”和重点培育方向“大数据数学理论方法及应用”验收结果为优秀；“Langlands纲领相关问题研究”入选“率先行动”计划第一阶段面向世界科技前沿领域的18项代表成果之一；科技布局与组织模式和人才团队建设入选中国科学院保障措施与重大改革亮点举措。

面向国家重大需求，数学院加速促进国家数学与交叉科学中心建设。针对高性能飞行器姿态控制的瓶颈问题，取得在复杂环境和高性能要求下飞行器控制技术的关键突破；围绕经济新常态下中国碳排放规制及其他污染物治理，通过跨学科交叉系统性研究，在支持中央和政府高层决策方面做出了重要贡献。积极与华为技术有限公司等加强交流，围绕人工智能、未来网络、信息安全中的数学问题等开展研究，在原有合作项目的基础上签署了新的合作协议。

在基础数学重大前沿问题研究方面，在千禧年问题BSD猜想研究中取得进展，证明了带复乘椭圆曲线上的p-逆定理；在Langlands纲领相关问题研究中取得进展，将p进Langlands对应应用到解析数论的问题上，证明虚二次域上模形式空间维数的新的渐进增速上界。

在应用数学及交叉科学研究方面，在随机微分方程研究中取得进展，用狄氏型在有限体积和无穷体积构造了流形值随机热方程的鞅解，并研究了解的遍历性和不遍历性质；在计算复杂性研究中取得进展，解决了有效微分-差分Hilbert零点定理问题；在半导体、电化学、纳米流、生物等领域有广泛应用的PNP类模型取得进展，发展了一类模型稳定高效的新算法。

在国家政策咨询服务中，以中国科学院预测科学研究中心为平台，积极开展智库支持工作。2020年共计上报政策研究报告136篇，内容涵盖宏观经济预测、粮食产量预测、全球价值链与贸易利益、进出口预测等。其中新冠肺炎疫情对中国经济社会影响分析与对策研究系列报告122篇。

2020年，数学院获得若干重要奖励荣誉，包括郭雷当选亚洲控制协会主席、汪寿阳当选为国际预测者协会理事、李启寨当选美国统计学会Fellow、陈旭瑾和张新雨获第十六届中国青年科技奖、刘亚锋获IEEE通信学会亚太地区杰出青年学者奖、刘歆和贾晓红获得第五届中国工业与应用数学学会应用数学青年科技奖；新增国家杰出青年科学基金3人、优秀青年科学基金5人。

在全球新冠肺炎疫情下，数学院举办若干线上线下国际研讨会，邀请国际上重要的专家学者做视频学术报告。线上和线下学术报告约600余场，其中2020年初瑞典皇家科学院、瑞典皇家工程科学院和挪威科学与文学院院士Bjorn Engquist（比约恩·恩奎斯特）应邀来访并做公众演讲。美国国家科学院院士肖荫堂、张寿武和法国科学院院士Jean-Pierre Demailly（让-皮埃尔·德马伊）应邀做华罗庚数学讲座以及若干场国家数学交叉科学研究中心报告。

数学院与法国国家科研中心等联合成立的中法应用数学国际联合实验室在已完成4年合作协议的基础上续签了双边协议，继续推动在应用数学方面的深入合作。

在中国科学院"一带一路"专项经费资助下，丝路数学中心举办了一系列学术活动，扩大了中国数学在国际上的影响。

在中国科学院国际大科学计划培育专项经费资助下，周向宇院士牵头的"流形上的几何、分析与计算"课题组通过与国际顶尖数学机构和群体的合作交流，在国内外著名刊物上发表100多篇论文，成果受到国内外高度关注。

中国数学会（CMS）、中国运筹学会（ORSC）和中国系统工程学会（SESC）3个国家一级学会挂靠在数学院。数学院主办18种国内著名学术刊物：《数学学报》（中英文版）、《应用数学学报》（中英文版）、《系统科学与数学》（中文版）、《系统科学与复杂性》（英文版）、《计算数学》（中英文版）等。

（撰稿：许　清　丁晓蕾　审稿：武　艰）

物理研究所

所　　长：方　忠
地　　址：北京市海淀区中关村南三街8号
邮政编码：100190
电　　话：010-82648112
传　　真：010-82649533
电子信箱：zhc@iphy.ac.cn
网　　址：http://www.iop.cas.cn

中国科学院物理研究所（以下简称"物理所"）成立于1950年8月15日，前身是成立于1928年的中央研究院物理研究所和成立于1929年的北平研究院物理研究所，1950年在两所合并的基础上成立中国科学院应用物理研究所，1958年9月30日启用现名。

物理所是以物理学基础研究与应用基础研究为主的多学科、综合性研究机构。研究方向以凝聚态物理为主，包括凝聚态物理、光学物理、原子分子物理、等离子体物理、软物质物理、凝聚态理论和计算物理、材料科学与工程等。超导、拓扑、纳米、表面、极端条件等多个学科走在了世界科技最前沿；磁学、光学、先进材料、清洁能源等诸多领域为国民经济发展提供了有力支撑；近年来在离子电池、拓扑材料与应用、高压超导、量子计算、量子线生长、高通量薄膜制备、中子单像素成像、转角石墨烯研究等方面取得系列重要进展。

除聚焦基础前沿问题，扎根中关村科研攻关外，物理所积极响应国家科技战略布局，投入北京科创中心怀柔科学城、粤港澳大湾区科创中心松山湖材料实验室以及长三角研究中心的建设。随着3个园区基建工程相继完成，物理所"一村三湖"战略布局的工作重心转入全面开展科研工作上。全所上下凝心聚力，齐头并进，为国民经济发展和科技强国做出了积极贡献。

物理所现有超导、磁学、表面物理3个国家重点实验室；光物理、电子显微镜、纳米物理与器件、极端条件物理、清洁能源前沿研究、凝聚态理论与计算6个中国科学院重点实验室；软物质物理、固态量子信息与计算2个所级实验室。它们与国际量子结构中心、量子模拟科学中心、北京散裂中子源靶站谱仪工程中心、清洁能源中心、超导技术应用中心、功能晶体研究与应用中心、量子计算研究中心、应用物理中心构成了物理所的研究体系。技术部及各实验室、各研究组的公共技术平台共同构成全所的技术支撑体系。此外，物理所还是北京物质科学与纳米技术大型仪器区域中心、中国科学院电镜技术联盟的牵头单位，北京量子信息科学研究院的共建单位。

截至 2020 年底，物理所共有职工 920 人。其中科研人员 511 人、技术支撑人员 139 人，包括中国科学院院士 13 人、中国工程院院士 1 人、发展中国家科学院院士 9 人。国家杰出青年科学基金获得者 45 人。

物理所是 1998 年国务院学位委员会批准的首批物理学博士、硕士学位授予单位之一，现设有物理学、材料科学与工程 2 个专业一级学科博士研究生培养点，电子信息、材料与化工 2 个专业学位硕士研究生培养点，并设有物理学和材料科学与工程 2 个专业一级学科博士后流动站。截至 2020 年底，共有在学研究生 1016 人，其中硕士生 344 人、博士生 665 人，留学生 7 人。在站博士后 210 人。

2020 年，物理所继续发挥科研优势，共承担在研项目 738 项（包括新增项目 229 项）。其中，主持国家重点研发计划 25 项（新增 2 项）；主持国家自然科学基金重点项目 22 项（新增 2 项）、国家杰出青年科学基金项目 11 项（新增 6 项）、国家自然科学基金重大研究计划 10 项（新增 3 项）；主持中国科学院 A 类先导专项 1 项，B 类先导专项 / 项目 4 项；主持重大仪器研制项目 18 项（包括新增项目 6 项）。

2020 年，物理所深耕各研究领域，取得多项有国际影响力的重要科研成果。“$K_xFe_2Se_2$ 超导体的发现”入选 *Physical Review B* 期刊 50 周年里程碑论文。理论提出并且实验证实了一种全新的拓扑光子晶体微腔——狄拉克涡旋腔，不但可以支持任意简并度的腔模，而且是目前已知光腔中，大面积单模性最好的。在磁性外尔半金属中首次提出“自旋轨道极化子”新概念，对磁性量子材料在功能化量子器件方面的应用具有重要意义，该工作入选中国科学院 2020 年度科技创新亮点成果。基于标准四电极法研究了笼型富氢化物 LaH_{10} 的高温超导电性，发展了利用金刚石对顶砧开展兆巴高压下的原位激光加热与标准四电极电阻测试技术。提出一种简单的预测钠离子层状氧化物构型的方法，并在实验上证实了该方法的有效性，为低成本、高性能钠离子电池层状氧化物正极材料的设计制备提供了理论指导。利用多量子比特器件中的 19 个超导量子比特，在实验上成功观测到依赖能量密度和无序强度的多体局域化与热化转变的行为；利用 16 个超导量子比特实现了动力学相变的量子模拟。

物理所多个研究团队及科研人员获 2020 年度各类奖项及荣誉。碳化硅晶体生长和加工技术研发及产业化团队获 2020 年度中国科学院科技促进发展奖；汪卫华研究员获 2020 年度何梁何利基金科学与技术进步奖；丁洪研究员获中国科学院 2020 年度杰出科技成就奖；王刚研究员获 2019 年度茅以升科学技术奖—北京青年科技奖；谷林研究员获第十六届中国青年科技奖特别奖；物理所获第九届中国科学院科技成果在京转化先进团队 2019 年度科研团队成果转化特等奖和 2019 年度技术转移团队工作组织二等奖。

根据中国科学技术信息研究所关于中国科技论文统计结果，2019 年度，物理所发表第一署名单位的 SCI 收录论文数 448 篇。物理所近十年来（2010—2019）被 SCI 收录的论文累计被引用篇数 4372 篇，被引用次数 123 832 次，名列全国科研机构第 4 位。2020 年度提交专利申请 155 项，获得授权专利 100 项，其中国际专利授权 4 项。

物理所现有控股、参股公司 13 家，其中科技型企业共 11 家，股权总市值约 11.65 亿元。技术转移与成果辐射的省、市地区集中在北京、江苏。天科合达完成融资约 8 亿元，2020 年营业收入 2.11 亿元，净利润 2500 万元；天目湖储能院持续推进与新能源汽车、电池企业等合作，营业收入超过 5000 万元；溧阳天目先导完成第一代固态电解质材料以及涂层膜的研发和中试生产，营业收入 3000 万元；北京卫蓝江苏基地 2 亿瓦时消费电子电池产线在 8 月正式投产，营业收 1350 万元；北京中科海钠启动 A 轮融资

1 亿元，获国家高新技术企业认证，中关村金种子企业和北京分院转移转化特等奖。

物理所积极参与国际合作。2020 年，物理所在研国际合作项目 33 项，在研重点国际合作项目 15 项，在研卢嘉锡国际团队 3 个。2020 年，物理所获批国家引才引智示范基地，分别与德国洪堡大学、以色列魏茨曼科学研究院、以色列巴伊兰大学、以色列本·古里安大学、格鲁吉亚 Andronikashvili Institute of Physics of the Ivane Javakhishvili Tbilisi State University 签署合作谅解备忘录，并与德国洪堡大学设立联合培养博士后项目。加入国际组织欧洲原子和分子计算中心（CECAM）。设立“国际青年学者学术报告”，共邀请 34 位海外青年学者进行线上学术报告交流。

物理所是中国物理学会的挂靠单位，承办有中文期刊《物理》和《物理学报》，英文期刊 *Chinese Physics Letters*、*Chinese Physics B*。

物理所在深耕基础研究、产出科研成果的同时，坚持在科学知识普及、科学活动举办、科学文化打造、科学精神传承方面，积极探索，推陈出新，取得了较好的社会反响，承担了应有的社会责任，为科学普及与发展，提高全民科学素质做出了积极贡献。

（撰稿：周长柱　张　洁　审稿：李　明）

理论物理研究所

所　　长：蔡荣根
地　　址：北京市海淀区中关村东路 55 号
邮政编码：100190
电　　话：010-62554447
传　　真：010-62562587
电子信箱：office@itp.ac.cn
网　　址：http://www.itp.ac.cn

中国科学院理论物理研究所（以下简称“理论物理所”）成立于 1978 年 6 月 9 日，是在理论物理学领域各主要方向上从事基础研究的专业研究所。1984 年，理论物理所被选为全国第一批博士后流动站，1985 年成为中国科学院向国内外首批开放的研究所，1993 年被第三世界科学院选为首批参加协联计划的优秀中心，1997 年成为中国科学院首批基地型试点研究所，1998 年 8 月被列为中国科学院知识创新工程首批试点单位之一，2002 年 2 月成立中国科学院交叉学科理论研究中心，2004 年在中国科学院首批国际现场评估中获得“优秀”，2004 年 12 月被批准为中国科学院与第三世界科学院奖学金学者培训基地，2006 年成立中国科学院卡弗里理论物理研究所，2008 年成立中国科学院理论物理前沿重点实验室，2011 年成立理论物理前沿国家重点实验室，2016 年恢复为院重点实验室，2016 年成立彭桓武理论物理创新研究中心，2019 年 6 月入选科技部创新人才培养示范基地，2019 年与曙光公司联合成立理论物理先进计算联合实验室。

理论物理所的定位是面向世界科技前沿，联合国内外理论物理学工作者，把理论物理研究所办成从事理论物理核心问题研究，为国家培养优秀人才，注重交叉学科发展，为国家大科学工程服务的“基础研究中心、人才培养基地、学术交流平台”，在我国理论物理学界起到引领作用，把理论物理所办成国际一流的国家理论物理中心；重点部署物质结构和宇宙演化中的基本问题、生物和复杂系统中的统计物理前沿问题两个突破；明确量子场论和量子引力中的基本问题、量子物质理论的前沿问题两个重点培育方向。

理论物理所现有第一研究室、第二研究室 2 个研究单元，综合处（党办）、科研处、人事教育处、财务部、信息部、编辑部 6 个管理支撑部门。

2020 年，理论物理所深入学习贯彻习近平新时代中国特色社会主义思想，按照中央和中国科学院党组的部署，大力弘扬老科学家精神，加强学风作风建设，克服新冠肺炎疫情影响，深化科教融合，与高校、企业等继续开展协作，在科学研究、人才培养、党建等方面取得重要进展，研究所发展迈上了一个新台阶。

截至 2020 年底，理化所共有在职职工 63 人。其中科研人员 37 人、科技支撑人员 10 人，包括中国科学院院士 2 人、发展中国家科学院院士 2 人；研究员 29 人、副研究员及高级工程技术人员 9 人。其中，国家杰出青年科学基金获得者 12 人。

2020 年，理论物理所 1 位研究员当选发展中国家科学院院士，1 位研究员获得中国物理学会吴有训物理奖（原子核物理），1 位研究员获得 2019 年度华人物理学会亚洲成就奖，1 位研究员入选新世纪百千万人才工程国家级人选，被授予“国家有突出贡献中青年专家”荣誉称号。

理论物理所是国务院学位委员会批准的首批博士学位授予单位之一，现有理论物理专业硕士、博士研究生培养点，并设有物理学专业博士后流动站。截至 2020 年底，共有在学研究生 160 人（其中硕士生 61 人、博士生 99 人）；在站博士后 24 人。1 位研究生获中国科学院院长奖学金院长优秀奖，3 位研究生获国家奖学金，1 位导师获中国科学院大学首届“领雁银奖（振翅奖）”。

2020 年，理论物理所共承担各类项目或课题 76 项。其中，国家重点研发计划课题 4 项；国家自然科学基金科学部综合管理项目 1 项（彭桓武理论物理创新研究中心）；创新群体项目 1 项，重大项目 1 项（含课题 2 项）；中德跨学科重大合作研究项目 1 项；重点项目 3 项；面上项目 20 项；国家杰出青年科学基金项目 3 项；优秀青年科学基金 1 项：基金国际（地区）合作与交流项目 1 项，其他基金项目 3 项 。中国科学院重点部署项目 1 项（院重点实验室），中国科学院前沿科学重点研究项目（“从 0 到 1”原始创新项目）14 项，中国科学院战略性先导科技专项项目 6 项（含课题 / 子课题 9 项），院仪器设备研制项目 1 项，学部咨询项目 3 项；其他类型项目 7 项。

2020 年，理论物理所在空间引力波源的定位研究、原初黑洞暗物质研究、暗物质理论研究、奇特强子态研究、强子相互作用研究、复杂波动系统基本问题研究、利用视界望远镜的偏振观测探索轴子研究等方面取得重要进展。截至 2020 年 12 月，共发表 SCI 期刊论文 229 篇，其中在影响因子 IF＞4 的期刊上发表论文 142 篇，在 *Nature Nanotechnology*（IF=31.538）上发表 1 篇，在 *Progress in Particle and Nuclear Physics*（IF=13.421）上发表 1 篇，在 *Nature Astronomy*（IF=11.518）上发表 3 篇，在 *Physical Review Letters*（IF = 8.385）上发表 14 篇，在 *Journal of High Energy Physics*（IF = 5.875）上发表 30 篇。

2020 年，理论物理所共接待来访科学家 82 人次，科研人员出访 22 人次。举办第四届彭桓武理论物理及其交叉学科青年科学家论坛，通过网络视频会议举办 International workshop on Soft Matter and Biophysics Theories、强子物理在线论坛等重要论坛活动。通过科普报告、直播平台、微信公众号平台等形式大力开展科学传播工作，科学传播影响力逐步提升。

2020 年，理论物理所通过信息化技术为新冠肺炎疫情期间视频会议、远程办公提供业务支撑，保证科研、教学、管理正常有序进行。先进计算联合实验室在理论物理先进计算平台建设、科学计算软件移植、工程硕士点设立、开展理论物理先进计算平台培训等方面开展工作并取得进展。为科研人员提供论文印证检索，完成研究所已发表论文的整理并录入研究所机构知识库。

2020 年，《理论物理通讯》英文期刊影响因子为 1.322，期刊继续获得中国科技期刊卓越行动计划梯队期刊项目基金支持，并新获得国家自然科学基金委理论物理专款的专项支持。期刊继续获“中国最具国际影响力学术期刊”称号。

（撰稿：安慧敏　郭舒婷　审稿：蔡荣根）

高能物理研究所

所　　长：王贻芳
地　　址：北京市石景山区玉泉路 19 号乙院
邮政编码：100049
电　　话：010-88233092
传　　真：010-88233105
电子信箱：ihep@ihep.ac.cn
网　　址：http://www.ihep.cas.cn

中国科学院高能物理研究所（以下简称“高能所”）成立于 1973 年，其前身是 1950 年成立的中国科学院近代物理研究所，1953 年改称物理所，1958 年改称原子能研究所。1973 年 2 月，根据周恩来总理的指示，在原子能研究所一部的基础上组建了高能所。

高能所是以基础研究和应用基础研究为主的多学科综合性研究所，主要学科方向是粒子物理研究、加速器物理及技术研究和射线技术及应用研究，并兼顾核分析技术及多学科交叉研究。

高能所建有北京正负电子对撞机国家实验室、核探测与核电子学国家重点实验室（与中国科学技术大学共建），国家高能物理科学数据中心，1 个国家级国际联合研究中心，7 个省部级重点实验室及研究中心，2 个非法人研究单位，1 个北京市国际科技合作基地。高能所下设 9 个研究单位；拥有北京正负电子对撞机、北京谱仪、北京同步辐射装置、西藏羊八井国际宇宙线观测站（2020 年退役）、硬 X 射线调制望远镜卫星、中国散裂中子源、大亚湾中微子实验装置（2020 年退役）、ADS 质子直线加速器（共建）、引力波暴高能电磁对应体全天监视器卫星、江门中微子实验装置（在建）、高海拔宇宙线观测站（在建）、阿里宇宙微波背景辐射实验（在建）、高能同步辐射光源（在建）等大科研装置。

截至 2020 年底，高能所共有在职职工 1489 人。其中，专业技术人员 1333 人，包括正高级专业技术人员 224 人、副高级专业技术人员 633 人。

高能所是 1981 年国务院学位委员会批准的首批博士、硕士学位授予权单位之一，现设有理论物理、粒子物理与原子核物理、凝聚态物理、光学、无机化学、生物无机化学 6 个理学博士、硕士培养点，设有核技术及应用、计算机应用技术 2 个工学博士、硕士培养点，设有机械工程、电子与通信工程、计算机技术 3 个全日制工程硕士培养点。截至 2020 年底，共有在学研究生 700 人，其中博士生 410 人（外籍 9 人），硕士生 290 人（外籍 1 人）；在站博士后 115 人（其中外籍 25 人）。

2020 年，高能所共有在研项目（课题）965 项。其中，主持（或承担）国家重点研发计划项目 19 项（新增 4 项）、承担（或参加）课题 72 项（新增 23 项）；主持（或承担）国家自然科学基金重大项目 2 项、主持（或承担）国家自然科学基金重点项目 15 项（新增 4 项）、面上项目 174 项（新增 29 项），国家杰出青年科学基金项目 5 项（新增 2 项），国家自然科学基金联合基金 44 项（新增 12 项）；主持（或承担）中国科学院战略性先导科技专项项目（课题）46 项，主持（或承担）中国科学院重点部署项目（课题）6 项。

2020 年，高能所在前沿科学研究、大科学装置研发和建造及运行、技术成果转化等方面取得丰硕成果。中国散裂中子源工程打靶束流功率达到 100 千瓦的设计指标，比原计划提前一年半，在中国科学院重大科技基础设施综合运行评比中获一等奖，团队荣获“中国青年五四奖章集体”称号。成功研制我国首台加速器硼中子俘获治疗实验装置，整台装置自主设计建造，是中国在癌症治疗高端医疗设备整机技术开发方面取得的一项重大成果和技术革新。北京正负电子对撞机积分亮度提升 30%，最高对撞能量扩展至 2.37GeV[①]，在中国科学院重大科技基础设施综合运行评比中蝉联第一，同步辐射开放用户产出持续提升。粲能区物理研究取得创新成果，在国际上首次发现可能含有奇异夸克的类粲偶素四夸克态 Z_{cs}（3985），发现 Z_c（3900）主要来源于 Y（4220）衰变，完成最精确的中性 D 介子强相差测量。大亚湾反应堆中微子实验完成科学使命，正式退役，中微子研究继续保持国际领先。粒子天体物理研究取得多项进展，提出并成功应用丈量宇宙距离的新方法，为精确丈量宇宙几何、研究宇宙膨胀速度和历史开辟了一个新途径。硬 X 射线调制望远镜卫星测量到迄今宇宙中最强磁场（入选中国科学院 2020 年度 12 项亮点成果之一）等一系列重要科学成果。引力波暴高能电磁对应体全天监测器卫星成功发射，载荷工作正常，有望提高我国对致密天体和宇宙高能爆发现象的研究能力。江门中微子实验探测器研制和生产进展顺利，探测器现场安装即将全面展开，物理研究稳步推进。高能同步辐射光源首栋建筑单体即将交付使用，开始设备安装，第一批线站深化设计基本完成，PAPS 建筑交付使用。高海拔宇宙线观测站缪子探测器阵列主体工程完工，3/4 探测阵列投入科学运行，强大的科学发现能力初步显现。环形正负电子对撞机 TDR、土建工程设计等工作全面推进，多项关键技术和设备自主研发取得重要进展，积极开展国际

① 1GeV 为十亿电子伏特。

合作，有效纳入到国际高能物理战略规划。阿里原初引力波探测实验项目及其他多个空间项目建设顺利进行。

2020年，高能所在各类学术期刊及会议文集发表论文1566篇（作为第一机构发文513篇，占全部论文的32.8%），全部论文中被科学引文索引（SCI）数据库收录1180篇，被EI数据库收录743篇，CPCI数据库收录43篇。SCI数据库收录论文中约80%发表在期刊影响因子为2及以上的期刊上。有679篇论文在发表当年即被引用，占SCI数据库收录论文总量的57.5%。根据基本科学指标数据库（ESI）统计，高能所进入全球论文影响力排名前1%的论文71篇，其中前1‰的论文16篇，0.1‰的论文2篇。

2020年，高能所申请专利77项，其中中国发明专利67项、实用新型专利9项、外观设计1项；获得专利授权193项，包括中国发明专利147项，实用新型专利45项，外观设计1项；获得计算机软件著作权1项。共有中国科学院知识产权专员8人。2020年，“用于核废料嬗变处理的首台325兆赫兹超导质子直线加速器装置的研究”获北京市科技进步奖一等奖，20英寸①微通道板型光电倍增管获2020年第六届光学工程学会科技进步奖一等奖，小动物活体能谱显微CT获中国体视学会科技进步奖一等奖等。

2020年，高能所继续推动成果转化工作，济南中科核技术研究院组建完成，首批资金到位，工程化项目及工程化人才队伍建设初见成效，研究院获批山东省新型研发机构，将加快科技成果从实验室到产业的转化，为核技术产业发展持续提供技术保障。积极开展多渠道融资，组织按医疗器械标准修订BNCT设计研制，完善BNCT知识产权布局，为项目产业化筑牢技术产权保障体系。为促进辐照医废处理项目成果转化，通过无形资产作价入股建立四川中科高能科技发展有限公司。硅基探测器技术转化平台高能瑞泰（山东）电子科技有限责任公司办公与实验场地建设完成，平台获批枣庄市工程实验室、枣庄市新型研发机构。

2020年，高能所克服疫情困难，与日本、瑞士、美国等国家和地区签订（续签）合作备忘录5项。推进与各国的年度对话，由线下改为线上，确保合作进行，提升合作层级。参加欧洲核子研究中心的大型强子对撞机LHC上的ATLAS和CMS实验、丁肇中教授领导的AMS实验、国际直线对撞机（ILC）、BELLE & BELLE Ⅱ、PANDA等国际合作项目。

高能所是中国物理学会高能物理分会、粒子加速器分会，同步辐射专业委员会，核电子学与核探测技术分会，中国毒理学会纳米毒理学专业委员会，中国物理学会中子散射专业委员会的挂靠单位。主办的刊物有《中国物理C》（月刊）、《现代物理知识》（科普双月刊）、*Radiation Detection Technology and Methods*（英文网络期刊）。

（撰稿：贾英华　审稿：王贻芳）

力学研究所

所　　长：刘桂菊
地　　址：北京市海淀区北四环西路15号
邮政编码：100190
电　　话：010-82543850
传　　真：010-62560914
电子信箱：imech@imech.ac.cn
网　　址：http://www.imech.cas.cn

中国科学院力学研究所（以下简称“力学所”）成立于1956年，是以工程科学思想建所的综合性国家级力学研究基地，在国际力学界享有盛誉。钱学森、钱伟长为第一任正、副所长；郭永怀副所长曾长期主持工作。

力学所始终坚持“工程科学思想”，聚焦国家重大需求中基础科学问题和关键核心技术，推动力学与多门学科前沿深度交叉，致力于高质量科技发展、高层次平台建设和高水平人才培养的有机结合，建设国际一流的科教融合工程科学创新研究基地。

力学所以基础前沿交叉领域为主战场，着力发展固体力学、流体力学、动力学与控制和交叉力学等传统优势学科，引领复杂系统力学和微重力科学等新兴学科发展，重点布局于空

① 1英寸≈2.54厘米。

天飞行技术、先进轨道交通、固体材料特性、人类生命健康、新型海洋装备和油气资源开采。

2020年是中国科学院“率先行动”计划第一阶段的收官之年。力学所顺利完成“十三五”时期“一三五”规划验收，全面总结了1个定位、3项重大突破、6项重点培育方向和1项保障措施与重大改革举措，其中2项重点培育方向获评优秀，并有2项参与成果入选院层面“率先行动”计划第一阶段59项重大科技成果及标志性进展。2020年是极不平凡的一年，力学所新一届领导班子宣布成立；党政协同促进疫情防控，积极建立疫情防控常态化工作机制；全体力学所人砥砺奋进，党建引领作用突显，学科发展布局优化，人才队伍建设提质，科研创新活力提升。

力学所现有5个实验室和1个中心。非线性力学国家重点实验室（LNM）、高温气体动力学国家重点实验室（LHD）、中国科学院微重力重点实验室（NML）、中国科学院流固耦合系统力学重点实验室（LMFS）、先进制造工艺力学实验室（MAM），空天飞行科技中心（筹）。

力学所图书馆创建于1956年，是国内力学类较为系统、完整的文献收藏部门之一。纸本藏书30万余册，电子书2万余册。

截至2020年底，力学所共有在职职工592人。其中科技人员346人、科技支撑人员201人，包括中国科学院院士7人、中国工程院院士1人、研究员及正高级工程技术人员78人、副研究员及高级工程技术人员177人。

力学所是1981年国务院学位委员会批准的博士、硕士学位授予权单位之一，现设有力学一级学科博士、硕士研究生培养点，下设一般力学与力学基础、固体力学、流体力学、工程力学4个二级学科，并设有力学一级学科博士后流动站。截至2020年底，共有在学研究生399人（其中硕士生196人、博士生203人）；在站博士后51人。

2020年，力学研究所共有在研项目630项（包括新增项目251项）。其中，主持（或承担）国家自然科学基金重点项目13项（新增5项）、主持（或承担）国家自然科学基金重大项目3项、主持（或承担）国家自然科学基金基础科学中心项目1项、国家自然科学基金重大研究计划重点项目6项、面上项目93项（新增15项）、青年科学基金项目44项（新增11项）、国家杰出青年科学基金项目1项、优秀青年科学基金项目3项（新增1项）；主持或承担国家重大科技专项9项（新增3项）；主持或承担国家重点研发计划项目4项（新增1项），课题12项（新增4项），子课题10项；主持（或承担）国家自然科学国家重大科研仪器研制项目5项、院重大科研装备研制项目3项（新增1项）；主持（或承担）中国科学院战略性先导科技专项1项、项目2项（新增1项）、课题8项；主持（或承担）院重点部署项目2项；承担院地合作项目217项（新增132项）。

2020年，力学所科技创新工作硕果累累，科技竞争力持续增强。自主研制的超高温大型纯净空气风洞通过技术验收，是我国目前温度指标最高的纯净空气自由射流式风洞；国际首次宽域飞行器返场飞行试验圆满成功，实现高超声速构型飞行器水平降落返回，为攻克临近空间高超声速飞行全速域适应性难题提供可行方案；率先开展了临近空间中高层科学探测与实验系统集成、助推运载器系统设计与集成关键技术攻关，积极推进了高巡理论飞行样机研制和试验验证；提出湍流时空能谱的局部调制波模型，揭示了湍流幅值畸变和相位畸变的耦合机制，发展了基于湍流时空关联理论和大涡模拟方法的数值潜艇技术，何国威研究员受邀在2020年美国物理学会第73届流体力学年会做大会报告；揭示了高应力下纳米析出相作为位错源新机制，为高强高韧的析出相合金材料设计提供了理论基础，相关成果发表在*PNAS*；中国空间站流体物理实验柜科学实验系统和两相系统实验柜科学实验系统基本完成工程样机的研制，首批、二批7项空间科学实验项目正式启动。

2020年，力学所共发表科技论文483篇，其中SCI收录361篇，EI收录339篇，CPCI收录的国际会议论文7篇；收录学位论文44篇，IMCAS系列科技报告5篇；出版英文专著1本；申请专利141项，其中7项实用新型，134项发明专利；授权专利120项，20项实用新型，100项发明专利；软件登记24项。

2020年，力学所共与企业、院校、行业部门共签署横向项目153项，合同总额达10 776万元，同时，获子公司利润分红498万元（计划分 3 年到账），通过无形资产股权投资实现收入 700 万元。获批中关村国家自主创新示范区技术转移类科技服务平台，并于 2020 年 11 月获中关村科技园区管委会全额拨款 84 万元。与长春的一汽铸造有限公司签署战略合作协议，2020 年落实横向合作合同近 100 万元。与沈抚改革创新示范区签署战略合作协议，旨在共同建立重大项目成果转化对接机制，努力开创科技创新与成果转化合作新模式。

2020 年，力学研究所新增国际合作项目 2 项：国家自然科学基金委国际（地区）合作与交流项目 1 项以及中国科学院国际人才计划项目 1 项。

中国力学学会挂靠在力学所，力学学会办公室（学会秘书处）作为其常设办事机构。力学所与中国力学学会共同主办 *Acta Mechanica Sinic*（*AMS*）、*Theoretical & Applied Mechanics Letters*（*TAML*）、《力学学报》、《力学进展》、《力学与实践》5 个力学期刊。2020 年，《力学学报》（中英文版）与复杂系统力学卓越创新中心共同承办超常环境力学领域学术报告会，*AMS*、*TAML*、《力学学报》、《力学进展》协办第十一届全国流体力学学术会议等，促进科技期刊与学术会议紧密结合，推动创新成果的传播与交流。各期刊发展态势良好，影响力不断提升。《力学学报》Scopus 数据库的 CiteScore 为 2.30，位居 Q2 区，在中国知网的影响因子为 2.072，位居力学类期刊第 1 名，并获得中国科学院科学出版基金中文科技期刊择优支持；*AMS* 影响因子上升至 1.897；*TAML* 的 WoS 虚拟影响因子为 1.10，Scopus 的 CiteScore 为 1.56。

（撰稿：朱国立　王　艺　审稿：杨　旭）

声学研究所

所　　长：李风华
地　　址：北京市海淀区北四环西路 21 号
邮政编码：100190
电　　话：010-82547850
传　　真：010-82547890
电子信箱：cgzhou@mail.ioa.ac.cn
网　　址：http://www.ioa.cas.cn

中国科学院声学研究所（以下简称“声学所”）成立于 1964 年，其前身是中国科学院电子学研究所的水声学研究室、空气声学研究室、超声学研究室和位于海南、上海、青岛的 3 个研究站，是从事声学和信息处理技术研究的综合性研究所，总部位于北京市海淀区中关村。2014 年以来，声学所作为中国科学院海洋信息技术创新研究院（以下简称海洋创新院）依托单位，扎实推进建设工作，海洋创新院于 2016 年底通过验收，进入正式运行阶段。

声学所在北京设有声场声信息国家重点实验室、国家网络新媒体工程技术研究中心、中国科学院水声环境特性重点实验室、中国科学院先进水下信息技术重点实验室、中国科学院水下航行器信息技术重点实验室、中国科学院噪声与振动重点实验室、中国科学院语言声学与内容理解重点实验室、北京市海洋声学装备工程技术研究中心、北京市深部钻测工程技术研究中心 9 个研究单元；在海南建有南海研究站、在上海建有东海研究站、在青岛建有北海研究站。

声学所定位是：主要致力于声学和信息处理技术学科的应用基础和高技术发展研究，围绕未来 5 到 10 年我国在海洋、安全、能源、生命健康和信息网络等领域的战略急需，着力破解与声学和信息处理技术相关的前瞻性重大科技难题与系统集成瓶颈，着力提升自主创新与竞争能力，取得创新性重大成果，引领学科发展方向，保持特色鲜明和不可替代研究所的地位，把声学所打造成声学和信息处理技术领域国内外一流的专业研究机构。

声学所主要研究方向包括：水声物理与水声探测技术、环境声学与噪声控制技术、超声学与声学微机电技术、通信声学和语言语音信息处理技术、声学与数字系统集成技术、高性能网络与网络新媒体技术。

截至 2020 年底，声学所共有在职职工 860 人。其中专业技术人员 809 人，包括正高级专业技术人员 127 人，副高级专业技术人员 245 人。

声学所是国务院学位委员会批准的首批博士、硕士学位授予单位之一，现设有物理学（声学）、信息与通信工程（信号与信息处理）、地质资源与地质工程（地球探测与信息技术）3 个学科学术型博士、硕士研究生培养点和电子信息领域专业型硕士研究生培养点，并设有物理学、信息与通信工程 2 个博士后流动站。截至 2020 年底，共有在学研究生 570 人，其中硕士生 285 人（含微电子学院学籍 13 人）、博士生 285 人；在所联合培养研究生 17 人，在站全职博士后 30 人。

2020 年，声学所共有在研项目 968 项（包括新增项目 352 项）。其中，主持（或承担）国家自然科学基金项目 62 项（新增 14 项）国家重点研发计划 51 项（新增 8 项）、中国科学院战略性先导科技专项参与项目和课题 32 项、重点部署项目 10 项（新增 2 项）、重点国际合作项目 5 项，地方合作项目 18 项（新增 4 项）。

2020 年，声学所共发表论文 253 篇，其中期刊论文 216 篇，国际国内会议论文 57 篇，SCI 收录 82 篇，EI 收录及 CPCI 收录 135 篇。出版著作 3 部，主持国际标准 1 项。申请专利 191 项，其中发明专利 175 项；通过 PCT 申请国际发明专利 1 项，美国、日本、澳大利亚等国外专利 37 项；专利授权 249 项，其中发明专利 234 项，欧洲专利 3 项；软件著作权登记 23 项。

2020 年，声学所“奋斗者”号声学系统在万米海底实现远距离、大深度的多制式高稳定双向高速数字水声通信，最大工作深度达 10 909 米，达到国际领先水平；基于惯导与多普勒测速仪、超短基线定位声呐的水下高精度自主导航设备，采用了多传感器数据融合技术，支持“奋斗者”号实现马里亚纳海沟“大海捞针”，完成连续、自主、精确、可靠的水下导航定位；全海深前视成像声呐、避碰声呐多种多部声呐，实现了潜水器对海底的全覆盖探测，超视距观测和精细测量。

2020 年，声学所完成全海深水声记录器样机西太平洋 6000 米级过程海试，海试结果记录数据良好。之后，记录器布放到马里亚纳海沟万米深渊海底，开展为期一年的海上试验验证。冰下信道认知水声通信技术完成了基于信道认知的变数据率通信技术研究，开展通信信号通信质量评价技术和信道自适应同步技术研究，完成水声通信原理样机的研制和改进，参加第十一次北极科学考察。

2020 年，声学所为通信金融、交通等领域的创新发展提供先进网络信息与人工智能等各类技术；进一步推进常州水下电动航行器项目产学研合作；参与中国科学院雄安创新研究院信息技术研究中心建设等，在各社会相关领域，强化科技支撑的融入。

2020 年，声学所合成孔径成像声呐研究集体获中国科学院杰出科技成就奖；4500 米载人潜水器（“深海勇士”号）研制获中国造船工程学会科学技术奖特等奖；4500 米载人潜水器研制获中国船舶重工集团公司科学技术奖特等奖；水下声通信关键技术及应用获中国电子学会科学技术奖技术发明一等奖。

声学所 9 个研究单元均为国家或省部级重点实验室。2020 年 11 月 15 日，中国科学院水声环境特性重点实验室第三届学术委员会第四次会议在北京召开；2020 年 11 月 18 日，中国科学院先进水下信息技术重点实验室第一届学术委员会第三次暨学术交流会在北京召开；2020 年 12 月 12 日，声场声信息国家重点实验室第六届学术委员会第五次会议在海南召开。

2020 年，声学所组织印度洋调查 2 航次，参加深海科学与工程所 1 航次和参与北极实验 1 航次。开展极地深海区域水声环境特性理论和仿真研究等，在三维声场混合模型、噪声场反演海洋环境及利用声场起伏监测内波等方面填补了国内空白。

2020 年，声学所持续改善基础科研环境。科研综合楼项目克服新冠肺炎疫情影响，项目建设平稳有序，获 2019—2020 年度北京市建筑（结构）长城杯金质奖；东站水池实验楼通过项目验收，成为中国科学院“十三五”科教基础设施中第一个完成验收项目。

声学所是中国科学院大科学装置“实验 1”号科学考察船的法人单位，该科考船在 2020 年度完成了 5 航次科学考察任务，在航 174 天，安全航行 1.9 万余海里。

截至 2020 年底，声学所共有 37 家公司，其中研究所本部直接投资公司 11 家，下属站点直接投资公司 3 家，控股公司投资 23 家。

声学所是中国声学学会、全国声学标准化技术委员会、中国环境科学学会环境物理分会等学术机构的挂靠单位。主办的专业学术期刊有《声学学报》（中英文版）、《应用声学》、《网络新媒体技术》、《声学技术》、《中国医学影像技术》和《中国介入影像与治疗学》。

（撰稿：周城光 张 涵 审稿：李浩然）

理化技术研究所

所　　长：汪鹏飞
地　　址：北京市海淀区中关村东路 29 号
邮政编码：100190
电　　话：010-82543770
传　　真：010-62554670
电子信箱：zhc@mail.ipc.ac.cn
网　　址：http://www.ipc.cas.cn

中国科学院理化技术研究所（以下简称“理化所”）组建于 1999 年 6 月，是以原中国科学院感光化学研究所、低温技术实验中心为主体，联合北京人工晶体研究发展中心和工程塑料国家工程研究中心整合而成。

理化所是以物理、化学和工程技术为学科背景，以高科技创新和成果转移转化研究为职责使命的研究机构。主要研究领域为光化学转换与功能材料、低温科学与工程、功能晶体与激光技术、仿生智能界面材料、特种功能材料与生物医用技术。

理化所现有工程塑料国家工程研究中心，航天低温推进剂国家重点实验室（联合），光化学转换与功能材料、功能晶体与激光技术、低温工程学、固体激光、仿生材料与界面科学、空间功热转换技术重点实验室 6 个中国科学院重点实验室，低温生物医学工程学、热力过程节能技术 2 个北京市重点实验室等科研机构。技术支撑机构有公共技术服务中心，包括国家低温计量站、抗菌检测中心，以及结构分析、化学分析、光谱分析等多个公共测试平台。

截至 2020 年底，理化所共有在职职工 513 人。其中科技人员 449 人，科技支撑人员 64 人，包括中国科学院院士 4 人、中国工程院院士 1 人、发展中国家科学院院士 1 人、研究员及正高级工程技术人员 102 人、副研究员及高级工程技术人员 166 人。共有国家杰出青年科学基金获得者 12 人，优秀青年科学基金获得者 8 人。

理化所现设有物理学、化学、动力工程及工程热物理 3 个专业一级学科博士、硕士研究生培养点，化学工程与技术一级学科硕士研究生培养点，材料学二级学科博士、硕士研究生培养点，动力工程、化学工程、光学工程、材料工程 4 个专业学位硕士研究生培养点，并设有化学、物理学、动力工程及工程热物理 3 个专业一级学科博士后流动站。截至 2020 年底，共有在学研究生 708 人（其中硕士生 283 人、博士生 425 人）；在站博士后 49 人。

2020 年，理化所共有在研项目 713 项（包括新增项目 268 项）。其中，主持（或承担）国家自然科学基金重大项目 1 项（新增 1 项），重点项目 2 项(新增 2 项)，重大科学仪器项目 2 项，面上项目 77 项（新增 14 项），国家杰出青年科学基金项目 3 项，优秀青年科学基金项目 3 项，青年科学基金项目 44 项（新增 9 项）；主持（或承担）科技部重大专项 2 项，科技支撑计划 1 项，重点研发计划项目及课题 37 项(新增 8 项)，国际合作专项 4 项（新增 1 项）；承担中国科学院战略性先导科技专项课题 11 项（新增 6 项），院重点部署项目 19 项（新增 5 项），院科研装备研制项目 11 项（新增 5 项），院国际合作项目 14 项（新增 2 项）；主持北京市科委项目 5 项（新增 2 项）；承担院地合作项目 200 余项（新增 100 余项）。

2020 年，在中国科学院“一三五”规划验收评估中，理化所 11 项科技成果和 2 项保障措施与重大改革举措顺利通过评估验收，其中 6 项科技成果和 1 项改革举措获得优秀，1 项科技成果入选“率先行动”计划第一阶段重大科技成果及标志性进展。重大突破“先进激光技术的创新与应用”在大功率光源和系统集成等方面取得核心关键技术突破。重大突破“液氮温区空间制冷技术创新及其应用”面向国家航天任务需求研制 21 台（套）制冷机，发射 8 台(套)，其中 3 颗卫星 4 台（套）制冷机成功入轨。重大突破“大型低温制冷系统技术研发及工程应用”打破发达国家的技术垄断，研制成功液氦到超流氦温区大型低温制冷系统，标志着我国具备了液氦温度（4.2 开）2 千瓦以上制冷量、超流氦温度（2 开）500 瓦以上制冷量大型低温制冷装备的研制能力。重大突破“仿生智能超浸润界面材料体系构筑与调控”创建了仿生超浸润界面材料理论体系，取得系列原创性成果，持续引领和带动全球仿生超浸润领域的崛起和快速发展。制备出具有高安全系数的万米级固体浮力材料，保障了“奋斗者”号 8 次成功突破万米并创造了 10 909 米的中国载人深潜新纪录。量子点人工光合成组装体催化放氢的转化数创世界纪录，量子效率达 65%，持续处于世界领跑地位。降解塑料技术全面支撑海南省禁塑事业，为解决全国白色污染问题提供了有效方案。开发出 2K/4K 超高清激光电视、指挥车显示装备、8 万流明超高亮度工程投影机等 4 类国际首创的三基色激光显示整机，核心技术指标国际领先。发展新型“连续变温”吸收式制冷技术，形成全流程链高效建站工艺。液态金属材料前沿研究突破大量底层核心技术，研制出可秒级印制复杂电路的液态金属打印机、高功率密度散热器等。超导技术应用于污水处理实现零突破。

2020 年，理化所共发表科技论文 670 篇，其中被 SCI 核心刊物收录 550 篇，EI 收录 103 篇。新申请专利 517 项，其中发明专利 373 项（包括 PCT 4 项，美国 4 项，日本 3 项，欧盟 1 项，加拿大 1 项，德国 1 项），实用新型 144 项；获授权专利 308 项，其中发明专利 214 项（包括美国 2 项，欧盟 3 项，加拿大 1 项），实用新型 65 项。

2020 年，理化所获北京分院 2019 年度“党建创新奖”和工会工作先进单位；获“中国科学院模范职工之家”称号。理化所牵头制定的国家标准《镓基液态金属》（GB/T 39859—2021）获全国有色金属标准化技术委员会技术标准优秀奖一等奖。绿色公共建筑环境与节能设计关键技术研究及应用获国家科技进步二等奖（理化所为参与单位）。广式肉制品加工关键技术与装备创制及产业化应用获广东科技进步奖一等奖（理化所为参与单位）。激光与物质相互作用效应研究获中国电子科技集团公司科学技术奖二等奖。先进激光创新团队获“2019 年 GF 科技创新团队”称号；产业策划部获中国技术市场协会金桥奖二等奖。沈俊获第十六届中国青年科技奖，高波获 2020 年度中国物理学会胡刚复物理奖，严开祺获“中国青年五四奖章”，吴雨辰获 2020 年度中国化学会青年化学奖。张敬杰获中国科学院“优秀共产党员”荣誉称号，王越超获中国科学院“优秀党务工作者”荣誉称号。

2020 年，理化所以促进产业化重大产出为核心目标，系统全面推进研究所产业化工作。北京中科富海低温科技有限公司在国内首次实现 BOG 提氦示范，填补了国内空白，1.5 吨 / 天氢液化装置出口加拿大，实现我国大型氢液化设备首次出口海外。持续推动降解塑料产业化，组建海南降解塑料科技创新中心，启动洋浦自主首期 10 万吨 / 年产线建设。热泵干燥技术探索成果转化新模式，利用政府扶贫基金在亳州市开展技术合作，助力打赢脱贫攻坚战。全面启动济南先进激光研究院、中山先进低温研究院建设。加强经营性资产管理，截至 2020 年底，所投资公司共计 30 家（其中上市公司两家），所有者权益超过 3 亿元。

2020 年，理化所国际合作与交流受新冠肺炎疫情影响，全年出访、来访数量有所减少，全年学术交流出访 21 人次，接待来访 4 人次。高波团队基于原创的“极低温区定压气体折射率基准测温方法”在新 SI 框架下，率先研制成功国际首套 5—24.5 开温区量子基准测温系统，测温准确度较实物测量体系的国际最优结果提高 20%，测速提升 10 倍以上，入选欧洲计量研究计划亮点工作。

理化所是中国感光学会、中国化学会光化学专业委员会、中国制冷学会低温专业委员会和中国感光学会光催化专业委员会的挂靠单位。负责编辑出版《影像科学与光化学》学术期刊。

（撰稿：李婉月　朱世慧　审稿：汪鹏飞）

化学研究所

所　　长：张德清

地　　址：北京市海淀区中关村北一街 2 号

邮政编码：100190

电　　话：010-62554626

传　　真：010-62569564

电子信箱：huaxs@iccas.ac.cn

网　　址：http://www.ic.cas.cn

中国科学院化学研究所（以下简称“化学所”）始建于1956年。多年来，中国科学院以化学所一些学科方向为主先后组建了青海盐湖研究所（1958年）、感光化学研究所（1975年）和生态环境研究中心（1975年）；成都有机化学研究所成立时吸纳了化学所的十几位业务骨干；化学所有机氟工作于1963年并入上海有机化学研究所；1999年工程塑料国家工程中心并入新成立的理化技术研究所。化学所1994年成为科技部和中国科学院基础性研究改革试点单位，1998年首批进入中国科学院知识创新工程试点，1999年成立中国科学院分子科学中心。2003年科技部批准化学所与北京大学共同筹建北京分子科学国家实验室。2016年成立中国科学院分子科学科教融合卓越创新中心。2017年科技部批准北京大学和化学所共建的北京分子科学国家研究中心成立。

化学所是以基础研究为主，有重点地开展国家急需的、有重大战略目标的高新技术创新研究，并与高新技术应用和转化工作相协调发展的多学科、综合性研究所。主要学科方向为高分子科学、物理化学、有机化学、分析化学、无机化学。化学所坚持科学技术的原始创新，不断加强高技术创新和集成，重视化学与生命、材料、环境、能源等领域的交叉，在分子与纳米科学前沿、有机 / 高分子材料、能源与绿色化学领域以及化学与生命科学交叉等领域取得系列创新成果，并建设和逐步完善面向国家重大战略需求的先进高分子材料基地。

2020年，化学所在中国科学院党组和北京分院分党组的领导下，认真学习和贯彻落实习近平新时代中国特色社会主义思想和党的十九大，十九届二中、三中、四中、五中全会精神；认真做好疫情防控工作，大力推进“一三五”规划，积极承担重大科技任务，按照“四个面向”，启动“十四五”规划，各项工作取得重要进展。

化学所现有1国家研究中心（北京分子科学国家研究中心）、3个国家重点实验室、9个院重点实验室、1个分析测试中心。国家重点实验室包括分子反应动力学国家重点实验室，分子动态与稳态结构国家重点实验室，高分子物理与化学国家重点实验室；院重点实验室包括有机固体院重点实验室，光化学院重点实验室，分子纳米结构与纳米技术院重点实验室，胶体、界面与化学热力学院重点实验室，工程塑料院重点实验室，分子识别与功能院重点实验室，活体分析化学院重点实验室，绿色印刷院重点实验室，极端环境高分子材料院重点实验室。

截至2020年底，化学所共有在职职工542人，其中科技人员374人、支撑人员100人，包括中国科学院院士11人、发展中国家科学院院士6人，研究员104人、项目研究员44人、副研究员及高级工程技术人员237人。化学所先后有11个团队获得国家自然科学基金委创新群体基金支持（新增1个），累计有国家杰出青年科学基金获得者44人（新增4人），国家自然科学基金委优秀青年科学基金获得者31人（新增9人）。入选科技部创新人才培养示范基地。

化学所是1996年国务院学位委员会批准的博士、硕士学位授予权单位之一，现设有化学一级学科硕士、博士研究生培养点，材料学二级学科硕士、博士研究生培养点，材料与化工专业学位硕士、博士研究生培养点，并设有化学、材料科学与工程2个博士后科研流动站。截至2020年底，共有在学研究生1100人，其中博士生756人、硕士生344人；在站博士后160人。2020年被评为全国优秀博士后科研流动站。

2020年获得中国科学院院长奖学金院长特别奖3人、院长优秀奖7人，获得中国科学院优秀博士学位论文2篇。

按照中国科学院的部署，化学所自2015年1月起牵头承办中国科学院大学化学与化工学院，2017年10月，更名为化学科学学院。截至2020年底学院共有在学本科生138人，2020年本科毕业生共35人，深造率达100%。化学所牵头与20余家研究所共同积极推进中国科学院大学化学学科建设，2017年9月教育部公布中国科学院大学化学学科入选世界一流学科建设名单，2020年顺利组织完成一流学科建设数据监测系统填报和一流学科建设周期总结。2020年顺利组织完成中国科学院大学化学学科第五轮学科评估材料申报工作。

2020年，化学所共承担各类科研项目、课题600余项（新增227项）。其中，承担国家重点研发计划项目11项、课题18项（新增4项），国家重大科技专项课题1项；主持国家自然科学基金380项：牵头重大项目6项承担课题11项（新增重大项目1项）、重点项目23项（新增2项）、面上项目192项（新增44项）、联合基金重点项目3项（新增2项）、国家杰出青年科学基金项目13项（新增4项）、创新研究群体2项（新增1项）、优秀青年科学基金项18项（新增9项）；主持或共同主持中国科学院B类先导专项2项，参加A类先导专项3项，主持先导预研项目2项、重点部署项目2项（新增1项）、前沿科学重点研究计划项目14项；国家级引进人才项目11项（新增5项）、中国科学院引进人才项目4项（新增1项）；主持科技部、国家自然科学基金委、财政部和中国科学院重大仪器研制项目13项；承担科技部、国家自然科学基金委、中国科学院重大国际合作项目20项（新增5项）；承担中国科学院科技服务网络计划项目10项，企业类院地合作项目300余项（新增97项）。

2020年，化学所1人获2020年度何梁何利基金科学与技术创新奖，1人获2019年度北京市杰出青年中关村奖，1人获第十六届中国青年科技奖，有机光导鼓团队获2020年度中国科学院科技促进发展奖。调控离子传输的活体分析新原理和新方法、正倒置一体化显微时间分辨光谱技术用于高性能有机微纳激光研制获2020年中国分析测试协会科学技术奖一等奖。

根据科技部信息中心发布的全国科研机构发表科技论文情况统计：化学所2019年发表的SCI收录论文数居全国研究机构第3位；SCI收录论文累计被引用篇数居全国研究机构第2位；2篇论文入选“中国百篇最具影响国际学术论文”。2020年，化学所共发表第一单位SCI收录论文646篇，非第一单位SCI收录论文459篇，其中，在有重要影响的学术期刊上发表论文178篇，在化学的各个分支学科，如高分子科学、物理化学、有机化学、分析化学和无机化学领域的高水平杂志（影响因子大于3.0）上发表论文453篇；申请中国专利274项，国际专利17项，授权中国专利318项，授权国际专利10项。参股企业中船重工汉光科技股份有限公司在创业板上市，深圳瑞华泰薄膜科技股份有限公司在科创板IPO过会；化学所顺利通过《科研组织知识产权管理规范》国家标准认证。

按照自然出版集团创立的“加权分值计数法”指数（WFC，即自然指数）计算，2019年12月1日至2020年11月30日，化学所发表文章的FC指数为156，在中国科学院各研究所中排名第一；科睿唯安2020年度高被引科学家，化学所11位学者共15人次入选；“石墨炔研究”入选《2020研究前沿》化学与材料科学TOP10热点前沿。

2020年，化学所邀请7位国内知名教授在“分子科学论坛”进行专题演讲，邀请1位国内知名学者做“纳米科学前沿论坛”报告。化学所与香港大学、海德堡大学签署合作备忘录。积极组织申报各类国际合作项目，获批国际人才计划5项，中国科学院国际合作局对外合作重点项目计划2项，中国科学院-裘槎基金会联合实验室资助计划项目1项，中国科学院中-法交流合作计划1项，中国科学院中-韩交流计划1项，科技部高端人才交流计划1项。

由科技部、中国科学院、教育部共建的北京质谱中心设在化学所。化学所拥有X射线单晶和粉末衍射仪、小角X射线散射仪、X射线光电子能谱仪、高分辨透射电镜、场发射扫描电镜、600兆液体和400兆固体核磁共振波谱仪、傅里叶变换离子回旋共振质谱仪、轨道阱高分辨液质联用仪等高性能大型仪器。

化学所是中国化学会的依托单位，并与中国化学会共同主办《化学通报》、《高分子学报》、《高分子通报》、*Chinese Journal of Polymer Science* 等学术期刊。

（撰稿：李　丹　张建伟　审稿：张德清）

国家纳米科学中心

主　　任：赵宇亮
地　　址：北京市海淀区中关村北一条11号
邮政编码：100190
电　　话：010-82545955
传　　真：010-62656765
电子信箱：webmaster@nanoctr.cn
网　　址：http://www.nanoctr.cn

中国科学院国家纳米科学中心（以下简称“国家纳米中心”）是由中国科学院和教育部共同建设，2003 年 12 月获中央机构编制委员会办公室批复成立的中国科学院直属事业单位。

国家纳米中心定位于纳米科学的基础和应用基础研究，目标是建设成为国家纳米科技创新未来引领的先锋、国家纳米科技创新成果转化的基地、国家纳米科技创新人才辈出的摇篮。在努力为中国纳米科技发展提供支撑的同时，国家纳米中心还致力于促进国家纳米科技产业的标准化和规范化发展，以期为中国纳米科技的健康、有序发展做出贡献。广泛开展国内外科技合作与交流，积极融入全球创新网络，建设国际一流科研机构。

国家纳米中心现有 3 个中国科学院重点实验室，分别是中国科学院纳米生物效应与安全性重点实验室、中国科学院纳米标准与检测重点实验室和中国科学院纳米系统与多级次制造重点实验室，并于 2020 年批准筹建中国科学院纳米光子材料与器件重点实验室（筹）。国家纳米中心另建有理论室、纳米加工实验室和纳米智能传感实验室 3 个特色实验室。

国家纳米中心现有 3 个支撑部门，包括纳米技术发展部、信息支撑部和纳米标准认可与战略支撑部，致力于公共开放平台建设，为纳米科技研究提供支撑，主要从事纳米检测技术服务、信息网络、科技情报分析、纳米标准认可等工作，并开展相关培训和研发工作。

国家纳米中心设有办公室、科技处、人事处、财务处、教育处、科技发展与促进处、行政处、资产管理处 8 个职能管理部门。

截至 2020 年底，国家纳米中心共有在职职工 273 人，其中科技人员 199 人、科技支撑人员 43 人。现有中国科学院院士 2 人、发展中国家科学院院士 1 人、研究员及正高级工程技术人员 76 人、副研究员及高级工程技术人员 105 人。

国家纳米中心是 2005 年国务院学位委员会批准的博士、硕士学位授予权单位之一，现设有化学、材料、物理 3 个专业一级学科博士研究生培养点，化学、材料、物理、生物 4 个专业一级（或二级）学科硕士研究生培养点，并设有博士后流动站。截至 2020 年底，共有在学研究生 456 人（其中硕士生 201 人、博士生 255 人）；在站博士后 75 人，联合培养研究生 330 人。

2020 年，国家纳米科学中心共承担科研项目 497 项（包括新增项目 145 项）；主持国家重点研发计划项目 12 项、承担课题 26 项（新增 1 项）；承担军工项目 7 项（新增 2 项）；主持国家自然科学基金重点项目 7 项（新增 1 项）、面上项目 108 项（新增 22 项）、国家杰出青年科学基金项目 5 项（新增 2 项）、国家自然科学基金重大研究计划项目 5 项（新增 1 项）；承担中国科学院重点部署项目 12 项、院重大仪器研制项目 3 项（新增 2 项）；承担国际合作项目 30 项；承担院地合作 53 项（新增 37 项），2020 年新签订横向技术合同 32 项（其中技术开发 6 项，技术服务 24 项，技术转让 2 项）。

2020 年，国家纳米中心共发表论文 716 篇，其中第一单位论文 309 篇，参编专著 4 部；申请专利 117 项，授权专利 136 项；获批国家标准 5 项。Elsevier2020 年报告显示，国家纳米中心与哈佛大学、加州理工大学并列世界领先的三大纳米科研机构，已成为国家纳米科技创新的中坚和引领力量；同时，国家纳米中心牵头的中国科学院战略性先导科技专项（B 类）“功能纳米系统的精准构筑原理与测量”正式立项启动。

2020 年，国家纳米中心通过科研型实验室专家组现场审查，成为我国第二家、中国科学院第一家获得认可的单位。中国科学院纳米标准与检测重点实验室顺利通过整改验收。

2020 年，国家纳米中心在多个研究领域取得系列创新成果。在生物安全效应领域，肿瘤微环境调控、变形纳米递送系统增强免疫治疗和基于 DNA 纳米机器的肿瘤疫苗方面取得突破进展；在纳米结构的精准组装与功能化领域，端炔与二氧化碳羧化研究、自组装纳米材料构筑无辅因子的氧化模拟酶研究方面等方面取得阶段性进展；在纳米光子学研究领域，单层氮化硼声子极化激元、光致超快电子发射等方面研究取得新进展。

2020 年，国家纳米中心充分发挥纳米科技领域科技智库作用，与 ELSEVIER 合作，发布《纳米科学：产出与影响力评估报告》，对纳米科研现状进行全面深入的评估。

2020 年，国家纳米中心助推粤港澳大湾区国际科技创新中心建设，稳步推进成果转移转化工作。广东粤港澳大湾区国家纳米科技创新研究院（广纳院）成立一年来，由 4 人发展到 220 多人，其中 87% 拥有博士硕士学位。同步建设的中国纳米谷于 2020 年初封顶，国家“卡脖子”技术——5G 滤波器项目于 2020 年 12 月 28 日正式投产试运行。根据科技部印发的《赋予科研人员职务科技成果所有权或长期使用权试点单位名单》通知，国家纳米中心作为 40 家试点单位之一已启动赋予科研人员职务科技成果所有权或长期使用权试点工作；科技项目“注射用盐酸伊立替康（纳米）胶束”实现重大成果转化。成功举办第六届“纳米之星”创新创业大赛，来自全国 6 个分赛区的 29 个优秀项目进入决赛，涉及纳米器件、纳米制造、纳米健康与环境等热点纳米领域。国家纳米中心“纳米光学器件项目团队”脱颖而出，获得未来企业组一等奖。

2020 年，国家纳米中心进一步推进国际交流合作，持续提升学术声誉和国际影响力。与古巴高等研究中心及加拿大滑铁卢大学签署了合作备忘录，与埃及石油研究院、南非大学非洲可持续发展能源研究所、澳大利亚皇家墨尔本理工大学、伊朗塔比阿特莫达勒斯大学等机构签署合作协议；与中国科学院宁波材料技术与工程研究所共同举办中土材料科学双边研讨会。

国家纳米中心是全国纳米技术标准化技术委员会（SAC/TC279）、中国合格评定国家认可委员会（CNAS）科研实验室专业委员会、中国微米纳米技术学会纳米科学技术分会的挂靠单位。国家纳米中心与英国皇家化学会联合主办的英文期刊 *Nanoscale*、*Nanoscale Advances* 受到国内外学者的广泛关注。

（撰稿：马艳红 审稿：李利平）

生态环境研究中心

主　　任： 欧阳志云
地　　址： 北京市海淀区双清路 18 号
邮政编码： 100085
电　　话： 010-62923549
传　　真： 010-62923549
电子信箱： zhb@rcees.ac.cn
网　　址： http://www.rcees.ac.cn

中国科学院生态环境研究中心（以下简称“生态中心”）始建于 1975 年，时为国务院批准成立的中国科学院环境化学研究所，1986 年与中国科学院生态学研究中心（筹）合并，改为现名。生态中心 1999 年首批进入中国科学院知识创新工程试点，2011 年首批列入中国科学院“创新 2020”和“一三五”发展规划择优支持研究所，2015 年获批建设中国科学院生态环境科学科教融合卓越中心。

生态中心以“国家生态环境安全与可持续发展”为战略主题，充分发挥环境科学、环境工程和生态学三大学科的综合优势，将国际环境科学与生态学研究前沿与国家环境保护与生态建设的重大需求紧密结合，不断突破关系到国家生态安全、环境健康和可持续发展的重大科学理论和关键技术，为我国生态文明建设、实现人与自然和谐共生做出基础性、战略性、前瞻性科技创新贡献，将生态中心建设成为我国生态环境科学应用基础研究和技术创新基地、高级专门人才培养基地，成为国内一流、国际上有重要影响的生态环境科学与技术综合性研究机构。

2020 年，生态中心继续坚持以习近平新时代中国特色社会主义思想为指导，按照中国科学院党组的部署和要求，贯彻落实中国科学院新时期办院方针，对照中心规划目标，围绕党的十九大做出的重大决策部署，“三大攻坚战”、可持续发展战略、长江生态环境保护与修复、黄河流域生态保护和高质量发展、京津冀协同发展、长三角一体化、粤港澳大湾区建设等国家、区域发展战略以及“一带一路”中持续发挥骨干引领作用，为建设“现代化强国”、“美丽中国”、“健康中国”等提供更多的科学基础和技术支撑。积极投身国家战略规划的编制，在《国家中长期科技发展规划（2021—2035）》环境专题中担任专家组成员；在中国科学院组织的“一三五”规划实施情况评估验收中，各重大突破和重点培育进展良好，其中 3 个重大突破和 3 个重点培育方向评估结果为优秀；获国家自然科学奖二等奖 1 项、技术发明奖二等奖 1 项；着力引进培育领军人才，傅伯杰院士荣获英国皇家地理学会荣誉会士，是目前唯一获此殊荣的中国学者；朱永官院士当选发展中国家科学院院士。

生态中心共有 11 个实验室，其中有环境化学与生态毒理学国家重点实验室、环境水质学国家重点实验室（环境模拟与污染控制国家重点联合实验室）、城市与区域生态国家重点实验室 3 个国家重点实验室，高浓度难降解有机废水处理技术国家工程实验室、中国科学院环境生物技术重点实验室和中国科学院饮用水科学与技术重点实验室 3 个中国科学院重点实验室；另有大气环境与污染控制实验室、环境纳米技术与健康效应重点实验室、水污染控制实验室、土壤环境科学与技术实验室、固体废弃物处理与资源化实验室 5 个所级实验室。设有文献信息中心、大型分析仪器实验室、二噁英实验室、水质分析实验室和北京城市生态系统研究站。组建有持久性有毒污染物形态、环境过程与毒理效应、环境微界面过程与污染控制、土地利用与生态过程、持久性有毒污染物的环境过程与毒理效应和环境污染与健康危害 5 个国家基金委创新研究群体和持久性有毒化学污染物、生态系统过程与服务、饮用水安全 3 个中国科学院创新研究团队。二噁英实验室为国家实验室认可和计量认证实验室、水质分析实验室为计量认证实验室；联合国环境规划署持久性有机污染物分析示范实验室落户生态中心，住房和城乡建设部农村污水处理技术北方研究中心依托生态中心。生态中心与南澳大利亚水务公司共建国际水科学技术中心、与挪威共建中 - 挪环境综合研究中心、与横滨国立大学联合共建亚洲国际生态环境安全管理中国联合研究中心、与中国节能投资公司共建中环水务 - 生态中心联合研发基地、与盐城共建先进环保技术研究院等。生态中心是 2002 年农业部批准的农药登记残留试验认证单位之一。

截至 2020 年底，生态中心共有在职职工 501 人，包括中国科学院院士 3 人、中国工程院院士 3 人、发展中国家科学院院士 4 人，研究员及正高级工程技术人员 121 人、副研究员及高级工程技术人员 128 人。

生态中心是国务院学位委员会批准的硕士学位（1980 年）、博士学位（1986 年）授予单位之一，是中国科学院博士生重点培养基地，现有环境科学、环境工程、生态学、分析化学、有机化学、环境经济与环境管理 6 个专业博士学位点，环境科学、环境工程、生态学、分析化学、有机化学、环境经济与环境管理 6 个学术型硕士学位点，环境工程、生物工程 2 个专业型硕士学位点；设有环境科学与工程、生物学、生态学博士后流动站。1998 年被评为中国科学院博士研究生教育重点培养基地。截至 2020 年底，共有在学研究生 887 人，其中硕士生 337 人、博士生 550 人；在站博士后 226 人。

2020 年，生态中心共有在研项目及课题 866 项（新增 206 项），承担国家重大科技专项项目及课题 6 项；承担国家重点研发计划项目 22 项（新增 3 项）、课题 75 项（新增 18 项）；承担国家自然科学基金重大项目及课题 15 项（新增 2 项），国家重大科研仪器研制项目 4 项，重点项目 41 项（新增 3 项），国家杰出青年科学基金项目 22 项（新增 2 项），创新研究群体 10 项（持续立项资助类项目 5 项，新增 1 项），重大研究计划 18 项（新增 1 项），优秀青年科学基金项目 27 项（新增 3 项），面上项目 576 项（新增 43 项）；承担中国科学院战略性先导科技专项（A 类）课题 4 项，院科技服务网络计划项目 1 项、院科研装备研制项目 1 项、院前沿科学重点研究项目 8 项、院基础前沿科学研究计划“从 0 到 1”原始创新项目 3 项。

2020 年，生态中心牵头及合作获得 27 项重要奖励。黄土高原生态系统过程与服务获 2020 年度国家自然科学奖二等奖（第一完成单位）；污水深度生物脱氮技术及应用获 2020 年度国家技术发明奖二等奖（第三完成单位）；高灵敏 DNA/RNA 表观遗传修饰分析新方法获 2020 年度中国分析测试协会科学技术奖特等奖（第一完成单位）；江桂斌院士、贺泓院士、徐卫华研究员获第二届全国创新争先奖。生态中心在全球科研机构中“科学引用指数”综合排名第 1025 名，全院研究所排名第 10 名，有 6 个学科在 ESI 进入全球前 1%，环境与生态学领域位列全球前 1 域；中国科学技术信息研究所发布的 2019 年度科技论文统计结果中，生态中心发表高质量国际论文492篇，位居世界研究机构首位；自然指数（Nature Index）发布的2019年12月1日至2020年11月30日大学/机构排名中，生态中心位列地球与环境科学领域中国研究机构榜首。

2020年，生态中心围绕“国家生态环境安全与可持续发展”战略定位，推进“一三五”规划实施，在4个重大突破和6个重点培育方向上有序推进，进展情况良好，取得一批高水平成果。环境健康方面，首次确证人体血液中存在外源性超细颗粒物，发现汞的“新”形态一价汞在环境固相基质中的普遍存在，在四溴双酚A的胚胎发育毒性研究中取得新进展等；水环境治理与饮用水安全方面，开展了饮用水水源嗅味解析与工程应用研究，研发了水质综合毒性生物应急预警监测系统，活性自持深度脱氮技术及国际首例工程应用等；城市与区域生态安全方面，建立了黄河输沙变化归因方法，量化了黄土高原植被承载力阈值，建立了生态系统生产总值GEP核算理论和方法，揭示了气候背景与城市绿地降温效率的非线性关系等；大气污染成因与关键污染物控制技术方面，揭示霾化学烟雾中氮氧化物的核心作用，提出氮氧化物深度减排政策建议，研究了华北地区秋冬季农村面源污染对区域环境的影响及机制，揭示了表面羟基在甲醛室温氧化过程中的关键作用等。

2020年，生态中心继续以服务国家生态环境安全和可持续发展为己任，围绕长江大保护、黄河流域生态保护和高质量发展、京津冀协同发展、长三角一体化和粤港澳大湾区建设等国家区域发展战略，为区域生态文明建设和环境治理提供支撑。2020年，生态中心在新冠肺炎疫情科研攻关中，通过技术援助和提供咨询建议，在新冠病毒传播与环境的关系及风险防控方面提供科技支撑。承担“新型冠状病毒传播与环境的关系及风险防控”、“具有排风的室内空气中冠状病毒的高效滤除、杀灭的风险阻断技术”专题，参加应对新冠病毒传播途径专班，向中国科学院、科技部等有关部门提出13份专报建议并获得肯定。面向“一带一路”合作国家，通过组织编写英文版应对手册、捐赠防疫物资、举办相关直播讲座等方式，为世界疫情防控贡献中国智慧。

2020年，生态中心（第一作者单位）SCI论文1219篇；申请专利181件，其中发明专利152件；获专利授权124件，其中发明专利88件；出版专著9部。

2020年，生态中心积极探索新形势下学术交流新渠道与科技合作新方式，国际交流与合作进展实现稳步推进，重点领域合作成果得到进一步巩固深化。“全球干旱生态系统国际大科学计划”通过线上研讨、国内研讨及组织专刊等方式，完成了科学计划大纲初稿的撰写，为全球干旱生态系统研究提供了一个重要的合作平台；以中国-斯里兰卡水技术研究与示范联合中心为平台，中斯合作在新征程中斩获重要进展，签署《中国科学院与斯里兰卡供水部合作备忘录》补充协议，协助商务部完成中斯水中心竣工验收；正式加入“一带一路”国际科学组织联盟（ANSO）专题联盟，在国际组织支持下，将进一步发挥组织平台作用，推动中国水务企业全面深度参与中国科学院及ANSO“一带一路”科技合作。

2020年，由生态中心主持编写的各类规划、咨询报告、建议法规等被国家部委及省、市、县等政府部门广泛采纳，为国家政策、标准制订提供了有力支撑。盐城基地实验室CMA认证工作进入最终评审阶段；石家庄基地在循环化工园区开展污水处理系统的整体提标改造、除氟工程、COD去除工程等工作；在深圳开展深圳市GEP核算系统建设工作；继续支持长江大保护和长江经济带建设，为常德市编制安乡县珊珀湖综合治理设施方案审查报告和西洞庭湖芦苇综合利用与产业化咨询方案；积极推动环保技术的研发及成果的示范推广和产业化工作，通过优势互补，共同推进国家的生态环境保护建设。

生态中心是中国生态学学会、国际环境问题科学委员会中国委员会的挂靠单位。负责编辑出版*Journal of Environmental Sciences*（SCI和EI收录）、《生态学报》、《环境科学》、《环境科学学报》、《环境工程学报》、《环境化学》、《生态毒理学报》和*Ecosystem Health and Sustainability*（SCIE收录）8种自然科学学术期刊；国际刊物*Environmental Science & Technology*

亚洲代表处、国际水协会 IWA 北京代表处、国际环境问题科学委员会 SCOPE 北京代表处设在生态中心。2020 年，生态中心科学家在国际地理联合会、太平洋科学协会、国际生态学协会等 57 个国际重要组织担任主席、副主席等重要职务 30 人，在 *Environmental Science & Technology*，*Sustainability Science* 等 91 个重要国际学术期刊中担任主编、副主编 23 人。

（撰稿：张秀丽　陈劲憬　审稿：庄绪亮）

过程工程研究所

所　　长：张锁江

地　　址：北京市海淀区中关村北二街 1 号

邮政编码：100190

电　　话：86-10-62554241

传　　真：86-10-62551257

电子信箱：office@ipe.ac.cn

网　　址：http://www.ipe.cas.cn

中国科学院过程工程研究所（以下简称“过程工程所”）其前身是成立于 1958 年 10 月 1 日的中国科学院化工冶金研究所，其以化工原理强化冶金过程，为冶金工业做出重要贡献。随时代发展，研究范围逐步扩展到能源化工、生化工程、材料化工、资源 / 环境工程等领域。2001 年更为现名，实现了从“化工冶金创所”到“过程工程强所”的历史性跨越。近 10 年，过程工程所面向国家过程工业绿色化、智能化、高端化的重大战略需求，构建了从基础到应用的科教产深度融合新模式和一所多翼的新格局。

过程工程所坚持“开放办所、人才强所、平台立所、转化兴所”的发展理念，聚焦国家战略方向，落实“四类机构”改革，推动绿色过程制造创新研究院建设，中国科学院粉体材料国防重点实验室揭牌成立。“一三五”规划顺利验收，介尺度理论与重大应用、矿产资源高效清洁利用、生物制药过程关键技术与装备、油气高效转化与绿色工程、功能材料化工及工程应用、绿色反应与分离工程 6 个研究方向获评优秀。

过程工程所现有 4 个国家级研发平台：生化工程国家重点实验室、多相复杂系统国家重点实验室、湿法冶金清洁生产技术国家工程实验室、国家生化工程技术研究中心（北京），2 个中国科学院重点实验室，1 个国家能源局重点实验室，2 个省部级重点实验室。

截至 2020 年底，过程工程所共有在职职工 1073 人。其中科技人员 910 人、科技支撑人员 163 人，包括中国科学院院士 1 人、研究员及正高级工程技术人员 82 人、副研究员及高级工程技术人员 380 人。

过程工程所现设有化学工程与技术、环境科学与工程、材料科学与工程 3 个学术型一级学科博士 / 硕士研究生培养点，材料与化工领域专业型博士 / 硕士研究生培养点，生物与医药、资源与环境 2 个专业型硕士研究生培养点，并设有化学工程与技术等 2 个专业一级学科博士后流动站。截至 2020 年底，共有在学研究生 606 人（其中硕士生 257 人、博士生 349 人）；在站博士后 92 人，国际学生 61 人。

2020 年，过程工程所共有在研项目 1900 余项（包括新增项目 660 项）。其中，主持国家自然科学基金重大项目 2 项、创新群体 2 项、重大研究计划 2 项（新增 1 项）、重点类项目 13 项（新增 4 项）、国家杰出青年科学基金 4 项（新增 2 项）、优秀青年科学基金 5 项（新增 2 项）、原创探索项目 1 项（新增 1 项）、面上项目 171 项（新增 44 项）、青年科学基金 85 项（新增 19 项）、培育及其他项目 10 项（新增 3 项）；主持国家重点研发计划项目 10 项（新增 1 项），主持课题 73 项（新增 22 项），参与 97 项（新增 16 项）；承担国家科技重大专项课题 2 项，参与 10 项；承担或参加其他部委项目 8 项（新增 5 项）；承担中国科学院战略性先导科技专项 8 项（新增 1 项）；主持中国科学院科技服务网络计划项目 6 项、院重点部署项目 2 项、前沿交叉重点研究计划项目 6 项、院工程实验室平台项目 1 项、前沿科学与教育局“从 0 到 1”项目优博类 3 项、院部咨询评议项目 1 项、院信息化专项 5 项（新增 5 项）、院专项人才基金 3 项、院国际伙伴计划 9 项（新增 3 项）；主持北京市自然基金项目 35 项（新增 9 项，包括 2 项重点研究专题项目）；承担北京市发改委交叉研究平台项目 1 项；承担院地合作项目 1200 余项（新增 460 项）。

2020 年，过程工程所科研成果获省部级及以上奖励 20 项，成果鉴定 6 项，其中 4 项鉴定结果为国际领先水平。“钢铁行业多工序多污染物超低排放控制技术与应用”成果实现百余套工程应用，促进了污染物高效减排、改善生态环境及钢铁行业绿色发展，已通过 2020 年国家科技进步奖二等奖初评。“锂电池废料短程利用与污染全过程控制技术及应用”成果已落地，并已推广应用到 10 余套产业化工程，实现锂电池废料中锂选择性回收和介质的短程循环，相关废水减排 40% 以上，为锂电池废料的短程清洁利用提供了技术支撑，获 2020 年度环境保护科学技术奖一等奖，并被评为 2020 年“科创中国”先导技术榜单（资源环境领域）。“污废水强化增效处理与工业循环利用关键技术及应用”成果初步解除了我国铬化工产业可持续发展的资源环境瓶颈，形成基于资源高效综合利用的铬化工绿色制造集成技术，构建了铬化工生产全流程物质交换网络与生态产业链接，累计年产值 27 亿元，直接和间接经济效益超过 3.5 亿元，获 2020 年中国循环经济协会科学技术奖一等奖。“生物医用颗粒的可控制造原理及应用基础”成果在 *Nature Materials*、*Industrial & Engineering Chemistry Research*、*JACs* 等高水平期刊上发表，得到国内外同行高度评价，其建立的理论方法、新过程及新产品获得多项国内外发明专利授权，并被广泛推广应用，不仅在前沿学科交叉领域获得突破，还为解决“卡脖子”问题做出重要贡献，获 2020 年度中国化工学会科学技术奖基础研究成果奖一等奖，成果转化工作获中国科学院北京分院技术转移工作组织奖一等奖。

2020 年，过程工程所发表外文期刊论文 855 篇，中文期刊论文 206 篇，出版著作 8 本；布局专利 395 件，其中国际专利 17 件；实用新型专利 36 件，授权 407 件，其中国际专利 21 件，实用新型专利 27 件，软件著作权 17 件。

2020 年，过程工程所面对新的创新形势，修订并发布相关管理办法 4 项，加强风险防控。通过区域、省域乃至全域逐层深入的科技合作，既关注“国计”——国家大战略、大产出，又服务“民生”——惠及普通百姓。全年新增横向合作项目 454 项，合同签署总经费 2.99 亿元，同比增长 10.63%，到款 1.92 亿元，同比增长 10.34%。院科技服务网络计划区域重点项目获批 1820 万。

2020 年，过程工程所专家通过线上线下结合形式积极开展国际学术交流。依托中国科学院与发展中国家科学院（CAS-TWAS）绿色技术卓越中心，先后举办抗疫杀菌化工产品绿色化升级论坛、绿色技术研讨会及软件技术培训，推动与“一带一路”国家的交流合作；与埃及驻华使馆、埃及石化 ECHEM 和埃及石油研究所交流，推动共建中埃联合实验室。国际介科学专家组（IPM）工作有序推进，并召开第三届 IPM 国际会议。研究所专家参加微细气泡技术委员会 ISO/TC 281 会议，参与相关国际标准、技术规范的研讨和制定，有效提升国际话语权。

过程工程所主办 4 个学术期刊：《过程工程学报》、*Particuology*（《颗粒学报》）、*Green Energy & Environment*（《绿色能源与环境》）、*Green Chemical Engineering*（《绿色化学工程》），是一级学会中国颗粒学会的挂靠单位。

（撰稿：李翔宇 徐 杨 审稿：曹红梅）

地理科学与资源研究所

所 长：葛全胜
地 址：北京市朝阳区大屯路甲 11 号
邮政编码：100101
电 话：010-64854841；010-64889276
传 真：010-64854230
电子信箱：office@igsnrr.ac.cn
网 址：http://www.igsnrr.ac.cn

中国科学院地理科学与资源研究所（以下简称“地理资源所”）于 1999 年 9 月经中国科学院批准，由中国科学院地理研究所（前身是 1940 年成立的中国地理研究所）和中国科学院自然资源综合考察委员会（1956 年成立）整合而成。

地理资源所的定位是：以解决关系国家全局和制约长远发展的资源环境领域的重大公益性科技问题为着力点，以持续提升研究所自主创新能力和可持续发展能力为主线，建设成为服务、引领和支撑我国区域可持续发展的资源环境研究战略科技力量。

地理资源所的发展目标是：成为在我国陆地表层过程、区域可持续发展、资源环境安全、生态系统及地理信息系统核心科学与技术研究中起引领作用的综合研究机构，成为国家区域发展、资源利用、环境整治和生态文明建设重要的思想库、人才库，成为国际地理科学、资源科学和生态建设领域的著名综合性研究机构。

2020 年，地理资源所领导班子团结一致，坚持以习近平新时代中国特色社会主义思想为指导，带领全所职工深入学习贯彻党的十九大和十九届二中、三中、四中和五中全会精神，贯彻落实中国科学院改革创新发展的总体要求，深刻理解和把握“坚持创新在我国现代化建设全局中的核心地位，把科技自立自强作为国家发展的战略支撑”的内涵和要求，努力促进“三重大”成果产出，推动各项工作取得新进展。重大任务争取、重大成果产出、高端智库建设、人才队伍培育、支撑能力保障、科技合作交流等各项工作进入加速发展的新阶段，研究所继续保持良好发展势头，综合实力在国内资源环境研究机构中继续保持领先地位。

地理资源所科研系统由 7 个实验室、3 个台站组成（包括 1 个国家重点实验室、5 个院重点实验室和 1 个所重点实验室），分别是资源与环境信息系统国家重点实验室、陆地表层格局与模拟院重点实验室、区域可持续发展分析与模拟院重点实验室、生态系统网络观测与模拟院重点实验室、陆地水循环及地表过程院重点实验室、资源利用与环境修复所重点实验室、黄河三角洲现代农业工程院重点实验室、禹城综合试验站、拉萨高原生态综合试验站、千烟洲生态试验站。

地理资源所设有 1 个综合分析中心和 6 个专业实验室构成的所级公共技术服务中心。拥有 2 个国家野外科学观测研究站（禹城综合试验站、拉萨高原生态试验站），3 个中国科学院生态系统研究网络（CERN）野外站（禹城站、拉萨站、千烟洲红壤丘陵综合开发试验站）；那曲站和千烟洲站进入科技部国家站择优支持系列。建成中国物候观测网、中国陆地生态系统通量观测研究网络（ChinaFLUX）和水循环实验网络 3 个全国性观测研究网络，共同构成了地理资源所野外观测研究平台。建成完整的数据共享平台，拥有 2 个国家数据中心（国家地球系统科学数据中心和国家生态科学数据中心）。2020 年，在财政部和科技部大型仪器设备共享评估中，获评优良。拥有面积为 2200 平方米、文献馆藏量 93 万件（册）的全国最大的地理资源专业图书馆。

截至 2020 年底，地理资源所共有在编职工 669 人。其中科研人员 499 人，科技支撑人员 103 人，包括中国科学院院士 4 人、发展中国家科学院院士 2 人，欧洲科学院院士 1 人，研究员及正高级专业技术人员 181 人，副研究员及副高级专业技术人员 282 人。

地理资源所是国务院学位委员会批准的首批博士、硕士学位授予单位之一，现设有 2 个一级学科博士研究生培养点：地理学（含自然地理学、人文地理学、地图学与地理信息系统、自然资源学 4 个二级学科）、生态学；设有环境科学和区域经济学 2 个二级学科博士研究生培养点；设有自然地理学、人文地理学、地图学与地理信息系统、自然资源学、气象学、生态学、环境科学和区域经济学 8 个学术硕士研究生培养点，和农业管理（农业硕士）、农业工程信息技术（农业硕士）、资源与环境（工程硕士）3 个专业硕士培养点；设有地理学、生态学 2 个一级学科博士后科研流动站。截至 2020 年底，共有在读研究生 968 人，博士生 630 人、硕士生 304 人，其中外国留学生 34 人；在站博士后 231 人。

2020 年，地理资源所共有在研项目 / 课题 1587 项（包括新增项目 / 课题 637 项）。其中，主持国家重点研发计划 / 科技基础资源调查专项项目 29 项（新增 3 项），课题 97 项（新增 9 项），国家科技重大专项课题 1 项，第二次青藏高原综合科学考察研究任务 2 项、专题 13 项，国家科技基础条件平台项目 2 项；承担国家自然科学基金重大项目 1 项、重大项目课题 9 项，基础科学中心任务 2 项，重点项目 22 项，创新研究群体项目 1 项，国家杰出青年科学基金项目 6 项，优秀青年科学基金项目 9 项，面上项目 211 项，青年科学基金项目 112 项，联合基金项目 4 项，国家重大科研仪器研制项目 1 项，专项项目 6 项，国际（地区）合作与交流项目 18 项；

承担国家社科基金重大项目 1 项；主持中国科学院战略性先导科技专项 1 项，承担中国科学院战略性先导科技专项项目 6 项、课题 28 项，院新疆特别专项项目 2 项；中国科学院重点部署项目 2 项，中国科学院科技服务网络计划项目 2 项；中国科学院前沿科学重点研究计划项目 5 项；承担经费在 100 万以上国家部委委托项目 9 项、与地方政府合作项目 146 项。

2020 年，地理资源所获得省部级以上科技奖励 20 项。其中，作为第三完成单位获得国家自然科学奖二等奖 2 项，国家科学技术进步奖二等奖 1 项；作为第一完成单位获省部级一等奖 1 项，省部级二等奖 1 项；作为第二完成单位获省部级一等奖 1 项，二等奖 2 项，三等奖 1 项；作为第三完成单位获得省部级一等奖 2 项，二等奖 2 项，三等奖 1 项；作为第四完成单位获得省部级二等奖 5 项；作为第五完成单位获得省部级二等奖 1 项。

2020 年，地理资源所共发表论文 2583 篇，其中 SCI 和 SSCI 刊物收录论文 1674 篇，国内刊物 863 篇，EI、ISTP 及其他国外刊物论文 46 篇；出版学术著作（地图集）42 部；获得授权专利 120 项，获得计算机软件著作权 135 项，完成各类规划 3 项。共有 12 份咨询报告与建议得到党和国家领导人批示。

2020 年，地理资源所新争取国际合作经费达到 6318.38 万元。共签署所级国际科技合作协议（备忘录）3 项。共举办 9 个大型国际学术会议和国际研讨会，1 次发展中国家技术培训班（线上）。获得中国科学院 2020 年度国际组织任职人员参加国际会议资助计划 2 项；获批中国科学院 2020 年度国际人才计划 9 项，合计资助金额 297.2 万元，其中国际访问学者项目 5 项，国际博士后项目 4 项。

地理资源所是中国地理学会、中国自然资源学会和中国青藏高原研究会挂靠单位，全国科学院联盟地理资源分会理事长单位；设有国际地圈生物圈计划中国全国委员会秘书处、国际全球环境变化人文因素计划中国国家委员会秘书处、全球碳计划亚洲区域办公室、全球土地计划北京节点办公室、国际生态系统管理伙伴计划等 13 个国际组织或科学计划的相关分支机构。主办的刊物有《地理学报》（中英文版）、《地理研究》、《地理科学进展》、《自然资源学报》、《资源科学》、《地球信息科学》、《资源与生态学报》（英文版）、《全球变化数据学报》（中英文版）、《全球变化数据仓储》（电子刊、中英文版）、《中国生态旅游》等 12 种学术期刊，以及《中国国家地理》等 3 种科普杂志。

（撰稿：袁肖蕾　曹　明　审稿：葛全胜）

国家天文台

台　　长：常　进
地　　址：北京市朝阳区大屯路甲 20 号
邮政编码：100101
电　　话：010-64888732
传　　真：010-64888708
网　　址：http://www.nao.cas.cn

中国科学院国家天文台（以下简称“国家天文台”）成立于 2001 年 4 月，由中国科学院天文领域原四台三站一中心撤并整合而成，包括总部及 4 个直属单位。总部设在北京，前身是 1958 年 2 月建立的中国科学院北京天文台，直属单位分别是云南天文台、南京天文光学技术研究所、新疆天文台和长春人造卫星观测站。紫金山天文台、上海天文台为国家天文台的组成单位。

国家天文台发展目标为：建设成为世界一流水平的集天文学前沿研究、天文技术与方法创新及应用、重大观测装置建造与运行、国家月球与深空探测科学应用和国家空间碎片监测与应用“四位一体”的综合性天文研究机构。

2020 年是国家天文台实施“十三五”时期“一三五”规划收官之年，全台在天文学观测与前沿研究、天文技术与方法创新及应用、重大观测装置建造与运行、月球与深空探测科学应用和空间碎片监测与应用等方面取得显著成绩和重大成果。在中国科学院“率先行动”计划第一阶段目标任务总结评估中，国家天文台（含总部、云南天文台、南京天文光学技术研究所、新疆天文台、长春人造卫星观测站）取得优异成绩，FAST 建成运行并取得重要科学成果、空间科学前沿探索与月球探测被遴选为重大科技成果及标志性进展（全院共计 59 项）。在“一三五”规划任务书验收中，天文台“银河系结构和化学 - 动力学演化、月球与深空探测和空间环境安全、优质建成 FAST 并成功运行”3 项重大突破全部获评优秀；“恒星和致密天体”在重点培育方向获评优秀；“海外科教中心建设取得突出成绩”在保障措施与重大改革举措领域获评优秀。

国家天文台为国家航天局空间碎片监测与应用中心、国家天文科学数据中心、中国科学院天文大科学研究中心、中国科学院南美天文研究中心的依托单位，为中国科学院空间科学研究院的组建单位，以及中国科学院大学天文与空间科学学院的主承办单位。

国家天文台建有光学天文、太阳活动、月球与深空探测、空间天文与技术、计算天体物理、天文光学技术、天体结构与演化、FAST 重点实验室 8 个中国科学院重点实验室，并与 50 余所大学、科研机构或高新技术企业建立了战略合作关系，成立联合研究中心或实验室。在中国的河北兴隆，北京密云、怀柔，天津武青，云南昆明凤凰山、丽江高美谷、澄江抚仙湖，新疆南山、奇台、喀什、乌拉斯台、巴里坤，西藏阿里、羊八井，内蒙古明安图，吉林净月潭，贵州大窝凼；阿根廷的圣胡安等建有观测台站。

国家天文台负责调试和运行 FAST，运行和维护国家大科学装置郭守敬望远镜 LAMOST（大天区面积多目标光纤光谱望远镜），拥有射电日像仪、天籁阵列、21CMA 阵列、2.4 米和 2.16 米光学望远镜、50 米射电望远镜、40 米射电望远镜等一批天文观测设备。为加大设备共享程度，提高仪器设备运行水平，培养高水平技术与运维队伍，国家天文台成立中国科学院天文系统第一个所级中心，统筹仪器设备的共享与运行，于 2017 年获院择优支持。

截至 2020 年底，国家天文台共有在职职工 685 人。其中专业技术人员 648 人，包括研究员及正高级工程技术人员 124 人、副研究员及高级工程技术人员 221 人。

2020 年，国家天文台招收博士研究生 52 人，硕士研究生 47 人。截至 2020 年底，共有在读研究生 336 人（其中博士研究生 230 人、硕士研究生 106 人）；外国留学生 5 人；与高校联合培养的研究所 32 人。毕业研究生 70 人（博士 53 人、学术硕士 14 人、专业硕士 3 人）。

2020 年，国家天文台共有在研项目 690 项（新增 216 项）。其中，主持（或承担）国家重点基础研究发展计划 16 项（新增 5 项）、承担（或参加）课题 29 项（新增 8 项），主持（或承担）科技部国际合作项目 2 项）；主持（或承担）国家自然科学基金基础科研研究中心 1 项、重大项目 1 项、重大项目课题 4 项、重点项目 7 项、国家杰出青年科学基金项目 3 项、国家优秀青年科学基金项目 5 项、面上项目 88 项；主持（或承担）国家自然科学重大仪器研制项目 1 项；主持（或承担）国家天文科学数据中心 1 项；主持（或承担）中国科学院战略性先导科技 B 类专项 1 项、课题 1 项，主持（或承担）中国科学院战略性先导科技专项 A 类课题 15 项，主持（或承担）院基础前沿科学研究项目 6 项，其他重大项目 6 项。

2020 年，国家天文台在基础前沿研究取得多项重大原创成果。依托 LAMOST 数据发表 SCI 学术论文 141 篇，引用 1400 余次，在全球 25 个主要地面光学望远镜的科学产出排名中排第六。FAST 发现超过 240 颗脉冲星，探测到全世界仅有 20 例的快速射电暴重复暴 FRB 180301，同时在短伽马射线重复爆 SGR 1935 中探测到低流量的正常脉冲辐射，两篇相关成果发表在 *Nature* 上。依托中国南极昆仑站的自主研制设备证明昆仑站所在的冰穹 A 地区的光学天文观测条件优于已知的其他任何地面台址，相关成果发表在 *Nature* 上。利用中国和欧洲的超级计算机首度获得宇宙暗晕中全尺度暗物质晕内部结构的清晰图像，相关成果发表在 *Nature* 上。“嫦娥四号”测月雷达揭示月球背面地下浅层结构的重要成果发表在 *Science Advances* 上，并入选中国科学院 2020 年度第一季度科技创新亮点成果。

2020 年，国家天文台大型天文设施建造运行有序推进。空间站多功能光学设施巡天望远镜进入初样研制阶段。空间站巡天望远镜数据处理系统实施方案通过评审，巡天空间望远镜科学联合中心正式挂牌。120 米大口径全可动专用脉冲星射电望远镜（JRT）立项。110 米口径全可动望远镜 QTT 项目可研报告获批，多项关键技术取得进展。国内最大的 5 米口径预应力环抛机进入试验验证阶段。中红外太阳观测望远镜台址在青海冷湖赛什腾山建设。

2020 年，国家天文台承担的首次火星探测任务地面应用系统关键设备 GRAS4（70 米）天线建成，是目前亚洲最大单口径全可动天线。“嫦娥五号”任务地面应用系统建成月球样品实验室，成功接收月球样品。“嫦娥四号”任务月表探测任务进展顺利，地面应用系统运行正常。EP 卫星工程科学应用系统研制完成系统方案评审，有效载荷宽视场 X 射线望远镜（WXT）进入初样阶段。ASO-S 卫星全日面矢量磁像仪（FMG）载荷进入正样阶段，空间站无缝光谱仪项目转入初样。SVOM 科学应用系统完成核心系统研制，正开展完全系统研制工作。CAPS 工程进入第三阶段，完成转发式抗干扰试验验证与原理演示系统研制，在隐蔽信号功率仅为常规信号功率万分之一的条件下，首次实现优于 10 厘米的高精度测距。军民融合空间碎片和时域天文光学巡天项目、空间基准重大工程建设项目主要设备已全面投产。空间科学二期 A 类先导专项背景型号项目超长波天文观测阵列项目完成结题验收。子午工程三期空间环境地基综合监测网研制、建设工作进展顺利。

2020 年，国家天文台努力克服新冠肺炎疫情影响开展高水平、有实效的国际合作。南美天文中心利用 FAST 和在智 ALMA 望远镜观测数据研究星系特征，是 FAST 公开发表的观测结果中第一次明确探测到河外星系的中性氢发射线。文特峰天文观测基地建设及望远镜布设工作、圣地亚哥综合科技园区建设稳步推进。SKA 项目推进顺利。CART 天线基础建设完工。作为东亚天文台（EAO）轮值主席机构，代表中方召集并主持召开 8 次东亚天文台董事会视频会议，协同泰国推进亚洲天文协约化组织（ATOA）建立。北京 - 亚利桑那巡天（BASS）4 年观测数据纳入 DESI 巡天项目，将联合释放最终版本图像巡天数据（DR9）。与欧洲太空局和马普地外物理所合作完成爱因斯坦探针（EP）项目的科学合作及数据共享的策略制定。大型中微子探测阵列（GRAND）稳步推进，国际合作组成员共同撰写 GRAND 科学白皮书，在我国西部开展 GRANDproto 300 选址。被科技部认定为国家引才引智示范基地、指定为金砖国家科技创新合作天文学领域牵头单位，并被委托开展科研基础设施国际合作调研和战略研究调研任务。

2020 年，国家天文台“空间碎片组网监测及效能评估技术”获 2020 年度国防技术发明奖二等奖（第一完成单位）。此外，还有多项成果获北京市、新疆维吾尔自治区、河北省等科技成果奖。

国家天文台创办了拥有自主知识产权的国际核心英文学术期刊 *Research in Astronomy and Astrophysics*，还办有现代科普刊物《中国国家天文》。新疆维吾尔自治区天文学会挂靠新疆天文台。

（撰稿：李 伟 黄京一 审稿：汪洪岩）

地质与地球物理研究所

所　　长：吴福元
地　　址：北京市朝阳区北土城西路 19 号
邮政编码：100029
电　　话：010-82998001
传　　真：010-62010846
电子信箱：suoban@mail.iggcas.ac.cn
网　　址：http://www.igg.cas.cn

中国科学院地质与地球物理研究所（以下简称“地质地球所”）于 1999 年 6 月由原中国科学院地质研究所和原中国科学院地球物理研究所整合而成。2004 年，中国科学院武汉物理与数学研究所电离层研究室整体调整到本所。

地质地球所的战略定位为：面向世界科技前沿，面向国家重大需求和国民经济主战场，以固体地球科学为主攻方向，建设“理论创新 + 技术研发 + 成果转化 + 科教融合”四位一体的新型国际化研究中心。地质地球所正努力成为深部资源勘探装备与开发前沿技术的引领者，资源新理论与创新技术产业化的示范者和实践者，世界领先的深部资源技术解决方案提供者和高端地学人才培养者。

地质地球所积极组织实施“一三五”规划和“创新 2020”建设，在 2020 年度取得系列重要成果：利用“嫦娥四号”测月雷达探明了月球背面的浅层精细结构和演化历史；首次发现等离子体层顶表面波产生锯齿极光；首次在410—660千米地幔过渡带内观测到俯冲板片界面，揭示了俯冲板片的层状组分结构和板块下侧的高含水量；通过对缅甸密集地震台阵接收函数成像分析，首次寻找到印度大陆板块平缓俯冲到缅甸下方的结构证据；地震探测研究发现大陆板块俯冲界面的巨量蛇纹岩层；首次从板片角度直接、定量地解析俯冲带硫循环并提出俯冲带深部释放还原性流体的新认识；多学科研究重建华北北缘碰撞造山过程，揭示古元古代地球已存在联动的板块构造；植硅体分析揭示出末次冰期东亚热带地区千年尺度季节性干旱受高低纬气候共同控制；古生物和同位素年代学综合研究将热河生物群最早出现的时间向前推至约135百万年；提出用于地震数据高效且低成本分类、基于数据驱动优化设计的深度学习微小模型；自主研发钨矿床的微区原位直接定年技术方法、短偏移距瞬变电磁法；研制的随钻方位电磁波、伽马能谱、方位声波等地质导向仪器样机通过了三井次功能与性能实钻试验；智能旋转导向系统首次实现垂井钻进、造斜与稳斜三功能“一趟钻”目标。

地质地球所认真落实“率先行动”计划，积极推进“四类机构”建设，与广州地球化学研究所和地球化学研究所共建中国科学院地球科学研究院，已正式运行且情况良好。

地质地球所构建大科学研究单元模式，现有岩石圈演化国家重点实验室和地球与行星物理、新生代地质与环境、油气资源研究、矿产资源研究、页岩气与地质工程、深地资源装备技术工程6个院重点实验室；与法国国家科学研究院联合建立中法季风、海洋与气候国际联合实验室和中法生物矿化与纳米结构联合实验室，与英国利兹大学联合建立中英地球 - 行星科学联合研究中心。

地质地球所已建成地球与行星物质成分和结构分析、地质年代学、地球内部结构探测、空间环境观测、古环境分析、数值模拟、大数据与人工智能、科研实验仪器研制与应用、深部资源勘探装备研发等实验观测系统，为地球与行星科学研究的分析测试、实验观测和计算模拟等提供了必要条件。地质地球所布设有漠河、北京、武汉、三亚4个观测站及南极中山地磁观测站，是中国科学院“日地空间环境观测研究网络”和国家“子午工程”的骨干台站。地质地球所博物馆现收藏有地质标本和文物11 000余件，其中岩石标本2000余件，矿物藏品8000多件；图书馆目前藏书约35 000余册，中外文学术期刊42 000余册，地质图2500幅，地形图50 000幅，全文和文摘数据库20余个，电子期刊及其他网络资源等百余种。

截至2020年底，地质地球所共有在职职工548人，其中科技人员262人、科技支撑及研发人员228人，包括中国科学院院士16人、中国工程院院士1人。研究所有研究员及正高级工程技术人员141人、副研究员及高级工程技术人员199人。

地质地球所是1981年国务院学位委员会批准的博士、硕士学位授予权单位之一，现设有地质学、地球物理学、地质资源与地质工程3个专业一级学科和海洋地质学1个专业二级学科博士、硕士研究生培养点，并设有地质学、地球物理学、地质资源与地质工程3个专业一级学科博士后流动站。截至2020年底，共有在学研究生657人（其中硕士生218人、博士生439人）；在站博士后130人。

2020年，地质地球所共有在研项目802项（包括新增项目275项）。其中，主持国家重大科技专项1项、课题4个；主持国家重点研发计划项目9项（新增1项）、课题31个（新增4个）；主持第二次青藏科考任务1项、专题4个；主持国家自然科学基金基础科学研究中心1项、创新研究群体1项、重大项目2项、重大项目课题9个、重点项目18项（新增5项）、重大研究计划重点项目10项、国家杰出青年科学基金项目9项（新增2项）；主持国家自然科学基金委重大科研仪器研制项目2项；主持中国科学院仪器研制项目3项；主持中国科学院战略性先导科技专项1项、项目8项、课题35个。

2020年，地质地球所以第一署名单位发表SCI论文540篇；出版专著5部；获授权发明专利201项（其中国际专利70项），授权实用新型专利10项；登记软件著作权28项。深部资源探测理论技术突破与应用研究入选“率先行动”第一阶段重大科技成果及标志性进展；7人获地学领域重要个人奖项。根据 ESI 最近数据，研究所地学学科位列全球前 1‰。

2020 年，地质地球所共实现 7 项职务科技成果转移转化；直接持股的控（参）股公司 7 个，其中控股公司 3 个，其他为参股公司。

受全球新冠肺炎疫情影响，2020 年，地质地球所人员交流互访暂时停滞；年内，共有 5 名院、所资助的国际博士后在所开展工作，另有 3 名分别在印度、伊朗和孟加拉国远程工作。共有 5 项“中国科学院国际人才计划”获立项；在著名地学期刊发表 6 篇研究所署名的 SCI 论文。

地质地球所目前在研的国际合作项目有 7 项。2020 年有 2 项院资助国际合作项目获立项批准，并分别与英国、德国、巴西和俄罗斯 4 个国家的地学相关机构签署科技合作协议。

地质地球所主办的国家一级学术刊物有：《地球物理学报》（SCI、EI 收录）、《岩石学报》（SCI、EI 收录）、《第四纪研究》、《地质科学》、《工程地质学报》、《地球物理学进展》和英文刊 *Earth and Planetary Physics*；是中国第四纪科学研究会、中国岩石力学与工程学会 2 个国家一级学会的挂靠单位、中国地球物理学会 1 个国家一级学会的支持单位。

（撰稿：叶　鹏　张欣欣　审稿：杨进辉）

青藏高原研究所

所　　长：陈发虎

地　　址：北京市朝阳区林萃路 16 号院 3 号楼

邮政编码：100101

电　　话：010-84097100

传　　真：010-84097079

电子信箱：itpcas@itpcas.ac.cn

网　　址：http://www.itpcas.ac.cn

中国科学院青藏高原研究所（以下简称“青藏高原所”）于 2003 年成立，是中国科学院党组根据国家经济社会发展重大战略需求和国际科学前沿发展趋势，在“知识创新”工程科技布局和组织结构调整中成立的研究所之一。研究所实行北京部、拉萨部和昆明部的“一所三部”运行模式。

新时期，青藏高原所以习近平新时代中国特色社会主义思想为指引，认真贯彻落实习近平总书记致第二次青藏科考队贺信精神，以“引领科学前沿、面向国家需求、服务地方发展”为宗旨，围绕深入实施“率先行动”计划，加强系统谋划和顶层设计，积极承担重大科技任务，加强科研平台建设，促进“三个重大”成果产出。

青藏高原所现有环境变化与地表过程、大陆碰撞与高原隆升、高寒生态与人类适应和三极观测与大数据 4 个研究中心，研究中心按照学科布局下设 10 个科研团队，分别是环境变化与多圈层过程、地气作用与气候效应、湖泊与环境变化、高寒环境质量与安全、碰撞隆升及影响、新生代环境、古生态与人类适应、生态系统功能与全球变化、生态系统格局与过程和三极观测与大数据团队。研究所还设有大科学计划中心，负责统筹推动第二次青藏科考国家专项、中国科学院“丝路环境”A 类先导专项、“第三极环境（TPE）”国际计划等重大任务高质量实施。

青藏高原所现有环境变化与地表过程、大陆碰撞与高原隆升和高寒生态 3 个中国科学院重点实验室，在青藏高原及周边地区建有 7 个野外台站（中心），即纳木错多圈层、珠穆朗玛大气与环境、那曲高寒草地生态系统、藏东南高山环境、阿里荒漠环境、慕士塔格西风带等综合观测研究站以及墨脱地球景观与地球系统综合观测研究中心。

青藏高原地球系统科学卓越创新中心依托青藏高原所建设并于 2016 年正式运行。卓越中心围绕领域方向布局，坚持体制机制创新，聚集相关优势研究力量，涵盖中国科学院内外 23 家单位，人才凝聚和成果产出效应不断显现。

青藏高原所同时还是“一带一路”国际科学组织联盟（ANSO）秘书处、中国青藏高原研究会、中国科学院留学人员联谊会秘书处的挂靠单位。

截至 2020 年底，青藏高原所共有在册职工 337 人（含劳务派遣人员）。其中科研人员 196 人、支撑人员 34 人。

青藏高原所设有自然地理学，构造地质学，

地图学与地理信息系统，大气物理学与大气环境，生态学，矿物学、岩石学、矿床学，第四纪地质学 7 个博士、硕士研究生培养点，新招收硕士生 37 名、博士生 38 名和留学生 11 名。截至 2020 年底，共有在读研究生 328 人，其中留学生占 20%。设有地理学和地质学 2 个博士后科研流动站，共有在站博士后 77 人。

2020 年，青藏高原所认真组织实施第二次青藏科考国家专项，承担任务（项目）3 项、专题（课题）9 项；研究所在研项目 200 余项，其中主持（或承担）国家重点研发计划项目 1 项、课题 9 项（新增 1 项）；主持国家自然科学基金委“青藏高原地球系统”基础科学中心项目 1 项、国家杰出青年科学基金项目 4 项（新增 1 项）、优秀青年科学基金项目 4 项（新增 2 项）、重点项目 7 项（新增 1 项）、重大研究计划重点支持项目 3 项、国际（地区）合作与交流项目 6 项、面上项目 81 项（新增 9 项）；新增联合项目 2 项；主持中国科学院 A 类先导专项 1 项，包括项目 6 项、课题 12 项。

2020 年，青藏高原所推动第二次青藏科考、丝路环境等专项顺利实施，保障第二次青藏科考国家专项、丝路环境 A 类先导专项、国家自然科学基金委基础科学中心项目、丝路文明国家重点研发计划项目等高质量实施，并取得重要阶段性进展，“青藏科考重大突破”入选中国科学院“率先行动”计划第一阶段 59 项重大科技成果及标志性进展。

2020 年，青藏高原所推动建设青藏高原地球科学卓越创新中心，坚持开展以基础研究为主，兼顾应用研究、技术示范和决策支持的青藏高原地球系统全链条科学集成，围绕四大领域、12 个研究方向，持续推动国家重大科技任务实施，在面向世界科技前沿方面取得新的突破，在 *Nature*、*Science* 等国际顶尖期刊上发表 22 篇论文成果。

2020 年，青藏高原所顺利通过中国科学院“一三五”规划总体验收，2 个重大突破“从大洋俯冲到大陆俯冲的圈层相互作用”和“季风西风相互作用下的水相转换过程、机制与影响”、1 个重点培育方向“高寒生存环境与人类适应”以及 1 个国际合作改革重大举措，在验收中均被评为“优秀”。

2020 年，青藏高原所有序推进国家级平台建设。基本建成以拉萨部为支撑、国家青藏高原科学数据中心为核心，由纳木错多圈层综合观测研究站等 7 个台站（中心）组成的野外台站观测实验体系，推动其中的纳木错、珠峰、那曲 3 个野外台站入选国家野外科学观测研究站择优建设名单。通过 *Nature* 数据期刊 Scientific Data 认证，成为国内首个通过认证的数据仓储中心。与青海省共建的国家青藏高原科学数据中心青海分中心已成立，正在推进建设西藏分中心。

2020 年，青藏高原所建立国际计划和国际组织的合作新范式，积极调整国际合作计划与模式，继续引领青藏高原国际合作研究。稳妥开展与国际科学家的合作。以青藏高原所为主体在“一带一路”国际科学组织联盟（ANSO）下设立跨大陆交流与丝路文明联盟（ATES），在国际抗疫合作、发挥智库作用等方面取得新进展。

（撰稿：王光鹏　刘晓倩　审稿：汪亚峰）

古脊椎动物与古人类研究所

所　　长：邓　涛
地　　址：北京市西城区西直门外大街 142 号
邮政编码：100044
电　　话：010-68351363
传　　真：010-68337001
电子信箱：bgs@ivpp.ac.cn
网　　址：http://www.ivpp.ac.cn

中国科学院古脊椎动物与古人类研究所（以下简称“古脊椎所”）前身是 1929 年 4 月成立于北京的农矿部地质调查所新生代研究室，主要从事周口店北京猿人遗址的发掘及化石研究。1951 年归入在南京创建的中国科学院古生物研究所，改称新生代与脊椎古生物研究组。1953 年从古生物研究所分出，在北京建立中国科学院古脊椎动物研究室。1957 年升格为古脊椎动物研究所。1960 年改称为中国科学院古脊椎动物与古人类研究所至今。

古脊椎所发展定位为：建设国家古脊椎动

物与古人类学基础研究领域的“四个中心”（科研和学术思想中心、科技人才培养中心、化石标本和现代骨骼标本收藏中心以及科学普及中心），发展目标为：建设成为中国地球科学和生命科学在国际学术界享有盛誉的科研机构。

古脊椎所设有4个研究室、1个研究中心和1个重点实验室，即古鱼类与爬行类研究室、古哺乳动物研究室、古人类与旧石器研究室、古环境演化研究室、周口店国际古人类研究中心和中国科学院脊椎动物演化与人类起源重点实验室。

古脊椎所拥有大型仪器设备60多台（套），包括高精度CT设备、古DNA分析设备、自动切磨片系统、激光光谱元素分析系统、扫描电镜、透射电镜、稳定同位素质谱仪、古人类遗址野外测绘系统等；建有亚洲古脊椎动物收藏领域规模最大的标本馆，馆藏标本达40余万件；拥有一个对公众开放的中国古动物馆，2020年接待观众12余万人；拥有一个小型开架式专业图书馆，馆藏书刊近10万册。

截至2020年底，古脊椎所共有在职职工169人，其中研究员及正高级工程技术人员40人、副研究员及高级工程技术人员68人，中国科学院院士1人、美国国家科学院外籍院士1人、发展中国家科学院院士1人、发展中国家科学院青年通讯院士1人、巴西科学院通讯院士2人。

古脊椎所设有考古学、古生物学与地层学、地球生物学、科学技术史专业的研究生培养点，设有地质学博士后科研流动站。截至2020年底，共有导师63人、博导23人，在学研究生117人。

2020年，古脊椎所承担科研项目128项。其中承担国家自然科学基金委基础科学中心项目1项、重点项目3项、面上项目40项、国家杰出青年科学基金项目2项、优秀青年科学基金项目2项；国家重点研发计划1项、社科基金重大项目1项；承担中国科学院B类先导专项1项、A类先导专项课题3个，院前沿科学重点研究项目4项，“从0到1”原始创新项目1项，化石发掘和修理专项经费项目1项，修购专项项目2项，重点国际合作项目4项。

2020年，古脊椎所发表论文230篇，其中SCI/SSCI论文154篇，在*Nature*、*Science*上发表研究论文3篇（其中第一作者1篇）。产出一批重大成果：付巧妹研究员团队重大研究成果“古基因组揭示中国南北方人群迁移与混合历史”，揭开了有关中国南北方古代人群格局及迁移与混合这一重大学术问题上的若干谜团；合作通过沉积物获得甘肃白石崖溶洞的丹尼索瓦人线粒体，是西伯利亚丹尼索瓦洞以外获得的首个丹尼索瓦人DNA序列；在陆相中生代生命演化方向，徐星研究员团队在扑翼飞行可能存在多次独立起源（于2020年发表在*Current Biology*上）、长羽毛恐龙中已知最早的顺序换羽行为等研究取得新的进展。发表《青藏高原演化对动物交流的影响》、《化石团簇同位素重建青藏高原古高度》等成果。在阿尔泰山地发现5200年前的小麦和青稞，证实早期欧亚大陆的作物交流；在中更新世气候转型期，泥河湾史前人类的石器制作技术明显提升，证实华北人类行为适应和技术革新与气候环境变化相关。通过应用新技术、新方法，发现晚白垩世保存至今的软骨细胞、染色体及DNA，报道了首例东亚更新世（距今至少约9.9万年至4.5万年）斑鬣狗化石的古蛋白序列（于2020年发表在*Scientific Reports*上）。

2020年9月，古脊椎所付巧妹研究员作为汇报发言科学家代表参加习近平总书记主持召开的科学家座谈会；付巧妹团队研究的“古基因组揭秘人类演化”和邓涛、高星团队研究的“青藏科考重大突破”2项成果入选中国科学院“率先行动”计划第一阶段59项重大科技成果及标志性进展。

2020年，古脊椎所“十三五”规划通过验收，成绩优异。重大突破“中生代特异埋藏生物群的综合研究”、重点培育方向“古DNA分析与现代人的行为特点及迁徙扩散研究”、其他代表性科技成果“人类伴生动物的遗传演化研究”获评优秀。

2020年，古脊椎所弘扬科学精神、普及科学知识和传播科学思想。中国古动物馆作为研究所对外的重要科普窗口，尽管受到疫情影响，2020年参观人数仍达12万人。古动物馆全年组织3个外展和1个馆内特展，创新组织了“每天一只中国龙”和“中国恐龙的新家”活动，以及5场中国古动物馆达尔文大讲堂讲座（4场线上讲座）和各类丰富的科普活动。

2020 年，古脊椎所组织举办“吴汝康星”命名仪式、“生物演化与环境”科学传播研讨会，组织承办中国科学院北京分院第三届科学传播月闭幕式活动等。

在国际合作与交流方面，受疫情影响，古脊椎所根据国际新态势，与国内外同行积极拓展新型合作方式，推进推广线上国际合作。在国际合作项目方面，执行与北美、保加利亚、加拿大和南非 4 项国际合作重点项目，申请对外合作重点项目 2 项；申请国际人才交流计划项目 3 项、申请国际人才计划境外执行 3 项。顺利完成 5 项对外合作重点项目参加国际伙伴计划评估工作。完成古脊椎动物学、古人类学学科国际评估自评估报告。

古脊椎所挂靠学会有中国古生物学会古脊椎动物学分会、中国考古学会旧石器专业委员会、中国第四纪科学研究会生物演化与环境专业委员会。主办刊物有《中国古生物志》（丙、丁种）、《古脊椎动物学报》、《人类学学报》、《中国科学院古脊椎动物与古人类研究所集刊》等专业杂志，以及《化石》、《恐龙》科普杂志。

（撰稿：党丽媛　李利娜　审稿：邓　涛）

大气物理研究所

所　　长：曹军骥

地　　址：北京市朝阳区德胜门外祁家豁子华严里 40 号楼

邮政编码：100029

电　　话：010-82995275

传　　真：010-62028604

电子信箱：iap@mail.iap.ac.cn

网　　址：http://www.iap.cas.cn

中国科学院大气物理研究所（以下简称“大气所”）前身是 1928 年成立的中央研究院气象研究所。1950 年 1 月，中国科学院将气象、地磁和地震等部分科研机构合并组建成立中国科学院地球物理研究所。1966 年 1 月，根据我国气象事业发展的需要，中国科学院决定将气象研究室从地球物理研究所分出，正式成立中国科学院大气物理研究所。大气所是中国现代史上第一个研究气象科学的最高学术机构，已发展成为涵盖大气科学领域各分支学科的大气科学综合研究机构。

大气所定位为：研究和探索地球大气中和大气与周边环境相互作用中的物理、化学、生物、人文过程的新规律，提供天气、气候和环境监测、预测及调控的先进理论、方法和技术。主要研究领域及学科方向为：地球系统模式发展与全球气候变化研究，大气化学、大气环境变化及其预测机理研究，东亚季风气候系统动力学研究与气候预测，中层大气过程与大气遥感研究，高影响天气的物理、动力及可预报性研究，以及全球及区域气候环境变化集成研究与有序适应等。

2020 年，大气所认真组织参与中国科学院“率先行动”计划第一阶段目标任务总结评估工作，获得优异成绩。1 项重大突破（地球系统模式发展与全球气候变化）和 2 项重点培育方向（极端气候的变化特征及机理、大气探测技术和平台）获评优秀。

大气所设有 2 个国家重点实验室（大气科学和地球流体力学数值模拟国家重点实验室、大气边界层物理与大气化学国家重点实验室），4 个中国科学院重点实验室，5 个所级实验室和研究中心。中国科学院气候变化研究中心挂靠在大气所。另外，还设有支撑部门所公共技术中心、编辑室、香河大气综合观测实验站、所创新转化基地。还在河北兴隆、安徽淮南、吉林通榆、西藏羊八井、甘肃敦煌等地设有野外综合观测站。大气所形成以地球气候系统数值模拟平台、铁塔实验平台、专业探测平台、分析测试平台为主体的科技支撑体系。

为践行习近平总书记绿色发展的指示精神，贯彻落实党中央关于“碳达峰、碳中和”的重大部署，大气所积极开展碳中和工作，成立大气所碳中和研究中心（全国第一家从事碳中和基础研究的科研机构），以期大力推进碳排放的科学研究，为我国 2060 年前实现碳中和目标提供强有力的科技支撑。

截至 2020 年底，大气所共有在职职工 514 人。其中科技人员 390 人、科技支撑人员 124 人，研究员及正高级工程技术人员 134 人、副研究员及高级工程技术人员 237 人。

大气所是 1981 年国务院学位委员会批准

的博士、硕士学位授予权单位之一，现设有大气科学、海洋科学、环境科学与工程3个一级学科博士研究生培养点，大气科学、海洋科学、环境科学与工程、资源与环境（专业型）4个一级学科硕士研究生培养点，并设有大气科学、海洋科学2个一级学科博士后流动站。截至2020年底，共有在学研究生551人（其中硕士生212人、博士生339人）；在站博士后118人。

2020年，大气所共有在研项目612项（包括新增项目216项）。其中，主持（或承担）国家自然科学基金重点项目16项（新增2项）、重大项目1项、重大项目课题7项、创新研究群体2项、国家重大科研仪器研制项目3项（新增1项）、国家杰出青年科学基金项目6项、优秀青年科学基金项目3项（新增1项）、国家自然科学基金重大研究计划重点/集成项目10项（新增2项），面上项目171项（新增33项）、青年科学基金项目62项（新增17项）、主持重点研发计划项目14项（新增2项），重点研发计划项目课题76项（新增4项）；主持重点研发计划国际合作项目4项（新增1项）；主持或承担中国科学院战略性先导科技专项项目1项（新增1项）以及课题10项（新增3项）、中国科学院仪器研制项目3项（新增1项）、院前沿科学重点研究项目7项，重点部署项目3项，院基础前沿科学研究计划“从0到1”原始创新项目2项。

2020年，大气所在国际前沿领域取得系列原创性成果：发现我国陆地生态系统存在巨大碳汇，生态系统固碳被低估，证实卫星数据在碳源汇计算中的重要作用和巨大潜力，相关研究成果发表在*Nature*上；研发的中国科学院地球系统模式CAS-ESM2.0完成国际耦合模式比较计划（CMIP6）的相关科学试验，给出未来不同情境下气候变化的预估结果，在中国科学院“率先行动”计划第一阶段目标任务总结评估中获评优秀；利用自主研发的格点化技术构建了一套新的海洋0—2000米盐度格点数据，在国际上首次给出过去半个世纪以来海洋层结变化的三维结构，相关研究成果发表在*Nature Climate Change*上；揭示青藏高原影响2008年冬季我国南方低温雨雪冰冻灾害的机制，相关研究成果发表在JGR-A为庆祝AGU成立一百周年而出版的*Grand Challenges*特刊。

2020年，大气所在国内外期刊上发表科技论文1074篇，其中SCI（E）论文887篇，CSCD论文249篇；出版专著1部；获发明专利授权15项；登记软件著作权68项。曹军骥、孙业乐、王跃思、王自发、周天军入选科睿唯安2020年全球“高被引科学家”名单。2019年发表高质量国际论文数量最多的世界研究机构中，大气所跻身第13名。

2020年，大气所科研工作取得新进展，荣获多项科技成果奖。胡非获何梁何利基金科学与技术进步奖。“城市气溶胶理化特性和来源解析”获中国颗粒学会自然科学奖二等奖（第一完成单位）；“印太暖池海气相互作用及其在低纬高原区的灾害效应”获云南省自然科学奖一等奖（第二完成单位）；“青藏高原东缘地气交换过程观测关键技术及其应用”获四川省科技奖三等奖（第二完成单位）等。

2020年，大气所积极推进基础平台建设。地球数值模拟器大科学装置建设以及“十三五”科教基础设施建设工作顺利推进。公共技术服务中心在科技部大型仪器共享评估中再次获评优秀。

2020年，大气所深入开展科技合作和成果转化。与淮南市举行科技会谈，推进所创新转化基地（淮南）建设；与中国气象局高层互访，促进气象业务科技发展；与南信大等高校签订战略合作协议，推动双赢发展；与密云区科委等召开多次产业发展研讨会，依托怀柔科学城、大装置的建设进行环保、气象产业的布局和规划；与曙光、东润环能等企业进行合作交流，推动成果转移转化。

2020年，大气所与俄罗斯科学院大气物理研究所签署组建“中俄极地和中高纬度大气与环境联合研究中心”合作备忘录。继续在“一带一路”科技交流中发挥作用，推进“一带一路”防灾减灾国际合作研究网络（INCES）建设，牵头启动ANSO联合研究合作专项“一带一路”防灾服务中长期天气-气候预测网络项目。积极参与国际组织工作，如成里京副研究员被遴选为世界气候研究计划（WCRP）数据咨询委员会委员，并获WCRP和全球气候观测系统（GCOS）2020年国际数据奖，青年人才在国际上的影响力逐步提升。

大气所是太平洋科学协会中国委员会、中国气象学会动力气象学委员会、大气环境学委员会、统计气象学委员会的挂靠单位。主办刊物有《大气科学》（中文版）、《大气科学进展》（英文版）（SCI 收录）、《气候与环境研究》（中文版）、《大气和海洋科学快报》（英文版）。

（撰稿：周 权 任 丽 审稿：占车生）

植物研究所

所　　长：汪小全
地　　址：北京市海淀区香山南辛村 20 号
邮政编码：100093
电　　话：010-62836220
传　　真：010-62590835
电子信箱：suoban@ibcas.ac.cn
网　　址：http://www.ibcas.ac.cn

中国科学院植物研究所（以下简称“植物所”）是我国历史最为悠久的植物科学综合性研究机构，也是国际著名的植物科学研究中心之一。植物所前身为 1928 年创建的静生生物调查所和 1929 年成立的北平研究院植物学研究所，1950 年合并为中国科学院植物分类研究所，1953 年更名为中国科学院植物研究所。

植物所发展目标为：面向植物科学的重大基础理论问题以及我国生态文明建设、农业转型发展和人民生命健康的重大需求，以整合植物学为学科定位，研究和解决植物系统与进化、生态环境、生长与发育、光合作用以及资源植物利用的核心科学和技术问题，引领我国现代植物科学的持续发展，建成世界一流的植物科学基础研究与应用研发机构。

在中国科学院组织的“率先行动”计划第一阶段目标任务总结评估中，植物所“十三五”期间“一三五”任务全部顺利通过验收，两个重点培育方向获优秀，光合膜蛋白结构功能方面的研究成果入选中国科学院“率先行动”计划第一阶段重大科技成果及标志性进展。植物所 1 项成果入选中国科学十大进展，4 项成果入选中国生命科学十大进展，2 次获评中国科学院科技促进发展奖。在中国科学院四类机构改革中，植物所以特色研究所建设为抓手，开展生态草牧业理论研究与科技示范，并取得较好进展。

植物所现有 7 个研究和支撑部门，包括系统与进化植物学国家重点实验室、植被与环境变化国家重点实验室、中国科学院植物分子生理学重点实验室、中国科学院光生物学重点实验室、中国科学院北方资源植物重点实验室，以及北京植物园（含华西亚高山植物园）和文献与信息管理中心。

植物所还有一批重要的科研支撑平台，包括 8 个野外台站（4 个为国家级）、亚洲最大的植物标本馆、中国生态系统研究网络（CERN）生物分中心、中国科学院生态草牧业工程实验室、中国科学院植物科学数据中心（2020 年获批）、所级公共技术服务中心等。野外台站包括内蒙古锡林郭勒草原生态系统国家野外科学观测研究站、内蒙古鄂尔多斯草地生态系统国家野外科学观测研究站、湖北神农架森林生态系统国家野外科学观测研究站、浙江钱江源森林生物多样性国家野外科学观测研究站、中国科学院北京森林生态系统定位研究站、植物所多伦恢复生态学试验示范研究站、植物所浑善达克沙地生态研究站、植物所呼伦贝尔草牧业试验站。

截至 2020 年底，植物所植物标本馆共收藏标本 287 万份，模式植物标本 24 375 份，数字植物标本馆收录在线标本 820 万份，其中图片标本 630 余万份；植物图像库收录图片 644 万幅。植物所拥有单价 50 万元以上的仪器设备 117 台（套），包括二维液相色谱 - 高分辨串联质谱仪、核磁共振波谱仪、纳升液相色谱 - 四级杆飞行时间串联质谱仪、冷冻型高分辨率扫描电镜、第三代单分子基因组测序仪、稳定同位素比率质谱仪、植物组织多光谱成像分析工作站、单分子基因组成像分析工作站等。

截至 2020 年底，植物所共有在职职工 573 人。其中科研人员 282 人、科技支撑人员 199 人，包括中国科学院院士 2 人、研究员及正高级工程技术人员 97 人、副研究员及高级工程技术人员 157 人。

植物所是首批国务院学位委员会批准的博士、硕士学位授予权单位之一，设有植物学、发育生物学、生态学、细胞生物学 4 个专业一级（或二级）学科博士研究生培养点，植物学、发育生物学、细胞生物学、生态学4个专业一级（或二级）学科硕士研究生培养点，设有生物工程专业硕士研究生培养点，并设有生物学、生态学2个专业一级学科博士后流动站。截至2020年底，共有在学研究生800人（其中硕士生356人、博士生444人）；在站博士后90人，留学生24人。

2020年，植物所共有在研项目964项（包括新增项目258项）。其中，承担科技部国家重点研发计划项目5项(新增1项)、课题22项(新增3项)；第二次青藏高原综合科学考察研究专题1项；科技基础资源调查项目1项（新增1项）、课题3项（新增1项）；承担国家自然科学基金项目216项（新增56项），基础科学中心课题2项（新增1项）、重点项目（含重点国际合作）14项（新增4项）、国家杰出青年科学基金项目4项（新增2项）、优秀青年科学基金2项(新增1项)、面上项目139项(新增29项)、青年科学基金39项（新增13项）；承担中国科学院战略性先导科技专项（A类）1项（新增1项）、项目7项（新增4项）、院重点科技基础设施项目2项、院科技服务网络计划项目4项(新增1项)、院基础前沿科学研究项目“从0到1”原始创新项目1项。在研国际合作项目（课题）33项(新增10项)。在研横向合同数量242项(新增合同数量95项)。

2020年，植物所作为第一单位，在SCI收录期刊发表论文474篇，其中354篇发表在领域前30%的刊物上，在*Science*、*Cell*及其子刊、*Nature*子刊、*PNAS*等著名综合性期刊和*Plant Cell*、*Ecology*等领域主流期刊发表论文96篇。对相分离驱动叶绿体内蛋白分选的机制、假蜜腺形成机制和生态功能、复杂花瓣发育的分子机制、SUMO化修饰调控植物远红光信号的新机制、合子激活和干细胞稳态维持机制等重要科学问题进行诠释，成果在国内外产生了重要影响。植物所共出版专著18部，申请专利35项，授权专利61项。

2020年，植物所“杂交构树”科技扶贫工作取得良好成效，在全国200多个县带动20万人以上贫困人口增收脱贫，有力支撑国家“脱贫攻坚”。植物所在呼伦贝尔地区实施的生态草牧业科技示范工作取得良好的社会和经济效益，草牧业科技团队获2020年度中国科学院科技促进发展奖。此外，植物所积极开展具有地域特色的院地合作，承担钱江源国家公园水生植物群落专项调查与监测项目，与高密市签署高粱品种选育及产业化示范合作备忘录。植物所与福建省三安集团共建的植物工厂积极加强技术创新和海内外市场布局，获得智能制造试点示范企业荣誉资质，其全智能植物工厂产业化关键技术入选2020年“科创中国”先导技术榜单。

2020年，植物所国际合作交流进展良好。举办线上国际研讨会3次；有15人在25个国际组织任职，57人在75个国际期刊任职。

植物所是中国植物学会、北京生态学会、中国植物学会植物园分会、中国花卉协会蕨类植物分会等学会的挂靠单位。主办刊物有*Journal of Integrative Plant Biology*、*Journal of Systematics and Evolution*、*Journal of Plant Ecology*、《植物生态学报》、《生物多样性》、《植物学报》、《生命世界》，其中前3个被SCI收录。

（撰稿：冷　静　李蕊梅　审稿：曹爱民）

动物研究所

副 所 长：詹祥江（主持工作）

地　　址：北京市朝阳区北辰西路1号院5号

邮政编码：100101

电　　话：010-64807098

传　　真：010-64807099

电子信箱：ioz@ioz.ac.cn

网　　址：http://www.ioz.ac.cn

中国科学院动物研究所（以下简称“动物所”）前身是1928年成立的静生生物调查所、1929年成立的中央研究院动物研究所和1929年成立的北平研究院动物研究所。新中国成立后，中国科学院接收上述三个研究所和原徐家汇博物馆（创建于1860年，1930年后改称震旦大学博物院）的部分资料、标本和设备，于1950年成立了中国科学院昆虫研究室和动物标本整理委员会。二者分别发展为昆虫研究所和动物研究所，1962 年两所合并为现在的动物所。

动物所是以动物科学基础研究为主的社会公益型国家级科研机构。定位于以野生动物和模式动物为研究对象，开展现代动物学研究。服务于人口健康、农业和生物多样性保护等国家重大需求，在细胞编程与重编程的机制、生殖与发育调控、生物灾害爆发机制与控制、物种濒危机制与保护等领域发挥引领作用，在动物分类与进化、农业虫鼠害防控和濒危动物保护中发挥不可替代的作用。动物所“一三五”规划、“创新 2020”及“率先行动”计划落实情况实施总体情况良好，综合创新能力达到国际先进水平。

动物所现有 3 个国家重点实验室、2 个院级重点实验室、2 个国家科技资源共享服务平台和 1 个国家动物博物馆，分别为农业虫害鼠害综合治理研究国家重点实验室、干细胞与生殖生物学国家重点实验室、膜生物学国家重点实验室、动物生态与保护生物学院重点实验室、动物进化与系统学院重点实验室、国家干细胞资源库、国家动物标本资源库和国家动物博物馆。动物所还有 1 个野外科学观测研究站（大熊猫金丝猴生物多样性野外科学观测研究站），2020 年成功入选科技部首批国家野外站择优建设名单。

干细胞与再生医学创新研究院是中国科学院在生命健康领域的重要布局，依托于动物所，整合中国科学院院内外的相关优势力量组建，同时承担了与北京、上海、广东共建干细胞与再生领域区域中心的使命。面向国家人口健康和人口安全的重大需求，建立防治重大疾病的新策略，突破临床和产业转化瓶颈，打造有重大国际影响力的干细胞与再生医学研究、应用与转化高地。

截至 2020 年底，动物所有在编职工 432 人。其中科技人员 237 人、科技支撑人员 129 人。科技人员中包括中国科学院院士 2 人、发展中国家科学院院士 2 人、研究员及正高级专业技术人员 86 人、副研究员及高级技术人员 114 人。

动物所是 1981 年国务院学位委员会批准的博士、硕士学位授予权单位之一，现设有生物学、生态学、基础医学一级学科和再生医学交叉学科的学术型博士、硕士研究生培养点，生物医学工程一级学科学术型硕士研究生培养点以及生物与医药专业型硕士研究生培养点。截至 2020 年底，共有导师 123 人，其中博导 82 人、硕导 41 人；在学研究生 743 人，其中硕士生 247 人、博士生 496 人。在生物学、生态学 2 个一级学科博士后流动站的在站博士后有 132 人。

2020 年，动物所共有在研项目 293 项（包括新增项目 58 项）。其中，主持（或承担）国家自然科学基金重点项目 22 项（新增 5 项）、面上项目 155 项（新增 29 项）、国家杰出青年科学基金项目 8 项（新增 2 项）、国家自然科学基金重大项目 3 项（新增 1 项）、国家自然科学基金重大研究计划重点项目 7 项（新增 1 项）；主持或承担国家重点研发计划 29 项(新增 5 项)；主持或承担基地和人才专项 4 项（新增 3 项）。承担国家科技基础资源调查专项项目 3 项、中国科学院 A 类先导专项“器官重建与制造”等多项国家和院重大科技任务；主持（或承担）院重点部署项目 7 项（新增 1 项）；承担国际科技合作项目、人才引进项目等资助共 14 项（新增 3 项）。

2020 年，动物所作为第一完成单位共发表 SCI 论文 297 余篇。

2020 年，动物所实施完成“一三五”规划报告。顺利完成“十三五”时期“一三五”规划验收，其中“干细胞与再生医学”、“害虫害鼠行为调控”两项重大突破和“生育力维持与生殖健康”、“物种的濒危机制与保护”两项重点培育方向获评优秀；同时，动物所推荐的“干细胞与再生医学”和参与的“基于高等级生物安全实验室的新冠肺炎基础及其转化研究”两项成果入选中国科学院“率先行动”计划第一阶段重大科技成果及标志性进展。

2020 年，动物所刘光慧研究员带领的“衰老机制及调控研究集体”系统解析了灵长类动物器官衰老的标记物和调控靶标，揭示了老年个体易感新冠病毒的分子机制；在系统生物学水平阐明热量限制通过调节机体免疫炎症通路延缓衰老的新机制；发现基于核心节律蛋白过表达的基因治疗可缓解增龄性小鼠骨关节变性并促进关节软骨再生。这些研究成果加深了人们对器官衰老机制的理解，为建立衰老及相关疾病的早期预警和科学应对策略奠定了重要基础。相关研究成果发表在 *Cell* 和 *Cell Research* 上，入选 2020 年度中国生命科学十大进展和 2020

年度中国科学十大进展。该团队获2020年度中国科学院杰出科技成就奖（集体）。康乐院士团队的蝗虫聚群成灾的奥秘：4-乙烯基苯甲醚是蝗虫的群聚信息素相关研究成果发表在 *Nature* 上，F1000 Prime评价推荐系统给予最高推荐，该成果还入选2020年度中国生命科学十大进展。魏辅文院士团队提出一个基于“天人合一”和生态文明思想的全球生物多样性保护新愿景与概念框架，旨在通过转变和提升当前对人类与自然关系的理解，促使世界采取有效行动，及时遏制和扭转全球生物多样性丧失。该成果在 *National Science Review* 上在线发表。

新冠肺炎疫情期间，动物所紧急部署成立“动物研究所疫情攻关科技专班”，设立所级应急攻关项目7项，覆盖病毒溯源、快速检测、药物治疗、疫苗研发和动物模型五大方向，与国家部署方向一致。后续获得3项科技部应急项目、1项中国科学院应急项目支持。参与所级及以上应急攻关项目科研人员85人次。新冠病毒科研攻关中，自主研发新型细胞药物CAStem细胞注射液，于2020年2月初获得国家药监局药物临床试验批件，并入选国家治疗新冠肺炎“三药三方案”，已在武汉、北京和哈尔滨完成重/危重症新冠肺炎患者、肺纤维化患者输注74例，结果显示安全、有效。基于自主研发的CRISPR/Cas12b基因编辑系统开发了核酸检测工具CDetection。结合独立开发的CDetection核酸检测工具，在疫情期间开发了新型冠状病毒核酸检测试剂盒，灵敏度达1拷贝/微升，未检测到与已知人类致病微生物的交叉反应。建立了人 *ACE2* 基因原位敲入和转基因的人源化小鼠模型，实验结果显示，该模型可感染新冠病毒并准确模拟临床症状病理，可适用于新冠病毒的致病机制、疫苗有效性评价及药物筛选等研究。开发构建了水疱性口炎病毒VSV载体的重组疫苗和靶向S蛋白口服mRNA疫苗，优化了候选疫苗的扩增和纯化方法，接种非人灵长类后在体内检测到高水平的中和抗体，已完成相关专利技术实施许可。

2020年，动物所申请专利52项、授权专利35项，实现科技成果转化合同总金额18 957.7万元，到账金额5715.87万元。其中，在干细胞药物开发技术、基于VSV病毒载体疫苗技术、兽用抗病毒益生菌制剂技术、核酸检测技术等领域开展专利技术实施许可，合同金额17 150万元。

2020年，动物所入选2020年度国家引才引智示范基地；由动物所推荐的Nils Christian Stenseth（尼尔斯·克里斯蒂安·斯腾塞思）教授荣获2019年度中华人民共和国国际科学技术合作奖、Glyn Stacey（格林·斯泰西）教授荣获2020年度中国科学院国际科技合作奖。

2020年，动物所新增国重、修购设备类项目22个，总经费5356万元，全部用于研究所科研平台建设。其中，国重设备类项目16个，总经费4001万元；修购设备类项目6个，总经费1355万元。完成8个修购项目的技术验收[1595万元，涉及9个平台，9台（套）仪器设备]，另有5个修购项目顺利通过院条财局的项目验收[1302.8万元，涉及4个平台，120台（套）仪器设备]，为动物所“一三五”重大突破和重点培育方向提供重要的技术支撑。作为院网上采购平台首家试点单位，实现研究所科研仪器及试剂耗材采购的全流程信息化管理，从而为科技创新提供了良好的条件保障。

中国昆虫学会、中国动物学会、国际动物学会、中国动物志编辑委员会和中华人民共和国濒危物种科学委员会挂靠在动物所。动物所与学会共同主办 *Insect Science*（SCI源期刊，英文版）、*Integrative Zoology*（SCI源期刊，英文版）、*Current Zoology*（SCI源期刊，英文版）、《昆虫学报》、《动物分类学报》、《动物学杂志》、《昆虫知识》7种学术刊物。

（撰稿：李　明　吴敬文　审稿：杨俊成）

心理研究所

所　　长： 傅小兰

地　　址： 北京市朝阳区林萃路16号院

邮政编码： 100101

电　　话： 010-64850863

传　　真： 010-64872070

电子信箱： webmaster@psych.ac.cn

网　　址： http://www.psych.ac.cn

中国科学院心理研究所（以下简称“心理所”）成立于1951年，前身是1929年成立的中央研究院心理研究所。

心理所的战略定位是：探索人类心智本质，揭示心理和行为的生物学基础与环境影响机制，为促进国民心理健康和推动社会和谐发展提供重要知识基础和科技支撑，成为引领我国心理科学发展并有重要影响力的国际著名研究机构、服务国家科技创新与城镇化发展的心理学科技智库。

2020年，心理所通过“十三五”时期“一三五”规划任务验收，“灾后心理援助工作”作为其他代表性科技成果在评议中获评优秀。

心理所是中国科学院心理健康重点实验室、中国科学院行为科学重点实验室和中国科学院心理服务工程实验室的依托单位，设有健康与遗传心理学、认知与发展心理学、社会与工程心理学3个研究室。成为中国科学院首批设立的5个专业研究支撑中心之一“中国科学院学部心理健康与社会治理研究支撑中心”的依托单位，推进高水平智库建设。

心理所的实验平台设施完整、功能齐全，现有3T磁共振成像仪、虚拟现实系统、三维活体小动物可见光成像系统、近红外光学脑成像仪等大型科研仪器设备。心理所的信息平台由图书馆、网络办公室和综合档案室组成，管理心理所知识产品和档案资料，为满足科研人员文献情报信息需求及全所各项工作的信息化建设提供支撑服务。中国心理学预印本平台已在心理学界产生较大影响，为推动科研成果开放获取做出贡献。

截至2020年底，心理所共有在职职工208人。其中科技人员150人、科技支撑人员29人，包括研究员及正高级工程技术人员47人、副研究员及高级工程技术人员87人。

心理所是1981年国务院学位委员会批准的博士、硕士学位授予权单位之一，现设有心理学一级学科博士研究生培养点1个，心理学专业一级学科硕士研究生培养点1个，并设有心理学专业一级学科博士后流动站1个。截至2020年底，共有在学研究生394人（其中硕士生213人、博士生181人）；在站博士后44人。

2020年，心理所共有在研项目399项（新增项目106项）。其中，主持国家重点研发计划项目1项（新增1项），承担国家重点研发计划课题11项（新增1项），承担科技部科技创新2030重大项目课题1项；主持国家自然科学基金重点项目1项、联合基金重点项目1项、国际合作交流项目4项（新增2项）、优秀青年科学基金项目2项、面上项目63项（新增14项）、国家杰出青年科学基金项目1项、青年科学基金项目16项（新增4项）；主持国家社科基金重大项目2项、重点项目1项；承担中国科学院战略性先导科技专项课题2项，主持院重点部署项目3项；承担院地合作项目77项（新增17项）。

2020年，心理所紧密围绕健康中国和平安中国战略需求，着力解决重大和关键问题，取得一批重大创新成果。发现人类拥有“立体嗅觉”，并在意识层面下指引人们的导航，为人类嗅觉虚拟现实系统的设计和发展提供了思路；发现知觉学习中的“一般性学习能力”，对相关领域人员选拔及临床学习训练策略优化均有重要意义；构建中文阅读过程中认知加工的计算模型，解决了中文词在缺乏词间空格的情况下如何实现识别和切分以及如何控制眼动的难题，对揭示中文阅读加工的独特性与人类阅读加工的一般性具有重要意义。

2020年，心理所共发表论文524篇，其中SCI/SSCI论文349篇；出版专著/译著10部；授权专利25项，登记著作权75项。

2020年，心理所知识产权管理体系正式运行，并获得科研组织知识产权管理体系认证证书。科普工作方面，积极应对新冠肺炎疫情的影响，开展多次线上虚拟科普参观活动和心理学专题科普展览巡展工作，取得了良好的社会效益。

2020年，心理所依托全国心理援助联盟，继续坚持“科技救灾，创新为民”的理念，建立了武汉工作站和中国科学院心理所心理援助平台（提供线上心理咨询服务）。社会服务与应用推广方面，中国科学院心理健康服务平台开通运营，为中国科学院师生提供了一道疫情心理安全防护网；参加首都科技创新成果展、福建省科技厅6.18创交会云展览、第二十二届中国国际高新技术成果交易会等活动，推广科研成果产品，获得社会广泛关注。职工吴坎坎获全国“抗击新冠肺炎疫情青年志愿服务先进个人”荣誉称号。

2020年，心理所国际合作和学术交流持续进行。获批国家自然科学基金国际（地区）合作与交流项目重点项目1项（德国）、国家自然科学基金委员会与香港研究资助局联合科研资助合作研究项目1项；中国科学院中伊丝路科学基金研究项目1项、发展中国家科技培训班项目资助计划1项（延期获批）、国际人才计划国际访问学者1项、国际组织任职人员参加国际会议资助计划2项（延期获批）。组织协办第四届亚洲读写协会学术年会线上会议。参加线上学术会议约40人次，接待外事来访3人次。

2020年，依托心理所的中国心理学会组织开展抗击疫情“安心”行动，向国家建言献策。由中国心理学会和心理所共同主办的“安心大讲堂”共开讲130期，受众人次累计84.9万。心理所主办的《心理科学进展》以及与共建单位中国心理学会联合主办的《心理学报》入选2020中国最具国际影响力学术期刊。《心理学报》被Scopus和ESCI收录检索。在心理学期刊的国内影响力排行中，《心理学报》排名第一，《心理科学进展》排名第二。心理所主办、与Wiley出版社联合出版的我国第一本国际发行、全英文的心理学专业期刊*PsyCh Journal*（SSCI）从季刊改为双月刊。

（撰稿：张永博　审稿：刘　斌）

微生物研究所

所　　长：钱　韦
地　　址：北京市朝阳区北辰西路1号院3号
邮政编码：100101
电　　话：010-64807462
传　　真：010-64807468
电子信箱：office@im.ac.cn
网　　址：http://www.im.cas.cn

中国科学院微生物研究所（以下简称“微生物所”）成立于1958年12月3日，其前身是中国科学院应用真菌研究所和中国科学院北京微生物研究室，目前为具有雄厚基础、强大实力和广泛影响的综合性微生物学研究和微生物技术研发机构。

微生物所坚持“微生物、高科技、大产业”的战略定位，面向世界科技前沿，面向国家重大需求，面向国民经济主战场，围绕“生命与健康”和“资源生态环境”创新领域，以微生物资源、微生物技术、病原微生物与免疫为主要研究领域，在研究微生物生物多样性、基本生命特征和生态功能的基础上，努力创建从微生物资源开发、功能改造和利用、生物技术创新到成果转化的自主研发体系，以服务国民经济主战场，服务国家重大需求，创建世界一流的微生物学研究中心和微生物技术研发基地。

新冠肺炎疫情暴发后，微生物所迅速调动资源，紧急部署科研抗疫矩阵，从病毒感染致病和传播机制、病毒溯源及快速检测、单克隆抗体及药物筛选到疫苗开发，实现研究链条全覆盖，大数据中心和生物安全三级实验室等平台取得重要进展，发挥重大作用。2项抗疫成果入选中国科学院“率先行动”计划第一阶段重大科技成果及标志性进展，1项入选中国科学院2020年度科技创新亮点成果、1项入选科技成果转移转化亮点工作。相关成果同时入选中国政府发布的《抗击新冠肺炎疫情的中国行动》白皮书。“新型冠状病毒国家科技资源服务系统”跻身全球15项世界互联网领先科技成果。抗疫团队获全国创新争先奖、“抗击新冠肺炎疫情全国三八红旗集体”称号、中国科学院优秀党员、优秀基层党支部等多项荣誉。

2020年，微生物所积极组织承担国家和院重大科技任务，“一三五”规划进展顺利。大幅提升了海藻糖等16株高附加值化学品工业生产菌株的产能；攻克了以赖氨酸为原料生产新型尼龙单体戊二胺的关键核心技术，打通了从玉米到纺织用尼龙的全产业链；在多种病原感染与免疫机制、地衣形态转变与共生、土传病害致病机制等研究上均有突破，成果发表在*Science*、*Nature*、*Lancet*、*Plant Cell*等刊。

微生物所设有微生物资源前期开发国家重点实验室、真菌学国家重点实验室、植物基因组学国家重点实验室（与中国科学院遗传与发育生物学研究所共建）、中国科学院微生物生理与代谢工程重点实验室、中国科学院病原微生物与免疫学重点实验室 5 个重点实验室。2020 年 2 月，依托微生物所成立了中国科学院农业微生物先进技术工程实验室。同时设有微生物资源与大数据中心和技术转移转化中心。另有依托微生物所建设中国科学院 - 发展中国家科学院生物技术卓越中心、中国科学院 - 发展中国家科学院新发突发传染病研究与交流卓越中心和中国科学院流感研究与预警中心。微生物所拥有亚洲最大的馆藏 54 万余号标本的菌物标本馆、国内最大的保藏量 8 万余株菌的中国普通微生物菌种保藏管理中心、数据资源总量超过 3PB 的国家微生物科学数据中心，是我国微生物资源与数据的核心支撑力量。研究所建有生物安全三级实验室、所级公共技术中心、SPF 动物房等技术支撑平台，拥有一个藏书（刊）5 万余册的专业性图书馆。

2020 年，微生物所完成国家重点实验室整改，积极推动国家重点实验室重组工作。两个国家重点实验室在原有基础上，整合优势力量，在青年人才、创新团队等方面形成良好发展态势，已符合国家重点实验室建设的总体要求，获科技部认可，按良好类实验室予以支持。

截至 2020 年底，微生物所共有在职职工 494 人。其中科技人员 326 人、科技支撑人员 107 人，包括中国科学院院士 5 人、研究员及正高级工程技术人员 81 人、副研究员及高级工程技术人员 163 人。

微生物研究所是 1981 年国务院学位委员会批准的博士学位授予权单位之一，现设有生物学、基础医学和药学 3 个一级学科，包括微生物学、遗传学、生物化学与分子生物学、生物信息学、病原生物学、免疫学、微生物与生化药学 7 个二级学科专业博士、硕士学位研究生培养点；设有生物与医药专业硕士学位研究生培养点；同时设有生物学和基础医学一级学科下微生物学、遗传学、生物化学与分子生物学、病原生物学和免疫学 5 个二级学科专业博士后流动站。截至 2020 年底，共有在学研究生 559 人，其中硕士生 239 人、博士生 320 人；留学生 14 人，在站博士后 93 人。

2020 年，微生物所共有在研项目 455 项（包括新增项目 168 项）。其中，主持国家自然科学基金重点项目 9 项、面上项目 110 项（新增 25 项）、国家杰出青年科学基金项目 6 项（新增 1 项）、国家自然科学基金重大研究计划重点项目 4 项（新增 1 项），培育项目 8 项（新增 6 项），优秀青年科学基金项目 9 项（新增 3 项）；承担国家重大科技专项 4 项（新增 2 项）；主持、参加国家科技基础性工作专项 3 项（新增主持 2 项，参加 1 项）；主持或承担国家重点研发计划 20 项（新增 5 项）；主持、参加中国科学院战略性先导科技专项课题 15 项（新增 4 项）；主持、参加院重点部署项目 19 项（新增 3 项）；承担重点国际合作项目 14 项（新增 6 项）；承担院地合作项目 23 项（新增 15 项）。

2020 年，微生物所共发表 SCI 论文 423 篇。其中第一完成单位 180 篇论文中，IF（5—47）论文 60 篇，4 ＜ IF ＜ 5 论文 36 篇；非第一完成单位 243 篇论文中，IF（5—45）论文 94 篇，4 ＜ IF ＜ 5 论文 48 篇。2020 年获得专利授权 98 项（含 PCT 专利 2 项），申请专利 134 项（含 PCT 专利 3 项），获得软件著作权登记 6 项。

2020 年，微生物所签订各项院地企项目 181 项，项目总额达 14 亿元（含间接与美国礼来制药公司合作金额约 10 亿人民币）。其中技术开发项目 36 项，总额 6053 万元；技术转让项目 19 项，总额 129 975 万元；技术服务及其他院地企项目 126 项，总额 5193.4 万元。500 万元以上的重大科技成果转化有 12 项。横向经费到位 8995.2 万元，其中技术开发到位经费 3193.48 万元，技术转让到位经费 4572.58 万元，技术服务及其他横向项目到位经费 1229.14 万元。

2020 年，微生物所获得中国科学院“弘光专项”两个项目支持，分别是年产 5 万吨月桂二酸产业化项目和新型冠状病毒全人源中和抗体产业化项目。其中，前者已于 2020 年 12 月在宁夏试车成功。另有戊二胺和尼龙 56 盐项目于 2020 年 8 月底建成并试车成功，这是全球第一条成功运行的万吨级生物基戊二胺 / 尼龙 56 生产线，项目入选中国科学院建院 70 周年创新成果展。

2020 年，微生物所国际合作力度空前。与美国、俄罗斯、白俄罗斯、乌克兰、乌兹别克斯坦等18个国家（地区）召开29次网络会议，并与盖茨基金会、法国梅里埃基金会、NIH、WHO等国际组织进行了16次新冠病毒相关主题的网络研讨。世界微生物数据中心与世界微生物菌种保藏联合会共同举办了应对新冠肺炎信息共享学术研讨会，积极推动了全球科技抗疫合作。举办了中俄新型冠状病毒学术研讨会；在中俄科技创新年开幕式上签署了两国科技合作协议。微生物所研发的重组蛋白新冠病毒疫苗于2020年11月起陆续在国内及乌兹别克斯坦、巴基斯坦、厄瓜多尔、印度尼西亚等多国启动III期临床试验；研发的抗体药物已在美国和欧盟国家批准紧急使用，为全球抗疫做出中国贡献。2020年，微生物所主导制定并由国际生物技术标准委员会正式发布了“微生物资源中心数据管理和数据发布规范”（ISO 21710：2020 Biotechnology–Specification on data management and publication in microbial resource centers），这是国际微生物领域第一个ISO级别的数据标准，也是我国在国际生物技术标准委员会主导制定的第一个国际标准。2020年，微生物所获批4项2021年度中国科学院国际人才计划，总经费124.3万元。

挂靠微生物所的学术组织有中国微生物学会、中国菌物学会、中国生物工程学会3个国家级学会。微生物所与相关学会共同主持编辑出版的学术刊物有《微生物学报》、《微生物学通报》、《菌物学报》、《生物工程学报》及英文刊物 *Mycology*。2020年底，微生物所决定启动创办微生物学高水平综合性英文期刊 *mLife*。

（撰稿：刘黎琼　梁　勇　审稿：杨永峰）

生物物理研究所

所　　长：许瑞明
地　　址：北京市朝阳区大屯路15号
邮政编码：100101
电　　话：010-64889872
传　　真：010-64871293
电子信箱：office@ibp.ac.cn
网　　址：http://www.ibp.cas.cn

中国科学院生物物理研究所（以下简称“生物物理所”）是国家生命科学基础研究所，创建于1958年，其前身是1957年建立的北京实验生物学研究所，著名生物学家贝时璋院士任第一任所长。

生物物理所2001年进入中国科学院知识创新工程试点，2005年被评为中国科学院优秀研究所进入知识创新工程三期，2010年被中国科学院评为首批整体择优进入“创新2020”。中国科学院党组部署实施“率先行动”计划和启动研究所分类改革后，2015年第2次院长办公会议决定依托生物物理所成立中国科学院生物大分子卓越创新中心。

生物物理所的定位是：充分发挥多学科交叉的综合优势，在蛋白质科学、脑与认知科学、感染与免疫、核酸生物学等学科前沿领域实现基础性、前瞻性、战略性突破，加强生命科学领域关键装备的创新研制，实现关键技术和实验方法的重点突破，构建以生物制药和体外诊断为重点的转化型研究体系，在国家创新体系中发挥源头创新和骨干、引领作用。持续产出重大引领性科研成果，争取进入生命与健康领域国际一流研究所行列。

生物物理所拥有生物大分子、脑与认知科学两个国家重点实验室；感染与免疫、核酸生物学两个中国科学院重点实验室；蛋白质与多肽药物和交叉科学两个所级重点实验室；以及依托蛋白质与多肽药物实验室建设的北京市生物大分子药物转化工程技术中心和中国科学院纳米酶工程实验室，依托交叉科学实验室建设的北京市生物医学分子检测工程技术研究中心。中国科学院蛋白质科学研究平台和北京磁共振脑成像中心依托生物物理所建设，为科研提供完备的公共技术支撑，同时开展实验方法学和实验技术创新研究，并面向社会开放共享。2020年，生物物理所联合北京大学共建的“十三五”国家重大科技基础设施——多模态跨尺度生物医学成像设施启动土建工程建设并实现主体结构封顶；牵头建设的北京市第二批交叉研究平台——脑认知机理与脑机融合交叉研究平台取得项目可研批复，实现项目开工；与中国科学院自动化研究所共建的中国科学院“十三五”科教基础设施——脑认知功能图谱与类脑智能交叉研究平台项目启动了土建工程建设并实现主体结构封项。

截至2020年底，生物物理所共有在职职工547人。其中科技人员395人、科技支撑人员85人，包括中国科学院院士7人、发展中国家科学院院士4人、研究员及正高级工程技术人员94人、副研究员及高级工程技术人员208人。

生物物理所是1981年11月26日国务院学位委员会批准的我国首批博士、硕士学位授予权单位之一，自行增列博士生导师试点单位及中国科学院博士生重点培养基地单位；现设有生物学、心理学、基础医学3个一级学科，生物化学与分子生物学、生物物理学、认知神经科学、神经生物学、细胞生物学、生物信息学、免疫学二级学科硕士、博士培养点各7个，生物与医药工程硕士培养点1个。截至2020年底，共有在学研究生735人（其中硕士生316人、博士生412人）。设有生物学专业一级学科博士后流动站，在站博士后108人。

2020年，生物物理所共有在研项目426项（包括新增项目110项）。基金委资助项目共计259项（新增53项），包括：国家自然科学基金重点项目27项、面上项目116项（新增20项）、国家杰出青年科学基金项目6项（新增2项）、国家自然科学基金重大研究计划重点项目15项（新增2项）、重大项目（课题）7项（新增1项）、国家重大科研仪器研制项目3项（新增1项）、创新研究群体项目4项、优秀青年科学基金项目3项（新增2项）、青年科学基金项目63项（新增21项）、国际合作与交流项目9项（新增3项）、专项项目2项（新增1项）、海外及中国港澳学者合作研究基金2项、应急管理项目1项、联合基金项目1项。国家部委重大项目包括：国家重点研发计划课题46项（新增9项）。中国科学院项目/课题共计121项(新增48项)，包括：中国科学院战略性先导科技专项项目8项、子课题58个（新增依托于本所的战略性先导科技专项1个、项目5项、子课题37个），院前沿科学重点研究计划项目17项，重点部署项目2项、课题6个，院前沿科学研究计划“从0到1”原始创新项目4项，院科研仪器设备研制项目/子项目8项（新增1项），院仪器设备功能开发技术创新项目12项（新增3项），院电镜技术联盟电镜技术培育项目1项，国际合作交流课题7项(新增2项)，产业化项目8项(新增5项)。

2020年，生物物理所培育产生一批重要原创成果：绘制了高精度人类海马体发育细胞图谱，解析了海马体发育过程中的不同细胞类型及其关键的分子与调控网络；开发了能够捕获细胞内RNA原位高级结构及分子间相互作用位点的RIC-seq新技术，解析了RNA的原位高级结构及作用靶标；解析了酵母核糖体小亚基早期前体向晚期前体转化过程中的一系列过渡状态的结构；筛选鉴定出对β冠状病毒具有广谱中和能力的抗体H014，揭示其广谱性中和表位；揭示了天然免疫中caspase活化和识别GSDMD介导细胞焦亡的完整分子机理；通过合作研究，在新冠病毒灭活疫苗、胰高血糖素受体信号转导、分枝杆菌阿拉伯糖基转移酶结构等方面也取得突出进展。以上成果发表在*Nature*、*Science*等期刊。

2020年，生物物理所共发表科学论文459篇，其中以第一完成单位或通讯作者单位发表科学论文152篇；新申请专利33项，其中国外专利1项；授权专利33项，其中国际授权发明专利2项。

2020年，生物物理所重大突破“超大分子复合体的结构、功能与调控”以及“非编码RNA的功能与应用”、“生物大分子药物创新与转化”和“生物物理新技术新方法”3项重点培育方向在中国科学院“十三五”发展规划终期评估中获得优秀。生物物理所牵头的“光合作用光系统等超大分子复合体的结构、功能与调控”入选中国科学院“率先行动”计划第一阶段重大科技成果及标志性进展。

2020年，生物物理所新增横向项目133项，合同经费11 731.15万元，经费到账4553.94万元。目前生物物理所持股公司9家，其中一级公司6家，二级公司3家。实现销售收入211 173.40万元，所属权益12 333.62万元，上缴税金3041.84万元。

2020年，生物物理所共计17项科研成果以技术转让、许可等形式向企业进行了技术转移。基于生物物理所专利的一类创新药Yps345完成Ⅰ期临床试验报告，国家一类新药99mTc-3PRGD2 Ⅲ期临床试验进入中期阶段。2020年，生物物理所积极开展抗击新冠肺炎疫情科研攻关与合作，其中参与北京科兴中维生物技术有限公司等多家单位联合研制的新冠病毒灭活疫苗克尔来福国内附条件上市并出口多个国家。

2020 年，生物物理所作为中国生物物理学会的支撑单位，举办了第十八次中国暨国际生物物理大会等国际国内重要学术会议。因公出国（境）共 47 人次，其中工作人员 32 人次、学生因公出访 14 人次、公派出国留学 1 人次；组织接待来访 3 人次。生物物理所共有 14 名科研人员在 15 个国际组织中任委员、执委、副主席、国家代表、首任共同会长等职务；30 名科研人员在 70 个国际期刊中任主编、副主编、编委等职务。

生物物理所是中国生物物理学会、中国认知科学学会的支撑单位。主要出版物包括 *Biophysics Reports*（《生物物理学报》）、《生物化学与生物物理进展》和 *Protein & Cell*（《蛋白质与细胞》），其中《生物化学与生物物理进展》、*Protein & Cell* 是 SCI 收录期刊。

（撰稿：许　航　翟　琪　审稿：杨兴宪）

遗传与发育生物学研究所

所　　长：杨维才
地　　址：北京市朝阳区北辰西路 1 号院 2 号
邮政编码：100101
电　　话：010-64806501
传　　真：010-64806503
电子信箱：office@genetics.ac.cn
网　　址：http://www.genetics.cas.cn

中国科学院遗传与发育生物学研究所（以下简称“遗传发育所”）成立于 2001 年，由原中国科学院遗传研究所（成立于 1959 年）和中国科学院发育生物学研究所（成立于 1980 年）合并建成。2002 年，中国科学院石家庄农业现代化研究所（成立于 1978 年）并入遗传发育所。2003 年，原基因组研究中心整体分离组建为中国科学院北京基因组研究所。

遗传发育所面向我国农业和人口健康的重大战略需求和生命科学前沿，解决遗传与发育生物学领域重大科学和关键技术问题，力争在国家现代农业和人口健康科技创新体系中发挥骨干和引领作用，成为遗传与发育生物学原始创新研究基地、生物高新技术研发基地、优秀人才培养基地和国内外具有重要影响力与核心竞争力的研究所。研究所在出色完成中国科学院“率先行动”计划第一阶段“一三五”规划目标的基础上，进一步明确了研究所“十四五”发展目标，着力培育基因组与复杂性状调控规律、设计育种与技术、农业生态可持续发展、细胞发育分化分子机理、主动健康与未来生命创造 5 个重点方向，打造农业和生命健康领域国家战略科技力量，力争在精准设计育种体系、环渤海高质量循环农业科技示范工程、器官发育与再生医学 3 个方面实现重大突破，服务国家科技自立自强。

遗传发育所下设基因组生物学、分子农业生物学、发育生物学、分子系统生物学和农业资源 5 个研究中心。拥有现代化植物温室、实验动物中心、昌平生物技术育种基地以及河北栾城农田生态系统国家野外观测试验站、南皮生态试验站、太行山试验站等网络台站支撑系统，拥有植物基因组学国家重点实验室、植物细胞与染色体工程国家重点实验室、分子发育生物学国家重点实验室、中国科学院农业水资源重点实验室、河北省节水农业重点实验室和遗传发育所遗传网络生物学所级重点实验室，是国家植物基因研究中心（北京）的依托单位。联合上海生命科学研究院植物生理生态研究所与英国约翰·英纳斯中心共同成立了中国科学院 - 英国约翰·英纳斯中心植物和微生物科学联合研究中心。

截至 2020 年底，遗传发育所共有在职职工 671 人。其中科技人员 351 人、科技支撑人员 178 人，创新研究组长共 94 人，两院院士 5 人。遗传发育所不断强化人才培养和引进，曹晓风院士当选美国国家科学院外籍院士，“脂质组学及功能脂质研究”创新团队入选创新人才推进计划重点领域创新团队。

遗传发育所是 1986 年国务院学位委员会批准的博士学位授权单位之一，现有 2 个一级学科生物学、农业资源与环境博士学位授权点，1 个一级学科作物学硕士学位授权点和 1 个专业学位硕士授权点，并设有一级学科生物学博士后流动站。截至 2020 年底，共有在学研究生

818 人（其中硕士生 231 人、博士生 587 人）。2020 年获中国科学院优秀博士学位论文 2 项，中国科学院院长特别奖 2 人，中国科学院优秀导师奖 4 人。

2020 年，遗传发育所争取主持各类项目 / 课题 93 项，其中国家重点研发计划项目课题 1 项、国家自然科学基金项目 52 项，新增中国科学院项目 33 项（含“种子精准设计与创造”A 类先导专项），地方项目课题 8 项，新增合同总经费 74 037 万元。

2020 年，遗传发育所各项科研工作进展顺利成果显著。赤霉素信号传导新机制提高水稻氮肥利用效率研究上取得重大突破，为培育“少投入、多产出、保护环境”的绿色高产高效新品种奠定了理论基础，并提供了有育种应用价值的基因资源。独脚金内酯信号转导机制研究取得重大突破，提出了一种全新的植物激素信号转导机制，对全面解析独脚金内酯调控植物生长发育以及环境适应的分子机制、揭示植物与丛枝真菌共生的机制进而培育高产抗逆、营养高效、抗寄生的作物具有重要指导意义，也为探索激素作用机理提供了新思路。大豆泛基因组研究取得重大突破，在植物中首次实现基于图形结构基因组的构建，突破了传统线性基因组的存储形式，将引领全新的下一代基因组学研究思路和方法，大力推进大豆分子设计育种，助力实现大豆“绿色革命”。基因编辑研究连续取得系列重大突破，构建了饱和靶向内源基因突变碱基编辑器 STEME，为原位定向进化植物内源基因提供了新型技术支撑。发现线粒体代谢物调控衰老的新机制，进一步证实线粒体作为代谢和信号转导的中心在调控表观基因组及衰老过程的重要地位，为利用营养代谢调控机体衰老和治疗衰老相关疾病提供了新的思路和理论基础。

2020 年，遗传发育所共发表 SCI 论文 387 篇，平均影响因子超过 7.69；发表 CNS 论文 5 篇（第一 / 通讯作者论文 3 篇），在全国生命科学领域科研机构中名列前列，CNS 类论文 37 篇（第一 / 通讯作者论文 26 篇）；在高影响力学术期刊发表第一及通讯作者文章 106 篇。授权专利 65 项，获得软件著作权 2 项。审定（登记）作物新品种 20 项，获得植物新品种权 1 项，当年品种推广面积 543.32 万亩。

2020 年，遗传发育所积极寻求与地方、企业合作，共同提升农业生物技术和重大疾病防治的研发水平，为实现农业工业化、重大疾病诊治做出了贡献。2020 年，遗传发育所共转化各种成果（专利 / 品种 / 技术）12 项。全力推进与北京儿童医院共建遗传与发育疾病研究与转化平台、与华大研究院共建多维组学联合中心。内蒙古库伦旗科技扶贫工作实现如期脱贫目标。

2020 年，中国科学院 - 英国约翰·英纳斯中心植物和微生物科学联合研究中心（CEPAMS）持续稳定发展，顺利进入第二个 5 年期合作，得到国内外广泛认可。约翰·英纳斯中心所长 Dale Sanders 教授因其在推动中英合作过程中的杰出贡献荣获 2020 年度国际科学与技术合作奖、中国科学院国际科技合作奖。中巴大豆联合研究中心筹建工作有序推进。与西班牙植物生物技术和基因组中心共建的植物与环境互作联合中心成功征集第一轮合作项目。

遗传发育所是中国遗传学会和河北省农业系统工程学会的挂靠单位，负责编辑出版 *Journal of Genetics and Genomics*、《遗传》和《中国生态农业学报》。

（撰稿：张　杨　张颖娇　审稿：申倚敏）

北京基因组研究所（国家生物信息中心）

所　　长：薛勇彪
地　　址：北京市朝阳区北辰西路 1 号院 104 号楼
邮政编码：100101
电　　话：010-84097710
传　　真：010-84097720
电子信箱：office@big.ac.cn
网　　址：http://www.big.cas.cn

中国科学院北京基因组研究所（以下简称“北京基因组所”）于 2003 年 11 月 28 日正式成立，十余年来在肿瘤微进化、表观遗传学、精准医学、数据库建设等领域取得突破性进展。北京基因组所不断优化学科布局与运行机制，根据学科发展前沿和国家重大需求组建了中国科学院基因组科学与信息重点实验室、中国科学院精准基因组医学重点实验室，科技部、财政部依托研究所生命与健康大数据中心建设国家基因组科学数据中心。

2019年11月，中央机构编制委员会批复关于北京基因组所加挂“国家生物信息中心”牌子（中央编办复字〔2019〕167号）。国家生物信息中心面向我国人口健康、社会可持续发展和信息安全的重大战略需求和科学前沿，承担国家生物信息大数据统一汇交、集中存储、安全管理与开放共享以及前沿交叉研究和转化应用等工作。

2020年，北京基因组所顺利完成“十三五”期间“一三五”规划，取得一批引领和重要标志性成果。在全院开展的“率先行动”计划第一阶段目标任务总结评估中，重大突破复杂性状表观遗传调控的新机制和新理论和代表性科技成果新一代胚胎筛查技术使试管婴儿出生率翻倍获得中国科学院优秀评价，其他重大突破和重点培育方向均通过验收。国家生物信息中心汇交存储数据总量超过6.8PB，数据上传下载量日均达到1TB，初步形成我国生物数据存管用的核心平台，为解决我国生物数据安全和信息安全奠定重要基础，得到国际生物数据领域的广泛认可，不断发挥引领我国生物数据前沿技术和信息科学发展的作用。特别是新冠肺炎疫情暴发后，由北京基因组所构建的2019新型冠状病毒信息库在病毒溯源、监测、变异演化分析等方面发挥了重要科技支撑作用。

截至2020年底，北京基因组所共有在职职工215人。其中科技人员168人、科技支撑人员47人，包括研究员及正高级工程技术人员30人、副研究员及高级工程技术人员22人。

北京基因组所现设有生物学、基础医学两个一级学科，生物学设有基因组学、生物信息学两个硕士和博士研究生二级学科培养点，基础医学设有精准医学一个硕士和博士研究生二级学科培养点；并设有一个生物学一级学科博士后流动站。截至2020年底，共有在学研究生261人，其中硕士生117人、博士生144人；在站博士后16人。

2020年，北京基因组所共有在研项目190项（包括新增项目59项）。其中，主持（或承担）国家自然科学基金重点项目4项（新增2项）、面上项目39项（新增3项）、国家杰出青年科学基金项目1项、国家自然科学基金重大研究计划3项（新增2项），国际（地区）合作与交流项目1项（新增1项）；主持或承担国家重点研发计划4项（新增1项），承担（或参加）课题54项（新增7项）；承担国家科技基础资源调查专项课题1项（新增1项）；主持或承担基地和人才专项近30项（新增8项）；主持院重大仪器研制项目1项（新增1项）；主持（或承担）中国科学院战略性先导科技专项课题1项（新增1项），承担课题/子课题共18项；主持（或承担）院重点部署项目2项、承担重点国际合作项目1项；承担院地合作项目3项（新增3项）；承担其他项目28项。

新冠肺炎疫情暴发后，北京基因组所第一时间投入抗击新冠肺炎疫情科技攻关工作，从2019新型冠状病毒信息库建立、病毒溯源研究、病毒基因组动态监测，病毒变异演化分析、文献解读分析等方面进行战略部署，取得重要进展。2020年1月22日上线2019新型冠状病毒信息库，截至2020年底，收录全球范围内产出的297 051条非冗余的基因组序列，监测基因组变异23 497个，收集文献情报104 758篇，为全球175个国家/地区19万余访客提供数据服务，累计数据下载超2.1亿条，为我国抗疫科研工作和全球抗疫国际科技合作提供了有力支撑。基于新冠病毒基因序列、影像与文献数据，多维度开展大数据挖掘与分析，通过深度解读，为病毒的起源研究提供了不同视角的数据信息与佐证，向国家相关部委报送相关科技报告近300份，为打赢我国疫情防控阻击战、部署外防输入和北京疫情分析防控工作提供了基于科学数据分析的决策支撑，2019新型冠状病毒信息库工作入选国务院《抗击新冠肺炎疫情的中国行动》白皮书。

2020年，北京基因组所各项科研任务有序推进，在基因组科学与技术、生物大数据与生物信息学研究方面取得一系列重大进展。合作研究揭示RNA的m6A修饰调控染色质状态和转录活性的重要机制，绘制衰老和节食状态下不同组织器官的分子网络图谱，国际权威期刊*Nucleic Acids Research*连续4年将国家基因组科学数据中心列为国际主要生物信息中心之一。2020年共发表SCI论文99篇，*Cell*、*Nature*、*Science*文章8篇；发明专利授权3项，软件著作权登记12项。

2020年，北京基因组所与企业、科研院所、政府等多类型主体积极开展院地合作，推动基础研究成果向临床转化，如积极推进儿童白血病低剂量化疗新方案、辅助生殖新技术等，并与华为签订战略合作协议推进我国基因组学数据信息化及精准医学转化应用；与衢州人民医院合作开展衢州人群队列研究等。

北京基因组所积极响应“一带一路”倡议，进一步加强国际交流与合作，拓展合作多样化渠道。长期以来通过与巴基斯坦建立数据联盟、开展科研机构间的交流互访等工作，打下合作基础。新冠肺炎疫情暴发以来，联合开展了巴基斯坦的新冠病毒测序分析工作，为全球病毒变异分析工作提供了基础。同时，联合金砖国家科研机构积极申报多项新冠病毒合作研究项目；以国家基因组科学数据中心为依托，持续建设国际生物多样性与健康大数据联盟（BHBD），成为“一带一路”国际科学组织联盟（ANSO）专题联盟之一，并获ANSO专项及国际生物科学联合会（IUBS）科学项目的经费支持；组织第五届生命与健康大数据国际研讨会、BHBD年会、国家基因组科学数据中心国际科学顾问委员会2020年度会议，以及BHBD新冠病毒专题会议，提升数据联盟及科研成果的国际影响力，进一步拓展国际合作和数据共享。

北京基因组所积极支持期刊发展，《基因组蛋白质组与生物信息学报》（*Genomics*，*Proteomics & Bioinformatics*，*GPB*）于2003年创刊，是由北京基因组所与中国遗传学会共同主办的英文学术期刊，现为中国科学引文数据库（CSCD）和中国科技论文与引文数据库（CSTPCD）核心期刊，被SCIE、PubMed / MEDLINE、Scopus等数据库收录。2020年，JCR官方影响因子7.051，保持“基因遗传学”领域前10%；*CiteScore*期刊影响力榜单Q1区，中国科学院文献情报中心生物1区Top期刊；是世界学术期刊学术影响力指数“遗传学与遗传性”领域大陆唯一的Q1期刊。期刊由科技部等7部门联合实施的“中国科技期刊卓越行动计划”资助（2019—2023）。

（撰稿：潘立颖　周梦菱　审稿：王丽萍）

计算技术研究所

所　　长：孙凝晖
地　　址：北京市海淀区科学院南路6号
邮政编码：100190
电　　话：010-62601166
传　　真：010-62562786
电子信箱：zonghechu@ict.ac.cn
网　　址：http://www.ict.ac.cn

中国科学院计算技术研究所（以下简称“计算所”）创建于1956年，是中国第一个专门从事计算机科学技术综合性研究的学术机构。计算所研制成功了我国第一台通用数字电子计算机，并形成了我国高性能计算机的研发基地，我国首枚通用CPU芯片也诞生在这里。

计算所“十三五”时期发展定位为：建成引领创新型战略高技术研究所，保障国家信息安全，引领产业技术方向，成为中国计算机产业人才与技术的源头。在计算技术学科的计算机系统、网络、智能技术三个主要研究领域，开展以体系结构与算法为特色的人才培养、学术研究、技术创新、技术应用与技术转移，率先成为世界一流水平的研究所。

计算所从学科方向上布局系统研究部、网络研究部和智能研究部3个跨领域的研究部。科研机构设有计算机体系结构国家重点实验室、中国科学院智能信息处理重点实验室、中国科学院网络数据科学与技术重点实验室、前瞻研究实验室，以及高性能计算机研究中心、微处理器研究中心、智能处理器研究中心、高通量计算机研究中心、先进计算机系统研究中心、智能计算机研究中心、网络技术研究中心、无线通信技术研究中心、专项技术研究中心、计算机应用研究中心、泛在计算系统研究中心，共15个研究实体。拥有计算机体系结构国家重点实验室、大数据分析系统国家工程实验室、中国科学院智能信息处理重点实验室、中国科学院网络数据科学与技术重点实验室、中国科学院智能农业机械装备工程实验室、北京市移动计算与新型终端重点实验室等平台。

科学计算共享平台和云计算平台是服务计算所科研工作的大型计算环境。截至2020年底，科学计算共享平台具有计算节点210余台，总核数7932核，系统峰值浮点运算速度达到69.8万亿次每秒，节点之间有40Gbps、56Gbps、100Gbps InfiniBand高速网络，提供1.42PB的统一存储空间。云平台具有计算节点40台，总核数2608核，内存总数6496G，提供200T的统一存储空间。云计算平台可提供约1624个虚拟计算节点。

计算所集成电路专业实验室提供千级洁净度、GJB级防静电实验环境，具备晶圆-芯片-系统全流程测试分析设备，包括V93000 SOC测试系统、示波器、逻辑分析仪等。计算所EDA公共设计平台采用集群架构、Netapp存储，具备全流程EDA软件，为所内科研实体提供芯片设计环境。

截至2020年底，计算所共有在职职工599人，其中科技人员513人、科技支撑人员48人，包括中国工程院院士2人、研究员及正高级工程技术人员89人、副研究员及高级工程技术人员161人。

计算所是1981年国务院学位委员会批准的博士、硕士学位授予权单位之一，现设有计算机科学与技术、网络空间安全2个专业一级学科博士、硕士研究生培养点，并设有计算机科学与技术、软件工程2个专业一级学科博士后流动站。截至2020年底，共有在学研究生1265，其中硕士生688人、博士生577人（含3名外国留学生）；另有在站博士后59人。

2020年，计算所新增立项项目390项。包括国家部委项目126项；获批国家基金项目43项；中国科学院项目62项，其中主持或参与中国科学院C类先导专项课题15项、B类先导专项课题6项、院科技服务网络计划项目7项、院重点部署项目2项；地方政府项目21项；承担横向项目133项；所创新课题10项。

2020年，计算所产出了如下一批重大科技成果。

在处理器设计方面：龙芯新一代桌面处理器龙芯3A5000完成研制，性能比龙芯3A4000提升50%，功耗降低30%，实现自主LoongArch指令系统，同时又能兼容主流指令系统。研制成功国际同期训练峰值速度最高的深度学习处理器芯片MLU290，形成完整的训练加推理的产品线，能够正面对抗Nvidia最高端的GPU。完成国内首个8位超导CPU芯片设计和流片，并在液氦低温环境下成功演示，这是国际上首颗面向构建计算机原型的超导处理器核。首期“一生一芯”取得成功，本科生主导完成一款64位RISC-V处理器SoC芯片的设计并实现流片；与771所合作成功完成标签化RISC-V芯片。

在高通量和智能计算机系统方面：创智1000智能计算机系统顺利通过验收，具备OODA任务链全环加速能力，部分关键指标国际领先。已完成多家单位典型应用的移植和试算，进入实际环境部署状态。完成DPU-s高通量信号处理器设计验证并投片，应用于中国科学院空天信息创新研究院实时数字信号处理场景。在全球知名的Green Graph500排行榜中，高通量计算机连续三期蝉联全球第一。BenchCouncil的AIBench等标准和工具获得国际社区广泛关注。

在大数据系统方面：突破大图计算、知识推理等技术，形成新一代大数据分析系统栈，比国际主流图计算系统速度提升1000倍，知识推理等多项技术国际领先。研制了网络舆情监测与情报分析平台，应用到所有省市及从中央到地方20余垂直部门，在反恐维稳等领域发挥了关键作用。承建“大数据分析系统国家工程实验室”，研制完成天玑数据大脑。纪检大数据平台建设和推广工作以沈阳纪检大数据平台联合实验室为基地，深耕各个领域的纪检大数据分析模型和应用，得到广泛关注和认可，社会效益巨大。

在信息高铁和未来网络方面：信息高铁综合试验场开始在南京建设，其中智能网络平台，已完成智能测调原型系统；接入网平台是全球能做从5G射频到核心网全栈、黑白灰全类型测试的极少数单位之一。研制新型互联网体系结构和可编程网络核心组网设备，是国家未来网络试验设施（CENI）的核心支撑技术。

在移动通信系统方面：无线中心团队8月正式发布基于3GPP R15标准的工业级5G终端

基带芯片原理样片，其5G通信专用DSP核性能国际领先。构建基于超级基站的空天地一体化移动通信验证平台，是当前国内最大的空天地一体化通信规模仿真验证测试系统。

在智能计算系统方面：在概念知识引导和数据驱动的通用“万物”识别方法上取得重要突破，承担的国家自然科学基金重大项目结题获特优评价。构建了有特色的多语种（30+语种）翻译系统，在模型、算法等方面达世界前沿水平，应用于多个国家重要部门与大型企业。

在物端泛在计算系统方面：研制了面向物端的新型处理器、整机、系统软件，形成成体系的人、机、物三元计算技术栈，成果已通过物栖公司实现产业化。

在前瞻和基础研究方面：在高影响因子国际期刊*Science*、*Nature Biotechnology*、*Nature Communications*等发表生物信息处理论文，奠定了在计算机与生物交叉学科的国际学术地位。构建了一个包含100TB数据资源、1.06亿节点、3.84亿事实的跨媒体影片知识图谱及可视化平台，能支撑属性学习、摘要生成等一系列跨媒体分析推理研究。研制了生物大数据处理一体机，开发了生物大数据处理系列软件Pfind、AuTOM、Seq-SetNet和面向中国人群的人工晶状体精准设计数据库，并首次实现普通光学设备活细胞大尺度超分辨率动态观测，帮助生物学家取得多项重要科学发现。

2020年，计算所作为第一完成单位申请和获得的奖励包括：“深度学习处理器体系结构新范式”通过国家自然科学奖二等奖初评；“视觉媒体的局部关联分析与表示”获得中国图象图形学学会自然科学奖二等奖。

2020年，计算所新成立企业2家，有4家参股企业进行了融资，共计融资1.4亿元。2020年7月20日，中科寒武纪科技股份有限公司成功登陆科创板上市，股票代码688256。龙芯中科技术有限公司和北京中科晶上科技股份有限公司均进入上市辅导阶段。

2020年，计算所新申请发明专利217件，获得授权197件，总申请数量突破3000件。专利质量进一步提升，在国家知识产权局和国家统计局联合发布的“基于专利维度的科技创新排名”中，计算所在全国研究机构中排名第二，在全国信息技术领域研究机构中排名第一。知识产权管理进一步规范，获《知识产权管理体系认证证书》。

计算所2020年度国际交流（出访及在线参会）65人次，其中员工24人次，学生41人次。

计算所主办的科技期刊有《计算机研究与发展》、《计算机学报》、*Journal of Computer Science and Technology*（《计算机科学技术学报》），承办的科技期刊有《计算机辅助设计与图形学学报》。

（撰稿：杨　峰　沈　哲　审稿：李锦涛）

软件研究所

所　　长：赵　琛

地　　址：北京市海淀区中关村南四街4号

邮政编码：100190

电　　话：010-62661012

传　　真：010-62562533

电子信箱：office@iscas.ac.cn

网　　址：http://www.iscas.ac.cn

中国科学院软件研究所（以下简称“软件所”）成立于1985年3月，前身是中国科学院计算技术研究所的软件研究室；1995年中国科学院原计算中心计算机应用部分并入软件所；2003年1月，中国科学院软件园区综合管理服务中心整建制划归软件所管理。

软件所定位于计算机科学理论和软件高新技术的研究与发展，为国家信息安全保障、软件产业发展、核心基础设施建设提供理论与关键技术支撑。把握人机物深度融合的信息技术发展趋势，结合以软件定义、云计算、大数据、物联网等为代表的新型计算环境，攻克软件的网络化、智能化、高可信和高性能的重大科学问题，为软件技术创新与可持续发展提供理论指导；突破新型计算环境下的基础软件、高可信软件理论和方法、天基综合信息系统技术等核心关键技术，支撑我国软件技术与产业发展；成为软件领域具有国际重要影响力的基础前沿和战略高技术综合创新基地。设有总体部、软件基础研究部、软件高技术研究部、软件应用研究部、软件发展研究部和协同创新中心。以国家级研究机构为龙头，设若干研究中心、实验室或创新小组，主要包括计算机科学国家重点实验室、基础软件国家工程研究中心、天基综合信息系统国家级重点实验室、卫星导航应用国家工程研究中心分中心等。软件所还有若干与国际和国内机构共建的各类联合研究单元。

截至2020年底，软件所共有在职职工705人，其中科技人员628人、管理支撑人员77人，包括中国科学院院士4人、第三世界科学院院士1名，正高级专业技术人员83人、副高级专业技术人员147人。

软件所是国务院学位委员会批准的博士、硕士学位授予权单位之一，现设有计算机科学与技术、软件工程、网络空间安全3个一级学科博士研究生培养点和电子信息专业学位培养点，并设有计算机科学与技术、软件工程2个一级学科博士后科研工作流动站。截至2020年底，共有在学研究生545人（其中硕士生294人、博士生251人）；在站博士后18人。

2020年，围绕“十三五”时期的“一三五”规划目标，软件所积极承担国家、院、地方或企业科技任务，建立了以需求为牵引、以研究所学科布局为基石的科技创新体系，高质量完成“十三五”时期“一三五”任务目标。在中国科学院组织的“一三五”任务评估中，软件所1个重大突破和3个重点培育方向被评为优秀。

2020年，软件所共有在研项目1353项（包括新增项目352项）。其中，主持国家自然科学基金重点项目4项、面上项目30项（新增6项）、国家杰出青年科学基金项目1项、青年科学基金项目18项（新增3项）、联合基金重点支持项目3项（新增1项）；主持国家重点研发计划项目6项（新增1项）、课题44项（新增8项）；主持中国科学院战略性先导科技专项项目2项（新增2项），课题9项（新增3项）、承担院重点国际合作项目2项、承担院前沿科学重点研究项目4项、承担中国科学院基础前沿科学研究计划“从0到1”原始创新项目2项。

2020年，在面向世界科技前沿方面，软件所提出高可信软件理论：首次提出和构造了全新的可证明可靠广播协议（provable reliable broadcast），提出的松弛子句冲突学习方法在SAT Competition 2020中获Main Track SAT冠军；量子程序设计理论：形成了量子程序信息安全性验证及量子通信协议验证的逻辑基础；提出基于投影运行断言的量子程序测试和调试理论；在“太湖之光”上实现量子霸权线路仿真。在面向国家重大需求方面，打造开源软件的可靠供应链，支撑鲲鹏/昇腾处理器生态，成为openEuler操作系统社区的核心贡献者，研发并发布EulixOS发行版；完成HPL、HPCG的异构众核并行和优化，达国际先进水平；在国际上率先开展“AIoT + RISC-V”原生操作系统研发。在面向国民经济主战场方面，牵头研制的“澜湄次区域虫媒传染病联防联控平台”拟在老挝进行部署；发布地球大数据挖掘分析云服务EarthDataMiner，支撑了联合国可持续发展目标（SDGs）指标在线提取系统等一批具有国际影响力的专项典型系统。

2020年，软件所专利受理63件，获专利授权73件；软件著作权受理83件，登记81件；发表论文393篇，其中SCI 120篇，EI 291篇。2020年度，软件所获北京市科学技术奖技术发明奖一等奖1项（排名第3）、北京市科学技术奖进步奖一等奖1项（排名第3）、北京市科学技术奖进步奖二等奖2项（分别排名第2、第3）、湖南省自然科学奖二等奖1项（排名第2）。

2020年，软件所贯彻落实中国科学院党组相关部署，撤销了7个所级非法人分支机构。在积极推动整改工作的同时，聚焦主责主业，有序开展院地合作交流，促进地方科技水平与经济发展。软件所拥有持股企业13家，2020年投资企业资产总额近65亿元，营业收入近60亿元，从业人数逾万人。

2020年，软件所全年出访2人次，参加线上国际会议49人次，来访2人次，获得2021年度中国科学院国际人才计划项目资助1人次。中国-东盟陆路边境地区重大虫媒传染病防控信息化能力建设示范获外交部亚洲合作资金项目资助计划立项支持。

软件所是中国中文信息学会、中国密码学会密码技术专业委员会、中国电子学会软件定义推进委员会办事机构的挂靠单位；主办《软件学报》、《中文信息学报》、《计算机系统应用》和 *International Journal of Software and Informatics* 等期刊；图书馆藏书 2.1 万余册，期刊 470 余种、4.3 万余册。

（撰稿：杨　柳　殷效蕊　审稿：赵　琛）

半导体研究所

所　　长：谭平恒

地　　址：北京市海淀区清华东路甲 35 号（林业大学北路中段）

邮政编码：100083

电　　话：010-82304210

传　　真：010-82305052

电子信箱：semi@semi.ac.cn

网　　址：http://www.semi.ac.cn

中国科学院半导体研究所（以下简称“半导体所”）成立于 1960 年 9 月，目前已发展成为集半导体物理、材料、器件研究及其系统集成应用于一体的国家级半导体科学技术综合性研究所。

半导体所定位于半导体科学技术的基础和应用研究，面向世界科技前沿，围绕国际半导体科学前沿的关键科学与技术问题，为我国半导体功能材料、光电子器件及集成技术做出基础性、战略性和前瞻性贡献。主要研究领域包括半导体量子结构前沿物理研究、第三代半导体材料制备及应用技术、半导体光电子器件及集成技术、半导体人工神经网络和特种微电子技术等。

半导体所拥有两个国家级研究中心：国家光电子工艺中心、光电子器件国家工程研究中心；3 个国家重点实验室：半导体超晶格国家重点实验室、集成光电子学国家重点实验室（半导体所区）、表面物理国家重点实验室（半导体所区）；3 个院级实验室（中心）：半导体材料科学重点实验室、固态光电信息技术重点实验室和半导体光电器件工程实验室。此外，还设有半导体集成技术工程研究中心、光电子研究发展中心、半导体照明研发中心、高速电路与神经网络实验室、纳米光电子实验室、光电系统实验室、全固态光源实验室和元器件检测中心。

半导体所 2020 年底资产总额 222 531 万元，拥有全套先进的半导体物理、材料、器件及电路研究、分析测试和制备设备。

截至 2020 年底，半导体所共有在职职工 702 人，其中科技人员 473 人、科技支撑人员 170 人。中国科学院院士 7 人、中国工程院院士 2 人、发展中国家科学院院士 1 人、研究员及正高级工程技术人员 123 人、副研究员及高级工程技术人员 159 人。

半导体所是首批国务院学位委员会批准的博士、硕士学位授予权单位之一，现设有物理学、电子科学与技术、材料科学与工程、光学工程 4 个一级学科博士研究生培养点，材料与化工（工程博士和工程硕士）、电子信息（工程硕士）2 个专业学位领域；设有物理学、电子科学与技术、材料科学与工程 3 个一级学科博士后流动站。截至 2020 年底，共有在学研究生 737 人（其中硕士生 354 人、博士生 383 人）；在站博士后 59 人。

2020 年，半导体所取得系列创新成果。研制出计算速度为 160 亿次乘加运算 / 秒的硅基光学矩阵处理器；提出“随机光电振荡器”新概念，解决了多元相位混合稳定振荡与随机连续振荡的难题；采用创新超大光腔渐变波导结构，突破高均匀性低缺陷的外延生长技术，实现 808 纳米准连续激光器巴条高达 72% 的电光转换效率；设计完成分布式 CMOS 驱动电路和双段式硅光调制器，实现一款单波 50Gbps 的光电集成发射机芯片；实现紫外 LED 外延和芯片技术成果转化，建成目前国内规模最大的深紫外 LED 外延芯片生产线，推动半导体照明由通用照明向超越照明领域技术进步；首次在二维半导体材料利用激子声子强耦合打破光学跃迁选择定则，对实现高效光电器件具有重要的意义；利用磁性半导体（Ga，Mn）As/ 手性分子 AHPA-L/Au 构成的隧穿结验证了 AHPA-L 分子的自旋过滤功能，为手性诱导自旋选择的物理机制提供了新的实验证据；提出横向自旋轨道矩机制，在局域激光退火后的 Pt/Co/Pt 垂直磁化器件中实现不依赖于垂直自旋流注入的全电控定向自旋翻转；将超构表面单片集成到半导体激光器中，实现了具有光束聚焦、准直及贝塞尔和涡旋光束等功能的超构表面垂直腔面发射激光器；研制出光电转换效率超过 24% 钙钛矿太阳能电池，获得目前国际上蓝光发光效率最高的钙钛矿发光二极管；激光三维成像技术获得企业3000万投资，光纤地震探测技术成功应用于青藏高原二次科考。“半导体光电子器件及集成技术”和“高光效长寿命半导体照明关键技术与产业化”两项成果入选中国科学院“率先行动”计划第一阶段重大科技成果及标志性进展。重大突破半导体光电子器件及集成技术在院“十三五”时期“一三五”规划任务书验收中获评优秀。

2020年，半导体所共有在研项目900余项（包括新增项目176项）。其中，主持（或承担）国家自然科学基金重点项目12项（新增2项）、面上项目73项（新增17项）、国家杰出青年科学基金项目6项、国家自然科学基金重大项目3项（新增1项）；主持或承担国家重点研发计划25项（新增5项）；主持（或承担）（科技部、国家自然科学基金委、财政部和院）重大仪器研制项目8项；主持（或承担）中国科学院战略性先导科技专项课题19项（新增9项）；主持（或承担）院重点部署项目14项、承担重点国际合作项目5项（新增1项）；在战略高技术科研任务方面，共承担各种科研任务63项，落实合同经费5.57亿元。

2020年，半导体所共发表SCI收录文章565篇，EI收录文章582篇，CPCI-S收录文章13篇；出版专著1册，编著2册；申请专利302项，获得专利授权222项。获省部级奖励9项，其中中国光学工程学会科技创新奖一等奖1项，中国光学学会光学科技奖一等奖1项，湖北省科学技术进步奖一等奖1项（第二完成单位），其他省部级一等奖2项，云南省技术发明奖二等奖1项（第二完成单位），中国发明协会发明创业奖·创新奖1项（第二完成单位），上海市科学技术进步奖二等奖1项（第三完成单位），吴文俊人工智能芯片专项奖三等奖1项（第二完成单位）；荣获何梁何利基金科学与技术创新奖1项。

半导体所高度重视科技成果转移转化工作，通过成果宣传、平台辐射、技术开发、技术服务以及技术转让等方式持续推进与地方政府和企业的合作，实现成果转化收入的稳定增长和多项重大成果的转移转化。新冠肺炎疫情期间积极组织和参加线上视频科技合作交流活动，线上和线下合作交流20余次。与地方共建10个联合实验室，推动半导体所技术成果在当地的落地转化，促进国家和地区经济发展。全年签订技术开发合同75项；专利转让及许可31件；争取院地合作项目14项；签订技术服务及销售合同587项，横向经费实现逆势增长，横向合同经费3.3亿元，同比增长15%。

2020年底，半导体所共有对外投资公司13家，投资总额8253.18万元。投资企业全年实现营收近9亿元，成为投资所在地创新发展的重要引擎。2020年共签约成立两家高技术公司。参股公司河南仕佳光子科技股份有限公司于2020年8月12日在科创板上市。

2020年，面对新冠肺炎疫情在全球蔓延的严峻形势，半导体所采取线上视频会议等方式推动国际合作：与多家单位共同主办第二届国际高性能大数据暨智能系统线上会议；举办18场“甲子辉煌 桃李芬芳”庆祝建所60周年系列青年科技论坛，加强海内外半导体等相关领域的专家与学者之间的学术交流与合作。国际合作项目方面，积极争取国际合作项目资源，与多个国家和地区的科研机构和大学开展了优势互补的科研合作，项目留所经费共计1320万元。

半导体所是中国电子学会半导体与集成技术分会、中国物理学会半导体物理专业委员会挂靠单位；主办有英文刊物*Journal of Semiconductors*（*JOS*，《半导体学报》），ISSN1674-4926，主编为李树深院士。2020年11月25日，*JOS*正式被EI数据库收录。

（撰稿：葛 婷 高 艳 审稿：樊志军）

微电子研究所

所　　长：戴博伟
地　　址：北京市朝阳区北土城西路3号
邮政编码：100029
电　　话：010-82995501
传　　真：010-62021601
电子信箱：imecas@ime.ac.cn
网　　址：http://www.ime.cas.cn

中国科学院微电子研究所（以下简称“微

电子所”）的前身是成立于1958年的中国科学院109厂。1986年，109厂与中国科学院半导体研究所、计算技术研究所有关研制大规模集成电路部分合并为中国科学院微电子中心。2003年9月，正式更名为中国科学院微电子研究所。

微电子所的战略定位是：中国微电子技术创新的引领者和产业发展的推动者。微电子所是国内微电子领域学科方向布局最完整的综合研究与开发机构，是国家科技重大专项集成电路装备及工艺前瞻性研发牵头组织单位，是中国科学院大学微电子学院（国家示范性微电子学院）的依托单位，是中国科学院集成电路创新研究院的筹建依托单位。

2020年，随着微电子所“一三五”规划实施，创新“2020”相关目标及“率先行动”计划落实取得突破性进展：3-1纳米4层堆叠Si和SiGe沟道GAA器件参数达国际一流、垂直沟道GAA器件实现原始创新。在新型存储器与集成，显示驱动电路模型及新材料晶体管取得突破性进展，获评中国科学院“率先行动”第一阶段59项代表成果之一。面向高可靠用高密度存储器件发展需求，研制出8层堆叠立体集成大容量存储器样机。开发机场行李处理和自动化立体仓库系统，建设完善了智能物流装备产品体系，安装成套智能物流系统超100套，签订合同金额15亿元。完成28纳米浸没光刻机曝光光源10mJ@4KHz工程样机交付整机使用及15mJ@6KHz原理样机研制；深紫外准连续晶圆检测光源工程样机实现小批量制造。与长江存储联合技术攻关，研制出128层的1.33Tb的QLC产品①，是业界最高速度、最大容量和最高密度的3D计算机闪存产品。非接触式体征监测设备与高清无线电子听诊器为2020年新冠肺炎疫情防控工作提供支撑并受到中央电视台报道。模块化碘工质电推进系统技术指标达到国际领先水平。毫米波GaN技术取得突破，GaN肖特基二极管试用于无线传能系统。大电流SiC SBD及MOSFET电力电子器件通过可靠性考核，并进行企业技术转移。

2020年11月，由微电子所参与建设的集成电路创新研究院完成验收。

微电子所拥有2个基础研究类中国科学院重点实验室（微电子器件与集成技术重点实验室、硅器件技术重点实验室），5个行业服务类研发中心（中国科学院EDA中心、集成电路先导技术研发中心、系统封装与集成研发中心、中科新芯三维存储器研发中心、光刻总体部），7个行业应用类研发中心（通信与信息工程研发中心、新能源汽车电子研发中心、健康电子研发中心、智能感知研发中心、智能制造电子研发中心、智能电子系统研发中心、电磁信息智能应用研究中心），4个核心产品类研发中心（硅器件与集成研发中心、高频高压器件与集成研发中心、微电子仪器设备研发中心、光电研发中心）。

截至2020年底，微电子所共有在职职工1152人。其中科技人员756人、科技支撑人员289人，包括中国科学院院士2人、发展中国家科学院院士1人、国际欧亚科学院院士1人、研究员及正高级工程技术人员150人、副研究员及高级工程技术人员343人。

微电子所是国务院学位委员会批准的博士学位（1996年5月获批）、硕士学位（1990年11月获批）授予权单位之一，现设有电子科学与技术、光学工程两个一级学科，其中电子科学与技术下设微电子学与固体电子学（2011年获批中国科学院重点学科）、电路与系统两个二级学科；设有硕士、博士研究生培养点和电子科学与技术一级学科博士后流动站，拥有集成电路工程、电子与通信工程、光学工程3个工程硕士培养点。截至2020年底，共有在学研究生1259名，其中微电子所836名(博士生376人、硕士生460人)，微电子学院423名；在站博士后42人。

2020年，微电子所共有在研项目500项（包括新增项目167项）。包括，主持（或承担）关键核心攻关项目、国家重点研发计划、国家自然科学基金、中国科学院战略性先导科技专项（B类、C类）、弘光专项及高技术项目等国家重大科技项目。

2020年，微电子所获中国科学院、北京市

① NAND（计算机闪存设备）共有四种，从高端到入门分别是SLC、MLC、TLC、QLC。

及社会力量奖项5项。其中，“飞秒激光跟踪测量技术及应用”获中国机械工业科学技术奖技术发明奖特等奖、“探测定位系统项目——激光感知与处置系统”获中国光学工程学会科技创新奖技术发明奖一等奖、“新能源汽车电子关键技术研发与产业化团队”获中国科学院科技促进发展奖、“大束流离子注入机装备及工艺研发”获北京市科学技术奖科技进步奖一等奖（参与）、“单细胞生物物理/化学特性高通量定量检测方法和仪器”获中国仪器仪表学会科学技术奖技术发明奖二等奖（参与）。

2020年，微电子所共发表论文536篇，其中SCI论文325篇，EI论文124篇，论文总影响因子1378.8785；申请专利1215项，授权专利286项，登记软件著作权14项，集成电路设计布图2项，注册商标1项；出版专/译著7部；专利转让333项，合同金额2亿元。

截至2020年底，微电子所本部以技术转移为主孵化培育企业98家，累计股权作价金额达9.55亿元，微电子所对外投资知识产权共计718项，吸引社会投资124.26亿元，实施股权奖励1.53亿元，企业资产规模达162.26亿元；共建各类联合实验室5个，与地方共建合作平台15个，其中地方事业单位11个，在地企业4个，战略合作伙伴50余家，参与管理数支产业风险投资基金。

2020年，微电子所共邀请14位外国专家来华进行技术交流，因公出访3团组6人次，65人在线参加各类国际会议。2020年获批科技部政府间国际科技创新合作重点专项和国际合作伙伴计划等项目，作为理事单位加入中国科学院曼谷创新合作中心，推动“一带一路”国际科技合作工作。成功组织第四届国际先进光刻技术研讨会和第二十二届电子封装技术国际会议。

微电子所是中国集成电路创新联盟秘书处、中国集成电路检测与测试创新联盟秘书处、示范性微电子学院产学融合发展联盟秘书处、全国半导体设备与材料标准化技术委员会微光刻分技术委员会秘书处、全国纳米技术标准化技术委员会微纳加工技术工作组秘书处、北京电子学会半导体专业技术委员会制版（光掩模制造）分技术委员会秘书处挂靠单位。

（撰稿：蒋 洁 侯继强 审稿：戴博伟）

空天信息创新研究院

院　　长：吴一戎
地　　址：北京市海淀区邓庄南路9号
邮政编码：100094
电　　话：010-82177608
传　　真：010-82178009
电子信箱：office@aircas.ac.cn
网　　址：http://www.aircas.ac.cn

中国科学院空天信息创新研究院（以下简称“空天院”）在中国科学院电子学研究所、遥感与数字地球研究所、光电研究院的基础上整合组建，于2017年7月29日由中国科学院院长办公会议审议通过。其中，电子学研究所创建于1956年，为我国第一个综合型电子与信息科学研究所；遥感与数字地球研究所于2012年在原遥感应用研究所（1979年）、对地观测中心（2007年）基础上组建，为我国遥感科学与综合应用技术研究机构；光电研究院组建于2003年，是光电工程、航天航空和应用科技3个主要领域兼具总体管理与技术总体职能的高技术研究单位。空天院的成立是中国科学院党组遵照党中央对科技机构改革的总要求、实施“率先行动”计划的重要举措。

空天院战略定位为：在空天信息领域，承担国家基础性、战略性和系统性重大任务，提出并组织国家空天领域重大科技计划，建设和运行国家相关重大科技基础设施，解决国家重大科技问题，获得有国际影响力的研发成果。

2020年，空天院继续深化整合改革与创新发展，以构建国家空天信息领域战略科技力量为目标，进一步健全完善体制机制，在融合发展、资源统筹、科技创新等改革建设中取得显著成效。现拥有21个国家级/院级重点实验室及研发部，包括3个国家级重点实验室、7个中国科学院重点实验室、2个国家工程实验室/工程技术研究中心，2个大科学装置，基本形成空天信息领域全链条研究体系，包括平台（临近空间/航空）、光学/微波载荷、关键核心器件、全球化卫星接收站网、新一代地面系统建设、遥感应用系统、数字地球、导航等科学技术，实现从平台到载荷、器件，再到数据接收、处理、应用的创新体系。

截至2020年底，空天院共有在职职工2768人。其中科技人员1800人、科技支撑人员168人，包括中国科学院院士4人、发展中国家科学院院士1人、正高级专业技术人员306人、副高级专业技术人员645人。

空天院主办中国科学院大学电子电气与通信工程学院和光电学院两个科教融合学院。设有信息与通信工程、电子科学与技术、地理学、光学工程4个一级学科博士研究生培养点；航空宇航科学与技术一级学科硕士研究生培养点；计算机应用技术二级学科博士研究生培养点；通信与信息系统、信号与信息处理、物理电子学、微电子学与固体电子学、电磁场与微波技术、生物电子学、地图学与地理信息系统、光学工程、飞行器设计、计算机应用技术10个二级学科硕士研究生培养点；电子信息、资源与环境2个专业学位硕士研究生培养点。设有信息与通信工程、电子科学与技术、地理学、光学工程4个一级学科博士后流动站。截至2020年底，共有在学研究生1631人（含国际学生49人），其中博士生909人、硕士生722人；在站博士后48人。

2020年，空天院共有在研项目4532项（包括新增项目1086项）。其中，主持（或承担）国家自然科学基金重点项目28（新增2项）、国家杰出青年科学基金项目8项（新增2项）；主持或承担国家重大科技专项/课题104项（新增38项）；主持或承担国家重点研发计划262项（新增27项）；主持或承担基地和人才专项15项（新增2项）；主持（或承担）（科技部、国家自然科学基金委、财政部和院）重大仪器研制项目10项；主持（或承担）中国科学院战略性先导科技专项课题118项（新增5项）；主持（或承担）院重点部署项目16项（新增3项）、承担重点国际合作项目34项（新增15项）。

空天院筹建以来，取得一批有显示度的重大科技成果，圆满完成筹建及“十三五”规划目标。其中，以空间行波管为代表的核心电子学部组件全面替代进口，进入国际市场；引领国际技术发展，成为我国空间微波、光电载荷与系统建设的核心力量；建成数字地球科学平台，服务于地球系统科学研究和国家全球化战略，遥感科学基础理论与前沿应用进入国际领跑行列；突破天地一体化网络信息系统关键技术，成为我国对地观测地面系统建设和空天信息应用技术研发的核心力量；系统性突破临近空间浮空器关键技术，率先形成实用化临近空间浮空器装备研发能力；建设和运行国家重大科技基础设施，建成国家航空/临近空间遥感观测网、面向全球的中国遥感卫星地面接收站网，成为我国空天信息与数据服务中心。

在中国科学院组织的“率先行动”第一阶段评估中，空天院高分辨率星载SAR、系列化空间行波管、地理空间信息技术、建立全球环境资源空间信息系统、建立新型对地观测模拟系统5项重大突破和微波成像技术、基于计算光学的新型有效载荷技术2项重点培育方向入选优秀；空天院重大改革举措获评优秀。创新研究院通过现场评议验收，现场验收环节全院排名第一；空天院全球遥感空间信息系统、先进微波成像、地理空间信息技术、高分辨率观测4项科技成果，以及深部资源探测、“北斗三号”2项参与成果入选中国科学院59项重大科技成果和标志性进展，全院排名第一。

2020年，空天院获各类科技奖励20余项，其中以第一完成单位，获国家技术发明奖一等奖1项，国家技术发明奖二等奖1项；省部级一等奖2项、二等奖3项。以第一单位发表论文共计1200篇，其中SCI论文652篇，EI论文309篇；授权国际发明专利11件，国家发明专利367件；获计算机软件著作权128项；出版著作11部。

2020年，空天院国际学术交流与合作持续深化。“数字丝路”国际科学计划取得阶段性成果，成立中国-东盟地球大数据区域创新中心；亚洲-大洋洲区域综合地球观测系统计划、国际碳卫星观测数据分析合作计划、全球遥感定标计划、北斗国际应用联盟计划等取得实质性进展；全球农情监测计划、亚非沙漠蝗持续动态监测等成果获联国际好评；地球大数据专项列入联合国可持续发展技术促进机制在线平台；《地球大数据支撑可持续发展目标报告（2020）》在75届联合国大会发布。采取线上线下结合模式确保疫情期间国际学术交流有序开展，30余名科研人员在国际组织任职；与10余个国际科研机构和国际组织签署合作协议，与50多个国家和国际组织建立了稳定的合作伙伴关系；完成科技部“对地观测研究国际科技合作基地”五年期评估；联合国教科文组织国际自然与文化遗产空间技术中心初步建成世界遗产监测、保护和评估治理体系；灾害风险综合研究计划参与研究制定全球减灾研究新议程；全面参与中国科学院7个海外科教中心建设。

2020年，空天院院地合作区域拓展、科技成果转化等方面成果显著。与重点省市共建院地合作平台，实现全国院地合作网络布局，延伸科研和产业布局，培育和建设新的增长点。建有苏州研究院、粤港澳大湾区空天信息研究院、齐鲁研究院和海南研究院。探索打造“空天系”生态，围绕空天信息全产业链培育一批优势企业。截至2020年12月，空天院在业一级企业21家，中科星图股份有限公司于2020年在科创板上市；发展空间行波管产业，在山东建成世界首条空间行波管自动化装配试验线并实现产品量产。

空天院拥有中国遥感委员会、中国电子学会电路与系统分会、中国电子教育学会研究生分会、中国地理学会环境遥感分会、中国环境科学学会环境信息系统与遥感专业委员会、中国图像图形学学会遥感图像处理专委会等学术组织；建有导航学术交流中心、全国遥感技术标准化技术委员会、全国光电测量标准化技术委员会和国家激光器件质量监督检验中心等。组织微系统与纳米工程国际会议、亚洲遥感会议、亚大区域综合地球观测计划国际研讨会、中国卫星导航年会、高分辨率对地观测学术年会等多项、多层次国内外品牌学术活动及培训班。

空天院主办《国际数字地球学报》、《微系统与纳米工程》、《地球大数据》、《卫星导航》、《国际遥感学报》等英文科技期刊，其中《微系统与纳米工程》2018年获首个影响因子5.616，《国际数字地球学报》2018年影响因子3.985。主办《电子与信息学报》、《雷达学报》、《遥感学报》和《中国图象图形学报》等中文科技期刊，其中《电子与信息学报》、《遥感学报》和《中国图像图形学报》为中国精品科技期刊和中国国际影响力优秀学术期刊，被国内各大科学文献数据库和SCOPUES等多个国际数据库收录，《遥感学报》连续10年入选百杰期刊。

（撰稿：陆　鸣　王小梅　审稿：蔡　榕）

自动化研究所

所　　长：徐　波
地　　址：北京市海淀区中关村东路95号
邮政编码：100190
电　　话：010-82544664
传　　真：010-82544664
电子信箱：casia@ia.ac.cn
网　　址：http://www.ia.cas.cn

中国科学院自动化研究所（以下简称“自动化所”）成立于1956年10月，是我国最早成立的自动化研究机构。自动化所同时是中国科学院人工智能创新研究院的总体牵头单位，脑科学与智能技术卓越创新中心的依托单位之一，也是国内首个“人工智能学院”牵头承办单位。

自动化所长期坚持“智能科学与技术”研究，为我国国民经济建设、社会进步、科技发展和国家安全做出了重要贡献。建国发展初期，自动化所开拓了我国的控制科学，为“两弹一星”做出了历史性的贡献；改革开放年代，自动化所开创了我国模式识别智能信息处理的新领域；20世纪90年代，自动化所以控制科学为基础，率先布局了人工智能研究；2010年起，自动化所率先布局类脑智能研究；2018年，自动化所获批人工智能创新研究院，开启自主进化智能研究的新格局，形成从原始创新、核心关键技术研发到技术转移转化的智能技术生态，目标建成国际上智能科学与技术领域具有重要影响的战略高技术研究机构。

自动化所现设科研开发部门14个，包括模式识别国家重点实验室、复杂系统管理与控制国家重点实验室、国家专用集成电路设计工程技术研究中心等科研部门，以及若干与国际和社会其他创新单元共建的各类联合实验室和工程中心。

2020年，自动化所深入学习贯彻习近平新时代中国特色社会主义思想，全面推进从严治党向纵深发展，通过精心组织“弘扬科学家精神”、“弘扬优良家风”等系列主题活动，加强理想信念引领；坚持科研攻关和疫情防控一体化推进，深入实施 2035 创新任务，全面完成以“自主进化智能”为核心的 7+3 科技创新战略布局；顺利实现北京怀柔综合性国家科学中心重点项目脑认知功能图谱与类脑智能交叉研究平台结构封顶；牵头承建的中国科学院香港创新院人工智能与机器人创新中心正式入驻香港科学园；承研的中国科学院战略性先导科技专项正式启动；区域科技合作和协同创新进一步拓展和深化，呈现出集聚集约发展新态势。

2020 年，自动化所始终围绕“打造新时代智能科学与技术战略科技力量”的使命目标，聚焦原始创新和关键核心技术突破，取得一批创新成果。在博弈决策智能生态建设方面，2020 年开放庙算和德扑平台，注册单位超 450 家；在博弈决策智能成果应用方面，首次完成战术级决策智能系统实装验证试验，社会博弈计算研究成果，首次实现了面向国家重大需求的实战应用。在脑机接口与类脑计算研究方面，流片世界首款基于人体信道通信的脑机接口芯片，研发脑认知实时检测与调控闭环可穿戴设备；脑图谱、类脑脉冲神经网络系列研究成果相继发表在 *Nature*、*Science* 和 *Cell* 重要子刊 / 主刊。在视觉模型研究方面，系统深入地研究了视觉运动学习与理解问题，使目标检测与跟踪的鲁棒性、视觉运动模式的学习能力得到显著提高，实现目标行为语义描述这一难题的部分突破。在听觉模型研究方面，提出一种低复杂度并具有单调一致性的序列转换机制——连续整合发放（CIF），有效解决了目前主流注意力机制模型存在的问题，已开始在工业界进行大规模数据技术验证和易用性改进。研发 GLXX 系列“数字磁隔离器”成为国内首家取得美国 UL 认证的数字磁隔离产品，达到出口美国市场的隔离认证准入标准，已经广泛应用于工业部门多个关键装备。自主研发的“术中光学分子影像精准导航系统”和“无创脑血氧监护仪”获得医疗器械注册证和欧盟 CE 认证，相关产品已在数十家三甲医院开展规模化临床应用。积极投身新冠肺炎疫情科研，撰写疫情预测分析简报 100 余份，报送给科技部新冠肺炎疫情工作领导小组、国务院联防联控专班、国家卫健委等，为国家疫情应急决策提供重要科技支撑。

2020 年，在新的国际形势下，自动化所大力推进高端人才建设。柔性引进英国伦敦大学学院长聘教授，组建了群体博弈智能科研团队；与 2 位脑机接口方向卓越青年人才达成入所意向。

截至 2020 年底，自动化所共有在职职工 1062 人，其中研究员及正高级工程技术人员 113 人，副研究员及高级工程技术人员 287 人。

自动化研究所是 1981 年国务院学位委员会批准的博士、硕士学位授予权单位之一，现设有控制科学与工程 1 个一级学科博士研究生培养点，计算机应用技术 1 个二级学科博士研究生培养点，并设有控制科学与工程 1 个一级学科博士后流动站。截至 2020 年底，共有在学研究生 1157 人，其中硕士生 584 人、博士生 573 人；在站博士后 65 人。

2020 年，自动化所共有在研项目 1498 项（新增 567 项）。其中，承担科技部国家重点研发计划、重大项目（含科技创新 2030 新一代人工智能重大项目）共 95 项（新增课题 49，项目 3 个）；承担国家、北京市自然科学基金项目 378 项（新增 34 项）；承担中国科学院项目 169 项（新增 75 项，含 A 类先导专项 1 项，院科研仪器设备研制项目 1 项，院重点部署项目 1 项，院科技服务网络计划项目 2 项）；承担国防公共安全项目 246 项（新增 117 项）；承担其他纵向项目 88 项（新增 48 项）；承担横向委托项目 522 项（新增 244 项）。获北京市科技进步奖一等奖 1 项。共发表科技论文 1384 篇，被 SCI 核心期刊收录论文 710 篇，EI 收录 715 篇。

2020 年，自动化所推进和完善高价值知识产权创造、管理、运营体系建设，获批成为海淀区高价值专利培育运营中心建设主体单位。全所申请专利等知识产权 286 件（其中 PCT 专利 20 件），授权 294 件（其中 PCT 专利 10 件），有效专利共计 1584 件。

2020 年，自动化所获批第三批国家双创示范基地建设单位（精益创业方向）和院科技成果转移转化重点专项（弘光专项）“智慧媒体与互联网大数据技术应用与推广”项目、院工业视觉智能装备技术工程实验室，将持续推动以知识产权运营核心的成果转化模式创新，发挥建制化优势，构建“AI+”的产业创新生态，为国民经发展提供战略支撑和高质量科技供给。

2020 年 4 月，自动化所与澳门科技大学共建的“智能科学与系统联合实验室”正式在院港澳台办备案。9 月，中国科学院和英国皇家学会共同组织，英国阿兰·图灵（Alan Turing）研究所与自动化所共同承办的“中英人工智能政策对话研讨会”在线上举行，就学术前沿热点、人工智能伦理、环境及健康科学、国际合作等内容进行了交流探讨。10 月，自动化所、香港中文大学、清华大学和上海交通大学共同主办第 21 届国际语音通讯会议，汇聚语音相关领域海内外知名专家学者，云上交流相关研究领域的最新成果和发展趋势。

自动化所是中国自动化学会和中国图像图形学学会的挂靠单位；重要出版物有《自动化学报》、《自动化学报》（英文版，*IEEE/CAA Journal of Automatica Sinica*）、《国际自动化与计算杂志》（*International Journal of Automation and Computing*）。

（撰稿：鲁　宁　宋　琪　审稿：牟克雄）

电工研究所

所　　长：李耀华
地　　址：北京市海淀区中关村北二条 6 号
邮政编码：100190
电　　话：010-82547001
传　　真：010-82547000
电子信箱：office@mail.iee.ac.cn
网　　址：http://www.iee.ac.cn

中国科学院电工研究所（以下简称“电工所”）于 1958 年在原中国科学院机械电机研究所部分研究室的基础上筹建，1963 年在北京正式成立。

电工所是以发展电气科学与工程为主的国家科研机构，是中国科学院唯一以电气工程为主要学科方向的研究所，在我国能源与电气工程科技领域占有重要地位。

电工所总体定位于电能生产、输配和高效利用与检测领域战略高新技术和电气科学前沿交叉研究，在促进我国能源转型及相关战略性新兴产业的发展等方面起骨干引领和核心支撑作用。主要研究方向为：可再生能源发电、电力设备新技术、电网技术、电力电子与电能变换、超导与新材料应用、生物电磁学与电磁探测等。

2020 年，电工所按照中国科学院“四个率先”的要求，积极推动“一三五”规划的实施。在中国科学院“十三五”期间“一三五”规划评估验收中，电工所四项重大突破和五项重点培育方向均顺利通过验收；其中重大突破电磁发射技术及应用、大容量柔性直流输电换流器研发及其应用和重点培育方向超导与能源新材料及应用获评优秀；重大突破电磁发射技术及应用被选入中国科学院“十三五”标志性成果。

电工所设有 6 个实验室下设 21 个研究部，1 个多学科交叉研究中心；建设有 2 个国家能源研究中心、3 个中国科学院重点实验室、2 个北京市重点实验室、1 个北京市工程实验室、1 个北京市工程技术中心、4 个检测中心（站）、1 个北京市国际科技合作基地。6 个实验室分别是：可再生能源发电技术实验室、电力设备新技术实验室、电力电子与电能变换技术实验室、超导与新材料应用研究实验室、生物电磁学与电磁探测技术实验室和电网技术实验室；2 个国家能源研究中心分别是：国家能源超导电力技术研发中心、国家能源电力电子技术研发中心；3 个中国科学院重点实验室为应用超导重点实验室、太阳能热利用及光伏系统重点实验室和电力电子与电气驱动重点实验室；2 个北京市重点实验室为太阳能发电技术重点实验室和生物电磁学重点实验室；1 个北京市工程实验室是电驱动系统大功率电力电子器件封装技术北京市工程实验室；1 个北京市工程技术中心是北京市太阳能热发电工程技术研究中心；4 个检测中心（站）包括中国科学院太阳光伏发电系统和风力发电系统质量检测中心、中国科学院电工研究所避雷装置安全检测站、中国科学院电工研究所高频场控功率器件及装置产品质量检验中心和中国科学院电工研究所太阳能热发电设备检测中心。1 个北京市国际科技合作基地是等离子体科学和能源转化基地。

截至 2020 年底，电工所共有在职职工 508 人。其中科技人员 464 人、科技支撑人员 73 人，包括中国科学院院士 1 人、研究员及正高级工程技术人员 63 人、副研究员及高级工程技术人员 143 人。

电工所是 1981 年国务院学位委员会批准的首批博士、硕士学位授予权单位之一，设有电气工程及其自动化本科专业；设有电气工程一级学科博士（硕士）研究生培养点，有电机与电器、电力系统及其自动化、高电压与绝缘技术、电力电子与电力传动、电工理论与新技术、生物电工、能源与电工的新材料及器件 7 个专业；设有生物医学工程学术型硕士培养点，能源动力和生物与医药全日制专业学位工程硕士培养点；设有电气工程一级学科博士后流动站。截至 2020 年底，共有在学学生 376 人，其中博士生 187 人、硕士生 177 人、本科生 12 人；在站博士后 24 人。

2020 年，电工所共有在研项目 611 项（包括新增项目 144 项）。其中，主持（或承担）国家自然科学基金项目 122 项（新增 20 项，优秀青年科学基金新增 1 项）；主持（或承担）国家重点研发计划项目 102 项（新增 11 项）；主持中国科学院重大仪器研制项目 1 项（新增 1 项）；主持中国科学院战略性先导科技专项课题 15 项（新增 1 项）；主持中国科学院“弘光专项”项目 1 项；主持（或承担）中国科学院重点部署项目 1 项（新增 1 项）、中国科学院科技服务网络计划项目 6 项、中国科学院仪器设备研制项目 6 项（新增 4 项）；承担国际合作项目 30 项（新增 17 项）；承担院地合作项目 166 项（新增 50 项）。

2020 年，电工所研制的直线电机牵引系统成功应用于时速 600 千米高速磁悬浮试验样车，6 月 21 日成功试跑，整体技术水平达到国际领先；研制的深海智能无线充电装置搭载于中国科学院深海科学与工程研究所“万泉Ⅱ号”着陆器成功通过 3000 米深海海试，为国内公开报道水下无线充电装置最大海试深度；成功研制世界首个跑道型铁基超导线圈，相关研究成果被应用超导领域高度评价；研制出世界上容量最大、电压等级最高的集中型和串联型光伏直流升压变换器，在云南大理实现实证运行，被世界光伏学术大会评价为“核心指标国际领先”；研制的飞轮发电机及控制器已实现批量定型生产，实现持续稳定供货，该项目整体技术水平处于国内领先、国际先进，其中启动转矩和转矩过载比等关键指标达到国际领先水平；研制出国内首套荷电控制电子枪，成功应用于 02 专项、重点研发计划等项目，为首台国产电子束检测设备应用奠定了坚实基础；研制的国内首台 30 兆赫兹传导冷却核磁共振谱仪系统成功实现超导磁体无液氦运行，为我国超导磁体装备摆脱氦资源依赖提供重要途径。

2020 年，电工所共发表论文 383 篇，其中 EI 收录 112 篇，SCI 收录 161 篇；共申请专利 191 项，其中发明专利 185 项，实用新型专利 6 项；获得授权专利 166 项，其中发明专利 138 项，实用新型专利 23 项，外观设计 5 项；软件著作权登记 21 项。

电工所主要控股和参股公司有：北京中科电气高技术有限公司、北京科诺伟业科技股份有限公司、北京中科高斯科技有限公司、中科华士电气科技南京有限公司、天津中科合源电气技术有限公司、中科光铭（北京）科技有限公司。2020 年，电工所持续推进成果转化。组织各种对接活动 30 余次，接待地方政府及企业组团来访近 20 次。新签横向合同 154 份，新签合同总金额为 7396.3 万元。

2020 年，电工所新申请国际合作项目 12 类 28 项，新立项国际合作项目 17 项。出访 16 人次，接待来访 6 人次。成功主办第一届电工领域数字孪生数值建模国际研讨会。共有 24 人次在国际科技机构任职。

电工所是中国可再生能源学会的挂靠单位，中国电工技术学会、国家太阳能光热产业技术创新战略联盟理事单位；主办《电工电能新技术》专业学术期刊。

（撰稿：刘素珍　张和平　审稿：李耀华）

工程热物理研究所

所　　长：朱俊强

地　　址：北京市海淀区北四环西路 11 号
邮政编码：100190
电　　话：010-82543002
传　　真：010-82543019
电子信箱：iet@iet.cn
网　　址：http://www.iet.cas.cn

中国科学院工程热物理研究所（以下简称“工程热物理所”），其前身是1956年3月1日成立的中国科学院动力研究室，1980年正式独立建制，启用现名。

工程热物理所主要从事能源、动力和环境领域的应用基础和高技术研究，内容涉及工程热力学、气动热力学、燃烧学、传热传质学、结构与强度、自动控制等学科。2020年，研究所贯彻落实“一三五”规划，围绕化石能的清洁高效利用、先进轻型动力、分布式供能与储能三个重大突破方向和太阳能热利用、风能利用、工业燃气轮机、超强换热和先进布局无人机五个重点培育方向积极开展各项工作。

工程热物理所现设有10个科技创新单元：国家能源风电叶片研发（实验）中心、能源动力研究中心、轻型动力实验室、循环流化床实验室、分布式供能与可再生能源实验室、储能研发中心、传热传质研究中心、先进燃气轮机实验室、无人飞行器实验室、新技术实验室。拥有5个国家级中心（实验室）、4个省部级重点实验室。

截至2020年底，工程热物理所共有正式职工520人，包含专业技术人员486人（包括正高级职称61人，副高级职称130人），其中中国科学院院士2人。

工程热物理所是2003年国务院学位委员会批准的博士、硕士学位授予权单位之一，现有国家动力工程及工程热物理一级学科博士与硕士学位授予权，航空宇航科学与技术、能源动力工程和环境科学与工程一级学科硕士学位授予权；并设有动力工程及工程热物理一级学科博士后流动站。截至2020年底，共有在学研究生290人，其中硕士生139人、博士生151人；在站博士后34人。

2020年，工程热物理所共有在研科研项目381项（新增项目124项）。其中，承担自然科学基金项目65项，承担国家重点研发计划项目及课题32项，承担中国科学院战略性先导科技专项课题11项，承担重点部署项目及课题5项，承担弘光专项项目3项，承担中国科学院科技服务网络计划项目5项，承担院外非民口项目63项，主持（国家自然科学基金委和中国科学院）重大仪器研制项目2项，承担院级仪器设备研制项目9项（新增3项，验收2项），承担财政部修购专项（仪器设备类）9项（新增3项，验收2项），承担中国科学院仪器设备功能开发项目5项（新增2项，验收1项）。承担横向及地方政府项目共158项，承担国际合作项目及国际人才计划项目共14项。

2020年，工程热物理所科研经费再创新高，新增合同额16.17亿元，是2019年的2.5倍，到位经费9.01亿元。工程热物理所牵头筹建的中国科学院轻型动力创新研究院持续深化体制机制改革，组织实施重大任务成效显著；获批成立首个中国科学院工程实验室煤炭清洁燃烧与气化工程实验室，进一步提升科技成果转化的工程化能力；国家自然科学基金委“能源有序转化”基础科学中心产出多项亮点成果。牵头承建的航空宇航学院初步建立课程体系，新开设15门课程。提出聚光太阳能能质能势理论，为能源有序转化奠定了理论基础；国际首创的新原理发动机完成系统集成、试车，达到慢车转速；所首个涡扇发动机通过竞标获批立项；自主研制的35兆瓦级燃气轮机燃气发生器实现满转速运行；循环流化床煤气化技术投运全球最大煤制工业燃气项目；100兆瓦超临界压缩空气储能示范工程完成关键核心部件研制；国家重大科技基础设施高效低碳燃气轮机试验装置项目初步设计概算批复，工程建设顺利推进。2020年，工程热物理所与地方政府及企业间的合作保持良好发展态势，全年新签四技合同67项，合同额约2.3亿元；以知识产权作价入股，新注册成立2家产业化公司。

2020年，工程热物理所共提交国家发明专利申请198项、实用新型专利申请64项，PCT专利申请3项；授权发明专利81件、实用新型专利80件、外观设计专利1件、国外专利授权5件、软件著作权获批登记13项。全年发表SCI收录论文286篇，EI收录论文353篇。“航空发动机高效费比关键技术及应用”获国家科技进步奖二等奖；“先进压缩空气储能系统关键技术研究与应用”获北京市科学技术奖一等奖；循环流化床技术团队获中国科学院杰出科技成就奖；轻型航空发动机团队获国防科技工业突出贡献奖。所长朱俊强获第八届中国侨界贡献奖一等奖；马晓平研究员获评“中国科学院先进工作者”称号。

2020年，工程热物理所克服新冠肺炎疫情影响，更加主动融入全球合作网络。依托国际储能联盟，召开第二次国际储能技术与产业大会，建成全球范围内的储能仪器共享管理平台；分别与日本、澳大利亚、乌克兰等国的顶尖科研机构展开合作，申报并获批中国科学院国际伙伴计划项目。

工程热物理所是中国工程热物理学会的挂靠单位，主办有学术刊物《工程热物理学报》、*Journal of Thermal Science*（《热科学学报》）。

（撰稿：庞　微　魏　曼　审稿：黄从利）

国家空间科学中心

主　　任：王　赤
地　　址：北京市海淀区中关村南二条1号
邮政编码：100190
电　　话：010-62582756
传　　真：010-62576921
电子信箱：kjzx@nssc.ac.cn
网　　址：http://www.nssc.ac.cn

国家空间科学中心（以下简称“空间中心”）前身可追溯至开创了我国人造卫星事业的“中国科学院581组”（1958年9月至1959年11月），历经中国科学院地球物理所二部（1959年12月至1966年1月）、应用地球物理所（1966年2月至1968年1月）、国防科委（1973年后为七机部）第五研究院空间物理及探测技术研究所（1968年2月至1978年10月），中国科学院空间物理研究所（1978年11月至1987年7月）、空间科学技术中心（1977年11月至1987年7月）、空间科学与应用研究中心（1987年8月至2015年6月）、国家空间科学中心（2015年6月至今）等发展演变。

空间中心定位为：我国空间科学及其卫星项目和中国科学院月球与深空探测的总体性研究机构，我国空间科学领域的研究中心和创新高地。发展目标为：引领空间科学发展，带动空间技术创新，树起人类探索太空的新丰碑。主要研究领域及学科方向包括：空间物理和空间天气的前沿研究，空间环境研究和预报并提供空间环境保障服务，空间环境探测研究，微波遥感技术研究，航天电子信息技术领域研究。

2020年，空间中心圆满完成“十三五”期间“一三五”规划和中国科学院“率先行动”计划第一阶段任务。由空间中心牵头及参与的“空间科学前沿探索与月球探测”等3项成果入选“率先行动”计划第一阶段重大科技成果及标志性进展。空间中心是“率先行动”计划部署建设的“四类机构”中国科学院空间科学研究院的依托单位。

空间中心目前建设形成“总体性机构＋重点实验室”的科技布局。总体性机构4个：空间科学与深空探测规划论证中心、空间科学工程管理中心、国家空间天气科学中心、中国科学院月球与深空探测总体部。重点实验室5个：空间天气学国家重点实验室、微波遥感技术院重点实验室、复杂航天系统电子信息技术院重点实验室、空间环境态势感知技术院重点实验室、天基空间环境探测北京市重点实验室。技术支撑部门2个：空间科学卫星综合运控中心和可靠性与环境试验中心。空间中心是国家空间科学数据中心、北京怀柔综合性国家科学中心空间科学实验室的依托单位。

空间中心共有国家重大科技基础设施2个：东半球空间环境地基综合监测子午链（子午工程）和空间环境地基综合监测网项目（子午工程二期）。野外台站3个：海南空间天气国家野外科学观测研究站、亚丁空间天气科学中心和四子王旗空间天气科学中心。

截至2020年底，空间中心共有在职职工747人。其中科技人员632人、科技支撑人员115人，包括中国科学院院士2人、中国工程院院士1人、研究员及正高级工程技术人员114人、副研究员及高级工程技术人员305人。

空间中心是1981年国务院学位委员会批准的博士、硕士学位授予权单位之一，现设有空间物理学、地球与空间探测技术、电磁场与微波技术、计算机应用技术专业博士研究生培养点，飞行器设计专业硕士研究生培养点，电子信息专业学位培养点；并设有地球物理学、电子科学与技术2个专业一级学科博士后流动站。截至2020年底，共有在学研究生450人，其中硕士生237人、博士生213人；在站博士后29人。

2020 年，空间中心共有在研项目 1027 项（新增项目 392 项）。其中，主持或承担国家自然科学基金项目 85 项（新增 16 项），其中重点项目 4 项（新增 1 项）、面上项目 49 项（新增 8 项）、青年科学基金项目 19 项（新增 5 项）、优秀青年科学基金项目 1 项（新增 1 项）、重大研究计划培育项目 1 项、联合基金项目 5 项、国家重大科研仪器研制项目 2 项、国际合作研究与交流项目 1 项、专项项目 3 项（新增 1 项）；主持或承担国家重大科技专项 10 项（新增 2 项）；主持或承担国家重点研发计划 32 项（新增 4 项）；主持或承担基地和人才专项 55 项（新增 48 项）；承担国家重大科学研究计划项目课题 4 项；主持或承担国家和中国科学院重大仪器研制项目 14 项；主持或承担中国科学院战略性先导科技专项课题 139 项（新增 16 项）；主持或承担院重点部署项目 20 项（新增 6 项）；承担院地合作项目 43 项（新增 14 项）。

2020 年，空间中心国家重大科技任务取得重要进展。空间科学（二期）先导专项取得重要进展：首发星“太极一号”在轨测试实验取得圆满成功，引力波暴高能电磁对应体全天监测器卫星“怀柔一号”成功发射。国家重大科技基础设施——子午工程二期建设进入全面实施阶段，子午工程一期整体运行平稳高效，为持续自主获得空间环境探测数据做出重要贡献。高质量完成“嫦娥五号”和“天问一号”有效载荷工程任务，实现“零缺陷、零失误”。其中离子与中性粒子分析仪荣登 *Earth and Planetary Physics*（《地球与行星物理》）期刊封面，首次获取我国最远距离行星际太阳风参数。圆满完成了载人航天新飞船任务的空间环境保障和空间站任务期长期预报服务工作，完成了空间站辐射安全评估关键技术突破及平台研制。

2020 年，空间中心面向国家重大需求，突破系列关键核心技术。高质量完成海洋二号 C 星主载荷雷达高度计、校正辐射计的研制工作，卫星成功发射后载荷工作正常，可实现海面高分辨率实时观测。海洋二号 D 星雷达高度计、校正辐射计完成正样研制。圆满完成“鸿鹄专项”、“临近空间对太阳风暴响应特征观测研究”飞行实验任务。

2020 年，空间中心面向世界科技前沿，基础研究和前沿探索不断取得新发现、新成果。利用“嫦娥四号”探测数据，在太阳风与月表微观相互作用机理、月表粒子辐射环境研究、通过月壤光度特性反演月球物质成分和理解月球演化等方面取得重要原创成果，其中首次获得月表粒子辐射剂量数据作为“嫦娥四号”代表成果入选中国科学院 2020 年度科技创新亮点成果。空间天气和空间物理机理研究与建模取得预期进展。

2020 年，空间中心共发表论文 303 篇；出版科技著作 2 种；专利授权 54 件。获国家科技进步奖特等奖 1 项（“嫦娥四号”），中国地球物理科技进步奖二等奖 1 项（近地空间磁场卫星探测载荷技术），卫星导航定位科技进步奖一等奖 1 项（北斗全球系统试验卫星空间环境探测与试验技术）等重要奖项。

2020 年，空间中心以怀柔科学城为中心，积极推动自身在卫星关键部件和载荷、测试设备和试验条件等领域的优秀科技成果转移转化，并通过成立产业基金、公共服务平台、创新基地等，带动空间科学产业资源优化布局，推动商业航天产业发展。

2020 年，空间中心国际合作项目立项 4 项：国际大科学计划培育专项 2 项，对外合作重点项目 1 项，海外科教合作中心部署项目 1 项。中国科学院国际人才项目 2 项，外专局人才项目 1 项。共计 25 人次参加线上国际会议。完成同巴西国家空间研究院《合作谅解备忘录》的签署。

空间中心是中国空间科学学会挂靠单位。空间中心与中国空间科学学会共同主办《空间科学学报》。

（撰稿：曹　松　李　克　审稿：孟　新）

自然科学史研究所

所　　长： 张柏春
地　　址： 北京市海淀区中关村东路 55 号
邮政编码： 100190
电　　话： 010-57552515
传　　真： 010-57552567
电子信箱： yangxi@ihns.ac.cn
网　　址： http://www.ihns.cas.cn

中国科学院自然科学史研究所（以下简称

“科学史所”）是中国科学院所属的少数兼具自然科学与人文社会科学功能的研究实体之一，是中国唯一的国家级多学科和综合性的科技史专门研究机构。其前身中国科学院自然科学史研究室是在郭沫若、竺可桢等老一辈院领导的关怀下于1957年1月1日成立的，1975年升为所级建制。

科学史所定位于研究科学技术的历史、本质和发展规律，认知科学技术与社会、政治、经济、文化等的复杂关系，为国家文化建设做出重要贡献；研究科技创新规律，认识科技发展大势，为建设中国科学院和国家科技智库做出独特贡献。增强中国科技史等方向的核心竞争力，开拓西方科技史研究，探索新研究方法，建设国际一流的科技史综合研究机构。

科学史所与德国马普学会科学史研究所、俄罗斯科学院科技史研究所一起，是世界三大科技史综合研究中心，是国际上最大的研究中国科技史及其与世界文明关系的中心。科学史所被称为我国科技史界的“国家队”，在中国科学技术史及相关研究领域拥有长期的学术积累和优势，在若干研究方向做出了国际上最出色的研究，取得了重大突破和标志性成果。

科学史所现有中国古代科技史研究室、中国近现代科技史研究室和西方科技史研究室3个科研单元。现有中国科学院学部科学文化研究支撑中心、文化遗产科技认知研究中心、中外科技发展比较研究中心、科技与社会研究中心和科学传播研究中心5个研究中心。

科学史所建设有科技史专业的“李俨图书馆”和科技史综合实验室，并主办《自然科学史研究》和 *CAHST* 等学术期刊，英文期刊 *CAHST* 在国际上的影响力明显提升，已被批准加入荷兰 Scopus 数据库。图书馆收藏18万册中外文书刊，其中中文科技史书刊是国内外最丰富的。实验室是开展科技史与科技文物模拟复原实验、数字仿真研究与成果转化等工作的重要平台。

截至2020年底，科学史所共有在职职工94人。其中科研人员61人、科技支撑人员16人，包括正高级专业技术人员20人、副高级专业技术人员30人。

科学史所现设有科学技术史一级学科硕士、博士研究生培养点，科学史、技术史和科学技术哲学3个二级学科硕士和博士研究生培养点；并设有科学技术史一级学科博士后流动站。截至2020年底，共有在学研究生58人，其中硕士生24人、博士生34人；在站博士后1人。科学史所曾与中国科技大学合作创建科技史与科技考古系，并积极参与中国科学院“科教融合教育体系”的建设。

2020年，科学史所顺利完成“十三五”时期“一二五”规划项目评估验收工作，其中科技典籍整理与研究和中国古代重要科技发明创造项目获评优秀，其他项目通过验收。科学史所发展规划编制工作有序推进，遴选出“十四五”时期重大项目和重点项目选题。科学史所参与承担《（新编）中国通史》纂修这一国家重大学术文化工程，并主持《中国科学技术史》的研究和撰写工作。

2020年，科学史所在研科研课题数为98项，新增课题数为83项，结题数为107项。“十三五”期间，在研课题数体量维持在95项左右，年均新增课题数为68项，年均结题数为90项。国家自然科学基金和国家社科基金项目申请数年均3—5项，资助数年均1—2项。横向项目和其他机构资助项目年均新增10余项。

2020年，科学史所重大突破项目“科技知识创造与传播”完成第二期的14部书稿的撰写工作。重大突破项目“中华人民共和国科学技术史研究”项目完成《史纲》和《聚智》等书稿的撰写工作。参与中国科学院“十四五”规划预研工作以及“加强基础研究”等讨论或咨询活动。据研究成果向中国科协“建党100周年科技成就科普展文献研究报告”、国家博物馆“科学与工业”展览等提出建议。

2020年，科学史所五个重点培育方向完成项目验收工作。其中《中国科技典籍选刊》、《中国传统技术的新认知》和《身体与技术》等部分成果已出版，《湖南省博物馆藏青铜器综合研究》、《先秦车辆制造的科技认知》、*Chinese and Jesuits Savants: Between the Old and the New Science*、《美国国立卫生研究院的体制与知识产出》和《科技的社会风险研究》等书稿将在2020年以后陆续出版。《科技革命与国家现代化研究丛书》出版。《中国传统工艺全集》修订与续编预研究项目完成预研阶段目标，撰写了《中国传统工艺全集》修订、续编重大项目可行性报告，通过文化和旅游部非物质文化遗产司和中国科学院科学传播局审核验收。

2020年，受新冠肺炎疫情等因素影响，科学史所在做好防疫的前提下组织举办了系列重要活动，先后与重庆大学、中国科技馆、故宫博物院签署战略合作协议；合作承办2021—2030年国家古籍规划编制专家咨询论证会暨“十四五”科技典籍整理出版研讨会；与镇江市政府共同主办“纪念苏颂千年诞辰弘扬科技创新精神”活动。同时，面向院内外需求，编写和出版科普作品，持续参与和支持“公众科学日”与“科学节”两项院级大型科普活动，完成各项科普年度工作，向公众提供优质科普产品，产生较好社会反响。

2020年，科学史所加大青年科技引才力度，引进青年科技史人员3名，特别研究助理（博士后）1名，专业技术人员总数达到77人；副研究员陈朴入选中宣部文化名家暨“四个一批”人才、宣传思想文化青年英才；组织推荐中国科学院青年创新促进会会员2名。根据博士后基金会要求，新增补近20名博士后基金评审专家进入博管会基金专家库。

2020年，国际环境不稳定性不确定性明显增加，且受新冠肺炎疫情影响，科学史所国际合作面临新挑战。全年出访2人次，来访2人次。与17个国家的机构签署合作协议，密切机构间联系。2020年5月，科学史所确认并增补Eberhard Knobloch（埃伯哈德·克诺布洛赫）、Jürgen Renn（于尔根·雷恩）、Yury Baturin（尤里·巴图林）、金永植4名境外专家以及常青院士为科学史所名誉教授，联络国际合作网络中的关键人才。

科学史所主办或合作主办着我国最重要的科技史期刊，包括《自然科学史研究》、*Chinese Annals of History of Science and Technology*（英文版，《中国科学技术史》）、《中国科技史杂志》和《科学文化评论》。

（撰稿：杨　曦　张宗鹤　审稿：张柏春）

科技战略咨询研究院

院　　长：潘教峰

地　　址：北京市海淀区中关村北一条15号

邮政编码：100190

电　　话：010-59358613

传　　真：010-59358608

电子信箱：xxgk@casisd.cn

网　　址：http://www.casisd.cn

科技战略咨询研究院（以下简称“战略咨询院”）是在原科技政策与管理科学研究所基础上更名组建的事业法人，2016年10月获中央机构编制委员会办公室批准。

战略咨询院定位是中国科学院学部发挥国家科学技术方面最高咨询机构作用的研究和支撑机构，是中国科学院率先建成国家高水平科技智库的重要载体和综合集成平台，并集成中国科学院院内外以及国内外优势力量建设创新研究院。

战略咨询院设有科技发展战略研究所、创新发展政策研究所、可持续发展战略研究所、系统分析与管理研究所、科技战略情报研究所5个研究所。设有学部咨询研究支撑中心、学部学科研究支撑中心、学部科学规范与伦理研究支撑中心、学部科普与教育研究支撑中心4个学部研究支撑中心，另有第三方评估研究支撑中心，为学部和中国科学院院部开展第三方评估任务提供支撑。战略咨询院还设有中国科学院中国创新战略和政策研究中心、中国科学院创新发展研究中心、中国科学院管理创新与评估研究中心3个院级非法人单元。

截至2020年底，战略咨询院共有研究员及正高级工程技术人员47人、副研究员及高级工程技术人员71人。

战略咨询院设有管理科学与工程、公共管理2个专业一级学科博士研究生培养点，科学技术哲学，技术经济及管理，企业管理，情报学4个专业二级学科硕士研究生培养点，并设有管理科学与工程专业一级学科博士后流动站。截至2020年底，共有在学研究生153人，其中硕士生61人、博士生92人；在站博士后50人。

2020年，战略咨询院顺利完成“十三五”规划任务书验收，在中国科学院“率先行动”计划第一阶段目标任务总结评估中，重大突破“世界科技前沿研判与中国重大科技突破前瞻研究”与重点培育方向“高端科技智库的DIIS方法和理论体系研究”、“学部思想库建设的专业化支撑体系”、“构建专业化新型智库体制机制重大改革举措亮点”4项成果被评为中国科学院优秀成果。

2020年，战略咨询院共有在研项目671项（包括新增项目413项）。其中，面上项目12项（新增6项）、国家杰出青年科学基金项目1项（新增1项），青年科学基金项目7项（新增4项），优秀青年科学基金项目2项（新增2项），国家自然科学基金专项项目5项（新增3项）；主持或承担国家重大科技专项1项；主持或承担国家重点研发计划10项；主持（或承担）国家重大科学研究计划项目1项、承担（或参加）课题3项；主持（或承担）中国科学院战略性先导科技专项课题5项（新增2项）；主持（或承担）院重点部署项目9项（新增9项）。

2020年，战略咨询院形成系列重大成果，产出丰硕。高质量完成中国科学院党组交办的重大紧急任务，形成《改革完善科技投入机制更好发挥企业等市场主体加强科技研发作用》和《发达国家和地区科技投入机制和企业研发创新情况》专题报告；形成《完善科技创新体制机制和创新战略研究》和《科技体制改革任务落实评估》专题报告。在服务国家宏观决策方面，承担并高质量完成国家高端智库重点课题26项；承担党中央、国务院紧急部署的研究任务多项；承担国家发展改革委、财政部、科技部、国家卫健委等部委委托的有关“十四五”规划类任务40余项。

在引领创新方向方面，战略咨询院发布《2020研究前沿》报告和《2020研究前沿热度指数》报告，在国内外引起强烈反响。在支撑中国科学院学部方面，完成关于国家重点实验室体系重组方略的战略研究、技术经济评估等咨询报告；支撑“重大突发公共卫生事件应急响应的科技能力建设研究”等多项中国科学院重大咨询项目。在智库理论方法方面，深化和发展DIIS理论方法，基于对智库研究基本逻辑体系和方法论的系统研究，提出智库研究的双螺旋结构。2020年11月举办首届智库理论方法暨DIIS研讨会，深入研讨智库研究理论方法与应用实践，提供学术交流平台，在学术界和智库界产生强烈反响。

2020年，战略咨询院大胆改革探索，不断完善专业化智库体制机制。一是继续推进中国创新战略和政策研究中心建设，出版《中国创新战略与政策研究2020》；举办或联合举办科学家月度座谈会、文津圆桌研讨会等。二是与九三学社、中国科协-北京大学科学文化研究院三方签约开展合作，继续推进与民进中央的战略研究。与腾讯公司签署战略合作备忘录。三是形成基于科研能力和成果产出的《战略咨询院科研项目和成果业绩指标体系》，探索绩效工资、年度考核、合同续聘等与业绩指标体系挂钩模式。

国际智库合作方面，战略咨询院采用线上线下形式主办全球创新论坛，包括“第一届全球湾区论坛”、“第五届中英创新发展论坛”、“第十五届中日韩科技政策研讨会”、“推动更紧密气候合作中-英-欧系列对话”。在全球研究机构领导人峰会和科技与社会论坛年会上，战略咨询院代表中国科学院线上全程参加并做报告。参与筹办世界互联网大会·互联网发展论坛的科技发展与创新驱动主论坛；承办“2020数博发布”活动；与欧盟驻华代表处共同主办中欧绿色复苏研讨会。与施普林格·自然集团形成《能源技术研究机遇与挑战科研产出计量分析报告》。

（撰稿：邹　丽　杨少春　审稿：刘春杰）

信息工程创新研究院

所　　长：孟　丹
地　　址：北京市海淀区闵庄路甲89号
邮政编码：100093
电　　话：010-82546842
传　　真：010-82546890
电子信箱：general@iie.ac.cn
网　　址：http://www.iie.ac.cn

中国科学院信息工程创新研究院（以下简称“信工院”）的前身为中国科学院信息工程研究所（以下简称“信工所”）。信工所于2011年4月经中央机构编制委员会办公室批准成立，是中国科学院直属科研机构。2014年10月10日，经中国科学院院长办公会议批准，以信工所为主体，启动信工院建设工作。2017年10月27日，中国科学院在北京组织召开信工院建设工作验收会，验收专家组认为信工院面向国家战略需求，定位准确，领域方向布局合理、全面完成筹建期目标。2017年12月21日，中国科学院第13次院长办公会确定信工院验收结果为优秀。自此，信工院进入正式运行阶段。

信工院按照“软硬兼修，矛盾兼容，开合有法，张弛有度”的办院方针，秉承“打造一流平台，集聚一流人才，支撑国家需求，引领学科发展，努力成为国家在网络空间安全领域的战略科技力量”的组织目标，在信息安全科技领域，开展基础理论与前沿技术研究，开发应用性技术与系统，为国家信息化进程提供核心关键技术支撑与系统解决方案。

信工院的研究方向主要包括：密码理论与安全协议、信息智能处理、大数据安全、通信与电磁技术、网络与系统技术、网络系统评测等。

信工院拥有信息安全国家重点实验室、信息内容安全技术国家工程实验室、信息安全共性技术国家工程研究中心和中国科学院数据与通信保护研究教育中心等一批国家级和省部级的科研创新平台。

信工院始终坚持面向国家战略需求，在国家重大科技任务策划争取、重大成果产出、体制机制改革、人才队伍建设等方面取得突破性进展。2020年，信工院高质量通过中国科学院组织的“十三五”时期“一三五”规划任务书验收，其中1个培育方向和1个重大改革举措分别入选中国科学院“十三五”代表性科技成果、保障措施和重大改革举措。

2020年，信工院成立“信工党校”，重点针对党支部书记、中层领导人员、科研骨干、优秀青年职工、学生干部等五个群体，开展政治素养、理论水平、实践本领、专业能力、道德作风五方面教育，着力加强干部队伍建设。

截至2020年，信工院共有在职职工859人，其中科技人员754人、科技支撑人员34人、科技管理人员71人；研究员及正高级工程技术人员87人，副研究员及高级工程技术人员191人。

信工院现设有计算机科学与技术、信息与通信工程、网络空间安全3个一级学科博士研究生培养点，电子信息类工程专业学位硕士培养点，并设有计算机科学与技术、网络空间安全2个博士后科研流动站。截至2020年底，共有在学研究生1706人，其中硕士生806人、博士生900人；在站博士后13人。

2020年，信工院共有在研项目1170项（新增432项）。主持（或承担）国家重大专项项目4项（新增1项），重点研发计划牵头项目16项（新增2项），承担重点研发计划课题180项（新增27项）；主持国家自然科学基金项目70项（新增10项）；主持中国科学院战略性先导科技专项1项；承担北京市自然科学基金杰出青年科学基金项目1项；承担国家其他部门科研专项258项（新增101项）及地方其他横向项目449项（新增245项）。

2020年，信工院申报知识产权295项，授权发明专利227项，软件著作权登记67件，出版著作3部。信工院作为牵头单位首发国际标准2项，作为参与单位首发国家标准4项。以信工院为第一署名单位发表CCF-A类高水平学术论文90篇。以信工院为第一完成单位获省部级一等奖2项、省部级三等奖1项，第二完成单位获得省部级二等奖2项、三等奖2项，第三完成单位获得省部级二等奖1项。

2020年，信工院科技成果转化工作围绕信息安全产业链部署创新链、完善资金链，搭建研究所“三位一体”科技成果转化体系，统筹规划科技成果转化和产业化工作。信工院资产管理公司已实现独立运营；基金管理公司已取得职业资格，启动募资；首个项目公司注册成立，试点研究所核心技术产业化工作；组建了航母级转化平台公司，整合优质科技成果、部署潜力专有技术实施，通过率先提出的“先打包认缴、后分批实缴”成果转化新思路，促进成果转化与科研进程融合，实现产出成果在一个平台公司的持续转化，提升转化效能，确保转化企业质量。信工院全年完成转化共计5项，其中3项为以许可方式进行的科技成果转化项目，累计转化费用到账金额500余万元，2项为以作价投资方式进行的科技成果转化项目。

2020年，信工院共投资一级企业6家，包括1家全资子公司：中科信工创新技术（北京）有限公司，5家参股公司：深圳市金城保密技术有限公司、北京华安保信息技术有限公司、中科信息安全共性技术国家工程研究中心有限公司、中科施博（北京）科技有限公司、中科宏途信安（北京）科技有限公司，全年实现投资收益 1554.31 万元。

2020 年，受新冠肺炎疫情影响，信工院因公出访 10 人次。围绕中英文期刊打造高水平国际科技期刊交流平台，举办 2 期《信息安全学报》线上沙龙，举办 *Cybersecurity* 和《信息安全学报》线上编委会。

《信息安全学报》是安全类唯一被两个学会（计算机学会和通信学会）收录的 B 类期刊（非常优秀期刊），也是计算机学会会刊、Scopus 收录期刊，知网数据篇均下载量为 433.16 次。《信息安全学报》2020 年共出版发行 6 期，*Cybersecurity* 共出版发行 4 期，期刊稿件来源覆盖 6 大洲 44 个国家，海外稿件占比 81.5%，访问下载覆盖全球 164 个国家，均篇下载量超过 5800 次。

（撰稿：岳　洋　高继承　审稿：吕连清）

空间应用工程与技术中心

主　　任：高　铭
地　　址：北京市海淀区邓庄南路 9 号
邮政编码：100094
电　　话：010-82178817
传　　真：010-82703630
电子信箱：csu@csu.ac.cn
网　　址：http://www.csu.cas.cn

1992 年 9 月，中央决策实施载人航天工程，中国科学院作为载人航天工程三大发起部门之一，在载人航天工程立项之初即牵头负责空间应用系统。1993 年，中国科学院党组研究决定组建中国科学院空间科学与应用总体部（以下简称“总体部”），负责空间应用系统组织管理及总体技术研究。2010 年 11 月，中国科学院党组决定在总体部的基础上成立中国科学院空间应用工程与技术中心。2012 年 8 月，中国科学院空间应用工程与技术中心（以下简称“空间应用中心”）独立法人资格获批。2013 年 1 月，空间应用中心正式独立运行。

2018 年底，中央军委装备发展部与中国科学院联合成立中国载人航天工程运行与管理支持中心。

空间应用中心是我国载人航天工程空间应用系统总体单位，负责载人航天工程空间应用系统的组织管理、战略规划、系统设计、载荷研制、集成测试，以及可靠性保障、有效载荷在轨运控管理、数据服务等工作。空间应用中心也是中国载人航天工程运行与管理支持中心的依托单位，为载人航天工程总体提供科学、技术和管理全面支撑。中心建设目标是建设国内一流、国际著名的空间总体机构。

为满足载人航天工程任务预研攻关、研制建设和集智创新的需要，同时为任务提供共性或通用化技术支持支撑，空间应用中心设立系统总体研究室、集成技术中心、有效载荷运控中心、电子信息技术研究室、电磁弹射技术研究室、太空智能制造技术研究室、空间探索研究室、仿真技术研究室、工程数据中心、应用发展中心、软件评测中心、可靠性保障中心等 10 余个科研及任务支撑部门。

为不断论证、凝练载人航天应用项目，发展支持技术，探索国家太空实验室管理模式，空间应用中心建立了太空应用院重点实验室，以空间站应用任务为牵引，链接中国科学院内空间科学和应用资源，搭建起学科交叉平台、技术集成平台、集群创新平台、人才交流平台、资源共享平台，以更好地实现空间站任务目标，推动载人航天应用的发展。

为充分发挥中国科学院在先进材料、精密制造工艺、装备研发和系统集成等的综合优势，空间应用中心牵头组织院内优势力量，建立了太空制造技术院重点实验室，系统开展太空智能制造应用模式、太空环境下的材料形成机理、太空制造装备技术和资源就位利用技术等研究，以支持实现太空智能制造关键技术的重大突破，抢占国际战略制高点。同时，中心与国内外相关研究机构及企业发挥“优势互补”的原则下，合作共建多个联合实验室，联合推进高水平基础研究和高技术研究。

2020 年是“十三五”规划收官之年，也是“十四五”起航奠基之年，还是中国载人航天工程全面推进空间站建造任务实施，空间站运营和载人月球探测方案论证的关键之年，面对深刻变化的外部环境和艰巨繁重的载人航天工程、中心建设发展任务，面对新冠肺炎疫情带来的重大挑战和严峻考验，空间应用中心统筹推进中心党的建设、战略规划、载人航天工程型号任务、重点科研任务、运行机制建设、人才队伍建设、条件平台建设、疫情防控等任务，有力保证“十三五”规划目标的顺利实现，在国家重大科技工程任务中发挥了重要作用。

在战略布局方面，空间应用中心全面推进“一个中心、三个基地”建设，为建设国家级太空实验室打造坚实基础。中国载人航天工程运行与管理支持中心建设完成，具备全面支撑工程总体能力；“十三五”科教基础设施太空实验室地面实验基地建设顺利开展，引领空间科学重大产出；空间科学与应用创新基地已与济南市政府完成框架合作协议签署，拟落地电磁弹射微重力实验装置、模拟地外环境的人类生存作业设施等3个项目，规划总占地面积约300亩，总投资达几十亿元；空间科学与应用领域的国家技术标准创新基地获批筹建，将以标准化助推创新技术和产品市场化、产业化和国际化。持续完善DRO创新方案，推动新的重大工程立项；前瞻部署智能操控就位 / 原位制造、空间信息网络与智能服务、地月空间天基自主PNT系统、空间应用数字孪生、电磁弹射应用等先进技术，引领和支撑中心可持续发展。

在工程任务落实方面，空间应用中心扎实推进空间站建造阶段应用任务实施，其中核心舱任务完成正样产品交付；实验舱Ⅰ、Ⅱ任务完成了初样电性件研制交付；巡天光学设施完成方案研制总结评审转入初样研制阶段。空间站运营期应用任务规划方案论证完成，预计该阶段空间应用系统科研与条件经费达200亿元。深空探测“关深”阶段任务实施方案论证完成，并通过中央批准，科学研究与应用系统方案深化论证及关键技术攻关工作全面启动，获批经费1.39亿元。

在人才队伍建设方面，空间应用中心加强高端人才引进和培养，构建“岗位、薪酬、评价”三位一体管理体系，科研队伍结构和质量持续向好，截至2020年底共有各类人才83人，占科研人员17%，较“十二五”末期增长9%。

在经费争取方面，空间应用中心经济收入保持平稳较快增长，2020年共落实载人航天空间应用系统科研及建设经费约15亿元，其中中心科研及建设经费7.02亿元，较2019年增长51%，较“十二五”末期增长160%。

在科研条件建设方面，空间应用中心条件保障能力显著提升，预计“十四五”时期北京航天城、怀柔科学城、济南空间科学与应用实验基地科研基础设施面积将达25万平方米，较“十二五”末期增长10余倍。

在国际合作方面，空间应用中心持续推进与联合国外空司、欧洲太空局等务实合作，“探索极端宇宙”国际科学计划——空间高能宇宙辐射探测设施（HERD）开展了多轮技术协调，载荷和飞行试验方案进一步完善。

在产业化方面，空间应用中心积极对接外部资源，与海南省、浙江省相关部门沟通推进项目落地；积极推进科技成果转化平台建设，获2020年北京市科委科技成果转化平台建设专项资助。

空间应用中心在中国科学院“十三五”时期“一三五”规划考核中，获评双优秀（重大突破一、重点培育方向一），空间实验室任务取得重大突破，入选中国科学院“率先行动”计划第一阶段重大科技成果及标志性进展。

（撰稿：杨　吉　孔　健　审稿：高　铭）

天津工业生物技术研究所

所　　长：马延和
地　　址：天津市空港经济区西七道32号
邮政编码：300308
电　　话：022-84861997
传　　真：022-84861926
电子信箱：tib_zh@tib.cas.cn
网　　址：http://www.tib.cas.cn

中国科学院天津工业生物技术研究所（以下简称“天津工生所”）是由中国科学院和天津市政府共建、从事生物技术创新推动工业领域生态发展的科研机构，2012年11月29日正式成立。

天津工生所肩负着建立我国工业生物技术

创新体系、促进工业绿色升级的历史使命，重点开展工业蛋白质科学与生物催化工程、合成生物学与微生物制造工程、生物系统与生物工艺工程领域的基础研究和应用基础研究，发展新生物学指导下的工业蛋白质科学、工业系统生物学、工业合成生物学、工业发酵科学等学科体系，实行“总体研究部 - 研究组 - 平台实验室”三维科研组织模式。现建有工业酶国家工程实验室、中国科学院系统微生物工程重点实验室、天津市工业生物系统与过程工程重点实验室和天津市生物催化技术工程中心，高通量筛选、系统生物技术、发酵过程优化与中试、工业酶研究与合成生物技术等技术支撑平台，以及国家专业化众创空间、国家国际科技合作基地及天津市国际科技合作基地。

2020 年，由天津工生所牵头建设的国家合成生物技术创新中心取得进展。探索推进“一所两制”和“研究所 + 平台公司”的混合管理机制，实践科技创新的新型举国体制。以“项目制”组织任务攻关，推动重大成果产出。进一步完善收益分配机制，科技转化收入 70% 以上奖励给成果完成者。推进与天津市海河产业基金合作成立中科海河生物医药产业基金，首期 10 亿元完成天津市政府审批程序。联合 8 个行业骨干单位成立首个创新联合体实体天工生物科技有限公司，首期筹集 7.9 亿元致力于共性平台技术开发。牵头组建生物制造产业（人才）联盟，联盟成员覆盖 20 多个省市 121 家企业，基本覆盖整个生物制造产业链。启动在全国范围打造产业示范基地和产业网络，规划占地 8 平方千米的中国（天津）生物制造谷完成初步方案设计。

截至 2020 年底，天津工生所共有在职职工 322 人。其中科技人员 233 人、科技支撑人员 60 人，包括研究员及正高级工程技术人员 38 人、副研究员及高级工程技术人员 62 人。

天津工生所现设有生物学、化学工程与技术两个专业一级学科博士研究生培养点，材料与化工专业博士培养点，生物学、化学工程与技术两个专业一级学科硕士研究生培养点，生物与医药、材料与化工两个全日制专业学位硕士研究生培养点。在微生物学、生物化学与分子生物学、生物化工、应用化学 4 个二级学科招收博士、硕士研究生，在生物与医药、材料与化工专业招收全日制专业学位硕士研究生。截至 2020 年底，共有在学学生共计 308 人（硕士生 231 人、博士生 57 人、实习本科生 20 人），其中国科大学籍生 104 人，与高校联合培养 204 人。设有博士后工作站，在站博士后 60 人。

2020 年，天津工生所共有在研科研项目 215 项（包括新增项目 71 项）。其中，主持或承担国家自然科学基金面上项目 18 项(新增 5 项)、优秀青年科学基金项目 2 项（新增 1 项）、青年科学基金项目 13 项（新增 6 项）、国际合作项目 4 项（新增 1 项）；承担或参与国家重点研发计划 76 项（新增 31 项），承担或参与国家科技重大专项 5 项（新增 1 项）；承担或参与中国科学院战略性先导科技专项项目 / 课题 2 项（新增 1 项）、科技服务网络计划项目 / 课题 9 项（新增 2 项）、科研仪器研制项目 2 项（新增 1 项）、国际合作项目 3 项；承担天津市合成生物技术创新能力提升行动项目 53 项（新增 20 项）、天津市重点研发计划 3 项、天津市“一带一路”科技创新合作项目 2 项（新增 1 项）、天津市科技重大专项与工程 2 项、天津市创新平台专项 1 项、天津市自然科学基金项目 6 项（新增 1 项）、天津市科学技术普及项目 1 项、其他项目 13 项等。

2020 年，天津工生所在 DNA 合成、基因编辑等底层技术方面取得重要突破，其中新型碱基编辑技术在国际上首次实现任意碱基编辑，相关论文发表在 *Nature Biotechnology* 上。创制一批具有自主知识产权的高性能工业菌种，技术水平国际领先。其中自主谷氨酸高性能菌种在年产 110 万吨的生产线上获得推广；突破人工肉关键组分生物合成技术，技术水平国际先进，相关技术已在建设 2000 吨示范线；国际首创稀少健康糖合成技术，部分产品正在进行万吨级生产线建设；4-AD 等甾体激素中间体合成技术，1 步生物法替代 5 步化学转化，成本下降，节能减排，百吨级绿色环保生产示范线即将建成；新型猪圆环病毒 2 型病毒样颗粒疫苗、猪细小病毒病灭活疫苗高效表达制备技术，生产成本下降为原来的 1/4，已推进市场化实施；国际上首次创建灯盏乙素、檀香油、黄芩素等植物天然产物细胞工厂，推进植物化学品高效车间制造。申请专利 115 件，授权专利 52 件；发表论文 155 篇，其中 SCI 论文 148 篇。获天津市科学技术进步奖一等奖 1 项。

2020 年，天津工生所与 10 个省市 27 家企业建立合作 34 项，合同交易额 1.6 亿元，到位经费 5322.03 万元，其中现金到位 4122.03 万元，同比 2019 年增长 78%。新建参股公司 4 家，作价投资达 3845 万元。丁二酸、长效蛋白质药物载体技术、γ-氨基丁酸等技术与企业签订合作协议。D-阿洛酮糖酶法转化技术在合作企业建成 1000 吨/年生产线并投产，年产值可达 5000 万元。多酶体系生产肌醇技术在企业建成 4000 吨生产示范线。依托原儿茶酸技术与山东中科生物创新产业园管理有限公司共同成立山东中科德原生物科技有限公司，一期将建成 200 吨/年原儿茶酸生产线。天津传统化工企业——天津渤海化工集团旗下天津长芦海晶依托天津工生所 5-氨基乙酰丙酸、羟脯氨酸、L-苯丙氨酸启动建设生物制造中试放大及产业化基地。

2020 年，天津工生所与德国亚琛工业大学和比利时佛朗德生物技术研究院分别共建合成生物学联合中心；与南方科技促进可持续发展委员会（COMSATS）共建工业生物技术联合中心，获批科技部专项支持；与哈萨克斯坦国立大学、COMSATS 优势机构建立多项实质性合作；开设“一带一路”人才发展项目，已有 5 位“一带一路”沿线国家青年科技人员入选；举办第五届应用生物技术国际会议暨工程生物学 1.0 国际会议，2 万余人次在线参会，研究所国际影响力进一步提升。

（撰稿：冯毅飞　牛高华　审稿：马延和）

山西煤炭化学研究所

所　　长：房倚天
地　　址：山西省太原市桃园南路 27 号
邮政编码：030001
电　　话：0351-4041627
传　　真：0351-4041153
电子信箱：dangzb@sxicc.ac.cn
网　　址：http://www.sxicc.cas.cn

中国科学院山西煤炭化学研究所（以下简称“山西煤化所”）前身是中国科学院煤炭研究室，于 1954 年在大连中国科学院石油研究所（即现在的中国科学院大连化学物理研究所）挂牌成立。1961 年，煤炭研究室扩建为中国科学院煤炭化学研究所并开始向太原搬迁。1978 年 9 月改名为中国科学院山西煤炭化学研究所并沿用至今。

山西煤化所的发展战略是：面向国家能源与国防安全战略需求，面向经济主战场，围绕煤炭清洁高效利用、碳基新材料制备与应用和可再生能源转化利用开展定向基础研究、关键核心技术和重大系统集成创新的现代化研究所。主要研究领域：煤气化、煤炭清洁高效转化利用、污染物资源化转化与利用、精细化学品合成、高性能碳材料制备与利用、氢能、储能等。

“十三五”以来，山西煤化所以协调解决能源利用效率与生态环境问题和重点突破制约国家战略性新兴产业发展的先进材料瓶颈为目标，围绕煤炭清洁高效利用、碳基新材料制备与应用和可再生能源转化利用，突破了系列关键技术，实现了一批具有国际/国内领先水平的重大能源/材料技术规模应用，满足了国家重大战略需求，推动了产业和国民经济的发展。

山西煤化所拥有太原桃南园区、小店中试基地、扬州碳纤维工程技术中心研发区域（中心）；拥有煤转化国家重点实验室、煤炭间接液化国家工程实验室、碳纤维制备技术国家工程实验室、山西煤化工技术国际研发中心，以及与潞安集团共建的国家煤基合成工程技术研究中心等国家级研发单元；中国科学院（山西省）炭材料重点实验室、山西省粉煤气化工程研究中心、山西省生物炼制工程技术研究中心、山西省石墨烯技术工程研究中心、与太钢集团共建的山西省碳纤维及复合材料工程技术研究中心等院、省级研发单元，以及应用催化与绿色化工实验室所级研发单元。煤转化国家重点实验室与壳牌合作设立了 ICC-Shell 煤化学联合实验室。

截至 2020 年底，山西煤化所共有在职职工 476 人。其中科技人员 375 人，包括研究员及正高级工程技术人员 71 人、副研究员及高级工程技术人员 124 人。

山西煤化所是 1981 年国务院学位委员会批准的首批博士、硕士学位授予单位之一，现有博士生导师41人，硕士生导师76人，设有化学、化学工程与技术、材料科学与工程3个一级学科博士、硕士研究生培养点；物理化学、材料学、化学工程、化学工艺、工业催化5个二级学科博士、硕士研究生培养点；材料与化学工程1个全日制专业硕士授权点，并设有1个化学专业一级学科博士后流动站。截至2020年底，共有在学研究生374人，其中硕士生141人、博士生233人；在站博士后7人。

2020年，山西煤化所共有在研项目416项（新增项目90项）。其中，主持国家重点研发计划项目2项（新增1项），国家重点研发计划战略性国际科技创新合作项目1项，国家重点研发计划课题4项，国家重点研发计划子课题16项（新增4项）；主持国家杰出青年科学基金2项(新增1项)，优秀青年科学基金项目1项，面上项目42项（新增11项），青年科学基金项目26项（新增4项），联合基金项目重点支持项目7项（新增1项）、联合基金培育项目11项（新增1项），国家自然科学基金大科学装置联合基金项目1项，国际合作与交流项目2项（新增1项）；中国科学院科技服务网络计划重点部署项目4项；中国科学院国际合作局对外合作重点项目和“一带一路”专项各1项；中国科学院前沿科学重点研究项目1项；中国科学院洁净能源创新研究院项目9项；中国科学院战略性先导科技专项（A类）课题3项、子课题2项（新增子课题1项）。

2020年，山西煤化所在科研项目、成果奖励和科研产出等方面继续保持良好的发展势头。

在承担国家和院重大科技任务方面，牵头获批科技部国家重点研发计划项目1项；国家自然科学基金委国家杰出青年科学基金目1项；山西省关键核心技术和共性技术研发攻关专项1项；山西省揭榜招标项目1项；山西省重点研发计划重点项目1项；山西省重点实验室研发专项2项。

在科技奖励方面，获奖项4项：一种甲醇一步法制取烃类产品的工艺获中国专利奖优秀奖；参与完成的固定床绝热反应器一步法甲醇制汽油成套技术获中国石油和化学工业联合会科技进步奖三等奖；参与完成的F-T合成油品非硫化态催化剂加氢精制催化技术 获中国石油和化学工业联合会技术发明奖三等奖；参与完成的煤炭间接液化领域产品系列标准的研制获中国煤炭工业协会科学技术奖二等奖。

在基础研究方面，代表性成果如下。利用氢溢流原位调控催化剂电子结构方面取得新进展，提出利用氢溢流原位精准调控催化活性中心电子结构的新方法，大幅提高了催化剂对于环氧化反应的选择性。相关研究成果发表在*Nature Communications*上。选择性转化二氧化碳制丙烯和丁烯方面取得新进展，设计和开发了一种新型固溶体和分子筛复合催化体系，丙烯和丁烯在总低碳烯烃中占比可达90%以上。相关研究成果发表在*Chem*上。

在技术重大突破方面，代表性成果如下。全球首套5万吨/年尿素与甲醇间接制备碳酸二甲酯工业示范项目取得突破性进展，具备大规模推广应用的可行性。含固油浆流化热解技术完成千吨级中试72小时标定，解决高含固油浆处理的技术难题。形成汽柴航化联产的新一代间接液化成套技术，完成百万吨级工艺包编制。形成加氢异构化制API Ⅲ+类润滑油基础油的高效高选择性催化剂体系及匹配工艺，产品达到API Ⅲ+类润滑油基础油指标。实现太阳能光热转换中相变储热装置的开发，建成相变储能型太阳能热水器系统和建筑屋顶集中式相变储能太阳能热水器系统的运行和示范。合成气制低碳醇新型催化剂单管评价试验通过中国石化联合会72小时现场连续运行，考核结果优于国内外公开报道。T1000级碳纤维制备技术取得重要进展，达到国内领先水平并建立了吨级制备平台。突破十吨级电容炭中试生产技术。依托自主材料设计开发了新一代超级电容器，整体技术达国际先进水平。

2020年，山西煤化所共发表论文432篇；申请专利124项，授权专利123项；主持/参与制定标准8个。签订各类企业技术合作合同/协议47项，横向经费9961.6万元（合同额），较近五年年均横向经费（7658.2万元，合同额）上涨30%。持股正常运营的企业共有11家。

2020年，山西煤化所共办理出访1团组，2人次；未接待外方人员来访。新增中国科学院国际人才计划（PIFI）国际博士后项目2项、国家自然科学基金委员会组织间合作与交流项目1项。

山西煤化所主办有《新型炭材料》和《燃料化学学报》两种学术期刊。

（撰稿：宋 昌 熊志建 审稿：蔡晨曦）

大连化学物理研究所

所 长：刘中民

地 址：辽宁省大连市中山路 457 号

邮政编码：116023

电 话：0411-84379163

传 真：0411-84691570

电子信箱：bgs@dicp.ac.cn

网 址：http://www.dicp.cas.cn

中国科学院大连化学物理研究所（以下简称“大连化物所”）创建于 1949 年 3 月，当时定名为大连大学科学研究所。1950 年，更名为东北科学研究所大连分所，1952 年转属中国科学院，更名为中国科学院工业化学研究所，1961 年，更名为中国科学院化学物理研究所，1970 年正式命名为中国科学院大连化学物理研究所。

大连化物所是一个基础研究与应用研究并重、应用研究和技术转化相结合、以任务带学科为主要特色的综合性研究所。重点学科领域为：催化化学、工程化学、化学激光和分子反应动力学、近代分析化学和生物技术。2020 年，顺利完成中国科学院“十三五”时期“一三五”规划任务书验收评估；扎实推进洁净能源创新研究院建设；大连先进光源被中国科学院作为重点推荐项目之一向国家发展改革委申报列入国家“十四五”专项规划；中国科学院大学能源学院园区建设基本完成。

大连化物所设有洁净能源国家实验室（筹），设有燃料电池、生物能源、化石能源与应用催化、节能与环境、低碳催化与工程、太阳能、储能技术、氢能与先进材料、能源基础和战略、能源材料（筹）、能源战略研究中心、能源研究技术平台 11 个研究部和 1 个研究平台；设有仪器分析化学、精细化工、催化基础、化学激光、化学动力学、航天催化与新材料、生物技术、大连光源科学、本草物质科学 9 个研究室。设有催化基础和分子反应动力学两个国家重点实验室；设有甲醇制烯烃国家工程实验室、国家催化工程技术研究中心、膜技术国家工程研究中心、燃料电池及氢源技术国家工程中心、国家能源低碳催化与工程研发中心等多个国家级科技创新平台；设有化学激光、分离分析化学、燃料电池及复合电能源、航天催化材料、电化学储能技术 5 个中国科学院院级实验室。大连化物所还与国外著名大学、公司和研究机构联合设立了中法催化联合实验室、中法可持续能源联合实验室、中德催化纳米技术伙伴小组、DICP-BP 能源创新实验室、DICP-SABIC 先进化学品生产研究中心和中法分子筛联合实验室等十几个国际合作研究机构。

截至 2020 年底，大连化物所共有在职职工 1100 人。其中科技人员 768 人、科技支撑人员 225 人，包括中国科学院院士 11 人、中国工程院院士 3 人、发展中国家科学院院士 4 人、欧洲人文和自然科学院院士 1 人、加拿大工程院国际院士 1 人、研究员及正高级工程技术人员 233 人、副研究员及高级工程技术人员 527 人。

大连化物所是 1981 年国务院学位委员会批准的博士、硕士学位授予权单位之一，设有化学、化学工程与技术、物理学、材料科学与工程 4 个一级学科博士研究生和硕士研究生培养点；并设有化学、化学工程与技术等 2 个专业一级学科博士后流动站。截至 2020 年底，共有在学研究生 1446 人（含联合培养 317 人，留学生 62 人），其中博士生 837 人，硕士生 609 人；在站博士后 278 人。

2020 年，大连化物所共有在研项目 949 项（包括新增项目 352 项）。其中，主持（或承担）国家自然科学基金重点项目 15 项（新增 2 项）、面上项目 142 项（新增 40 项）、国家杰出青年科学基金项目 9 项（新增 1 项）、国家自然科学基金重大研究计划重点 / 集成项目 14 项（新增 3 项）。主持或承担国家重点研发计划 50 项（新增 6 项）。主持（或承担）（科技部、国家自然科学基金委、财政部和院）重大仪器研制项目 1 项（基金委）。主持（或承担）中国科学院战略性先导科技专项课题 47 项；主持（或承担）院重点部署项目 14 项。承担院地合作项目 619 项。

2020 年，大连化物所在最简单化学反应氢原子与氢分子的同位素（$H+HD \longrightarrow H_2+D$）反应中发现了化学反应中新的量子干涉效应，相关研究成果发表在 *Nature* 上；在费托合成反应中 CO 解离作用机制、甲醇制烯烃反应与积碳失活机理、太阳能规模化分解水制氢、生物质中氢键裁剪与重构、N- 磷酸化蛋白质组深度覆盖分析等方面均取得重要进展。合成气直接制烯烃完成工业中试；全球首套规模化太阳燃料合成示范项目试车成功；重质油悬浮床加氢技术完成千吨级中试装置建设并开车成功；全球首套单原子催化剂乙烯多相氢甲酰化及其加氢制 5 万吨 / 年正丙醇工业装置开车成功；第三代甲醇制烯烃技术通过科技成果鉴定，并一次性签订 5 套 100 万吨 / 年工业装置许可合同，系列技术累计许可烯烃产能达 2025 万吨 / 年；煤基乙醇新增许可 4 套工业装置，乙醇产能达到 225 万吨 / 年；航天催化剂和热防护涂料在多次航天发射任务中成功应用；化学激光获得多项国家重大专项支持。全年共发表 SCI 论文 1250 篇；专利申请 1416 件，授权 765 件。荣获各级奖励 19 项，其中，省部级奖励 6 项。

2020 年，大连化物所与恒力集团、贵州茅台、山东荣信、航天投资控股建立战略合作伙伴关系，与贵州茅台集团共建现代分析检测协同创新中心。面对新冠肺炎疫情，累计开展 40 余项应急攻关项目，与相关企业开展抗疫合作项目 20 余项。煤基乙醇技术产业化项目得到弘光专项立项。获批辽宁省首家精细化工国家专业化众创空间。协助六盘水师范学院获批贵州省煤炭洁净利用重点实验室，向石河子新疆天业（集团）有限公司实施 25 万吨 / 年甲醇制乙醇生产装置技术许可。获批入选世界知识产权组织技术与创新支持中心（TISC）筹建机构名单。

截至 2020 年底，大连化物所在册持股企业共 30 家，其中控股 8 家，从事科技开发人员 477 余人。全年持股企业营业收入总额共 12 亿元。

国际合作交流方面，2020 年，大连化物所成功举办“中国科学院与法国原子能与替代能源委员会（CEA）碳循环论坛”等 3 次国际学术会议（线上）；全年因公临时出国人数共 7 人，来访人数共 24 人。

大连化物所是中国化学会的会员单位，主办并负责编辑出版 *Chinese Journal of Catalysis*（英文刊，《催化学报》）、*Journal of Energy Chemistry*（英文刊，《能源化学》）和《色谱》三种学术期刊。《能源化学》和《催化学报》的 SCI 影响因子分别为 7.216 和 6.146，在 SCI 收录中国化学类期刊中名列前茅；《色谱》中信所影响因子 1.786，在中国化学类 39 种核心期刊中居第一名。2020 年，《能源化学》和《催化学报》在中国科学院期刊分区中居化学类一区，获中国科技期刊卓越行动计划“重点期刊”项目资助，并被评为中国最具国际影响力学术期刊。

（撰稿：李振涛　于瀚祥　审稿人：毛志远）

金属研究所

所　　长：左　良
地　　址：沈阳市沈河区文化路 72 号
邮政编码：110016
电　　话：024-83978248
传　　真：024-23891320
电子信箱：imr@imr.ac.cn
网　　址：http://www.imr.cas.cn

中国科学院金属研究所（以下简称“金属所”）成立于 1953 年，是中华人民共和国成立后中国科学院新创建的首批研究所之一。首任所长是我国著名的物理冶金学家李薰先生。1999 年 5 月，根据中国科学院知识创新工程试点工作的统一部署，在东北高性能材料研究发展基地建设中，金属所与中国科学院金属腐蚀与防护研究所整合成立新的中国科学院金属研究所。

金属所贯彻落实习近平总书记对中国科学院提出的“四个率先”和“两加快一努力”要求，面向世界科技前沿、面向经济主战场、面向国家重大需求、面向人民生命健康，在高温合金、钛合金、特种合金、钢铁、铝合金、镁合金、金属基复合材料、陶瓷等先进结构材料领域和纳米材料、碳材料、磁性材料、生物材料、能源材料等新型功能材料领域，开展材料的成分设计、结构表征、制备加工、性能测试和使役行为研究。

2020 年，金属所完成“十三五”期间“一三五”规划总结验收工作，并取得良好成绩。其中，2 项重大突破、2 项重点培育方向获评优秀，先进动力系统用高温结构材料入选中国科学院“率先行动”计划第一阶段重大成果及标志性进展。

金属所深化综合性科技创新平台建设，在基础研究领域，依托金属所成立的沈阳材料科学国家研究中心是我国首批组建的 6 个国家研究中心之一；在高技术研究领域，师昌绪先进材料创新中心致力于提升我国重点工程先进材料自主创新能力和自主可控制备能力。2020 年金属所成立材料腐蚀与防护中心，重新整合力量开展材料腐蚀基础研究及重大工程腐蚀防护技术研究。此外，金属所还拥有 2 个国家级工程技术中心、2 个中国科学院重点实验室、1 个中国科学院工程实验室、1 个土壤大气环境材料腐蚀国家野外台站。

截至 2020 年底，金属所共有在职职工 982 人。其中科技人员 680 人、科技支撑人员 205 人，包括中国科学院院士 2 人、第三世界科学院院士 2 人、研究员及正高级工程技术人员 188 人、副研究员及高级工程技术人员 389 人。

金属所是国务院学位委员会批准的首批博士、硕士学位授予单位之一，现有材料科学与工程 1 个一级学科博士研究生培养点，材料科学与工程 1 个一级学科硕士研究生培养点，包含材料物理与化学、材料学、材料加工工程、腐蚀科学与防护 4 个二级学科博士、硕士研究生培养点，并设有材料科学与工程 1 个一级学科博士后流动站。金属研究所携手中国科技大学共建中国科学技术大学材料科学与工程学院。截至 2020 年底，共有在学研究生 1004 名，其中博士生 626 名、硕士生 378 名；有在站博士后 63 名。

2020 年，金属所共有在研项目 1353 项（包括新增项目 613 项）。其中，主持（或承担）国家自然科学基金重大项目 2 项（新增 0 项）、重点项目 8 项（新增 2 项）、面上项目 129 项（新增 22 项）、国家杰出青年科学基金项目 4 项（新增 0 项）、优秀青年科学基金项目 3 项（新增 2 项），重大研究计划重点项目 2 项（新增 0 项），联合基金重点支持项目 7 项（新增 1 项）、重点国际（地区）合作研究项目 1 项（新增 0 项）、组织间合作研究项目 3 项（新增 0 项）；主持（或承担）国家重大科技专项 10 项（新增 2 项），国家重点研发计划项目 9 项（新增 2 项），课题 33 项（新增 3 项）；主持（或承担）（科技部、国家自然科学基金委、财政部和院）重大仪器研制项目 9 项（新增 3 项）；主持（或承担）中国科学院战略性先导科技专项课题 26 项（新增 21 项）；主持（或承担）院重点部署项目 10 项（新增 0 项）；承担院地合作项目 1130 项（新增 555 项）。

2020 年，金属所科研工作进展顺利。在基础研究方面，纳米金属材料、二维材料等前沿领域涌现一批具有国际影响的原创性成果，全年论文产出持续保持高质量和高影响力，在国际著名学术期刊 *Science*、*Nature* 正刊上发表学术论文 6 篇。在应用研究方面，牵头研制出世界上尺寸最大、搭载人数最多的载人舱球壳，保障了“奋斗者”号潜水器实现万米深潜；攻克了钛合金粉末成形技术，为长征五号运载火箭提供了强大“心脏”；研制出“嫦娥五号”月球取土钻杆，满足了在月球表面苛刻工况下的采样需求；为“天问一号”火星着陆器提供了系列高性能的结构件；实现四代核电钠冷示范快堆容器及堆内构件用不锈钢的国产化；完成 300 兆瓦级重型燃机第四级动叶试制。金属所发表 SCI 论文 1168 篇，专利申请 555 件，专利授权 299 件。“光催化材料的能带与微观结构调控”获国家自然科学奖二等奖、“基于铁电极化的量子材料构筑及其亚埃尺度结构调控”获辽宁省自然科学奖一等奖、“大尺寸高性能非晶及非晶复合材料可控制备基础研究”获辽宁省自然科学奖二等奖。

金属所持续与地方政府、行业企业开展对接交流，2020 年与 330 余家企业开展科研合作，合作范围遍及全国 26 个省级行政区。持续推进先进适用科技成果转移转化，全年实现转化收益 6.2 亿元，在院属单位中排名第三。

2020 年，金属所国际交流工作克服疫情影响，努力保持原有的合作，并拓展新的合作，举办国际镁及镁合金会等学术会议，签署国际合作项目 5 项。有 14 名科学家在 25 个国际学术组织任职，25 名科学家在 49 种国际学术期刊担任主编、副主编、编委。

金属所受中国金属学会、中国材料研究学会、国际材料物理中心、国家自然科学基金委员会、中国腐蚀与防护学会等委托，编辑出版《金属学报》（中英文版）、《材料研究学报》、《材料科学技术》（英文版）、《中国腐蚀与防护学报》、《腐蚀学报》（英文版）6 种学术刊物。

（撰稿：关德慧　刘　言　审稿：徐　岩）

沈阳应用生态研究所

所　　长：朱教君

地　　址：辽宁省沈阳市沈河区文化路 72 号

邮政编码：110016

电　　话：024-83970200

传　　真：024-83970300

电子信箱：office@iae.ac.cn

网　　址：http://www.iae.cas.cn

中国科学院沈阳应用生态研究所（以下简称“沈阳生态所”）成立于 1954 年，其前身为中国科学院林业土壤研究所，1987 年更为现名。2001 年成为国家知识创新工程试点单位，2015 年成为中国科学院首批特色研究所建设试点单位，定位“生态文明建设”领域，2018 年通过特色研究所建设验收，进入正式运行阶段。

沈阳生态所针对现代农林业可持续发展和生态环境建设中亟须解决的重大科技问题，结合应用生态学发展需要，在森林生态与林业生态工程、土壤生态与农业生态工程、污染生态与环境生态工程领域 开展基础性、战略性和前瞻性研究，完善和创新应用生态学理论、方法和技术体系：聚焦退化生态系统恢复 - 重建与生态安全、黑土保护 - 利用与粮食安全、污染环境治理 - 改善与低碳绿色发展，为东北工农业现代化和新型城镇化提供生态与环境保障。

在中国科学院“率先行动”计划第一阶段总结评估中，沈阳生态所“东北森林屏障带生态保护、恢复与资源高效利用技术”和“东北农田养分循环与肥料增效减施技术”两项重大突破获评优秀。特色研究所定位准确，充分发挥了科技促进社会经济发展作用。

沈阳生态所现有土壤养分管理国家工程实验室（与中国科学院南京土壤研究所共建）、污染土壤生物 - 物化协同修复技术国家地方联合工程实验室、中国科学院森林生态与管理重点实验室、中国科学院污染生态与环境工程重点实验室、中国科学院绿色肥料工程实验室（新增）等重要科技平台。

沈阳生态所建有 9 个野外台站，分别是吉林长白山森林生态系统国家野外科学观测研究站、辽宁沈阳农田生态系统国家野外科学观测研究站、湖南会同森林生态系统国家野外科学观测研究站、辽宁清原森林生态系统国家野外科学观测研究站（以上为国家站、CERN 站）、乌兰敖都荒漠化试验站、额尔古纳森林草原过渡带生态系统研究站、大青沟沙地生态实验站、吉林长白山西坡森林生态系统定位站（与国家林草局共建）、内蒙古额尔古纳湿地生态系统定位观测研究站（与国家林草局共建）。还设有沈阳树木园、东北生物标本馆、公共技术服务中心等。

截至 2020 年底，沈阳生态所共有在职职工 415 人。其中专业技术人员 371 人，包括正高级专业技术人员 83 人、副高级专业技术人员 100 人。

沈阳生态所是 1981 年国务院学位委员会首次批准的博士学位点，现设有生态学、农业资源与环境 2 个一级学科博士研究生培养点，微生物学、环境科学 2 个二级学科博士研究生培养点，生态学、农业资源与环境 2 个一级学科硕士研究生培养点，微生物学、植物学、森林培育、环境科学 4 个专业二级学科硕士研究生培养点；并设有生态学、农业资源与环境 2 个一级学科博士后流动站。截至 2020 年底，共有在学研究生 368 人，其中博士 201 人，硕士 167 人；在站博士后 33 人。

2020 年，沈阳生态所共有在研项目 787 项（包括新增项目 218 项）。其中，主持（或承担）国家自然科学基金重点项目 9 项、面上项目 107 项（新增 12 项）；主持或承担国家重大科技专项 6 项（新增 1 项）；主持或承担国家重点研发计划 126 项（新增 12 项），其中，项目 7 项（新增 3 项），课题级 29 项（新增 1 项），子课题 90 项（新增 8 项）；主持（或承担）中国科学院重大仪器研制项目 5 项；主持（或承担）中国科学院战略性先导科技专项课题 3 项；主持（或承担）院重点部署项目 4 项、承担重点国际合作项目 12 项（新增 4 项）；承担院地合作项目 262 项（新增 143 项）。

2020 年，沈阳生态所共发表 SCI 论文 338 篇，以第一单位发表 SCI 论文 160 篇。获辽宁省国际科技合作奖1项、自然科学奖二等奖1项、科技进步奖三等奖1项，天津市科学技术奖特等奖1项（第二单位）。申请专利43件，其中发明专利35件，PCT申请2件；获授权专利30件，其中中国发明专利20件，PCT 1件；完成软件著作权登记9项；获批植物新品种3项。

2020年，沈阳生态所签订各类技术合同115项，合同额6324.83万元，入所横向经费3332.46万元。与地方共建的潍坊现代农业与生态环境研究院和寿光设施农业研究中心完成事业法人注册和相关基础设施建设工作，成果在当地顺利转化。推动落实与沈阳市全面合作框架协议，完成沈阳市生态系统功能评估、棋盘山火灾生态修复、沈阳市农田土壤重金属污染修复等项目；推动沈阳市自然博物馆筹建。为地方行业发展提供咨询服务，编制辽宁省、沈阳市、抚顺市“十四五”生态经济发展规划；修编和制定三北防护林工程六期规划。所投资公司4个，其中控股1个；从事科技开发人员10人。主办第28届国际肥料科学中心年会网络会议。

沈阳生态所是国际肥料科学中心、辽宁省生态学会、辽宁省土壤学会、辽宁省植物学会、沈阳市植物学会的挂靠单位；主办中文期刊《应用生态学报》、《生态学杂志》，英文期刊*Ecological Processes*。

（撰稿：丁玮杭　宗文君　审稿：郝　欣）

沈阳自动化研究所

所　　长：于海斌
地　　址：辽宁省沈阳市沈河区南塔街114号
邮政编码：110016
电　　话：024-23970012
传　　真：024-23970013
电子信箱：sia@sia.cn
网　　址：http://www.sia.cn

中国科学院沈阳自动化研究所（以下简称“沈阳自动化所”）成立于1958年11月。成立之初，名为辽宁电子技术研究所，1960年4月更名为中国科学院辽宁分院自动化研究所，1962年至1972年名称为中国科学院东北工业自动化研究所，1972年起定名为中国科学院沈阳自动化研究所。1999年，沈阳自动化所成为首批进入中国科学院知识创新工程的试点单位之一。2014年，沈阳自动化所积极响应“率先行动”计划，提出建设中国科学院机器人与智能制造创新研究院。2015年4月，中国科学院院长办公会批准沈阳自动化所联合院内相关单位，筹建中国科学院机器人与智能制造创新研究院。2017年10月，创新研究院顺利通过专家组现场考核。2017年12月，创新研究院经院长办公会评议，顺利通过验收，正式进入运行阶段。2018年10月，创新研究院举行揭牌仪式。

沈阳自动化所主要从事机器人、智能制造、光电信息技术的研究、开发与应用。沈阳自动化所的定位与目标是：面向世界科技前沿、面向国家重大需求、面向国民经济主战场，以实现机器人与智能制造技术跨越发展为目标，重点突破泛在信息化智能制造、智能机器人和光电信息技术领域的前瞻科技问题和核心共性关键技术，研制开发高端智能装备，形成重要行业的智能制造系统解决方案，促进中国机器人产业技术进步，推动国民经济重点产业升级，满足国防安全、海洋科考和资源开发等重大战略需求，培养和造就一支素质优良、结构合理的高水平科技创新队伍，成为具有国际竞争力和影响力的科研机构。

沈阳自动化所是机器人学国家重点实验室、机器人技术国家工程研究中心、先进机器人学与机构学国际联合研究中心、工业物联网技术国际联合研究中心、网络化控制系统国家地方联合工程研究中心、国家机器人质量监督检验中心（辽宁）、国家机器人检测与评定中心（沈阳）、国家机器人创新中心、国家机器人标准化总体组秘书处单位、中国科学院光电信息处理重点实验室、中国科学院网络化控制系统重点实验室、辽宁省工业物联网重点实验室、辽宁省激光3D打印工艺与装备重点实验室、辽宁省智能检测与装备技术重点实验室、辽宁省农业装备智能化技术重点实验室、辽宁省机器智能重点实验室、辽宁省微创手术机器人重点实验室、辽宁省水下机器人重点实验室、辽宁省工业网络与控制系统专业技术创新中心、辽宁省智能无人机技术与系统专业技术创新中心、辽宁省基层医疗器械与信息工程研究中心的依托单位。

沈阳自动化所共有在职职工 1250 人，其中科研人员 920 人，科技支撑人员 160 人，包括中国工程院院士 2 人、研究员及正高级工程技术人员 127 人、副研究员及高级工程技术人员 345 人。

沈阳自动化所现设有机械制造及其自动化、机械电子工程、控制理论与控制工程、检测技术与自动化装置、模式识别与智能系统 5 个博士培养点，机械制造及其自动化、机械电子工程、控制理论与控制工程、检测技术与自动化装置、模式识别与智能系统、计算机应用技术、机械、电子信息等 8 个硕士培养点；机械工程、控制科学与工程 2 个一级学科博士后流动站。截至 2020 年底，共有在学研究生 481 人，其中硕士 238 人、博士 243 人；博士后 64 人。

2020 年，沈阳自动化所共有在研项目 736 项（新增 402 项），包括主持（或承担）国家重点研发计划（含原 863、科技支撑计划）项目 134 项（新增 29 项）；主持（或承担）国家自然科学基金项目 84 项（新增 21 项），其中重点基金项目 1 项、联合基金项目 9 项（新增 2 项）、面上项目 22 项（新增 6 项）、青年科学基金项目 25 项（新增 6 项）；主持（或承担）优秀青年科学基金项目 2 项（新增 1 项）；主持（或承担）中国科学院战略性先导科技专项课题 16 项（新增 0 项），主持（或承担）院科技服务网络计划项目 9 项（新增 2 项），主持（或承担）院重点部署项目 1 项（新增 0 项），院前沿科学研究计划项目 5 项（新增 0 项）；主持（或承担）国家科技重大专项项目 5 项；主持（或承担）国家高质量发展专项项目 11 项（新增 1 项），其中智能制造综合标准化与新模式项目 2 项、工业互联网创新发展工程项目 8 项（新增 1 项）、先进制造业集群项目 1 项。

沈阳自动化所积极推进中国科学院机器人与智能制造创新研究院建设工作。机器人与智能制造创新研究院二期项目开工建设，机器人化智能制造技术研发与验证平台（9 号楼、10 号楼）、二期 -1 项目（11 号楼）、研究生教育设施（12 号楼）完成施工许可办理，完成桩基检测和主体结构的验收工作，其他施工项目按计划开展。“十三五”科教基础设施项目机器人化智能制造技术研发与验证平台完成年度工作计划和资金计划，完成已签合同执行和新购置设备采购；基建工程已完成主体等施工。中国科学院大学机器人学院完成学生宿舍、图书馆、教学楼、综合楼等建筑主体结构封顶。

2020 年，沈阳自动化所科研工作取得多项重要成果。“海斗一号”全海深自主遥控潜水器在马里亚纳海沟成功完成首次万米海试与试验性应用任务，最大下潜深度 10 907 米，为我国开展深渊科考获取了首批重要数据和样品，填补了我国万米级作业型无人潜水器的空白。智能化控制系统、电动观测云台以及主从伺服液压机械手等全海深技术装备，有力支撑了“奋斗者”号实现高精度航行控制、全景科学观测、高精准作业取样等功能。全景相机转台助力“嫦娥五号”，实现我国首次地外天体采样返回。绕月轨道全物理对接性能试验台为首次月球轨道无人交会对接和样品转移提供了先进的地面试验技术与装备保障。光电信息技术实现重大突破，重点项目完成试验，支撑了国家战略需求。特种机器人多领域应用，与钟南山院士团队联合研制咽拭子采样机器人并开展临床试验，获钟南山院士高度评价。“云雀”飞行机器人两次赴青藏高原开展高海拔冰川与湖泊智能化科考，实现我国首次机器人化高海拔环境科考。“探索 100”水下机器人开展高原湖泊探测，将进一步推动我国高原科考向无人化、机器人化和立体协同化发展。

2020 年，沈阳自动化所多项科研成果获得奖励，“探索 1000 自主水下机器人研制与科学应用”获海洋科学技术奖一等奖；“南极科考冰雪面移动与低空飞行机器人技术及应用”获 CAA 科学技术奖技术发明奖一等奖；“类生命机器人基础理论与实现方法”和“咽拭子采样机器人”分别获评中国机器人科学引领奖和杰出贡献奖；“面向类生命机器人的跨尺度生物制造装备及检测关键技术”入选中国智能制造十大科技进展。全年发表学术论文 285 篇；申请专利 485 件，授权专利 180 件。

2020 年，沈阳自动化所与华为公司签约成立“5G+ 工业网络联合创新中心”，将全方位、深度开展 5G+ 工业无线网技术的研发与应用推广工作；与鞍钢集团签署战略合作协议，将在矿山、钢铁等领域加强信息化、智能化、智慧化建设合作；在与中石油、兵器工业集团和航天科工集团等已建立的战略合作下，持续推动关键技术攻关，主导产业升级，将合作推向纵深。

2020 年，沈阳自动化所申报的中国科学院对外合作重点项目以及辽宁省重点研发计划国际科技合作专项获批；与中国科学院海洋研究所合作的中国科学院大科学计划培育专项顺利通过中期评估工作；通过和中国科学院海洋研究所与弗劳恩霍夫协会 IOSB-AST 研究所、马普学会共同发起的“塑料废物在海洋中的全球影响”项目合作，推动中国科学院与弗劳恩霍夫协会签署战略性合作协议；组织 3 次国际研讨会：2020（亚）毫米波器件、测量和应用国际研讨会，2020 先进机器人装备关键技术，以及应用国际研讨会，以及 2020IFR 先进机器人学与机构学国际学术论坛；组织第二届海内外优秀青年学者论坛。全年出访立项 3 人次，接待 1 次来访。

沈阳自动化所与中国自动化学会主办《机器人》、《信息与控制》2 个科技类中文核心学术期刊。中国自动化学会机器人专业委员会、辽宁省自动化学会挂靠在沈阳自动化所。

（撰稿：田　甜　周　船　审稿：孙　雷）

海洋研究所

所　　长：王　凡

地　　址：山东省青岛市南海路 7 号

邮政编码：266071

电　　话：0532-82898611

传　　真：0532-82898612

电子信箱：iocas@qdio.ac.cn

网　　址：http://www.qdio.cas.cn

中国科学院海洋研究所（以下简称“海洋所”）始建于 1950 年，是中华人民共和国成立后的第一个专业从事海洋科学研究的综合性科研机构，70 多年来在我国海洋基础研究领域做出了许多奠基性和开创性的工作，引领了我国海洋科学事业的发展。

海洋所现有国家海洋腐蚀与防护工程技术研究中心、海洋生态养殖技术国家地方联合工程实验室、海洋生物制品开发技术国家地方联合工程研究中心、红球藻种质培育与虾青素制品开发国家地方联合工程研究中心（参与建设），牵头组建海洋试点国家实验室的海洋生物学与生物技术、海洋生态与环境科学 2 个功能实验室。建有实验海洋生物学、海洋生态与环境科学、海洋环流与波动、海洋地质与环境、海洋环境腐蚀与生物污损 5 个中国科学院重点实验室，中国科学院海洋牧场工程实验室，以及海洋生物分类与系统演化实验室、深海研究中心、海洋人工智能与大数据等研究支撑机构；设有学会联合办公室、文献信息中心、科考船运管中心、公共技术服务中心、海洋观测网络管理中心、海洋生物标本馆等支撑单元。

截至 2020 年底，海洋所共有在岗在编职工 706 人，其中专业技术人员 644 人（高级专业技术岗位人员 381 人），有博士生导师 89 人（不含兼职），硕士生导师 78 人，在站博士后 146 人，在读研究生 597 人（博士 265 人、硕士 332 人）。

海洋所是国务院学位委员会首批批准的博士、硕士学位授予单位和中国科学院博士研究生重点培养基地，设有一级学科博士学位授予点 3 个，二级学科博士学位授予点 9 个、硕士学位授予点 10 个和工程硕士学位授予点 2 个，以及海洋科学、水产 2 个博士后流动站。

2020 年，海洋所新增各类项目（课题）402 项，新增合同额 4.9 亿元。获批国家重点研发计划 1 项，国家自然科学基金项目 75 项（包括重大项目 1 项、国家杰出青年科学基金项目 1 项），基金总经费超 1 亿元。承担的 1 个中国科学院 B 类先导专项和 3 个 A 类先导专项项目实施顺利。获山东省科学技术奖 3 项、海洋科学技术奖 3 项、中国水产学会范蠡科学技术奖 2 项、山东省海洋科技创新奖 1 项、青岛市科学技术奖 2 项。发表 SCI/EI 论文 569 篇，出版专著 10 部，授权专利 94 件。

2020 年，海洋所在科研创新方面取得如下系列成果。

在面向世界科技前沿方面：研究提出纯遥感数据驱动的深度学习模型来预报海温变化，以及与该变化相关的典型现象热带不稳定波。研究发现自 20 世纪 90 年代以来全球平均海洋环流存在显著加速趋势。提出热液、冷泉及天然气水合物的同源异汇假说，出版《东太平洋海隆热液地质》专著。首次在珊瑚中发现 gasdermin，揭示其特异激活机制、介导细胞焦亡及抗感染免疫功能。揭示南海冷泉细菌驱动氧化硫代硫酸钠形成单质硫的关键基因和相应功能，提出一种新型硫氧化途径。成功鉴定深海真菌中发现的硫代螺环二酮哌嗪类化合物的绝对构型。研究揭示南海冷泉区平端深海偏顶蛤与共生菌可在组织、细胞和分子水平上协同互作，维持高效、和谐的化学合成“微生态位”。研究开发硫离子响应缓控释放型海洋先进机敏防护涂层制备技术，研究了海洋先进机敏防护涂层对微生物附着及其所致腐蚀的影响机制。

在面向国家重大需求方面：利用自主研发的激光拉曼光谱原位探测系统首次在深海热液区发现超临界二氧化碳流体喷发，并观测到大量氮气和有机质组分。提出“水合物饱和度划分岩相”的地质统计学反演方法，揭示多类型水合物与游离气共存机制。首次研发了以卫星遥感大数据驱动的针对海气系统中复杂海洋现象的人工智能预报模型。黄、东海浮标观测站成功捕获台风“黑格比”、“巴威”、“美莎克”实时数据，为台风预报、防范和应急响应方案制定提供数据支撑。2 项自主科研装备研制项目顺利通过验收。针对赤潮、水母、浒苔等生态灾害开展监测预警、形成机理、环境效应、灾害防控全链条研究。海草生理生态研究获新进展，并在唐山海域开展国内最大规模海草床修复工程。

在面向国民经济主战场和人民生命健康方面：推进海洋牧场理论、技术和产业发展，在鲁冀辽粤等地应用，创新支撑国家级海洋牧场示范区建设，中国科学院海洋牧场工程实验室启动运行。凡纳滨对虾‘科海 1 号’、‘广泰 1 号’在环渤海地区开展示范推广，培育优质苗种 100 亿尾以上，显著提升对虾养殖效益；成功选育培育水产新品种长牡蛎‘海蛎 1 号’。构筑了具有优异腐蚀防护性能的超疏水 / 超双疏防腐涂层，推广了复层矿脂包覆防腐蚀技术、氧化聚合型包覆防腐蚀技术，在文昌发射场信号塔、上海洋山港深水码头、大连北良港等完成腐蚀防护技术示范应用 13 000 余平方米。

2020 年，海洋所全面完成“率先行动”第一阶段目标任务。顺利通过“率先行动”第一阶段评估，“中国近海生态系统演变机制与生态灾害防控”、“海洋生物资源认知创新、技术突破与绿色发展”两项重大突破及“西太平洋地质演化及其资源环境效应”、“海洋环境腐蚀与生物污损控制技术”两个培育方向获评优秀，参与的“深远海装备研发与科学应用”入选中国科学院“率先行动”第一阶段重大科技成果及标志性进展。

2020 年，海洋所高质量完成海洋大科学中心筹建任务。建立了“四统一”、“三统筹”、“双闭环”工作机制，高效运行海洋科考船队，形成全海域可达、全海深探测、全要素获取、全链条保障的综合探测体系。系统构建“四站四网”空天海地一体化观测网络，打造形成“南北双核，五地七所”的海洋大型仪器区域共享体系。前瞻谋划海洋生态系统智能模拟研究设施。开工建设海洋人工智能与大数据、水下探测设备研发、深海资源保藏与开发等先进科研平台，自主研制国内首台高分辨率大型二次离子质谱仪进入组装阶段。依托设施集群，创新“海洋观测 - 室内模拟 - 数值模式”海洋研究新范式，产出一批标志性重大原创成果。中心高质量通过专家评议验收。

2020 年，海洋所青岛科教园一期建设即将竣工交付，科研核心区、海洋学院区一期建筑主体和外立面施工、管网道路铺设等全部完成，人文共享区国际会议中心主体施工与内部安装基本完成，教职工生活区全面开工。中国科学院大学海洋学院开展岗位教师遴选和考核，构建四级教学督导体系，做到课程督导全覆盖，3 位岗位教师获朱李月华优秀教师奖。

2020 年，海洋所“科学”号、“科学三号”、“创新”系列科考船全年累计在航近 400 天，航程 45 000 余海里①，圆满完成国家自然科学基金委等多项重大航次任务，“科学”号获评中国海事局安全诚信船舶。

2020 年，海洋所通过成果转让、成果许可、作价入股、现金＋入股等多种形式，推动科技成果转移转化，全年签订“四技”合同 140 余项，

① 1 海里 =1.852 千米。

合同额达 1.1 亿元。稳步推进山东省海洋科技成果转移转化中心建设，与乳山共建中科乳山牡蛎研究院，加强与涉海企业、头部企业深度合作，多渠道开展成果推广及转化对接，打通政产学研金服用要素。

2020 年，海洋所克服疫情影响，探索“云外事”开展“云会晤”，国际合作不断深化。组织中澳、中葡、POGO 战略研讨会、WESTPAC 区域对话等线上国际会议，首次承担全球海洋观测伙伴关系（POGO）印太区域办公室工作。获批国际合作项目及人才计划 11 项。

2020 年，海洋所深化与港澳合作，与澳门大学、香港大学签订共建联合实验室合作备忘录。

2020 年，海洋所以“不忘科技报国初心、牢记海洋强国使命”为主题，成功举办庆祝建所 70 周年系列活动，全面回顾 70 年辉煌历程，系统总结“四个率先”突出成绩，传承深厚历史文化底蕴，弘扬科学家精神，全面提升综合治理能力。

国家一级学会中国海洋湖沼学会挂靠海洋所，出版的学术期刊有《海洋湖沼学报》（英文版）《海洋与湖沼》、《海洋科学》、《水生生物学报》和《湖泊科学》等。

（撰稿：王 敏 刘 洋 审稿：毕 伟）

青岛生物能源与过程研究所

所　　长：刘中民

地　　址：山东省青岛市崂山区松岭路189 号

邮政编码：266101

电　　话：0532-80662776

传　　真：0532-80662778

电子信箱：office@qibebt.ac.cn

网　　址：http://www.qibebt.cas.cn

中国科学院青岛生物能源与过程研究所（以下简称“青岛能源所”）是由中国科学院、山东省政府、青岛市政府三方共建并纳入中国科学院“知识创新工程”管理序列的国立科研机构。2006 年 7 月开始筹备建设。2009 年 11 月通过共建三方验收。2011 年 8 月中国科学院与青岛市政府签署建设研究所“二期”协议。2017 年 3 月青岛能源所与中国科学院大连化学物理研究所（以下简称“大连化物所”）融合发展全面启动。 2017 年 10 月中国科学院批准依托大连化物所、青岛能源所等单位参与，筹建中国科学院洁净能源创新研究院。2019 年 6 月 17 日，中国科学院、山东省、青岛市签署共建协议，以青岛能源所为依托筹建山东能源研究院。

青岛能源所坚持创新驱动与需求牵引相结合、原始创新与集成创新并重，聚焦新能源与先进储能，兼顾新生物和新材料领域，开展战略性、基础性、前瞻性和系统集成重大创新研究，突破领域前沿科学难题和核心关键技术，提供重大创新成果和系统解决方案，在满足国家和区域重大需求方面发挥不可替代作用，不断为国家和区域经济社会发展做出重大贡献。

青岛能源所共建有中国科学院生物燃料重点实验室、中国科学院生物基材料重点实验室、山东省合成生物技术创新中心、山东省能源生物遗传资源重点实验室等 18 个省部级平台以及 1 个国家级技术转移示范机构。

截至 2020 年底，青岛能源所共有在职职工 307 人。其中科技人员 262 人、科技支撑人员 45 人，包括研究员及正高级工程技术人员 56 人、副研究员及高级工程技术人员 123 人。

青岛能源所现设有生物学、材料科学与工程、化学工程与技术、材料与化工（工程）4 个一级学科博士培养点，设有包括生物与医药、材料与化工 2 个专业学术点在内的共 8 个硕士研究生培养点，并设有生物学、化学工程与技术 2 个专业一级学科博士后流动站。截至 2020 年底，共有在学研究生 211 人，其中硕士生 89 人、博士生 122 人；在站博士后 64 人，留学生 26 人。

2020 年，青岛能源所共有在研纵向项目 593 项（包括新增项目 110 项）。其中，主持国家重点研发计划项目 3 项，课题 5 项(新增 1 项)；承担国家自然科学基金重点项目 1 项（新增 1 项）、面上项目 66 项（新增 10 项）、国家杰出青年科学基金项目 2 项、优秀青年科学基金项目 3 项、国家自然科学基金联合基金项目 3 项(新增 1 项)、国家自然科学基金国际组织间合作研究项目 3 项；新增主持国家自然科学基金委重大科研仪器研制项目 1 项；主持中国科学院战略性先导科技专项课题 1 项，承担子课题 8 项(新增3项）；主持中国科学院战略性先导科技专项项目2项，含课题子课题9项（新增3项），主持院科技服务网络计划项目5项、院前沿科学重点研究项目1项、院科研装备研究项目2项、院固定资产投资项目1项；承担山东省自然科学基金重大基础研究项目17项（新增2项）；承担山东省自然科学基金重点项目7项（新增6项）；承担山东省自然科学基金杰出青年科学基金项目6项（新增1项）；承担山东省重大科技创新工程8项（新增1项）。

2020年，青岛能源所发表科研论文415篇，其中389篇（94%）发表在SCI期刊上，186篇（IF > 5，44.8%）发表在*Nature Communications*、*JACS*、*Angewandte Chemie International Edition*、*Advanced Materials*等期刊上，自然指数全院排名29位。

2020年，青岛能源所申请专利270件，专利授权108件（发明91件，实用新型16件，外观设计1件，国外专利1件），获青岛市科技进步奖二等奖1项，作为参与单位获山东省科技进步奖一等奖1项。积极服务地方经济发展，二代生物柴油、微藻甘油葡糖苷、雨生红球藻产虾青素等项目完成产业化示范；10余个项目完成中试放大验证。与浪潮集团、兖矿集团等一批龙头企业签署战略合作协议，建设产业技术创新中心。配合大连化物所等推动40万吨/年煤制乙醇项目等2项重大项目落地山东。新增横向经费合同额5139.5万元，到位经费3567万元，比上年增长30%。

2020年，青岛能源所与泰国科学技术研究所签署机构间合作协议、与西澳大利亚大学续签合作协议；组织第二届中日新能源车用动力电池论坛、首届青岛能源所-泰国科学技术研究所生物技术双边研讨会等双边高端学术论坛；受邀出席并代表中方在中德科技合作论坛、全球生物经济峰会等高级别国际会议上做报告。

（撰稿：丁　娜　张瑞东　审稿：李　明）

烟台海岸带研究所

所　　长：王　凡

地　　址：山东省烟台市莱山区春晖路17号

邮政编码：264003

电　　话：0535-2109018

传　　真：0535-2109000

电子信箱：zhb@yic.ac.cn

网　　址：http://www.yic.cas.cn

中国科学院烟台海岸带研究所（以下简称“烟台海岸带所”）是由中国科学院与山东省、烟台市共同筹建的资源环境领域的国家级研究机构。2006年筹建，2009年12月通过验收正式成为中国科学院序列的研究所。2017年3月，与中国科学院海洋研究所融合发展。

烟台海岸带所围绕“海洋强国”、“美丽中国”等国家战略需求，以中国科学院新时期办院方针为引领，以“认知海岸带规律，支持可持续发展”为使命，按照“陆海统筹、科学与技术统筹、科技与社会发展统筹”的发展思路，聚焦海岸带生态环境安全、资源保育利用与可持续发展管理三大特色领域，构建海岸带综合观测与实验平台和海岸带综合数据中心等综合支撑系统；立足海岸带可持续发展的基础研究和技术研发，致力于海岸带生态环境安全与生物资源可持续利用的理论创新与关键技术的综合交叉与系统集成。

2020年，烟台海岸带所全体职工、研究生在党政领导班子带领下，深入学习贯彻习近平新时代中国特色社会主义思想和党的十九大、十九届二中、三中、四中、五中全会精神，贯彻落实中国科学院党组重大决策部署，稳步推进研究所“十三五”任务验收，积极谋划“十四五”战略布局，推进高质量成果产出和高水平人才队伍建设，提升科研支撑保障能力。

烟台海岸带所现有中国科学院海岸带环境过程与生态修复重点实验室、海岸带生物学与生物资源保护实验室、海岸带环境工程技术研究与发展中心、海岸带生物资源高效利用研究与发展中心、海岸带信息集成与战略规划研究中心、山东省海岸带环境过程重点实验室、山东省海岸带环境工程技术研究中心，拥有中国科学院牟平海岸带环境综合试验站、中国科学院黄河三角洲滨海湿地生态试验站、中国科学院烟台产业技术创新与育成中心，拥有500吨级“创新一”号科学考察船。烟台海岸带所为中国海洋工程咨询协会海岸科学与工程分会的依托单位。

截至2020年底，烟台海岸带所共有职工235人。其中科研人员172人，科技支撑人员33人；研究员及正高级工程技术人员35人，副研究员及高级工程技术人员64人。

烟台海岸带所现有环境科学与工程、海洋科学2个一级学科博士培养点，环境科学、环境工程、海洋化学、海洋生物学4个二级学科博士培养点，地理学一级学科硕士培养点，资源与环境、生物与医药2个专业硕士培养点，形成了较为完整的研究生培养体系。截至2020年底，共有在学研究生176人（其中博士生86人，硕士生90人），在读国际留学生4人。先后有8人获中国科学院院长特别奖（新增1人），13人获中国科学院院长优秀奖（新增1人），7人获中国科学院优秀博士学位论文奖（新增1人），5人获中国科学院大学-BHPB奖学金，2人获地奥奖学金（新增1人）。10人次获中国科学院优秀导师奖（新增1人次）。

2020年，烟台海岸带所发表SCI论文347篇（其中*Nature Sustainability* 2篇），近十年SCI论文篇均被引频次达20.93；继环境与生态、化学之后，动植物科学进入ESI前1%行列；申请专利40项，授权专利76项，软件登记10项，获“山东省专利大户”称号，取得省级技术转移服务机构资质。获省部级、国家学会级科技奖励4项。全年新增各类科研项目171项，其中，国家部委/国家自然科学基金委项目36项，中国科学院项目20项；横向项目57项，横向合同经费2030.8万元。

2020年，在生物资源保育与利用方面，烟台海岸带所获海洋工程科学技术奖一等奖1项、海洋科学技术奖一等奖1项、山东省技术发明奖三等奖1项。在国家现代海洋牧场建设中发挥技术引领作用，除承担国家重点研发计划项目外，鲜食海参营养素制备及产品开发等3个产业化项目合同额超百万元。

2020年，海岸带生态环境安全方面，烟台海岸带所获环境技术进步奖二等奖1项。围绕黄河三角洲生态保护，主持中国科学院重点部署项目1项，与地方联合承担的互花米草治理项目引起国家、中国科学院、山东省高度重视，并在山东推广；参与渤海综合治理攻坚战，承担高氮低碳滨海水体总氮脱除关键技术研发与示范项目；海水营养盐在线监测系统等产业化项目合同额超百万元。

2020年，烟台海岸带所完善台站基础设施，组织申报国家级野外台站；信息化工作保持全院A类，获评中国科学院新一代ARP系统数据质量提升工作优秀单位；海岸带科研大数据综合支撑平台和黄河口盐碱地及滩涂农业观测监测平台投入使用并加入共享网络；YIC-IR在2020年全球知识库排行榜中排名中国大陆第六。与青岛海洋科学技术试点国家实验室、烟台市海洋发展和渔业局签订合作协议，形成区域数据共享与合作机制。积极开拓渠道，推动“人才、成果、需求”精准对接，加快成果落地转化。创新自主部署项目管理，引导社会资源加倍投入，促进成果转化。中国科学院烟台产业技术创新与育成中心进驻3个项目，5种新产品成功发布上市，9个项目完成论证。发挥智库作用，主持和参与《山东省海岸带保护与利用规划》、《山东省海岸线保护规划》等编制，承担中国工程科技发展战略山东研究院“长岛海洋生态文明综合试验区高质量发展战略与途径”咨询研究项目。

2020年，烟台海岸带所深入开展国际合作与交流，在国际未来海岸（Future Earth Coast）框架下，与俄罗斯科学院应用物理研究所（RAS-IAP）、澳大利亚詹姆斯·库克大学（JCU）、德国亥姆霍兹联合会海岸带研究所（HZG）、美国国家环保署（EPA）开展项目合作。

（撰稿：康凌艳　郑茂坤　审稿：王晓斌）

长春光学精密机械与物理研究所

所　　长：贾　平
地　　址：吉林省长春市东南湖大路3888号
邮政编码：130033
电　　话：0431-86176812
传　　真：0431-85682346
电子信箱：ciomp@ciomp.ac.cn
网　　址：http://www.ciomp.ac.cn

中国科学院长春光学精密机械与物理研究所（以下简称“长春光机所”）是由长春光学精密机械研究所（前身为始建于1952年的中国科学院仪器馆和始建于1953年的中国科学院机

电研究所）与长春物理研究所（前身为始建于1958年的中国科学院吉林分院技术物理所）于1999年整合而成。

2020年，长春光机所根据形势和发展需要确立了新时期战略定位：以“四个面向”和“四个率先”为统领，坚持以科技创新为核心的“研产学并举”发展道路，聚焦光电领域基础前沿，突破关键核心技术，引领精密仪器与装备发展，培养高级创新人才，建设成为国际一流的精密仪器与装备创新研究基地。主要研究领域有发光学、应用光学、光学工程、精密机械与仪器四大领域。贯彻落实中国科学院“率先行动”计划，2020年11月2日正式获批精密仪器与装备创新研究院。完成了“十三五”规划自评估工作。

长春光机所现有发光学及应用国家重点实验室、应用光学国家重点实验室、激光与物质相互作用国家重点实验室、国家光栅制造与应用工程技术研究中心、国家光学机械质量监督检验中心、小卫星技术国家地方联合工程研究中心、中国科学院光学系统先进制造技术重点实验室、中国科学院空间光学系统在轨制造与集成重点实验室等10个国家和中国科学院重点实验室，以及郭春雷中美联合光子实验室和Bimberg中德绿色光子学研究中心。

长春光机所在光电装备装调与检测、应用光学研究及专项光学研究、特种材料加工工艺研究、空间光学研究与检测、光电对抗系统集成测试、大口径等研究方向有10栋综合实验楼，研发和引进了一批具有国内外先进水平的仪器设备，打造国际一流水平的“大口径核心能力平台”；100万元以上设备488台，价值17.1亿元。

截至2020年底，长春光机所共有在职职工1988人，其中科技人员1574人、科技支撑人员90人，包括中国科学院院士3人、研究员及正高级工程技术人员328人、副研究员及高级工程技术人员732人。

长春光机所是1981年被国务院学位委员会批准的首批具有博士、硕士学位授予权的单位之一，现设有凝聚态物理、光学、光学工程、微电子学与固体电子学、机械电子工程、机械制造及其自动化、电路与系统7个博士研究生培养点；凝聚态物理、光学、光学工程、微电子学与固体电子学、机械电子工程、机械制造及其自动化、电路与系统、机械工程、光学工程9个硕士研究生培养点；物理学、机械工程、光学工程3个专业一级学科博士后流动站。截至2020年底，共有在学研究生901人，其中硕士生379人、博士生521人；在站博士后57人。

2020年，长春光机所对外新签科研合同额和到款额均创历史新高，共有在研项目1613项（包括新增项目859项）。其中，主持（或承担）国家自然科学基金重点项目2项（新增1项）、国家杰出青年科学基金项目2项（新增1项）；主持或承担国家重大科技专项5项（新增0项）；主持或承担国家重点研发计划17项(新增2项)；主持（或承担）（科技部、国家自然科学基金委、财政部和院）重大仪器研制项目4项(新增0项)；主持（或承担）中国科学院战略性先导科技专项课题12项（新增4项）；主持（或承担）院重点部署项目1项（新增1项）；承担重点国际合作项目9项（新增4项）、承担院地合作项目30项（新增13项）。

2020年，长春光机所国家重大科研仪器设备研制专项1.5米扫描干涉场曝光系统研制成功，可制作650毫米 ×1700毫米单体无拼缝全息光栅，超越美国成为世界最高水平，打破国外长期垄断，具备独立制作米级单体无拼缝全息光栅能力。02专项“极紫外光刻机关键技术研究”通过验收，为我国研制世界一流光刻机奠定坚实基础。火星高分相机作为我国首次火星探测关键载荷之一，随“天问一号”成功发射，三次在轨自检状态良好，为开展火星表面地形地貌和地质构造的相关研究提供有力依据。繁殖系种子荧光检测分选仪实现20千克 / 小时、准确率100%自动分选，达国际领先水平，突破了制约袁隆平院士团队第三代杂交水稻推广应用的最大瓶颈，助力双季亩产突破1500千克。全海深超高清微光相机随“奋斗者”号成功深潜10 909米，助力世界首次万米海底超高清视频实况直播。两型光电跟踪测量设备，在探月工程“嫦娥五号”返回器安全着陆过程中，为返回器搜寻工作提供了重要的信息和数据。1.2米激光测距望远镜成功助力我国精准地月激光测距，测得月球表面上五组反射镜的回波信号，精度达国际先进水平，标志着我国已攻克地月激光测距技术，成为世界上第三个成功测得全部五组反射镜的国家。TH-1（F4）、FY-3（05星）等系列载荷成功交付，全年重大项目交付数量再创新高。研制成功CMOS亿级像素分辨率大面阵传感器、1000fps高速传感器、超大靶面背照式图像传感器等多款高性能传感器，为高精度检测、高速摄影、科学成像等提供理想探测器。10T高通量基因测序仪通过欧盟CE认证，出口欧洲国家已投入使用。

2020年，长春光机所获中国科学院2020年度杰出科技成就奖1项；“中国科学院先进集体”称号1项；军队科技进步奖一等奖2项；吉林省科学技术奖一等奖4项。王家骐院士获吉林省科学技术奖特殊贡献奖；所长贾平获“吉林省杰出创新创业人才”称号，贾平劳模工作室获“吉林省示范性劳模和工匠人才创新工作室”称号。申请发明专利608项、授权494项，发表SCI论文Q1区144篇、Q2区及以上299篇。

2020年，长春光机所牵头组建国家半导体激光技术创新中心，以无形资产出资7亿元，吉林省政府、长春市和经济技术开发区以货币资金出资7亿元，共同成立吉光半导体科技有限公司，以此为依托建设成为国家半导体激光技术创新中心。与杭州高新区（滨江）共建杭州长光产业技术研究院，以“吉浙”对口合作为契机，立足浙江、辐射长三角，在科技创新与经济发展上构建更深层次、更高水平的区域合作新格局。联合中国一汽、吉林大学、华为公司召开主题为“科技自立自强，助力汽车强国”的长春市产学研融通创新发展高端沙龙。2020年，长春光机所成功转化成果5项，获得总权益7.12亿元。截至2020年底，长春光机所投资企业94家，从事科技开发人员1200人，全年实现销售收入22.28亿元，利税3.5亿元。

2020年，长春光机所获科技部批复建设国家引才引智示范基地，为国际人才引进、国际科技合作等提供重要支撑。牵头启动建设中白国际创新中心，联合中国科学院金属所、近代物理所、西安光机所与白俄罗斯科学院四家科研机构在白俄罗斯巨石中白工业园共建，未来将成为我国嵌入俄乌白等独联体国家的第一个科技桥头堡和创新中心。与泰国国家天文台签署联合研制中泰光学遥感小卫星项目第一阶段研制合同，成为中国科学院第一个整星研制出口项目，将对泰国等“一带一路”沿线国家国土资源考察、安全等起到积极促进作用。*Light: Science & Applications*期刊与哈尔滨工程大学联手举办“点亮海蓝”国际学术论坛，在腾讯会议等网络平台，聚焦纳米光子学前沿科学进展，邀请来自德国等国家40余位顶尖科学家做报告，线上观众累计突破2万人次。

长春光机所是中国空间科学学会空间机械专业委员会、中国物理学会发光分会、中国物理学会液晶分会、吉林省光学学会、全国科学院联盟光学与精密机械分会的挂靠单位。现主办5种学术刊物，分别为《光学精密工程》、《发光学报》、《液晶与显示》、《中国光学》和*Light: Science & Applications*。

（撰稿：王书红　闫　锋　审稿：贾　平）

长春应用化学研究所

所　　长：杨小牛
地　　址：吉林省长春市人民大街5625号
邮政编码：130022
电　　话：0431-85687300
传　　真：0431-85685653
电子信箱：ciac@ciac.ac.cn
网　　址：http://www.ciac.cas.cn

中国科学院长春应用化学研究所（以下简称“长春应化所”）始建于1948年12月，是在“伪满大陆科学院”的废址上建立起来的，时称东北工业研究所，后几经更名和改变归属，1978年12月命名为中国科学院长春应用化学研究所。

长春应化所是集基础研究、应用研究和高技术创新于一体的综合性化学研究所。目前主要学科方向有高分子化学与物理、无机化学、分析化学、有机化学和物理化学和应用化学，并正在拓展生物化工学科。主要研究工作聚焦先进材料、生态环境和生命健康等三大领域。依托高分子化学与物理、稀土化学与物理和电分析化学等优势学科，强化基础研究，促进“从0到1”重大原创性科技成果产出；围绕先进材料、资源环境和生命健康等重点领域，全面完成“一三五”规划目标；产出航空轮胎、高端稀土功能材料、特种高分子复合材料等重大战略性技术；实现10万吨级二氧化碳基多元醇及聚氨酯、万吨级一步丙交酯法合成聚乳酸、原位在线监测系统等重大产业化工程；加速形成定位准确、规范有序、协调高效的现代研究所治理体系，率先建成世界一流研究机构。

2020年，长春应化所深入推进落实“率先行动”计划，精心组织扎实推进，强化需求导向，加强重要科技产出，全面完成“一三五”规划各项工作任务。稀土交流LED项目解决了器件批量封装时光转换、散射等光功能属性失配问题，形成年产1亿颗照明光源的能力。该技术提高大棚蔬菜产量20%，全国使用面积超50万平方米，产品已在复兴号高铁、西安地铁等实现应用。二氧化碳基聚氨酯项目突破稀土多核催化剂工业化瓶颈，解决了端羟基调控、智能自润滑、均匀微孔发泡等关键技术，建立多种下游产品生产线，产品应用于京张高铁轨道客车、一汽轿车、舰船等。异戊二烯单体项目开发出具有三维空间结构多相负载稀土金属催化剂，建成国际首条百吨级烯醛气相一步化学法制备高纯度异戊二烯单体中试生产线，产品单体纯度大于99.9%，形成10万吨/年异戊二烯单体工艺技术包。二氧化碳基聚氨酯产业化技术和生物医用材料的研发及临床应用在中国科学院组织的评估中分别在重大突破和重点培育方向组获评优秀，聚乳酸可降解材料及制品产业化和高性能囊体材料入选院国际领跑和国内领跑项目；启动并推进“仿生合成橡胶”先导专项。

长春应化所建有高分子物理与化学国家重点实验室、电分析化学国家重点实验室、稀土资源利用国家重点实验室、中国科学院生态环境高分子材料重点实验室、中国科学院高性能合成橡胶及其复合材料重点实验室、高分子复合材料工程实验室（中国科学院高分子复合材料工程化研发平台）、国家电化学和光谱研究分析中心、长春质谱中心和化学生物学、绿色化学与过程、先进化学电源等创新基地和科技平台。

截至2020年底，长春应化所共有在职职工865人。其中科技人员603人、科技支撑人员147人，包括中国科学院院士7人、发展中国家科学院院士4人、研究员及正高级工程技术人员132人、副研究员及高级工程技术人员267人。

长春应化所是1981年国务院学位委员会批准的首批博士、硕士学位授予单位之一，拥有无机化学、分析化学、有机化学、物理化学、高分子化学与物理、应用化学的硕士、博士学位培养点，化学工程硕士专业学位培养点，能源与环保博士专业学位培养点；并设有化学学科博士后流动站。截至2020年底，共有在学研究生1040人，其中硕士生447人、博士生593人。

2020年，长春应化所共有在研项目1211项（包括新增项目508项）。其中，主持或承担国家自然科学基金重点项目11项（新增1项）、面上项目159项（新增40项）、国家杰出青年科学基金项目8项（新增3项），承担国家自然科学基金重大研究计划及重大项目2项；主持或承担国家重点研发计划11项（新增3项）；承担基地和人才专项60项（新增29项）；承担（科技部、国家自然科学基金委、财政部和中科院）重大仪器研制项目12项（新增3项），承担中国科学院战略性先导科技专项课题6项（新增1项）；主持（或承担）院重点部署项目5项；承担院科技服务网络计划项目10项（新增1项）。

2020年，长春应化所以第一单位获吉林省自然科学奖一等奖1项（稀土催化剂精准控制大宗通用单体选择性配位聚合），该成果发现和发明了精密控制配位聚合选择性的新机理、新方法和新策略，采用简单单体构筑出新颖链结构的大分子，不仅发展了配位聚合理论，而且开发出高性能、具有应用前景的新材料。新型半导体激光器研究取得重要突破，开发出一种基于新型低成本半导体材料钙钛矿激光器，突破了以往仅能在低温下连续工作的瓶颈，率先实现室温可连续激光输出，相关研究成果发表在*Nature*上。全年以第一单位发表SCI论文671篇，授权专利245件。据2019年中国科技论文统计结果显示，长春应化所国际论文被引用篇数和被引用次数位居全国科研机构第1名。

2020年，在所地合作和成果转移转化方面，长春应化所囊体复合材料研发持续迈出新步伐，具有消杀功能的空气净化材料实现规模产业化，建成年产3000吨AS-Sorb过滤材料生产线并投产，该材料可在30秒内灭杀99.99%新冠病毒，搭载该材料过滤模块的空气净化器可高效灭杀细菌和病毒等病原体；该净化器现已销售5000余台，销售额近2000万元。实施南北互动“大应化”发展战略，推进黄埔材料院和科技总公司建设，科技总公司经营实现突破，全年实现收入达2500余万元，为打造高新技术企业奠定了坚实基础。截至2020年底，长春应化所技术及资金入股的企业46家，其中上市公司2家（诺德股份和青岛金王），全年带动企业新增销售额505 700万元，利税7500万元。

长春应化所是中国化学会分析化学学科委员会和应用化学学科委员会的挂靠单位；编辑出版《分析化学》（月刊）、《应用化学》（月刊）和《化学通讯》（月刊），《分析化学》和《应用化学》持续被评为中国科技核心期刊、北京大学核心期刊，《分析化学》是SCI、EI双收录期刊，《应用化学》是Scopus收录期刊，《化学通讯》是中国化学会会员内刊。

（撰稿：相 铮 于 洋 审稿：杨小牛）

东北地理与农业生态研究所

所　　长： 姜 明
地　　址： 吉林省长春市高新技术产业开发区长东北核心区盛北大街4888号
邮政编码： 130102
电　　话： 0431-85542266
传　　真： 0431-85542298
电子信箱： iga@iga.ac.cn
网　　址： http://www.iga.ac.cn

中国科学院东北地理与农业生态研究所（以下简称“东北地理所”）成立于1958年8月18日。其前身是中国科学院长春地理研究所，2002年3月与中国科学院黑龙江农业现代化研究所整合组建成现所，是中国科学院设在东北地区的综合性地理学与农学研究机构。

东北地理所重点面向国家农业转型发展及生态文明建设两大服务工程，开展农业生态、湿地生态、作物育种、遥感与GIS、环境与区域发展等学科领域研究，建立农业科学、湿地科学、地理信息科学与区域发展等学科紧密交叉与融合的自主创新体系，为保障国家粮食安全、生态环境建设和区域可持续发展提供理论基础和技术支撑，建成国内一流、具有鲜明学科与区域特色、不可替代的地理学与农业生态学综合性研究机构。

2020年是“十三五”规划和“率先行动”改革第一阶段任务的收官之年，是“十四五”承上启下的关键之年。东北地理所深入领会贯彻习近平新时代中国特色社会主义思想，系统学习十九届五中全会精神；科学开展疫情防控，保障研究所复工复研；高质量完成“一三五”战略任务，顺利完成“十三五”规划验收；加强特色学科建设，核心竞争力显著增强；任务争取和科技成果产出持续发力，国家级平台建设再有突破；人才引进培养再创佳绩，院地合作不断拓展；党政班子顺利换届，稳步推进创新改革，科学谋篇“十四五”，各项事业得到有序健康发展。

东北地理所设有湿地生态与环境院重点实验室、黑土区农业生态院重点实验室、大豆分子设计院重点实验室、遥感与地理信息研究中心和东北区域发展研究中心5个基本创新单元；建有国家林业和草原局共建国家湿地研究中心、作物分子设计育种国家地方联合工程中心、中国科学院辽河源水源地生态农业工程实验室、中国科学院湿地生态与环境重点实验室、中国科学院黑土区农业生态重点实验室和中国科学院大豆分子设计育种重点实验室；联合共建黑龙江省黑土生态实验室、吉林省生态恢复与生态系统管理重点实验室、吉林省碱地生态经济工程实验室和吉林省草地畜牧学重点实验室、吉林省长白山湿地与生态联合重点实验室5个省级重点实验室，以及大豆分子设计育种、吉林省寒区人工湿地构建与美丽乡村建设省级工程研究中心；建有三江平原沼泽湿地生态系统观测研究站、海伦农田生态系统观测研究站、兴凯湖湿地生态研究站、吉林大安农田生态系统野外科学观测研究站、长岭草地农牧生态研究站（与东北师范大学联合共建）5个国家重点野外台站，并以三江平原沼泽湿地生态系统观测研究站为核心，建成了覆盖平原沼泽湿地、滨海湿地、滨湖湿地和森林湿地在内的东北湿地野外台站网络；此外还建有辽河源生态农业研究和示范基地、中国科学院长春净月潭遥感试验站、海伦水土保持监测研究站和长春综合农业试验站；设有所属图书馆和标本馆；主要下属单位：中国科学院东北地理与农业生态研究所农业技术中心。

截至2020年底，东北地理所共有在职职工403人。其中科技人员347人，包括中国工程院院士1人、研究员及正高级工程技术人员84人、副研究员及高级工程技术人员81人。

东北地理所现有环境科学与工程、地理学、生态学、农业资源与环境4个一级学科博士后流动站；有地理学、环境科学与工程、生态学、农业资源、环境4个一级学科博士培养点和作物学一级学科硕士培养点，有自然地理学、人文地理学、地图学与地理信息系统、环境科学、生态学、土壤学6个博士学位授予专业，自然地理学、人文地理学、地图学与地理信息系统、环境科学、生态学、遗传学、作物栽培学与耕作学、作物遗传育种、土壤学9个硕士学位授予专业及资源与环境专业学位授予专业。截至2020年底，共有在学研究生216人，其中硕士生81人、博士生135人；在站博士后49人。

2020年，东北地理所新争取到国家自然科学基金项目20项，其中区域创新联合基金重点项目1项；中国科学院战略性先导科技专项子课题2项，联合基金重点项目1项，院科研仪器设备研制项目1项，吉林省科技发展计划项目申报59项，其中重大专项2项、重点研发8项，省院合作资金项目申报14项；黑龙江省科技计划项目6项，其中黑龙江省杰出青年科学基金1项、优秀青年科学基金3项；省院合作项目1项、科技计划子项目1项；其他企业和科研机构委托项目63项。

2020年，东北地理所共发表SCI论文415篇，CSCD论文93篇。获批省部级科学技术奖励6项，其中吉林省自然科学奖一等奖1项、二等奖1项，吉林省科技进步奖一等奖1项、二等奖1项，黑龙江省科技进步奖一等奖1项，黑龙江省自然科学奖二等奖1项。申报专利98项，授权专利74项，软件著作权登记49项，植物新品种保护权3项，作物新品种审定11个。

2020年，东北地理所顺利完成《科研组织知识产权管理规范》贯标工作，以建立和完善研究所知识产权管理体系为主线，以加快实现知识产权价值为目标，通过贯标工作全面提升了研究所知识产权创造、运用、保护和管理能力，充分发挥知识产权在保护创新成果，激发创新活力方面的重要作用。

2020年，东北地理所与吉林建筑大学、长春大学、长春职业技术学院、黑龙江省林科院签署合作协议、与中化集团、吉林森工集团签署战略合作协议，通过与高校、企业的紧密合作，共同推动湿地保护与开发、现代农业技术研发等领域工作的开展，进一步完善了协同创新体系和科技服务网络体系。

2020年，东北地理所技术研发与成果转化业绩稳定，以“梨树模式”为核心的黑土保护综合技术示范推广工作受到国家领导人高度重视；大豆分子育种技术应用进一步加强，利用分子育种手段培育了5个大豆新品种，超过前三年的总和。累计推广新审定作物品种11个，植物新品种保护权3项；申请专利98项，授权专利72项，其中两项退化沼泽湿地植被恢复相关技术获得国家发明专利授权，两项发明将恢复策略判定方法和植物恢复技术紧密结合，有效节约了恢复成本，提高了恢复成效，可广泛应用于我国北方平原区退耕还湿生态工程。作物分子设计育种国家地方联合工程研究中心和国家湿地研究中心的正式运行进一步推动了研究所国家平台建设工作。

2020年，东北地理所拓展科技成果转化与院地合作渠道，主动对接央企和国企，加强院地合作领域的深度，结合中化集团产业发展规划布局，基于双方优势，达成共建东北黑土科技创新研究院战略协议；接地气拓展技术服务广度，结合免耕播种技术、绿色农业生产技术等示范推广需求，在县域尺度上与地方农技推广站、农业合作社签署合作协议，实现从技术到产业转化的零距离。

2020年，东北地理所主办国内重要学术会议2次，包括第二届中国湿地遥感大会、第五届中国湿地论坛。在国际合作方面进一步巩固和强化国际合作基础，以研究所为实施单位的国家湿地研究联盟入选“一带一路”国际科学组织联盟专题联盟，该联盟在凝练东北地理所在湿地领域研究成果的基础上，进一步整合了优势资源，搭建国内和国际两个合作网络，进一步延伸了东北地理所湿地学科的平台建设。

东北地理所是作物分子设计育种国家地方联合工程研究中心、国家湿地研究中心、中国科学院湿地研究中心、吉林省地理学会、吉林省遥感学会、吉林省环境科学学会环境地学专业委员会、中国生态学会湿地生态专业委员会、国际湿地科学家学会中国分会的挂靠单位。主办的学术刊物中《地理科学》、*Chinese Geographical Science*、《湿地科学》均为中文核心期刊，中国科学引文数据库（CSCD）核心期刊和中文科技论文与引文数据库核心期刊；《土壤与作物》为中文科技论文与引文数据库核心期刊。*Chinese Geographical Science* 被 SCI-E 收录；《地理科学》、*Chinese Geographical Science* 入选第三、第四、第五届中国精品科技期刊，并分别连续 8 年获评国际影响力优秀学术期刊和最具国际影响力学术期刊。

（撰稿：殷丽娅　王明全　审稿：苏　阳）

上海微系统与信息技术研究所

副 所 长：谢晓明（法定代表人）
地　　址：上海市长宁路 865 号
邮政编码：200050
电　　话：021-62511070
传　　真：021-62524192
电子信箱：simit@mail.sim.ac.cn
网　　址：http://www.sim.cas.cn

中国科学院上海微系统与信息技术研究所（以下简称“上海微系统所”）原名中国科学院上海冶金研究所，前身是成立于 1928 年的中央研究院工程研究所，是我国最早的工学研究机构之一。新中国成立后隶属中国科学院。2001 年 8 月，根据学科领域和科研目标的调整，更为现名。

上海微系统所始终围绕国家战略和国民经济发展需求，改革调整，与时俱进，拓展“材料 - 器件 - 系统”创新链，自主核心技术研发，强化电子科学与技术、信息与通信工程学科建设，基础研究与工程应用有机交融，深化“三位一体”协同创新战略，优化科研人才队伍，成为微系统、集成电路、宽带无线通信等优势领域的国家重要战略科技力量。

上海微系统所现有传感技术、信息功能材料、微系统技术 3 个国家级重点实验室，有无线传感网与通信、太赫兹固态技术 2 个中国科学院重点实验室。设有传感技术实验室、纳米材料与器件实验室，太赫兹固态技术实验室、微系统技术实验室、宽带无线通信实验室、硅基材料与集成器件实验室、超导电子学实验室、仿生视觉系统实验室、2020 X-Lab 实验室 9 个实验室。

截至 2020 年底，上海微系统所共有在册正式职工 732 人，一线科研与管理工作人员共 693 人，研究员及正高级工程技术人员 119 人，有中国科学院院士 1 人、美国国家科学院外籍院士 1 人。

上海微系统所是国务院学位委员会批准的首批博士、硕士学位授予单位之一，设有电子科学与技术、信息与通信工程 2 个专业一级学科博士 / 硕士研究生培养点，材料物理化学专业二级学科博士 / 硕士研究生培养点；设有电子科学与技术、材料科学与工程 2 个专业一级学科博士后流动站。微电子学与固体电子学专业被列入中国科学院重点学科。截至 2020 年底，共有在学研究生 509 人，其中硕士生 265 人、博士生 244 人；在站博士后 49 人。

2020 年，上海微系统所牵头承担中国科学院战略性先导科技专项（A 类）超导计算机研发及核心技术攻关项目、C 类先导专项多语种智能语音课题，科技创新 2030“新一代人工智能”重大项目面向新一代人工智能的新型感知器件和芯片技术，上海市硅光子、脑科学与类脑智能市级重大专项等多个重大科研项目。年度到位留所经费 11.2 亿元，比 2019 年增长 22 %。“智能感知微系统”在通信组网技术方面完成专用基带、协议及一体化自主微型通信芯片研制，建立了宽带透明自组网通信体系，并应用于多款装备。SNSPD 探测效率再次创造世界纪录，在“九章”光量子计算原型机、光纤和自由空间量子密钥分发以及光量子存储等量子信息领域实现多项重大应用演示；超导计算机研发专项填补了超导集成电路长期空白，SIMIT Nb03集成工艺列入2020版IEEE IRDS技术路线图，合作研发国内第一块全自主8位超导CPU芯片。300毫米大硅片表面平整度突破2019年新版瓦森纳协议对硅片制造技术的限制，近完美单晶硅片成型良率提高至近80%。高带宽、高帖服柔性脑机接口在大鼠、猕猴等身上完成动物实验；突破MEMS谐振悬臂梁的谐振驱动和频率信号检测集成技术，在国际上首次建立界面作用动力学与热力学整套参数的原位测量方法，填补了国际空白；研制出首款蚕丝蛋白存储器，首次实现数字信息和生物信息的同步存储，成果发表在*Nature Nanotechnology*上。高效单面加工MEMS规模制造技术通过上海市技术发明奖一等奖最终评审。八面体基元与三维限定相变理论指导高速低功耗相变材料的设计与开发通过上海市自然科学奖一等奖最终评审。仿生双眼系统在城市轨道监测应用获批量加装并随线开通，获用户单位好评。高质量石墨烯电子材料制备获上海市自然科学奖一等奖。

2020年，上海微系统所共发表562篇（2019年505篇）SCI科技论文，同比增长11.3%。影响因子10以上共69篇，其中以第一单位发表论文19篇（2019年10篇），同比增长90%，影响因子30以上第一单位论文1篇，包括*Nature Materials*（1篇）、*Joule*（1篇）、*Advanced Materials*（2篇）、*Nano Today*（2篇）、*Advanced Functional Materials*（1篇）、*Advanced Science*（4篇）、*ACS Nano*（1篇）、*Nature Communications*（3篇）、*Small*（3篇）、*Biomaterials*（1篇）。高质量石墨烯电子材料制备获上海市自然科学奖一等奖。相比2019年，高水平基础研究的原始创新能力显著提升。

2020年，上海微系统所科技成果转化、产业化取得历史性重大突破，发起成立的“沪硅产业”成功登陆科创版。“沪硅产业”是集成电路材料领域较早获得国家集成电路产业投资的企业，将解决国家集成电路大硅片的自主供应问题。基于硅热电偶结构的微型热电能量收集器及MEMS封装技术评估作价3261万元入股上海烨映电子技术有限公司，创所内科技成果转移历史新高；面向射频滤波器应用的POI衬底材料技术转让金额3000万元。

（撰稿：罗　琦　肖宏广　审稿：谢晓明）

上海技术物理研究所

所　　长：丁　雷
地　　址：上海市虹口区玉田路500号
邮政编码：200083
电　　话：021-25051000
传　　真：021-63248028
电子信箱：sitp@mail.sitp.ac.cn
网　　址：http://www.sitp.ac.cn

中国科学院上海技术物理研究所（以下简称“上海技物所”）创建于1958年10月，是集基础研究、工程技术研发和高新技术产业化为一体的综合型研究机构。上海技物所以红外物理与光电技术研究为定位，以红外光电新材料、新器件、新方法等作为主要研究方向，重点发展先进的航空航天有效载荷、红外凝视成像及信号处理、红外焦平面及遥感信息处理等技术。

上海技物所着眼于国家重大战略需求，针对相关技术领域的特点，形成具有自身特色的、覆盖“基础前沿—核心组部件—系统集成”完整研发体系。设有研究室13个，建有红外物理国家重点实验室、传感技术联合国家重点实验室（光传感器专业点）、中国科学院红外成像材料与器件重点实验室、中国科学院红外探测与成像技术重点实验室、中国科学院空间主动光电技术重点实验室、中国科学院智能红外感知重点实验室，以及省部共建现场物证光学探测技术联合实验室等。

截至2020年底，上海技物所共有在岗职工1362人。其中专业技术人员738人，包括中国科学院院士6人、中国工程院院士2人、国际欧亚科学院院士1人（兼）、各类国家级专家90余人次。研究员及正高级专业技术人员160人、副研究员及高级专业技术人员227人。

上海技物所是国务院学位委员会批准的首批博士、硕士学位授予单位之一，目前设有物理电子学、微电子学与固体电子学、电路与系统、光学、凝聚态物理、制冷及低温工程6个专业学科博士研究生培养点，物理电子学、微电子学与固体电子学、电路与系统、信号与信息处理、光学工程、光学、凝聚态物理、制冷及低温工程8个专业学科硕士研究生培养点；电子科学与技术以及物理学2个博士后科研流动站。截至2020年底，共有在学研究生610人，其中硕士生166人、博士生252人、留学生3人、联合培养研究生189人；在站博士后40人。

2020年，上海技物所开展在研项目501项（工程型号类130项、基础预研类371项）。累计完成科研项目108项，新增项目117项。

2020年，上海技物所科研创新方面取得系列重要进展。

在国家重大任务方面，全面完成10次发射任务，36台（套）光电产品质量可靠，表现优异。研制的“嫦娥五号”激光测距测速敏感器、激光三维成像敏感器、月球矿物光谱分析仪表现出色并超出预期目标，以自主可控的中国方案助力我国探月工程三步走圆满收官；新技术试验卫星G星多谱段宽幅相机实现研究所自主研制量子阱长波红外焦平面探测器的首次空间应用，采用多谱段联合技术体系实现对地快速成像；海洋一号D卫星海洋水色水温扫描仪优化调整部分谱段利于提升大气校正能力和水色产品定量化精度，紫外成像仪保持光学系统和探测器组合性能一致性，实现核心元部件的全部自主可控；环境减灾二号A/B卫星两台红外相机在功能集成度、观测波段、空间分辨率以及探测灵敏度和定标精度等实现新的技术进步；“天问一号”火星表面成分探测仪和矿物光谱分析仪将分别在着陆巡视和火星环绕两个环节对火星表面元素与矿物成分开展科学探测。

在先进光电载荷应用方面，风云系列气象卫星有效载荷综合性能指标跻身世界先进行列，有力推动我国民用遥感卫星发展；高分七号卫星正式交付使用，上海技物所研制激光测高仪为“一带一路”沿线国家提供有力的空间信息支撑；5米光学卫星高光谱相机获“应用示范成果可满足用户应用要求，高光谱载荷定量应用测试效果显著”高度评价。

在关键技术攻关方面，近20种高性能航天探测器在2020年成功实现在轨稳定应用，其中AlGaN紫外焦平面探测器、量子阱长波红外探测器和新型单片集成高量子效率CMOS探测器首次实现航天应用。提升关键组部件研制能力，超大规格碲镉汞短波红外焦平面探测器、超晶格长波红外焦平面探测器完成制备交付工程应用；甚高灵敏度红外焦平面探测器、短波红外铟镓砷探测器、雪崩焦平面探测器、大面阵碲镉汞中波焦平面探测器，小像素、长线列、低噪声CMOS探测器研制等取得技术突破；低温超宽光谱红外分色实现55开低温下透射和反射波段光学能量的高效传输；长寿命高效低干扰斯特林机械制冷技术稳定保障航天任务，指标国内领先、国际先进；面对新冠肺炎疫情，以红外光电技术服务复工复产需要，联合企业研发的红外人体测温仪无偿赠予地方政府、企事业单位和学校。

在基础研究方面，突破传统光学色差，实现中波红外宽带消色差的介质超透镜，3.5—5微米波段范围无色差成像，分辨率接近衍射极限；集成分光新概念获国际合作卫星演示应用；第二类狄拉克半金属的低功耗室温太赫兹探测、二维材料的红外探测和偏振探测方面取得重要新进展；研制新型128通道单片集成红外光学薄膜元器件、新型消除杂光的薄膜光学元器件，实现对光波的光谱、偏振、衍射等多维精准调控。

2020年，上海技物所累计申请专利215项，授权120项；发表科技论文447篇，登记软件著作权4项，出版专著及出版物3部。全面完成所“一三五”规划，4项成果入选中国科学院“率先行动”计划第一阶段重大科技成果及标志性进展，7项工作获评优秀。“十三五”期间技物所产出的系列科技成果，为我国成功抢占红外领域技术制高点、实现科技自立自强做出了突出贡献，在天基红外感知、高定量化遥感探测等国际必争领域实现国际领跑。实现第四次保持“全国文明单位”称号，第十二次蝉联“上海市文明单位”。

上海技物所是中国空间科学学会空间遥感专业委员会、中国光学工程学会红外与光电器件专业委员会、中国遥感应用协会高光谱遥感技术与应用委员会、上海市传感技术学会的挂靠单位。上海技物所编辑出版《红外与毫米波学报》、《红外》等学术期刊。

（撰稿：虞慧娴　审稿：童卫旗）

上海光学精密机械研究所

所　　长：邵建达
地　　址：上海市嘉定区清河路 390 号
邮政编码：201800
电　　话：021-69918000
传　　真：021-69918800
电子信箱：siom@siom.ac.cn
网　　址：http://www.siom.cas.cn

中国科学院上海光学精密机械研究所（以下简称“上海光机所”）成立于 1964 年 5 月。1964 年，中国科学院长春光机所、中国科学院电子所相关科研人员迁往上海，联合上海市轻工业局长江光学仪器厂、上海市仪表局竟明仪器厂组成一个专门从事激光技术的新研究所，最早名字为中国科学院光学精密机械研究所上海分所，并几度易名，1970 年 10 月，定为现名。

上海光机所是我国建立最早、规模最大的激光科学技术专业研究所，发展至今已形成以探索现代光学重大基础及应用基础前沿、发展大型激光工程技术并开拓激光与光电子高技术应用为重点的综合性研究所。作为中国科学院超强激光科学卓越创新中心，研究所重点学科领域为：强激光技术、强场物理与强光光学、空间激光与时频技术、信息光学、量子光学、激光与光电子器件、光学材料等。

上海光机所新时期发展定位为：精耕基础前沿交叉、光电空间、先进材料、信息、海洋等重大战略领域，加快打造以强激光科学与技术为“主体”、激光物理（能量光子学、信息光子学）和材料物理为“两翼”的原始创新策源地，加快突破极端材料、核心器件和系统集成关键核心技术，构建难以替代的完整创新链，为国家重大需求、经济主战场提供集成性、系统性的激光技术解决方案，践行激光领域国家战略科技力量的使命担当。

2020 年，在中国科学院“十三五”科研评估中，上海光机所突破一：聚变点火级激光驱动器关键技术与系统、突破三：超强超短激光及其重大应用、培育一：超强激光物理前沿研究、培育二：强激光材料与先进光功能材料和成果转移转化平台建设 5 项获评优秀，聚变点火级激光驱动器与超强超快激光技术及其重大应用、空间实验室、“北斗三号”等 3 项成果入选中国科学院“十三五”率先行动重大成果及标志性进展。

上海光机所拥有国家重点实验室 1 个、中国科学院 - 中工程物理研究院联合实验室 1 个、中国科学院重点实验室 4 个、上海市重点实验室 1 个。2020 年，获批成立王之江激光创新中心。

上海光机所建成国内仅有、国际为数不多的兼具大能量短脉冲激光加载和主动探针光功能的“神光Ⅱ”综合高功率激光装置；达到世界最高水平峰值功率 12.9 拍瓦的超强超短激光装置；国际上首次观察到基于激光加速的自由电子激光辐射非线性效应的新一代超强超短激光综合实验装置等大科学装置。建有空间激光原子冷却和冷原子钟、空间全固态激光器、高性能激光材料和器件等研究平台。在建国家重大专项上海光学元器件基地。

截至 2020 年底，上海光机所共有在职职工 1023 人。其中科技人员 901 人、科技支撑人员 122 人，包括中国科学院院士 6 人、中国工程院院士 1 人、发展中国家科学院院士 1 人、研究员及正高级工程技术人员 118 人、副研究员及高级工程技术人员 309 人。

上海光机所是 1981 年国务院学位委员会批准的博士、硕士学位授予权单位之一，设有物理学、光学工程、材料科学与工程、材料与化工 4 个专业一级学科博士研究生培养点，科学技术史和电子信息 2 个专业一级学科硕士研究生培养点；并设有物理学、光学工程、材料科学与工程 3 个专业一级学科博士后流动站。截至 2020 年底，共有在学研究生 518 人，其中硕士生 232 人、博士生 286 人；在站博士后 28 人。

2020 年，上海光机所共有在研项目 619 项（包括新增项目 158 项）。其中，主持（或承担）国家自然科学基金重大项目 7 项（新增 5 项）、重点项目 6 项（新增 2 项）、面上项目 64 项（新增16项)、重大研究计划重点项目1项(新增1项)、国家杰出青年科学基金项目2项(新增2项)、优秀青年科学基金项目3项(新增2项);承担国家重大科技专项课题47项(新增7项);主持国家重点研发计划项目4项(新增3项)、承担(或参加)课题31项(新增10项);主持或承担基地和人才专项17项(新增6项);承担国家自然科学基金委重大仪器研制项目7项(新增1项),承担中国科学院仪器研制项目9项(新增1项);主持中国科学院战略性先导科技专项(A类)项目3项(新增3项)、承担课题9项(新增4项),战略性先导科技专项(B类)项目1项、承担课题12项(新增1项);承担中国科学院重点研究项目12项(新增3项);主持科技部国际合作项目5项(新增3项),承担中国科学院国际合作项目2项(新增1项);承担院地合作项目2项。

2020年,上海光机所加快打造原始创新策源地,面向世界科技前沿,上海超强超短激光实验装置项目通过验收,各项指标均达到或优于批复的验收指标,为建设100拍瓦超强超短激光系统奠定了坚实基础。在拓扑绝缘体表面态产生高次谐波研究、超强超短激光驱动的阿秒电子动力学研究等方面取得重要物理成果,相关成果发表在 *Nature Physics*、*Nature Photonics* 上。设计钙钛矿渐变纳米线合金微腔,成功实现480—525纳米多波长激光发射,相关成果发表在 *Nano Energy* 上。提出并实现三维超晶格微腔激光新体系,实现了0.1太赫兹的量子超快开关,相关成果发表在 *Nature Communications* 上。通过研究,揭示了随机光场的相干性与涡旋之间深刻而复杂的联系,为进一步探索非平衡态以及相干-涡旋的动力学提供了一个新的基点,相关成果发表在 *Nature Photonics* 上。首次将超荧光体系与光学微腔结合,实现高达0.1太赫兹的超快腔增强超荧光辐射,并揭示了这种物质态集体辐射的物理机制,相关成果发表在 *Nature Communications* 上。

2020年,上海光机所加快突破关键核心技术,面向国家重大需求,在聚焦激光驱动聚变能源关键技术与系统方面,中国科学院战略性先导科技专项(A类)新型激光聚变方案研究立项并全面启动;完成国家重大专项多功能激光系统设计验证项目任务,实现国际先进的压缩聚焦能力,激光长短脉冲同步精度达到世界领先水平;N41钕玻璃第二轮连熔实验通过专项综合论证与方案评审并启动,N41钕玻璃精加工产品全指标合格率提升了16%;利用国际上首创的新工艺,成功实现了大口径长籽晶DKDP晶体快速生长;实现了1400毫米×420毫米尺寸脉冲压缩光栅载体全口径工艺贯通;亚纳秒激光预处理技术基本具备批量供货的技术基础。在空天激光信息技术及系统方面,研制的三款激光器应用于"嫦娥五号"探测器平稳着陆于月球;设计和研制出国际上输出能量最高、工作温度范围最宽的火星探测激光器搭载于"天问一号";完成"北斗三号"两星激光通信终端在轨测试;完成先导激光终端、LDT激光器和WWB017线型激光器(02)等正样产品交付;承担的载人航天、北斗等工程项目顺利开展;完成探测距离10千米的地基对空中低小慢目标的激光关联成像雷达外场演示实验,首次验证了–30dB辐照信噪比下的相干探测激光关联成像;完成轻质化高效率高质量百千瓦级光谱合成工程样机研制;单腔振荡式的全光纤激光器工程样机实现>5千瓦激光输出;窄线宽光纤激光放大器实现大于4.2千瓦@35吉赫兹的技术突破。

2020年,上海光机所超强激光驱动粒子源与新光场获2019年上海市自然科学奖一等奖;机载蓝绿激光海洋探测和传输系统关键技术及应用获2019年上海市技术发明奖一等奖;大尺寸高性能氧氟红外玻璃制备与无框化构件技术及应用获2019年上海市技术发明奖一等奖;"天宫二号"空间冷原子钟获2019年度军队科技进步奖一等奖;达曼光栅原理与应用获2019年上海市自然科学奖二等奖。张龙获颁上海市科学技术奖青年科技杰出贡献奖。

2020年,上海光机所共申请专利317项(其中发明专利299项),获授权专利150项(其中发明专利136项)。共发表论文总数609篇,其中SCI收录443篇,IF大于等于3论文215篇。

2020年,上海光机所与上海市嘉定工业区、上海激光所、上海集成电路研发中心共建的上海先进激光产业创新技术研发与转化功能型平台成为上海市第一家“自下而上”通过初评验收的研发与转化功能型平台。南京先进激光技术研究院获批南京市智能激光制造工程研究中心。杭州光学精密机械研究所入选浙江省首批省级新型研发机构。上海中科神光光电产业有限公司在上海市经信委组织的年度考核中名列第一。

2020 年，上海光机所探索疫情时代国际合作新模式取得成效。与俄罗斯科学院应用物理研究所成立中俄激光联合实验室合作委员会。成立上海光机所国际咨询委员会，并线上召开首届会议。成功组织中国科学院和俄罗斯科学院两院院长参加的第二届中俄双边线上会议。成功组织第 22 届超快现象线上国际会议（UP2020）。在研国际合作项目 29 项，新增国际合作项目 6 项，国际合作项目合同经费 4440 万元。申请国际杰出学者项目 1 项，国际访问学者 1 项，访问学者延续项目 1 项。在所继续合作国际学者 2 项，境外执行 1 项，国际博士后 1 项，新增国际人才经费 44.3 万元。出访 5 人，来访 27 人。

2020 年，上海光机所主办、中国激光杂志社出版的学术类期刊 *Advanced Photonics*、*Photonics Research*、*High Power Laser Science and Engineering*、*Chinese Optics Letters*、《中国激光》、《光学学报》、《激光与光电子学进展》7 种期刊均被全球知名科技期刊数据库 INSPEC 收录。SCI 期刊 *Photonics Research* 影响因子 6.099，在 97 本光学期刊排名第 10，继续稳居 Q1 区期刊行列；*High Power Laser Science and Engineering* 和 *Chinese Optics Letters* 影响因子分别为 2.606、2.045。《中国激光》、《光学学报》、《激光与光电子学进展》被 ESCI 数据库收录。《激光与光电子学进展》入选中国科学院科学出版基金中文科技期刊排行榜。2020 年，上海光机所再次蝉联中国科学院科技出版先进单位奖。

2020 年，上海光机所首次入选全国文明单位，获评 2020 年全国科普先进集体，获 2018—2019 年度中国科学院科学传播奖、科学普及奖和科学出版先进单位。梁晓燕获评“全国三八红旗手”。上海光机所获上级群团组织各类荣誉共计 59 项。首次开设职工子女晚托班。食堂延长开放时间并增设低价加班餐。

（撰稿：薛慧彬　王　宁　审稿：邵建达）

上海硅酸盐研究所

所　　长：宋力昕
地　　址：上海市长宁区定西路 1295 号（长宁园区）；
上海市嘉定区和硕路 585 号（嘉定园区）
电　　话：021-52412990（长宁园区）；
021-69906002（嘉定园区）
传　　真：021-52413903（长宁园区）；
021-69906700（嘉定园区）
邮政编码：200050（长宁园区）；
201899（嘉定园区）
电子信箱：siccas@mail.sic.ac.cn
网　　址：http://www.sic.ac.cn

中国科学院上海硅酸盐研究所（以下简称“上海硅酸盐所”）渊源于 1928 年成立的中央研究院工程研究所。1959 年独立建所，定名为中国科学院硅酸盐化学与工学研究所。1984 年更为现名。

上海硅酸盐所是集材料前沿探索、高技术创新、应用发展研究为一体的无机非金属材料科研机构，形成了“基础研究—应用研究—工程化、产业化研究”有机结合的较为完备的科研体系。学科方向是先进无机材料科学与工程，主要研究领域涵盖高性能结构陶瓷、功能陶瓷、透明陶瓷、陶瓷基复合材料、人工晶体、无机涂层、能源材料、生物材料、古陶瓷及先进无机材料性能检测与表征等，是国内该领域科学研究单位中门类最为齐全的研究所。

上海硅酸盐所全面贯彻落实“四个率先”和“两加快一努力”目标要求，聚焦先进制造、能源、信息、环境与健康、国防工业等重点应用领域，开展先进无机与无机基材料、器件与系统的基础性、战略性、前瞻性关键科学问题研究，实现核心材料、关键技术与产品化的重大突破，持续提供重大创新性理论和技术创新成果，力争建设成为国际一流的科研机构。

上海硅酸盐所现有高性能陶瓷和超微结构

国家重点实验室、中国科学院特种无机涂层重点实验室、中国科学院透明光功能无机材料重点实验室、中国科学院无机功能材料与器件重点实验室、中国科学院能量转换材料重点实验室、古陶瓷科学研究国家文物局重点科研基地（古陶瓷多元信息提取技术及应用文化部重点实验室），以及结构陶瓷与复合材料工程研究中心、人工晶体研究中心、透明陶瓷研究中心、生物材料与组织工程研究中心、古陶瓷与工业陶瓷研究中心等科研部门；无机材料分析测试中心、信息情报中心等技术支撑部门；中试基地、上海西卡思新技术总公司等所办企业。

截至 2020 年底，上海硅酸盐所共有在职职工 769 人。其中，专业技术人员 705 人、职员 55 人、工人 56 人，包括中国科学院院士 2 人、中国工程院院士 3 人、发展中国家科学院院士 1 人、研究员及正高级工程技术人员 111 人、副研究员及高级工程技术人员 217 人。

上海硅酸盐所是国内首批国务院学位委员会批准的博士、硕士学位授予权单位之一，设有材料科学与工程、化学 2 个学术学位，材料与化工 1 个专业学位研究生培养点；材料科学与工程、化学、材料与化工 3 个硕士招生专业；材料物理与化学、材料学、物理化学（含化学物理）、材料与化工 4 个博士招生专业；设有材料科学与工程学科博士后流动站。截至 2020 年底，共有在学研究生 487 人，其中硕士生 229 人、博士生 258 人；在站博士后 46 人。

2020 年，上海硅酸盐所共有在研项目 807 项（包括新增项目 210 项）。其中，主持（或承担）国家自然科学基金重点项目 18 项（新增 2 项）、面上项目 74 项（新增 19 项）、国家杰出青年科学基金项目 3 项；主持或承担国家重大科技专项 14 项（新增 7 项）；主持或承担国家重点研发计划 78 项（新增 5 项）；主持（或承担）（科技部、国家自然科学基金委、财政部和院）重大仪器研制项目 1 项；主持（或承担）中国科学院战略性先导科技专项课题 14 项（新增 5 项）；主持（或承担）院重点部署项目 14 项（新增 3 项）、承担重点国际合作项目 28 项（新增 14 项）；承担院地合作项目 9 项（新增 3 项）。

2020 年是“十三五”规划收官之年，上海硅酸盐所以习近平新时代中国特色社会主义思想为指导，认真学习党的十九届四中、五中全会精神和习近平总书记重要讲话精神，贯彻落实党中央、国务院和院党组重要决策部署，全所上下齐心协力共同奋斗，做到疫情防控和业务发展两不误，围绕“四个面向”产出一批重大创新成果，各项工作实现新突破、取得新成效，高质量完成“十三五”规划任务。“极端服役条件用陶瓷基复合材料及部件”和“高性能光电晶体及器件”2 项成果入选中国科学院“率先行动”计划第一阶段重大科技成果和标志性进展，6 项成果获中国科学院“十三五”时期“一三五”评估优秀。

2020 年，上海硅酸盐所紧密围绕国家重大战略需求，深入推进“一三五”规划实施，聚焦“三个重大”成果产出，在基础与前瞻性研究、高技术研究与产业化等方面取得系列重要进展，对国家经济建设和重大战略需求的支撑功能进一步提升。组织研发 PET-CT 用闪烁晶体、超声医疗设备和口罩超声焊接设备用关键大功率压电陶瓷元件、抗病毒用催化材料、皮肤创面修复材料和护目镜防雾剂等研制和生产，为防疫提供了关键材料支撑。首次发现具有超常规塑性和巨大变形能力的单晶块体 InSe；设计制备出新一代“黑色生物活性陶瓷”，将传统生物活性陶瓷材料的应用领域从组织再生拓展到肿瘤等疾病治疗；突破反铁电陶瓷极化有序的传统认识，并构建了反铁电陶瓷结构与性能之间的关联规律。研制的热控涂层及组件、高温抗氧化涂层、高温隔热屏、发动机包覆材料、耐烧蚀天线透波窗、大尺寸二氧化碲晶体、压电陶瓷 7 种关键材料在“嫦娥五号”探测器上获成功应用。透明保护罩用于“沧海”号着陆器和全海深视频直播系统，为“奋斗者”号万米载人深潜的电视直播提供技术支撑。5 种关键材料成功用于高分十三号等国家重大工程。

2020 年，上海硅酸盐所面向第三代半导体、光刻机、5G 通信、能源等重点领域，实现重大科技成果转化 6 项。光刻机用光学曝光成像核心材料氟化钙晶体技术与德汇集团合作，研制的材料达到光刻机应用要求，实现核心元件自主可控。第三代半导体芯片用碳化硅晶体技术与 Ferrotec 集团合作，开发出多项国际上未见报道的核心技术，实现制备成本的有效降低。5G

通讯用低温共烧陶瓷（LTCC）在浙江横店中试贯通，形成包括美国、日本专利的国际专利群，初步建立起了我国较为完整的LTCC材料和应用产业链。

2020年，上海硅酸盐所铜基新型热电材料及其电热输运机制研究项目通过上海市自然科学奖一等奖终评；热释电陶瓷关键技术及红外探测应用项目通过上海市科技进步奖一等奖终评；多级孔沸石基纳米催化剂设计合成及其柴油车尾气净化项目通过中国材料研究学会科学技术奖技术发明奖二等奖终评。

2020年，上海硅酸盐所以第一单位发表SCI论文429篇。申请专利278件，国内授权专利191件，国外授权专利4件。发布国际标准1项、国家标准6项、国家军用标准1项、行业标准3项、团体标准12项。

2020年，上海硅酸盐所通过全国文明单位复评，获全国厂务公开民主管理示范单位。获第二届上海知识产权创新奖运用奖。董绍明研究员获全国创新争先奖、“全国先进工作者”。刘宣勇研究员被国际生物材料科学与工程学会联合会授予“生物材料科学与工程终身荣誉”称号。与印尼加札马达大学、日本大阪大学等新签协议6份。截至2020年底，上海硅酸盐所科研人员在国际组织任职30人次，在国际学术期刊任职70人次。

上海硅酸盐学会、上海硅酸盐工业协会、上海古陶瓷科学技术研究会和中国空间科学学会空间材料专业委员会挂靠在上海硅酸盐所。上海硅酸盐所主办的*NPJ Computational Materials*（《计算材料科学》）影响因子为9.341，在计算材料学领域继续排名第一，蝉联中国最具国际影响力学术期刊；《无机材料学报》（中文刊）入选中国国际影响力优秀学术期刊。

（撰稿：毛朝梁　仲　鹤　审稿：杨建华）

上海有机化学研究所

所　　长：唐　勇
地　　址：上海市徐汇区零陵路345号
邮政编码：200032
电　　话：021-54925000
传　　真：021-64166128
电子信箱：sioc@mail.sioc.ac.cn
网　　址：http://www.sioc.ac.cn

中国科学院上海有机化学研究所（以下简称“上海有机所”）于1950年5月在“中央研究院”化学研究所、北平研究院化学研究所与药物研究所的基础上成立，名为中国科学院有机化学研究所。1970年改为现名。

上海有机所将始终坚持中国科学院办院方针，进一步落实上海市建设具有全球影响力的科技创新中心和长江三角洲区域一体化发展战略部署；推进“一体两翼”战略规划的实施，以分子科学前沿方向和国家重大需求为导向，聚焦分子智造，开展基础性、前瞻性和系统性研究；基于分子智造，以金山园区、宁波园区和临港园区为基地，向战略有机材料和化学生物学驱动下的生物医药深度拓展，力争取得一批原创性、颠覆性的重大成果；引领有机化学学科前沿，力争建成在分子合成科学领域有重要国际影响力的卓越创新研究中心。

上海有机所现有2个国家重点实验室、4个中国科学院重点实验室，分别为：生命有机化学国家重点实验室、金属有机化学国家重点实验室、中国科学院有机氟化学重点实验室、中国科学院天然产物有机合成化学重点实验室、中国科学院有机功能分子合成与组装化学重点实验室和中国科学院能量调控材料重点实验室。此外，还有同国内外大学、地方政府联合共建的沪港化学合成联合实验室、宁波新材料创制中心等多个研究中心。

截至2020年底，上海有机所共有在职职工695人。其中科技人员553人、科技支撑人员84人，包括中国科学院院士8人、研究员及正高级工程技术人员93人、副研究员及高级工程技术人员193人。

上海有机所是1981年国务院学位委员会批准的博士、硕士学位授予单位之一，1998年被批准为化学一级学科博士学位授权单位。现化学一级学科下设有有机化学、分析化学、高分子化学与物理、化学生物学4个二级学科研究生培养点，1个细胞生物学二级学科博士培养点，材料与化学、生物与医药2个专业硕士领域培养点；并设有1个化学专业一级学科博士后流动站。截至2020年底，共有在学研究生671人，其中硕士生335人、博士生336人；在站博士后60人。

2020年，上海有机所共有在研项目470项（包括新增项目120项）。其中，主持（或承担）国家自然科学基金重点项目18项（新增3项）、面上项目83项（新增15项）、国家杰出青年科学基金项目7项、国家自然科学基金重大研究计划重点项目4项（新增1项）；主持或承担国家重大科技专项5项；主持或承担国家重点研发计划27项（新增6项）；主持（或承担）中国科学院战略性先导科技专项课题10项（新增5项）；主持（或承担）院重点部署项目1项、承担重点国际合作项目4项（新增2项）；承担院地合作项目9项（新增4项）。

2020年，上海有机所科研工作在各方面均取得如下重要进展。

在基础研究方面，独特的时间调控手性反转现象，羟基异喹啉的去芳构化反应：时长依赖的对映发散性合成，被美国 *Chemical & Engineering News* 评选为2020年度三项轰动性（sensational）合成工作之一。发现蛋白异常液-液相分离导致人类发育性疾病的新机制，为通过小分子抑制蛋白相分离紊乱来治疗相关人类重大疾病提供了全新的策略。完成对一类细菌脂多糖 *O*-抗原128聚糖的全合成，这是迄今为止采用化学方法合成出的线性最长的聚糖分子，可应用于难治性肠炎药物的研发。研发出一种双氟磺酰亚胺及其金属盐的制备方法，可用于发展低成本合成高纯度双氟磺酰亚胺锂的方法，推进双氟磺酰亚胺锂在电池行业的应用。

在应用基础研究（成果转化）方面，世界首套二氧化碳合成DMF的千吨级工业示范装置在成功运转超过1200多小时的基础上，完成10万吨级成套技术工艺包设计，并初步开展产业化应用的推介工作。从乙烯直接聚合制备聚乙烯油的成套技术，开发了媲美进口PAO的系列化牌号合成油，活性比现有体系提升1万倍且聚乙烯结构可控。3000吨工业示范线已进入全面开工建设阶段，预计2021年中建成。优化原创性“姜钟法”无汞氯乙烯合成新工艺，大幅降低氯乙烯生产成本，并对我国氯乙烯行业面临的禁汞及《水俣公约》履约提供技术支撑，2020年完成20万吨工业示范建设并全面启动试运行工作。原创研发的含氟新型萃取剂实现了有机萃取法高效分离锂同位素，该颠覆性技术有望替代过去80多年来高毒性、高污染的锂汞齐法，形成具有国际引领性的跨代新技术。研制的抗神经退行疾病药物RIP-1抑制剂IN-104进入临床二期研究；抗癌新药EGFR抑制剂ES-072进入临床一期研究；肿瘤免疫治疗药物新一代RIP1抑制剂、RAR调控剂WYC-209进入临床前研究阶段；以红霉素为代表的大宗抗生素生产菌种改造进入产业化推广。

在国防科技创新方面，聚焦含氟功能材料、能量调控材料取得重要进展，满足了国家相关需求。

在科技抗疫方面，自主研发的超高过滤专用料牌号SIOC-F302用于制备分子诊断透气塞等，实现进口替代，并出口欧美；主持研发国内领先水平的移动式核酸检测实验室、参与开发了熔喷聚丙烯树脂VOC深度脱除成套技术，完成了国家紧急任务，为提升医用防护用品国家和行业标准提供可靠的技术基础。

2020年，上海有机所获上海市自然科学奖一等奖1项、上海市自然科学奖二等奖1项、公安部科学技术奖一等奖1项（合作）。以第一单位发表261篇SCI论文，影响因子$\geqslant$10的论文有61篇，高质量论文包括：*Science* 1篇、*Nature* 2篇、*Cell* 1篇。在 *Nature* 发布的自然指数排名中，连续7年位列中国科学院所属研究所第二名。共申请专利98项，授权专利84项，软件著作权登记4项，签订知识产权转移转化合同9项，合同金额5654万元。

上海有机所学术交流持续活跃，保持多年来的良好态势。截至2020年底，有4人在5个国际组织担任联合主席、执行委员、咨询委员、理事等职务，4人在6个国际会议中担任国际顾问委员会成员，14人在16种国际学术刊物中担任主编、副主编职务。受中国化学会委托，上海有机所负责编辑出版《有机化学》、《化学学报》和《中国化学》（英文版）。

（撰稿：黄智静　蔡正骏　审稿：胡金波）

上海应用物理研究所

所　　长：戴志敏
地　　址：上海市嘉定区嘉罗公路 2019 号
邮政编码：201800
电　　话：021-59553998
传　　真：021-59553021
电子信箱：sinap00@sinap.ac.cn
网　　址：http://www.sinap.cas.cn

中国科学院上海应用物理研究所（以下简称“上海应物所”）成立于 1959 年，原名中国科学院上海原子核研究所，2003 年 6 月经国家批准改为现名。

上海应物所是综合性核技术科学研究机构，以钍基熔盐堆核能系统、高效能量存储与转换等先进能源科学技术为主要研究方向，同时兼顾核技术在环境、健康、材料领域的若干前沿应用研究，以期将研究所建成引领钍基熔盐堆核能系统研发的国际知名核科学技术研究机构。承担中国科学院先进核能创新研究院的筹建工作。拥有上海嘉定、甘肃武威两大园区，嘉定园区（约 400 亩）是先进的核能科技及核技术应用（非核）研究基地，在建的武威园区（1000 亩）将是先进核能实验基地及低碳新能源示范基地。

上海应物所承担中国科学院战略性先导科技专项未来先进核裂变能——钍基熔盐堆核能系统（TMSR），总体目标是用 20 年左右时间研发第四代的裂变反应堆核能系统以及钍铀循环技术，达到工业应用。上海应物所还承担中国科学院变革性洁净能源战略性科技先导科技专项核能综合利用项目、国家自然科学基金委重大项目，以及国家重大科技基础设施项目 X 射线自由电子激光试验装置和用户装置工程、上海光源线站工程等国家重要科研任务。上海应物所拥有中国科学院微观界面物理与探测重点实验室和上海市低温超导高频腔技术重点实验室，建有核能科学分析测试中心（CNAS 实验室）、辐射安全检测中心（CMA 实验室）、环境与化学分析测试中心（CMA 实验室）、国家能源核电仪表研发（实验）中心辐照实验室（CNAS 实验室）、所级公共技术中心、放射性药物研究开发中心和放射性标记平台（甲级）等第三方检测实验室和研发中心，以及钍基熔盐堆缩比仿真装置、放射化学热室（乙级）、非能动熔盐自然循环回路、FLiNaK 熔盐高温试验回路、HTS 熔盐热工试验回路、熔盐泵试验装置等大型试验设施。

截至 2020 年底，上海应物所共有在职职工 702 人。其中科技人员 458 人、科技支撑人员 178 人，包括研究员及正高级工程技术人员 79 人、副研究员及高级工程技术人员 193 人。

上海应物所是 1981 年国务院学位委员会批准的博士、硕士学位授予权单位之一，设有物理学、核科学与技术 2 个专业一级学科博士研究生培养点，物理学、化学 、核科学与技术 3 个专业一级学科硕士研究生培养点（二级学科硕士学位培养点 14 个，其中专业学位 4 个）；并设有物理学、核科学与技术 2 个专业一级学科博士后流动站。截至 2020 年底，共有在学研究生 480 人，其中硕士生 199 人、博士生 281 人；在站博士后 8 人。

2020 年，上海应物所共有在研项目 258 项（包括新增项目 19 项）。其中，主持或承担国家自然科学基金面上项目 46 项（新增 5 项）；主持或承担国家重点研发计划 29 项（新增 2 项）；主持中国科学院战略性先导科技专项（A 类）专项 1 项、C 类先导专项项目 1 项及课题 2 项、B 类先导专项课题 1 项。

2020 年，上海应物所集中全力推进钍基熔盐堆核能系统（TMSR）先导专项的实施，2MWt 液态燃料钍基熔盐实验堆（TMSR-LF1）工程建设进入全面攻坚阶段，取得系列重大进展。实验堆关键设备制造进入收尾阶段，2020 年 12 月 18 日堆本体离线安装正式启动，标志着 TMSR-LF1 工艺系统进入设备安装阶段；实验堆主体装置厂房 10 月 11 日实现结构施工到顶（22.27 米），部分交付辅助工艺系统安装；实验堆许可申请工作快速推进，取得实验堆建造许可证并完成了实验堆最终安全分析报告（FSAR）、应急预案、调试大纲等的编制，先后上报运行许可申请和核材料许可证申请。

2020 年，由上海应物所参与建设的国家重大科技基础设施 X 射线自由电子激光试验装置项目通过国家验收，国家验收委员会专家认为其各项指标均达到或优于批复的验收指标，建设单位掌握了自由电子激光装置设计、加工集成、安装和调试以及射频超导加速单元等关键核心技术，取得系列重大技术成果。积极推进储能制氢技术示范，变革性洁净能源关键技术与示范 A 类先导专项核能非电综合利用项目及其两个课题实现中期目标和考核指标，顺利通过中期检查评估；研制成功国内首台 20 千瓦高温制氢装置，完成 200 千瓦高温制氢装置设计并启动设备加工制造。与此同时，在核能关键材料、核能综合利用等基础研究与应用基础研究也取得重要进展。

2020 年，上海应物所落实科研和产业化“两条腿走路”战略，积极推进科研成果的产业化与科技企业建设，加强所投资控股企业管理。围绕 TMSR 的发展和产业链布局，与上海建工集团合作开展实验堆核安全设备安装技术研发，控股公司上海联和日环能源科技有限公司为前瞻布局 TMSR 产业链启动增资工作。首台国产质子治疗示范装置研制取得重大进展，加速器系统性能达到设计指标，治疗系统完成固定治疗室全部 94 个能量的束流调试，准备临床试验；与上海联和投资公司共同着力将质子治疗研发企业（艾普强公司）打造成国内领先、国际先进的高性能医疗设备及精准医疗的制造企业。

2020 年，上海应物所围绕研究所重点工作和中心任务，新冠肺炎疫情之下积极开拓国际合作新途径，实现国际学术交流持续发展。积极参与国际原子能机构（IAEA）报告编写，线上参加 IAEA 相关会议、第四代核能系统国际论坛（GIF）会议及亚洲核合作论坛。在“一带一路”倡议框架指引下，与哈萨克斯坦大学实验与理论物理研究所、哈萨克斯坦共和国能源部核物理研究所签署合作谅解备忘录（MoU）。申请获得 2021 年度中国科学院国际人才交流计划项目；积极完成中国科学院国际合作项目评审专家推荐工作，54 位科研人员纳入专家库。

上海应物所是上海市核学会、中国核学会辐射研究与辐射工艺学分会的挂靠单位；主办《核技术》、《核科学与技术》（英文版）、《辐射研究与辐射工艺学报》等学术刊物。

（撰稿：俞　栋　审稿：戴志敏）

上海天文台

台　　长：沈志强
地　　址：上海市徐汇区南丹路 80 号
邮政编码：200030
电　　话：021-64386191
传　　真：021-64384618
电子信箱：shao@shao.ac.cn
网　　址：http://www.shao.ac.cn

中国科学院上海天文台（以下简称“上海天文台”）是中国科学院下属的天文研究机构，成立于 1962 年。其前身是 1872 年建立的徐家汇天文台和 1900 年建立的佘山天文台。现有徐家汇园区、佘山科技园区以及位于上海松江佘山地区的天文观测台站，总部在徐家汇。

上海天文台以天文地球动力学、天体物理以及行星科学为主要学科方向，积极发展现代天文观测技术和时频技术，在面向世界科技前沿方面取得系列原创性成果，在导航定位和深空探测等国家战略需求中发挥了重要作用。上海天文台拥有甚长基线干涉测量（VLBI）观测台站（包括佘山 25 米射电望远镜和 65 米天马望远镜）、国际 VLBI 网数据处理中心、1.56 米光学望远镜、60 厘米卫星激光测距望远镜、全球定位系统等多项现代空间天文观测技术和国际一流的观测基地和资料分析研究中心，是世界上同时拥有这些技术的 7 个台站之一。上海天文台是中国 VLBI 网和中国激光测距网的负责单位。

2020 年，上海天文台顺利完成中国科学院“率先行动”计划第一阶段目标任务总结评估，其中重大突破高精度测轨定位和代表性科技成果天文底片数字化获评优秀。

截至 2020 年底，上海天文台共有在职职工 440 余人。其中科技人员 238 人、支撑和管理人员 55 人、博士后 26 人、科研辅助人员 123 人，包括中国科学院院士1人、中国工程院院士1人、研究员及正高级工程技术人员78人、副研究员及高级工程技术人员117人。

上海天文台是1981年国务院学位委员会批准的博士、硕士学位授予权单位之一，现设有天文学1个一级学科博士培养点，天体物理、天体测量与天体力学、天文技术与方法3个专业二级学科博士培养点；现设有天文学1个一级学科硕士培养点，天体物理、天体测量与天体力学、天文技术与方法、仪器仪表工程4个专业的二级学科硕士培养点；并设有天文学1个一级学科博士后流动站，天体物理、天体测量与天体力学、天文技术与方法3个专业的二级学科博士后流动站。截至2020年底，共有在学研究生176人，其中硕士生72人、博士生104人，另有60名联合培养人员。

截至2020年底，上海天文台共有在研科研课题568项（2020年新增科研课题172个），其中新增科技部课题2项，国家自然科学基金委课题21项，上海市课题13项，中国科学院课题28项，台部署课题13项，其他课题57项。申请发明专利9项，获得授权发明专利6项。2020年共发表论文共计283篇，包括国内核心期刊论文30篇，SCI和EI期刊论文190篇；2020年申请发明专利14项。授权发明专利5项，授权实用新型专利2项，授权国际专利2项。

2020年，上海天文台全方位参与了“北斗三号”全球卫星导航系统研制建设，承担“北斗三号”信息处理系统、激光测距分系统和时间频率系统等研制工作，被动型星载氢原子钟项目获2019年度上海市科技进步奖一等奖。地球2.0凌星巡天空间卫星计划获中国科学院先导专项空间科学背景型号项目支持；联合开展的载人航天工程天文终端2个科学载荷多通道成像仪（MCI）和积分视场光谱仪（IFS）研制项目进展顺利。在银河系结构，大质量恒星形成，喷流物理机制，星系分子谱线观测等天文学基础前沿领域也取得系列重要发现。

2020年，上海天文台积极参与推进科技部重大国际合作项目平方公里阵（SKA）望远镜有关工作。承担科技部SKA科学专项两个优先重大方向之一宇宙黎明和再电离探测的研究。“建成世界上首台SKA区域中心原型机”成果入选2019年度十大天文科技进展。

2020年，上海天文台积极融入上海市科创中心建设。SKA区域中心方案建设列入上海市科创中心2020年、2021年重点工作清单。天文底片数字化实验室建设获上海市科委重大科研项目支持，基于全自主设计的新一代高精度多功能扫描仪研制成功。

2020年，上海天文台共办理出访45人次，来访31人次，举办国际会议1次，获中国科学院国际人才项目10项，获中国科学院特别交流计划A类项目1项，获国际会议资助计划项目1项，续签国际合作合同1项。紧密围绕国际大科学工程SKA的区域中心总体建设目标，开展国际合作。完成与美国国家航空航天局的中美空间大地测量领域合作（院级协议）的续签。和德国马普天体物理研究所共同成立马普伙伴小组，这是上海天文台第六个马普伙伴小组。推进《中国国家航天局（中华人民共和国）和俄罗斯国家航天集团（俄罗斯联邦）关于合作开发和使用Millimetron（Spektr-M）天体物理空间天文台的协定（草案）》的签署，合作内容列入两国联合公报。

上海天文台是全国科普教育基地、全国青少年科技基地、上海市青少年教育基地和上海市科普教育基地，上海市天文学会的挂靠单位。负责主办《天文学进展》期刊。

（撰稿：于　申　左文文　审稿：沈志强）

分子细胞科学卓越创新中心

主　　任：刘小龙
地　　址：上海市岳阳路320号
邮政编码：200031
传　　真：021-54921011
电子信箱：sibcb@sibcb.ac.cn
网　　址：http://cemcs.cas.cn

中国科学院分子细胞科学卓越创新中心（以下简称“分子细胞卓越中心”）成立于2015年，是中国科学院实施“率先行动”计划，在分子细胞科学领域设立的卓越创新中心，依托中国科学院原上海生命科学研究院生物化学与细胞生物学研究所（以下简称“生化与细胞所”）

建设及管理。2016 年中国科学院做出深化上海生命科学研究院改革决策部署，分子细胞科学卓越创新中心 / 生化与细胞所实施计划单列运行，2019 年分子细胞卓越中心获批国家事业单位法人，实施独立运行。分子细胞卓越中心的前身生化与细胞所成立于 2000 年 5 月，由中国科学院原上海生物化学研究所与中国科学院原上海细胞生物学研究所依据中国科学院“知识创新工程”实施方案整合而成。上海生物化学研究所的前身是 1950 年成立的中国科学院生理生化研究所的“生化大组”，后于 1958 年独立建所，名为生物化学研究所。上海细胞生物学研究所的前身是 1950 年成立的中国科学院实验生物研究所的“发生生理研究室”，1953 年其他研究室独立建所，发生生理研究室沿用实验生物研究所名，直至 1978 年更名为上海细胞生物学研究所。

分子细胞卓越中心致力于生命科学前沿基础研究，依托分子生物学国家重点实验室、细胞生物学国家重点实验室、中国科学院蛋白质科学研究中心（上海）三大研究集群；主要涵盖基因调控、RNA 与表观遗传学，蛋白质科学，细胞信号转导，细胞与干细胞生物学，癌症和其他重大疾病机理五大研究领域。

截至 2020 年底，分子细胞卓越中心共有在职职工 467 人。其中科技人员 279 人、科技支撑人员 123 人，包括中国科学院院士 10 人、发展中国家科学院院士 5 人。研究员及正高级工程技术人员等正高级职称人员 76 人、副研究员及高级工程技术人员等副高级职称人员 100 人。2020 年中心新进职工 72 人。

分子细胞卓越中心现有生物学、基础医学 2 个一级学科培养点和生物与医药 1 个二级学科培养点；生物学领域有生物化学与分子生物学、细胞生物学、发育生物学、生物信息学 4 个博士学位授权点，基础医学领域有免疫学博士学位授权点。截至 2020 年底，共有在学研究生 658 人，其中硕士生 172 人、博士生 391 人、专业硕士 26 人、与上海科技大学联培生 69 人；在站博士后 80 人，另代管上海科技大学博士后 61 人，代管杭高院博士后 17 人。

2020 年，分子细胞卓越中心共有在研项目 382 项（包括新增项目 83 项）。其中，主持（或承担）国家自然科学基金重点项目 16 项（新增 4 项）、面上项目 37 项（新增 20 项）、国家杰出青年科学基金项目 9 项（新增 1 项）、国家自然科学基金重大研究计划重点项目 1 项(新增 3 项)；主持或承担国家重大科技专项 3 项；主持或承担国家重点研发计划 58 项（新增 9 项）；主持（或承担）中国科学院战略性先导科技专项课题 67 项（新增 11 项）；承担国际合作项目 4 项（新增 1 项）。

2020 年，分子细胞卓越中心前沿基础研究重大成果不断，干细胞与再生医学、细胞免疫治疗、非编码 RNA 结构与功能等领域取得新突破。

发现非保守的 RNA 加工和定位在长非编码 RNA 发挥功能过程中具有重要作用，从而提示长非编码 RNA 的姿态万千可能是物种特异性的调控和适应的一个重要机理，成果发表在 *Cell* 上。

鉴定了小鼠胰岛中的干细胞类群，回答了长期以来成体胰岛是否存在干细胞这一争议性问题。进一步借助干细胞体外培养的方法，获得了有功能的小鼠胰岛类器官，成果发表在 *Cell* 上。

从 T 细胞信号转导的基础研究出发，解析了 T 细胞受体中关键信号分子 CD3ε 的分子机制，发展了 CAR-T 细胞治疗的新方法，成果发表在 *Cell* 上。

2020 年，分子细胞卓越中心以第一单位 / 通讯作者发表高水平论文 144 篇；IF ≥ 10 的代表性论文 76 篇，其中 *Cell* 3 篇、*Nature Methods* 1 篇、*Nature Genetics* 1 篇、*Cancer Cell* 4 篇、*Immunity* 1 篇、*Nature Cell Biology* 1 篇、*Cell Research* 5 篇。研究成果使 CAR-T 细胞更好抗肿瘤入选 2020 年度中国生命科学十大进展。全年申请中国专利 33 项、国外专利 9 项；授权中国专利 18 项。增加 53 项横向项目，其中技术转让项目 4 项、技术开发项目 15 项。签订的四技合同金额 4304 万元，到位金额 3121 万元。2020 年与上海医药集团、上海生物医药产业基金共同建立创新孵化平台，为科研成果孵化和转化提供一站式解决方案。

2020 年，分子细胞卓越中心扎实推进基因组标签计划（GTP）。成功制备 1351 个标签细胞系和 265 个标签小鼠品系，供国内外 28 个研究机构、61 个团队使用。助力发表 21 篇高水平成果，其中 IF ＞ 10 共 12 篇。共建的苏州研究院新增小鼠肺癌细胞模型库、基因编辑稳转株细胞库，全年新增存储细胞 120 株；质粒基因资源库收储质粒基因 5 万份，对近 100 个实验室分发达 1000 次。实现成果转化 1 项，引进孵化项目 4 个，为国内外肝癌药物研发企业提供药物研发细胞体外药筛服务。

2020 年，分子细胞卓越中心派遣学术交流 9 人次，来访接待 120 人次。科研人员在国际和国内的学术组织任职人员 30 人次，国内外学术期刊任职 101 人次。

分子细胞卓越中心是中国生物化学与分子生物学会、中国细胞生物学学会、上海生物化学与分子生物学学会、上海细胞生物学学会的挂靠单位。主办（或共同主办）*Cell Research*、*Cell Discovery*、*Acta Biochimica et Biophysica Sinica*、*Journal of Molecular Cell Biology* 等英文学术期刊和《生命的化学》、《中国细胞生物学学报》等中文期刊。其中 *Cell Research*（《细胞研究》）最新影响因子为 20.507，这是中国自主创办的科技期刊影响因子首次超越 20，继续在中国期刊中排名第一，在 SCI 收录的 190 余种同领域的国际期刊中位列第 7。*Cell Research* 等三份期刊连续 9 年入选中国最具国际影响力学术期刊。

（撰稿：林滨霞　审稿：倪福弟）

脑科学与智能技术卓越创新中心

副 主 任：杜久林（主持工作）
地　　址：上海市岳阳路 320 号
邮政编码：200031
电　　话：021-54921756
传　　真：021-54921735
电子信箱：guyixi@ion.ac.cn
网　　址：http://www.cebsit.cas.cn

1999 年 11 月 27 日，中国科学院在上海成立了神经科学研究所。中国科学院根据“率先行动”计划和深化改革的部署，以神经科学研究所为基础，于 2019 年 5 月 27 日正式设立中国科学院脑科学与智能技术卓越创新中心（以下简称“脑智卓越中心”）为中国科学院直属事业单位，公益一类的科学研究机构。2020 年，脑智卓越中心取得事业单位法人证书。

脑智卓越中心坚持“面向世界科技前沿、面向经济主战场、面向国家重大需求、面向人民生命健康”，致力于脑科学基础研究、脑疾病临床应用研究及与类脑智能研究的交叉融合，引领我国乃至国际脑科学研究和类脑计算模型构建与智能技术开发，造福人类健康和社会发展，建设成为国际顶尖的脑科学与智能技术研究机构。脑智卓越中心全面完成“创新 2020”目标任务，“十三五”期间取得一批国际公认的重大创新成果，其中克隆猴及脑认知和脑疾病机理研究入选中国科学院“率先行动”计划重大科技成果及标志性进展，三项“重大突破”验收结果均为优秀，一个“重点培育方向”验收结果为优秀。“以脑启智，融合‘慧聚’，打造交叉学科人才高地”的科技布局与组织模式，被评为优秀保障措施与重大改革举措。

神经科学国家重点实验室和中国科学院灵长类神经生物学重点实验室依托于脑智卓越中心。设有细胞和发育神经生物学、基础认知的环路基础、高级认知的神经基础、神经系统疾病和脑研究新技术五个研究部，共 47 个研究组、3 个青年研究组。设有公共技术服务中心、研究型平台、脑科学数据与计算中心、实验动物平台。

截至 2020 年底，脑智卓越中心共有在职职工 482 人。其中科技人员 323 人、科技支撑人员 109 人，包括中国科学院院士 1 人、研究员及正高级工程技术人员 50 人、副研究员及高级工程技术人员 61 人；全所进入创新岗位 384 人。

脑智卓越中心是 2000 年国务院学位委员会批准的博士、硕士学位授予权单位之一，现设有生物学专业一级学科博士研究生培养点，神经生物学、计算生物学、发育生物学和细胞生物学 4 个专业一级（或二级）学科硕士研究生培养点，并设有生物学专业一级学科博士后流动站。截至 2020 年底，共有在学研究生 344，其中硕士生 102 人、博士生 242 人；在站博士后 84 人。

2020 年，脑智卓越中心共有在研项目 119 项（包括新增项目 17 项）。其中，主持（或承担）国家自然科学基金重点项目 2 项（新增 1 项）、面上项目 30 项（新增 2 项）、国家杰出青年科学基金项目 7 项（新增 1 项）、国家自然科学基金重大研究计划重点项目 1 项（新增 0 项）；主持或承担国家重点研发计划 10 项（新增 1 项）；承担院重大仪器研制项目 1 项（新增 0 项）；主持或承担中国科学院战略性先导科技专项课题 7 项（新增 1 项）；主持或承担基地和人才专项 82 项（新增 12 项）；主持（或承担）院重点部署项目 11 项（新增 0 项）、承担重点国际合作项目 1 项（新增 0 项）；承担院地合作项目 17 项（新增 8 项）。

2020 年，脑智卓越中心在脑认知功能研究、脑疾病机理研究和早期诊断手段研发、脑研究新技术研发等国际前沿领域取得的原创性成果：揭示基底前脑对睡眠稳态动态调控的机制、通过胶质细胞向神经元转分化治疗神经性疾病、发现新的调控健康衰老的表观遗传学机制分别发表在国际著名学术期刊 *Science*、*Cell*、*Nature* 上。在脑认知功能研究方面，揭示痛觉信息上行传递的细胞和环路机制，揭示色觉认知的视觉环路机制，发现工作记忆过程存储信息的神经机制，发现编码同类雄性特征的神经机制，发现大脑三维血管网络形成的细胞和分子机制，以上成果均发表在 *Neuron* 上。揭示视交叉上核脑区新的细胞类型及其在昼夜节律调控中的作用，相关成果发表在 *Nature Neuroscience* 上。脑疾病方面，成功实现对植物人意识状态的精准诊断和康复预测，相关成果发表在 *Nature Neuroscience* 上；通过种机器学习提升精神疾病的磁共振影像诊断准确率，相关成果发表在 *American Journal of Psychiatry* 上；特异性改善帕金森病模型动物的行为学障碍，相关成果发表在 *Cell Stem Cell* 上。在脑研究新技术方面，自主研发了一种新型、高速记录神经元活动和血流动态的显微成像技术，相关成果发表在 *Nature Biotechnology* 上；开发了新一代高精度单碱基基因编辑工具，有望应用于遗传疾病基因治疗，相关成果发表在 *Nature Methods* 上；研制出近红外激发的电压纳米探针可用于神经元电信号在体成像，相关成果发表在 *Journal of the American Chemical Society* 上。2020 年，脑智卓越中心以通讯作者单位发表 SCI 论文共 69 篇，新申请国内外各类专利 44 件（含 PCT 国际专利 20 件），获得专利授权 1 项，授权专利中发明专利 1 件，实用新型专利 0 件，专利申请量年均提升 38%。项目成果视觉信息处理与行为发生的神经机制获得上海市自然科学奖一等奖。

2020 年，脑智卓越中心专利转让协议 2 项，专有技术普通许可协议 1 项，专利转让许可及技术合同等横向协议金额合计 7608 万元，与多家国内外知名药企、龙头科技企业、三甲医院、慈善机构开展多项技术研发工作，累计技术开发等费用约 700 万元。

脑智卓越中心牵头规划和推动“全脑介观神经联接图谱”国际大科学计划，2020 年已成立中国工作组，蒲慕明担任首席科学家。中心成建制引进德国马普国际顶尖团队，2020 年 2 位研究员、1 位副研全职到位。相继与荷兰、匈牙利、以色列、澳大利亚、英国、法国、韩国等 13 个国家的国际科研机构达成正式合作协议，与俄罗斯、古巴等国家的科研机构签订合作备忘录。2020 年共出访 3 人次，来访进行学术交流 1 人次，举办学术交流活动 34 次。举办中俄神经科学线上研讨会。 科技部批准脑智卓越中心建设中国 - 匈牙利脑科学“一带一路”联合实验室。

脑智卓越中心主办英文学术期刊 *Neuroscience Bulletin*。

（撰稿：顾一希　曹发华　审稿：王　燕）

分子植物科学卓越创新中心

主　　任：韩　斌

地　　址：上海市枫林路 300 号

邮政编码：200032

电　　话：021-54924000

传　　真：021-54924015

电子信箱：cemps@cemps.ac.cn

网　　址：http://www.cemps.cas.cn

中国科学院分子植物科学卓越创新中心（以下简称“分子植物卓越中心”）是基于植物生理生态研究所而新建的实体化运作的四类机构，自 2020 年 3 月 16 日起成为中国科学院直属的独立事业法人科研机构。植物生理生态研究所系由原中国科学院上海植物生理研究所与原中国科学院上海昆虫研究所于1999年5月19日整合而成。2016年，植物生理生态研究所依托分子植物卓越中心，设立中国科学院直属科研机构。

分子植物卓越中心聚焦植物遗传、发育、生理及其与环境互作的重大基础科学问题及科技前沿，开展原创性、系统性的基础和应用基础研究，建设成为国际一流的植物分子科学研究中心，为现代农业、生态环境和人民健康服务。按照“一体两翼”（以分子植物科学为主体，促进与昆虫科学和合成生物学为两翼的交叉研究）的学科建设模式，全力巩固、发展各自学科优势与特色，推进交叉集成、联合攻关，进一步充实提升已有优势领域，形成更加有效地服务于发展战略定位、核心竞争力更加突出的创新团队。

分子植物卓越中心现有植物分子遗传国家重点实验室、中国科学院国家基因研究中心、中国科学院上海植物逆境生物学研究中心、中国科学院合成生物学重点实验室、中国科学院昆虫发育与进化生物学重点实验室和光合作用与环境生物学实验室。2014年，依托中英两国成立了中国科学院 - 英国约翰・英纳斯中心植物和微生物科学联合研究中心（CEPAMS）。

2020年，在重点保障分子植物卓越中心先导专项、各类重大项目需求，统筹现有仪器设备和新增仪器设备开放共享运行的原则下，所级公共技术服务中心调整组织架构，明确了“3+1+N”平台运行模式，即主要由细胞结构分析技术平台、电镜平台和代谢组学与蛋白互作技术平台3个所级技术平台，1个开放实验室，以及若干个委托研究组管理的平台组成。顺利完成200千伏高分辨透射电镜设备采购和安装；获批植物根系无损实时成像技术建设项目修购项目1项。

在园区基础设施建设方面，分子植物卓越中心辰山园区“十三五”项目分子植物科学前沿与逆境生物学创新平台投资12 454万元，总面积20 000平方米，年内已完成投资7000万元，于2020年12月16日完成主体结构封顶。7000平方米科教设施项目获初步设计批获，总投资2998万元，于2020年三季度开工建设，已完成地下桩基建设。枫林园区完成4号楼修缮工作；启用400平方米的职工之家；购置30余万元健身器材，为师生的身心健康、学术交流提供服务与保障。

2020年，中国科学院上海昆虫博物馆紧紧围绕“昆虫科学普及”开展各项工作，为上海科普事业贡献力量，先后获市级及以上集体荣誉7项，个人荣誉2项。

截至2020年底，分子植物卓越中心共有在职职工413人。其中科技人员275人、科技支撑人员55人，包括中国科学院院士8人、美国国家科学院院士1人、发展中国家科学院院士4人、研究员及正高级工程技术人员89人、副研究员及高级工程技术人员78人。

分子植物卓越中心是国务院学位评定委员会首批批准的硕士、博士学位授予点，设有生物学一级学科博士研究生培养点，并设有生物学一级学科博士后流动站，截至2020年底，共有在学研究生633人，其中硕士生226人、博士生407人。

2020年，分子植物卓越中心共有在研项目401项（包括新增项目64项）。其中，主持（或承担）国家自然科学基金基础科学中心项目2项（新增1项），国家创新研究群体项目3项（新增1项），重点项目17项、面上项目104项（新增18项）、国家杰出青年科学基金项目9项（新增1项）、国家自然科学基金重大研究计划培育项目2项重大项目1项；主持或承担国家重大科技专项14项（新增1项）；主持或承担国家重点研发计划49项（新增9项）；主持或承担中国科学院战略性先导科技专项课题8项（新增子课题7项）；主持（或承担）中国科学院基础前沿科学研究计划项目10项、承担重点国际合作项目2项；承担上海市项目37项（新增9项）。

2020年，分子植物卓越中心取得一批令人瞩目的科研成果，共发表SCI研究论文280余篇，包括*Cell*、*Nature*、*Science*、*Nature Biotechnology*、*Nature Plants*、*Molecular Plant*、*Plant Cell*、*Molecular Cell*、*Cell Research*、*EMBO Journal*、*PNAS*、*Nature Communications*、*PLoS Genetics*、*Nucleic Acids Research*等国际重要学术期刊。“作物杂种优势遗传机制及植物能量代谢和环境应答调控机制”入选中国科学院“率先行动”计划第一阶段重大科技成果及标志性进展。在植物响应生物胁迫应答机制方面揭示

植物中存在一条连接细胞膜和叶绿体的重要抗病信号途径，为设计植物保护策略和开发新的抗病品种提供了新思路，相关发果发表在 *Cell*、*eLife* 上；解析植物的基础免疫通路等参与控制植物叶际微生物群的稳态维持的分子机制，推动植物微生物群领域向功能性研究的转变，相关成果发表在 *Nature* 上；破解豆科植物结瘤固氮的分子奥秘，发现 SHR-SCR 干细胞分子模块是豆科植物共生结瘤固氮的关键分子模块，为非豆科植物皮层细胞命运的改造奠定了基础，相关成果发表在 *Nature* 上；聚焦玉米籽粒品质性状发育的重要生物学问题，破解优质蛋白玉米育成之谜，揭示玉米硬质胚乳形成的分子遗传机制，相关成果发表在 *Plant Cell*、*Plant Biotechnology Journal*、*Nature Communications* 上；进一步系统地、深入地发展了植物基因编辑技术，在水稻上建立了一种高效的片段靶向敲入和替换技术，促进农作物定向遗传改良的进程，相关成果发表在 *Nature Biotechnology* 上；围绕蚊虫免疫反应的分子机制，揭示按蚊雌雄求偶通讯的化学奥秘，为研发基于"行为调控"理论的蚊虫绿色防控技术提供了新策略和新途径，相关成果发表在 *Science*、*Science Advances* 上；着力打造重要天然产物合成的细胞工厂，建立基于细胞内源性群体感应和 CRISPRi 的新型多靶点动态调控系统，实现一系列天然产物在微生物和植物底盘中的高效合成，相关成果发表在 *Nature Biotechnology*、*Nucleic Acids Research* 上。

2020 年，分子植物卓越中心获梁希林业科学技术奖自然科学奖一等奖 1 项（第三完成单位），中国热带农业科学院科学技术奖一等奖 1 项（第五完成单位）。新增专利申请 85 件，其中国内申请 73 件，PCT 及国际申请 12 件；新增授权专利 25 件，其中国内授权 22 件，国际授权 3 件。

2020 年，分子植物卓越中心完成以新方式作价投资模式下的第一个成功案例，苗雪霞研究员技术入股的项目公司注册成立，股权奖励 300 万元，实现中心与科研人员双赢。签署技术许可、转让、开发合同 12 项，合同总金额 1236 万元。技术作价入股 1 项，作价总额 467 万元。2020 年横向到款 877 万元；成果转化收入现金奖励科研人员共 25.5 万元。转移转化项目涉及生物方法处理废弃物、新冠病毒抗体检测、杀虫制剂、性状改良作物开发、小分子药物开发等。

2020 年，分子植物卓越中心启动科研院所不良企业清理行动，针对 5 家不良企业开展相关清理工作。

2020 年，分子植物卓越中心依托 CEPAMS，通过网络多媒体方式，召开 CEPAMS 理事会、面试评审会、中期考核等，积极推进国际合作与交流。其中，通过网络视频会议，完成中英两地三方合约续签仪式；完成两次 CEPAMS 研究组长面试评审会，并有两位青年研究组长全职到位。为 CEPAMS 英国合作单位 John Innes Centre 所长 Dale Sanders（戴尔·桑德斯）教授成功申请 2020 年度中国科学院国际科技合作奖，并获表彰。2020 年，中国植物生理与植物分子生物学学会举办线下学术会议 7 场、线上学术讲座 28 场，与会人员超过 1 万人次；举办"国际植物日"、"植物生物学女科学家科普校园行"等科普活动 10 余场，受众人数超过 5 万人次；颁发学会终身贡献奖、杰出成就奖、杰出青年科学家奖、光生物学杰出贡献奖和卫志明青年创新奖，激励植物生物学科技工作者潜心研究，共促学科发展。

2020 年，分子植物卓越中心期刊 *Molecular Plant*（《分子植物》）影响因子达 12.084，连续 9 年在亚洲植物科学领域排名第一，连续 4 年在植物科学研究类期刊中排名第二，获"中国最具国际影响力学术期刊"等称号。创办《分子植物》姊妹刊 *Plant Communications*（《植物通讯》），助力我国植物科学研究的创新发展和国际交流。《植物生理学报》创刊于 1951 年，在 2020 年中信所公布的报告中期刊核心影响因子为 1.364，继续位居植物学类核心期刊前列。

（撰稿：杨正行　鞠　泓　审稿：郭金华）

上海营养与健康研究所

所　　长：李　林

地　　址：上海市岳阳路 320 号

邮政编码：200031

电　　话：021-54920021

传　　真：021-54920078

电子信箱：sibs@sibs.ac.cn

网　　址：http://www.sinh.cas.cn

中国科学院上海营养与健康研究所（以下简称“营养与健康所”）系根据中国科学院深化上海生命科学研究院改革决策部署，由原上海生命科学研究院人口健康方向所属的“三所一院两中心”整合组建，于2020年4月完成法人名称变更登记，名称由“中国科学院上海生命科学研究院”更为现名。

营养与健康所面向人民生命健康，围绕“健康中国”战略、积极应对人口老龄化国家战略，聚焦重大慢病防控与老龄健康促进科技战略重点，按照慢病防控与健康促进、精准营养与食品安全、生物医学大数据与健康智库三大研究方向进行布局，致力于打造融“营养、大数据、健康”为一体的基础与应用基础研究机构，打造国际知名的健康科学与技术机构、科技智库和健康产业促进中心。

营养与健康所现有中国科学院肿瘤与微环境重点实验室、中国科学院营养代谢与食品安全重点实验室、中国科学院计算生物学重点实验室以及中国科学院营养工程实验室，此外，依托营养与健康所建设的国家鼠和兔类实验动物资源库为国家科技资源共享服务平台的组成之一。

面对2020年初突如其来的新冠肺炎疫情，营养与健康所第一时间组建应急专项工作组，建立全覆盖的联防联控工作体系，结合实际认真落实疫情防控部署，确保抗击疫情与创新发展同步推进。应航天系统卫星发射中心、沪上援鄂医疗队之需，营养与健康所自觉提高政治站位，于疫情初期为保障国家航天发射任务、医疗紧急救援筹集捐赠了急需的防疫物资。营养与健康所开发的“VigTK——新冠病毒基因组分析工具集”、“VENAS——新冠病毒基因组进化网络分析系统”、“新冠病毒基因自动化鉴定云平台（合作）”等研究成果为疫情防控搭建了共享平台。

2020年，营养与健康所把深入学习贯彻习近平新时代中国特色社会主义思想贯穿全年各类、各级党政工作，党政协同联合制定了班子任期目标和个人任期目标，完成第一届“两委”和首次党代会筹备，高质量组织了“四史”学习教育，扎实开展“基层组织建设年”活动，上海市委统战部在营养与健康所挂牌成立了上海市首家党外知识分子代表人士工作室。

截至2020年底，营养与健康所共有在职职工424人，其中科研人员265人、科技支撑人员107人，包括中国科学院院士1人、全职研究组长（PI）51人、研究员及正高级工程技术人员64人、副研究员及高级工程技术人员62人。

营养与健康所现有生物学、基础医学2个一级学科培养点和生物与医药1个二级学科培养点，生物学设有计算生物学、细胞生物学和生理学3个招生专业；基础医学设有病理学与病理生理学、免疫学2个招生专业。截至2020年底，现有博士生导师56人、硕士生导师4人；全日制统招在学研究生512人，其中硕士180人、博士332人；在学博士留学生1人；另有上海科技大学、上海交通大学联合培养研究生40余人。

2020年，营养与健康所共有在研项目237项（新增项目69项）。其中，主持（或承担）国家自然科学基金重点项目8项（新增6项）、面上项目55项（新增9项）、国家杰出青年科学基金项目8项（新增1项）、国家自然科学基金重大研究计划项目8项、优秀青年科学基金项目1项（新增1项）、新增专项项目2项；主持或承担国家重点研发计划项目5项（新增2项）、国家重点研发计划课题33项（新增6项）；主持（或承担）中国科学院战略性先导科技专项子课题21项、新增战略性先导科技专项(B类)项目2项；主持（或承担）中国科学院前沿科学重点研究项目7项、主持（或承担）中国科学院基础前沿科学研究计划“从0到1”原始创新项目1项、主持院级科研项目1项，新增中国科学院科技服务网络计划区域重点A类项目1项；主持（或承担）上海市项目40项（新增13项）。

2020年，营养与健康所共发表SCI论文286篇，其中通讯与共同通讯作者单位171篇、平均影响因子7.5，第一署名单位95篇，平均影响因子8。2020年，全年新申请发明专利45项，其中PCT及国外专利申请15项；获得授权23项；获软件著作权登记7项，商标注册保护10项。

2020年，商务部授权营养与健康所设立“商务部长三角产业安全监测工作站”，作为首批院属机构（全国第三批）获国家知识产权局和世界知识产权组织（WIPO）技术与创新支持中心

（TISC）授牌，第五年发布了生命科学与基础医学全球科研机构产出评价暨π指数。

（撰稿：孙 迪 审稿：蔡 澎）

上海药物研究所

所　　长：李 佳

地　　址：上海市浦东新区张江祖冲之路555号

邮政编码：201203

电　　话：021-50806600

传　　真：021-50807088

电子信箱：suoban@simm.ac.cn

网　　址：http://www.simm.ac.cn

中国科学院上海药物研究所（以下简称“上海药物所”）前身是北平研究院药物研究所，1932年由北平研究院和北平中法大学合作创建，1933年迁至上海，1950年3月并入中国科学院有机化学所，为药物化学研究室，1953年成立中国科学院药物研究所。1970年改名为上海药物研究所，1978年更为现名。

上海药物所是以创新药物的基础研究、应用基础和开发研究为主的综合性研究机构，通过生物学和化学密切合作，阐明生物活性物质的结构、活性及其相互关系；探索药物作用的新机理、新靶点；完成新药临床前综合评价及研究，重点研发治疗肿瘤、心脑血管、神经精神系统、代谢、自身免疫和感染性等重大疾病的新药。

2020年，上海药物所完成组织机构调整，现有7个国家及省部级研究中心：新药研究国家重点实验室、中国科学院受体结构与功能重点实验室、中药标准化技术国家工程实验室、国家中药质量第三方检测（南方）中心、国家新药筛选中心、国家化合物样品库、上海药物代谢研究中心；设有4个研究部门：疾病研究中心、药物研发中心、平台与关键科学设施、临床研究中心；7个支撑部门：所级公共技术服务中心、所公用实验室、实验动物室、信息中心、学术期刊联合编辑部、家庭用药编辑部、标本室；4个教育部门：中国科学院大学药学院、中国科学院大学药学院中山学院（筹）、中国科学院大学杭州高等研究院药物科学与技术学院、长三角药学高等工程学院；4个研究基地：中国科学院上海药物研究所苏州药物创新研究院、中国科学院药物创新研究院中山研究院、烟台药物研究所、海门长三角药物高等研究院。

截至2020年底，上海药物所共有在职职工1062人（不含124名博士后），其中科研人员955人、科技支撑人员107人，包括中国科学院院士4人、中国工程院院士2人、研究员及正高级工程技术人员145人、副研究员及高级工程技术人员187人。

上海药物所是1981年国务院学位委员会批准的首批博士、硕士学位授予权单位之一，现设有药学一级学科博士研究生培养点，中药学一级学科硕士研究生培养点，药学专业学位硕士研究生培养点；并设有化学、药学2个专业一级学科博士后流动站。截至2020年底，共有在学研究生686人，其中硕士生374人、博士生312人；在站博士后124人。

在科研项目方面，2020年，上海药物所共承担在研项目555项（新增123项）。其中，承担/参与国自然项目219项（新增53项），包括主持承担重点项目14项（新增2项）、面上项目107项（新增14项）、创新群体项目2项、国家杰出青年科学基金项目6项（新增1项）、优秀青年科学基金项目1项、青年科学基金项目68项（新增26项）；承担/参与“新药创制”国家重大科技专项课题14项，其中主持承担定向委托课题1项；承担/参与科技部项目（国家重点研发计划）36项（新增7项）；承担/参与上海市项目127项（新增34项）；承担/参与中国科学院项目120项（新增17项），包括个性化药物先导专项主持子课题，其中个性化药物先导科技专项主持子课题73项。

2020年，上海药物所科研工作取得如下系列重要进展。

在新药研发方面，德立替尼、马来酸蒿乙醚胺、TPN171、雷腾舒、ASK120067开展Ⅱ/Ⅲ期临床试验；11个1类新药获准开展临床试验，1个1类新药申报临床。治疗阿尔茨海默病原创新药GV-971在美国启动国际多中心Ⅲ期临床试验；抗新冠病毒候选新药DC402234获美国FDA临床试验批准；共有10个候选新药获批进入国际临床研究或启动国际注册。

在基础研究方面，全年共发表SCI论文589篇，其中上海药物所为通讯作者论文431篇，影响因子总计3912.838，影响因子5以上通讯作者论文216篇，全年在CNS上发表论文11篇（通讯作者论文8篇）。首次开展大规模、高通量、系统性的肺腺癌全景蛋白质组学研究，系统描绘肺腺癌的分子图谱，相关成果发表在*Cell*上；解析胰高血糖素受体结构揭示G蛋白选择调控机制，相关成果发表在*Science*上；合作解析*de novo* DNA甲基转移酶和天然底物核小体的高分辨率结构，相关成果发表在*Nature*上。

在新冠肺炎疫情应急科研攻关方面，构建多靶标抗病毒虚拟筛选及体外筛选体系，完成548万样次实体化合物高通量筛选，获得可深入评价活性化合物2000余个，其中候选新药DC402234获批美国FDA临床试验；发现双黄连制剂、痰热清胶囊等抗病毒中成药并完成临床试验；发现羟氯喹等化药的抗新冠病毒作用并推动完成临床试验；完成瑞德西韦制备技术储备；提出抗病毒对因治疗及抗炎症风暴对症治疗相结合的“续贯”治疗方案；快速解析新冠病毒关键靶标结构并与药物发现相结合，在*Science*、*Nature*上发表论文3篇。

在成果转化方面，全年转化科技成果12项，合同总额45.93亿元，较2019年增幅达167.5%。签订技术服务合同437项，合同额超1.86亿元，实际到位金额超2.1亿元，较上年增长25.7%；其中为国内企业提供1类新药临床前评价服务近100项，是2019年的近2倍；技术服务支持甲磺酸阿美替尼、氟唑帕利获批上市。全年申请国内专利145项，PCT 34项，国外专利99项，获国内专利授权68项，国外专利授权41项。

在国内、国际合作方面，与地方政府、社会资本共同成立新药研发基金，与中山市合作设立总规模10亿元的基金，完成GP及基金有限合伙企业工商注册；“中山中科创药”基金已到位出资1亿元，取得基金业协会备案，完成1个所创新项目投资；与河南许昌禹州、广东深圳坪山合作，分别共建中药第三方质量检测中心、药物安全性评价中心；与华为、海南海药签署联合实验室协议。推进“一带一路”合作，发起成立“中俄天然产物与新药发现联盟（CRAND联盟）”；与塞尔维亚教育部签署国际留学生遴选、培养协议；启动瑞士Idorsia联合实验室新一轮合作。

2020年，上海药物所完成“十三五”时期“一三五”规划任务验收，在“率先行动”计划第一阶段目标任务评估中，原创新药“抗阿尔茨海默病新药九期一”、参与项目“基于高等级生物安全实验室的新冠肺炎基础及其转化研究”被列为中国科学院重大科技成果及标志性进展，“新靶标的发现、结构和功能确证研究”、“创制具有国际重大影响的抗老年痴呆新药”重大突破和“新分子实体发现研究”、“自身免疫性疾病候选新药研发”重点培育方向获评优秀，两项保障措施和重大改革举措获评亮点举措。研究团队及个人获中国药学会科学技术奖一等奖、吴阶平-保罗·杨森医学药学奖、第七届树兰医学奖青年奖、第十四届药明康德生命化学研究奖学者奖等诸多奖项；蒋华良院士获“全国抗击新冠肺炎疫情先进个人”、丁健院士获全国创新争先奖、宣利江研究员获“全国先进工作者”。

2020年，上海药物所主办的学术期刊有*Acta Pharmacologica Sinica*（*APS*，《中国药理学报》）及*Asian Journal of Andrology*（*AJA*，《亚洲男性学杂志》），主办的科普杂志有《家庭用药》。其中，APS学术影响力持续提高，SCI影响因子5.064，在国际药理学与药学领域期刊中排名Q1区（Top26/271）；*AJA*影响因子2.448，在国际男科学领域8种期刊中排名第4。两刊均入选中国科技期刊卓越行动计划项目，并荣获2020中国最具国际影响力学术期刊称号。

（撰稿：徐晓萍　宋文珂　审稿：叶　阳）

上海巴斯德研究所

所　　长：唐　宏
地　　址：上海市岳阳路320号生命科学实验大楼（主体园区）；
上海市重庆南路225号2号楼（转移转化功能园区）
邮政编码：200031
电　　话：021-54923042
传　　真：021-54923044
电子信箱：ips@ips.ac.cn
网　　址：http://www.ips.cas.cn

2004年8月30日，中国科学院、上海市政府和法国巴斯德研究所三方就共建中国科学院上海巴斯德研究所（以下简称“上海巴斯德所”）正式签署合作协议；2004年10月11日，法国总统希拉克、中国科学院副院长陈竺、上海市副市长唐登杰在上海共同为上海巴斯德所揭牌，研究所选址在上海市重庆南路225号（现为转移转化功能园区）。2005年7月上海巴斯德所开始运行。2007年7月23日获中央机构编制委员会办公室批复，是中国科学院与法国巴斯德研究所唯一整建制从事人类传染性疾病基础研究和相关技术应用的综合性研究机构。2020年1月2日，中国科学院党组将上海巴斯德所正式纳入直属事业单位的管理序列。

上海巴斯德所聚焦病原微生物基本生命活动规律、重大传染性疾病的致病机制等关键科学问题，推动病原学、免疫学和疫苗学知识创新与学科发展。以解决病原发现、生物治疗（抗体、疫苗等）共性瓶颈技术问题为着力点，重点为我国面临的传染病与生物安全提供科技支撑和解决方案。以创新国际合作机制为契机，建设提供健康与安全科技支撑与解决方案的国际一流研究机构，成为标杆式的国际化研究所，为“一带一路”倡议推进提供技术支撑与保障。

2020年，上海巴斯德所持续推进“一三三”发展规划和疫情主动防御特色研究所筹划工作，融合上海科创中心建设提速，进入上海市第五个“新型研发机构”建设序列，学科布局不断优化深化，实施“率先行动”计划取得里程碑进展。

上海巴斯德所现内设机构9个，包括：办公室、党委办公室、科技发展与合作处、人事教育处（下设研究生工作办公室）、财务与资产处、综合管理处、公共技术服务平台、中国科学院分子病毒与分子免疫重点实验室和微生物、发育与健康研究中心，是首批国家级国际联合研究中心，并搭建上海科创中心功能型平台——传染病免疫诊疗技术协同创新平台、南京麒麟创新研究院、苏州大学巴斯德学院、南通大学医学院转化医学联合研究中心、广州市妇女儿童医疗感染与免疫联合研究中心、中-塞达喀尔流行病防控创新研发中心、中国科学院-云南热带病防治联合研究中心、中乌（拉圭）生物医学研究中心等。

截至2020年底，上海巴斯德所共有在职职工146人。其中科技人员92人、科技支撑人员23人，包括研究员及正高级工程技术人员31人、副研究员及高级工程技术人员19人。

上海巴斯德所现设有生物学、基础医学2个专业一级学科博士研究生培养点，细胞生物学、微生物学、免疫学、病原生物学、生物与医药5个专业二级学科硕士研究生培养点。截至2020年底，共有各类硕博研究生196人，其中国科大研究生164人（其中硕士生65人、博士生99人），留学生共有24人，联培研究生60人，在站博士后22人。

截至2020年底，上海巴斯德所共有在研项目144项(包括新增项目43项)。其中，主持(或承担）国家自然科学基金重点项目3项（新增1项)、面上项目24项（新增3项)、国家杰出青年科学基金项目1项（新增1项)、国家自然科学基金重大研究计划重点项目2项(新增1项）1；主持或承担国家重大科技专项任务及子任务11项；主持或承担国家重点研发计划14项（新增4项)；主持（或承担）中国科学院战略性先导科技专项课题7项(新增1项);主持(或承担）院重点部署项目3项、承担重点国际合作项目5项（新增1项)；承担院地合作项目1项（新增1项)。

2020年，上海巴斯德所承担的中国科学院战略性先导科技专项（B类）“感染与免疫”取得系列重要成果。突破传统免疫学认知范畴，开展新范式指导下的创新探索，发现天然免疫信号传递的代谢预警小分子的时空调控新机制，相关成果发表在 *Cell Host & Microbe* 上；发现阴离子通道蛋白LRRC8/VRAC在抗病毒感染中的独特机制，为疫苗研发和免疫治疗提供了新思路，相关成果发表在 *Immunity* 上；发现mTOR信号通路是维持肠道稳态的关键通路，为炎症性肠病和肠道肿瘤的防治提供了新线索（JCI)；阐明了导致肝炎病毒持续性感染的关键效应细胞及其卡点调控分子，研发了阻滞恶性转化的特异性分子拮抗剂（专利号201910219951 .0)。

2020年，上海巴斯德所围绕新冠肺炎疫情开展科技攻关，率先提出新冠病毒人际间流行的早期进化机制和L/S两个主要谱系，该成果发表在 *National Science Review* 上；在新冠病毒入胞机制和中和抗体作用机制方面取得重要进展，该成果发表在*Science Advances*、*Nature Communications*上；联合研发的高通量和高灵敏现场快速检测试剂盒（RNA捕获探针法，国械注准20203400300，2020年3月26日获批）和配套自动化检测设备（AutoSAT）纳入中央加快提升检测能力的生产扩能产品（核酸类）目录；研发了新冠病毒基因工程疫苗、VSV载体疫苗、混合中和抗体，性能指标优越，不少是填充国内空白，为疫情常态化防控提供了坚实保障和更多工具选项。

2020年，上海巴斯德所共发表学术论文134篇（含在线发表）。以上海巴斯德所为第一完成单位发表论文66篇，平均影响因子为7.284，其中，IF＞10的文章11篇，IF5—10的文章23篇。申请发明专利6项，2项专利获得授权（中国）。

2020年，上海巴斯德所与企业继续深化合作，紧紧围绕服务科研人员、服务科研院所、服务企业、服务社会的目标，积极促进科研成果转移转化，通过转让、许可、作价投资及技术服务/开发等方式，2020年新增成果转移转化或科技服务项目25项，新增合同总金额约1.45亿元。合计往年签署的在研项目和2020年新增项目，2020年实际到款经费855万元。

2020年，上海巴斯德所作为唯一中方单位，受邀参加荷兰、法国、德国和英国等冠状病毒顶尖科学家牵头的欧盟地平线H2020新冠科研攻关项目RECoVER。主导“一带一路”国际科学组织联盟（ANSO）溯源大科学培育项目CoronaAsia计划，开展新病原发展和疫情主动防御项目研发和抗疟药物研发。与云南省疾病预防控中心签署合作备忘录，热带传染病中心建设取得实质性突破。联合Cell Press举办“B细胞新视野”国际研讨会、联合ANSO举办“新冠肺炎疫情带来的思考及启示”专题国际研讨会，国际学术交流保持持续、活跃态势。与多国驻沪总领事进行新冠科研攻关和科普交流获得良好进展，提升科技外交软实力，推动人类卫生健康共同体建设。积极对接欧洲科技力量，与法国巴斯德所等世界优质科研机构进行深入合作，衔接巴斯德国际网络及梅里埃网络，充分发挥亚太地区协调人单位的作用，拓展欧洲和亚太区域国际科技合作。

（撰稿：李　明　曹亚美　审稿：江陆斌）

上海高等研究院

院　　长：李儒新
地　　址：上海市浦东新区张江高科技园区海科路99号
邮政编码：201210
电　　话：021-20325000
传　　真：021-20325034
电子信箱：sari@sari.ac.cn
网　　址：http://www.sari.cas.cn

中国科学院上海高等研究院（以下简称“上海高研院”）由中国科学院与上海市政府共建，2010年12月26日正式入驻中国科学院上海浦东科技园，2012年11月27日通过验收。2017年3月，院市签署协议，依托高研院筹建国家实验室，2017年9月26日张江实验室挂牌成立。2018年1月完成蛋白质设施划转工作，2018年5月14日上海脑科学与类脑研究中心挂牌，2018年12月完成上海光源划转工作。

上海高研院以先进光源大科学装置的研制、建设和运行为核心，开展加速器科学、光子科学、能源科学与信息科学领域的原始创新研究和关键核心技术研发，支撑前沿科学研究，为战略新兴产业提供核心技术和集成技术解决方案。

2020年是“十三五”规划收官和“十四五”规划开局之年，上海高研院围绕上海科创中心建设和张江综合性国家科学中心建设，以筹建张江实验室为契机，确立以先进光源大科学装置研制、建设和运行为核心的目标定位，以加速器、光子、能源和信息科学为发展重点，加强学科交叉融合，打造跨学科、综合性、多功能大科学研究平台，完成了“一三五”规划调整和任务书签署。根据中国科学院党组工作部署，对照“十三五”时期“一三五”规划目标任务，认真梳理工作，就目标完成情况进行自评，提出“十四五”规划初步考虑，形成自评报告，通过“率先行动”计划第一阶段目标任务总结评估。

上海高研院深入实施“率先行动”计划的要求，结合新定位和目标，全力建设大科学装置集群，形成装置 - 方法 - 研究三位一体相互促进的发展模式。2020 年，大科学装置持续高效稳定运行开放，有力支撑前沿科学、国家重大战略需求和产业技术研发，取得一批高水平的研究成果：助推“我国科学家积极应对新冠肺炎疫情取得突出进展”，成果入选 2020 年度中国科学十大进展；两项成果入选中国生命科学十大进展；一项成果入选“科创中国”先导技术榜单。其中，上海光源获评 2020 年度中国科学院重大科技基础设施运行一等奖，全年向用户供光超 4100 小时，表征光源运行水平的平均两次故障时间间隔（MTBF）和平均故障时间（MDT）两大指标均居世界领先水平。截至 2020 年底，累计为用户提供实验机时超过 35 万小时，执行用户课题近 1.3 万个，用户遍布全国 571 家单位，实验人员超过 4.9 万人次，超过 2.8 万人；用户成果在 *Science*、*Nature*、*Cell* 等刊物累计发表 122 篇；成功助推中国企业自主研发抗癌新药“泽布替尼”正式在国内获批上市。截至 2020 年底，国家蛋白质科学研究（上海）设施累计运行超过 67 万小时，执行用户课题 7000 余个，助力来自全国的 360 余家单位的研究人员开展前沿科学研究，在 *Science*、*Nature*、*Cell* 等刊物累计发表论文 68 篇。在建工程项目方面，2020 年建成我国第一台 X 射线波段自由电子激光装置，国际上首次实现 EEHG-HGHG 级联模式放大，掌握了自由电子激光装置设计、加工集成、安装和调试等核心关键技术，顺利通过国家验收；完成上海光源线站工程加速器 lattice 改造，实现高效稳定运行和高水平用户开放；新建光束线站投入试运行。此外，X 射线自由电子激光用户装置、硬 X 射线自由电子激光装置等也取得阶段性成果。

上海高研院参与共建的中国科学院洁净能源创新研究院、轻型动力创新研究院、先进核能创新研究院进展良好。中国科学院低碳转化科学与工程重点实验室围绕上海高研院新定位，进一步整合凝练高研院能源领域和大科学装置领域优势科研力量，在前沿基础研究、关键技术攻关、战略研究和人才团队建设等方面取得系列进展。现有院设非法人单元包括中国科学院通用芯片与基础软件研究中心和中国科学院曼谷创新合作中心。

截至 2020 年底，上海高研院共有在职职工 961 人。其中科技人员 776 人、科技支撑人员 116 人，包括中国科学院院士 1 人、中国工程院院士 1 人、发展中国家科学院院士 1 人、研究员及正高级工程技术人员 143 人、副研究员及高级工程技术人员 274 人。

上海高研院现设有化学、化学工程与技术、电子科学与技术、信息与通信工程 4 个专业一级学科博士研究生培养点，化学、化学工程与技术、电子科学与技术、信息与通信工程、生物医学工程 5 个专业一级学科硕士研究生培养点，以及材料与化工 1 个专业学位博士培养点，电子信息、材料与化工、生物与医药 3 个专业学位硕士培养点；并设有信息与通信工程 1 个专业一级学科博士后流动站。截至 2020 年底，共有在学研究生 390 人，其中硕士生 242 人、博士生 148 人；在站博士后 1 人。

2020 年，上海高研院共有在研项目 564 项（包括新增项目 252 项）。其中，主持（或承担）国家自然科学基金重点项目 3 项（新增 1 项）、面上项目 35 项（新增 9 项）、优秀青年科学基金项目 3 项（新增 2 项）、国家自然科学基金重大研究计划培育项目 2 项、国家自然科学基金国际（地区）合作与交流项目 3 项（新增 1 项）、承担国家自然科学基金联合基金项目 8 项（新增 2 项）；主持或承担国家重点研发计划项目 4 项、国家重点研发计划课题 8 项（新增 2 项）；主持（或承担）国家自然科学基金委重大仪器研制项目 1 项；主持（或承担）中国科学院战略性先导科技专项课题 6 项（新增 3 项）、子课题 5 项（新增 1 项）；主持（或承担）院重点部署项目 3 项、中国科学院前沿科学重点研究项目 1 项；承担横向项目 186 项（新增 72 项）。

上海高研院坚持“四个面向”，坚持需求导向，开展原始创新研究和关键核心技术研发，取得从研发到示范应用的链条式创新成果。

面向世界科技前沿，解决核心科学问题：首次实现分子尺度观察水分子在二氧化钛表面上的吸附活化和反应，通过理论和原位实验结合得到水煤气反应中二氧化钛表面吸附水分子呈现双凸起结构动态变化的真实催化反应信息，研究成果发表在 *Science* 上；结合定性催化性能预测模型，开展高性能二氧化碳催化加氢氧化铟催化剂的理性设计与合成，制备的六方相氧化铟催化剂可在高温反应条件下保持极高甲醇选择性（> 70%），远高于已报道的同类催化剂，有望被用于二氧化碳加氢制甲醇工业过程，研究成果发表在 *Science Advances* 上；发展了碳缺陷驱动的铂原子团自发沉积新方法，构筑并通过上海光源同步辐射验证由缺陷石墨烯负载 Pt 原子级团簇（Pt-AC）水电解析氢（HER）的电催化剂，组装的质子交换膜水电解器件的阴极 Pt 用量可降低到约 1/10，将对氢能领域发展和实现氢能经济具有重要科学和实践意义，研究成果发表在 *Journal of the American Chemical Society* 上。

面向经济主战场，取得产业化新里程碑：全球首套 5000 吨 / 年二氧化碳加氢制甲醇工业试验装置于 2020 年 7 月开车一次成功，通过中国石油和化学工业联合会组织的专家组现场考核及技术评估，专家组一致认为该技术为大规模工业应用奠定了良好基础，为我国大规模二氧化碳资源化利用解决了核心问题；构建上海化工区智慧决策平台、上海临港新片区“一网统管平台”和新冠肺炎疫情防控应急管理平台等，大幅提升城市管理效能，其中上海临港新片区“一网统管平台”可提升网格智能派单效能，实现事件闭环处置、派单到人；建成全球首套合成气直接制高碳线性 α- 烯烃中试装置并进行设备调试、开展国内首套茂金属聚 α- 烯烃（mPAO）基础油中试装置生产试验、成功研制国内首套氦气闭式布雷顿发电系统样机等。

面向国家重大需求，突破“卡脖子”技术：聚集国内优势力量集中联合攻关，研发了功能完整可用、性能优化、安全增强、用户体验良好的桌面计算机操作系统，满足事务处理型桌面应用需求，是“核高基”国家科技重大专项标志性成果之一，为实现我国操作系统领域的自主可控提供了基础支撑，相关商业发行版系统在全国推广应用数十万套；基于中国科学院自主 SEANET 技术体系，牵头构建上海张江及临港规模试验网并面向智慧城市、工业现场完成多项典型应用验证，解决了 5G 缺乏应用场景的业界共性问题，自主研发的终端直连技术使时延核心指标呈数量级降低，成为 6G 低时延关键候选技术。

面向人民生命健康，全力支持科研攻关：上海光源和国家蛋白质科学研究（上海）设施自 2020 年 1 月起开设绿色通道，全力支持“新型冠状病毒”研究的科研攻关，助推用户以最高效率产出系列成果。在药物研发方面，解析了新冠病毒及关键蛋白质的结构，揭示了一批中西药的作用机制；在疫苗和中和性抗体研发方面，开展蛋白亚单位疫苗研发、鉴定并创制靶向新冠病毒刺突蛋白（S 蛋白）和受体结合域（RBD）的系列中和单克隆抗体，形成抗病毒“鸡尾酒”中国抗体组合方案。

2020 年，上海高研院发表论文 600 篇，其中 SCI 论文 156 篇；参与出版著作 3 部；上海高研院牵头的“干扰抑制和时延可控的专网无线通信关键技术”项目为我国特定领域专网通信跨越式发展提供了关键技术和核心设备，以第一单位获上海市技术发明奖一等奖 1 项；上海高研院以第二单位获中国颗粒学会自然科学奖二等奖 1 项。

2020 年，上海高研院围绕绿色低碳智慧城市关键技术及系统解决方案为产业化核心主业，在院地合作层面主动谋划，从建机构向建机制转变工作思路。一是在地方政府层面，战略合作为引领，项目人才双轮驱动。高研院与福建省南平市签订了战略合作协议，依托中国科学院科技服务网络计划（STS 计划）区域重点项目和福建省 STS 计划配套项目支持，与南平市新材料优势企业开展深度技术合作，支持智慧南平建设，服务产业转型发展；委派杜燕燕副研究员挂职建瓯市市长助理，同时多位科技特派员为地方企业开展对口技术咨询，发挥智库作用。二是与大型机构合作层面，合作框架为信任基础，部署实质性科研和产业化合作。与中核工程、共同推动 MWe 级布雷顿循环热电转换装置关键技术研究，与工业大数据国家工程实验室以“互联网 + 智能制造”、“人工智能 + 智慧城市”为合作方向，助力传统制造业转型升级以及新型智慧城市建设，与新华三、联通、华电和无限数等在“自主可控芯片技术”签署战略合作协议，期望为我国自主芯片研发方面做出贡献。三是坚持小核心大网络理念，对接区域及企业产业化需求，多方合作交流，打造多层次的合作朋友圈。2020年全年合作对接活动30余场，主办或参加大型论坛及展会等活动8场。上海经信委作为指导单位、上海高研院主办的2020第三届上海人工智能大会，疫情之下达1000人的会议规模，影响力和品牌效益初显。

2020年，上海高研院努力克服新冠肺炎疫情影响，坚持复工复产，同时顺应国际形势，积极探索新的交流渠道，持续推进与世界各国伙伴机构之间的合作。顺利推动中国科学院-赫姆霍兹学会自由电子激光联合实验室（CHILFEL）合作重启；深化“一带一路”倡议，稳步推进与泰国、塞尔维亚在研政府间国际科技创新合作重点专项，并新增与泰国同步辐射光研究所合作“一带一路”国际科学组织联盟（ANSO）联合研究合作专项；继续推动与壳牌战略合作，新增联合开发项目1个；中国科学院曼谷中心聚焦东盟，与广西壮族自治区共同推进“中泰东盟创新港”建设；与上海市共同推进“绿色技术银行东盟协同网络”建设；协助完成首台（套）中国大型高端医疗影像设备落地泰国。2020年共执行出访7个团组11人次，接待外宾10批次22人次，引进德国籍特需人才1人、协助引进瑞士籍全职员工1人。

（撰稿：黄　涛　陈思宁　审稿：李儒新）

微小卫星创新研究院

院　　长： 龚建村
地　　址： 上海市浦东新区海科路99号4、5号楼
邮政编码： 201203
电　　话： 021-50735060
传　　真： 021-52419902
电子信箱： iamc@microsate.com
网　　址： http://www.microsate.com

上海微小卫星工程中心成立于2003年12月，是中国科学院与上海市共建的具有独立法人资格的非营利事业单位，其前身是1999年3月上海冶金所、上海技术物理所联合航天八院和上海邮电管理局等单位组建的小卫星工程部。2014年7月，上海微小卫星工程中心成为中国科学院“率先行动”计划暨研究所分类改革首批五个试点创新研究院之一。2017年8月，中国科学院正式发文成立中国科学院微小卫星创新研究院（以下简称“微小卫星创新研究院”），同年9月，微小卫星创新研究院正式揭牌成立。

微小卫星创新研究院致力于成为我国先进卫星科学技术的创新引擎、航天科技成果转化和产业化示范基地、政学研产用紧密结合的桥梁纽带和国际交流合作的开放平台，为国家战略需求和重大科学突破提供有力支撑。

微小卫星创新研究院深入贯彻国家创新驱动发展战略和军民融合发展战略，面向国家重大需求，瞄准国际航天科技前沿，开展微小卫星总体设计与体系研究，学科方向主要涵盖卫星系统与工程、卫星科学与技术。重点开展空间遥感、通信导航定位、空间科学探测、未来技术探索和民用商业航天五大领域研究。

在卫星设计方面，通过竞标择优等方式落实各型卫星43颗。在国家重大任务方面，落实9颗遥感三十号卫星、1颗中低轨光学卫星、1颗空间高能光学卫星、1颗空间感知卫星及1颗中轨光学卫星研制任务；在商业航天方面，落实6颗和德三号卫星和24颗全球多媒体伽马卫星研制任务。

在卫星研制方面，拥有高可靠长寿命高轨卫星平台、敏捷卫星平台、超净超稳超精卫星平台和低成本小型化卫星平台四类基础平台；拥有国内首创卫星快速组批智能制造、自动化测试等技术和成熟管理体系，具备不同类型不同轨道卫星的研制能力。

微小卫星创新研究院成立以来，已成功发射包括“北斗三号”全球导航星座、“太极一号”卫星、“天智一号”卫星等62颗卫星，成功率100%，成为我国科学卫星领域的主力军、军民卫星领域的方面军，达到国内领先、国际先进水平。

微小卫星创新研究院下设中国科学院微小卫星重点实验室，于2010年12月正式挂牌成立。实验室旨在适应国际空间科学技术与应用的发展趋势，坚持科技、体制和机制创新，紧密结合国家需求，以微小卫星、皮纳卫星系统及应用技术为牵引，开展航天创新技术与相关技术

研究，带动微系统、新材料及器件、新能源和新型有效载荷等研发，积极开展航天技术国际合作，成为中国科学院在微小卫星、皮纳卫星研制方面的技术平台和创新基地，为我国航天事业的发展做出贡献。

微小卫星创新研究院设立了面向世界科技前沿的新技术中心和战略与论证中心；面向国家重大需求的通信卫星、遥感卫星、科学卫星3个总体研究所；面向国民经济主战场的导航卫星总体研究所和微纳卫星总体研究所；同时设立了可靠性中心、软件评测中心、AIT中心3个支撑中心。

微小卫星创新研究院现有两个园区，浦东张江园区建筑面积2.7余万平方米，包括质量特性试验区、力学试验区、空间环境试验区和卫星总装厂房，装备20吨振动台、KM3空间环境模拟设备、KM4空间环境模拟设备、M7质量特性测试台等多种现代化试验设备，具备研制通信、遥感、导航、微纳和科学试验等多种类型卫星的能力。临港园区（一期）建筑面积9.5余万平方米，包括7个卫星总装大厅，拥有完善的力、热、噪声、微波暗室等环境试验条件，能够同时承担30到50颗吨级卫星的研制，并具备同时承担100颗以上微纳卫星的研制能力。

截至2020年底，微小卫星创新研究院共有在职职工648名，其中科技人员464人、科技支撑人员38人，包括研究员及正高级工程技术人员51人、副研究员及高级工程技术人员96人。

微小卫星创新研究院是2018年国务院学位委员会批准的博士、硕士学位授予权单位之一，现设有信息与通信工程专业1个一级学科博士研究生培养点，计算机科学与技术、航空宇航科学与技术专业2个一级学科硕士研究生培养点；通信与信息系统、信号与信息处理专业2个二级学科博士研究生培养点，计算机应用技术、飞行器设计专业2个二级学科硕士研究生培养点；电子信息1个全日制专业硕士培养点。截至2020年底，共有在学研究生96人，其中硕士研究生62人、博士研究生34人；另有与上海科技大学联培生共33人。

2020年，微小卫星创新研究院共有在研项目387项（包括新增项目146项）。其中，主持（或承担）面上项目3项（新增1项）；主持或承担国家重大科技专项1项（新增0项）；主持或承担国家重点研发计划1项（新增0项）；主持（或承担）国家重大科学研究计划项目0项；主持（或承担）中国科学院战略性先导科技专项课题36项（新增9项）；主持（或承担）院重点部署项目10项（新增1项）。

2020年是微小卫星创新研究院正式运行的第四年，在全国疫情防控形势总体受控、局部不稳的情况下，微小卫星创新研究院克服种种困难，在发射场疫情防控、任务保障两方面狠抓质量，确保4型10颗卫星研制并完成发射任务。其中，试验六号02卫星发射任务圆满成功，在轨表现优异；新技术试验卫星G星发射任务圆满成功，实现多星组网；GECAM双星发射任务成功。

2020年，微小卫星创新研究院与上海垣信卫星科技有限公司、中国长城工业集团有限公司签订全球多媒体卫星网络系统24颗伽马卫星授权启动协议，落实和德三号批产星6颗，启动了“太极二号”卫星工程方案阶段工作。在中国科学院“一三五”成果评选中，微小卫星创新研究院6项成果入选中国科学院层面重大科技成果及标志性进展（其中第一完成单位四项，全院排名第二）；一项改革举措综合评议为优秀（全院共8家单位），成果显著。

2020年，微小卫星创新研究院共发表论文64篇，其中SCI 8篇，EI检索9篇，软件著作权申请获批26件；申请专利157项，取得专利授权54项。“北斗三号专用导航卫星平台关键技术及应用项目”获2020年上海市技术发明奖一等奖；“遥感三十号星座卫星系统研究集体”获2020年度中国科学院杰出科技成就奖。

2020年，微小卫星创新研究院利用远程会议、座谈讨论等形式开展近10次涉及专利挖掘、知识产权申请、知识产权分析、专利布局、高价值专利申请、知识产权保护案例及商业秘密保护等相关知识产权培训工作。同时对管理层和知识产权管理团队进行了专利许可运营等方面的培训。全年共新提交专利申请157件，获发明专利授权54件，PCT申请8件，软件著作权26件。同时，在浦东知识产权保护中心取得快速审查资质，部分关键专利通过优先审查获得授权，如支持北斗导航系统地面试验验证工作和北斗导航地面应用产品的研制，和试验工作的可重构导航卫星模拟器等。

微小卫星创新研究院按照“共用研发平台+专用研发平台”协同建设思路，着力打造数字化协同设计平台、信息化科研管理平台及智能化生产制造平台，2020年在卫星的批产化、智能化、定制化、柔性化研制生产能力取得新进展。

2020年，微小卫星创新研究院进一步完善临港卫星研制基地总体规划，深入贯彻国家创新驱动发展战略、军民融合发展战略，以“率先行动”计划为指导，以上海科创中心、临港新片区建设为契机，积极争取各方政策和资金支持，实施分期建设计划，临港卫星研制基地建设取得重大进展。临港卫星研制基地北区，建成完善的力、热、噪声、EMC等大型环境试验条件，初步形成年生产30—50颗吨级卫星、100颗微纳卫星的研制生产能力。在临港卫星研制基地南区建设方面，国家发展改革委批复的微小卫星模块化智能制造与应用创新平台项目完成钢结构主体施工，进入二次结构和专业工程施工阶段。完成临港卫星研制基地配套项目的方案设计，计划建设一栋人才公寓、一栋协作中心、一栋研发中心和一座地下车库，满足500人居住、1000人餐饮及300人会议的科研平台配套需求。

为行使微小卫星创新研究院对外投资及管理、科技成果转化等职责，有效地保障国资监管平台实施及发展需求，微小卫星创新研究院设立了全资控股的上海中科卫投信息科技有限公司。对软件评测中心核心团队《一种卫星系统级抗辐照系统及方法》发明专利进行作价评估，以科技成果作价入股的形式与上海思而及信息技术中心（有限合伙）共同出资成立上海湃星信息科技有限公司。

2020年，微小卫星创新研究院克服新冠肺炎疫情影响，积极推进国际合作。中法天文卫星（SVOM）完成正样设计评审，线上召开中法卫星第七次联合指导委员会会议。中欧太阳风-磁层相互作用全景成像卫星（SMILE）完成初样总装，线上召开两次中欧联合工程会。爱因斯坦探针卫星（EP）完成初样集成测试，线上召开ESA、MPE等第三次联合工作会。增强型X射线时变与偏振空间天文台（eXTP）完成任务需求评审，线上召开任务需求评审会。与葡萄牙科学技术基金会（FCT）线上召开联合指导委员会，推动中葡星海联合实验室相关工作。

（撰稿：李伊文　审稿：边　哲）

宁波材料技术与工程研究所

所　　长：黄政仁
地　　址：浙江省宁波市镇海区中官西路1219号
邮政编码：315201
电　　话：0574-86685115
传　　真：0574-87910728
电子信箱：kingle@nimte.ac.cn
网　　址：http://www.nimte.ac.cn

2004年4月20日，中国科学院、浙江省政府、宁波市政府三方领导共同签署共建中国科学院宁波材料技术与工程研究所（以下简称“宁波材料所”）的协议书。2007年11月30日，宁波材料所顺利通过中国科学院、浙江省、宁波市三方组织的验收。2015年4月28日，浙江省政府为宁波材料所授牌“浙江工业技术研究院”。

宁波材料所定位为：料要成材，材要成器，器要好用，把科技转化为生产力。发展目标为：致力科技创新，引领产业发展。主要研究领域为：新材料、先进制造、新能源与生物医学工程，涵盖磁性材料与机电装备、海洋新材料与表面工程和复合材料智能制造与装备等16个方向。

宁波材料所设有省部级以上科技创新平台32个，其中中国科学院重点实验室2个、国家工程实验室2个。截至2020年底，宁波材料所支撑平台仪器设备总值63 857万元，共5353台（套）。

截至2020年底，宁波材料所共有在职职工1202人。其中科技人员594人、科技支撑人员252人，包括中国科学院院士2人、中国工程院院士2人、美国工程院院士1人、研究员及正高级工程技术人员153人、副研究员及高级工程技术人员188人。

宁波材料所现设有材料科学与工程、化学2个专业一级学科博士研究生培养点，材料物理与化学、材料加工工程、高分子化学与物理等

6个二级学科博士研究生培养点，材料科学与工程、化学和生物医学工程等7个专业一级、二级学科硕士研究生培养点，材料与化工、机械2个工程硕士专业学位研究生授权点；并设有材料科学与工程、化学2个专业一级学科博士后流动站。截至2020年底，共有在学研究生1585人，其中硕士生1282人、博士生303人；在站博士后147人。

截至2020年底，宁波材料所共有在研项目1962项(包括新增项目459项)。其中，主持(或承担）国家自然科学基金重点项目235项（新增58项)、面上项目98项（新增13项)、国家杰出青年科学基金项目5项（新增2项)、国家自然科学基金重大研究计划重点项目1项（新增1项)，重点基金项目3项；主持或承担国家重点研发计划5项；主持或承担基地和人才专项251项（新增175项)；主持（或承担）重大仪器研制项目4项（新增3项)，其中中国科学院装备研制项目4项（新增3项)；主持（或承担）院重点部署项目5项（新增1项)、承担重点国际合作项目32项（新增7项)；承担院地合作项目1项（新增1项)。

2020年，宁波材料所在三个“重大突破”领域取得重要进展：①在高能量密度锂电池技术方面，开发出国际领先高能量密度动力锂电池、高比容量富锂锰基正极材料与硅碳负极材料、高能量密度锂金属二次电池与固态锂电池；②在高性能磁性材料研发及其示范应用方面，研制出的纳米晶合金带材已应用于智能手机无线充电模组，开发出国内首台年产15万件的高效率近净成型装备；③在特种纤维及其复合材料技术研发与示范应用方面，在高模碳纤维研制应用方面取得重要进展，突破M60J级碳纤维关键制备技术，实现M55J级碳纤维百公斤级稳定制备，在中国科学院验收中获评“优秀”。

2020年，宁波材料所在5个“重点方向培育”领域也取得系列进展：①生物基高分子材料技术实现万吨级5-羟甲基糠醛生产示范；②下一代医用关键材料技术研制出早诊用铁氧体分子探针和肿瘤靶向性神经肽Y配体探针；③海洋特种功能材料及环境行为研制出的耐盐雾寿命长的海洋重防腐材料实现重大工程化应用，在东南亚形成较大影响；④柔性电子器件关键材料与技术设计并制备超敏弹性应力传感器等8种原型器件，开发的柔性有机/钙钛矿太阳电池转换效率国际先进；⑤材料应用与智能制造关键技术成功研制国内首台复杂异型气膜孔激光加工装备，研究给予解耦式主动万向脚轮的高通过性全向移动平台。

2020年，宁波材料所在基础研究领域，柔性痛觉传感器实现触觉与痛觉感知的耦合，为仿生智能假肢应用迈出关键一步；新型酶稳定D型神经肽Y1配体多肽设计实现突破，大幅提高探针体内循环稳定性及血脑屏障和脑胶质瘤靶向性；产业化用隧穿氧化硅钝化接触（TOPCon）晶体硅太阳能电池，关键指标和电池效率持续提升；低维材料体系中磁斯格明子的物理机制和调控手段获得新突破，为高密度存储提供重要理论指导；通用型路易斯酸熔盐合成法实现MXenes二维材料的绿色安全制备，为其在储能领域的应用奠定基础。在关键技术突破领域，无重稀土烧结钕铁硼材料高矫顽力性能实现突破，为新能源驱动电机去重稀土化提供技术支撑；四代核电快堆组件表面强化耐蚀实现工程化应用，有力支撑了示范快堆建设；叶片气膜孔加工技术通过冷效实验验证，为产业应用奠定基础；水下电机降噪噪声声压级达到国内领先水平，为未来水下特种装备平台应用奠定基础。

2020年，宁波材料所共发表论文1003篇；申请专利584件，授权专利326件，注册软件著作权13项。“抗腐蚀-磨损防护涂层体系的研制、耦合损伤评价与工程应用”获得中国腐蚀与防护学会科学技术奖一等奖；“智能全向移动机器人”项目获评中国好设计奖金奖；“精密永磁伺服电机与控制关键技术及应用”等6个项目获宁波市科技进步奖。

2020年，宁波材料所争取各类合作210项，获得竞争性到位经费1.08亿元。产业化公司发展势头良好，宁波韧和科技公司成功获得融资3250万元；宁波磁性材料应用技术创新中心获批浙江省磁性材料服务综合体项目，牵头组织并参与工信部磁性材料先进制造业集群建设。截至2020年底，宁波材料所累计投资公司27家，从事科技开发人员231人，帮助企业实现新增产值超过80亿元，产生效益超过百亿。

2020年，宁波材料所牵头推动中国科学院与土耳其科技研究委员在新材料领域双边协议，与加拿大阿尔伯塔大学签署机构间协议。全年新增国际项目36项，引进6位国际学者，新增柔性电子材料与器件国际合作基地和生物医学材料技术与应用国际合作基地。

2020年，宁波材料所出版专著6部，其中中文专著2部，分别为《生物基呋喃聚酯》、《香草醛基易回收热固性树脂及其碳纤维复合材料研究》，英文专著4部，分别为*Readily Recyclable Thermosets Based on Dynamic Covalent Bonds*、*Synthesis and properties of Nb4AlC3 ceramic*、*Electrical Conductivity of Melt Compounded Functionalized Graphene Sheets Filled Polyethylene-Erephthalate Composites*和*High Performance Fibers: in High Performance Polymers and Engineering Plastics*。

（撰稿：王雪珍　孟　丽　审稿：李润伟）

海西研究院（福建物质结构研究所）

所　　长：曹　荣
地　　址：福建省福州市杨桥西路155号（福州市海西高新技术产业园科技东路8号）
邮政编码：350002（350108）
电　　话：0591-63173066
传　　真：0591-63173068
电子信箱：fjirsm@fjirsm.ac.cn
网　　址：http://www.fjirsm.ac.cn

中国科学院福建物质结构研究所（以下简称“福建物构所”）成立于1960年，我国著名科学家、教育家卢嘉锡院士（已故）为该所创始人。2010年6月8日，中国科学院与福建省政府、福州市政府签订以福建物构所为依托建设中国科学院海西研究院协议书。海西研究院以福建物构所为基础和法人依托，下设物质结构研究中心、材料工程研究中心、先进制造技术集成研究中心、厦门稀土材料研究中心、泉州装备制造研究中心5个研究中心及海峡两岸科技合作交流中心和中国科学院海西育成中心。2017年12月7日，中国科学院第12次院长办公会议审议通过创新研究院实施方案、两所融合发展方案和中国科学院大学福建学院建设方案及共建协议，正式确定筹建“海西创新研究院”和中国科学院大学福建学院。2018年1月26日，中国科学院正式批复筹建中国科学院海西创新研究院。2020年11月，中国科学院发展规划局和重大任务局联合组织专家组召开海西创新研究院建设验收工作专家评议会。

经过几代人的努力，海西研究院（福建物构所）逐渐发展成为在国际上具有重要影响力的结构化学、新材料和器件集成与应用的综合研究基地。

海西研究院（福建物构所）立足“注重原创基础研究，加强变革创新，促进成果转移转化”，围绕“四个面向”，聚焦世界科技前沿、国家和福建重大战略需求，布局结构化学、催化材料、晶体材料、稀土材料、智能装备材料与技术5个研究方向，凝练了“功能材料结构设计与创制”等5个重大突破，建设完善“前沿科学—变革技术—工程化技术及产业示范—同行和用户及市场评价”全链条贯通创新价值链。

海西研究院（福建物构所）建设了高水平科技创新平台，拥有结构化学国家重点实验室等4个国家级创新平台以及中国科学院光电材料化学与物理重点实验室等34个省部级创新平台，筹建福建光电信息科学与技术创新实验室。

截至2020年底，福建物质结构研究所共有在职职工897人。其中科技人员742人、科技支撑人员56人，包括中国科学院院士2人（1人已退休）、研究员及正高级工程技术人员146人、副研究员及高级工程技术人员226人。

海西研究院（福建物构所）是1978年国务院学位委员会批准的博士、硕士学位授予权单位之一，设有化学一级学科博士研究生培养点，无机化学、物理化学、有机化学、凝聚态物理、材料物理与化学、生物化学与分子生物学6个博士、硕士二级学科学术型硕士研究生培养点，材料与化工、生物与医药、电子信息3个专业型硕士研究生培养点；并设有化学学科、材料科学与工程2个一级学科博士后流动站。截至2020年底，共有在学研究生1411人，其中硕士生 1171 人、博士生 240 人；在站博士后 76 人。

截至 2020 年底，海西研究院（福建物构所）共有在研项目 831 项（包括新增项目 259 项）。其中，主持（或承担）科技部国家重点研发计划项目课题 28 项、科技部国际合作计划 2 项；主持（或承担）国家自然科学基金重点项目 10 项（新增 2 项）、国家自然科学科学基金重大项目课题 1 项、国家自然科学基金创新研究群体 1 项、国家自然科学基金仪器研制项目 1 项、国家杰出青年科学基金项目 2 项、优秀青年科学基金项目 5 项（新增 2 项）、国家自然科学基金重大研究计划重点项目 2 项（新增 1 项）、国家自然科学基金国际合作与交流项目 7 项（新增 1 项）、国家自然科学基金联合基金重点支持项目 5 项（新增 1 项）、国家自然科学基金面上项目 105 项（新增 22 项）、青年科学基金 86 项（新增 14 项）；主持（或承担）中国科学院战略性先导科技专项课题 11 项（新增 1 项），主持（或承担）院弘光专项 2 项，主持（或承担）院重点部署项目 2 项、院科技服务网络计划 15 项(新增 5 项)。

截至 2020 年底，海西研究院（福建物构所）发表第一单位署名、影响因子大于 10 的高水平研究论文 101 篇，与 2019 年基本持平，论文涉及化学、物理、纳米催化、新材料、新能源等学科。2020 年 5 月，爱思唯尔（Elsevier）发布 2019 年中国高被引学者榜单，海西研究院（福建物构所）6 名研究员入选。

2020 年，海西研究院（福建物构所）共申请专利 244 件，其中包括发明专利 222 件；实用新型专利 14 件，PCT 申请 8 件。获授权专利 183 件，其中发明专利 157 件（外国 / 地区专利 6 件），实用新型专利 26 件。获省市专利资助和奖励金额合计 129.25 万元。拍卖成交专利 6 件，拍卖成交金额 19 万元。

2020 年，海西研究院（福建物构所）科研成果“非中心对称结构光电功能晶体材料”获 2019 年度福建省自然科学奖二等奖，“CO 直接酯化制甲酸甲酯全流程工艺单管技术（公斤级催化剂）”获 2020 年度中国化工学会科学技术奖基础研究成果奖二等奖。牵头制定的“GB/T 29420—2012 掺钕钒酸盐激光单晶元件”获省标准贡献奖三等奖。参与的“拉链布带的超临界无水染色技术与装备”、“面向海洋工程装备的石墨烯重防腐涂料的技术研发及产业化应用”两项成果均获得 2019 年度福建省科技进步奖二等奖。研发出首个以“稀土”命名的新冠肺炎 IgM/IgG 抗体快速检测试剂盒，产品获国家药品监督管理局医疗注册证（批准号：20203400776）并批准上市，产品同时也取得美国 FDA Pre-EUA 授权、欧盟 CE 认证、巴西、俄罗斯注册证、乌克兰、秘鲁临时授权，助力全球疫情防控。

2020 年，海西研究院（福建物构所）以贯彻落实中国科学院和福建省深化科技合作协议为抓手，在中国科学院上海分院和福建省科技厅的支持下，进一步拓展中国科学院科技服务网络计划（STS 计划）的深度和广度，省院同时加大 STS 计划经费支持力度（各增加 1000 万元 / 年），同时推动厦门、南平等设立地市级、县级 STS 计划项目，为中国科学院“十四五”在闽科技成果转化工作提供资金保障；组织专家开展常态化对接。围绕福建省内化工新材料、电子信息、高端装备、活性炭、石墨烯等领域进行产业调研，组织科研人员开展精准对接，横向项目和纵向项目的数量和经费均大幅提升；推动育成中心建设工作。持续推进“三基地一基金一平台”工作，更好的服务中国科学院系统科研成果落地福建转移转化；持续推进重点产业化示范推广。完成“一种气相甲醇羰基化合成甲酸甲酯的方法”等 7 项无形资产所有权的价值评估，评估值为 3600 万元。与中石化广州工程有限公司签订《煤制甲酸甲酯成套技术合作开发合同》，双方合作开发年产 10 万吨级煤制甲酸甲酯工业生产工艺包，形成煤制甲酸甲酯成套生产技术。科技成果转化基金稳步推进。福建中海创科投资有限公司于 2020 年 1 月 20 日完成基金业协会登记，福州高新区中科成果投资合伙企业（有限合伙）于 2020 年 11 月 9 日完成工商注册，已完成 3550 万元实缴到资。2020 年度，研究所共有持股企业 25 家（不含福晶科技），新增国有资产对外投资 150 万元。参股及控股企业实现销售收入 18.8 亿元，职工人数 3564 人。

2020 年，海西研究院（福建物构所）与福州物联网开放实验室有限公司、福建（泉州）

哈工大工程技术研究院、南洋理工大学电气与电子工程学院合作申报的“丝路天地交通协同技术与系统”国际联合实验室列入福建省“一带一路”对外合作科技创新平台项目计划；与伊朗 Tarbiat Modares 大学合作承担了中伊丝路科学基金项目，与澳大利亚联邦科学与工业研究组织合作承担了中澳 CSIRO 项目，获批中国科学院台湾青年人才计划项目 A 类和 B 类各 1 项。

2020 年，中国化学会和福建物构所联合主办的《结构化学》刊物，影响因子 0.737，成为我国化学研究的重要学术刊物之一。

（撰稿：王雪萍　叶培华　审稿：曹　荣）

城市环境研究所

所　　长：曹　荣
地　　址：福建省厦门市集美大道 1799 号
邮政编码：361021
电　　话：0592-6190979
传　　真：0592-6190977
电子信箱：xnie@iue.ac.cn
网　　址：http://www.iue.cas.cn

中国科学院城市环境研究所（以下简称“城市环境所”）是中国科学院下属事业法人单位，是中国科学院资源环境与高技术交叉领域的研究所，是中国科学院区域大气环境研究卓越创新中心的依托单位，是科技部国际科技合作基地、国家级对台科技合作与交流基地和国际科联城市健康计划国际项目办公室落户单位。

城市环境所设有中国科学院城市环境与健康重点实验室、中国科学院城市污染物转化重点实验室、中国科学院城市固体废弃物资源化技术工程实验室、浙江省城市环境过程与污染控制重点实验室、福建省流域生态重点实验室、福建省城市固体废弃物资源化工程技术研究中心、厦门水环境安全与水质保障工程技术研究中心、厦门市危险废物鉴别和处置技术研发公共服务平台、厦门市城市代谢重点实验室、厦门市室内空气与健康重点实验室、厦门市物理环境重点实验室、厦门大气环境福建省野外科学观测研究站。重点研究领域为：城市环境质量演变与生态健康效应、城市环境污染控制与废物资源化、城市规划与环境管理；研究单元设置为城市生态健康与环境安全研究中心、城市环境污染控制与资源化技术研究中心、城市环境工程与循环经济研究中心、城市生态环境规划与管理研究中心、仪器设备实验中心，以及一个科学观测研究站。

2020 年，城市环境所重点研发了景感生态方法与实践：以景感生态学为理论的 Ecology-Oriented Development（EOD），被生态环境部、国家发展改革委和国开行联合发文在全国范围推荐应用推广；牵头编制《城市可持续发展居民行为指南》、《城市可持续发展城市描述性框架》国家标准；建立基于景感生态学和趋善化模型的人均碳排放调控技术体系与雄安新区生态基础设施建设技术方法体系，并在粤港澳大湾区、长三角和北部湾城市群生态建设中得到推广实践。针对城市污染场地，建立适用于石化场地环境污染风险监测 - 预警 - 管控等管理需求的多层级可视化平台，通过模拟仿真技术集成污染物迁移模拟、场地风险评估、环境风险评价、修复技术筛选等模型，提升场地环境中多源异构动态数据准确性和可用性的数据采集，支撑大数据多目标分析应用一体化运行的场地环境管理。城市污泥和餐厨垃圾协同资源化技术破解了粤港澳大湾区城市污泥和餐厨垃圾协同处理资源化的技术难题，为深圳建设中国特色社会主义先行示范区生态文明建设提供技术支撑。

截至 2020 年底，城市环境所共有在职职工 237 人。其中科技人员 181 人、科技支撑人员 56 人，包括研究员及正高级工程技术人员 34 人、副研究员及高级工程技术人员 52 人；全所进入创新岗位 165 人。其中中国科学院院士 1 名，中国工程院院士 1 名，发展中国家科学院院士 1 名（新增 1 人）。

城市环境所是 2012 年国务院学位委员会批准的博士、硕士学位授予权单位之一，现设有环境科学与工程、生态学 2 个专业一级学科博士、硕士研究生学位培养点；并设有环境科学与工程专业一级学科博士后科研流动站。截至 2020 年底，共有在学研究生 410 人，其中硕士研究生 221 人、博士研究生 189 人；在读外国留学生共 41 人，在站博士后 17 人。

2020 年，城市环境所共有在研项目 291 项（包括新增项目 207 项）。其中，主持（或承担）国家自然科学基金创新群体项目 1 项（新增 1 项）、重点项目 1 项（新增 0 项）、面上项目 41 项（新增 9 项）、承担国际合作组织间合作项目 8 项（新增 1 项）、国家杰出青年科学基金项目 2 项（新增 1 项）、国家自然科学基金重大研究计划重点项目 0 项（新增 0 项）；主持或承担国家重大科技专项 0 项（新增 0 项）；主持或承担国家重点研发计划 5 项（新增 2 项），承担（或参加）课题、子课题 45 项（新增 5 项）；主持或承担技术创新引导专项 0 项（新增 0 项）；主持或承担基地和人才专项 0 项（新增 0 项）；主持（或承担）国家重大科学研究计划项目 0 项、承担（或参加）课题 0 项；主持（或承担）（科技部、国家自然科学基金委、财政部和院）重大仪器研制项目 0 项；主持（或承担）中国科学院战略性先导科技专项项目 1 项（新增 0 项）、课题 1 项（新增 0 项）、子课题 6 项（新增 0 项）；主持（或承担）院重点部署项目 0 项（新增 0 项）；承担院地合作项目 0 项（新增 0 项）。

2020 年，城市环境所获得科研项目 207 项，到位经费 13 322 万元。其中，国家自然基金 28 项；中国科学院项目及课题 11 项；省市级科研项目 29 项；横向项目 128 项。申请专利 75 件，其中国内发明专利 62 件，实用新型专利 9 件，PCT 国际专利申请 4 件；授权专利共 25 件，其中授权发明专利 12 件，授权实用新型专利 13 件；申请软件著作权登记 18 件。发表论文 700 余篇，627 篇论文被 SCI（科学引文索引）收录（第一单位 241 篇），96 篇被 CSCD（中国科学引文数据库）收录（第一单位 49 篇），国际合作论文占比 38.4%。2020 年获得福建省自然科学奖二等奖（第一完成单位）。

2020 年，在科研成果转化方面，城市环境所深化与地方科技合作，与宁波市北仑区政府签署新一轮科技合作协议，依托中国科学院宁波站平台，建设中国科学院海西创新研究院宁波产业技术创新中心，争取地方新增 3000 万元科技经费投入。与嘉兴市秀洲区、桐乡市人民政府开展科技合作，组建新型研发机构，合作内容由单一的科技成果产业化延伸到为地方科技人才培养与引进、科技协同创新、技术市场扩展等方面，是城市环境所与地方合作的新模式尝试。发挥中国科学院厦门育成中心依托单位作用，建设中国科学院厦门育成中心环保产业孵化基地，重点引进和孵化具有高价值、高成长性的科技型环保领域创投公司，首批 5 家企业已入驻。

2020 年，城市环境所在科技部国际科技合作基地的建设基础上，以国际科联城市健康与福祉项目、“一带一路”城市环境健康专题联盟为桥梁，通过线上平台和线下交流的方式继续深入开展国际科技合作，积极展开各项国内外学术交流，始终推动研究所的国际合作工作。2020 年，发展 ANSO 会员（亚洲理工大学等）4 所，获批承担“一带一路”国际科学组织联盟（ANSO）城市环境健康专题联盟，深入科技合作与知识交流，推动“健康外交”。与埃及国家研究中心、贝宁阿波美卡拉维大学、泰国农业大学、马来西亚沙巴州生物经济社区发展协会签订了合作协议，推进合作纵深化发展。

2020 年，仪器设备实验中心新增 50 万元以上的大型仪器设备 2 台。全年仪器使用机时 102 917 小时，仪器使用率 105%。为所外单位提供分析测试报告 315 份。

（撰稿：聂　璇　魏振宝　审稿：陈伟民）

南京地质古生物研究所

所　　长：詹仁斌
地　　址：江苏省南京市北京东路 39 号
邮政编码：210008
电　　话：025-83282105
传　　真：025-83357026
电子信箱：ngb@nigpas.ac.cn
网　　址：http://www.nigpas.cas.cn

中国科学院南京地质古生物研究所（以下简称“南京古生物所”）成立于 1951 年 5 月 7 日，其前身是“中央研究院”地质研究所及中央地质调查所古生物室。著名地质古生物学家、中国科学院副院长李四光教授为首任所长。

南京古生物所是国内专门从事古生物学、地层学及相关学科基础前沿研究、应用基础研究、人才培养和科学传播的综合性研究机构。目标是建成并保持一个国际一流的古生物学和地层学研究中心、地层古生物资料信息中心、古生物标本收藏中心、地质古生物学人才培养及科学传播基地。主要研究领域包括地球生命起源与早期演化，进化古生物学，古生物系统分类学，古生态、古地理、古气候，年代地层学，分子古生物学，地球生物学，生物与环境的共演化，应用古生物学与经济地层学等。1998 年成为中国科学院“知识创新”工程首批试点单位之一，2011 年在中国科学院“创新 2020”择优部署中再次获得首批整体择优支持。2020 年作为双依托单位之一共建“中国科学院生物演化与环境卓越创新中心”，深入推进研究所改革发展。

南京古生物所下设古植物与孢粉学研究室、古无脊椎动物学研究室、微体古生物学研究室、现代古生物学和地层学国家重点实验室 4 个研究单元，拥有科学传播中心、实验技术中心、地层古生物咨询中心、地层古生物大数据中心以及澄江古生物研究站 5 个支撑部门。

南京古生物所图书馆建于 1953 年，经过六十多年的积累，目前收藏古生物学与地层学专业图书期刊约 28 万册（期），其中，外文期刊近 2500 种，约 20 万册（期），是亚洲最大的地层古生物学专业图书馆。南京古生物所标本馆目前馆藏正式发表的模式标本近 20 万件，不仅是我国最重要的古生物标本馆，是国家第一批甲级古生物化石收藏单位，也是世界上古生物标本收藏的重要机构。南京古生物所技术支撑平台包括多型号扫描电子显微镜、X 射线断层成像显微镜、热电离同位素质谱仪，以及化石预处理及成像实验室、谱学检测实验室、稳定同位素实验室、环境元素同位素实验室、有机地球化学实验室等国际一流的仪器设备和实验装置，拥有 GBDB 地层古生物数据库，是国际古生物协会、国际地层委员会官方数据库。

经过近 70 年的发展和 4 代科学家的努力，南京古生物所目前已经成为分支学科齐全、科技力量雄厚、技术条件配套、学术成果丰硕、国际交流频繁的地层古生物综合研究中心。南京古生物所兼具各主要类群无脊椎动物和植物（含孢粉）方面的专家，同时关注海相和陆相地质记录以及两者之间的关联。目前是中国唯一、全球规模最大、门类最齐全的从事古生物学（古无脊椎动物学、古植物学）和地层学研究的专业机构。

截至 2020 年底，南京古生物所有在职职工 170 人，包括中国科学院院士 3 人、研究员及正高级工程技术人员 44 人、副研究员及高级工程技术人员 47 人。

南京古生物所是国务院学位委员会首批批准的博士、硕士学位授予权单位之一。现设有古生物学与地层学、地球生物学、地质工程和矿物学、岩石学、矿床学 4 个专业二级学科硕士研究生培养点，古生物学与地层学、地球生物学和矿物学、岩石学、矿床学 3 个博士研究生培养点；并设有博士后流动站。截至 2020 年底，共有在学研究生 97 人，其中硕士生 45 人、博士生 52 人；在站博士后 12 人。

2020 年，南京古生物所共有在研项目 187 项（包括新增项目 36 项）。其中，承担国家人才计划 2 项（新增 1 项），参加其他单位负责的国家重大科技专项课题 2 项（新增 1 项）、国家科技基础条件平台项目 1 项；主持国家自然科学基金重点项目 6 项（新增 1 项）、国际合作项目 1 项、面上项目 43 项（新增 10 项）、重大项目 1 项、创新研究群体科学基金项目 1 项、国家杰出青年科学基金项目 1 项、优秀青年科学基金项目 1 项（新增 1 项）、青年科学基金项目 32 项（新增 5 项）、联合基金 1 项、专项基金 1 项（新增 1 项），参加外单位基础科学中心课题 1 项、重大研究计划课题 1 项、重大项目 2 项、联合基金 1 项、面上项目 1 项（新增 1 项）；主持中国科学院战略性先导科技专项（B）1 项，承担子课题 32 项，院人才计划入选者项目 2 项，院前沿科学“从 0 到 1”项目 1 项（新增 1 项），院青年创新促进会项目 12 项（新增 3 项），院前沿科学重点研究项目 2 项，院其他项目 3 项（新增 1 项）；参加中国地质科学院课题 12 项（新增 3 项）；主持江苏省自然科学基金项目 7 项；承担地方政府委托项目 1 项（新增 1 项）；承担大中型企业委托项目 16 项（新增 6 项）。

2020 年，南京古生物所共发表学术论文 529 篇，其中 SCI 论文 373 篇，含 *Nature* 指数论文 21 篇；出版著作 14 部；授权发明专利 2 项，计算机软件著作权登记4项。在澄江动物群中发现了解答“节肢动物起源”之谜的关键过渡型化石——“麒麟虾”，成果发表在*Nature*上，获评中国地质学会2020年度十大地质科技进展。与南京大学合作发表有关寒武纪至三叠纪早期海洋无脊椎动物生物多样性演变规律，成果发表在*Science*上，获评2020年度中国科学十大进展、2020年中国十大科技进展新闻和2020年度十大地质科技进展。提出一类重要的古生物化石“几丁虫”应为一类独立的原生生物，而非学界长期认为的后生动物的卵或卵囊，成果发表在*Geology*上，平息了数十年的学术争论。与中石油新疆油田公司、中海油天津分公司、中石化西北分公司等产业部门建立了紧密合作关系，并启动了一批旨在解决产业部门“卡脖子”问题的横向科研项目。

中国古生物学会、亚洲古生物协会、江苏省古生物学会挂靠在南京古生物所。南京古生物所主办的定期学术期刊有《古生物学报》、《微体古生物学报》、《地层学杂志》、*Palaeoworld*、*Palaeoentomology*，科普期刊《生物进化》，以及不定期系列学术专著《中国古生物志》。

（撰稿：陈孝政　审稿：詹仁斌）

南京土壤研究所

所　　长：沈仁芳
地　　址：江苏省南京市北京东路71号
邮政编码：210008
电　　话：025-86881114
传　　真：025-86881000
电子信箱：iss@issas.ac.cn
网　　址：http://www.issas.ac.cn

中国科学院南京土壤研究所（以下简称“南京土壤所”）成立于1953年，其前身是1930年创立的中央地质调查所土壤研究室，是中国现代土壤科学研究的发源地。南京土壤所是目前我国唯一专门从事土壤科学综合研究的机构，拥有国际上分支学科最齐全的完整土壤学科体系，是土壤科学领域的国家级研究中心和高级人才培养基地。

南京土壤所的定位与目标是：面向我国现代农业绿色发展和生态环境建设以及国际土壤科技前沿，针对我国土壤质量退化严重、土壤污染防控形势严峻、农业资源利用效率不高、农村人居环境质量较低等亟须解决的现实问题，在高精度数字土壤信息与应用、土壤地力提升与土壤健康、土壤污染与修复等方面产出原创理论成果和关键核心技术，为国家土壤资源合理利用、粮食安全保障和生态环境保护提供科技支撑。不断完善适应国家科技体制改革要求的科研组织体系与管理模式，优化分类评价，建设一支集应用基础研究—技术研发—示范推广协同创新的高水平人才队伍，持续引领土壤学科的发展。

2020年，南京土壤所深入推进“率先行动”计划实施，全面完成“十三五”期间“一三五”任务目标，其中一个重大突破和两个重点培育方向取得的成绩在中国科学院评估中获评优秀。

南京土壤所目前拥有土壤与农业可持续发展国家重点实验室、土壤养分管理国家工程实验室、农田土壤污染防控与修复技术国家工程实验室、中国科学院土壤环境与污染修复重点实验室、农业部耕地保育综合性重点实验室等重要研究平台；设有土壤资源与信息、土壤地力与保育、土壤环境与修复、植物营养与肥料、土壤生物与生态5个研究部；拥有中国科学院生态系统研究网络土壤分中心，河南封丘、江西鹰潭、江苏常熟3个农田生态系统国家野外科学观测研究站，以及中国科学院三峡工程生态环境湖北秭归实验站。拥有联合国粮农组织的特约图书馆和亚洲最大的土壤标本馆。所级公共服务中心拥有国家实验室认可和国家计量认证，连续3年在中央级高校和科研院所等单位重大科研基础设施和大型科研仪器开放共享评价考核中获评优秀。

截至2020年底，南京土壤所共有在职职工270人。其中科技人员178人、科技支撑人员70人，包括中国科学院院士2人、中国工程院院士1人、研究员及正高级工程技术人员68人、副研究员及高级工程技术人员98人。

南京土壤所是1981年国务院学位委员会批准的博士、硕士学位授予权单位之一，现设有农业资源与环境、环境科学与工程、生态学3个一级学科博士研究生培养点；土壤学、植物营养学、环境科学等10个专业二级学科硕士研究生培养点；并设有农业资源与环境、环境科学与工程、生态学3个一级学科博士后流动站。截至2020年底，共有在学研究生379人，其中硕士生163人、博士生216人；在站博士后43人。

2020年，南京土壤所共有在研项目499项（包括新增项目117项）。其中，主持（或承担）国家自然科学基金重点项目5项（新增1项）、面上项目42项（新增19项）、青年科学基金46项（新增11项）、国家杰出青年科学基金项目2项、国家自然科学基金重大项目及课题2项，国家自然科学基金重大研究计划项目2项，优秀青年科学基金项目2项（新增1项），国际合作交流项目10项（新增3项），地区联合基金重点项目7项（新增2项）；主持或承担国家重点研发计划项目13项(新增1项)，课题46项(新增5项)；主持（或承担）中国科学院战略性先导科技专项课题2项；主持（或承担）院重点部署项目12项、承担院重点国际合作项目2项（新增1项)；承担江苏省各类项目43项（新增9项)。

2020年，南京土壤所瞄准国家粮食安全和美丽乡村建设等重大战略需求，积极组织科技攻关，在土壤数字制图、耕地地力提升、土壤污染修复、养分高效利用、土壤生物生态等研究领域产出一批有重要影响的科技成果，为我国土壤资源可持续利用、农业可持续发展和生态环境建设提供了重要科技支撑。发展了适用于大区域的数字土壤制图及不确定性估算技术方法；首次揭示了生物体型大小在生物群落构建机制中的作用，可促进土壤生物网络实现养分转化和增产增效功能；阐明了镉超积累植物伴矿景天吸收镉的同位素分馏机制；阐明不同耐铝性小麦品种应对缺氮胁迫的响应机制；揭示了我国典型农田生态系统中微生物群落稳定性和多样性在维持土壤功能和作物产量方面的重要作用；研发了多项土壤改良与污染修复技术体系并规模化推广应用，如秸秆炭化还田技术，并系统评估了该技术在红壤、潮土等旱地和酸碱性水稻土上的改土作用和生态环境经济效益；研发了基于纳米零价铁-生物炭活化过硫酸钠降解氯苯污染地下水修复技术；建立了污染农田土壤修复与安全利用集成技术并示范推广，为我国土壤污染防治提供了有力的科技支撑。

2020年，南京土壤所共发表科研论文600余篇，其中SCI论文450余篇，多项重要研究成果在国际顶级期刊发表。获授权发明专利33项、实用新型专利15项，获省级科技进步奖二等奖1项。

南京土壤所2020年积极推进科技成果转移转化和院地合作，服务国家和区域经济社会发展。继续夯实《科研组织知识产权管理规范》贯标工作，进一步规范科技成果转移转化相关的流程，加大对现有专利通过许可或转让方式实现转化的工作力度，进一步加强与中科华鲁土壤修复工程有限公司、中向旭曜科技有限公司、深圳市德展智能科技有限公司等相关企业的实质性战略合作。积极组织专家参加地方政府组织的科技成果转移转化交流活动，协助政府把脉产业技术问题及规划，并重点推动与内蒙古巴彦淖尔市、江西省农业农村厅、山东省德州市等开展了实质性的合作。

2020年，受新冠肺炎疫情影响，南京土壤所国际合作交流转变为线上交流为主。新获批“中国科学院国际人才交流计划项目”立项2项，“一带一路”科技合作专项1项；国际会议资助2项。

南京土壤研究所是中国土壤学会、江苏省土壤学会和全国土壤质量标准化技术委员会的挂靠单位；主办*Pedosphere*、《土壤学报》、《土壤》等3个学术期刊，其中*Pedosphere*是我国唯一的土壤科学英文学术期刊且被收录为SCI源刊。

（撰稿：秦江涛　审稿：吕俊杰）

南京地理与湖泊研究所

所　　长： 张甘霖

地　　址： 江苏省南京市北京东路73号

邮政编码： 210008

电　　话： 025-86882010；025-86882020；025-86882030

传　　真： 025-57714759

电子信箱： niglas@niglas.ac.cn

网　　址： http://www.niglas.ac.cn

中国科学院南京地理与湖泊研究所（以下简称“南京地湖所”）前身系1940年8月在重庆北碚成立的中国地理研究所，1958年更名为中国科学院南京地理研究所，1987年改为现名。中国科学院院士黄秉维、任美锷、周立三曾先后担任过所长。

南京地湖所是全国唯一以湖泊 - 流域系统为研究对象的综合研究机构，长期聚焦湖泊 - 流域关键过程与多要素相互作用机理、湖泊 - 流域系统演变及对人类活动的响应与综合管理两大基础科学问题；围绕湖泊生态系统演化、湖泊环境治理、流域地理与可持续发展三大学科领域，着力发展湖泊沉积与环境演变、湖泊生物与生态、物理湖泊与水文、湖泊环境与工程、湖泊 - 流域过程与调控、流域资源与生态环境、区域人文经济地理、遥感与地理信息科学8个研究方向，满足国家在湖泊 - 流域环境治理与生态修复、区域可持续发展规划与评估两个应用研究领域的重大需求，主导着中国湖泊科学的发展方向。

2020年，南京地湖所系统总结“十三五”成果，圆满完成“率先行动”第一阶段目标任务总结工作，三个“重大突破”、五个“培育方向”全部通过中国科学院验收，其中培育方向“湖泊生物群落结构、功能与调控”以及代表性科技成果“区域一体化空间规划理论与方法”获评优秀。

南京地湖所现拥有1个国家重点实验室、1个中国科学院重点实验室及3个省部级工程中心，分别为湖泊与环境国家重点实验室、中国科学院流域地理学重点实验室、中国科学院湖泊环境治理与生态修复工程实验室、江苏省湖泊污染治理与修复工程研究中心、江苏省长江岸线生态修复工程研究中心。

南京地湖所现设有太湖湖泊生态系统研究站、鄱阳湖湖泊湿地综合研究站、抚仙湖高原深水湖泊研究站、呼伦湖生态系统定位观测研究站、天目湖流域生态观测研究站、东非大湖与城市生态研究站6个湖泊野外观测站。拥有1个水生生物标本室和1个湖泊微生物菌种保藏中心。30万元以上的大型仪器设备263台（套）。图书馆馆藏图书期刊约10万册，各种地形图约3万幅，航卫片5万余张；馆藏地方志4200余种44 000多册，其中善本近百种，孤本二十余种。

截至2020年底，南京地湖所共有在职职工269人。其中科技人员201人、科技支撑人员27人，包括研究员51人、副研究员及高级工程技术人员82人。

南京地湖所是1981年国务院学位委员会批准的硕士学位授予权单位之一，1993年批准的博士学位授予单位之一。现设有地理学、环境科学与工程2个一级学科博士研究生培养点，自然地理学、人文地理学、地图学与地理信息系统、环境科学4个二级学科博士研究生培养点和硕士研究生培养点，资源与环境类别工程硕士（环境工程、城市与区域规划2个研究方向）全日制专业学位培养点；并设有地理学一级学科博士后流动站。截至2020年底，共有在学研究生225人，其中硕士生99人、博士生126人（含留学生4人）；在站博士后18人。

截至2020年底，南京地湖所共有在研项目628项（包括新增项目280项）。其中，主持国家自然科学基金委创新研究群体项目1项、重大项目课题1项、重点项目5项、联合基金重点项目3项（新增3项）、国家杰出青年科学基金项目1项（新增1项）、优秀青年科学基金项目3项（新增1项）、面上项目106项（新增19项）、青年科学基金项目38项（新增13项）、专项项目1项（新增1项）；主持国家重点研发计划项目5项、课题6项（新增1项）；主持国家重大科技专项项目2项、课题5项；主持科技基础资源调查专项1项、课题2项；主持第二次青藏科考专题1项；主持中国科学院科学仪器设备研制项目4项（新增2项）；主持中国科学院战略性先导科技专项项目1项，课题2项；承担中国科学院科技服务网络计划4项（新增1项）；主持院重点部署项目1项，承担国际合作重点项目2项（新增1项）、承担院国际人才计划项目3项（新增2项）、科普项目1项（新增1项）。

2020年，南京地湖所科研工作取得重要进展：“湖泊生态安全空间”可视化系统以简单、直观的方式向决策者和公众展示了湖泊生态系统演化历史及安全操作空间；“湖泊深度对氮、磷湖体迁移转化及比例影响”针对不同湖泊提出氮、磷控制策略的建议，被列为中国海洋与湖沼十大科技进展；水专项“梅梁湾项目”示范工程全面建成并通过江苏省水专项办第三方评估，无锡市地方政府给予高度肯定与赞赏；“巢湖流域水系统综合模拟及水安全调控应用”在2020年巢湖洪水预报和洪水调度中发挥了重要支撑作用；“两山”双向模式在全国率先构建“两山双向转化”生态文明新范式，打造了“绿水青山就是金山银山”实践创新基地；“长江三角洲区域一体化空间”相关政策建议被列入《2020年推动长三角一体化发展重点工作、重点事项、重点项目清单》及《长三角生态绿色一体化发展示范区总体方案》。

2020年，南京地湖所以第一单位发表论文356篇，其中SCI论文收录252篇；一区和二区高质量论文186篇。出版专著11部。申请专利44件，其中发明专利38件；授权专利77件，其中发明专利46件。申请软件著作权登记39件。主持获得省部级奖励2项，作为参与单位获得省级奖励1项。其中，环湖污染控制湿地构建与修复技术及其应用获云南省科学技术奖二等奖、鄱阳湖流域水文气候变化与湖区极端干旱成因研究获江西省自然科学奖三等奖；参与的内陆水体水质遥感模型与富营养化反演获得吉林省科学技术奖一等奖。此外，《长江三角洲区域一体化空间：合作、分工与差异》（著作）获江苏省第十六届哲学社会科学优秀成果奖一等奖。

2020年，南京地湖所积极推进科技促进发展，强化社会服务能力建设和平台建设，通过与地方政府签署战略合作协议、提供重大问题系统解决方案、打造示范样板、共建野外台站、选派科研骨干到地方挂职等方式，为地方发展提供科技助力。积极承担各级政府部门“十四五”规划工作，全方位引导各级政府部门转变发展方式，促进高质量发展。

南京地湖所投资公司2个，分别为中科健康产业集团股份有限公司和南京中科水治理股份有限公司，从事科技开发人员数91人，年产值共4.5亿元，研究所参股效益1900余万元。

南京地湖所是江苏省海洋湖沼学会、江苏省地理学会、江苏省遥感与地理信息系统学会、中国地理学会长江分会、中国地理学会湖泊与湿地分会、中国海洋湖沼学会湖泊分会、中国第四纪科学研究会生态环境演化分会、中国环境科学学会沉积物环境专业委员会的挂靠单位；主办《湖泊科学》学术期刊。

（撰稿：陈亚芬　孙　昊　审稿：张甘霖）

紫金山天文台

台　　长：赵长印
地　　址：江苏省南京市栖霞区元化路10号
邮政编码：210023
电　　话：025-83332000
传　　真：025-83332091
电子信箱：pmoo @ pmo.ac.cn
网　　址：http://www.pmo.cas.cn

中国科学院紫金山天文台（以下简称“紫金山天文台”）前身是成立于1928年的中央研究院天文研究所，1950年更为现名。紫金山天文台是我国自己建立的第一个现代天文学研究机构，被誉为“中国现代天文学的摇篮”。

紫金山天文台定位为：坚持面向世界科技前沿，面向国家战略需求，以构建完整的天文科学与技术创新体系为着力点，建设我国一流的天文基础和应用研究及战略高技术研究基地、高层次人才培养基地，广泛开展高水平国际合作。发展目标为：近期努力建设国际先进或国内领先的以暗物质粒子探测为核心的空间天文探测研究基地；以太赫兹探测技术为支撑，面向天文学重大科学问题的南极天文和射电天文研究基地；以人造天体动力学和探测技术为支撑，面向国家战略需求的空间目标和碎片观测研究中心；以近地天体探测研究为基础，面向深空探测的行星科学研究中心。

紫金山天文台设4个研究部：暗物质和空间天文研究部、南极天文和射电天文研究部、应用天体力学和空间目标与碎片研究部、行星科学和深空探测研究部，对应地有4个依托于紫金山天文台建设的中国科学院重点实验室。每个研究部由若干研究团组、实验室和观测基地组成，其中，设5个所级实验室：暗物质和空间天文实验室、毫米波和亚毫米波技术实验室、天文望远镜技术实验室、天体化学和行星科学实验室、行星科学与深空探测实验室；设7

个野外业务观测台站：南京紫金山科研科普园区、青海观测站、盱眙天文观测站、赣榆太阳活动观测站、洪河天文观测站、姚安天文观测站和南极冰穹 A 天文观测站，并正在青海省建设冷湖观测基地。

紫金山天文台与中国科学技术大学共建科教融合天文与空间科学学院，并与多所大学、科研机构或高新技术企业建立了战略合作关系。

紫金山天文台运行 13.7 米毫米波望远镜、1 米近地天体望远镜、多台（套）设备组成的空间目标与碎片观测网、Hα 太阳精细结构望远镜、太阳射电频谱仪和近红外太阳光谱仪等观测设备。

截至 2020 年底，紫金山天文台共有在职职工 336 人。其中科技人员 205 人、科技支撑人员 97 人，包括中国科学院院士 2 人、研究员及正高级工程技术人员 59 人、副研究员及高级工程技术人员 68 人。

紫金山天文台是 1978 年国务院学位委员会批准的首批硕士学位和 1981 年博士学位授予权单位之一。现设有 1 个天文学一级学科博士、硕士研究生培养点，电子信息工程博士、工程硕士全日制专业学位培养点，天体物理、天体测量和天体力学、天文技术与方法 3 个专业二级学科硕士、博士研究生培养点；并设有天文学博士后流动站。截至 2020 年底，共有在学研究生 263 人，其中硕士生 127 人、博士生 136 人；在站博士后 22 人。

2020 年，紫金山天文台共有在研项目 375 项（包括新增项目 127 项）。其中，主持国家重点基础研究发展计划（973）课题 1 项；主持国家重点研发计划项目 3 项和课题 12 项；主持（或承担）国家其他项目 43 项；主持（或承担）国家自然科学基金项目 151 项（新增 36 项），其中主持重大项目课题 1 项、重点项目 7 项、面上项目 51 项（新增 12 项）、国家杰出青年科学基金 4 项（新增 1 项）；承担中国科学院战略性先导科技专项课题 5 项和子课题 9 项，院前沿科学重点研究项目 7 项，院基础前沿科学研究计划”从 0 到 1”原始创新项目 2 项；承担江苏省自然科学基金 17 项（新增 3 项）；横向项目 46 项（新增 33 项）。

2020 年，紫金山天文台共发表科技论文 286 篇，其中国外发表 243 篇、SCI 论文 228 篇，影响因子 3.0 以上的 183 篇，第一单位论文 158 篇，第一单位 SCI 论文 112 篇。专利授权数 20 件，其中发明专利 20 件。

2020 年，紫金山天文台取得的主要科研项目进展如下。

暗物质粒子探测卫星：“悟空”号暗物质粒子探测卫星成功在轨运行 5 年；发现氦核能谱在～ 34 TeV 处的拐折；发现太阳耀斑引发的福布斯下降和恢复过程中的新特征；初步获得对暗物质湮灭或衰变产生伽马射线单能线谱辐射模型的最强限制。

中国南极天文台：完成第三台南极巡天望远镜 AST3-3 的建造，安装在紫金山天文台姚安站；完成南极之星小望远镜阵 CSTAR 的改造；积极推动 KDUST 2.5 米光学红外望远镜和 5 米太赫兹望远镜的“十四五”立项工作。

空间碎片监测系统：完成 MASTA 工程项目的系统整体设计；完成我国空间碎片观测首个海外自主站点——南非站的建设并运行；与上海天文台合作建成我国西部第一台激光观测设备。

先进天基太阳天文台（ASO-S）：在 ASO-S 科学准备、科学应用系统，以及科学目标相关研究等方面取得重要进展；发表 ASO-S 卫星天文学报专辑。

巡天光学设施高灵敏度太赫兹探测模块初样设计通过设施总体评审；近邻宜居行星计划（CHES）项目获中国科学院战略性先导科技专项空间科学（二期）背景型号项目立项；参加冷湖天文观测基地建设项目签约；青海省重大科技专项天文大科学装置冷湖台址检测与先导科学研究项目进展顺利；2.5 米大视场巡天望远镜（WFST）开始基础设施建设；“银河画卷”计划完成总进度 85.1%；下一代亚毫米波望远镜天线前沿关键技术研究进展顺利等。

2020 年，紫金山天文台李婧获第十六届中国女青年科学家奖、腾讯科学探索奖；暗物质科学团队获第十五届“江苏青年五四奖章”、“中国科学院先进集体”称号；季江徽团队获江苏省科学技术奖二等奖；王海仁合作项目获江苏省科学技术奖三等奖；1 个项目获国家自然科学奖二等奖初评与公示；3 个项目获 2019 年度十大天文科技进展（2020 年评选）。

紫金山天文台参与投资的南京紫台星河电子有限责任公司，2020 年共有职工 97 人，年总产值约 2525 万元，总利润额约 280 万元。

紫金山天文台在 2020 年全年完成出访 4 人次，来访 6 人次；获中国科学院国际合作重点项目执行 3 项、中国科学院“国际访问学者”执行 2 项；2021 年“国际访问学者”立项 1 项；国际会议资助 1 项。主办承办国际会议 3 次（线上）。“悟空”号国际合作组中外双方独立分析了氦核的能谱数据并获得高度一致的最新结果；先进天基太阳天文台（ASO-S）科学团队与 Solar Orbiter 科学团队联合成立国际空间科学研究所北京分部（ISSI-BJ）“未来日冕仪科学准备国际团队”；完成我国首个海外自主空间碎片观测站点——南非站的建设并运行；主办 / 承办中澳天文联合研究中心线上国际会议，讨论 SKA、FAST、南极天文等相关合作，以及行星物理、快速射电暴、原行星盘等领域开展实质性国际合作。

紫金山天文台图书馆现有图书和期刊（合订本和单行本）30 余万册，包含天文领域多种从创刊开始的出版物，是中国科学院的特色馆藏之一。信息化建设工作获中国科学院优秀奖；内控、安全、保密和质量体系持续有效。

紫金山天文台是中国天文学会、天文学报的挂靠单位，主办中文刊《天文学报》（双月刊），协办英文刊 *Chinese Astronomy and Astrophysics*（季刊）。

（撰稿：周团辉　汪宏波　审稿：赵长印）

苏州纳米技术与纳米仿生研究所

副 所 长：邓　强（主持工作）

地　　址：江苏省苏州市苏州工业园区若水路 398 号

邮政编码：215123

电　　话：0512-62872510

传　　真：0512-62603079

电子信箱：office@sinano.ac.cn

网　　址：http://www.sinano.cas.cn

中国科学院苏州纳米技术与纳米仿生研究所（以下简称“苏州纳米所”）由中国科学院、江苏省政府、苏州市政府于 2006 年共同出资筹建，于 2009 年 7 月 22 日获中央编制委员会办公室批复正式成立，2009 年 12 月 9 日通过中国科学院、江苏省政府、苏州市政府组织的筹建工作验收。苏州纳米所 2010 年和 2016 年分别开启二期与三期建设，院地再次携手，苏州纳米所发展掀开新的篇章。

苏州纳米所以“致力纳米科技创新，引领新兴产业发展”为宗旨，定位于纳米技术的应用基础研究和产业化，面向世界科技前沿，面向国家重大需求，面向国民经济主战场，面向人民生命健康，围绕电子信息、功能材料和生物医药 3 个主要领域开展基础性、战略性、前瞻性的创新工作。

苏州纳米所建有纳米器件与应用、纳米 - 生物界面和多功能材料与轻巧系统 3 个中国科学院重点实验室和纳米器件与应用 1 个江苏省重点实验室，并建设有纳米加工、测试分析、纳米生化、纳米真空互联实验站等大型公共技术平台群。入选国家“双创”示范基地，在 2019 年度国家“双创”示范基地评估中位列全国 120 家双创示范基地第四。

2020 年，苏州纳米所新一届行政领导班子任职，完成所党委、纪委换届选举工作，有序推进学术委员会、科研道德委员会、伦理委员会等组织换届工作。

截至 2020 年底，苏州纳米所共有在职职工 680 人。其中科技人员 408 人、科技支撑人员 204 人，包括研究员及正高级工程技术人员 77 人、副研究员及高级工程技术人员 118 人。

苏州纳米所现设有电子科学与技术、材料科学与工程（本年新增）、化学、生物学 4 个专业一级学科博士研究生培养点，电子科学与技术、材料科学与工程（本年新增）、化学、生物学 4 个专业一级学科硕士研究生培养点，电子信息、材料与化工 2 个专业学位博士研究生培养点，电子信息、材料与化工、生物与医药 3 个专业学位硕士研究生培养点；并设有电子科学与技术、化学 2 个专业一级学科博士后流动站。截至 2020 年底，共有在学研究生 656 人，其中硕士生 457 人、博士生 199 人；在站博士后 100 人。

2020 年，苏州纳米所共有在研项目 540 余项（包括新增项目 102 项）。其中，主持（或承担）国家自然科学基金面上项目 71 项（新增 14 项）、国家杰出青年科学基金项目 2 项、国家自然科学基金重大研究计划重点项目 3 项；主持或承担国家重点研发计划 67 项（新增 10 项）；主持或承担基地和人才专项 20 项（新增 5 项）；主持（或承担）（科技部、国家自然科学基金委、财政部和院）重大仪器研制项目 9 项；主持（或承担）中国科学院战略性先导科技专项课题 8 项（新增 3 项）；主持（或承担）院重点部署项目 1 项、承担重点国际合作项目 12 项(新增 3 项)。

2020 年，苏州纳米所通过中国科学院“率先行动”计划第一阶段目标任务总结评估验收，并入选中国科学院“十三五”优秀代表性成果 1 项。中国科学院国际合作伙伴计划“石墨烯基薄膜超级电容器”项目被评为优秀成果。“十三五”规划期间第三代半导体氮化镓材料与器件及应用、高性能纳米碳材料绿色多级制造、印刷电子关键材料与技术方面取得的重要进展。

2020 年，苏州纳米所发表 SCI 论文 465 篇。申请专利 240 件，其中国内专利申请 230 件（发明专利 199 件），PCT 申请 10 件；授权专利共计 163 件，其中国内授权专利 153 件（发明专利 129 件），PCT 进入国授权专利 9 件；计算机软件著作权登记 3 件。知识产权运营层面，转让标的专利 17 件。

苏州纳米所积极对接产业应用需求广泛的头部企业，2020 年共签订各类横向合同 170 项，合同金额 1.55 亿元，到账金额 1.07 亿元。横向合作的对接工作向重点企业聚焦，包括上汽、腾讯、福耀等企业。

苏州纳米所分类分级管理持股企业，与创业团队、地方资本共同在Ⅲ—Ⅴ族半导体外延应用领域布局产业化公司 1 家，助力持股企业发展，协助纳维、中科融合、捷迪 3 家产业化公司实现融资，吸引新增投资 8300 万元；探索设立科技成果转化基金，完成基金管理公司的创建和备案。

科技基础设施建设方面，苏州纳米所密切围绕重点攻关领域建设有公共技术平台体系，开展前端科技创新，加强支撑国家重大科研任务的能力，形成共性技术，支撑产品研发和装备研发，并服务区域产业发展。2020 年平台服务机时近 15 万小时，服务额 1.03 亿元，培训人员近 2500 人次。

2020 年，苏州纳米所与 WILEY 出版集团联合主办苏州纳米材料高峰论坛，与苏州大学召开苏州材料科学双边论坛，并在纳博会期间举办纳米大健康 - 活体测量与精准医学论坛、全国柔性与印刷电子研讨会、新型纤维材料与应用前沿论坛等，吸引知名院士和专家学者进行多种形式的学术交流。

2020 年，苏州纳米所持续融入区域创新网络，加强区域协同创新，推动纳米新材料技术创新和关键核心技术攻关，参与材料科学姑苏实验室、江苏省第三代半导体研究院等机构建设。

（撰稿：李梦影　王　瑗　审稿：王强斌）

苏州生物医学工程技术研究所

所　　长：唐玉国
地　　址：江苏省苏州市高新区科技城科灵路 88 号
邮政编码：215163
电　　话：0512-69588000
传　　真：0512-69588088
电子信箱：office@sibet.ac.cn
网　　址：http://www.sibet.cas.cn

中国科学院苏州生物医学工程技术研究所（以下简称“苏州医工所”）是中国科学院唯一以医疗仪器为主要研发方向的国家研究机构，它由中国科学院、江苏省政府、苏州市政府三方共同出资建设。2008 年 8 月 1 日，中国科学院委托长春光学精密机械与物理研究所负责苏州医工所的筹建和管理运行。2012 年 11 月 26 日，苏州医工所顺利通过验收正式成为中国科学院序列研究所。

“十三五”期间，苏州医工所定位于面向生物医学的重大需求，开展先进生物医学仪器、试剂和生物材料等方面的基础性、战略性、前瞻性的研究工作，引领生物医学工程技术的发展，建成医疗仪器科技创新与成果转化平台，成为不可替代的国家研究机构。重大突破方向包括生物医学超/高分辨显微光学技术、先进体外诊断技术。重点培育方向包括人体健康状态辨识与机能增强技术、脑科学仪器技术、生物医学超声成像与治疗技术、医疗健康大数据技术、医疗器械工程化技术和高端专科医学影像技术。

2020 年，苏州医工所“一三五”规划顺利通过验收，研究所在超分辨显微光学、先进体外诊断技术、超声成像、医疗器械工程化技术等方面形成核心竞争力。非线性结构光照明超分辨成像等部分研究成果达国际领先水平，为脑科学研究和临床病理诊断提供了新装备。攻克了显微镜头、微型超声探头、高速数据滑环等卡脖子核心部件，打破垄断，在多款临床产品中应用。

截至 2020 年底，苏州医工所拥有中国科学院生物医学检验技术重点实验室、江苏省医用光学重点实验室、中国科学院先进体外诊断技术工程实验室和 9 个苏州市高技术重点实验室，设有 7 个管理部门和 9 个研究单元。7 个管理部门分别为：综合管理处、战略规划处、科技发展部、计划与质量处、成果转化处、人事教育处、资产财务处；9 个研究单元分别为：医用光学技术研究室、医学检验技术研究室、医学影像技术研究室、医用电子技术研究室、医用声学技术研究室、康复工程技术研究室、光与健康研究中心、工程化研究中心、医疗健康信息中心。

科研条件建设方面，苏州纳米所基建总建筑面积 7.8 万平方米，科研装备投入达 2.94 亿元，建成工程化平台、微纳技术支撑平台、动物模型实验平台、先进光学显微成像平台、生物医学检测平台等特色功能型平台。

截至 2020 年底，苏州医工所共有在职职工 430 人。其中科技人员 388 人、管理人员 42 人，包括研究员及正高级工程技术人员 81 人、副研究员及高级工程技术人员 135 人。

苏州医工所设有生物医学工程一级学科博士研究生培养点，机械、电子信息 2 个工程博士培养点，光学工程、生物医学工程、生物学、机械电子工程 4 个一级（或二级）学科硕士研究生培养点，机械、电子信息、生物与医药 3 个工程硕士培养点。截至 2020 年底，共有在学研究生 330 人，其中硕士生 254 人、博士生 76 人；在站博士后 44 人。

2020 年，苏州医工所共有在研项目 335 项（包括新增项目 128 项）。其中，主持或承担国家自然科学基金面上项目 15 项（新增 2 项）、青年科学基金项目 23 项（新增 6 项）；主持或承担国家重大科技专项 1 项；主持或承担国家重点研发计划 50 项（新增 10 项）；主持或承担科技部、国家自然科学基金委、财政部重大仪器研制项目 7 项（新增 1 项）；主持或承担中国科学院战略性先导科技专项课题 5 项（新增 2 项）；承担院装备研制项目 14 项；院地合作项目 8 项。申请国内专利 250 项（其中，发明专利 179 项、实用新型 70 项、PCT 专利 1 项），申请国外专利 23 项，申请软件著作权 45 项。授权国内专利 175 项（其中，发明专利 54 项、实用新型 118 项、外观设计 3 项），授权国外专利 1 项，登记软件著作权 35 项。发表高水平论文 227 篇，其中 SCI 收录 184 篇。作为牵头单位获江苏省科学技术奖三等奖 1 项，苏州市魅力科技团队奖 1 项，苏州市自然科学优秀论文奖二等奖 1 篇、三等奖 4 篇。

2020 年，苏州医工所进一步践行和推广新型成果转化模式，取得系列突破和进展。8 项科技成果通过转让、许可等形式实现成果化，涉及 47 项知识产权，转化金额共计 3505 万元。新设、参股 6 家公司，注册资本 40 700 万元，形成经营性资产 8620 万元。继入选国家医疗器械专业化众创空间之后，获批又一个国家级重大创新创业载体 - 国家级精益创业方向“双创”示范基地。策划并成功获批“苏州市产业技术研究院生物医学检验技术研究所”、“医疗器械成果转化天使投资基金”等重大项目，获取资助 2.01 亿元，为促进成果转化和产业落地提供有力保障。组织参加苏州市生物医药及高端医疗器械产业链云对接论坛、2020 智库峰会暨首届国家级大院大所产业技术进江西、2020 中国创新创业成果交易会及东盟博览会先进技术展等。

在国际合作方面，苏州医工所与英国牛津大学、剑桥大学、谢菲尔德大学，德国亥姆霍兹国家研究中心，美国宾夕法尼亚大学等国际一流高校院所保持紧密合作关系。积极对接中国科学院、科技部、省市等各级部门，申报各类国际科技合作项目，共获批国家高端外国专家1项、中国科学院国际人才计划3项、中国科学院国际伙伴计划2项、江苏省国际合作项目1项、江苏省引智计划1项，完成苏州市外国专家工作站绩效评优工作。与此同时，参与“一带一路”国际科学组织联盟（ANSO）相关工作，与俄罗斯、阿富汗、伊朗等开展深入合作，并加强与日本、瑞士、德国、东南亚等的科技合作。与ANSO秘书处对接，完成所内18个成熟项目的征集与推荐，其中研究所成果转化模式以及8个相关产品入选*ANSO Outreach*刊物首期。与中国科学院海外曼谷中心、中亚中心充分对接，将研究所产品进行国际合作推广，推动研究成果国际转移转化。

（撰稿：赵　鹏　肖心通　审稿：杨洪波）

赣江创新研究院

院　　长：齐　涛

地　　址：江西省赣州市赣县区储潭镇科学院路1号

邮政编码：341119

电　　话：0797-2130667

传　　真：0797-2130667

电子信箱：yhliu@gia.cas.cn

网　　址：http://www.gia.cas.cn

为深入贯彻落实习近平总书记2019年5月20日关于加大稀土科技创新工作力度的重要指示精神，2019年10月18日，中国科学院与江西省政府签署共建战略合作协议，启动建设赣江创新研究院。2020年7月8日，赣江创新研究院获中央编办批复同意成立。

赣江创新研究院的定位为：面向国家战略和产业发展重大需求，围绕稀土绿色、高效、均衡、高值化利用的核心科学与技术问题开展全链条创新研究，研发绿色采选冶和资源高效利用新技术，开发新材料、拓展新应用、培育新产业，提高附加值，加强生态环境保护，保障我国稀土产业的绿色可持续发展，成为我国稀土领域体现国家意志、实现国家使命、代表国家水平的战略科技力量。

赣江创新研究院三项预期重大突破为：若干稀土新材料及其战略高技术应用、稀土发光材料及其应用、高端稀土磁性材料与应用关键技术；五个重点培育方向为：离子型稀土资源绿色开采技术与应用、复杂稀土资源高效分离与综合利用、新型高效稀土萃取剂及产业化应用、稀土催化剂研发与产业化应用、新型稀土合金材料与应用技术。

围绕基础研究、应用基础研究、技术创新、工程研究等，赣江创新院加快规划和布局建设各类稀土国家级平台。下设稀土前沿与交叉中心、稀土资源与生态环境研究所、稀土材料与化学研究所、稀土材料与物理研究所、稀土系统工程与装备研究所5个研究单元。依托资源与生态环境研究所，江西省科技厅批复成立江西省稀土清洁生产重点实验室。

截至2020年底，赣江创新院共有全时双聘人员68人和全职人员36人，其中科技人员60人、科技支撑人员11人，包括中国科学院院士1人、研究员及正高级工程技术人员9人、副研究员及高级工程技术人员24人。

赣江创新研究院依托中国科学技术大学稀土学院，联合南昌大学、江西理工大学等科研院校，2020年招收研究生211人，其中硕士生182人、博士生29人，包括中国科学技术大学籍163人、南昌大学学籍38人、江西理工学籍10人。

2020年，赣江创新院共有在研项目16项（包括新增项目16项）。其中，主持中国科学院科研仪器设备研制项目3项（新增3项），承担江西省重大专项1项（新增1项），主持赣州市重点研发计划项目2项（新增2项），共下达中国科学院自主部署科研项目10项（新增10项）。与12家中国科学院援建院所联合申报2021年中国科学院重点部署项目1项，申报中国科学院科技服务网络计划项目1项，申报2021年江西省自然科学基金项目15项。

2020年，赣江创新研究院科研工作取得系列进展：针对南方离子型稀土矿开采导致的氨氮污染严重的问题，与南方稀土集团合作，创新性地提出浸矿与尾矿护理相结合的技术路线，显著提高了采收率，并从源头控制了环境污染；为突破南方离子型稀土矿中高丰度钇元素分离即将面临无萃取剂可用的“卡脖子”难题，原创开发出钇高效分离萃取剂，中试技术指标超过传统工艺，将在企业推广应用；稀土铁氧体永磁磁粉短流程原创新工艺研究取得重要进展，将与虔东稀土集团合作在赣州建立1.5万吨生产线，投资5亿元；揭示了稀土对储氢合金活化及稳定性的促进作用，研发的BCC型稀土储氢合金的≤40摄氏度下储/放氢率达到3.9wt%和2.8wt%（接近35兆帕储氢罐性能），均为已报道的最好结果，将结合高性能铂-稀土合金催化剂的燃料电池技术，正与江钨投资集团洽商合作开展应用示范。

2020年，赣江创新研究院承办江西省有色金属产业科技成果在线对接会，通过江西省网上常设技术市场征集到符合展会要求的项目成果689项，技术需求162项，实现技术对接343次，产生意向118次，达成意向26次，线下签约项目8项。共有5049人次参与线上线下科技成果对接。在2020江西智库峰会暨国家级大院大所产业技术进江西活动上推荐6项成果在展示区和宣传材料上展示，在赣州“稀土与钨有色金属产业”专项对接会上组织8家单位做科技成果推介，并推介了6个项目现场签约。

2020年，赣江创新研究院分两批选派20名技术专家入驻赣州市重点企业担任科技副总，推动赣江院科研成果与企业的有效衔接，服务区域企业发展。与龙南县南裕稀土公司就“离子型稀土矿铝资源高值利用与污染物减容减量”，与赣州科净环保公司就“稀土行业高盐废水资源化与近零排放”签订横向合作协议。

2020年11月10，由中国科学院江西稀土研究院、江铜集团、南方稀土集团和江钨控股集团在赣州市注册成立中科融合科技发展有限公司，注册资金5.2亿元。

（撰稿：黄　磊　刘依欢　审稿：杨雍谨）

合肥物质科学研究院

院　　长：刘建国
地　　址：安徽省合肥市蜀山区蜀山湖路350号
邮政编码：230031
电　　话：0551-65591295
传　　真：0551-65591270
电子信箱：office@hfcas.ac.cn
网　　址：http://www.hf.cas.cn

中国科学院合肥物质科学研究院（以下简称“合肥研究院”）坐落在合肥市西郊风景秀丽的蜀山湖畔科学岛上，面积约2.65平方公里。2001年11月中国科学院批准合肥分院及安徽光学精密机械研究所（以下简称“安光所”）、等离子体物理研究所（以下简称“等离子体所”）、固体物理研究所（以下简称“固体所”）开始整合，合并成一个法人单位——合肥研究院。2004年4月，中国科学院合肥智能机械研究所归属合肥研究院，后陆续建立强磁场科学中心、先进制造技术研究所、技术生物与农业工程研究所、医学物理与技术中心、核能安全技术研究所、应用技术研究所6个非法人研究单元；2020年度合肥研究院调整学科布局、促进学科融合，将下属10个研究单元整合为7个（安光所、等离子体所、固体所、智能机械研究所、强磁场科学中心、核能安全技术研究所、健康与医学技术研究所）。

合肥研究院定位是：坚持“四个面向”，建设并运行指标和聚集度国际领先的大科学装置集群，集聚国际一流用户、世界顶尖科技人才，在能源、环境、高技术领域产出原创性、引领性重大成果，在材料、信息、健康等方向形成鲜明特色，为建设科技强国提供战略性、原创性科技供给，成为卓越的、有重大影响力的国际一流综合性科研机构和大科学研究中心。

合肥研究院科研领域涉及能源、环境、健康、材料、信息、安全，学科方向有磁约束核聚变科学与技术、先进核能与核安全技术、大气环境探测与监测技术、强磁场科学与技术、特殊环境服役材料、机器人与智能装备、现代农业技术、医学物理与技术以及国防战略高技术等。当前，在磁约束核聚变、大气环境监测、强磁场科学与技术等学科方向已跻身国际先进行列，部分方向已处国际领先方阵。

2020年，合肥研究院顺利通过中国科学院“十三五”规划验收。“基于射频波驱动的托卡马克高约束稳态运行研究”等2项成果入选中国科学院“率先行动”计划第一阶段重大科技成果及标志性进展，特殊环境服役材料物理培育方向获评优秀。

由合肥研究院和中国科学技术大学联合申请获批的中国科学院合肥大科学中心于2016年11月以优秀成绩完成筹建。合肥综合性国家科学中心在2017年1月获国家批复，合肥研究院是中国科学院参与共建的核心单位之一。合肥研究院也是国家创新人才培养示范基地、国家示范型国际科技合作基地、国家双创示范基地等。

合肥研究院与地方政府共建安徽工业技术创新研究院、安徽工业技术研究院六安院、中科院合肥技术创新工程院、皖江新兴产业技术发展中心、淮南新能源研究中心、中科蚌埠技术转移中心，与安徽省科协共建并负责管理合肥现代科技馆。合肥研究院拥有30多个国家或省部级重点实验室和研究中心，10多个大型实验平台。已建成并运行全超导托卡马克核聚变实验装置（EAST）、稳态强磁场装置（SHMFF），正在建设第三个大科学装置——聚变堆主机关键系统综合研究设施（CRAFT）。大气环境立体探测设施、强光磁集成实验设施正开展预研工作。牵头建立合肥战略能源和物质科学大型仪器区域分中心。

截至2020年底，合肥研究院共有在职职工2657人。其中科技人员1777人、科技支撑人员685人，包括中国科学院院士1人、中国工程院院士4人、研究员及正高级工程技术人员331人、副研究员及高级工程技术人员684人。

安光所和等离子体所是1981年国务院学位委员会首批批准的光学和等离子体物理硕士学位授予权单位之一，安光所、等离子体所和固体所是1984年国务院学位委员会首批批准的光学、等离子体物理和凝聚态物理博士学位授予权单位之一。现设有等离子体物理、凝聚态物理、光学等13个专业二级学科博士和硕士研究生培养点，电子信息、机械、材料与化工等5个工程博士专业学位授权点，另有电子信息、材料与化工等7个工程硕士专业学位授权点。截至2020年底，共有在学研究生2489人，其中硕士生1351人、博士生1138人；在站博士后135人。

2020年，合肥研究院主持（或承担）国家自然科学基金486项（新增80项），其中，重点项目11项（新增1项）、面上项目255项（新增35项）、国家杰出青年科学基金项目4项（新增0项）、优秀青年科学基金项目4项（新增3项）、重大研究计划重点项目4项（新增0项）、重大仪器研制项目3项（新增0项）；主持（或承担）国家重点研发计划10项（新增1项）；主持（或承担）中国科学院科研装备研制项目9项（新增2项）、院战略性先导科技专项（B类）课题1项（新增0项）、院前沿科学重点项目10项（新增0项）；主持（或承担）高技术项目234项（新增110项）；主持（或承担）院科技服务网络计划区域重点项目7项(新增1项)；主持（或承担）国际合作项目/课题94项（新增项目41项）。

2020年，合肥研究院在聚变工程技术、大气环境监测、极端特殊环境服役材料、高端医疗装备等领域取得一批重大成果。CRAFT完成36个关键计划节点任务。中国聚变工程实验堆（CFETR）完成概念和工程设计。EAST和SHMFF获2020年优秀运行设施奖二等奖。国际热核聚变实验堆（ITER）PF6线圈运抵法国并通过最终验收测试，ITER校正场首批线圈、法国全钨偏滤器托卡马克核聚变实验装置（WEST）偏滤器关键部件竣工交付；ITER开始总装；4台大气同步校正仪随3颗卫星成功发射，交付两颗卫星6台载荷正样；特种高吸能合金作为火星探测器“天问一号”唯一着陆缓冲材料，保障其成功软着陆；自主研制的最紧凑型超导回旋质子治疗系统加速器顺利引出200MeV质子束流，国产最紧凑型超导回旋质子加速器研制成功。

2020年，合肥研究院急性髓系白血病创新靶向药物HYML-122顺利完成Ⅰ期临床试验，结果展示出良好耐受性和药代动力学特征。把糖尿病候选药物FGF21改造成FGF21ss，其表现出更优异降血糖减体重效果，使控制血糖甚至治愈糖尿病成为可能。制备出非金属基癌症诊疗试剂。育成高产优质新品种‘中科粳5号’、早熟糯稻品种‘科辐糯2号’。国际首次解析出酵母线粒体内膜Tim23通道蛋白与其底物肽段复合物三维空间结构。构建基于个体大脑偏侧化和人格特征的脑刺激敏感性预测模型，被选为*Advanced Science*封面论文。发现ULK1/ATG13调控细胞分裂期自噬及肿瘤生长重要机制，诺贝尔奖获得者大隅良典发表专评。发展“反伽伐尼反应”合成方法，实现原子层次金属纳米团簇构筑。构筑具有高催化活性、选择性及稳定性 Fe-Co 合金催化剂，实现肉桂醛选择性加氢的高效催化转化。合成新型氧配位铁单原子催化剂实现高效电催化氮气还原合成氨。揭示氦不仅能存在于天王星和海王星大气中，也能大量存在于其上地幔中。首次发现压力诱导分子晶体——完全离子结构相变，对了解冰行星形成、演化有重要指导作用。澄清复杂“多拓扑态”磁涡旋起源于磁泡的三维特性，在 Fe_3Sn_2 纳米盘中观测到一类新型零磁场和室温下稳定的磁涡旋结构。

根据中国科学技术信息研究所最新数据，2019 年合肥研究院以第一署名机构发表 SCI 收录论文数居全国科研机构第 2，EI 收录论文保持全国科研机构第 1 位；发表 399 篇“卓越国际科技论文”，居全国科研机构第 15 位；2010—2019 年发表的 SCI 收录论文被引用篇数在全国科研机构攀升至第 3 位。

2020 年，合肥研究院通过简政放权，扩大科技人员自主权，制定成果转化管理办法、科研人员离岗创业管理办法等文件，鼓励创新创业；通过推行股权激励政策，执行最高 70% 股权奖励，调动科技人员积极性，促进投资企业发展。在合肥综合性国家科学中心框架下，推动安徽省、中国科学院、中车集团高速磁浮三方签署协议，建立高速磁浮系统研究试验中心。谋划建设 G60 科创走廊高速磁浮交通系统试验工程，并推动合肥—芜湖约 100 千米试验工程研发建设。

2020 年，合肥研究院通过国家《科研组织知识产权管理规范》体系认证。授权发明专利 269 件位列安徽省科研机构前列。作为第一起草单位，发布国家标准 4 项、地方标准 2 项、团体标准 2 项。合同登记总额 5.05 亿元，认定技术交易额 4.77 亿元；签订横向技术合同 445 项，合同金额 2.68 亿元，共 42 项知识产权作价 7737 万元参股成立了 12 家科技企业，股权奖励金额 5286 万元，科技成果补助总额位列安徽省内高校院所第一名。助推战略合作企业安徽蓝盾光电子公司创业板上市。完成国家双创示范基地评估工作，院地共建双创平台获各类经费支持 1.66 亿元。

2020 年，合肥科学岛控股有限公司累计持股及受托管理企业的总数量接近 80 家（含在办企业），注册资本总额近 30 亿元，实现营业收入 68 亿元，实现净利润 3.08 亿元，上交税费 1.77 亿元。

2020 年，合肥研究院国际合作交流受疫情影响，线下国际交流活动基本停滞。全年出访 68 人次（含远程参加国际会议）、来访 6 人次（含境内顺访）。新增国际合作协议、备忘录 3 项，新增中外联合实验室 1 个；新增国际合作项目 41 项，获批资助金额 14 780.6 万元。

合肥研究院主办 4 种科技期刊，分别为英文期刊 *Plasma Science and Technology*，中文期刊《量子电子学报》、《大气与环境光学学报》、《模式识别与人工智能》。

（撰稿：左　萍　审稿：滕雪梅）

武汉岩土力学研究所

所　　长： 薛　强
地　　址： 湖北省武汉市武昌小洪山 2 号
邮政编码： 430071
电　　话： 027-87199251
传　　真： 027-87197386
电子信箱： irsm@whrsm.ac.cn
网　　址： http://www.whrsm.ac.cn

中国科学院武汉岩土力学研究所（以下简称“武汉岩土所”）创建于 1958 年，是专门从事岩土力学与工程应用基础研究，致力于重大工程安全与灾害控制、深部资源及能源高效安全开发、废弃物地质处置和资源循环利用方面的基础性、战略性、前瞻性的工作，以工程应用背景为特征的综合性研究机构。经过六十多年发展，研究所在计算岩石力学、深部地下工程、边坡灾害防治、特殊土力学、能源地下储存与废弃物处置、海洋岩土力学等方面的研究形成独特优势。

2020 年，武汉岩土所“十三五”时期“一三五”规划任务总结通过中国科学院全面验收。研究所以解决新时期国家重大需求为导向，统筹推进所体制机制改革和创新单元优化重组，调整科研管理组织架构，启动“十四五”发展规划编制，形成“511”创新单元的总体布局，即组建深部、能源、边坡、特殊土、环境 5 个学科研究中心，1 个学科前沿基础研究中心和 1 个军民融合中心，按照“成熟一个启动一个”的原则稳步推动实施。研究所围绕实验室功能定位、建设目标与主要任务、研究方向及主要研究内容等方面，明确未来所室创新融合的发展定位和 5 个研究方向，完成岩土力学与工程国家重点实验室改革重组方案。

武汉岩土所下设岩土力学与工程国家重点实验室、湖北省环境岩土工程重点实验室、污染泥土科学与工程湖北省重点实验室、能源与废弃物地下储存研究中心、湖北省固体废弃物安全处置与生态高值化利用工程技术研究中心、中国岩土工程研究中心、武汉岩土工程检测中心、岩土力学与工程实验测试中心等研究、开发与支撑平台。研究所拥有 MTS 岩石三轴试验系统、岩石双轴宏细观测量系统、岩石空心圆柱扭剪试验系统、多夹层盐岩储库水溶造腔模拟实验系统、深部巷道 / 隧洞岩爆物理模拟试验系统、静 / 动态空心圆柱扭剪实验系统、土体真三轴实验系统、大型非饱和粗粒土动态三轴试验系统、循环荷载下土体与基础相互作用模型试验装置、微米 CT 扫描仪、填埋场防渗膜渗漏探测系统、岩体破裂精细感知微震监测系统、垂直深钻孔三维地应力测量机器人、三维激光扫描测量系统、地形微变远程监测系统等各类重要科研仪器设备 153 台（套），总价值 1.66 亿元，为开展前沿科学研究与高技术研发提供了设备保障。

截至 2020 年底，研究所共有在职职工 328 人。其中科技人员 264 人、科技支撑人员 36 人，包括中国工程院院士 2 人、研究员及正高级工程技术人员 61 人、副研究员及高级工程技术人员 108 人。

2020 年，武汉岩土所大力加强人才引进和培养力度，积极推进研究生教育，是国务院学位委员会批准的首批博士、硕士学位授予单位之一。现设有土木工程一级学科、工程力学二级学科博士、硕士研究生培养点，土木水利专业硕士研究生培养点；并设有土木工程一级学科博士后流动站。截至 2020 年底，共有在学研究生 261 人，其中硕士生 97 人、博士生 164 人。

2020 年，武汉岩土所在研项目 550 项（新增项目 294 项）。其中，主持国家自然科学基金创新研究群体项目 1 项、国家杰出青年科学基金项目 2 项、优秀青年科学基金项目 1 项（新增 1 项）、重点项目 4 项（新增 2 项）、重大国际（地区）合作与交流项目 1 项、重大科研仪器研制项目 1 项、面上项目 56 项（新增 14 项）、青年科学基金项目 18 项（新增 4 项）；国家重点研发计划课题 10 项（新增 4 项）；中国科学院对外合作国际大科学计划培育专项 1 项、重大科技基础设施预研项目 1 项（新增 1 项）、科研仪器设备研制项目 1 项（新增 1 项）、重点部署项目 1 项、战略性先导科技专项课题 2 项、前沿科学重点研究项目 2 项、科技服务网络计划项目 1 项（新增 1 项）、基础前沿科学研究计划“从 0 到 1”原始创新项目 1 项；湖北省自然科学基金创新群体项目 4 项（新增 1 项）、青年杰出人才项目 4 项（新增 1 项）、技术创新专项重大项目 1 项。新增来自水利、矿山、交通、能源、建筑等领域的百万级以上重大工程项目 21 项，为重大工程设计、建造与安全运营提供了科技支撑。

2020 年，武汉岩土所共获省部、学会 / 协会各类科技奖励 15 项，其中省部级一等奖 8 项（主持 6 项），湖北省科技进步奖一等奖 3 项（主持单位），首届湖北省专利奖金奖 2 项（主持单位），优秀发明人奖 1 项（主持单位），湖北省科技进步奖一等奖 1 项（参与完成单位），云南省科技进步奖一等奖 1 项（参与完成单位），行业学会 / 协会一等奖 2 项。2020 年是 5 年内研究所作为主持单位获省部级科技一等奖最多的一年。

在科技成果方面，2020 年，武汉岩土所共发表三大检索论文 497 篇，其中被 SCI 收录 381 篇，ISTP 收录 3 篇，EI 论文 346 篇，有 14 篇 ESI 高被引论文和热点论文，研究所进入 ESI 地球科学全球前 1% 机构行列，继续保持 ESI 工程学全球前 1% 机构行列。全年专利申请 158 件，其中发明专利 146 件，实用新型 12 件；获专利授权 162 件，获得软件著作权登记 52 项。主持、参与编写的 6 部标准 / 规范发布实施，出版专著 4 部。

2020年，武汉岩土所薛强研究员当选中国岩石力学与工程学会标准化技术委员会主任委员，杨春和院士当选中国岩石力学与工程学会第九届理事会副理事长。研究所获第六届“全国文明单位”称号。

2020年，受全球新冠肺炎疫情影响，武汉岩土所及时思考并调整国际合作思路与模式，参与大型国际合作研究计划DECOVALEX（Development of Coupled models and their Validation against Experiments）第八期项目（DECOVALEX-2023），开展国际合作研究。2020年申请中国科学院国际合作重点项目1项；通过视频会议模式参与各类国际学术会议10余项，持续加强国际学术交流。

武汉岩土所是中国岩石力学与工程学会挂靠单位之一，也是其下属的地面岩石工程专业委员会、岩石动力学专业委员会、中国力学学会岩土力学专业委员会和中国科学院自然科学期刊编辑研究会武汉分会的挂靠单位。研究所主办或承办4种学术期刊，分别为*Journal of Rock Mechanics and Geotechnical Engineering*、《岩土力学》、《岩石力学与工程学报》和《土工基础》。其中，*Journal of Rock Mechanics and Geotechnical Engineering* 入选领军期刊（资助额度150万元/年，持续支持5年），《岩土力学》和《岩石力学与工程学报》入选梯队期刊（资助额度40万元/年，持续支持5年）。*Journal of Rock Mechanics and Geotechnical Engineering* 被SCIE数据库收录，成为我国岩土力学与工程领域第一个SCI英文学术期刊。《岩石力学与工程学报》、《岩石力学与岩土工程学报》（英文刊）、《岩土力学》被评为2020中国最具国际影响力学术期刊。

（撰稿：徐速超　曾妍焱　审稿：薛　强）

精密测量科学与技术创新研究院

院　　长：罗志强
地　　址：湖北省武汉市武昌区小洪山西30号
邮政编码：430071
电　　话：027-87199543
传　　真：027-87198545
电子信箱：apm@apm.ac.cn
网　　址：http://www.apm.cas.cn

中国科学院精密测量科学与技术创新研究院（以下简称“精密测量院”）是由中国科学院武汉物理与数学研究所（始建于1958年）、中国科学院测量与地球物理研究所（始建于1957年）融合组建而成，经中国科学院批准于2017年9月开始筹建，2019年4月经中央编办批准成立，2019年9月正式挂牌，是中国科学院在我国中西部地区设立的首个创新研究院。

精密测量院立足精密测量科学与技术创新，面向国家重大战略需求，发挥多学科交叉优势，开展原子分子与精密测量物理、核磁共振、大地测量和地球物理以及数学计算等科学研究，促进原子频标、原子干涉、磁共振波谱、生物影像、综合定位导航授时、重力测量、资源勘探、激光雷达、环境灾害监测等精密测量技术发展，推动量子精密测量科技的重大应用，形成精密原子、精密分子、精密地球三大优势方向，创建国际一流的科研机构。

2020年，中国科学院公布“率先行动”计划第一阶段目标任务总结评估结果，精密测量院“北斗三号”任务（第二完成单位）入选重大科技成果及标志性进展；专项验收结果中，基于原子的精密测量物理、高精度星载原子钟两项重大突破获评优秀，超灵敏磁共振方法与技术、GNSS及多传感器综合定位导航授时两项重点培育方向获评优秀。

精密测量院现有2个国家重点实验室（波谱与原子分子物理、大地测量与地球动力学）、1个国家大型科学仪器中心（武汉磁共振中心）、2个中国科学院重点实验室（原子频标重点实验室、生物磁共振分析重点实验室）等近20个国家和省部级科研平台。拥有武汉光电国家研究中心、湖北应用数学中心、武汉中科医疗科技工业技术研究院等共建科研机构和平台。

精密测量院拥有国际先进的850兆赫兹超导高分辨核磁共振谱仪、9.4T小动物磁共振成像仪、3.0T多核人体磁共振成像系统、基于0.001—10纳米高能粒子流的宽腔探测系统、膜蛋白分离纯化系统、复杂生物样品的液相分离与富集系统、原位高分辨晶相分析系统、十米喷泉式高精度原子干涉仪、极紫外 XUV 光梳、铯原子喷泉钟、光纤型光学频率综合器、绝对重力仪、超导重力仪、相对重力仪、人卫激光测距仪、全球定位系统接收机、地基 InSAR、激光跟踪仪、北斗接收机、惯性导航系统、高精度数控中心、宽频带地震观测系统、光纤地震学观测系统、缪子 - 岩石密度成像系统、便携式地物光谱仪、水质垂直剖面自动监测系统、液相色谱仪等高端科研仪器设备，为开展前沿科学研究与高技术研发提供了装备保障。建有 1 个国家级野外台站（武汉大地测量国家野外科学观测研究站），全面推进沼山长基线原子干涉重大科技基础设施建设，与华中科技大学积极共建生物医学成像重大科技基础设施。

截至 2020 年底，精密测量院共有在职职工 570 人，其中科技人员有 389 人，科技支撑人员 93 人，包括中国科学院院士 3 人，正高级专业技术人员 111 人，副高级专业技术人员 179 人。

精密测量院前身两所都曾是 1981 年国务院首批的博士和硕士授予单位之一，现设有物理、化学、测绘科学与技术 3 个一级学科博士研究生培养点，应用数学、固体地球物理学、自然地理学 3 个二级学科博士研究生培养点；物理、化学、应用数学、基础数学、测绘科学与技术、固体地球物理学、自然地理学 7 个硕士研究生培养点，电子工程、生物与医药、土木水利 3 个工程专业型硕士点；并设有数学、物理学、测绘科学与技术 3 个一级学科博士后流动站。截至 2020 年底，共有在学研究生 502 人，其中硕士生 210 人、博士生 292 人；在站博士后 62 人。

2020 年，精密测量院新争取各类科研项目共 241 项，其中千万元经费体量项目为 4 项。新争取的各类科研项目包括：其中国家自然科学基金委国家重大科研仪器设备研制专项 1 项，国际（地区）合作与交流项目 2 项，重点项目 2 项，优秀青年科学基金 2 项，首批基金委与湖北省区域创新发展联合基金重点支持项目 2 项；科技部重点研发计划课题 3 项；湖北省创新群体项目 2 项，湖北省杰出青年科学基金项目 3 项；激光雷达型号配套项目 1 项，铷钟型号配套项目 5 项，中国科学院载人航天空间站工程项目 2 项。

2020 年，精密测量院科研工作取得系列重要进展。在精密原子研究方向，首次实现单分子的相干合成，开启了原子 - 分子体系所有自由度全面相干操控的研究大门，研究成果发表在 *Science* 上；“北斗三号”全球卫星导航系统星座部署全面完成，全部 35 颗“北斗三号”卫星都装载了精密测量院研制的星载铷原子钟；研制出 24 亿年不差一秒的超高精度车载光频标，是目前国际上不确定度水平最高的钙离子光频标。在精密分子研究方向，自主研制的肺部重大医疗影像仪器被选定为新冠肺炎康复治疗患者的肺功能评价设备，已获医疗器械注册证，获准进入临床；应 *Advanced Materials* 邀请撰写固体核磁共振技术及在微孔材料中重要研究进展的综述论文。在精密地球研究方向，提出利用地震 T 波测量深海温度变化的新方法，为物理海洋学及气候变化研究提供了新手段，成果发表在 *Science* 上；成功提取到高信噪比的地球液态地核动力学信号并发现与核幔边界地磁急变的相关性；利用卫星 InSAR 技术发现青藏高原最大冰川正在加速亏损。

2020 年，精密测量院累计发表科技论文 570 篇，其中 SCI 收录论文 471 篇；获授权专利 55 件项，申请专利 91 件，其中发明专利 74 件。周欣研究员获得第二届全国创新争先奖。

2020 年，精密测量院面向国民经济主战场，聚焦精密测量院优势技术，积极推进重大成果产业化进程。中国科学院“弘光专项”人体肺部气体磁共振成像系统产业化项目稳步推进：其核心装备之一医用氙气体发生器获批医疗器械注册证，成为全球首个获批的该类产品（美国同类产品尚处于临床试验阶段）。小型化台站式冷原子干涉绝对重力仪实现转化，吸引中国科学院基金投资 400 万元。退役动力电池的梯级储能技术应用示范工程与昌华电气设备集团有限公司合作获批湖北省揭榜制项目支持。积极推动新型研发机构建设和发展，与武汉市政府、上海联影集团联合共建的武汉中科医疗科技工业技术研究院建设进展顺利，注册资本已增资至 3 亿元（政府现金投入已到位 7000 万元）。截至 2020 年底，精密测量院共投资公司 17 家，从事科技开发人员 266 人，2020 年公司产值达

8268.24 万元。

2020 年，精密测量院采取诸多措施保障新冠肺炎疫情期间国际科技合作与交流的正常开展。与法国、加拿大、德国等 20 余个国家和地区的知名机构线上开展国际科技合作与学术交流。新增国际合作项目 3 项、国际会议资助 4 项，3 人入选中国科学院国际人才计划，获批 1 个中国科学院卢嘉锡国际团队，时变重力场反演与下一代重力卫星模拟团队成功获得国际空间科学研究所 2020 年国际团队项目资助，成为国际空间科学研究所在卫星重力领域资助的首个中欧国际团队项目。

精密测量院是中国物理学会波谱学专业委员会、湖北省天文学会、湖北省晶体学会、湖北省地球物理学会和湖北省自然资源研究会的挂靠单位。主办的《数学物理学报》(中英文版)、《波谱学杂志》和参与主办的《大地测量与地球动力学》(英文版)为我国核心刊物，《数学物理学报》(英文版)为 SCI 收录期刊。2020 年，《数学物理学报》(英文版)和《大地测量与地球动力学》(英文版)两刊入选中国国际影响力优秀学术期刊。

（撰稿：朱 航 杨婷婷 审稿：倪四道）

武汉病毒研究所

所　　长：王延轶
地　　址：湖北省武汉市武昌区水果湖街小洪山中区 44 号
邮政编码：430071
电　　话：027-87199162
传　　真：027-87198072
电子信箱：office@wh.iov.cn
网　　址：http://www.whiov.ac.cn

中国科学院武汉病毒研究所（以下简称“武汉病毒所”）始建于 1956 年，前身是武汉微生物研究室和湖北省微生物研究所，是专业从事病毒学基础研究及相关技术应用研究的综合性研究机构。

武汉病毒所依托中国科学院高等级生物安全实验室团簇平台，以国家生物安全的战略需求和人口健康、农业可持续发展为目标，重点开展病毒学、新兴生物技术及生物安全等方面的基础和应用基础研究。着力突破新发和烈性传染病病原研究的前沿科学问题，系统提升应对新发和突发传染病应急反应的科技支撑能力，建成集设施、平台、资源、基础研究、技术产品研发、产业临床应用、先进生物安全管理、国家生物安全智库于一体的生物安全综合创新机构，打造具有国际先进水平的病毒学研究、人才培养和科技创新基地，实现研究所科技创新的整体跨越。

武汉病毒所主要研究领域为生命与健康，主要研究方向包括生物安全、人口健康与农业可持续发展，涉及生物化学与分子生物学、微生物学、免疫学、病原生物学、生物与医药等二级学科。

2020 年，武汉病毒所完成“十三五”期间“一三五”规划自评估，其中重大突破一获评优秀，2 项成果入选中国科学院“率先行动”计划第一阶段重大科技成果及标志性进展；组织召开学术交流年会暨规划发展战略研讨会，聚焦新发高致病性传染病，推进“率先行动”计划贯彻落实，全面探讨和谋划“十四五”战略发展，加快创建单中心、网络化、高度协同的升级版生物安全大科学研究中心。

武汉病毒所拥有我国首个投入正式运行的生物安全（四级）实验室、国家卫健委指定的“国家级保藏中心”——微生物菌毒种保藏中心、国家病毒资源库（科技部）、国家非洲猪瘟区域实验室（农业农村部）、病毒学国家重点实验室（与武汉大学共建）、中 - 荷 - 法无脊椎动物病毒学联合开放实验室、中国科学院高致病性病原生物学与生物安全重点实验室、湖北省 HIV 初筛实验室、湖北省病毒疾病工程技术研究中心等研究技术平台。研究所创建了我国唯一的中国病毒标本馆，是第一批“全国青少年走进科学世界科技活动示范基地”、湖北省科普教育基地、武汉市科普典型“十佳科普教育基地”。

截至 2020 年底，武汉病毒所共有在职职工 261 人。其中科技人员 177 人、科技支撑人员 54 人，包括正高级专业技术人员 40 人、副高级专业技术人员 55 人。

武汉病毒所是 1978 年国务院学位委员会批准的博士、硕士学位授予权单位之一，现设有生物学、基础医学 2 个一级学科博士研究生培养点，生物化学与分子生物学、微生物学、病原生物学、免疫学、生物与医药（工程硕士）5 个二级学科硕士研究生培养点；并设有生物学、基础医学 2 个专业一级学科博士后流动站。截至 2020 年底，共有在学研究生 341 人，其中硕士生 151 人、博士生 190 人；在站博士后 51 人（含联合培养）。

2020 年，武汉病毒所共有在研项目 304 项（包括新增项目 160 项）。其中，主持（或承担）国家自然科学基金重点项目 1 项、面上项目 49 项（新增 8 项）、国家杰出青年科学基金项目 1 项、优秀青年科学基金项目 2 项（新增 1 项）、国家自然科学基金联合基金 2 项（新增 2 项）；主持或承担国家重大科技专项任务 14 项（新增 2 项）；主持或承担国家重点研发计划 49 项（新增 30 项）；主持国家自然科学基金委重大仪器研制项目 1 项；主持（或承担）中国科学院战略性先导科技专项课题 4 项；主持院重点部署项目 1 项。

2020 年，武汉病毒所发表 SCI 收录论文 256 篇；申请发明专利 13 件，获授权发明专利 19 件。基于广谱高效甘蓝夜蛾核型多角体病毒的农业绿色防控技术集成应用项目获江西省科技进步奖一等奖。在新冠肺炎科研攻关方面取得系列进展。率先分离得到新冠病毒毒株，作为国家卫健委指定机构之一向世卫组织提交了病毒序列；率先完成新冠肺炎恒河猴模型、转基因小鼠模型构建，并构建了基于甲病毒载体的快速高效小鼠模型；与武汉生物制品所合作研发的灭活疫苗全球首个进入临床试验；率先合作发现磷酸氯喹、瑞德西韦等多种药物 / 新化合物具有抗新冠病毒活性；合作研发检测试剂，获国家医疗器械注册证；参与武汉市核酸检测“十天大会战”任务。

在其他研究方面，2020 年，武汉病毒所揭示了发热伴血小板减少综合征病毒感染诱发线粒体 DNA 的氧化和胞质内释放、进一步激活 NLRP3 炎症小体的机制；揭示了发热伴血小板减少综合征病毒感染诱导炎症免疫反应的重要机理，丰富病毒“包涵体监狱”假说；发现组蛋白去乙酰化酶 3 通过去乙酰化 TBK1 促进抗病毒天然免疫。在实验室及野外白纹伊蚊不同发育阶段病毒的稳定性和伊蚊核心病毒组研究中取得进展；揭示蚊虫特异性病毒的传播特征及其与致病性黄病毒相互作用；阐明自 2016 年以来我国家禽市场流行 AIV 的变化趋势，并对有些亚型禽流感的可能威胁提出了预警。首次报道发热伴血小板减少综合征病毒聚合酶 L 蛋白冷冻电镜结构；揭示了黄病毒 NS5 聚合酶基于特定构象的催化调控机制；完整揭示了病毒 RdRP 核苷酸催化循环机制。

2020 年，武汉病毒所与武汉生物制品研究所合作研制新冠病毒灭活疫苗，与武汉友芝友生物制药有限公司合作研制重组亚单位新冠病毒疫苗，与苏州旺山旺水生物医药有限公司、华兰生物工程股份有限公司等企业开展疫苗药物研发合作。与安徽科武生物科技有限公司开展新型昆虫病毒农药研发与产业化合作。与郑州临空港经济技术开发区等 10 余家机构开展交流，或签署合作框架协议。

受新冠肺炎疫情影响，2020 年，武汉病毒所因公出访 1 人次，接待外宾来访 9 人次。4 项中国科学院国际伙伴计划、2 项国家自然科学基金项目、1 项中非中心课题、3 项国际人才计划获批立项。“一带一路”生物安全国际培训中心获中国科协立项资助并正式启动。成功举办第九届新生病毒性疾病控制国际学术研讨会、第四届生物安全实验室管理与技术国际培训班。积极参与联合国秘书长调查机制（UNSGM）指定实验室新冠联试，向肯尼亚、巴基斯坦提供新冠病毒检测试剂盒；参与中国 - 世卫组织新冠肺炎联合专家考察组交流、中国科学院 - 法国梅里埃基金会交流等，助力疫情防控信息交流。

武汉病毒所是湖北省暨武汉微生物学会的挂靠单位。由武汉病毒所主办的期刊 *Virologica Sinica* 是病毒学领域国内本土主办的唯一一份英文期刊，被 SCI、PubMed 等国际权威数据库收录，2020 年影响因子 3.242，位于期刊分区表二区，连续 8 年入选最具国际影响力学术期刊。

（撰稿：李丽萍　韩照菊　审稿：何长才）

水生生物研究所

所　　长：殷　战
地　　址：湖北省武汉市武昌区东湖南路 7 号
邮政编码：430072
电　　话：027-68780789
传　　真：027-68780123
电子信箱：huangdan@ihb.ac.cn
网　　址：http://www.ihb.ac.cn

中国科学院水生生物研究所（以下简称“水生所”）是从事内陆水体生命过程、生态环境保护与生物资源利用研究的综合性学术研究机构，其前身是 1930 年 1 月在南京成立的中央研究院自然历史博物馆，1934 年 7 月更名为中央研究院动植物研究所，1944 年 5 月又分建成动物研究所和植物研究所。中国科学院成立后，于 1950 年 2 月将“中央研究院”动物所、北平研究院动物学研究所、“中央研究院”植物研究所藻类部门合并，组建中国科学院水生生物研究所（上海），1954 年 9 月迁至武汉。2001 年进入中国科学院知识创新工程试点序列。2011 年整体进入中国科学院“创新 2020”试点工程。2015 年率先进入特色研究所序列，2018 年，特色研究所通过验收，正式进入运行阶段。

2020 年，水生所依据“一三五”规划，紧密围绕“水、渔、藻”三大特色方向，增强在水环境保护与生态修复、淡水渔业可持续发展和微藻生物技术领域的学科特色和核心竞争力。同时，面向世界科技前沿、国家重大需求、国民经济主战场和人民生命健康，围绕研究所发展目标，在“率先行动”计划第一阶段目标任务总结评估中，鱼类分子设计育种获评优秀，进入全院“双一百”评估成果。

水生所拥有淡水生态与生物技术国家重点实验室、国家淡水渔业工程技术研究中心、国家水生生物种质资源库、湖泊水污染治理与生态修复技术国家工程实验室，农业部淡水养殖病害防治重点实验室、农业部鲫鱼遗传育种中心，中国科学院水生生物多样性与保护重点实验室、中国科学院藻类生物学重点实验室，湖北省水体生态工程技术研究中心、湖北省稻田综合养殖工程技术研究中心、湖北省水生植物资源与利用工程技术研究中心、湖北省水产动物营养与饲料工程技术研究中心，武汉市水环境工程研究中心等国家及省部级重点实验室与研究中心。拥有亚洲最大的淡水鱼类博物馆和淡水藻种库，世界上唯一以鲸类动物保护和研究为目的的水族馆——白鱀豚馆。拥有湖北东湖湖泊生态系统国家野外科学观测站、三峡水库香溪河生态系统实验站、长江上游珍稀特有鱼类保护及赤水河河流生态观测试验站（建设中），藻类生物技术与生物能源研发中心、淮安研究中心等共建机构及分析测试中心平台。有 50 万元以上大型通用仪器设备 177 台（套），总价值 2.22 亿元。

截至 2020 年底，水生所在职职工 332 人。其中科技人员 189 人、科技支撑人员 86 人，包括中国科学院院士 4 人、发展中国家科学院院士 3 人、研究员及正高级工程技术人员 81 人、副研究员及高级工程技术人员 100 人。

水生所是国务院学位委员会批准的首批博士、硕士学位授予权单位，设有水生生物学、遗传学、环境科学、水产养殖学、海洋生物学 5 个二级学科博士研究生培养点，动物学、水生生物学、遗传学、环境科学、环境工程学、水产养殖 6 个二级学科硕士研究生培养点，生物与医药、资源与环境 2 个工程硕士研究生培养点；设有生物学、环境科学与工程 2 个专业博士后流动站。截至 2020 年底，共有在学研究生 575 人，硕士生 264 人、博士生 311 人；在站博士后 86 人。

2020 年，水生所共有在研项目 738 项（包括新增项目 244 项）。其中，主持国家自然科学基金重点项目 6 项（新增 1 项）、创新研究群体项目 1 项、面上项目 92 项（新增 13 项）、国家杰出青年科学基金项目 2 项（新增 1 项）、优秀青年科学基金项目 1 项；国家自然科学基金重大研究计划重点项目 7 项（新增 1 项）；主持国家重点研发计划 13 项（新增 2 项），主持基地和人才专项课题 3 项（新增 3 项）；主持中国科学院战略性先导科技专项 2 项；主持重点国际合作项目 3 项（新增 1 项）。

2020 年，水生所共发表论文 725 篇，其中 SCI 收录 517 篇（JCR 学科分类前 15% 的论文 196 篇，占 37.9%）；获授权专利 59 项；国家及行业标准 3 项；出版著作 2 部。

2020 年，水生所“东亚鲤形目鱼类系统发育与适应性进化研究”获湖北省自然科学奖一等奖。该研究确立了基于系统演化关系的鲤形目及鲤科鱼类的自然分类系统，澄清了传统人为分类对鲤科各亚科的划分以及对亚科间关系的误解，论证了鲤形目鱼类宏进化中分子进化与形态个体发育的一致性；发现了青藏高原冰川湖泊中两种特有鲤形目鱼类裸鲤的同域物种分化现象，为验证同域物种形成理论找到了新的分子证据。首次发现东亚特有鲤科鱼类的独立起源和分化规律，为我国进一步的水产养殖品种的开发和甄选奠定了基础。研究成果被国内外同行高度关注，鱼类学权威著作 *Fishes of the World* 大量引用该成果的科学发现。

水生所联合北京大学等 24 家机构联合发表斑马鱼 1 号染色体全基因敲除研究成果。这是国际上首次大规模的斑马鱼反向遗传学突变体库构建和遗传筛选计划。利用 CRISPR/Cas9 技术，针对斑马鱼 1 号染色体上的 1333 个基因进行系统性基因敲除，成功敲除其中 1029 个基因，获得针对 636 个基因的 1039 个可传代的突变型，所有突变品系和遗传信息全部通过国家水生生物种质资源库——国家斑马鱼资源中心对学术界公开。该计划产生了目前学术界规模最大的经实验验证的有效和无效 gRNA 序列库。该研究首次实现了脊椎动物整条染色体的系统性基因敲除，不仅引领国际斑马鱼表型组研究，而且诞生了我国首个大规模斑马鱼定向突变体库，具有重大的社会效益和应用前景。

2020 年，水生所联合华大基因等单位利用短读长测序技术，结合遗传图谱辅助挂载染色体的组装策略，获得连续性较好、准确度高的染色体水平的鲢鱼和鳙鱼基因组；同时对鲢鱼 20 个野生样本（珠江 7 个、黑龙江 4 个和长江 9 个），鳙鱼 22 个野生样本（珠江 8 个、黑龙江 4 个和长江 10 个）进行群体重测序分析。该研究揭示了东亚鲤科鱼类的进化历史，并进一步探讨了鲢鱼、鳙鱼物种形成，群体分化的遗传学基础。联合发布“万种原生生物基因组计划”。该计划是国际上首次针对原生生物界的大规模基因组测序计划，旨在绘制万种代表性原生生物基因组图谱，建立一个大规模的原生生物遗传资源数据库，计划在未来 3 年完成约一万种原生生物的基因组测序和分析，将包括原生生物全部 26 门 / 类，覆盖超过 85% 的纲、60% 的目和 30% 的科属。

2020 年，水生所积极开展与地方的双向交流活动，采用“请进来”与“走出去”的方式，增强合作基础。面向地方经济社会发展需求，以共建科技成果转化平台为抓手，与淮安市政府签署进一步深化合作共建淮安研究中心的新一轮合作协议，支撑地方经济发展与技术创新。面向企业发展需求，以技术服务为重点，与中铁环保、华润环保等大型企业建立战略合作，不定期进行技术对接服务。扎根湖北省，由桂建芳院士领衔的湖北省水产科技服务团队在 2020 年水产科技服务“515 行动”选择洪湖、潜江、汉川，武汉新洲和枝江等地 8 个具有代表性的企业作为实施主体，在稻虾综合种养、河蟹生态养殖技术和池塘工程化绿色高效养殖技术等方面开展科技服务，助力湖北渔业绿色发展。积极组织申报中国科学院科技服务网络计划区域重点项目、省院科技合作高新技术产业化专项等项目，以项目促合作转化。共有参股公司 3 家，从事科技开发人员数 115 人，其中水生所研发人员 5 名。武汉中科水生环境工程股份有限公司 2020 年实现净利润 2000 多万元。

2020 年，水生所与澳大利亚格里菲斯大学河流研究所签订合作备忘录 1 份，承担国际项目 4 项，获批国家留学基金委项目 3 项。与国外联合发表文章 167 篇。截至 2020 年底，研究所共有在读外籍研究生 12 名，博士 11 人，硕士 1 人。

水生所是中国海洋湖沼（动物）学会鱼类学分会、中国动物学会原生动物学会、中国水产学会鱼病研究会、湖北省海洋湖沼学会、湖北省动物学会、武汉动物学会、中国环境科学学会环境生物学专业委员会 7 个学会和武汉白鱀豚保护基金会的挂靠单位。主办的中文核心、中国科技核心期刊《水生生物学报》连续被评为中国精品科技期刊、中国国际影响力优秀学术期刊、RCCSE 中国权威学术期刊、湖北省优秀期刊、湖北省精品期刊。

（撰稿：孙 慧 黄 丹 审稿：胡 炜）

武汉植物园

副 主 任：王青锋（法定代表人）
地　　址：湖北省武汉市东湖新技术开发区九峰一路 201 号
邮政编码：430074
电　　话：027-87700812
传　　真：027-87700877
电子信箱：wbgoffice@wbgcas.cn
网　　址：http://www.wbgcas.cn

中国科学院武汉植物园（以下简称“武汉植物园”）筹建于 1956 年，成立于 1958 年 11 月，1961 年改名为中国科学院中南分院华南植物所武汉植物园，1972 年划归湖北省后改名为湖北省植物研究所，1978 年回归中国科学院更名为中国科学院武汉植物研究所，2003 年再次更为现名。

武汉植物园的发展定位为：收集保护亚热带和暖温带战略植物资源；拓展资源保护与可持续利用、湿地恢复与大型工程生态安全两大优势领域，引领我国特色农业种质创新与产业发展、水生植物与水环境健康和大型工程区生态修复技术的研究，成为国际同领域具有强大竞争力和重要影响的研究机构；进一步提升科普开放能力，成为世界知名的生物多样性与环境教育基地。服务国家生物产业、生态安全及全民素质教育的战略需求，建成世界一流植物园。

2020 年，武汉植物园全面顺利完成“十三五”目标，取得重大社会经济效益，并圆满通过“一三五”规划验收，“国际合作”工作并评为亮点。三个重大突破进展显著，五个重点培育方向顺利完成。其中筛选猕猴桃优良种质 200 余份，探索出“专利品种 + 授权开发 + 科技服务”的政 - 企 - 研合作推广模式，获新品种授权 10 个，国际登录新品种 21 个，申请国家发明专利 15 项，制定技术标准 11 个，进一步夯实猕猴桃的全球领先地位；研发丹江口水库水环境保护与恢复技术体系，建立了特色生态高值农业、河道修复及消落带湿地生态系统恢复示范基地 3 个，推广 10 万亩以上，为南水北调中线工程水源地保障提供坚实的科技支撑；收集和保育非洲资源植物 1200 余种，种子 2189 份，出版专著 2 部，获授权国家发明专利 2 项，培育新品种 2 个，在 JKUAT 和 Mwea 建立现代农业示范区并投入使用，为国家“一带一路”提供科技合作平台。认真推进研究所分类改革，牵头建设核心植物园资源植物学特色学科和园林园艺功能领域。

武汉植物园现有中国科学院植物种质创新与特色农业重点实验室、中国科学院水生植物与流域生态重点实验室、中国科学院猕猴桃产业技术工程实验室 3 个院级重点实验室；湖北省湿地演化与生态恢复重点实验室、湖北省猕猴桃工程技术研究中心、湖北省特色资源植物工程技术研究中心 3 个省级重点实验室（中心）；建有包含 1 个国家种质资源圃、1 个部级生态监测站、1 个院级野外台站、4 个所级野外台站的网络支撑平台。继续推进作物表型组学研究（神农）设施立项申报，成功获批湖北省科技创新平台项目支持，启动建设项目设施“环境智能可控系统”。推进院丹江口湿地生态系统野外科学观测研究站综合大楼主体结构竣工验收，在湖北省年度台站考核中为优秀等级，参与建设的神农架野外台站评价获得良好。

截至 2020 年底，武汉植物园共有在职职工 240 人。其中科技人员 133 人，园艺中心 41 人，管理职能部门 26 人，科技支撑中心 10 人，中非中心 9 人，其他支撑人员 21 人；包括研究员及正高级工程技术人员 35 人，副研究员及高级工程技术人员 74 人。

武汉植物园现设有植物学、生态学 2 个专业二级学科博士研究生培养点，植物学、生态学、园林植物与观赏园艺、生物与医药 4 个专业二级学科硕士研究生培养点；并设有生物学、生态学 2 个专业一级学科博士后流动站。截至 2020 年底，共有在学研究生 270 人，其中硕士生 162 人、博士生 108 人；在站博士后 6 人。

2020 年，武汉植物园共有在研项目 235 项（包括新增项目 44 项）。其中，承担国家重大科技专项子课题 2 项（新增 1 项）、承担国家重点研发计划课题 5 项、承担国家科技平台项目

1项、承担国家公益性行业性专项1项、主持农业部“948”项目1项、主持（或承担）国际合作项目2项（新增1项）、联合申请基金1项、优秀青年科学基金2项（新增1项）、国家基金面上项目等59项（新增15项）、承担国家其他项目13项。承担中国科学院战略性先导科技专项（A类）项目课题3项（新增1项）、（B类）子课题3项、主持院重大项目1项、主持院前沿重点项目1项，主持院重点部署项目课题3项、主持院科技服务网络计划项目4项（新增2项）、主持院国际杰出学者项目3项，主持院战略生物资源网络计划项目2项，主持院海外科教基地项目4项，主持院青年创新促进会项目8项(新增2项)，主持院人才引进项目2项，主持（或承担）院其他任务37项。

2020年，武汉植物园共发表科研论文284篇，其中以第一作者或最后通讯作者发表SCI收录论文194篇（TOP5%论文24篇，10%论文43篇）；合作申报国家及省部级奖8项；专利授权14件；主编专著4部；地方标准实施15项；新品种保护授权5个。新增物种（品种）545种，正式发表植物新种12个。

2020年，武汉植物园积极推进成果转移转化，以猕猴桃、白及、莲、草坪草为代表的新品种推广迅速，共实施成果转化项目20项，合作经费1067万元。猕猴桃科技扶贫成效显著，累计建立24个核心示范基地，新品种推广面积40万余亩，技术辐射200万亩，累计带动20万人脱贫；弘光专项“高端品牌猕猴桃”助推猕猴桃产业发展提质增效放异彩；中央电视台等主流媒体集中采访报道科技惠农成效；钟彩虹带领团队坚守一线担当扶贫扶智育人使命，获第二届全国创新争先奖状。

2020年，武汉植物园继续加强与非洲地区、泰国、澳大利亚等交流合作，获批2项国际人才计划项目。以中-非联合研究中心工作基础为核心，积极推动科技部与湖北省政府共同启动中非创新合作中心建设，作为核心参与单位获批科技部对发展中国家科技援助项目“中非创新合作中平台建设”，以及2项湖北省国际合作重点研发计划项目支持。线下线上相结合，合作举办“2020丝路影响力投资论坛”，联合水利部中国科学院水工程生态研究所举办“长江流域水生态监测技术培训班”。

武汉植物园是湖北省暨武汉市植物学会、中国园艺学会猕猴桃分会的挂靠单位；主办的学术期刊《植物科学学报》（原名《武汉植物学研究》）是中国自然科学核心期刊。

（撰稿：班小泉　韩　丽　审稿：尚纳新）

南海海洋研究所

副 所 长：龙丽娟（法定代表人）

地　　址：广东省广州市海珠区新港西路164号

邮政编码：510301

电　　话：020-84452227

传　　真：020-84451672

电子信箱：webmaster@scsio.ac.cn

网　　址：http://www.scsio.cas.cn

中国科学院南海海洋研究所（以下简称“南海海洋所”）1959年在广东成立；1962年改为中国科学院海洋研究所（青岛）南海分所；1966年2月7日改为中国科学院南海海洋研究所；1969年改名为广东海洋研究所；1978年初恢复为现名。

南海海洋所以海-陆-气相互作用与环境安全、生态安全与绿色发展、边缘海与大洋板块相互作用和海洋环境保障为战略主题，着力突破海洋领域前沿科学问题和关键核心技术，建成国际水平的热带海洋科学研究、人才培养、成果转移转化3个高地，为保障我国海洋权益做出贡献。主要研究热带海洋环境动力与生态过程、边缘海-大洋地质与环境演化过程及其资源效应、热带海洋生物资源可持续利用与生态安全及生态保护和海洋环境观测体系及其关键技术。

南海海洋所牵头成果热带岛礁海洋生态系统性保护及绿化关键技术与应用入选中国科学院“率先行动”计划第一阶段重大科技成果及标志性进展。在中国科学院“一三五”验收评估中，南海海洋所重大突破成果热带岛礁生态系统保护与修复、重点培育方向成果热带季风海洋（印度洋）的海气耦合机制及其影响和热带海洋微生物资源绿色利用技术均获评优秀，高质量完成“十三五”目标任务。

南海海洋所拥有热带海洋环境国家重点实验室、中国科学院边缘海与大洋地质重点实验室、中国科学院热带海洋生物资源与生态重点实验室、中国科学院应用海洋学实验室、中国科学院海洋微生物研究中心、中国科学院岛礁综合研究中心、中国科学院中国 - 斯里兰卡联合科教中心，广东省海洋药物重点实验室、广东省应用海洋生物学重点实验室、广东省海洋遥感重点实验室、海南省热带海洋生物技术重点实验室，以及海洋环境工程中心等。拥有广东大亚湾海洋生态系统国家野外科学观测研究站、海南三亚海洋生态系统国家野外科学观测研究站，西沙海洋环境观测研究站（2020 年 12 月入选国家野外科学观测研究站择优建设名单）、湛江海洋经济动物实验站、汕头海洋植物实验站和南沙海洋生态环境实验站。有“实验 1”、“实验 2”、“实验 3”和“实验 6”4 艘大型海洋科学考察船和一个淡水码头。

南海海洋所牵头、联合中国科学院广州能源研究所等 27 家单位建设的中国科学院南海生态环境工程创新研究院以优异成绩通过验收；联合自然资源部广州海洋地质调查局等 50 家单位建设南方海洋科学与工程广东省实验室（广州）。提前完成国家发展改革委科教基础设施建设项目——新型地球物理综合科学考察船“实验 6”建造并交船入列；冷泉生态系统大科学装置顺利通过国家发展改革委初评。

截至 2020 年底，南海海洋所共有在职职工 672 人。其中科技人员 395 人、科技支撑人员 231 人，包括中国工程院院士 4 人、研究员及正高级工程技术人员 111 人、副研究员及高级工程技术人员 136 人。

南海海洋所是国务院学位委员会批准的博士（1993 年）、硕士（1970 年）学位授予权单位。现设有海洋科学、环境科学与工程 2 个一级学科培养点，物理海洋学、海洋化学、海洋生物学、海洋地质、环境科学 5 个二级学科培养点，资源与环境、生物与医药 2 个专业学位硕士培养点。截至 2020 年底，共有在学硕士生 223 人、博士生 199 人、留学生 32 人。设有海洋科学、环境科学与工程 2 个一级学科博士后流动站，在站博士后 33 人。

2020 年，南海海洋所共有在研项目 847 项（包括新增 201 项）。其中，主持或承担国家重点研发计划 6 项（新增 2 项），课题 19 项；主持国家科技基础资源调查专项项目 3 项，万人计划 3 项；主持（或承担）中国科学院战略科技先导科技专项（A 类）1 项、战略性先导科技专项课题 5 项（新增 2 项），主持中国科学院重点部署项目 1 项，院前沿科学重点研究项目 4 项，院科技服务网络计划项目 2 项，院王宽城率先人才计划卢嘉锡国际团队项目 2 项；主持国家自然科学基金重大项目 1 项、课题 5 项（新增 1 项），国家杰出青年科学基金项目 4 项，优秀青年科学基金项目 3 项（新增 1 项），国家自然科学基金重大研究计划重点项目 6 项（新增 2 项）、培育项目 4 项，国家自然科学基金重点项目 8 项（新增 1 项）、国家自然科学基金联合资助基金项目（重点项目）5 项（新增 2 项），面上项目 142 项（新增 25 项），青年科学基金 82 项（新增 24 项），国家基金国际（地区）合作与交流项目 3 项；主持广东省重点领域研发计划项目 1 项，广东特支计划本土创新创业团队项目 1 项，广东省基金研究团队项目 2 项，广东省自然科学基金杰出青年科学基金 4 项；承担重点国际合作项目 20 项（新增 7 项）。

2020 年，南海海洋所龙丽娟、唐丹玲获第二届全国创新争先奖；张偲获广东省突出贡献奖；龙丽娟等完成的成果“南海岛礁多维生态修复关键技术与应用示范”获广东省科学技术奖科技进步奖一等奖；中斯中心斯方主任、斯里兰卡卢胡纳大学 TILAK 教授获广东省科学技术奖科技合作奖；“红树林对极端环境响应及其分子生态学适应机制”和“南海砗磲规模化人工繁育和中培技术体系构建及其在生态修复中应用”分别获中国海洋工程咨询协会海洋工程科学技术奖一等奖。

2020 年，南海海洋所发现一类广泛分布于细菌和古菌中的新型 TA 系统—— HEPN/MNT，并揭示了抗毒素的新颖功能，在国际上提出七型 TA 系统命名标准，为 TA 系统的生理生化功能研究搭建了重要的框架。开发出‘华海 1 号’熊本牡蛎新品种，高生长率、鲜重及产量均显著提高，外观整齐度提高至 90% 以上。适宜养殖在华南沿海中 - 高盐度海区水域，可积极促进当地海洋经济发展。筛选发现首例海洋来源的真菌 - 内生细菌共生体—— *Spiromastix* sp. F190/*Alcaligenes faecalis* B001，其次级代谢产物 spiromarmycin 具有很强的抑菌活性，是开发新型抗感染药物的重要先导物。在台风影响海洋中尺度及大尺度的动力机制研究中取得重大突破，提出了一条新的作用途径，即通过海洋对台风的地转响应，成果发表在 *Journal of Geophysical Research*：*Oceans* 上，并被选为亮点论文。厘清了南热带印度洋罗斯贝波触发的两种海气响应过程，揭示了 2019 极端 IOD 事件的触发和形成机制，丰富了 IOD 的多样性研究，有助于改善 IOD 的预报能力；发现在海表盐度较低海域，反气旋涡促进冬季障碍层增厚，导致海表温度低于周围水体，对揭示低盐度海域中尺度海气相互作用有重要意义。重建了两万年以来南海北部约 60 米、100 米、250 米、325 米、700 米的水体温度，并据此计算了表层、温跃层和中层水体的热含量演变历史，为低纬海区热含量变化提供了新思路。首次建立了南海地幔温度、成分及其演化过程的定量化统一模型，模型结果表明南海东部和西南次海盆的地幔温度基本一致，而东部和西南次海盆岩石地球化学特征的差异主要受控于地幔组分，对于揭示边缘海地幔演化动力学过程及其构造岩浆响应机制具有重要指导意义。

2020 年，南海海洋所共发表论文 727 篇，专著 4 种，其中第一作者 419 篇。SCI 477 篇，EI 24 篇，*Nature* 指数期刊 31 篇。申请国内专利 94 件，授权 92 件。2 项发明专利通过 PCT 途径提出申请，1 件获得澳大利亚授权。32 件软件完成计算机软件著作权登记。熊本牡蛎‘华海 1 号’通过全国水产原种和良种委员会水产新品种认定。

2020 年，南海海洋所承担地方政府、科研院所、企业等技术咨询与服务、合作研发等项目 95 个，合同总额 6203 万元，专利转让 4 项。向国家部委和地方政府新增推荐海洋和环境领域专家 125 名次，向相关学会和协会新增推荐专家 40 名次。全资公司广州南科海洋工程中心全年共计承担项目 31 个，合同总额 740 万元。

2020 年，南海海洋所派出 35 人赴斯里兰卡及东印度洋执行涉外航次。召开中国科学院中国 - 斯里兰卡联合科教中心第二次理事会，承办中国科学院第五届涉外海洋科考管理研讨会，通过线上线下相结合方式组织世界大洋中的风生环流和全球海洋环境变化讲习班及第二届印度洋地球科学国际会议。参加由外方组织的线上国际会议 20 人次。

南海海洋所是中国海洋学会热带海洋分会、中国海洋学会海洋物理分会、广东海洋湖沼学会、广东海洋学会的依托单位；主办《热带海洋学报》（核心期刊）学术刊物。

（撰稿：徐晓璐　黄林丛　审核：龙丽娟）

华南植物园

主　　任：任　海
地　　址：广东省广州市天河区兴科路 723 号
邮政编码：510650
电　　话：020-37252711
传　　真：020-37252831
电子信箱：bgs@scbg.ac.cn
网　　址：http://www.scbg.ac.cn

中国科学院华南植物园（以下简称“华南植物园”）前身为中山大学农林植物研究所，由著名植物学家陈焕镛院士创建于 1929 年，1954 年改隶中国科学院并易名中国科学院华南植物研究所，1956 年建立华南植物园以及我国第一个自然保护区——鼎湖山国家级自然保护区，2003 年 10 月更名为中国科学院华南植物园。2018 年以来，华南植物园实现整体进入中国科学院核心植物园，部分进入中国科学院南海生态环境工程创新研究院、种子创新研究院和药物创新研究院的“率先行动”计划总目标。

华南植物园的定位为：立足华南，致力于全球热带亚热带地区的植物保育、科学研究和知识传播，在植物学、生态学、农业科学、植物资源保护与利用关键技术等方面发展成为高水平研究机构，在世界植物园发展中发挥引领作用。

华南植物园由三个园区组成：一是植物迁地保护园区及对外开放园区，位于广州，占地 4237 亩，建有展览温室群景区、龙洞琪林景区、珍稀植物保育中心，以及木兰园、棕榈园、姜园等38个专类园区，迁地保育植物17 168个分类群；二是科学研究园区，位于广州，占地552亩，拥有植物科学、生态及环境科学、农业及资源植物以及分子生物分析及遗传改良四大研究中心，馆藏标本115余万份的植物标本馆、图书馆、《热带亚热带植物学报》编辑部、计算机信息网络中心、CMA及CNAS双资质认证的公共实验室等支撑系统；三是建于1956年的鼎湖山国家级自然保护区，位于广东省肇庆市，占地面积17 000余亩，是我国第一个自然保护区和中国科学院目前唯一自然保护区，2013年实现中国科学院与环境保护部共建，就地保育植物2291种。

华南植物园拥有广东鼎湖山、广东鹤山2个森林生态系统国家野外科学观测研究站、中国科学院小良热带海岸带生态系统定位研究站；拥有植物资源保护与可持续利用、退化生态系统植被恢复与管理、华南农业植物分子分析与遗传改良3个中国科学院重点实验室，以及中国科学院海岛与海岸带生态修复工程实验室；数字植物园、应用植物学2个广东省重点实验室，南海岛礁植被生态系统、热带亚热带海岸带生态系统2个广东省定位观测研究站，广东省特色植物资源开发工程技术研究中心，广东省种质资源库以及华南植物鉴定中心等科研平台。华南植物园还是国际植物园保护联盟（BGCI）中国项目办公室、国际植物园协会（IABG）秘书处所在单位。

截至2020年底，华南植物园在职职工463人，其中科技人员187人、科技支撑人员233人，包括研究员及正高级工程技术人员62人、副研究员及高级工程技术人员87人。

华南植物园是国务院学位委员会批准的首批硕士学位培养单位之一，现设有博士学位授权点4个（植物学、生物化学与分子生物学、遗传学、生态学）和硕士学位授权点7个（植物学、生物化学与分子生物学、遗传学、生态学、园林植物与观赏园艺、野生动植物保护与利用、生物与医药专业学位）；并设有2个一级学科（生物学、生态学）博士后流动站。

2020年，华南植物园共有在研项目1006项（新增项目268项）。其中，主持（或承担）国家自然科学基金重点项目4项、面上项目116项（新增21项）、国家杰出青年科学基金项目2项；主持或承担国家重点研发计划19项（新增1项）；主持（或承担）中国科学院战略性先导科技专项课题2项；主持（或承担）院重点部署项目4项（新增1项）；承担院地合作项目9项（新增3项）。

2020年，华南植物园新增科研项目数和科研合同经费均达历史最高，新增科研合同经费2.086亿元，到位科研经费1.8778亿元。地方科技项目增长迅速，新增地方科技项目159项，占新增项目数的59.3%；新增地方科技合同经费7747万元，占新增合同经费的37.1%，新增地方科技项目数和合同经费均达历史最高。地方科技项目集中申报项目中标率达52%。获批我园首个广东省重点领域研发计划项目（1000万元）和中国科学院 - 广西区域科技服务网络计划重点项目（600万元）。广东省林业局立项项目合同经费和到位经费均达1000万元以上，为历史最高。3个广东省杰出青年科学基金项目获答辩资格，2项获得资助。

2020年，华南植物园广东省应用植物学重点实验室参加广东省科技厅组织的实验室评估获优秀等级，并在小组44家单位中排名第一；参加科技部大型科研仪器开放共享评价考核获良好等级；作为第一副组长单位参加的中国科学院南海生态环境工程创新研究院筹建工作顺利通过专家验收。发表SCI论文456篇，5年影响因子10以上的SCI论文13篇（其中，第一/通讯单位9篇），再创历史新高；授权专利43件；出版专著13部；获得植物新品种26个；获得软件著作权2件。

2020年，华南植物园科研工作取得系列重大进展。

桫椤异源多倍体物种形成取得进展：基于简化基因组测序的群体基因组学及溯祖模型，揭示四倍体小黑桫椤后代与其亲本粗齿桫椤在同域或邻域分布群体存在基因流。生态位模型分析揭示小黑桫椤与其亲本之一大叶黑桫椤存在明显的生态位分化，但与粗齿桫椤的生态位大部分重叠，推测小黑桫椤的多倍体杂交起源受华南地区的历史气候变化驱动。该研究首次从群体基因组水平解析了蕨类植物的杂交物种形成机制和进化历史，发现蕨类不同倍性之间存在基因流，丰富了多倍体杂交物种形成理论。相关研究结果发表在 *Molecular Biology and Evolution* 上。

揭示陆地自然生态系统磷限制格局：基于Meta分析，研究了全球地上植物生产力的磷限制现象、分布和影响因素，揭示了磷限制除了在热带地区广泛存在之外，也常发生在其他地区和诸多生态系统类型中，以往研究可能低估了磷供应变化对陆地自然生态系统地上植物生产力的重要性。相关研究结果发表在 *Nature Communications* 上。

揭示光周期促进春季树木木质部发育的机制：利用过程模型等方法，基于年均温、温度的季节变异，以及纬度等变量来模拟证实光周期在驱动春季天然林木树干木质部细胞生长中作用不可替代，其作用主要体现在光合产物能量的供应、通过叶片感知光信号来诱导树干形成层细胞分裂。该研究回答了光周期究竟是否可以驱动林木木质部发育的疑问，对全球变暖下陆地森林如何受环境驱动的机制有了更深层次的认知。相关研究发表在 *PNAS* 上。

揭示两种枸杞果实着色的差异调控机制：以宁夏枸杞、黑果枸杞及其杂交种果实为材料，系统开展了比较蛋白组和亚细胞结构分析研究工作，暗示亚细胞结构调控两种色素的合成，亚细胞结构发育是近缘种黑果枸杞和宁夏枸杞果实色泽形成差异的重要调控因素。相关研究成果发表于 *Industrial Crops and Products* 上。

促进茶叶重要香气物质吲哚的蓄积机制：茶叶生长与加工过程中，多个胁迫参与了茶叶香气形成。该研究所获成果有助于提高人们对多个胁迫协同诱导植物香气合成机制的认知，为今后利用茶叶对逆境胁迫的代谢应答研发茶叶安全提香技术提供理论基础。相关研究成果发表在 *Journal of Experimental Botany* 上。

2020年，华南植物园按照中国科学院促进科技成果转移转化专项行动要求，修订了《科技成果转移转化管理办法》、《对外投资管理办法》等系列促进科技成果转化的规章制度。全年共签署成果转移转化合同13份，合同金额883.8万元；签署合作项目4项，合同金额480万元。园控股企业广东中科琪林园林股份有限公司2020年签约/中标26个项目，营业额收入1.7亿元，利润总额420万元，净利润320万元，同比2019年营业额、利润均增长10%。同时，根据中国科学院要求启动园知识产权贯标工作。

2020年，经“一带一路”国际科学组织联盟（ANSO）批准，华南植物园和庐山植物园启动“ANSO植物园专题联盟（B组）”建设，联合欧洲、南美洲和亚洲等多个国家的植物园，共同打造区域化和全球的植物园合作平台；获批广东省高端外国专家引进计划人才团队、广东省银龄人才计划、中国科学院-发展中国家科学院国际人才项目各1项，自聘高端外籍人员1人。华南植物园全年还组织举办陈焕镛讲座4次。

广东省植物学会、广东省植物生理学会挂靠在华南植物园；据《中国学术期刊综合引证年度报告》统计，华南植物园主办的《热带亚热带植物学报》2019年度影响因子为1.125，总被引频次为1488次，网上下载达5.09万次。

（撰稿：周　飞　郑祥慈　审稿：徐　海）

广州能源研究所

所　　长：马隆龙

地　　址：广东省广州市天河区五山能源路2号

邮政编码：510640

电　　话：020-87057639

传　　真：020-87057677

电子信箱：web@ms.giec.ac.cn

网　　址：http://www.giec.cas.cn

中国科学院广州能源研究所（以下简称“广州能源所”）成立于1978年，其前身为1973年成立的广东省地热研究室。1998年4月原中国科学院广州人造卫星观测站并入广州能源所。2001年成为中国科学院知识创新工程试点单位之一。2015年进入中国科学院清洁能源特色研究所培育阶段，2017年参与筹建中国科学院清洁能源创新研究院和中国科学院南海生态环境工程创新研究院。

广州能源所定位于可再生能源、新能源、

节能环保及相关战略研究等领域的应用基础与关键技术、方法研发，围绕国家战略需求提供能源资讯服务。广州能源所在“一三五”规划实施过程中，梳理凝练研发方向，确立优势发展领域，对照研究所“率先行动”计划目标，全面落实规划任务，规划任务全部通过院评估验收。“十三五”期间研究所在科技创新、党建及创新文化、人才队伍建设、反腐倡廉建设等方面取得显著成效，三个重大突破和五个重点培育方向取得多项重大产出，获得国家技术发明奖二等奖1项，中国专利优秀奖1项，广东省科技进步奖特等奖1项、一等奖6项，省专利奖金奖3项，其他省部级科技奖励9项。广州能源所作为骨干成员单位，完成中国科学院洁净能源创新研究院和南海生态环境创新工程研究院等机构共建验收工作，完成所级分支机构（共10个）的专项清理工作，稳步推进洁净能源创新研究院（广州）的建设，并支持国家能源实验室、广州明珠科学园建设等。

广州能源所是国家能源生物燃料研发中心、中国科学院可再生能源重点实验室、中国科学院天然气水合物重点实验室、中国科学院广州天然气水合物研究中心和广东省新能源和可再生能源研究开发与应用重点实验室的依托单位，建有国家可再生能源综合技术国际研发中心、国家能源生物燃料研发中心等研发平台，是国家生物质能源产业技术创新战略联盟理事长单位。科研单元包括21个研究室，形成以生物质能、海洋能、太阳能、地热能、固体废弃物能、天然气水合物和节能与环保为重点方向的学科布局。建有公共仪器分析测试平台，拥有大型仪器设备40余台（套）。

截至2020年底，广州能源研究所共有在职职工435人。其中科技人员341人、科技支撑人员40人，包括中国工程院院士1人、研究员及正高级工程技术人员67人、副研究员及高级工程技术人员95人。

广州能源研究所是1978年国务院学位委员会批准的博士、硕士学位授予权单位之一，目前设有动力工程及工程热物理、化学工程与技术2个一级学科硕士、博士学位点及博士后流动站，地质学、环境科学与工程、材料科学与工程3个学术型硕士学位点，能源动力、材料与化工专业领域工程博士学位点，能源动力、材料与化工、生物与医药专业领域工程硕士学位点。截至2020年底，共有在学研究生201人，其中硕士生121人、博士生80人；在站博士后24人。

2020年，广州能源所共有在研项目748项（包括新增项目206项）。其中，主持国家自然科学基金重点项目2项、面上项目40项（新增3项），主持国家重点研发计划6项（新增1项），主持中国科学院战略性先导科技专项课题6项；承担院地合作项目3项（新增2项）。

2020年，广州能源所科技成果质量进一步提升。生物航油与化学品联产技术产业化推广取得标志性进展，千吨级生物航油联产乙酰丙酸工程项目在新疆克拉玛依市开始商业化生产，项目投产后预期年消纳秸秆生物质原料15 000吨，联产航空燃油、乙酰丙酸与糠醛各1000吨。鹰式波浪能技术获得广泛关注与认可，兆瓦级示范工程初具规模，第一台500千瓦装置已开展了实海况试验，第二台500千瓦装置已建造完成，择机开展海试；建成了全国首座多能互补的半潜式波浪能渔业平台，装机容量为120千瓦（60千瓦波浪能、60千瓦太阳能），该平台的稳定运行，标志着深远海养殖网箱平台技术进入了实海况应用阶段。超长重力热管开采干热岩热能的关键技术取得突破性进展，在国际上首次实现干热岩地热资源“只取热、不取水”的“无泵式”重力热管开采中深层地热能量；自主研发并成功研发出新型的3000米长度的超长重力热管系统，在河北唐山一口干热岩地热深井内开展长达4个月的取热试验，为清洁供能提供了新方案。产业园区多能互补集成优化和区域智慧能源系统建设与示范取得新进展，基于中山华南现代中药城的实际“用能、节能”需求，开展科研技术攻关及示范研究，研发了高温蒸汽的热表监测、传输、采集技术，构建了智慧能源管理仿真系统平台并完成其示范应用，将中山中药园区打造成国家级互联网+智慧能源示范区，带动地方产业发展。

2020年，广州能源所科技成果持续产出，质量进一步提升。天然气水合物分解机理及调控方法研究获2019年度广东省科学技术奖自然科学奖一等奖、大型半潜式海洋波浪能发电技术与装备、高水分有机固废安全处置与土壤高值化利用技术及装备获2019年度广东省科学技术奖技术发明奖一等奖；发明专利一种秸秆生产交通燃料用油的方法获第六届广东省专利奖金奖。全年发表论文455篇，其中SCI论文319篇；申请国内专利221件，其中发明专利177件；国内授权专利128件，其中发明专利91件；PCT专利申请17件，国外专利授权2件。

2020年，广州能源所有效地转化一批科研成果。实施专利技术转移8项，作价金额总计3692.25万元，在专有技术（技术秘密）许可使用方面有所突破，其中“农林废弃物制备生物航油联产高值化学品”以技术秘密许可使用实现成果转化，合同额达1200万元，为建所以来科技成果转化最大的现金收益。同时，以知识产权、无形资产参股或组建成立3家公司，另有1家公司在筹建中，作价金额共计2390万元。

2020年，广州能源所国际科技交流与合作相关工作稳步推进。协办第十一届清洁能源部长级会议（CEM-11）及第五届创新使命部长级会议（MI-5）的能源周转播活动。联合主办全球科技创新大会（G-STIC），承办能源专场，为实现联合国可持续发展目标贡献力量。

广州能源所是中国可再生能源学会生物质能专业委员会、天然气水合物专业委员会及广东省太阳能学会的挂靠单位。2020年双月刊《新能源进展》按计划出版6期，入选RCCSE核心期刊；月刊《能量转换剪报资料》出版12期，半月刊《科技信息》（电子版）出版23期、月刊《能源政策快报》（电子版）出版12期。

（撰稿：郑望舒　姜　洋　审核：马隆龙）

广州地球化学研究所

所　　长：徐义刚

地　　址：广东省广州市天河区科华街511号

邮政编码：510640

电　　话：020-85290702

传　　真：020-85290130

电子信箱：xuwenxin@gig.ac.cn

网　　址：http://www.gig.ac.cn

中国科学院广州地球化学研究所（以下简称“广州地化所”）前身为中国科学院地球化学研究所广州分部。1987年，中国科学院地球化学研究所整建制搬迁部分学科、研究室与原中国科学院广州地质新技术研究所合并，成立中国科学院地球化学研究所广州分部。1994年经中央机构编制委员会办公室批准使用现名。

2002年，广州地化所与原中国科学院长沙大地构造研究所异地整合，整体进入中国科学院“知识创新”工程二期试点系列。2011年进入中国科学院“创新2020”整体择优支持研究所行列。2020年，经第13次中国科学院院长办公会议批准，广州地化所深地科学卓越创新中心正式进入筹建期。“十三五”期间，广州地化所圆满完成“一三五”规划目标任务，1项突破和1项培育获评“优秀”；获国家自然科学奖二等奖1项，省部级科技进步奖一等奖6项。

广州地化所主要研究方向包括：大陆动力学与岩石圈演化、深部地质过程与地球系统变化、成矿规律与油气成藏动力学、海洋地质与边缘海演化、环境污染与控制等。广州地化所致力于推动有机地球化学、元素和同位素地球化学、环境科学与技术、油气与矿产资源等重点学科领域的发展；紧密围绕“资源生态环境”核心领域定位，做出“三性”创新贡献，为解决国家和地方经济社会可持续发展所面临的能源资源和生态环境等重大科技问题提供知识基础与技术支撑。

广州地化所现有有机地球化学、同位素地球化学2个国家重点实验室，边缘海与大洋地质、矿物学与成矿学2个中国科学院重点实验室，资源环境利用与保护、矿物物理与矿物材料研究开发2个广东省重点实验室，国家大型科学仪器中心“广州质谱中心”，化学地球动力学、粤港澳大湾区环境污染研究与控制2个与香港共建联合实验室。此外，还建有地学与资源科普教育基地和图书馆。

截至2020年底，广州地化所共有在职职工345人。其中科技人员155人、科技支撑人员56人，包括中国科学院院士2人、研究员及正高级工程技术人员67人、副研究员及高级工程技术人员91人。

广州地化所现有2个一级学科博士后流动站，共有在站博士后97人。2个一级学科博士研究生培养点和2个一级学科硕士研究生培养点，设有5个专业博士授权点、9个专业学术型硕士授权点和1个专业工程硕士授权点。截至2020年底，共有在学研究生630人，其中硕士生245人、博士生385人。

2020年，广州地化所共有在研科研项目574项（新增196项）。其中，主持（或承担）国家自然科学基金重点项目12项（新增4项）、面上项目173项（新增42项）、国家杰出青年科学基金项目5项、创新研究群体2项（新增1项）；主持国家重大科技专项课题1项；主持国家重点研发计划项目4项（新增1项）、课题17项（新增2项）；主持国家第二次青藏科考专题1项，参加专题2项；承担中国科学院战略性先导科技专项1项；主持院重点部署项目2项；承担重点国际合作项目2项（新增2项）；承担院地合作项目113项。

2020年，广州地化所取得系列科研进展。开展现有稀土资源基地的深部找矿增储，拓展新的稀土资源和增加重稀土资源量，对保持我国稀土资源优势具有重大现实意义。系统掌握我国有毒有害大气污染物的污染特征，评估我国人群有毒有害大气污染物暴露的健康风险，提出国家管控的有毒有害大气污染物名录，构建重要风险源的环境健康风险评估方法与管理体系。开展“典型地区高原岩石圈组成、演化与深部过程”科学考察，揭示青藏高原新生代以来的生长、演化的深部动力学过程，推动大陆动力学理论的发展。在黑龙江省依兰县发现一个新的陨石坑——依兰陨石坑，这是继2009年陈鸣团队发现并证实我国第一个陨石坑——岫岩陨石坑后的又一重要突破。

2020年，广州地化所获国家自然科学奖二等奖、广东省科学技术自然科学奖一等奖和广东省科学技术奖科技合作奖等各1项。其中，“峨眉山大火成岩省与地幔柱研究”获国家自然科学奖二等奖，该项目从多学科角度论证峨眉山地幔柱的存在，揭示地幔柱深部过程与地表演变之间的协同变化规律，阐明地球深部作用对地壳演变的控制作用，取得系列在国际上产生重大影响的科学发现；“显生宙增生造山过程中大陆地壳的非均匀性生长”获广东省科学技术自然科学奖一等奖，该项目聚焦显生宙最大增生造山带——中亚造山带（新疆北部），通过岩石学、地球化学研究，识别了古老基底、新生地壳，系统估算了岩浆岩的量，解决了估算地壳生长速率的难点。

2020年，广州地化所共发表研究论文841篇，其中SCI论文621篇，NI论文71篇，专著1部；申请专利34件，其中发明专利25件，实用新型专利6件，外国专利3件；授权专利31件，其中发明专利23件，实用新型专利7件，外国专利1件；转让专利2件。

2020年，广州地化所与佛山市南海区政府联合成立的国科（佛山）检测认证有限公司合同金额达2006万元，比2019年增加14.35%。公司具有CMA和CNAS资质的检测参数合计898项，2020年被广东省环境监测协会评为优良环境检测实验室。

2020年，受新冠肺炎疫情影响，广州地化所全年出访4批4人次，参加线上国际会议4批33人次。在研国际合作项目26项，经费总额2072万元（新增8项，经费868.8万元）。与肯尼亚内罗毕大学、巴基斯坦真纳大学分别签订国际合作协议，并续签与马来西亚马来亚大学的谅解备忘录。新增国际组织任职1人次、国际学术期刊任职9人次，包括共同主编1人次、执行副主编1人次、编委7人次。新到岗外籍博士后1名，延续了广州地化所近年“先来者介绍后来者”的外籍人才引进趋势，在2020年度中国科学院国际人才计划管理评估中位列前十。

广州地化所主办地学核心刊物《地球化学》和《大地构造与成矿学》和国内SCI英文期刊*Solid Earth Sciences*。

（撰稿：徐文新　邓土连　审稿：李海滨）

广州生物医药与健康研究院

院　　长：陈新文

地　　址：广东省广州市科学城开源大道190号

邮政编码：510530

电　　话：020-32015300

传　　真：020-32015299

电子信箱：huang_bochun@gibh.ac.cn

网　　址：http://www.gibh.cas.cn

中国科学院广州生物医药与健康研究院（以下简称“广州生物院”）在中国科学院、广东省、广州市共建三方的见证下应运而生，于 2006 年 3 月正式成立。广州生物院是中国科学院首个面向地方经济社会的发展需求、在实施“知识创新工程”试点中与地方共建的研究所，首次采取院、省、市联合共建以及理事会领导下的院长负责制的全新运行体制机制。研究院的成立填补了当时华南地区生物医药领域国立科研机构的空白。

广州生物院面向人类健康与“健康中国”战略，聚焦生命健康领域前沿重大科学问题和重要疾病机理，以建成国际一流的生物医药与健康领域新型研发机构和创新人才培养高地为目标，提供保障人类健康和疾病防控的原创性基础理论、突破性前沿技术与系统性解决方案为使命，优化科技成果快速转化的机制与途径，满足国家战略需求和区域经济社会发展，促进生物医药产业发展，发挥国家战略科技力量的核心作用。

广州生物院主要从事干细胞与再生医学、化学生物学、感染与免疫、公共健康、科研装备研制等领域的研究，建有华南干细胞与再生医学研究所、化学生物学研究所、感染与免疫中心、公共健康研究所 4 个核心研究单元，设有公用仪器中心、动物实验中心、超算中心；联合建成了呼吸疾病国家重点实验室（与广州呼吸疾病研究所共建）、中国科学院再生生物学重点实验室、广东省干细胞与再生医学重点实验室及广东省生物医药计算重点实验室，为广州再生医学与健康广东省实验室的主要建设依托单位和中国科学院香港创新研究院干细胞创新中心的依托单位。

截至 2020 年底，广州生物院共有在职职工 419 名、在读学生 411 名，其中研究生 361 名。有学科领域的方向带头人 55 人，其中 90% 以上从海外引进（含 4 位非华裔科学家）。

广州生物院拥有生物学一级学科博士点，基础医学一级学科博士点，药物化学二级学科博士培养点，材料与化工、生物与医药两个领域的工程硕士专业学位培养点；与中国科学技术大学、吉林大学、广州医科大学等多所高校开展共建院系、“卓越人才培养实验班”等覆盖本、硕、博层次的教育合作；接收来自西班牙、印度、巴基斯坦等国的留学生攻读学位。

2020 年，广州生物院新承担各级各类科技项目 157 项，新增科研合同经费 19 461.86 万元。其中，新增 3 项国家重点研发计划项目、1 项中国科学院对外合作重点项目、1 项国家杰出青年科学基金项目、1 项优秀青年科学基金项目、2 项国家自然科学基金联合基金项目（重点）项目、2 项国家自然科学基金国际（地区）合作研究组织间合作研究项目、2 项广东省重点领域研发计划项目、1 项广州市重点领域研发计划项目。全年发表论文 146 篇，新增专利申请 31 件（国内专利申请 28 件、PCT 申请 3 件），新增专利授权 25 件（国内专利授权 22 件、外国专利授权 3 件）。

2020 年，广州生物院继续深入实施“一三五”战略规划，在干细胞与再生医学研究领域、疾病机理及综合干预新策略研究领域取得多项原创性成果，重大突破“细胞命运转变调控机制研究”及重点培育“治疗性细胞获取的新策略及新技术”获评优秀，“尿液诱导多能干细胞技术及体细胞重编程机制”获广东省科学技术奖自然科学奖一等奖，“人源化小鼠及其临床前评估平台的建立及应用”获广东省科学技术奖科技进步奖二等奖。

2020 年，广州生物院再生医学取得系列具有国际影响力的原创成果：揭示了小鼠多能干细胞始发态向原始态转变过程的分子机制；发现了 Sox2/DDX5 协同调控 R-loop 参与体细胞重编程过程，阐明了 R-loop 对细胞命运调控的重要作用；揭示了 KDM6s 依赖的 H3K27me3 去甲基化在人神经发生过程中特化谱系保真性和命运决定中的关键作用；阐明了基态多能干细胞具有和亚稳态多能干细胞不同的转录调控机制；发现由母系转录因子 Glis1 调控多能干细胞命运的“表观组 - 代谢组 - 表观组”的跨界蝴蝶效应；在靶向白血病微环境治疗白血病领域取得技术突破；在基因治疗遗传代谢性肝病领域取得重要进展。在疾病机理及综合干预新策略研究领域取得重要进展。揭示新冠病毒感染导致急性呼吸窘迫症的细胞机理；合作研制的腺病毒载体新冠肺炎疫苗在实验动物猕猴身上取得阶段性进展；运用干细胞技术快速制备新冠肺炎小鼠模型，开发了一套可快速大量制备精准基因编辑小鼠模型的方法；提出治愈耐多药结核病新策略；在 TCR-T 治疗 HBV 相关肝癌的研究中取得新进展，提出一种治疗 HBV 相关肝细胞癌的新策略。

2020 年，广州生物院继续推进科技成果转移转化。3 个 1.1 类新药取得新进展：抗白血病药物 D824 获生产批件，抗肺癌药物 120067 完成Ⅱ期临床试验，抗老年痴呆药物 AD16 完成Ⅰ期临床试验；完成“一种修饰体外合成 RNA 的试剂盒和方法”、“一种等温反应检测具序列特异性的 DNA 和 RNA 的方法”、“用于变异流感病毒的新型环烷胺类化合物”等共 11 件专利转让，合同额 1108 万元，到账金额 112 万元；与合源资本合作申报广州市科技成果转化基金，已获批广州市科技局引导基金 0.9 亿元。

2020 年，广州生物院积极开展院地、院企合作。完成三亚猪种质资源创新研究院事业单位设立、选址、落地工作，推动医用大动物模式项目入驻南繁科技城；与生物岛实验室和广州香雪制药股份有限公司共建应用系统免疫联合实验室。

2020 年，广州生物院充分发挥依托单位作用，积极推进中国科学院香港创新研究院建设。牵头建设的再生医学与健康创新中心获特区政府资助 6420 万港币，获中国科学院支持建设经费 3524 万元，克服修例风波、新冠肺炎疫情等不利因素，按相关程序规范，启动办公室、实验室装修、人才招聘和 InnoHK 项目合作，稳步推进各项建设工作。举办 GIBH 学术活动月系列论坛、臻溪生命科学论坛药物等学术交流活动，参会人数逾千人次。

（撰稿：黄博纯　韩青海　审稿：侯红明）

深圳先进技术研究院

院　　长：樊建平

地　　址：广东省深圳市南山区学苑大道 1068 号

邮政编码：518055

电　　话：0755-86392288

传　　真：0755-86392299

电子信箱：info@siat.ac.cn

网　　址：http://www.siat.cas.cn

中国科学院深圳先进技术研究院（以下简称“深圳先进院”）由中国科学院、深圳市政府及香港中文大学共同建立，旨在提升粤港澳地区先进制造业和现代服务业的自主创新能力，推动我国自主知识产权新工业的建立。2006 年 2 月 24 日，中国科学院、深圳市政府以及香港中文大学在深圳签署备忘录，成为深圳先进院筹建的起点。2006 年 7 月 17 日，深圳先进院进驻蛇口南山医疗器械产业园，标志进入运营阶段。2006 年 9 月 22 日，中国科学院、深圳市政府及香港中文大学在深圳签署共建协议书，深圳先进院西丽新园区奠基仪式也于同日举行。2009 年 7 月 22 日，正式纳入中国科学院序列。同年 12 月 17 日通过共建三方验收。

深圳先进院初步构建起以科研为主的集科研、教育、产业、资本为一体的微型协同创新生态系统，“十三五”规划任务通过验收，其中高端医疗影像、低成本健康和先进电子封装材料三项成果获评“优秀”。在中国科学院“率先行动”计划第一阶段目标任务总结评估 2 项重大突破、1 项重点培育获评优秀。

深圳先进院现有 8 个研究所（中国科学院香港中文大学深圳先进集成技术研究所、生物医学与健康工程研究所、先进计算与数字工程研究所、生物医药与技术研究所、广州中国科学院先进技术研究所、脑认知与脑疾病研究所、合成生物学研究所、先进材料科学与工程研究所），中国科学院大学深圳先进技术学院，多个特色产业育成基地（深圳龙华、平湖及上海嘉定）、多支产业发展基金，在深圳、济宁、珠海、苏州、杭州、武汉、济南等地建设多个具有独立法人资质的新型专业科研机构。

深圳先进院获批牵头建设的脑解析与脑模拟、合成生物研究两大深圳重大科技基础设施，主体建筑全面封顶；牵头建设的深圳先进电子材料国际创新研究院、深圳市合成生物学创新研究院、深港脑科学创新研究院三大基础研究机构以优异成绩通过筹建验收；牵头获批医疗器械领域唯一一个国家高性能医疗器械创新中心；获批广东省年度唯一的国家专业化众创空间（生物医学）；依托深圳先进院建设的中国科学院深圳理工大学（暂定名）建设启动会顺利召开，主校区建设全面移交深圳市工务署，光明滨海明珠校区于 2021 年投入使用。

截至 2020 年底，深圳先进院人员规模达 4216 人（含学生），其中科技人员 1678 人、科技支撑人员 351 人，包括中国科学院院士 6 人、研究员及正高级工程技术人员 187 人、副研究员及高级工程技术人员 270 人。

深圳先进院现设有化学、生物学、计算机科学与技术、控制科学与工程、光学工程 5 个一级博士学位授予点，信号与信息处理、生物医学工程、材料工程等 10 个硕士学位授予点，累计培养学生（含国际留学生）超万人；2020 年增列光学工程一级学科博士点和材料与化工专业博士培养点，生物医学工程学科博士点增列论证会顺利通过，并设有计算机科学与技术、生物学 2 个专业一级学科博士后科研流动站。截至 2020 年底，共有在学研究生 1506 人，其中硕士生 1168 人、博士生 338 人；在站博士后 702 人，68 人获博士后基金资助。

2020 年，深圳先进院新增纵向项目 825 项，科研项目经费（不含人才项目经费）13.3 亿元，牵头深圳市基础研究机构建设经费 4.7 亿。获批国家自然科学基金 166 项，同比增长 64%，较 2019 年实现翻倍；牵头获批 12 项科技部重点研发计划项目，总经费超亿元。获批广东省杰出青年科学基金 5 项。

2020 年，深圳先进院共申请专利 1723 件，PCT 专利 567 件，授权 660 件。年度发表论文 1612 篇，其中 CNS 系列文章 31 篇，正刊 5 篇，自然指数上升至 31.11；ESI 前 1% 学科达 5 个。获中国科学院青年科学家奖 1 项，牵头获广东省科学技术奖技术发明一等奖 1 项，深圳市科学技术奖 5 项，深圳市一等奖获奖数量连续 3 年全市第一，获吴文俊人工智能科学技术奖 2 项；新增省部级科研载体 1 项。

2020 年，深圳先进院科研工作取得系列进展。

在高端医学影像方面，国家自然科学基金委重大科研仪器专项超声神经调控仪器研制成功，进入整机验收阶段并进入产业化快车道；国家自然科学基金委重大科研仪器研制项目高清晰高灵敏小动物 PET 成像仪器研发成功，性能达到国内领先水平；牵头组建国家高性能医疗器械创新中心。

在低成本健康方面，成功研制介入手术机器人整机系统，与多家公司合作推进技术转化；突破快速化微液滴生成和高密度颗粒阵列技术，促进 dPCR 和 dELISA 的亲民化、普及化，取得产业化进展；面向基层医疗机构的低成本健康创新技术及集成应用通过中国生物医学工程学会组织的专家组鉴定。

在机器人与人工智能方面，面向机器人辅助经皮穿刺手术，建立多层软组织内穿刺针弯曲预测模型，显著地提高了机器人靶向穿刺的精准性和安全性；提出一种能够将微型物体转化为机器人的磁性喷雾技术，在靶向送药、狭窄腔室操作等领域有巨大的潜在应用，相关成果发表在 *Science Robotics* 上；研制偏瘫患者辅助机器人系统，将实现脑卒中患者早期康复的辅助机器人介入。

在大数据方面，对全球城市化进程进行量化，论文发表在 *Nature Communications*；流行病流动干预策略算法研究在数据挖掘、知识发现领域的国际最高级别学术会议——KDD 2020，包揽相关奖项冠亚军；并行性能优化算法在首届 ACM 中国国际并行计算挑战赛上获一等奖；提出升级版的二次光流算法，将视频的帧率提升四倍，获 AIM2020 国际竞赛第一名；研究成果“视频的深度表征与识别技术及应用”，获广东省科学技术奖技术发明奖一等奖。

在脑科学方面，通过发展原位冷冻电镜成像技术在国际上首次解析了完整神经突触的受体原位三维结构及组织规则，相关成果发表在 *Nature Neuroscience* 上；首次发现一条全新的“脑 - 骨”轴神经环路，为压力应激导致的骨丢失提供新的策略和治疗靶点，相关成果发表在 *Journal of Clinical Investigation* 上，被选作当期亮点工作；首次发现一条新的调控焦虑症的环路，相关成果发表在 *Molecular Psychiatry* 上；首次揭示成年哺乳动物，季节性皮层可塑性的机制和生物学意义，成果以当期封面故事发表在 *PNAS* 上。

在新能源与新材料方面，聚焦“卡脖子”问题，晶圆减薄临时键合材料与成套工艺“备胎转正”，打破国外长期垄断，成功应用于国产芯片；埋入式电容材料完成技术授权并通过器件端验证；芯片级底部填充材料等进入大尺寸芯片验证环节；二维黑磷半导体实现千克级制备，黑磷金属催化剂完成百吨级电子级双氧水制备；突破窄禁带铜基多元化合物半导体材料低温生长工艺，为近红外成像芯片提供全新技术方案。材料所正式去筹，积极申报筹建国家集成电路材料技术创新中心（深圳）。

在肿瘤精准治疗技术方面，成功研制出基于CD19、EGFR Ⅷ等靶点的CAR-T细胞治疗新药，已完成血液病、实体瘤的CAR-T临床研究病例111例，治疗效果显著；自主开发的重大新药“注射用AS1501”获得国家药品监督管理局颁发的临床试验通知书；研发的光学精准治疗新材料——纳米光敏剂，进入中试放大阶段；开发的CTX双环肽bicycle-P3，可实现脑胶质瘤的靶向荧光成像；研究成果“基于仿生纳米材料的光学精准诊疗基础研究”获2020年度深圳市自然科学奖一等奖。

在合成生物学方面，揭示了细菌细胞分裂的全新机制，该项成果修正了主导细菌细胞生长分裂领域的两大法则；建立了一种人工基因组的高效简化策略，为最小真核基因组的构建及理解生命的核心组成提供了方法；发现了新冠病毒感染人神经祖细胞和类脑器官的证据，相关成果发表于*Cell Research*。获批深圳市工程生物产业创新中心，将建成国内首个“楼上楼下”创新创业综合体。

2020年，深圳先进院与产业合作项目金额达4.21亿元。新增横向委托合同超2.3亿元，到款1.1亿元；产学研合作项目到款1.51亿元，科技成果转移转化现金到账5159万元，新增投资9169万元；发起成立国内首支合成生物产业基金。新增孵化企业218家，新增持股企业38家；新签订联合实验室37个，累计147个，与华为、中广核等龙头企业进一步加强深度合作。区域辐射带动作用进一步增强，牵头建设的深圳市工程生物产业创新中心、光明脑科学技术产业创新中心落户光明，国家高性能医疗器械创新中心落户龙华。全国双创基地评估得分位列全国科研院所第一，牵头推进深圳市新一代信息通信产业集群培育工作，入选工信部先进制造业集群决赛优胜者名单。

在国际合作方面，深圳先进院成功搭建与“一带一路”沿线5个高校的校际合作协议，为中国科学院深圳理工大学与境外的联合办学及招生储备奠定良好基础。新增国际科技交流与合作项目84个，涉31个国家（地区），总经费4243万元，同比增长132%，引进“短—中—长期”国际人才交流计划48位，参与欧盟等境外项目成功获批4项。国际人才交流计划综合管理水平在中国科学院排名第一。

（撰稿：田　静　冯　春　审稿：毕亚雷）

亚热带农业生态研究所

所　　长：谭支良

地　　址：湖南省长沙市芙蓉区远大二路644号

邮政编码：410125

电　　话：0731-84615204

传　　真：0731-84612685

电子信箱：csiam@isa.ac.cn

网　　址：http://www.isa.ac.cn

中国科学院亚热带农业生态研究所（以下简称“亚热带生态所”）创建于1978年，其前身为中国科学院长沙农业现代化研究所，2003年10月改为现名。

亚热带生态所主要学科方向为亚热带复合农业生态系统生态学，下设喀斯特区域农业生态、农田生态、湿地农业生态、流域农业环境、畜禽健康养殖与农牧复合生态、作物分子生态6个研究中心，作为依托单位拥有畜禽养殖污染控制与资源化技术国家工程实验室、中国科学院亚热带农业生态过程重点实验室、农业生态工程湖南省重点实验室、湖南省动物营养与生理代谢过程重点实验室、湖南省畜禽健康养殖工程技术研究中心和广西石漠化治理工程技术研究中心，建有桃源农业生态系统观测研究站、环江喀斯特生态系统观测研究站、洞庭湖湿地生态系统观测研究站和长沙农业环境观测研究站。

截至2020年底，亚热带生态所共有职工208人，其中科研人员131人、科技支撑人员55人，包括正高级专业技术人员44人、副高级专业技术人员66人。

亚热带生态所现拥有生态学博士学位授予点，生态学、畜牧学、环境工程学硕士学位授予点；有生态学专业学科博士后流动站。截至

2020年底，共有在学研究生163人，其中硕士生77人、博士生86人（包括3名中国科学院-发展中国家科学院博士生）；在站博士后29人。

2020年，亚热带生态所在研项目总数585项（新增185项）。主持国家自然科学基金重点和联合基金项目11项（新增5项）、优秀青年科学基金项目1项（新增1项）、面上项目和青年科学基金项目等96项（新增22项）；承担国家重点研发计划项目4项（新增1项）；参与承担中国科学院战略性先导科技专项项目13项(新增2项）；主持中国科学院科技服务网络计划项目14项（新增8项）；承担地方科技项目135项（新增41项）。2020年新增项目经费10260万元，到账项目经费12386万元。

2020年，亚热带生态所科研工作取得系列进展:“广西喀斯特区石漠化治理与适应性生态恢复技术研究示范”与“石山贫困区生态高值特色扶贫产业培育关键技术与应用”成果分别获广西壮族自治区科技进步奖一等奖和二等奖，“农业农村水污染源头生态治理关键技术创建及其在南方的应用”成果获湖南省科技进步奖一等奖。制定了农用地土壤重金属污染修复评价地方标准，研发了优质地方猪（宁乡猪、沙子岭猪）猪肉形成机制与营养调控技术，实现喀斯特关键水文过程精准模拟，构建了农田氮磷流失防控决策支持系统，制定了洞庭湖流域湿地保护实施方案，筛选出抗除草剂和抗虫重大育种价值基因，形成了解决区域重大农业生态环境问题的亮点成果。

2020年，亚热带生态所发表第一单位SCI论文109篇，一二区SCI论文比例达72.1%。此外，受理申请发明专利29项，授权发明专利16项。

2020年，亚热带生态所大力开展科技合作网络建设，与15家地方政府、企业等签订合作框架协议。以专利技术独占使用授权许可分别参股湖南民刍生物科技有限公司和中科捷云（北京）信息技术有限公司。与湖南和广西多部门合作，推广应用农村污水处理与废弃物资源化利用、生猪健康养殖、农田重金属污染治理等方面先进技术，取得良好经济、生态和社会效益。2020年定点扶贫县广西环江毛南族自治县整体脱贫，研究所科技扶贫工作收到广西壮族自治区政府和中国科学院高度肯定。

2020年，亚热带生态所争取中国科学院国际人才计划1项、高端外国专家引进计划2项，CAS-CSIRO对外合作重点项目1项，科技部重点研发政府间项目1项。与日本千叶大学续签合作协议。国家合作实施主要通过线上交流方式进行，合作发表论文20余篇，其中与荷兰研究机构合作喀斯特生态系统固碳研究成果发表在*PNAS*上。

亚热带生态所是湖南省生态学会、湖南省土壤学会、湖南省动物营养与生态环境学会挂靠单位；主办《农业现代化研究》期刊。

（撰稿：陈　冲　李昕茹　审稿：谭支良）

深海科学与工程研究所

所　　长：丁　抗

地　　址：海南省三亚市吉阳区鹿回头路28号

邮政编码：572000

电　　话：0898-88601508

传　　真：0898-88601508

电子信箱：idsse@idsse.ac.cn

网　　址：http://www.idsse.ac.cn

中国科学院深海科学与工程研究所（以下简称“深海所”）于2011年启动筹建，是中国科学院、海南省和三亚市三方共建，直属中国科学院的科研事业单位。2016年5月正式成立。

深海所以6500米以深的海斗深渊为主要的研究对象，致力于构建深海科学研究-工程技术研发-海上作业融合体系，发展“深海进入”、“深海探测”、“深海开发”的高新技术；立足三亚，打造深海科技研发的共享开放平台，引领中国海洋主力进入深海，挺进全球海斗深渊，填补我国深海战略的地域性空白；创新体制机制，坚持陆海统筹，打破海洋与非海洋领域的专业界限、打破行业与部门的行政隔离，组建适应新时代国家深海战略科技力量需要的人才队伍和研发实体。

深海所建有中国科学院重点实验室1个（中国科学院深海极端环境模拟重点实验室）；海南省重点实验室1个（海南省海底资源与探测技

术重点实验室）；海南省、中国科学院共建实验室1个（海南省深海技术实验室）。此外，与合作单位建有多个联合实验室。

截至2020年底，深海所共有在册职工237人，其中科技人员193人、科技支撑人员44人，包括研究员及正高级工程技术人员32人、副研究员及高级工程技术人员41人。2020年新增5名潜航员，“深海勇士”号、“奋斗者”号深潜队共有成员16人，其中高级潜航员和潜航员10人，实习潜航员和助理潜航员6人，形成一套完整的潜航员招收、培养制度和独特的潜航员岗位管理办法。

深海所现设有海洋科学、机械工程2个专业一级学科（二级学科：海洋生物学、物理海洋、海洋地质学、机械电子工程）博士、硕士研究生培养点，1个电子信息专业硕士研究生培养点；并设有海洋科学1个一级学科博士后科研流动站。截至2020年底，共有在学研究生119人，其中硕士生66人、博士生53人；在站博士后7人。

2020年，深海所共有在研项目280项（新增49项）。其中，主持国家自然科学基金面上项目14项（新增3项）；国家自然科学基金重大研究计划重点项目1项（新增1项）；主持或承担国家重大科技专项1项（新增0项）；主持或承担国家重点研发计划40项（新增4项）；主持或承担技术创新引导专项1项（新增1项）；主持（或承担）中国科学院战略性先导科技专项课题11项（新增0项）；主持或承担基地和人才专项59项（新增13项）；主持（或承担）院重点部署项目1项（新增0项）；承担重点国际合作项目2项（新增2项）；承担院地合作项目166项（新增30项）。

2020年，深海所牵头组织国内14家单位、300余人次参与“奋斗者”号海试任务。先后在南海、西太平洋马里亚纳海沟海域分阶段进行海试验证，顺利通过现场验收。累计完成下潜30次，其中8次下潜超过万米，11月10日创造10 909米的中国载人深潜新纪录。牵头研制的“沧海”号视频着陆器同步开展6次万米试验，其中与“奋斗者”号在万米海底开展3次联合作业，实现全球首次万米海底实时4K视频直播。

2020年，深海所克服新冠肺炎疫情的不利影响，持续推进“深海勇士”号业务化运行，组织实施中山大学和同济大学南海科考航次、深海采矿车联合海试等系列海试及科考航次。全年下潜100次，下潜人数51人，其中40人为首次下潜，新增单位7家。“深海勇士”号总计实现下潜325次，并创造8天12潜次的连续下潜作业记录，进一步验证和锤炼了潜水器运维团队的能力和水平。

2020年，深海所研制成功多项深海装备。包括具备长时间区域精细作业能力的3000米多位点着陆器与漫游者潜水器系统样机，深海原位生物探测和基因传感集成系统、深海高精度痕量金属与溶解气体分析系统。随着“奋斗者”号入列，深海所已在三亚汇集了国际上独特的深海大型装备集群，包括2艘具有二级动力定位及全海深科学考察与工程作业能力的6000吨级科考船“探索一号”、“探索二号”，2艘大深度载人潜水器“深海勇士”号（4500米级）、“奋斗者”号（全海深）和大型深海超高压模拟试验装置。

2020年，深海所新发表论文135篇，其中SCI论文121篇、EI收录论文2篇、中文核心10篇；作为第一单位发表期刊论文75篇，其中SCI论文66篇。其中，在*Science*发表2篇Letter文章，呼吁关注中华白海豚等中国南海鲸类动物的濒危现状及面临的威胁，提出相关保护建议以阻止该类珍稀动物的灭绝。*Frontiers in Microbiology*发表了深渊狮子鱼体内发现的新型细菌，为深渊环境共生关系提供进一步新见解。在*Nature Communications*发表通过汞同位素研究揭示的深渊甲基汞源与迁移转化机制，提出深渊环境对人为污染物品甲基汞具有累积和放大效应。在*Geology*与*Geochemical Perspectives Letters*分别发表深渊地幔橄榄岩中纳米级非生物成因有机质生成的新发现，俯冲板块洋壳沸石相中有机碳质化合物与微化石的新发现，对于地球早期生命起源及地球深部生物圈具有重要启示意义。“基于预应力钢丝缠绕技术的深海超高压模拟实验装置研制与应用”、“南海生物礁碳酸盐台地发育演化与油气成藏系统”项目分获2019年度海南省科学技术奖科学技术进步奖一、二等奖。

2020年，深海所国际合作工作稳步推进。年度因公出国（境）9批225人次（含航次2

个），获批中国科学院“一带一路”国际伙伴关系计划项目1项，海南省对外合作交流项目1项。参与科技部金砖国家海洋极地工作组工作，并参与完成金砖国家海洋合作工作报告。

（撰稿：杜 莉 发 强 审稿：阳 宁）

成都生物研究所

所　　长：吴　宁
地　　址：四川省成都市人民南路四段九号
邮政编码：610041
电　　话：028-82890289
传　　真：028-82890288
电子信箱：swsb@cib.ac.cn
网　　址：http://www.cib.cas.cn

中国科学院成都生物研究所（以下简称“成都生物所”）成立于1958年，当时定名为中国科学院四川分院农业生物研究所，1962年9月更名为中国科学院西南生物研究所，1971年1月更名为四川省生物研究所，1978年启用现名。

成都生物所的战略定位与科研目标为：立足西南、放眼世界，针对生物多样性保育、生态环境建设及生物资源可持续利用，开展基础性、战略性和前瞻性科学研究、技术研发与集成，着力突破一批事关国家生态安全和社会经济发展全局的科学前沿问题和重大技术瓶颈，提升我国相关科技领域的国际竞争力，为国家经济建设、生态文明建设，为乡村振兴战略、“一带一路”倡议、长江上游生态屏障建设、川藏铁路沿线生物多样性考察，提供科学基础、技术支撑与决策依据，为建设世界科技强国以及富强民主文明和谐美丽中国贡献力量。

成都生物所的主要研究领域及学科方向为：天然药物与人口健康、生态保护与环境治理、工业生物技术及现代农业等。设有生物多样性与生态系统服务领域、环境治理与食品安全领域、天然产物研究中心“两领域、一中心”的科研架构，下设15个项目组。成都生物所是国家天然药物工程技术研究中心、中国科学院山地生态恢复与生物资源利用重点实验室、生态保育与生物多样性保护四川重点实验室、中国科学院环境与应用微生物重点实验室、环境微生物四川省重点实验室、中国科学院四川转化医学研究医院的依托单位。

成都生物所两栖爬行动物、植物标本馆是全国青少年科技教育基地、全国青少年走进科学世界科技活动示范基地、四川省及成都市科普教育基地；馆藏两栖爬行动物标本10万余号，模式标本703号，标本的种类、数量、各种文献等居国内领先地位；馆藏植物标本逾30万份。公共实验技术中心拥有600兆赫兹核磁共振波谱仪、流式细胞分选仪等价值约1.3亿元的各类先进科研仪器设备，并对社会开放。知识管理中心图书及期刊馆藏以生物资源和生物技术的研究与开发为主的中外文文献21万册。建有及正在筹建中国科学院茂县山地生态系统定位研究站（中国生态系统定位研究网络站）、成都平原农业生态站、若尔盖高寒湿地生态站和马尔康小麦夏繁基地等8个野外生态站（点）。

截至2020年底，成都生物所拥有在职职工320人，其中拥有专业技术人员278人。

成都生物所是1981年国务院学位委员会第一批批准的动物学硕士学位授予权单位，2000年国务院学位委员会第八批批准的植物学博士学位授予权单位。拥有植物学、动物学、微生物学、生态学、环境科学、药物化学、药理学、病理学与病理生理学8个博士学位、8个学术型硕士学位授予点，制药工程、生物工程2个全日制专业型硕士学位授予点。截至2020年底，共有在学研究生386人，其中博士生163人、硕士人207人、留学生16人。拥有生物学博士后科研流动站，2020年招收博士后研究人员4人。

2020年，成都生物所对外争取科研项目150余项，合同经费1.12亿元，院外竞争性经费占比83%；到所经费1.18亿元，院外竞争性经费占比64%。在青藏高原二次科考、川藏铁路建设、精准设计与种子创造先导专项、全国生物多样性普查等重大项目争取方面取得良好进展，重大项目合同经费占全年总经费超过25%，为“十四五”实现科技创新能力全面提升奠定了基础。2020年，研究所努力克服新冠肺炎疫情和国际局势变化带来的不利影响，合同经费未大幅下滑，到所经费较2018年仍保持持续增长态势。

2020年，成都生物素共发表SCI论文174

篇，主编专著4部，授权专利44件；获国际奖1项。全面完成“一三五”规划目标任务和所级自评估。新增2个ESI TOP学科农业科学、环境科学/生态科学，共4个学科进入全球前1%阈值线，ESI TOP学科数位于全院第16位。

2020年，成都生物所承接系列国家和院重大科技任务，达成数个重大成果产出。全面参与全国生物多样性调查与评估，主编《全国生物多样性状况评估报告》，积极服务国家战略和联合国可持续发展目标，作为我国生物多样性保护与研究的核心力量，全面参与全国多样性调查与评估工作，并作为技术牵头单位主编《全国生物多样性状况评估报告》。研发市政污泥生物转化与资源化利用成套技术，为区域污染防治提供了可复制、可推广的系统方案，支撑国家“水污染治理攻坚战”，完成“酶-微量元素”双E污泥预处理技术、多种原料协同厌氧消化技术中试试验，采用动力学方程拟合、微生物高通量测序、物料守恒揭示了污泥转化途径，开发了污泥资源化处理全套工艺路线并编制工艺包，与四川能投集团合作，建成年处理污泥量3.65万吨的示范工程，总投资7817.9万元。研发基于VPCR的新冠病毒核酸检测试剂盒，为准确高效的病毒检验和疫情应对提供强有力的科技支撑。建立了35分钟内完成新型冠状病毒核酸扩增方法：将病毒RNA逆转录时间从15—30分钟缩短至5分钟以内，将核酸扩增时间从60—90分钟缩短至30分钟以内；建立了更加科学合理的检测体系：通过筛选人源性稳定表达且跨内含子的mRNA作为内标序列，实现对假阴性和假阳阳性结果的判断依据，提高了检测准确性。

2020年，成都生物所积极响应成渝双城经济圈建设，成为“成渝双城经济圈农业科技创新联盟”副理事长单位，助力区域高效特色农业带建设；牵头筹建“成渝双城经济圈湿地保护创新联盟”，助力区域湿地保护与恢复。构建技术转化服务网络，助推科技成果转移转化。改变传统“游击队”式的转化模式，构建了涵盖转化机构、知识产权运营公司和政府职能部门的“技术转化服务网络”，让技术成果更广泛、精准地对接需求企业。2020年，新签战略合作协议5份，累计17个战略合作伙伴。1件专利评估作价199.46万股，孵化成立新型环保企业。切实做到加强院地合作交流，科技助力地方发展。

2020年，成都生物所持续推进新形势下的国际合作交流托“中国-克罗地亚生物多样性和生态系统服务‘一带一路’联合实验室”，获批科技部重点研发计划战略性科技创新合作重点专项1项。邀请联合实验室克方合作单位萨格勒布大学加入“一带一路”国际科学组织（ANSO），进一步拓宽合作领域和合作伙伴。依托“‘一带一路’国际科学组织稻麦品种技术创新与转移联盟”，与泰国正大集团正大农产品有限公司签署《水稻品种技术创新转移合作协议》，授权在东南亚和南亚“一带一路”国家对该品种进行推广应用，实现中国科学院热带水稻品种技术成果在“一带一路”国家对外转移转化重大突破。吴宁出任ICIMOD中国委员会副主席、中国科学院中亚生态与环境研究中心理事。陈槐因其对湿地生物多样性等方面的研究获2020年亚太经合组织创新、研究与教育科学奖（全球唯一获奖者）。

2020年，成都生物所围绕“高端科研资源科普化”和科学教育，同时力求“科普资源精品化”。由于疫情影响，科普活动全面转向线上，线上参加人数突破百万人次，获中国科学院公众科学日活动优秀奖、中国科学院科普讲解大赛优秀奖2项，中国科学院科普讲解大赛优秀组织奖、中国科学院优秀科普微视频作品等奖项。

2020年，成都生物所两刊建设迎来变革，杂志封面/论文全新改版，出版总量和平均出版周期均达中国科学院最好的A档，出版质量审读结果均为优。英文期刊*Asian Herpetological Research*（《亚洲两栖爬行动物研究》）入选2020年中国国际影响力优秀学术期刊（自然科学与工程技术类），位列中国科学院JCR期刊分区表Q2区，是亚太地区同领域期刊首位。中文期刊《应用与环境生物学报》位于国内期刊Q1区，全球期刊Q2区。

2020年，成都生物所继续加强条件平台建设，提升支撑保障能力。推进2个中国科学院级重点实验室重组。成为成渝地区大型仪器区域中心（生物资源领域）依托单位；协助筹建国家合成生物学创新中心（成都）。完成中国科学院茂县山地生态系统定位研究站园区二期升级工程和党员主题教育基地一期建设；完成中国科学院若尔盖高寒湿地定位研究站“修缮”项目；与西藏环保厅联合共建的芒康森林生物多样性监测研究站正式投入使用。西南天然药物与临床转化综合研究平台获2021年“修缮”项目支持(390万元)。全年未发生科研安全事故、网络安全事故、泄密事件。

2020年，成都生物所积极应对新冠肺炎疫情，制订《中共中国科学院成都生物所委员会应对新型冠状病毒感染肺炎疫情工作联络值守方案》，配合行政班子做好疫情防控整体安排。根据国家统一安排，在严格遵守属地疫情防控部门具体要求的前提下，及时调整复工安排。开展“众志成城、抗击疫情”征文、党员抗疫爱心捐款活动。

（撰稿：朱　丹　王皆恒　审稿：刘　庆）

成都山地灾害与环境研究所

所　　长：文安邦
地　　址：四川省成都市人民南路四段九号
邮政编码：610041
电　　话：028-85228816
传　　真：028-85222258
电子信箱：office@imde.ac.cn
网　　址：http://www.imde.ac.cn

中国科学院、水利部成都山地灾害与环境研究所（以下简称“成都山地所”）由1965年成立的中国科学院地理研究所西南地理研究室发展而来，1966年2月建成中国科学院地理研究所西南分所，1978年更名为中国科学院成都地理研究所，1989年实行中国科学院、水利部双重领导并采用现名，2002年进入中国科学院知识创新工程，2015年进入“率先行动”计划特色研究所首批试点，并于2018年8月通过验收正式运行。

成都山地所是我国唯一山地科学综合研究机构，以“认知山地科学规律，服务国家持续发展”为使命，立足地球表层系统科学前沿，以山地灾害研究为引领、以山地环境、山区发展和数字山地为特色，致力于为“增强我国防御山地灾害能力、保障山区生态安全和促进经济社会发展”提供科学依据和技术支撑，提高创新能力，在山区减灾、山地生态屏障、山区可持续发展研究方面为国家做出重大贡献，提升山区可持续发展战略研究智库作用；加强科技联盟协同机制建设，形成科学-技术-工程-用户紧密关联的科技服务创新链条，成为国家不可替代的山地科学研究骨干引领力量，进入国际一流的山地科学研究机构。

成都山地所设有中国科学院山地灾害与地表过程重点实验室、中国科学院山地表生过程与生态调控重点实验室、山区发展研究中心、数字山地与遥感应用中心4个科研单元和四川省山区减灾工程技术研究中心、综合测试与模拟试验中心、科技信息与传播中心3个支撑平台，建立了以东川泥石流观测研究站、贡嘎山高山生态系统观测试验站、盐亭紫色土农业生态试验站3个国家重点野外台站和其他6个院所级野外观测台站构成的长江上游-西藏高原环境灾害与生态安全观测研究网络，建有陆地交通地质灾害防治技术国家工程实验室、自然资源部应急测绘技术创新中心等共建平台，牵头主建了中国-巴基斯坦地球科学研究中心、中国科学院加德满都科教中心山地分中心，设有国际山地综合发展中心中国委员会秘书处，建有480平方米的科技展馆。

截至2020年底，成都山地所共有在职职工271人。其中科技人员165人、科技支撑人员56人，包括中国科学院院士1人、研究员及正高级工程技术人员62人、副研究员及高级工程技术人员78人。

成都山地所是1981年国务院学位委员会批准的博士、硕士学位授予权单位之一，现设有自然地理学、人文地理学、生态学、土壤学和岩土工程5个二级学科博士研究生培养点，自然地理学、人文地理学、地图学与地理信息系统、生态学、土壤学和岩土工程6个二级学科硕士研究生培养点，资源与环境、土木与水利2个专业学位类别硕士培养点；并设有地理学博士后流动站。截至2020年底，共有在学研究生330人，其中硕士生142人、博士生188人；在站博士后25人。

2020年，成都山地所共有在研项目750项

（包括新增项目 207 项）。其中，主持（或承担）国家自然科学基金重点项目 3 项（新增 1 项）、面上项目 50 项（新增 9 项）、国家杰出青年科学基金项目 1 项（新增 1 项）、重大研究计划重点项目 1 项（新增 1 项）、重大项目 1 项、国家基金国际（地区）合作与交流重点项目 6 项、区域创新发展联合基金 1 项（新增 1 项）；主持国家重点研发计划项目 3 项（新增 1 项）、承担课题 9 项（新增 1 项），承担第二次青藏科考专题 2 项；承担国家重大科技专项子课题 2 项；主持中国科学院战略性先导科技专项 1 项、课题 2 项，前沿科学重点研究项目 5 项，重点部署项目 2 项，国际合作重点项目 4 项（新增 2 项）；承担院地合作项目 240 项（新增 71 项）。

2020 年，成都山地所共发表论文 277 篇；获国际发明专利授权 3 项、国内发明授权 22 项，软件著作权登记 37 项；出版科技 / 科普专著 5 部。获 2019 年度省级科技进步奖一等奖 1 项、中国科学院科技促进发展奖 1 项、中国科学院教育教学成果奖二等奖 1 项，1 项成果入选 2019 年度中国生态环境十大科技进展，1 项成果获 Elsevier Atlas 奖，顺利提过国家知识产权管理体系认证，“十三五”重大突破青藏高原及其周边重大基础设施山地灾害防灾理论与技术示范在中国科学院组织的评估中获评优秀。

2020 年，面向我国西部山区重大工程安全与生态文明建设需求，成都山地所不断完善“科学 - 技术 - 工程 - 用户”一体化的科技创新链条，促进科技成果转化落地。一是支撑国家重大工程安全，系统深化川藏铁路山地灾害研究，牵头编制《西藏生态文明高地建设规划纲要（2020—2035 年）》被中央第七次西藏工作会议采用，依托美丽中国生态文明建设科技工程先导专项积极推进四川凉山州减灾与绿色发展协同示范区建设。二是服务区域发展需求，三峡库区生态清洁小流域建设技术体系在重庆、四川和西藏推广应用，三峡库区生态文明科普基地正式开馆，四川省“三线一单”资源利用正式上线划定。三是服务行业企业需求，协同中石油、中石化等完成山区成品油管道新发地质灾害调查处置。四是支撑应急减灾需求，选派 80 余人次参与国内 10 余次重特大自然灾害应急减灾赢得省部肯定，顺利举办重大山地灾害防治技术及预警高级研修班。

2020 年，成都山地所聚焦“一带一路”防灾减灾与可持续发展重大需求，持续实施“人才 - 项目 - 基地”的国际科技合作，积极探索疫情防控常态化的国际合作新模式。进一步加快中国 - 巴基斯坦地球科学研究中心建设，稳步推进学科建设、管理制度、仪器设备、留学生培养与人员交流，成功举办第二期中巴经济走廊防灾减灾知识服务培训班。持续发挥国际山地综合发展中心中国委员会、加德满都科教中心山地可持续发展分中心、国际防灾减灾科学联盟（ANSO-DRR）的平台纽带作用，协助落实联合国教科文组织、国际原子能机构有关工作，推进中日防灾减灾联合实验室、国际减灾学会的筹建。

成都山地所挂靠有中国地理学会山地分会、四川省地理学会、中国水土保持学会泥石流滑坡专业委员会、中国自然资源学会山地资源研究专业委员会、中国生态学学会生态水文专业委员会、中国土壤学会土壤地质分专业委员会、国际数字地球学会中国国家委员会数字山地专业委员会等。主办 SCI 期刊 *Journal of Mountain Science* 和自然科学核心期刊《山地学报》，其中 *Journal of Mountain Science* 连续 8 年入选中国最具国际影响力优秀期刊，青少年高校科学营山地科学专题营活动连续 6 年获中国科协表彰。

（撰稿：张金山　张　坚　审稿：罗晓梅）

光电技术研究所

所　　长： 罗先刚
地　　址： 四川省成都市人民南路四段 9 号
邮政编码： 610041
电　　话： 028-85100341；028-85100168；028-85100112
传　　真： 028-85100268
电子信箱： ioesb@ioe.ac.cn
网　　址： http://www.ioe.ac.cn

中国科学院光电技术研究所（以下简称“光电所”）筹建于 1969 年，1970 年 6 月起在成都大邑县雾山乡动工兴建，初名中国人民解放军 1019 所。1973 年 4 月长春光机所等单位进行人员分迁，1973 年 7 月正式投入科研试制工作，1975 年 12 月更名为中国科学院光电技术研究所。

光电所是以国家安全和国民经济发展的战略需求为牵引，在空天光电领域面向世界科技前沿、国家重大需求和国民经济建设主战场，开展光电精密测量、光束控制、先进制造、自适应光学、微纳科学、智能技术、先进材料研究，系统开展装备研制的研究所。

光电所现有 1 个国家重点实验室、3 个中国科学院重点实验室、7 个重点学科研究室，建有精密机械制造、先进光学制造、轻量化镜坯与新材料、光学工程总体装配、计量与检测 5 个研制中心及以科技成果转移转化为宗旨的四川科奥达技术有限公司。

2020 年，光电所紧紧围绕重大科研产出和学科建设，在主要科研领域继续建设和完善科研技术平台，牵头推进成渝地区大型仪器区域中心建设工作，提高仪器设备管理水平，全所新增 100 万元以上设备 9 台（套）。

截至 2020 年底，光电所共有在职职工 1383 人。其中科技人员 840 人、科技支撑人员 543 人，包括中国工程院院士 1 人、研究员及正高级工程技术人员 92 人、副研究员及高级工程技术人员 403 人。

光电所于 1981 年开始研究生招生培养工作，现设有光学工程、信号与信息处理、测试计量技术及仪器 3 个博士学位培养点，光学工程、精密仪器及机械、测试计量技术及仪器、信号与信息处理 4 个学术型硕士学位培养点（涵盖 4 个一级学科），1 个电子信息全日制专业硕士学位培养点；1 个光学工程一级学科博士后流动站。截至 2020 年底，共有在读研究生 398 人，其中硕士生 227 人、博士生 171 人；在站博士后 12 人。

2020 年，光电所共有在研项目 558 项（新增项目 334 项）。其中，主持国家自然科学基金面上项目 32 项（新增 11 项），承担中国科学院重大仪器项目 4 项（新增 3 项）。主持国家重点及研发计划 87 项（新增项目及课题 43 项）。主持中国科学院重点部署项目 3 项（新增 1 项），主持从“0 到 1”原始创新项目 1 项（新增 1 项），承担院科技服务网络计划重点项目 1 项；承担院地合作 271 项（新增 219 项）。其他各类课题 159 项。

2020 年，光电所作为参与单位获得省部级一等奖 3 项，在优势领域取得了一系列科研进展：参与国家重大科技计划，在 CE-5 月球轨道交会对接任务中，光电所研制的激光雷达作为中近距离敏感器顺利完成任务。研制的中分辨率相机随我国首次火星探测任务“天问一号”在 2020 年 7 月 23 日成功发射。研制的强辐照环境下多功能应急机器人，作为首台国产核应急机器人已列装国家核应急救援。完成 1.8 米太阳望远镜升级，取得近衍射极限观测结果，获得国际同行高度评价，相关成果发表在 *Science China: Physics，Mechanics & Astronomy* 上。瞄准国家建设超高速自由空间通信安全网络需求，实现地球同步轨道卫星与地面之间的相干激光通信。

2020 年，光电所共发表科技论文 273 篇，被 SCI 收录论文 139 篇，论文影响因子 5.0 以上的 11 篇，影响因子 3.0 以上的 58 篇，无学术不端行为；申请发明专利 186 项，授权发明专利 130 项。

2020 年，光电所积极响应党中央建设成渝双城经济圈决策，按照中国科学院机关部署，在成都综合性国家科学中心建设中，将研究所科技创新与成都科创中心建设有机结合。

2020 年，光电所重点加强与政府合作及对下属企业的规范管理，逐步完善公司现代法人治理体系建设。组织申报四川省光学轻量化工程技术研究中心并获四川省科技厅批复，这是光电所首个省级创新平台；申报并获批成都市“蓉贝”软件人才计划 1 人、四川省 2020 年省校（院、企）产学研协同创新平台人才引进项目 1 项。

光电所是四川省光学学会、中国光学学会光学制造技术专委会、中国光学学会情报专委会的挂靠单位。光电所主办的中文核心期刊和中文科技核心期刊《光电工程》是中国科学引文数据库来源刊物，为中国光学学会的一级学会刊物，2011 年曾入选第二届中国 300 种精品科技期刊。主办的《光电进展》（*Opto-Electronic Advances*）是我国光电类第一本完全自主创办（无海外出版商）的英文期刊，编委来自 17 个国家或地区（其中包括 10 位 SPIE 会士，12 位

OSA 会士），平均 H 因子 46，获中国科协中国科技期刊国际影响力提升计划 D 类项目支持，主要发表来自全球高影响力科研团队的原创成果和综述论文，2020 年 5 月被 SCI 收录。

（撰稿：周鹏浩　郑　丽　审稿：刘恩海）

重庆绿色智能技术研究院

院　　长：袁家虎
地　　址：重庆市北碚区方正大道 266 号
邮　　编：400714
电　　话：023-65935555
传　　真：023-65935000
电子信箱：yzxx@cigit.ac.cn
网　　址：http://www.cigit.cas.cn

2011 年 3 月，中国科学院与重庆市政府在北京签署《共建中国科学院重庆绿色智能技术研究院协议》，正式启动中国科学院重庆绿色智能技术研究院（以下简称“重庆研究院”）筹建工作。2011 年 11 月，国务院三峡办加入共建；2012 年 7 月，重庆研究院获中央编制委员会办公室批准正式设立；2013 年 11 月，《中国科学院重庆绿色智能技术研究院中长期发展规划》通过中国科学院院长办公会审议。2014 年 10 月 9 日，重庆研究院正式通过中国科学院、国务院三峡办和重庆市政府的三方验收。

重庆研究院设立了战略咨询委员会，旨在发挥国内外著名院士专家在学科建设、人才培养、科学研究、成果转化等方面的参谋咨询作用；设有党委办公室（纪监审办公室挂靠党委办公室）、综合办公室、人事处、科技处、资产财务处、教务处、学生处、综合分析测试中心及文献情报中心 9 个职能和支撑部门。

重庆研究院设立电子信息技术研究所、智能制造技术研究所、三峡生态环境研究所、生物医药与健康研究所（筹），下设 26 个研究中心。电子信息技术研究所面向电子信息产业发展需求，以突破智能感知与控制等核心技术为目标，共设立大数据挖掘及应用、自动推理与认知、高性能计算应用、北斗导航工程、智能安全技术、量子信息技术、人工智能 7 个研究中心；智能制造技术研究所面向装备制造业发展重点及技术需求，共设立微纳制造与系统集成、智能工业设计、机器人与 3D 打印技术、太赫兹技术、集成光电技术、应用物理、薄膜太阳能技术 7 个研究中心；三峡生态环境研究所面向三峡库区生态环境建设与保护重大需求，共设立水污染过程与防治、大气环境、土壤及固废、生态水文、水资源与水环境、智慧流域、水库生态学、生态毒理学 8 个研究中心。生物医药与健康研究所（筹）面向生物医药与健康开展相关的科学研究、技术开发、平台建设和人才培养，共设立精准医疗单分子诊断技术研究中心、脑科学分子研究中心（筹）、心血管研究中心（筹）、干细胞与衰老研究中心（筹）4 个研究中心。

截至 2020 年底，重庆研究院在册职工 345 人，其中，硕士及以上学历人员 313 人（占 90.72%），具有海外留学或工作经历约 130 人。专业技术岗 297 人，其中正高级职称 46 人（占 15.49%）、副高级职称 91 人（占 30.64%）。

重庆研究院现设有环境科学与工程、光学工程、计算机科学与技术、材料科学与工程 4 个一级学科博士学位培养点，环境科学与工程、光学工程、计算机科学与技术、材料科学与工程、生态学 5 个一级学科硕士学位培养点，电子信息技术、材料与化工 2 个专业学位硕士培养点；并设有环境科学与工程一级学科博士后流动站。截至 2020 年底，共有在学研究生 536 人，其中硕士生 343 人、博士生 193 人；在站博士后 15 人。

2020 年，重庆研究院共有在研项目 771 项（包括新增项目 194 项）。其中，主持（或承担）国家自然科学基金面上项目 34 项（新增 8 项）、主持或承担国家重点研发计划 1 项，参与国家重点研发计划课题 20 项（新增 2 项）；主持国家自然科学基金委重大仪器研制项目 1 项，主持中国科学院科研仪器设备研制项目 3 项（新增 2 项）；参与院战略性先导科技专项课题 2 项；承担科技服务网络计划院地合作项目 3 项（新增 1 项）。全年发表论文 445 篇，其中 SCI 收录 286 篇；获得国家发明专利授权 38 项，软件著作权授权 2 件。

2020 年，根据“率先行动”计划第一阶段目标任务总结评估结果，重庆研究院“十三五”

时期“一三五”规划任务大规模自适应智能视觉获评优秀，国际国内地位均为“领跑”。其余验收结果均为通过验收，其中3D打印技术、石墨烯材料与应用、零误差计算理论及应用国内地位为领跑。

在绿色三峡方面，重庆研究院在环境溶液体系电极界面过程动力学及传质效应研究取得进展，成功绘制反应速率与pH的j-pH图，揭示了不可逆反应的半波电位意义；在水库消落带土壤结构演变与界面物质循环研究中取得进展，初步揭示水位波动与人为活动对三峡水库消落带土壤结构演变与界面物质循环的影响机制，为大型水库消落带植被恢复与生态重建等实践提供理论支撑；在西南地区细颗粒物（$PM_{2.5}$）的生物毒性效应及其基因表达调控机制等领域取得进展，初步明确西南地区$PM_{2.5}$的致病机制及暴露风险。

在3D打印技术方面，重庆研究院提出激光原位增材制造金属基纳米复合材料新方法，采用碳系、氮系等气体与钛、铝、铁、钨等金属，以气-液原位反应方式制造组分自由可控、纳米相分散均匀、界面结合良好、综合性能优异的复合材料，对于发展金属基复合材料及结构的制造技术具有重要意义和应用前景。

在石墨烯材料与应用方面，重庆研究院在限域空间高均匀石墨烯材料制备的气相动力学研究领域取得进展，实现在不同铜衬底上均匀单层石墨烯的可控制备，对批量制备大面积、高质量二维材料具有理论和应用价值；在太阳能电池研发方面取得进展，将小分子太阳能电池效率提升到15.9%，3次创造世界最高效率纪录；将高分子太阳能电池效率提升到17.9%，高于国家可再生能源实验室（NREL）公布的世界最高认证效率纪录17.6%。

在零误差计算理论及应用方面，重庆研究院相关论文发表在数学类一区刊物*J. of Foundation of Computational Mathematics*上，标志成果得到计算机数学领域顶级殿堂认可；在全同态加密方面提供的解决方案已被IBM开发的HElib采纳，得到国际同行的关注和引用。提出的基于同态加密技术的隐私保护智能数据处理方法，识别正确率接近明文状态，获科技部“变革性技术关键科学问题”重点专项支持。

在大规模自适应智能视觉分析系统方面，重庆研究院人工辅助验证智慧安保系统在呼和浩特白塔国际机场正式运行，旅客实现一次刷证、全程“刷脸”安检通关，是目前唯一一个民航局正式批复并试运行的全流程“刷脸”安检通关系统。

在精准医疗关键技术与装备方面，重庆研究院在强化提升纳米孔分析稳定性、特异性和分辨率等对癌症、艾滋病等重大疾病生物标记物的分析检测方面取得进展，开发了对癌症蛋白酶ADAMs/MMPs的检测方法，在国际上率先实现单个生物大分子太赫兹光谱成像检测；国家重点研发计划课题脑功能区脑胶质瘤太赫兹波谱识别数据库通过验收。

在基于机器工人与工业大数据的绿色智能制造系统方面，重庆研究院解决了高维稀疏大数据上最低代价构建精确分析模型的难题，提出约束融合的通用训练算法族，解决了特性约束融合的高维稀疏大数据精准表征难题；建立增量分析模型库，解决了高维稀疏大数据流高效分析难题。该项目以重庆研究院为主持单位获2019年重庆市自然科学奖一等奖。

2020年，重庆研究院参与并推动全国有影响力的科技创新中心和西部（重庆）科学城建设，助推重庆市与中国科学院签署新一轮的战略合作协议。持续推动中国科学院与重庆市开展广阳岛长江绿色发展生态文明示范区建设等相关工作。推动完成“BOD项目相关技术”、“超疏水透明玻璃的制备方法”科技成果转化。全年院属公司新增注册资本490万元，吸引社会资本1272.5万元。成立竹溪智谷科企联盟，构建以市场为导向的创新成果快速转移转化交流合作平台。重庆研究院江北基地通过重庆市专业孵化器认定初审。重庆长寿中科未来城创新产业园累计协助引进7个项目落地。

2020年，重庆研究院积极改进平台建设，创新支撑服务模式，所级中心入网设备达6130万元，设备平均使用机时1801.86小时，获评科技部大型科研仪器开放共享评价考核良好，通过中国计量认证（CMA）扩项评审，区域中心建设方案通过论证。

2020年，中国科学院大学重庆学院建设快速推进。完成科技、人事、财务等50余项规章制度，各项工作有章可循步入正轨。第一批公开招聘工作人员获入编批复，37个教学科研岗全部纳入重庆市“绿色通道”引进事业单位高层次人才范围，拟聘用27人，入职到岗7人。重庆学院4个重点学科均通过市级重点学科终期验收，落实重庆市“十三五”市级重点学科建设任务。全年招收研究生192名；其中，中国科学院大学研究生61名，重庆市属高校代招研究生109名，重庆大学代招工程博士22名，招生工作取得突破。材料物理、智能制造和计算机科学与技术3个菁英班开班6个，共计招收本科生近200人。以“十四五”规划为基础，围绕5个一级学科点开发特色课程，形成了以专业核心课为主，专业普及课与专业研讨课为辅，线上慕课为补充的整体课程架构。

（撰稿：关媛媛 李 静 审稿：陈永波）

昆明动物研究所

所　　长： 姚永刚
地　　址： 云南省昆明市盘龙区茨坝街道龙欣路17号
邮政编码： 650201
电　　话： 0871-65130513
传　　真： 0871-65199156
电子信箱： zhanggq@mail.kiz.ac.cn
网　　址： http://www.kiz.cas.cn

中国科学院昆明动物研究所（以下简称“昆明动物所”）直属中国科学院，是我国生物多样性演化、保护与可持续利用领域的综合性研究机构，成立于1959年4月，前身为昆虫研究所紫胶虫工作站，1963年改名为中国科学院西南动物研究所，1970年划归云南省后改名为云南省动物研究所，1978年重归中国科学院，恢复原所名。

昆明动物所立足于我国及东南亚丰富的生物多样性资源，瞄准“遗传、发育和进化交叉统一”的重大科学前沿，面向动物基因资源的发掘利用和疾病动物模型创制的国家重大需求，通过多学科的融合，解决关系国家和区域发展的生物多样性资源保护与利用研究中的基础性、战略性、前瞻性科技问题，以期成为引领全球生物多样性演化机制、资源保护与可持续利用研究的国际著名研究所。

“十三五”期间，昆明动物所系统解析了动物关键复杂性状产生和进化的遗传创新机制，建立了表型与遗传分析的进化系统生物学（eGPS）研究新范式。解析了若干神经精神疾病、感染与免疫疾病等的致病机理，建立一批重大疾病灵长类动物模型。在动物多样性保护、资源挖掘利用方面取得系列突破，进一步彰显昆明动物所在动物进化、灵长类动物模型方面的特色和领先优势。

昆明动物所现有42个学科团组。拥有遗传资源与进化国家重点实验室、中国科学院动物模型与人类疾病机理重点实验室2个主要研究单元，与香港中文大学联合共建生物资源与疾病分子机理联合实验室。建设有中国科学院动物进化与遗传前沿交叉卓越创新中心、模式动物表型与遗传研究国家重大科技基础设施（灵长类设施）、国家昆明高等级生物安全灵长类动物实验中心（P3实验室）、国家非人灵长类实验动物资源库、国家西南种质资源库动物分、国家发展改革委天然活性多肽国家地方联合工程研究中心、中国科学院生物多样性大型仪器区域中心（西南）、昆明动物标本库8个国家或院级科研与技术平台，以及云南无量山西黑冠长臂猿监测站、云南大山包黑颈鹤监测站2个野外观测台站。

昆明动物博物馆是我国西南地区规模最大、收藏量最为丰富的动物专题博物馆，馆藏各类动物标本约90万号。图书馆有中、外文科技藏书3.8万册，中外文科技期刊16万余册。200万以上大型仪器装备总值11 472万元。

截至2020年底，昆明动物所共有在职职工357人。其中科技人员166人，包括中国科学院院士2人、发展中国家科学院院士1人、正高级专业技术人员44人、副高级专业技术人员80人。

昆明动物所是1980年国务院学位委员会批准的博士、硕士学位授予权单位之一，现设有基础医学一级学科博士研究生培养点，动物学、神经生物学、遗传学、细胞生物学4个二级学科博士研究生培养点，生物化学与分子生物学、生物与医药硕士研究生培养点；并设有生物学专业一级学科博士后流动站。截至2020年底，共有在学研究生431人，其中硕士生229人、博士生202人；在站博士后27人。

2020年，昆明动物所共有在研项目678项（包括新增项目149项）。其中，主持（或承担）国家自然科学基金重点项目6项，主持优秀青年科学基金项目5项（含新增1项），重大研究计划1项。主持国家重点研发计划项目5项（新增2项）、主持重点研发计划课题5项，参与重点研发计划课题10项（新增1项），参与国家科技重大专项7项。主持（或承担）中国科学院战略性先导科技专项课题18项；主持（或承担）院重点部署项目2项、承担重点国际合作项目3项；承担院地合作项目3项（新增3项）。

2020年，昆明动物所在“一三五”核心工作方面取得系列重要进展。在复杂性状的进化解析与调控方向，解析了人类高原低氧适应的调控机制，发现TRPM8介导动物低温适应的机制，揭示了低等无脊椎动物再生分子机制。发表万种鸟类基因组计划第二阶段研究结果，揭示了鸟类基因组多样性演化奥秘。在灵长类动物模型与重大疾病机理方向，发现世界首例自发罹患帕金森病的食蟹猴。建立了猕猴、树鼩等新冠病毒感染模型，开展了疫苗和药物系统评价工作。发现白额长尾猴可用于创建猴免疫缺陷病毒和疟疾感染模型的遗传基础。发现一批双相情感障碍、抑郁症和精神分裂症的风险遗传变异与易感基因。阐明吗啡镇痛耐受、脑衰老和感染免疫过程的分子机制。在家养动物基因资源挖掘与驯化机制方向，系统阐释了家鸡的起源和驯化，揭示了高原狼的群体历史和高原适应机制以及澳洲野犬群体起源野化机制。在动物多样性资源与保护方向，提出调整中国大鲵保护策略及规范养殖产业管理建议。利用现生两栖爬行动物区系演化历史，揭示喜马拉雅山脉隆升过程。在肽类分子探针与候选药物方向，揭示了产毒动物种内竞争的靶标切换机制。系统解析凝血系统调控分子机制，提出安全有效的血栓治疗新策略。在干细胞与肿瘤研究方面，发现乳腺癌干细胞的调控新机制。揭示了Filia介导的基因组稳定性在调控海马神经干细胞发育和功能中的重要意义。揭示了癌症细胞不同表型之间的适应性权衡和竞争关系。

2020年，昆明动物所共发表SCI论文305篇，其中以第一作者或通讯作者（含并列）在*Science*（1篇）、*Nature*（2篇）等5年影响因子＞9的国际知名期刊发表论文39篇。申请专利46项，授权专利33项。获云南省自然科学奖一等奖1项。

在成果与技术转移转化方面，昆明动物所与梧州市中医医院签署协议共建国际生物毒素研究中心，与昆明市政府签署协议共建昆明细胞及细胞制剂质量检定检验联合实验室，与中科稀土（长春）有限责任公司签订《关于一种可抑制眼轴过度增长的新型光源及其模拟方法、灯具专利普通实施许可协议》，推广降低青少年近视研究成果。截至2020年底，昆明动物所共有5家参股公司。

在国际合作方面，2020年，昆明动物所新增中国科学院国际人才交流计划3项，在研国际合作项目12项。车静、Chatmongkon Suwannapoom（程木昆）获2020年中国科学院青年科学家国际合作伙伴奖，双方共同致力于中泰生物多样性保护研究，推动了“一带一路”东南亚区域物种演化研究及保护工作。

昆明动物所是云南省动物学会、云南省细胞与生物学会、云南省免疫学会、云南省实验动物学会的挂靠单位。主办的SCI期刊*Zoological Research* 2019年影响因子为2.638，在169种动物学学科SCI期刊中排名第12位，跻身领域前7%。

（撰稿：杨　茜　张刚强　审稿：李心祥）

昆明植物研究所

所　　长：孙　航
地　　址：云南省昆明市蓝黑路132号
邮　　编：650201
电　　话：0871-65223009
传　　真：0871-65223094
电子信箱：kibpub@mail.kib.ac.cn
网　　址：http://www.kib.cas.cn

中国科学院昆明植物研究所（以下简称“昆明植物所”）是中国科学院直属科研机构，是我国植物学、植物化学领域重要的综合性研究机构，前身是静生生物调查所和云南省教育厅于1938年7月合作成立的云南农林植物研究所。1950年4月转属中国科学院，更名为中国科学院植物分类研究所昆明工作站。1953年3月更名为中国科学院植物研究所昆明工作站。1959年4月，经国家科委批准，正式成立中国科学院昆明植物研究所。研究所以“原本山川 极命草木”为所训，旨在认识植物、利用植物、造福于民。

昆明植物所发展目标为：聚焦生态文明和人民生命健康的重大需求，立足中国西南，辐射东南亚和喜马拉雅，面向“一带一路”沿线区域，推动学科深度交叉，提升战略植物资源调查与评价、收集与保存、发掘与利用的创新链集成能力，建成国家生物多样性研究中心、战略生物资源储备库、天然产物库、成果产业孵化基地、高级人才培养基地和知识传播基地，成为特色鲜明、研究卓越、有重要影响力的世界一流研究机构。

2020年，昆明植物所“十三五”规划验收成绩优良，其中1个重大突破（新药创制研发）和2个重点培育方向（植物化学与天然药物化学、植物种质资源保藏与利用）获评优秀，实现历史性突破。4个学科（植物学和动物学、化学、药理学和毒理学、环境与生态）进入全球ESI前1%行列，其中植物学和动物学2个学科进入全球本领域前1.56‰，在中国科研机构和高校中位居第12名。

昆明植物所现有国家级科研平台4个：植物化学与西部植物资源持续利用国家重点实验室、中国西南野生生物种质资源库、国家重要野生植物种质资源库、植物多样性与资源持续利用示范性国际科技合作基地；省部级科研平台7个：中国科学院东亚植物多样性与生物地理学重点实验室、中国科学院天然活性小分子功能发掘工程实验室、云南省天然药物化学重点实验室、云南省野生资源植物研发重点实验室、云南省极小种群野生植物综合保护重点实验室、云南省真菌多样性与绿色发展重点实验室（筹）、天然药物活性筛选国家地方联合工程实验室（云南）；建有两个科学植物园：昆明植物园和丽江高山植物园。国家级野外台站1个：丽江森林生态系统云南省野外科学观测研究站。省级野外台站2个：丽江森林生态系统云南省野外科学观测研究站、迪庆白马雪山高山冰缘生态系统云南省野外科学观测研究站。

截至2020年底，昆明植物所共有在册职工553人（岗位聘用368人、项目聘用185人），中国科学院院士2人，高级专业技术职称人员191人。

昆明植物所现有生物学和药学2个一级学科博士培养点，设有植物学、生物化学与分子生物学、药物化学和药理学4个二级博士培养点和硕士培养点，生物工程、药学2个专业型硕士培养点。截至2020年底，共有在学研究生621人，其中硕士生364人、博士生257人；研究生指导教师103人。

2020年，昆明植物所新立项各类科技项目146项，总合同经费1.56亿元。国家自然科学基金青年科学基金项目资助率达到39.4%，创历史新高。院外来源的竞争性项目合同经费占71%。科研项目到位经费恢复到2019年同期的82.6%。新增承担科技基础资源调查专项课题2个；国家自然科学基金委 - 云南联合基金重点项目1个；中国科学院战略性先导科技专项（A类）“生态草牧业”课题1个、子课题3个；云南省科技入滇项目5个。

2020年，昆明植物所发表科技论文643篇，其中SCI论文590篇，CSCD论文66篇。发表的SCI论文中，以研究所为第一作者单位发表的有269篇，其中，以第一或通讯在影响因子大于9和领域前5%期刊上发表36篇（含*Nature*子刊3篇，*PNAS* 1篇），在自然指数涵盖的82种期刊正式发表论文19篇。出版《中国维管植物科属志》、*A Monograph of Paris*（*Melanthiaceae*）、《高黎贡山植物资源与区系地理》等专著。三人入选科睿唯安“高被引科学家”。

2020年，昆明植物所共申请专利72件（含实用新型专利申请1件）；授权专利52件（国内授权专利50件，国际授权专利2件）。研究所累计有效专利259件，在审专利499件；注册商标55件；国家植物新品种授权23件；云南省园艺植物新品种登记76件；国家计算机软件著作权登记39件。

2020年，昆明植物所获各类奖励6项。其中以第一完成单位完成的2项成果获云南省自然科学奖二等奖，作为参与单位完成的成果获得云南省科技进步奖特等奖 1 项；云南省科技进步奖一等奖 1 项；云南省科学技术奖自然科学奖三等奖 1 项；湖南省科学技术奖自然科学奖三等奖 1 项。

2020 年，昆明植物所科技基础能力建设有效提升。种质资源库累计采集保存物种数达到 10 601 种、85 046 份，占中国种子植物总数的 36%。入库植物 DNA 7324 种、65 456 份。向全国 47 个单位分发种子 92 批 1412 份。植物标本馆新入库标本 72 391 份，生命观察（Biotracks）累积用户突破 1.5 万人，e 科考全面应用于第二次青藏高原综合科学考察研究。天然产物大数据中心累计保存单体化合物 11 611 个。

2020 年，昆明植物所共接待来访人员 100 余人 / 次。多项成果和技术通过进一步开发和市场化运作，取得良好的经济和社会效益。全年新增国内横向课题 54 项，总经费 2972.36 万元。

2020 年，昆明植物所新增国际合作研究、国际人才、国际学术交流项目 31 项，总经费 784 万元。其中，中央财政经费支持的国际合作研究项目总经费 60 万元，境外来源经费支持的国际合作项目经费 116.4 万元，国际人才项目经费 507.6 万元，国际会议等国际学术交流项目经费 85 万元。

昆明植物所现有主办英文学术期刊 3 个：《植物多样性》（英文版，*Plant Diversity*）、《应用天然产物》（英文版，*Natural Products and Bioprospecting*）和《真菌多样性》（英文版，*Fungal Diversity*）。2020 年，《植物多样性》（英文版）获得首个影响因子 1.864，在植物科学各期刊中位列 Q2 分区，入选植物学领域高质量科技期刊分级目录 T3 等级。《应用天然产物》（英文版）模拟影响因子达到 2.37。《真菌多样性》（英文版）影响因子达 15.386，持续保持真菌领域期刊第一位。

（撰稿：李　雪　杨　梅　审稿：孙　航）

西双版纳热带植物园

主　　任：陈　进

地　　址：云南省西双版纳自治州勐腊县勐仑镇

邮政编码：666303

电　　话：0691-8715071

传　　真：0691-8715070

电子信箱：office@xtbg.org.cn

网　　址：http://www.xtbg.ac.cn

中国科学院西双版纳热带植物园（以下简称“版纳植物园”）于 1959 年 1 月由我国著名植物学家蔡希陶教授领导创建，1970 年 7 月更名为云南省热带植物研究所。1978 年 3 月更名为中国科学院云南热带植物研究所。1987 年 1 月中国科学院云南热带植物研究所的植物群落室与中国科学院昆明分院生态室合并成立中国科学院昆明生态研究所，其余部分划归中国科学院昆明植物所所辖的西双版纳热带植物园。1996 年 9 月，中国科学院昆明植物所所辖的西双版纳热带植物园与中国科学院昆明生态研究所合并为独立的研究机构——中国科学院西双版纳热带植物园，沿用至今。

版纳植物园是中国植物园联盟秘书处所在单位，2011 年 7 月荣膺国家 5A 级旅游景区。2015 年 8 月，中国科学院东南亚生物多样性研究中心正式成立，版纳植物园作为牵头单位负责中心的组织、建设、运行和管理。2018 年 12 月，经中国科学院院长办公会批准，成立核心植物园特色所，版纳植物园作为牵头单位，与华南植物园、武汉植物园一起进入中国科学院四类机构序列。

版纳植物园的定位是立足中国热带，面向我国西南地区和东南亚国家，开展以森林生态学、资源植物学和保护生物学为主要研究方向的科学研究、物种保存和科普教育，促进生物多样性保护和可持续发展。设有热带森林生态学和热带植物资源可持续利用 2 个中国科学院重点实验室，西双版纳热带雨林生态系统和哀牢山森林生态系统 2 个国家级野外台站，综合保护中心、元江干热河谷所级野外台站、公共技术服务中心、热带植物标本馆、热带植物种质库以及作物保护与育种基地等支撑系统。

截至 2020 年底，版纳植物园共有在职职工 397 人。其中科技人员 173 人、科技支撑人员 156 人（含项目聘用 48 人），包括研究员及正高级工程技术人员 55 人、副研究员及高级工程技术人员98人。

版纳植物园现有生态学、植物学2个博士学位授权点，生态学、植物学2个学术型硕士学位授权点，生物与医药专业型硕士学位授权点，生物学专业一级学科博士后流动站。截至2020年底，共有在学研究生336人，其中博士生126人、硕士生210人，(含外籍留学生88人)；在站博士后共计31人（含外籍22人)。

2020年，版纳植物园共有在研项目459项（包括新增项目154项)。其中，主持（或承担）国家自然科学基金重点项目5项、面上项目56项（新增14项)、国家自然科学基金国际合作重点5项（新增2项)、优秀青年科学基金项目2项；主持或承担国家重点研发计划课题3项；主持（或承担）中国科学院战略性先导科技专项课题3项（新增1项)、子课题8项（新增3项)；主持（或承担）院重点部署项目2项、承担重点国际合作项目6项（新增2项)；承担院地合作项目43项（新增22项)。

2020年，版纳植物园发表SCI（SSCI）刊物论文374篇，其中属于Q1的论文有181篇，第一作者单位论文172篇，全年共发表27个植物新种。通过全基因组测序解析榕树多项重要进化特征、横断山是高寒植物的起源地和避难所、青藏高原中部中始新世湿润低地亚热带“香格里拉”生态系统、植物复叶模式建成的分子机制等一批重要科研成果分别在*Cell*、*Science*、*PNAS*、*Nature Plants*、*Nature Communications*等学术期刊上发表。

2020年，版纳植物园育成陆稻新品种（系）27个，推广40余万亩。与中国科学院上海药物研究所合作研发的1个1.1类抗糖尿病候选创新药物GymP实现成果转化。轻木国产化工作获得云南省科技入滇项目“轻木国产化试验示范及其复合材料制备与应用”资助，推动西双版纳自治州出台轻木产业发展规划，全年推广种植面积2000余亩。

2020年，版纳植物园共有2项成果获云南省科学技术奖，其中独立完成的“小桐子分枝与开花调控的生理与分子生物学基础研究”获云南省科学技术奖自然科学奖二等奖。共有5件国家发明专利获得授权，1件印度专利获得授权。陆稻新品种‘中农大4号’获云南省主要农作物品种审定。重楼属植物在线分类鉴定系统V1.0和重楼属植物网络知识库平台V1.0两项软件成功获得计算机软件著作权登记证书。

2020年，版纳植物园组织召开全国系统与进化植物学研讨会，参加人数达830人（其中线上300人)。全年共组织举办47场学术报告会（其中线上11场)，先后邀请来自7个国家和地区的54位国内外著名专家做报告。受疫情影响，当年仅有泰国驻华领事馆的1批次共13人来访；赴国外参加学术会议、合作研究等8批次共12人次。

2020年，中国科学院东南亚生物多样性研究中心发表动植物新种74个，依托东南亚中心平台发表研究论文56篇。依托东南亚中心平台招收东南亚国家学生111人。版纳植物园编写出版动植物新类群及研究成果专刊3部，在《人与生物圈》杂志出版缅甸和老挝相关专辑3期。中缅联合科考入选第二届中国机构海外传播杰出案例“海帆奖”优秀案例。

2020年，中国植物园联盟成员单位达120家，遍及全国30个省、自治区、直辖市（含香港特区)。中国植物园联盟建设（Ⅱ期）项目通过验收。积极推进本土植物保护及迁地保护植物数据平台、“一带一路”植物园联盟（ANSO-BGU）和国家植物园体系建设。承担国家植物博物馆《教育产品方案》编制项目。克服疫情影响组织“3+X”系列培训，打造线上学习平台“植物学园”。

2020年，版纳植物园持续开展植物引种、保育和研究等工作，引种植物科学数据管理规范，年内共引种1560种号，新建苗圃保育温室5000多平方米，启动樟园专类园建设。部分珍稀濒危物种和战略植物资源扩繁取得新突破，初步摸索出轻木无性扩繁技术。经国际植物园保护联盟（BGCI）确认，成为世界龙脑香科植物保护牵头单位；同时加入全球植物园气候变化联盟。

2020年，版纳植物园组织第九届中国科学院植物园名园名花展、百年中缅边地风貌——地理学家周光倬中缅边界调查史料展、版纳植物园与生物多样性摄影展等植物与科学文化主题展，以及第五届青年科学节、第八届观鸟节、科学探究冬夏令营等系列品牌科普活动。开展科普活动累计236天，直接参与人次达9.22万。

举办线上直播 13 次，累计参与人次 1407 万。面向国内外开展高级生态学及保护生物学培训班等各类培训 20 余次。年内获首批中国生态学学会生态科普教育基地，以及 2018—2019 年度中国科学院科学传播奖，吸引国内外游客 64.9 万人。

版纳植物园是云南省生态学会的挂靠单位。

（撰稿：王最东　杨　振　审稿：胡华斌）

地球化学研究所

所　　长：冯新斌

地　　址：贵州省贵阳市观山湖区林城西路 99 号

邮政编码：550081

电　　话：0851-85891217

传　　真：0851-85895095

电子信箱：bgs@vip.gyig.ac.cn

网　　址：http://www.gyig.ac.cn

中国科学院地球化学研究所（以下简称“地化所”）成立于 1966 年，是中国科学院唯一在黔的单位。建所以来，相继产生和发展了同位素地球化学、天体化学与核地球化学、矿床地球化学、实验地球化学、环境地球化学、地球深部物质科学等多个学科体系，促进了我国地学事业的迅猛发展，在国内外地学和天体学界占有重要地位。

2020 年，地化所继续加强基础研究、注重原始创新、发展地球化学学科、增强可持续发展能力；加强集成创新研究，形成“基础研究—技术研发—成果示范”为一体的完整创新价值链；强化优势，突出特色，提升解决国家和地方重大需求问题的能力，围绕“三重大”成果产出布局各项工作，在元素超常富集与深部找矿预测、石漠化和环境污染机制与治理、地球内部物质与月球早期演化 3 个重点突破，以及地球化学基础理论与方法、战略性矿产资源成矿规律、矿产资源高效清洁利用、地球关键带物质与能量循环、喀斯特动力学与全球变化 5 个重点培育方向取得重要进展。

地化所现有矿床地球化学国家重点实验室、环境地球化学国家重点实验室、中国科学院地球内部物质高温高压重点实验室、月球与行星科学研究中心、矿产资源综合利用工程技术研究中心 5 个研究机构；拥有普定喀斯特生态系统观测研究站和红枫湖湖泊生态系统观测研究站两个野外台站，其中普定喀斯特生态系统观测研究站于 2020 年 12 月进入“国家野外科学研究站”择优建设序列；完成 796 平方米大型设备用房建设，为新购置的“加速器质谱和纳米离子探针”等两台大型仪器设备的安装、运行提供了基础设施保障。

截至 2020 年底，地化所共有在职职工 385 人。其中科技人员 175 人、科技支撑人员 154 人，包括中国科学院院士 2 人、研究员及正高级工程技术人员 96 人、副研究员及高级工程技术人员 126 人。

地化所是国务院学位委员会批准的首批硕士、博士学位授权单位和首批博士后流动站建站单位，现设有地球物理学、地质学、环境科学与工程 3 个一级学科博士、硕士研究生培养点，资源与环境全日制专业学位硕士研究生培养点；并设有地质学、环境科学与工程 2 个博士后流动站。截至 2020 年底，共有在学研究生 379 人，其中硕士生 174 人、博士生 205 人；在站博士后 50 人。

2020 年，地化所承担国家和地方重大任务的能力进一步增强。共有在研项目 794 项（新增科研项目 127 项），其中国家基金重点项目 6 项，院重点项目 7 项，扶贫项目 2 项，重点研发项目 3 项，重点研发计划课题 18 项，国家自然科学基金项目 130 项，国际合作项目 5 项。

2020 年，地化所国家自然科学基金项目申报共有 38 个项目获得资助，其中国家杰出青年科学基金 2 项，优秀青年科学基金 1 项，重点项目 1 项；资助率 35%，高于全国 20% 的平均资助率。

2020 年，地化所共发表 SCI 论文 392 篇（其中第一作者 SCI 论文 235 篇），其中 *Nature Communications*、*PNAS* 论文各 1 篇，*Nature* 指数论文 42 篇，SCI 论文数量比 2019 年度增加 49%。获国家授权专利数 47 项，其中发明专利 33 项，实用新型 14 项。

2020 年，地化所围绕“一三五”规划的重大科技问题集中攻关，在月球和深空探测科学研究、华南陆块陆内成矿作用、碳酸盐黏土型锂资源开发利用、喀斯特生态环境过程与治理、重金属循环 / 水环境 / 全球变化、高温高压实验和地球化学理论方面取得重要进展。锂矿理论指导找矿在滇中、广西、贵州取得重大突破；石漠化、重金属和水环境污染治理技术实现示范推广。

2020 年，地化所华南陆块中生代陆内成矿作用获国家自然科学奖二等奖，科技支撑精准扶贫助推水城脱贫摘帽获中国科学院科技促进发展奖，华南陆内成床作用：背景与过程获贵州省科学技术奖自然科学奖一等奖。

2020 年，地化所加强院地合作和成果转移转化力度，与云南省科技厅召开多次专题会，共同推动滇中新型锂资源科研勘查与前期研究项目实施。

2020 年，地化所提升大中型仪器设备共享服务效率，参加 2020 年中央级高等学校和科研院所重大科研基础设施和大型科研仪器开放，共享评价考核结果为优秀，在参评的 356 家单位中排名第 27 位。技术平台支撑能力和科技创新能力显著提升，为研究所可持续发展创造了良好条件。

地化所是水城县定点扶贫责任单位，2020 年，地化所坚决贯彻落实中央打赢脱贫攻坚战的重大决策部署，切实按照中国科学院和贵州省委省政府的部署和要求，扎实开展水城县科技扶贫工作。全年共召开定点扶贫专题工作会 5 次，督促指导 20 余次，形成督促指导报告 2 个，帮助培训基层干部 1300 余名，培训技术人员 1400 余名。2020 年水城县正式退出贫困县，实现脱贫摘帽。水城科技扶贫工作获得贵州省和中国科学院充分肯定。

2020 年，地化所克服新冠肺炎疫情影响，防风险、促交流，组织科研人员通过网络参加 Goldschmidt Conference 等国际学术会议。获对外合作重点项目 1 项、国际人才项目 2 项、博士后项目 1 项、国际访问学者项目 1 项。

地化所是中国矿物岩石地球化学学会的挂靠单位，主办有 *Chinese Journal of Geochemistry*、《矿物学报》、《矿物岩石地球化学通报》和《地球与环境》共 4 种学术刊物。

（撰稿：谢国栋　陈娟弘　审稿：戴开结）

西安光学精密机械研究所

所　　长：马彩文
地　　址：陕西省西安高新区新型工业园信息大道 17 号
邮政编码：710119
电　　话：029-88887711；029-88887717
传　　真：029-88887711
电子信箱：office@opt.ac.cn
网　　址：http://www.opt.ac.cn

中国科学院西安光学精密机械研究所（以下简称“西安光机所”）于 1962 年 3 月由中国科学院所属原子能研究所大部、陕西分院光学研究所、机械研究所、自动化研究所合并组建而成。

西安光机所研究领域包括空间光学、光电工程、基础光学，主要研究方向有高分辨可见光空间信息获取和光学遥感技术研究、干涉光谱成像理论与技术研究、高速光电信息获取与处理技术研究、先进光学仪器与海洋光学、瞬态光学与光子学理论与技术研究。在中国科学院“十三五”时期“一三五”规划验收评估中，西安光机所 1 项突破性成果、2 项代表性成果及 1 项重大改革举措获评“优秀”；在中国科学院“率先行动”计划第一阶段收官中，3 项成果入选院 59 项重大成果及标志性进展。

西安光机所现有瞬态光学与光子技术国家重点实验室、中国科学院超快诊断技术（国防）重点实验室、中国科学院光谱成像技术重点实验室、中国科学院空间精密测量技术国防科技创新重点实验室。实质运行分支机构 5 个：海洋光学联合实验室、陕西军民融合创新研究院、核电装备检测联合实验室、深圳市协同人工智能和先进制造研究院、陕西省先进光学技术国际联合研究中心。

2020 年底，西安光机所共有在职职工 954 人。其中科技人员 708 人、科技支撑人员 81 人，包括中国科学院院士 1 人、研究员及正高级工程技术人员 138 人、副研究员及高级工程技术人员 276 人。

西安光机所是 1981 年国务院学位委员会批准的博士、硕士学位授予权单位之一，现设有物理学、光学工程、电子科学与技术、信息与通信工程等 7 个专业一级学科博士研究生培养点，材料物理与化学、控制理论与控制工程、电子信息，材料工程 4 个专业二级学科硕士研究生培养点；并设有物理学、光学工程 2 个专业一级学科博士后流动站。截至 2020 年底，在学硕士生 252 人，博士生 279 人；在站博士后 34 人。

2020 年，西安光机所共有在研项目 996 项（新增 521 项）。其中，承担国家自然科学基金重点项目 5 项、面上项目 26 项（新增 7 项）、国家杰出青年科学基金项目 2 项、国家自然科学基金重大研究计划重点项目 6 项（新增 4 项）；承担国家重大科技专项 18 项（新增 3 项）；承担国家重点研发计划 31 项（新增 2 项）；承担基地和人才专项 14 项（新增 4 项）；承担重大仪器研制项目 4 项；主持（或承担）中国科学院战略性先导科技专项课题 19 项（新增 2 项）；承担院重点部署项目 3 项、承担院弘光专项项目 2 项（新增 1 项）；承担院科技服务网络计划项目 2 项（新增 1 项）。

2020 年，西安光机所科研创新工作取得系列进展。

在应用基础研究领域：依托国家自然基金，阿秒光源技术预研取得突破，实现脉宽小于 10 飞秒，单脉冲能量大于 3 兆焦耳输出的国内最好结果，阿秒大科学装置已报至国家发展改革委“十四五”规划立项；依托中国科学院战略性先导科技专项（B 类），基于芯片光孤子源首次实现波分复用量子密钥分发，在 1 吉赫兹量子密钥分发系统中实现高密钥率 200kbps@25km，成果发表在 *Laser & Photonics Reviews* 上；依托中国科学院弘光专项，飞秒激光极端精细制造装备突破关键性、系统性核心技术，航发叶片自动化加工效率提升至两倍，解决 N95 口罩熔喷布喷丝板微孔加工瓶颈问题，助推我国高端精密制造领域的技术进步；创新特殊温区准连续高效大功率半导体激光巴条芯片和电极结构设计，使电光转换效率向理论极限又迈进一步，实现光谱半高宽进一步降低，形成批量产出交付能力，有力支撑国家重大任务需求。

在战略高技术领域：顺利完成六型十二星七次发射保障任务，50 台（套）有效载荷及近 300 套光学监视与测量产品在轨可靠运行；空间二维转台关键核心技术达到新高度，成为国家重大任务核心技术支撑；双目立体成像等航天视觉系统、自研 350 毫米车载经纬仪成功助力“嫦娥五号”采样返回；高光谱成像技术实现米级物理属性地理测绘、百公里幅宽环境灾害监测成像；承担的国家 2030“天地一体化信息网络”重大任务完成低轨通信机正样交付；承担我国最大口径离轴太阳望远镜研制任务，取得重要进展；研制的全海深超高清摄像机、全海深对接通信与高速数据传输系统全程无故障实现“奋斗者”号万米潜器全球首次海底直播；研制的核电蒸汽发生器加工实时光电检测技术成为中国三代核电“国和一号”核心技术。

2020 年，西安光机所获军队科技进步奖二等奖 1 项、陕西省科学技术奖自然科学奖一等奖 1 项、天津市科学技术奖科技进步奖一等奖 1 项。侯洵院士获陕西省科学技术奖最高科学技术奖。全年发表 SCI 论文 309 篇，入选 ESI 高水平（2020 年 11 月 /12 月）论文 4 篇，热点论文 3 篇，JCR 一区论文 130 篇，二区论文 93 篇。部分研究成果还发表在领域高影响力期刊 *Reports on Progress in Physics*、*National Science Review*、*Advanced Science*、*Nature Communications* 上。申请专利 449 件，授权发明专利 148 件，国际专利申请 6 件，软件著作权登记 25 件，取得知识产权管理体系认证证书，标志知识产权管理上了新台阶。

2020 年 6 月，西安光机所成立新的全资资产管理公司——西安西光产业发展有限公司，接替西科控股继续推进研究所创新创业工作。西安光机所及其平台累计孵化企业 371 家（新增 43 家），创造过万就业岗位。知识产权转移转化 23 件，金额 630 万元。

2020 年，西安光机所“商业卫星遥感影像快速获取及其应用技术研究”获“一带一路”国际科学组织联盟（ANSO）批准立项，支持经费 290 万元。承办中土空天信息线上研讨会、参与组织第四届光子学与光学工程国际会议暨第十二届西部光子学学术会议召开（线上线下同步）。

西安光机所是中国光学学会所属高速摄影与光子学专业委员会、纤维光学和集成光学专业委员会、陕西省光学学会的挂靠单位。编辑出版国家一级学术期刊《光子学报》，编委会完成换届；英文期刊 *Ultrafast Science* 成功创刊（刊号：CN61-1519/O4），实现零的突破。

（撰稿：刘明明　田新锋　审稿：马彩文）

国家授时中心

主　　任：张首刚

地　　址：陕西省西安市临潼区书院东路3号

邮政编码：710600

电　　话：029-83890326

传　　真：029-83890196

电子信箱：office@ntsc.ac.cn

网　　址：http://www.ntsc.ac.cn

中国科学院国家授时中心（以下简称“国家授时中心”）成立于 1966 年，当时命名为中国科学院陕西天文台，2001 年 3 月 27 日，经中央机构编制委员会办公室批准改为现名。

国家授时中心是开展时间频率科学研究、时频高技术研发、时间服务和卫星导航技术研发的研究所，承担着我国标准时间频率的产生、保持和发播任务。国家授时中心战略定位是：坚持三个面向，立足时间频率与卫星导航领域，瞄准国家综合 PNT（定位、导航和授时）体系建设的重大任务需求和国家授时服务需求，围绕基础交叉前沿和光电空间两个研发领域，着力开展时间基准保持技术、量子频标、守时理论与方法、时间频率测量与传递、授时方法与技术、卫星精密测定轨、导航定位、用户终端的基础应用研究、技术攻关、系统集成及应用开发与服务，发展成为特色鲜明的先进科研机构。

国家授时中心是中国科学院时间频率基准重点实验室和精密导航定位与定时技术重点实验室的依托单位。主要研究单元有量子频标研究室、守时理论与方法研究室、高精度时间传递与精密测定轨研究室、时间频率测量与控制研究室、授时方法与技术研究室、时间用户系统研究室、导航与通信研究室、时间频率基准实验室；主要下属单位有中国科学院国家授时中心授时部、西安场区、昊平观测站、商丘低频时码发播台、封开低频时码授时台；国家授时中心与成都天奥电子股份有限公司原子钟联合实验室、与西安电子科技大学安全授时服务联合实验室。

国家授时中心所拥有的长短波授时系统是国家不可或缺的基础性技术工程和社会公益设施，被列为由财政部专项运行维护费支持的国家重大科技基础设施之一。短波授时台（BPM），每天 24 小时连续不断地以 4 个频率交替发播标准时频信号，覆盖半径超过 3000 千米，授时精度毫秒量级，长波授时台（BPL），每天 24 小时发播高精度长波时频信号，覆盖我国中部大部分地区和近海海域，授时精度为微秒量级。长短波授时系统各项控制指标优于国家重大科技基础设施要求。

截至 2020 年底，国家授时中心有在职职工 457 人，其中科技人员 321 人、科技支撑人员 89 人、管理人员 47 人，科技人员包括：研究员及正高级工程技术人员 41 人、副研究员及高级工程技术人员 92 人。

国家授时中心是 1982 年国务院学位委员会批准的博士、硕士学位授予权单位之一。现有天体测量与天体力学、测试计量技术及仪器、通信与信息系统 3 个专业二级学科博士研究生培养点；天体测量与天体力学、测试计量技术及仪器、通信与信息系统、精密测量物理、电子与通信工程 5 个专业二级学科硕士研究生培养点；设有 1 个天文学专业一级学科博士后流动站。截至 2020 年底，共有在学研究生 172 人，其中硕士生 91 人、博士生 81 人。

2020 年，国家授时中心争取和承担的主要项目有 130 余项，其中承担国家自然科学基金 31 项；科技部重点研发计划 5 项；中国科学院国防创新基金 1 项；院前沿科学重点研究项目 5 项；院战略性先导科技专项 8 项；院装备研制 2 项；院装发联合基金 1 项；陕西省科技计划项目 10 项；西部之光人才项目 41 项（新增 4 项）；

国际合作项目4项；大科学装置维修改造项目4项；修缮购置专项4项。在中国科学院2020年重大科技基础设施评审中，国家授时中心长短波授时系统运行及管理获评二等奖。

2020年，国家授时中心面向科技前沿和国家未来重大需求，围绕“一三五”目标进一步完善科研管理体制机制，调整优化科技布局；取得激光抽运小铯钟关键技术突破、实现我国UT1自主测量、建成我国转发式卫星导航技术试验平台等一批科技成果。承担的载人航天专项空间站时频系统、国家重大科技基础设施——高精度地基授时系统、国家时间频率体系示范工程、卫星导航重大专项转发式卫星导航试验系统等多项国家重大科技项目，均取得阶段性成果；结合地方创新发展需要与多地的地方政府开展的建设与合作取得实质性进展。国家授时中心西安科学城园区顺利开工建设。

2020年，国家标准时间UTC（NTSC）继续保持国际先进水平，UTC（NTSC）与协调世界时（UTC）的偏差小于5纳秒，是北斗卫星导航系统、长河二号系统等系统的溯源基准；对国际原子时TAI计算贡献7.0%权重，排在全球守时实验室的第3位，是全球最重要的守时单元之一。低频时码授时台全年发播7553小时，计算机网络授时服务器访问量每秒8000余次。

2020年受疫情影响，国家授时中心主要科普活动转为线上，形成以线上为主，线上线下相结合的方式，“时间科学馆”接待有所减少（1700人次）；制作宣传片《时间科学馆》及科普视频5个、文章16篇、图书3部；配合拍摄《从长安到罗马》：天人合一、敬授人时，网络播放逾千万人次；组织重大天象——金边日食直播活动；“触摸北京时间”参加2020年第三届科学节；在泉州举办中国古代导航展——从指南针到北斗。

2020年，国家授时中心共发表学术论文152篇，专著2部；申请专利58件，授权专利39件，其中发明专利32件。获陕西省科学技术奖科学技术进步二等奖1项。

2020年，国家授时中心大力推进科研成果转移转化，西安中科时空科技有限公司签订多项技术服务合同，国家授时中心国有经营性资产监管委员会、西安中科时空资产管理有限公司（全资）推进和完成多项成果转化技术服务合同；投资控股福建省海上丝路时间中心运营有限公司；北斗“一带一路”高精度位置与时间公共服务平台项目结题验收，成立“时空俱乐部”，开展与国内多地企业实质性的战略合作。现有控股企业西安骊天物业发展有限责任公司；参股企业西安爱乐电子科技有限责任公司、西安可信时间认证服务有限公司。

2020年，国家授时中心与国外时频单位保持远程合作，积极参与北斗国际合作，作为国际电信联盟无线电通信部第七工作组中国对口组长单位（ITU-RWP7A）代表我国政府参与国际时间频率协调工作；作为北斗国际合作研究中心副主任单位，全面负责北斗ICG工作；中俄增强系统与合作建站，实现GNSS系统时间兼容互操作；建成北斗首个海外综合监测站；与联合国外空司就围绕卫星导航开展全面合作达成共识；持续开展中俄、中美系统间兼容与互操作协调，促成中美双方就签署互操作联合声明达成共识。全年多人参加线上国际学术活动2次，出访1人次，无来访。

国家授时中心是国际电信联盟（ITU）科学业务组ITU-R7A国内对口工作组单位、北斗导航国际合作研究中心副主任单位、中国天文学会时间专业委员会负责单位、中国GPS技术应用协会授时与时间专业委员会负责单位、陕西省天文学会的挂靠单位、中国卫星导航定位协会常务理事单位；编辑出版的刊物有《时间频率学报》、《时间频率公报》。

（撰稿：邹维国　赵海成　审稿：李孝辉）

地球环境研究所

所　　长：刘　禹
地　　址：陕西省西安市雁塔区雁翔路97号
邮政编码：710061
电　　话：029-62336299
传　　真：029-62336234
电子信箱：sunjy@ieecas.cn
网　　址：http://www.ieecas.cn

中国科学院地球环境研究所（以下简称“地球环境所”）成立于1999年，是中国科学院知识创新一期工程中唯一升格为研究所的单位，其前身是在国家科技最高奖得主刘东生先生、李振声先生和施雅风先生等倡议下，于1985年建立的中国科学院西安黄土与第四纪地质研究室。

地球环境所立足世界独一无二的中国黄土高原，以黄土 - 粉尘 - 气溶胶为纽带，以不同地质生物载体和观测记录为基础，从气候环境变化的过去、现在和未来的视角，开展黄土高原、东亚和全球不同时间尺度环境变化的过程、规律、机制、趋势与可持续性研究。研究所致力于为发展地球系统科学做出创新性贡献，为我国经济社会可持续发展和黄土高原生态环境建设提供前瞻性战略建议，成为国际一流的大陆环境变化科学研究中心和高水平人才培养基地。研究所主要研究领域为第四纪科学与全球变化，学科方向包括：第四纪地质学、环境科学与工程、环境地球科学、地球化学和大气科学等。

“十三五”期间，地球环境所围绕“一三五”规划目标产出一批具有较大影响力的高水平成果，三个重大突破和五个重点培育方向均通过验收，其中重大突破一和重点培育方向三实现国际领跑，验收获评“优秀”。作为依托单位，联合中国科学院地球化学研究所、中国科学院水利部水土保持研究所、中国科学院海洋研究所、中国科学院南京地理与湖泊研究所共同组建“第四纪科学与全球变化卓越创新中心”，2019年1月获批准开始筹建。

地球环境所拥有黄土与第四纪地质国家重点实验室、中国科学院气溶胶化学与物理重点实验室、陕西省加速器质谱技术及应用重点实验室、陕西省大气污染与雾霾防治重点实验室（筹）。下设古环境研究室、现代环境研究室、粉尘与环境研究室、加速器质谱中心和生态环境研究室5个研究单元。与美国的亚利桑那大学、明尼苏达大学和瑞典的哥德堡大学分别建有中美加速器、中美气溶胶和中瑞树轮3个国际联合实验室；依托建设了“地球环境国际联合研究中心”国家级国际合作基地；与西安市政府共建地方事业法人单位西安地球环境创新研究院。

地球环境所建有东亚大陆环境变化岩心库、东亚树轮标本库和黄土环境变化数据库。拥有国内地学领域唯一的多核素加速器质谱仪。关中平原生态环境变化与综合治理野外科学观测研究站、黄土高原地球关键带与地表通量野外观测研究站已列入国家野外站择优建设名单。

截至2020年底，地球环境所共有在职职工118人。其中科技人员72人、科技支撑人员35人，包括中国科学院院士1人、发展中国家科学院院士1人、研究员及正高级工程技术人员33人、副研究员及高级工程技术人员34人。

地球环境所是1990年国务院学位委员会批准硕士学位授权单位、1994年国务院学位委员会批准博士学位授权单位之一。现设有地质学、环境科学与工程2个一级学科博士研究生培养点，同时设有地质学、环境科学与工程2个一级学科硕士研究生培养点，资源与环境1个二级学科专业学位硕士研究生培养点；并设有地质学专业一级学科博士后流动站。截至2020年底，共有在学研究生137人，其中硕士生62人、博士生75人；在站博士后8人。

2020年，地球环境所共有在研项目260项（包括新增项目90项）。其中，主持国家自然科学基金重大项目1项（课题6项）、重点项目6项（新增2项）、国家杰出青年科学基金项目4项（新增1项）、重大研究计划重点项目1项、联合基金项目1项、青年科学基金1项、重点国际合作3项；面上项目和青年科学基金项目62项（新增14项）；主持国家重点研发专项项目3项（课题10项）、国家科技基础性工作专项1项；承担生态环境部大气攻关项目1项；主持中国科学院战略性先导科技专项（B类）1项（新增），承担A类课题1项、主持院重点部署项目5项、前沿科学重点研究项目6项、从“从0到1”项目2项、西部之光交叉团队项目4项（新增1项）和“一带一路”团队项目1项、国际大科学计划项目1项、重点国际合作项目1项、“一带一路”科技合作专项1项；积极争取地方项目，主持陕西省基础研究定向委托项目1项、重点产业链项目3项、杰出青年科学基金项目2项（新增1项）、重点项目1项（新增）、国际合作重点项目1项（新增）、青年科技新星1项（新增）；承担西安市等院地合作项目5项。

2020年，地球环境所共发表研究论文453篇，其中SCI收录374篇（第一著作单位144篇），包括在*Science*及子刊、*Nature*子刊、*PNAS*上发表论文12篇。授权发明专利2项，实用新型专利6项。周卫健院士获第二届全国创新争先奖，黄汝锦研究员获中国青年科技奖特别奖。

2020年，地球环境所取得系列原创性科学成果。敖红副研究员团队在*Nature Communications*上发表研究论文，揭示亚洲大陆气候在3400万年前南极冰盖扩张时的气候变化。刘禹研究员团队在*PNAS*上发表论文，揭示黄河径流和泥沙500年来空前减少为人类活动导致。晏宏研究员团队在*PNAS*上发表论文，揭示砗磲有潜力成为前所未有的古天气研究载体，可以提供天-小时分辨率的生物地球化学记录，可用于重建过去极端天气事件（如台风、寒潮等）。韩永明研究团队在*PNAS*上发表论文，在自然火与气候变化联系研究中取得进展，该研究反映出的自然火与大气二氧化碳的联系暗示了自然火在气候系统中的重要作用。吴佳睿在*PNAS*上发表论文，定量揭示气溶胶-光解相互作用对冬季雾霾的减轻作用。

2020年，由于新冠肺炎疫情影响，地球环境所原定国内外合作工作受到较大影响，全年出访2个团组6人次，来访2个团组2人次（含港澳台）。与伊朗霍尔木兹甘大学签订合作协议开展基于黄土沉积在丝绸之路核心区识别风尘来源和气候环境变化研究。刘禹研究员当选国际树轮学会（TRS）副主席。安芷生与韩永明入选新组建的人类世工作组，国际合作项目人类世全球界线层型剖面（GSSP）遴选进入到实施阶段。

地球环境所主办《地球环境学报》期刊，该期刊2020年获第六届陕西省科技期刊特色期刊奖。

（撰稿：白　洁　李　力　审稿：孙有斌）

近代物理研究所

所　　长：徐瑚珊

地　　址：甘肃省兰州市城关区南昌路509号

邮政编码：730000

电　　话：0931-4969220

传　　真：0931-4969800

电子信箱：office@impcas.ac.cn

网　　址：http://www.imp.cas.cn

中国科学院近代物理研究所（以下简称“近代物理所”）是根据1956年周总理指示设立的原子核科学研究基地，前身为1957年成立的中国科学院兰州物理研究室，1962年正式使用现名。

近代物理所是一个依托大科学装置，开展重离子科学与技术、加速器驱动的先进核能系统研究的基地型研究所。战略定位是建成国际一流的重离子科学与技术、加速器驱动的先进核能技术研究基地。主要研究方向有：原子核物理、原子分子物理、放射生物学、核材料与工艺技术、乏燃料后处理技术、核技术相关材料科学、粒子加速器研究等。

2020年，近代物理所顺利完成研究所“十三五”时期“一三五”规划验收任务。其中重大突破加速器驱动先进核能系统原理验证及关键技术重大突破、重离子辐照技术示范和推广取得重大社会经济效益，以及重点培育方向强流高功率离子加速器关键技术获评“优秀”。主导的加速器驱动先进核能系统原理验证及关键技术重大突破和参与的暗物质粒子探测卫星和科学研究入选中国科学院“率先行动”计划第一阶段59项重大科技成果及标志性进展。

近代物理所现运行有兰州重离子加速器国家实验室、甘肃省同位素实验室、先进能源科学与技术广东省实验室、中国科学院重离子束辐射生物医学重点实验室、中国科学院高精度核谱学重点实验室、中国科学院离子加速器及质量检验检测工程实验室、甘肃省重离子束辐射医学应用基础重点实验室、甘肃省空间辐射生物学重点实验室、甘肃省重离子创新中心等。在建两项国家“十二五”重大科技基础设施——强流重离子加速器（HIAF）和加速器驱动嬗变研究装置（CiADS）。此外，还建有ADS质子超导直线加速器、低能强流重离子加速器装置（LEAF）、320千伏高电荷态综合研究平台、大功率电子加速器等重要科研设施及装置。

截至2020年底，近代物理所共有在职职工888人。其中科技人员798人，包括中国科学院院士3人、中国工程院院士1人、研究员及正高级工程技术人员134人、副研究员及高级工程技术人员331人。

近代物理所是1978年国务院学位委员会批准的博士、硕士学位授予权单位之一，现设有物理学、核科学与技术2个一级学科博士研究生培养点，生物物理学二级学科博士培养点，材料与化工专业学位博士培养点，以及电子信息、能源动力、生物与医药3个专业硕士研究生培养点；并设有物理学、核科学与技术2个专业一级学科博士后流动站。截至2020年底，共有在学研究生461人，其中硕士生181人、博士生280人；在站博士后33人。

2020年，近代物理所共有在研项目548项（包括新增项目217项）。其中，承担国家重点研发计划7项（新增1项）；承担国家自然科学基金委重大仪器研制项目2项；在研国家自然科学基金重点项目3项（新增1项）、面上项目69项（新增12项）、国家杰出青年科学基金项目3项（新增1项）、优秀青年科学基金项目2项（新增2项）；承担中国科学院战略性先导科技专项课题1项（新增1项）；承担院重点部署项目10项（新增0项）；承担院科研仪器研制项目在研7项（新增2项）；承担修购在研项目6项(新增3项)；承担重点国际合作项目3项(新增1项)；承担西部之光项目32项（新增7项）。

2020年，近代物理所科研工作取得一批重要成果。ADS超导直线加速器样机在国际上首次实现束流强度10毫安连续波质子束176千瓦运行指标；“首次合成近质子滴线百纳秒寿命超铀新核素^{222}Np”入选《科技导报》评选出的2020年度中国十大重大科学进展；首次发现分子间重离子隧穿转移形成分子的新机制；在国际上率先建立磁刚度识别的等时性质谱术；与国外团队合作在*Nature*上发表文章，首次揭示3α反应增强会抑制超新星核合成，改变了人们对钼和钌缺中子同位素来源问题的认知；依托HIRFL开展质子滴线核^{22}Si衰变性质的高精度测量，探索同位旋对称性破缺现象，研究成果发表在*Physical Review Letters*上。《原子质量评估AME2020》专刊在《中国物理C》2021年第三期正式出版。

2020年，近代物理所获2项省部级奖励，其中“碳离子治癌研究及大型肿瘤治疗装置研发与产业化”项目获首个甘肃省科学技术奖科技进步奖特等奖。以第一单位发表论文267篇，其中SCI文章240篇，一区文章54篇。

2020年，近代物理所积极推进重离子辐照和加速器技术的转化工作。初步完成医用重离子加速器产业化体系布局工作。新签订武汉、杭州两台装置商务合同。武威碳离子治疗系统示范装置正式投入临床应用，共完成183例患者临床治疗，效果良好；兰州示范装置开始注册检测工作。甘肃省同位素实验室项目完成开工前期工作，注册成立地方事业法人单位。位于兰州新区的大科学装置科技创新创业园项目的部分实验设备投入预检测服务。核孔膜产业化取得重要进展，建成处理量5000吨/日的污水处理示范工程。应用重离子辐照诱变育种技术获得‘东稻122’、‘中科毛豆3号’、‘科蒿2号’、‘科蒿3号’4个作物新品种并进行示范推广。消毒灭菌用大功率电子加速器研制项目获批2021年中国科学院科技服务网络计划区域重点项目。所控股和参股的9家公司实现销售收入19 663.03万元，约190人从事科技开发工作。

2020年，近代物理所顺利完成脱贫攻坚阶段性任务。通过继续推广种植甜高粱支撑帮扶村的牛羊养殖，贫困户全部脱贫“摘帽”。

受新冠肺炎疫情影响，近代物理所2020年国际科技合作受到较大影响。与日本、俄罗斯等5个国家的9所大学或科研机构签订合作协议；共获中国科学院国际人才计划资助16项，科技部外国专家项目6项等。近代物理所牵头负责的科技部战略性国际科技创新合作重点专项重离子超导同步加速器（NICA）国际合作项目正式启动，批复经费约1.3亿元。

近代物理所是甘肃省物理学会、甘肃省核学会的挂靠单位；编辑出版《原子核物理评论》、《高能物理与核物理》的核物理部分及《中国科学院近代物理研究所和兰州重离子加速器国家实验室年报》（英文版）。

（撰稿：尹经敏　赵晓艳　审稿：徐琍珊）

兰州化学物理研究所

所　　长：王齐华
地　　址：甘肃省兰州市天水中路 18 号
邮政编码：730000
联系电话：0931-4968009；0931-4968026
传　　真：0931-4968019
电子信箱：office@licp.cas.cn
网　　址：http://www.licp.cas.cn

中国科学院兰州化学物理研究所（以下简称“兰州化物所”）建于 1958 年 6 月，其前身是中国科学院石油研究所兰州分所，1962 年 6 月启用现名。

兰州化物所的战略定位是：西部资源与能源化学和新材料高技术创新研究基地，主要开展资源与能源、新材料、生态与健康等领域的基础研究、应用研究和战略高技术研究。

2020 年，兰州化物所积极做好“十三五”时期“一三五”规划收官工作，三个重大突破、五个培育方向均取得重要进展，其中，突破一在中国科学院评估中获评优秀。积极参与国家、中国科学院和甘肃省“十四五”规划编制。着力推动国家重点实验室重组工作和润滑科学与技术卓越创新中心建设工作。进一步聚焦国家重大需求和国民经济建设中的关键核心技术“卡脖子”问题开展攻坚，积极承担国家、中国科学院重大科技任务。

兰州化物所拥有 2 个国家重点实验室、1 个国家技术创新中心（高技术领域）、1 个国家工程研究中心、1 个国家地方联合工程研究中心、2 个中国科学院重点实验室，1 个中国科学院工程实验室，2 个甘肃省重点实验室，1 个所级研究单元。

截至 2020 年底，共有在职职工 623 人。其中科技人员 338 人、科技支撑人员 209 人，包括中国科学院院士 1 人、中国工程院院士 1 人、研究员及正高级工程技术人员 108 人、副研究员及高级工程技术人员 156 人。

兰州化物所是 1981 年国务院学位委员会批准的首批硕士学位授予权单位之一，1986 年成为博士学位授予单位。现有化学、材料科学与工程 2 个一级学科（博士）培养点，物理化学、分析化学、有机化学、材料学、材料与化工 5 个博士招生专业，物理化学、分析化学、有机化学、材料学、材料与化工、生物与医药 6 个硕士招生专业；并设有化学博士后流动站。截至 2020 年底，共有在学研究生 347 人，其中硕士生 153 人、博士生 194 人；在站博士后 13 人。研究生导师 139 人，其中博士生导师 87 人、硕士生导师 52 人。

2020 年，兰州化物所共有在研项目 447 项（包括新增项目 140 项）。其中，主持或承担国家自然科学基金重点项目 / 任务 7 项（新增 2 项）、面上项目 60 项（新增 15 项）、国家杰出青年科学基金项目 1 项（新增 1 项）、优秀青年科学基金 2 项，青年科学基金 60 项（新增 18 项）；承担国家重大科技专项任务 3 项；主持或承担国家重点研发计划项目 / 课题 / 任务 29 项（新增 9 项）；主持或承担基地和人才专项 12 项（新增 1 项）；主持（或承担）（科技部、国家自然科学基金委、财政部和院）重大仪器研制项目 5 项（新增 2 项）；承担中国科学院战略性先导科技专项项目 / 课题 / 子课题 3 项（新增 2 项）；主持或承担院重点部署项目及子课题 2 项，承担重点国际合作项目 8 项（新增 4 项），承担院地合作项目 7 项（新增 5 项）。

2020 年，兰州化物所在高端装备制造先进润滑材料、低碳资源高效催化转化、西部特色资源高值化利用等领域取得新突破。在高端装备制造先进润滑材料与技术领域，成果应用新增销售额 150 多亿元，突破了一批核心润滑技术，20 多个产品批产应用于国家重点工程、汽车发动机和轨道交通等领域，使我国润滑研究处于国际领先水平；建立了百吨丙烷脱氢催化剂试生产线，进行甲烷氧化偶联千吨级设计和技术经济评估，编制完成甘油氢解制 1,2- 丙二醇及异丁烯二聚羰基化制异壬醇的万吨级工艺包，形成自主知识产权烷烃脱氢产业化技术；开发出 3 个高端枸杞营养功能产品并建成生产线投产；开发出凹凸棒石玉米赤霉烯酮和呕吐毒素吸附剂及纳米杂化抗菌剂，实现规模化生产；实现中压法羰基铁粉生产技术的全流程系统拉通，是目前国际上唯一一套中压法羰基铁粉生产线。

2020年，兰州化物所共发表科技论文882篇，其中国外论文685篇，国内论文197篇。出版（参与出版）专著4部。申请专利323件、获授权191件，授权专利数增幅达130%。“基于羰基构建与转化的含氮精细化学品合成研究”获甘肃省科学技术奖自然科学奖一等奖，“离子型润滑添加剂的创制及其工程应用”获甘肃省科学技术奖技术发明奖一等奖，“高端润滑油脂设计制备关键技术与工程应用”获甘肃省科学技术奖科技进步奖一等奖，“黏土矿物基杂化颜料的构筑及其应用基础研究”获非金属矿科学技术奖（基础研究类）一等奖，“特色营养健康食品研究开发与产业化”获陕西省科学技术奖科技进步奖一等奖（第二完成单位）。王爱勤研究员获2020年何梁何利基金科学与技术创新奖，王齐华、王爱勤和周峰获全国创新争先奖。

兰州化物所发挥西北植物和能源资源，积极参与甘肃省十大生态产业链工作，围绕3个甘肃省制造业创新中心，加强研究所科技成果在相关行业的推广和落地；积极与金川集团、酒钢集团等甘肃省龙头骨干企业加强科技合作，建立互信的战略联盟，针对企业相关技术国产化和关键技术进行科研攻关，解决企业一部分“卡脖子”问题。2020年科技合作推介40多场，争取吉林省、广东省等9个省市各类科技成果转化类项目数10余项。在公司管理规范性方面，成立研究所全资控股资产管理公司中科凯越科技发展有限公司，积极推进研究所科技成果转移转化，颁布相关知识产权激励政策，2020年完成8项科技成果转移转化工作，带动社会经济资本7000余万元。

2020年，兰州化物所与多个国外科研院所、企业开展实质性科技合作，在研国际合作项目16项，新增5项。其中，在2020年立项的中国科学院国际伙伴计划对外合作重点项目的支持下，研究所与乌克兰国家科学院继续开展深入合作，为解决我国航天伺服机构和钍基熔盐堆中的高温润滑“卡脖子”问题提供技术支撑。以线上或线上线下相结合等方式开展国际学术交流。积极承担中俄科技创新年活动，组织中-俄等离子技术研讨会，为中俄等离子技术及材料领域优秀人才提供了交流平台，促进了中俄双方在科研领域的深度融合。

兰州化物所是甘肃省化学会、甘肃省材料学会、甘肃省分析测试技术与仪器学会的挂靠单位；负责编辑出版《摩擦学学报》、《分子催化》、《分析测试技术与仪器》3种学术期刊。

（撰稿：段立斌　张慧玲　审稿：王齐华）

西北生态环境资源研究院

院　　长：赖远明
地　　址：甘肃省兰州市东岗西路318号
邮政编码：730000
电　　话：0931-4967549
传　　真：0931-8273894
电子信箱：guoyr@lzb.ac.cn
网　　址：http://www.nieer.cas.cn

为支撑国家西部大开发战略与“一带一路”倡议，中国科学院党组2016年6月决定成立中国科学院西北生态环境资源研究院（筹）（以下简称“西北研究院”），以全面统筹中国科学院西北地区相关优势科研力量。西北研究院实行院长负责制，整合寒区旱区环境与工程研究所、兰州油气资源研究中心、兰州文献情报中心，以及西北高原生物研究所、青海盐湖研究所。2019年5月27日，西北研究院正式成立。

西北研究院是我国专门从事西北及高寒干旱地区生态环境、自然资源和重大工程研究的国家级研究机构，将瞄准国际前沿，针对国家“丝绸之路经济带”建设、“生态文明建设”和“西部大开发”的重大战略决策实施及区域经济社会发展的重大科技任务，开展高寒-干旱自然条件下的生态系统与环境变化、资源利用与可持续发展的基础性、战略性、前瞻性、综合性科学研究、工程技术开发和第三方评估工作，为国家解决西北地区及相似地区生态、环境、资源等领域的关键科技问题和工程建设提供科学依据、技术支撑和决策支持。

2020年，西北研究院顺利通过中国科学院“十三五”规划评估验收，冻土与寒区工程研究遴选为“率先行动”计划第一阶段重大科技成果及标志性进展；寒区旱区重大工程关键技术与示范、干旱半干旱区沙漠化过程及其调控、青藏高原盐湖锂镁绿色分离与特色高值化利用三个重大突破，以及冰冻圈变化及其影响与适应、青藏高原及西伯利亚地区特色生物资源高值利用技术集成与创新两个重点培育方向获评优秀。

西北研究院拥有冻土工程国家重点实验室和冰冻圈科学国家重点实验室2个国家重点实验室、1个国家冰川冻土沙漠科学数据中心、7个中国科学院重点/工程实验室、17个甘肃青海宁夏省级重点实验室/工程中心和科技创新主体。共有25个野外台站，其中包括9个国家级野外观测研究实验站，16个中国科学院和研究所级野外观测研究实验站，已形成以国家、中国科学院和西北研究院重点实验室为主的实验研究分析系统，以野外观测试验研究站为主的观测研究试验系统，以信息共享、计算和网络、信息情报、图书编辑服务为主的信息平台系统构成的科技平台体系。

截至2020年底，西北研究院共有在编职工1000余人，包括中国科学院院士5人、重点研发计划项目负责人17人、正高级职称199人、副高级职称324人。

西北研究院现有地理学、大气科学、地质学、生态学、土木工程、图书情报与档案管理等10个一级学科博士研究生培养点，生物学、生态学、中药学等6个一级学科硕士研究室培养点，资源与环境、生物与医药、化学工程、生态学等9个专业学位硕士研究生培养点（二级学科研究生培养点未做统计）。并设有地理学、地质学、大气科学、生物学、生态学5个专业一级学科博士后流动站，在站博士后94人。2020年共招收硕士研究生148人、博士研究生122人。截至2020年底，在读博士研究生492名，硕士研究生418名，留学生14人。

2020年，西北研究院新争取科研项目510项，合计经费4.56亿元，到位经费8.84亿元。其中，申报科技部重大科研项目。2020年，获批重点研发计划项目5项，课题6项，经费共计1.1亿元，包括：赛事用雪保障关键技术研究与应用示范（7852万元）；干旱区融雪洪水灾害监测预报和防控关键技术研究与示范（1452万元）；荒漠化对气候变化的响应与反馈及其生态效应（750万元）；北极陆地环境变化及其效应研究（721万元）；极端环境微生物源性抗氧化抗辐射活性产物的应用评估（297万元）。累计承担第二次青藏科考项目经费1.63亿元，本年度新承担第二次青藏高原综合科学考察专题“草地生态系统与生态畜牧业”（3268万元）。做好国家自然科学基金的申报工作，2020年获批各类项目77项，经费4918.5万元，其中优秀青年科学基金1项、国际合作区域重点项目2项、联合项目1项。积极争取中国科学院、地方、企业及科研院所资助项目，获批中国科学院重点部署项目、“从0到1”原始创新项目等109项，经费1.07亿元；争取到地方、企业及科研院所项目318项，经费1.55亿元。

2020年，西北研究院依托重要科研项目产出多项重大成果。获1项国家级奖励、8项省部级奖励。主要奖项有：“高寒高海拔多年冻土公路建养关键技术及工程应用”获2020年度国家科技进步奖二等奖（第二完成单位）；“西北内陆区极端环境生态系统修复理论、技术及其应用”获2020年中国科学院科技促进发展奖；“高镁锂比盐湖卤水中锂硼资源高效利用和绿色分离的科学基础及关键技术与产业化示范”获中国技术市场协会金桥奖一等奖。秦大河教育教学团队《气候变化科学概论》教程实践与创新获中国科学院大学教育教学成果奖一等奖；冯起获中国科学院优秀导师奖；康世昌获中国科学院大学领雁奖章银奖；杨林山获中国科学院优秀博士学位论文。

2020年，西北研究院共发表SCI论文855篇、CSCD论文340篇。出版专著19部。获得国家发明专利授权86项、国际专利授权14项。牵头制定国家标准6项、参与制定地方标准3项。获批世界知识产权组织技术与创新支持中心，顺利通过《科研组织知识产权管理规范》国家标准审核认证。在中国科学院发展规划局组织的资源生态环境领域研究所学科评估中，所有国际专家认为“冻土与寒区工程”学科进入国际前10名，80%的国际专家认为“冰冻圈科学与全球变化”学科进入国际前10名。学科带头人程国栋、赖远明、秦大河、康世昌被本学科方向100%的国际专家提名为国际前20位学者。

2020年，西北研究院所级公共技术服务中心技术保障能力持续提升，为170余家科研及生产单位提供关键技术支持，在科技部组织的中央级高等学校和科研院所等344家单位科研设施与仪器开放共享评价考核中，排名第13名，获评优秀。

2020年，西北研究院科研平台建设取得新进展。玉龙雪山冰冻圈与可持续发展野外观测研究站、青藏高原北麓河冻土工程与环境综合观测研究站和三江源草地生态系统综合研究站获批加入国家级野外科学观测研究站序列，获批中国科学院盐湖盐矿绿色开发工程实验室。甘肃省黄河源区气候与环境综合观测研究站（玛曲）、甘肃省黄土高原西部生态与农业野外科学观测研究站（皋兰）进入甘肃省省级野外台站序列。获批5个修购项目，经费1655万元。

2020年，西北研究院整体通过《科研组织知识产权管理规范》（GB/T 33250—2016）认证，构建、运行起了合规的知识产权管理体系。与兰州国资利民资产管理集团有限公司、甘肃建投矿业有限公司、中国移动通信集团甘肃有限公司、武威市政府、昌邑市政府、靖远县政府等政企机构分别签署战略合作框架协议，以在生态环保、绿色发展、5G智能产业、大数据等方面深化院地、院企之间合作。2020年与地方政府、企业和其他社会团体签订的技术开发、技术转让、技术许可、技术咨询和技术服务等合同总计约7600万元，为各类地方政府、企业和研究机构编制的各类咨询报告建议、产业规划建议书160余项，牵头制定国家标准6项、参与制定地方标准3项。获批世界知识产权组织技术与创新支持中心。

2020年，西北研究院克服新冠肺炎疫情影响，积极推进国际合作与交流，加强与留学人员、访问学者等联系沟通，发送慰问信、寄送防疫物资，送去人文关怀。全年争取到国际合作项目6项、国合基地1个。

西北研究院是中国科学院减灾中心西北分中心、中国气象学会大气物理专业委员会雷电物理监测与防护分会、中国地理学会冰川冻土分会、中国地理学会沙漠分会、联合国环境规划署（UNEP）国际沙漠化治理研究与培训中心等单位的挂靠单位。主办《冰川冻土》、《沉积学报》、《地球科学进展》、《高原大气》、《兽类学报》、《盐湖研究》等12种学术期刊。2020年，2种期刊获中国科学院择优支持；4种期刊被评为相关领域T1级期刊；4种期刊入选2020中国最具国际影响力优秀学术期刊；2种期刊新入选荷兰SCOPUS数据库。

（撰稿：陈治理　郭轶瑞　审稿：赖远明）

新疆理化技术研究所

所　　长： 蒋同海

地　　址： 新疆维吾尔自治区乌鲁木齐市新市区科学二街181号

邮政编码： 830011

电　　话： 0991-3837795

传　　真： 0991-3838957

电子信箱： xtipc@ms.xjb.ac.cn

网　　址： http://www.xjipc.cas.cn

中国科学院新疆理化技术研究所（以下简称“新疆理化所”）于2002年3月28日在原中国科学院新疆物理研究所和中国科学院新疆化学研究所（均于1961年成立）的基础上整合成立。

新疆理化所的目标定位是：强化中国科学院向西开放“桥头堡”作用，努力成为“一带一路”地区药物研发、信息技术、辐射物理、特种功能材料产业领域科技创新引擎和不可替代的现代科研机构，努力建成国内特色鲜明和国内有影响力的科研机构。现有资源化学、材料物理与化学、多语种信息技术、环境科学与技术、固体辐射物理5个研究室。

“十三五”期间，新疆理化所在人口健康、信息网络、先进材料与制造等领域得到快速发展，在确立的现代维药创制、面向“一带一路”的多语言机器翻译系统研究与应用、元器件空间累积辐射效应试验技术3个突破，中亚地区药用资源持续利用、人机物数据融合与智能分析、空天海洋温度传感器研发及推广应用、多波段全固态激光器用光电功能晶体材料、基于新疆优势资源的环境功能材料及其在油田化工污染控制中的应用5个培育科研领域高质量完成目标任务，取得重大产出。

新疆理化所建设有1个省部共建国家重点

实验室培育基地（同时也是新疆省级重点实验室）、3 个新疆省级重点实验室、2 个中国科学院重点实验室、1 个国家发展改革委认定的工程研究中心、1 个自治区工程研究中心、3 个自治区级工程技术研究中心，分别是：新疆特有药用资源利用重点实验室、新疆电子信息材料与器件重点实验室、新疆民族语音语言信息处理实验、新疆爆炸物安全科学重点实验室、干旱区植物资源化学重点实验室、特殊环境功能材料与器件重点实验室、新疆民族药关键技术与工艺国家地方联合工程研究中心、新疆维吾尔自治区温度传感器技术与应用工程研究中心、新疆精细化工工程技术研究中心、新疆热敏电阻材料及元器件工程技术研究中心、新疆危爆品防控工程技术研究中心。建设有温敏材料研发平台、民族药工艺及质量标准研究平台、维药活性筛选技术平台、辐射效应评估技术平台、多语种软件评测平台、光电功能材料研发测试平台、环境工程技术平台 7 个技术支撑平台。与中亚地区及中国科学院相关研究所共建中亚药物研发中心；参与筹建中国科学院药物创新研究院；是中国科学院海西创新研究院成员单位。

新疆理化所现有大型仪器装备 90 台（套）。2020 年，研究所位移损伤模拟专用质子加速器项目，投资预算 1.2 亿元，完成所有主要设备和工程的招标工作，项目将建成国内首台质子能量 10—60MeV 的位移损伤试验专用装置，填补我国空间环境试验能力缺项，满足国内航天及元器件等不同行业用户多样性的试验要求，指标达国际先进水平。

截至 2020 年底，新疆理化所共有在职职工 204 人。其中科技人员 140 人、科技支撑人员 34 人，包括中国科学院外籍院士 1 人、研究员及正高级工程技术人员 48 人、副研究员及高级工程技术人员 66 人。

新疆理化所是 1987 年国务院学位委员会批准的硕士学位授予权单位之一，2004 年经国务院学位委员会批准增列博士培养点，现设有微电子学与固体电子学、材料物理与化学、计算机应用技术、有机化学、物理电子学 5 个专业二级学科博士研究生培养点，有机化学、药物化学、中药学、微电子学与固体电子学、物理电子学、材料物理与化学、计算机应用技术、电子信息、材料与化工 9 个硕士研究生培养点；并设有化学、电子科学与技术 2 个专业一级学科博士后流动站。截至 2020 年底，共有在学研究生 312 人，其中硕士生 148 人、博士生 176 人；在站博士后 25 人。

2020 年，新疆理化所共有在研项目 586 项（新增 98 项，合同总经费 9979 万元），合同经费 6.26 亿元。其中，主持（或承担）国家自然科学基金重点项目 2 项、面上项目 20 项（新增 1 项）、国家杰出青年科学基金项目 1 项、优秀青年科学基金项目 3 项、新疆联合基金重点项目 2 项、新疆联合基金本地青年人才专项 4 项（新增 2 项）；主持或承担国家重大科技专项课题 1 项、子课题 2 项；主持或承担国家重点研发计划项目 1 项、课题 10 项（新增 1 项）、子课题 10 项（新增 3 项）；主持或承担重点人才专项 28 项（新增 2 项）；主持（或承担）中国科学院战略性先导科技专项子课题 2 项；主持（或承担）院科技服务网络计划项目 5 项（新增 1 项）、承担重点国际合作项目 5 项（新增 2 项）。

2020 年，新疆理化所发表各类科技论文 247 篇，其中 SCI 收录 235 篇。申请专利 84 件，授权专利 47 件。登记软件著作权 27 项。获得 5 项自治区科学技术奖，实现自治区科技奖项类别全覆盖。其中，“非线性光学效应轨道杂化模型及其在紫外倍频晶体设计中的应用”获自然科学奖通用类项目一等奖，“航天辐射环境锗硅关键技术”获技术发明奖通用类项目一等奖，“快响应热敏电阻器的研制及应用”获科技进步奖通用类项目一等奖，获专用类项目一等奖 1 项，郭旗研究员获突出贡献奖。

2020 年，新疆理化所完成知识产权转化 9 件，涉及转化项目 6 项，现金转化金额 1650 万元，通过知识产权作价入股方式合资成立新企业 1 家。自主研发中药创新药“乃孜来颗粒”技术转让合同金额 1200 万元。中科传感（佛山）首批 900 万元政府支持经费已到位，形成 2 条玻封全自动产线年产近 6000 万支元件的生产规模。自主研发真空热压旋转烧结炉，新疆赛诺凯生物科技有限公司在新疆铁门关市建立碳材料生产线并投产。成立资产管理公司，规范对持股 17 家公司的管理，获得西北星公司分红收益 550 万元，是研究所从持股企业获得的单笔最大收益。稳步推进西北星与中科瑞丽增资扩股。

2020 年，新疆理化所共办理出访团组 9 个，13 人次。无外国专家来访，利用网络媒介与外国专家沟通交流。有 2 名乌兹别克斯坦籍学者在研究所执行“中国科学院国际人才计划”国际博士后项目。获批中国 - 乌兹别克斯坦新药“一带一路”联合实验室，并获批国家重点研发计划战略性科技创新合作专项（“一带一路”联合实验室建设与创新药物研究），争取经费 758 万元。获批国家重点研发计划政府间国际科技创新合作重点专项 1 项 [具有止痛和局部麻醉作用（活性）的新型抗心律失常药物研发]。获批中国科学院国际伙伴计划对外合作重点项目 1 项（新型卤素硼酸盐深紫外光电功能晶体的生长技术研究）。获批中国科协“一带一路”国际科技组织合作平台建设项目 1 项（中亚地区特色可食植物资源开发与可持续利用）。获批自治区上海合作组织科技伙伴计划及国际科技合作计划项目 1 项（激光光刻用新型卤素硼酸盐非线性光学晶体的研制）。

在国际合作人才引进方面，乌兹别克斯坦籍专家 Sharafitdin Mirzaakhmedov（夏热菲丁 · 米尔扎合梅多夫）教授被授予“国家特聘专家”称号，获国家高层次外国专家项目（长期项目）资助；加拿大籍专家 Michael George Sowa（麦克 · 乔治 · 索瓦）教授获国家高层次外国专家项目（短期项目）资助，实现研究所引进国家级高层次外国专家方面零突破。获批科技部国家外国专家项目（原引智项目）3 项；获批中国科学院国际人才计划项目 5 项；获批中国科学院国际合作特别交流计划项目（原“俄乌白项目”）2 项。美国著名学者 Kenneth Reinhard Poeppelmeier（肯尼斯 · 莱因哈德 · 波佩尔迈尔）教授获 2020 年度自治区外国专家“天山奖”。

新疆理化所是新疆物理、化学、自动化、生物化学、核学会的理事长挂靠单位。

（撰稿：林健博　牛国华　审稿：蒋同海）

新疆生态与地理研究所

所　　长：张元明

地　　址：新疆维吾尔自治区乌鲁木齐市北京南路 818 号

邮　　编：830011

联系电话：0991-7885307

传　　真：0991-7885300

电子邮箱：sds@ms.xjb.ac.cn

网　　址：http://www.egi.ac.cn

中国科学院新疆生态与地理研究所（以下简称“新疆生态所”）成立于 1998 年 7 月 7 日，由新疆生物土壤沙漠研究所（1961 年成立）和新疆地理研究所（1965 年成立）合并而成。

新疆生态所面向国际干旱区生态与环境领域科技前沿，面向国家“丝绸之路经济带”建设重大需求，面向新疆社会稳定与长治久安总目标，创新干旱区科学的理论和方法体系，在干旱区生态学与干旱区地理学领域，围绕干旱区自然资源开发、生态修复、环境治理、生物多样性保育和区域可持续发展等重大问题开展研究和试验示范，在亚洲中部干旱区生态与环境领域发挥不可替代的骨干和引领作用。

作为四类机构特色研究所，新疆生态所全面完成“十三五”期间“一三五”规划，其中培育方向“天山地区水系统变化与水资源安全研究”和代表性成果“干旱区人文地理和区域发展”获评优秀，研究所人才队伍建设在“一三五”规划保障措施与重大改革举措中获评优秀，并入选中国科学院人才工作典型案例。

新疆生态所建有荒漠与绿洲生态国家重点实验室、国家荒漠 - 绿洲生态建设工程技术研究中心、中国科学院新疆矿产资源研究中心、中国科学院中亚生态与环境研究中心，以及新疆旅游研究院、丝路绿色发展研究中心等研究所内设研究单元。国内建有 12 个野外观测研究站（其中 3 个为国家站），在中亚、伊朗和蒙古国建有 19 个国际联合野外观测研究站；建有中国科学院大型仪器区域中心、文献信息中心、新疆自然博物馆等支撑平台。建有“一带一路”国际科学组织联盟荒漠化专题联盟（ANSO-ACD）；与相关国外机构联合，建有中美国际干旱区生态研究中心、中日干旱区生态研究中心、中国 - 比利时地理信息联合实验室、东非自然资源与环境研究中心、中德干旱区生态系统管理与环境变化联合研究中心等。

截至 2020 年底，新疆生态所共有在职职工

432 人。其中科技人员 306 人、科技支撑人员 82 人，包括中国科学院院士 1 人、研究员及正高级工程技术人员 112 人、副研究员及高级工程技术人员 109 人。

新疆生态所是 1983 年国务院学位委员会批准的博士、硕士学位授予权单位之一，现设有地理学、生态学、地质资源与地质工程 3 个专业一级学科博士研究生培养点，有自然地理学、人文地理学、地图学与地理信息系统、植物学、生态学、地球探测与信息技术 6 个二级学科博士研究生培养点，有自然地理学、人文地理学、地图学与地理信息系统、植物学、生态学、环境科学、地球探测与信息技术、资源与环境、生物与医药、水土保持与荒漠化防治 10 个专业一级（或二级）学科硕士研究生培养点。截至 2020 年底，共有在学研究生 440 人，其中硕士生 222 人、博士生 218 人，包括来自 9 个国家的 51 名留学生；在站博士后 57 人。

2020 年，新疆生态所共有在研项目 551 项（新增 156 项）。其中，承担国家自然科学基金重点项目 1 项、国家杰出青年科学基金项目 1 项、面上项目 40 项（新增 12 项）；承担国家重点研发计划项目 6 项；承担国家科技基础资源调查专项 1 项（新增 1 项）；承担科技部创新实验区项目 1 项；承担中国科学院战略性先导科技专项项目 1 项、课题 1 项；承担院重点部署项目 1 项、课题 4 项（新增 1 项）、承担院重大专项课题 2 项；承担院国际伙伴计划项目 1 项（新增 1 项）。

2020 年，新疆生态所在服务国家战略需求、解决重大科技问题上产出系列成果：构建了有物理机制的分布式区域水循环模型，系统解析了基于山地 - 绿洲 - 荒漠三大生态系统的水循环过程；明确了中亚造山带主体表现为“多增生楔 - 多期次 - 多方向 - 多方式”的增生造山，较为系统地解决了国际学术界关于古生代构造 - 古地理格局、增生造山作用结束时限与方式等争议；阐明咸海流域生态退化及其驱动因素，提出咸海综合治理生态规划方案，为咸海受损系统生态修复提供中国方案；阐明荒漠重要植物类群演化和多样性变化的大尺度空间格局，揭示其逆境适应的分子机制。上述研究成果分别发表在 *Nature Communications*、*Science Advances*、*Journal of Geographical Research*、*Remote Sensing of Environment*、*Journal of Biogeography*。

2020 年，新疆生态所干旱区水资源与绿洲科学研究领域的 SCI 发文量位居全球第一，全年发表论文 750 篇，其中 SCI 论文 457 篇；出版专著 6 部。“西北干旱区水循环与生态水文过程研究”入选中国科学院“率先行动”计划第一阶段重大科技成果及标志性进展。肖文交院士获第二届全国创新争先奖章；田长彦研究员获 2020 年度新疆维吾尔自治区科学技术奖突出贡献奖；研究所获 2020 年度的新疆维吾尔自治区科学技术奖科技进步奖一等奖、新疆维吾尔自治区科学技术奖自然科学奖一等奖各 1 项。

2020 年，新疆生态所与地方单位签署十多项科技合作协议，服务地方项目新增 92 项；提出新疆旅游产业创新发展科技路线图；提出的“第三次新疆综合科学考察建议”通过科技部立项论证和财政部预算审核，批准预算为 6.8336 亿元。授权发明专利“一种干旱区重盐土荒坡绿化方法”通过专利转让的方式实现成果转移转化。对外投资企业 5 家，即新疆国科新生科技管理有限责任公司（所级资产管理公司，2020 年实现利润总额 101.80 万元）、乌鲁木齐中科帝俊环境技术有限责任公司（从事科技开发人员 6 人，2020 年实现利润总额 89.68 万元）、新疆丝路畅游信息科技有限公司（从事科技开发人员 4 人，2020 年亏损 21.91 万元）、新疆中科吉奥地质勘查有限责任公司（从事科技开发人员 19 人，2020 年实现利润总额 40.94 万元）、新疆福禾鑫盛生物科技有限公司（从事科技开发人员 6 人，2020 年亏损 75.35 万元）。

2020 年，新疆生态所在吉尔吉斯斯坦全境开展分布式低成本智能净水技术的示范与应用，获吉国国家领导人批示；中国科学院国际合作项目“亚欧大陆干旱带荒漠化研究”完成亚欧大陆干旱带荒漠化时空格局分布图；国家自然科学基金委重点国际合作项目“毛里塔尼亚风沙灾害形成机制及治理模式研究”完成毛里塔尼亚地区土地沙漠化分类分级评估系统与分布格局图；科技部政府间国际科技创新合作重点专项“非洲绿色长城重点区域沙漠化防治实用技术合作研究与示范”建立了非洲“绿色长城”

沙漠化数据库等。获批中国科学院PIFI国际访问学者项目5人，国际博士后项目3人。全年举办2次国际学术研讨会，共计410人次参加。与联合国防治荒漠化公约、中亚区域经济合作学院、日本地球科学与灾害应对国家研究中心和波兰卡托维兹西里西亚大学签署4项合作协议和备忘录。外籍专家Philippe De Maeyer（菲利普·德梅耶）教授获中国政府友谊奖，Osama Mohamed（奥萨马·穆罕默德）副教授获新疆维吾尔自治区外国专家“天山奖”。获批“一带一路”国际科学组织联盟荒漠化专题联盟（ANSO-ACD），与乌兹别克斯坦国立大学联合建立中-乌生物与土壤联合实验室。

新疆生态所是新疆土壤肥料学会、新疆地理学会、新疆植物学会、新疆科学探险协会、新疆自然资源学会的挂靠单位；主办英文期刊*Journal of Arid Land*（SCI收录）、*Regional Sustainability*，以及中文期刊《干旱区研究》、《干旱区地理》。

（撰稿：刘　杰　桂东伟　审稿：张元明）

学校及公共支撑单位

中国科学院大学

校　　长：李树深
地　　址：北京市怀柔区雁栖湖东路 1 号
邮政编码：101408
电　　话：010-69671100
传　　真：010-69671029
电子信箱：leader@ucas.edu.cn
网　　址：http://www.ucas.edu.cn

中国科学院大学（以下简称“国科大”）是一所以科教融合为办学模式、研究生教育为办学主体、精英化本科教育为办学特色的创新型大学。国科大的研究生教育，发端于中国科学院的人才培养。1950 年，中国科学院启动研究实习员的招考和培养工作。1964 年，中国科学院在北京试办中国科学院研究生院。1977 年，中国科学院率先恢复研究生招生，为适应各研究所招收和培养研究生的需要，在北京成立中国科学技术大学研究生院。1978 年，恢复招生后的首批研究生入学。1982 年，中国科学院党组批准研究生院同时使用中国科学院研究生院和中国科学技术大学研究生院两个名称。学校 2000 年更名为中国科学院研究生院，2012 年更名为中国科学院大学，并于 2014 年开始招收本科生，形成了覆盖本、硕、博三个层次的高等教育体系。

国科大以“科教融合、育人为本、协同创新、服务国家”为办学理念，与中国科学院直属研究机构（包括所、院、台、中心等，以下简称“培养单位”）在管理体制、师资队伍、培养体系、科研工作等方面高度融合。学校由京内 4 个校区（玉泉路、中关村、奥运村、雁栖湖）、京外 5 个教育基地（上海、武汉、广州、成都、兰州）和分布在全国的 116 个培养单位组成。开设 13 个本科专业，覆盖两个学科门类。具有一级学科 54 个；一级学科博士点 43 个、二级学科博士点 1 个；一级学科硕士点 55 个、二级学科硕士点 1 个、硕士专业学位授权类别 16 个；“双一流”建设学科 2 个，北京高校高精尖学科 3 个。

截至 2020 年底，国科大有专任教师 3090 人，其中国家级高层次人才 862 人（含两院院士 176 人）；研究生导师 11 257 人，其中博士生导师 6786 人，中国科学院院士 237 名，中国工程院院士 45 名。在校生 55 900 人，其中研究生 54 255 人（博士生 28 131 人、硕士生 26 124 人）、本科生 1645 人。2020 年，录取 17 456 人，其中研究生 17 054 人（博士生 7104 人、硕士生 9950 人）、本科生 402 人；毕业 11 657 人，其中研究生 11 289 人（博士生 5824 人、硕士生 5465 人）、本科生 368 人。截至 2020 年底，留学生在校 1696 人，2020 年招生 464 人、毕业 369 人。

2020 年，国科大党的领导核心作用不断增强。新冠肺炎疫情发生后，校党委第一时间成立疫情防控工作领导小组，统筹开展疫情防控和教学工作。坚持发挥党委“把方向、管大局”领导核心作用，按照党中央、国务院和上级党组织有关文件精神，推进落实党中央关于教育、科技等重大决策部署。坚决落实中央巡视整改要求，清理规范各类非法人单元和分支机构工作。深入学习习近平新时代中国特色社会主义思想，全面从严治党“两个责任”进一步夯实，党委会多次研究全面从严治党、意识形态和学生思政等工作，制定落实全面从严治党主体责任清单和重大事项请示报告清单，设立从严治党主体责任办公室，加强相关工作的统筹协调落实。坚决贯彻落实党委领导下的校长负责制，切实提高党政领导班子成员分工负责执行力。

2020 年，国科大加强思想政治教育。修订

《中国科学院大学党委意识形态工作责任制实施细则》，开展意识形态工作专题培训，落实各级领导、各级部门意识形态工作责任制，强化校园意识形态阵地管理。召开2020年全校思想政治工作会议，专题研究辅导员队伍和课程思政建设。出台马克思主义学院建设一揽子措施，制定《习近平新时代中国特色社会主义思想概论》教学方案。党委书记、校长李树深为本科生讲授思想政治理论课，白春礼院士为本科生讲授“开学第一课”、做十九届五中全会精神专题辅导报告。

2020年，国科大扎实推进学科建设。完成34个一流学科建设首个五年周期总结工作。自主审核新增航空宇航科学与技术、园艺学2个一级学科博士学位授权点；开展电子信息类工程博士点、生物医学工程、外国语言文学、马克思主义理论一级学科博士学位授权点申报论证工作。开展自主设置学科工作，受理增设自主设置学科3个。3个专业入围国家级一流本科专业，1个专业入围北京市一流本科专业。召开“双一流”建设周期总结专家评审会。

2020年，国科大着力提升教育教学质量。全力推进教学管理制度与机构建设，制定、修订《研究生课程学习管理规定》等10项制度文件，保证教学制度适应新的教学形势需要。制定《研究生教学督导工作管理办法》，全面开展院系级教学督导，启动校级教学督导，为进一步提高授课教师教学质量提供保障。在线教学MOOC平台“国科大在线”上线运行。本科专业与师资队伍建设双丰收，两个“拔尖基地”入围“拔尖计划2.0”。4个专业入围“双万计划”，其中国家级一流本科专业3个，省级一流本科专业1个。获北京高校优秀本科育人团队1个，北京市教学名师1人，北京高校“优质本科课程”3门。

2020年，国科大提升重大科技任务承担能力。校部立项科研课题共596项，到账经费总额3.30亿元，同比增长7.49%，其中，申报国家自然科学基金项目234项，获资助72项，获批直接经费6024万元。获批科技部国家重点研发类项目2项、课题7项，中国科学院仪器装备研制项目1项，中国科学院战略性先导科技专项经费10 014万元。获批教育部哲学社会科学研究重大课题攻关项目，这是国科大科教融合战略实施以来，中国科学院院内单位依托国科大申报成功的首个人文社科类重大课题。校部教师申报国家奖1项，申报中国科学院、教育部及北京市等省部级奖8项，获奖7项，申报国家一级学会/协会科技奖5项，获奖4项。

2020年，国科大国内外合作持续加强。国内合作相关制度逐步完善，推进国科健康科技小镇建设。怀柔科学城产业研究院在怀柔科学城创新小镇成功挂牌。推动国科大内窥成像技术转化应用等6个项目对接落地，协助中国科学院大学-中机恒通联合实验室落地研究院，同时引入成立6家市场化公司落户怀柔。国家建设高水平大学公派研究生项目录取人数继续保持全国第一。获批面向港澳台地区招收本科生。首次从北京市申请获批高端外国人才资助项目。持续开展国际合作交流，与美国南加州大学、比利时根特大学、芬兰坦佩雷大学函签合作交流协议。通过线上线下结合方式，举办中丹学院《2020能源报告》联合刊物发布会暨中丹合作项目成立10周年活动。

国科大主办的刊物有《中国科学院大学学报》、《自然辩证法通讯》、《管理评论》和《工程研究——跨学科视野中的工程》。

（撰稿：任春晓　顾　盼　审稿：王艳芬）

中国科学技术大学

校　　长：包信和

地　　址：安徽省合肥市金寨路96号

邮政编码：230026

电　　话：0551-63602184

传　　真：0551-63631760

电子信箱：dzb@ustc.edu.cn

网　　址：http://www.ustc.edu.cn

中国科学技术大学（以下简称“中国科大”）于1958年9月创建于北京，1970年迁至安徽合肥，是中国科学院所属的一所以前沿科学和高新技术为主，兼有医学、特色文科的综合性全国重点大学。

中国科大现有29个学院（含6个科教融合共建学院）、35个系，设有研究生院，生命科学与医学部、信息与智能学部，以及苏州高等研究院、上海研究院、北京研究院、先进技术研究院、中国科大附属第一医院（安徽省立医院）等。现有29个一级学科博士学位授权点，8个一级学科硕士学位授权点，15个专业学位授权点，有数学、物理学、力学、天文学、生物科学、化学共6个国家理科基础科学研究和教学人才培养基地和1个国家生命科学与技术人才培养基地。建有国家同步辐射实验室、合肥微尺度物质科学国家研究中心、火灾科学国家重点实验室、核探测与核电子学国家重点实验室、类脑智能技术及应用国家工程实验室、语音及语言信息处理国家工程实验室、热安全技术国家地方联合工程研究中心、大尺度火灾国际联合研究中心、量子信息与量子科技前沿协同创新中心、国家高性能计算中心（合肥）、安徽蒙城地球物理国家野外科学观测研究站11个国家级科研机构、4个国家重大科技基础设施和73个院省部级重点科研机构。

在人才培养方面，中国科大深化“三全育人”综合改革，推动育人体系协调发展。推动马克思主义学院实体化建设，大力推进马克思主义理论学科建设。深化思想政治理论课改革创新，加强以习近平新时代中国特色社会主义思想为核心内容的思政课课程群建设，发挥“一院一课”示范带动作用，促进思政课程和课程思政同向同行，形成协同效应。完善“六有”大学生培养方案，实施“一流本科教育质量提升计划”行动纲领，设立本科生院，成立4个本科生书院，打造具有中国科大特色的本科生书院，大力营造“教师乐教、学生乐学、教学相长”的氛围。推进研究生教育“德创”领军人才培养计划，加强科教融合学院、所系结合研究生培养基地建设，新建能源科学与技术学院、稀土学院。以“金课”（课程）、“金牌”（赛事）、“金奖”（项目）为牵引，打造富有中国科大特色的创新创业教育体系。

2020年，中国科大招收本科生1905人、硕士生6642人、博士生2331人。现有本科生7515人，硕士研究生15 706人，博士研究生7750人。全年累计授予博士学位1441人，硕士学位3157人（科学硕士学位934人、专业硕士学位2223人）、学士学位1793人。2020届毕业生平均年终就业率为94.9%，其中博士为96.9%，硕士为96.9%，本科为89.9%（国内外深造率为73.0%）。

在学科建设方面，中国科大按照“扶优扶需扶特扶新”的发展理念和“11+6+1”的学科布局，重点建设18个学科，立足推动6—8个学科成为世界前列、8—10个学科进入世界一流行列。加快基础学科“率先一流”建设，推动物理、化学、材料等高峰学科率先进入世界前列。推进“新医学”、“新工科”、“特色文科”建设，加快生命科学与医学部、信息与智能学部建设。在“双一流”建设周期总结中，评估专家组高度肯定了中国科大“双一流”建设工作，一致认为学校建设工作与总体方案的符合度高，各项事业取得长足进步，创新人才和创新成果不断涌现，综合办学实力显著提升，全面达成预期建设目标。

在师资队伍建设方面，截至2020年12月，中国科大共有教学与科研人员2621人，其中教授817人（含相当专业技术职务人员），副教授903人（含相当专业技术职务人员）。各类高层次人才不重复统计496人，占固定教师总数的37%，占比39.9%。同时，学校注重师德引领和榜样示范，涌现出全国创新争先奖获得者俞书宏院士、“全国先进工作者”俞汉青教授、“全国抗击新冠肺炎疫情先进个人”魏海明教授、徐晓玲教授等一批先进典型。

在科学研究方面，中国科大坚持“四个面向”，健全卓越科技创新体系，全面参与国家实验室、合肥综合性国家科学中心建设，牵头或参与建设合肥综合性国家科学中心人工智能研究院、大健康研究院、能源研究院及中国科学院临床研究医院（合肥），稳步推进合肥先进光源预研、未来网络试验设施（合肥分中心）等重大科技基础设施建设。重大原创性科技成果不断涌现，2020年学校以第一作者/通讯作者单位在*Nature*、*Science*、*Cell*发表14篇成果，微分几何学两大核心猜想20多年后终获证、“九章”量子计算机问世引发世界关注两项成果入选2020年中国十大科技新闻。在中国科学院凝练总结的59项“率先行动”计划第一阶段重大科技成果及标志性进展中，中国科大的光量子计算、大尺度光量子信息处理和亚纳米分辨的单分子光谱成像以及“托珠单抗＋常规治疗”的新冠肺炎诊疗方案等7项研究成果入选，是全院入选最多的单位。

在服务区域经济社会发展方面，中国科大积极融入长三角一体化发展，建强上海研究院，推进苏州高等研究院规划与建设，提升服务长三角一体化发展的能力。推进先进技术研究院法定机构建设试点，获批高等学校科技成果转化和技术转移基地、国家知识产权示范高校，入选全国首批赋予科研人员职务科技成果所有权或长期使用权试点单位，积极构建“立足合肥、覆盖安徽、辐射全国”的科技成果转移转化体系。

在国际交流方面，中国科大坚持“科研国际化带动人才培养国际化”的战略，加快国际学院实体化建设，逐渐形成人才培养、师资引进、课程建设、国际宣传、科研国际合作五位一体的“大外事”格局，稳步提升学校国际化水平。整合全校国际交流和合作资源，设立USTC Fellowship，拓展学生国际交流渠道和国际视野。经国务院、中国科学院正式批准，学校获批一定的出访来访外事审批权。推进国际化师资队伍建设，国际师资人数达513人，其中2人获首届合肥友谊奖。2020年留学生申请总人数较2019年增长20%、申请国别增加10个，生源毕业自本国前十高校比例超过95%。

（撰稿：何　婧　审稿：彭　慧）

计算机网络信息中心

副 主 任：谢高岗（主持工作）
地　　址：北京市海淀区东升园南路2号
邮政编码：100083
电　　话：010-58812280
传　　真：010-58812201
电子信箱：support@cnic.cn
网　　址：http://www.cnic.cas.cn

中国科学院计算机网络信息中心（以下简称“计算机网络信息中心”）成立于1995年3月，是中国科学院科研信息化与管理信息化设施的研发建设、运行管理和服务保障机构，是信息技术和信息化应用技术的创新和应用示范基地，是中国互联网诞生地。

计算机网络信息中心发展目标为：按照中国科学院党组要求，面向信息技术的新发展态势和全院科研信息化发展的新需求，充分发挥信息化对中国科学院科技创新和科技管理的支撑保障作用，加强学科建设、信息化技术研发和示范应用，汇聚科技和管理信息化资源，推进科研模式转变和科学思想传播，大力培养信息化应用交叉学科领军人才，努力成为信息基础设施体系结构与关键技术研究、系统研发建设、运行管理和服务保障的一流信息中心，引领中国科研信息化发展。

计算机网络信息中心现有13个业务部门、5个职能处室，2个院级非法人单元。同时建有国家发展和改革委大数据分析与计算技术国家地方联合工程实验室、大数据应用服务技术北京市工程实验室、网络空间安全技术与应用中关村开放实验室、管理大数据智能应用中关村开放实验室等。在广州设有分支机构广州中国科学院计算机网络信息中心，专门负责物联网标识管理公共服务平台的建设、运行和服务。

截至2020年底，计算机网络信息中心共有在职职工500人，其中各学科领域领军人才30余人、高级科技人员212人。

计算机网络信息中心设有计算机科学与技术一级学科博士点与硕士点、网络空间安全一级学科博士点与硕士点、电子信息专业学位学科点，拥有计算机科学与技术一级学科博士后科研流动站。截至2020年底，共有在学研究生234人，其中硕士生160人、博士生73人、博士留学生1人。

2020年，计算机网络信息中心共有在研项目401项（包括新增项目128项）。其中，主持（或承担）国家自然科学基金重点项目1项、面上项目6项（新增1项），主持国家重点研发计划项目及课题31项（新增4项），主持科技部创新方法工作专项项目1项，主持工信部工业互联网创新发展工程项目及课题2项（新增1项），主持（或承担）国家其他项目/课题101项（新增20项）；主持财政部修购专项项目2项（新增2项）；主持（或承担）中国科学院战略性先导科技专项20项（新增9项），主持（或承担）院重点部署项目4项，主持（或承担）院科技服务网络计划项目7项（新增2项），主持院基础前沿科学研究计划“从0到1”原始创新项目2项，主持（或承担）院信息化专项23项（新增6项），主持（或承担）院其他项目50项（新增27项）；主持（或承担）地方政府项目17项（新增7项）；主持院地合作项目131项（新增48项）。

2020年，计算机网络信息中心共申请专利87项，授权专利20项；登记软件著作权105项，作品著作权1项；牵头立项国家标准1项，参与国际标准立项1项，团体标准立项2项；发表科技论文162篇。

在中国科学院“率先行动”计划第一阶段目标任务总结评估中，计算机网络信息中心“一三五”各项任务全部通过验收，其中支撑智慧中国科学院，实现新一代ARP以及科学传播与继续教育能力突破、自主的数据平台软件获评优秀。

2020年，计算机网络信息中心中国科技云为20多家国家重大科技基础设施、科学数据中心等提供计算与存储技术与平台支持；推动中国科学院网站群等院级重要信息化系统的IPv6改造，实现中国科技云核心网与部分国际/国内公众网络运营商/国际科研专网的IPv6互联互通，为全院提供可靠的IPv6互联接入服务。进一步完善网络安全保障体系，确保院重要信息系统安全稳定运行。新一代ARP系统建成了自主可控的应用支撑平台，构建了满足等保三级要求的专用环境。建设运维的中国科学院网站群和科普云平台年传播量超过44亿人次；持续提升中国科普博览及媒体矩阵传播能力，全网关注用户超过1000万，为科普提供信息化支持。

作为中国科学院科学数据总中心，计算机网络信息中心建成国家科技资源标识CSTR服务平台并运行服务，自主研发开放数据联盟链ODC（Open Data Chain）获国家互联网信息办公室的境内区块链信息服务备案并正式应用。科学数据存储库ScienceDB被AGU（American Geography Union，Advancing Earth and Space Science）、Springer Nature收录认证为其推荐的通用存储库，已为*Science*、*PNAS*、*Nature Communications*、*Science Bulletin*、*ESSD*、*Scientific Data*等10余本国际高水平期刊提供科学数据的存储与开放共享服务。国家基础学科公共科学数据中心为科技部、工信部、中国21世纪议程管理中心提供国家重点研发计划项目科学数据汇交服务，支撑了17个专项94个国家重点研发计划项目的数据汇交，汇聚科学数据总量达671.47T。

2020年，中国科学院地球大数据先导专项“大数据云服务平台”项目顺利通过专项中期检查，并建成地球大数据资源库，存储和管理的专项数据超过5PB；自主研发和部署格网数据引擎、MPP数据库、地球大数据挖掘分析系统（EarthDataMiner）V1.0，云服务门户系统试运行版上线运行，实现与基础平台、大数据资源库等服务的集成。计算机网络信息中心牵头承担的国家重点研发计划“科学数据安全技术及基础技术标准研究”项目、“基于全维可定义的新型网络体系架构和关键技术”项目以及“支撑5G/B5G巨连接、大流量、低时延快速演进的新型网络技术研究与试验”项目均顺利启动并完成项目实施方案论证。牵头承担的国家重点研发计划“国家高性能计算环境服务化机制与支撑体系研究”项目和“科学大数据管理系统”项目通过科技部项目综合绩效评价。

2020年，计算机网络信息中心积极争取和优化资源配置，推动重大任务实施，保障业务持续发展。总资产和科研经费持续稳定增长，与数十家企业和政府相关部门建立业务合作关系，积极推动科技成果转移转化工作。

2020年，计算机网络信息中心在中国科学院国际大科学计划培育专项项目支持下启动全球开放科学云工作规划，升级与欧洲科研网在高速科研网络方面的合作，与欧洲数据和计算联邦机构EGI启动中欧跨洲开放科学云示范环境建设，推动中国科技云认证联盟成为跨国身份联盟组织eduGAIN成员。与国际科学理事会数据委员会CODATA联合组建工作组探讨全球开放科学基础设施的多边合作机制，并与该组织就将有关合作纳入其重点战略工作达成共识。在EGI年会、FAIR研讨会等合作伙伴举办的国际会议中共同筹划全球开放科学基础设施相关议题分会，吸引欧、非、亚、美、澳等地区和来自联合国教科文组织、国际科学理事会等国际组织 200 余名专家参与研讨。

（撰稿：孙健英　审稿：廖方宇）

文献情报中心

主　　任：刘会洲
地　　址：北京市中关村北四环西路 33 号
邮政编码：100190
电　　话：010-82626684
传　　真：010-82626600
电子信箱：office@mail.las.ac.cn
网　　址：http://www.las.ac.cn

中国科学院文献情报中心（以下简称“文献中心”）成立于 1950 年 4 月，为中国科学院直属事业法人单位，负责全院文献情报服务的组织、管理和协调，全院科技文献资源保障体系建设，全院公共文献信息服务建设和管理，下设中国科学院成都文献情报中心和中国科学院武汉文献情报中心 2 个二级事业法人单位，负责相应领域战略情报研究和科技信息服务，协同组织所在区域的科技信息服务工作。

文献中心立足中国科学院、面向全国，主要为自然科学、边缘交叉科学和高技术领域的科技自主创新提供文献信息保障、战略情报研究服务、公共信息服务平台支撑和科学交流与传播服务，同时通过国家科技文献平台和开展共建共享为国家创新体系其他领域的科研机构提供信息服务。

截至 2020 年底，文献中心共有在职职工 356 人。其中科技人员 49 人、科技支撑人员 248 人，包括正高级专业技术人员 38 人、副高级专业技术人员 77 人。

文献中心是目前国内唯一获得国务院学位委员会授权可培养图书馆学、情报学博士研究生和硕士研究生的文献情报机构。现设有图书馆学、情报学 2 个专业一级学科博士研究生培养点，图书馆学、情报学 2 个专业一级学科硕士研究生培养点；并设有图书情报与档案管理一级学科博士后研究流动站。截至 2020 年底，共有在学研究生 193 人，其中硕士生 99 人、博士生 94 人；在站博士后 6 人。

2020 年，文献中心共有在研项目 606 项（新增 242 项）。

2020 年新冠肺炎疫情暴发后，文献中心启动关于突发公共卫生事件应对的情报研究工作，及时高质量完成若干份对上决策建议，并为相关研究所提供关键技术的情报服务。积极为科研人员整理可公开获取的科技信息资源，建设开通新型冠状病毒知识服务与科研攻关交流平台，提供科技大数据专题服务，支撑中国科学院新冠病毒科研攻关组信息共享与交流。为有效解决疫情期间数万名研究人员居家办公访问文献数据库受限的问题，迅速推出多种方式以支持远程获取数字学术资源。

2020 年，中国科学院相关研究所可共享的电子全文资源（现刊）达 3.3 万余种；中文图书 35.6 万余套，中文期刊 1.8 万余种，中文学位论文 497.9 万余篇。

2020 年，文献中心基于科技大数据计算基础支撑平台与慧系列知识服务成效显著。基于文献情报“数据湖”大数据服务体系管理数据知识资产；构建机器智能的知识计算引擎，实现文献情报服务向数据智能服务转型升级；构建系列工具平台集，增强数据治理与数据产品研发能力；完成文献中心主页升级与文献情报主应用服务集成；学术贡献循证评价工具 CiteOpinion 与智能化自动科技查新工具 innoFinder 投入应用；发布期刊分区表 2020 年版本，继续保持国内影响力最为广泛的期刊评价体系地位；持续夯实网络信息安全服务能力建设，保障中心网络信息规范、安全、稳定与高效支撑。

2020 年，文献中心面向中国科学院、国家部委等决策一线开展专业情报研究与服务，完成专题研究报告 144 份，持续推出监测类情报产品 24 个系列，有力支撑决策咨询工作。针对中国科学院战略性先导科技专项（C 类）、集成电路产业链、高分子材料等开展体系化、个性化、定制化的专题情报服务；面向区域与产业一线，开展区域 / 产业情报研究与服务。推进上海科创办“全球科技前沿动态跟踪研究”、中关村管委会“国际创新战略与政策”、长江经济带 11 省（市）绿色增长态势监测与评估、雄安新区干细胞产业规划、轨道交通行业情报咨询等。

2020 年，文献中心持续推进所级文献情报服务能力进一步提升，全年服务研究所56家、科研人员200余人，全方位满足科研人员各项基础服务需求，包括数据库与文献管理工具使用答疑、数据库资源和培训推介及随意通等，完成研究所各类情报分析报告60余项。支持中国科学院科技服务网络计划网络区域科技创新，服务区域其他重点机构。“中国科学院科研信息素养讲堂”通过直播推出百余场培训，受众近23万人次。

2020年，文献中心知识产权运营管理中心开展全院授权三年待转化专利集中运营调研，对全院106家研究所三年未转化专利进行检索、统计、汇总。共67家同意委托知识产权运营管理，涉及4653件专利。

2020年，文献中心在疫情防控要求下，逐步有序开放外借、到馆等各项服务。全年到馆2万余人次，图书借阅1万余册次，新刊、新书、特刊及学位论文共计5万余册；咨询服务11万余人次，提书服务1000余人次。全年文献传递服务总量为6万余篇，馆际互借服务总量为317份，完成引证检索报告1884个，相比2019年下降较多。科技查新报告完成数量达1790个，比2019年增长23%。推出线上科普阅读与科学教育服务，世界读书日、公众科学日、科学人文“扫码阅读”等活动共有7000余人次线上参与。

2020年，文献中心开发建设中国科学院监督与审计局“科研诚信信息管理系统”；继续建设全球撤稿论文数据库；为中国科学院科研道德办公室提供工作季报4份，提供撤稿等数据统计报告。在中国科学院大学开设科研诚信与科研伦理、学术道德与论文写作规范课程。

2020年，文献中心期刊完成全年出版任务，总体学术质量达历史新高。10种期刊中有7种在国内评价机构中位于同学科领域的Q1区。《图书情报工作》获评2020中国最具国际影响力学术期刊，《化学进展》获评2020中国国际影响力优秀学术期刊，《中国科技期刊研究》获得中国期刊协会2020年中国精品期刊。两种期刊被国际知名数据库收录。《数据智能》（英文，DI）被INSPEC数据库和DOAJ数据库收录，《数据分析与知识发现》被全球规模最大的文摘和引文数据库SCOPUS收录。期刊研究会牵头完成《2020年中国科学院期刊审读工作方案》，协调专家组成专项内容审读小组、各编辑部配合，采取人机协同和专家人工审读相结合的方式推进完成全院期刊审读工作。

2020年，文献中心科学文化传播工作取得长足进展。圆满完成中国科学院创新成果展、地球大数据科学工程专题展、中国科学院院史展等系列常设展览，2020年全国科技活动周主场活动参展、2020年全国科普日主场活动等国家级重大科普展览展示活动，以及中国科学院科技创新2020年度巡展、2020年科学人生·百年——院士风采展等。“科学人讲坛”举办科普报告21场，全网点击观看近10万人次。

2020年，文献中心在情报学和图书馆学的基础理论方法研究方面产出系列有影响力的科研成果。在国内外核心期刊共发表论文178篇，核心会议论文5篇，获得软件著作权1项。

2020年，文献中心出国（境）（含成都及武汉2个中心与3个挂靠单位）执行9批次/12人次。其中参加国际会议1批次1人次；“群星计划”专题研究7批次7人次。文献中心以会员身份加入的国际组织包括国际图联（IFLA）、EIFL（国际电子资源联盟）、开放获取知识库联盟（COAR）、国际科学技术信息理事会（ICSTI）。

文献中心是中国科学院档案馆、中国科学院现代化研究中心、全国科学技术名词审定委员会事务中心、知识产权信息服务中心、知识产权运营管理中心的挂靠单位。挂靠学会包括中国图书馆学会专业图书馆分会秘书处和中国科学院自然科学期刊编辑研究会。

（撰稿：刘峻明　汪　维　审稿：潘亚男）

中国科学报社

社　　长：赵　彦
地　　址：北京市海淀区中关村南一条乙3号
邮政编码：100190
电　　话：010-62580669
传　　真：010-62580899
电子信箱：bangongshi@stimes.cn
网　　址：http://www.csd.cas.cn

中国科学报社（以下简称“科学报社”）成立于1959年1月，是中国科学院所属唯一经国家新闻出版署批准的新闻媒体单位，具有主办报纸和期刊的特许出版权和发行权、记者和记者站的管理权、广告经营权等。其前身是1959年1月1日正式出版的《科学报》，1989年更名为《中国科学报》，1999年1月1日更名为《科学时报》，2012年1月1日复名为《中国科学报》。

科学报社现有媒体包括两报（《中国科学报》、《医学科学报》）、两刊（《科学新闻》、《科学新生活》）、一网（科学网）及移动新媒体矩阵等传播平台，在全国12个省（自治区、直辖市）建有记者站，与国内近百所高校建立了紧密合作关系。《中国科学报》由中国科学院、中国工程院、国家自然科学基金委和中国科协4家单位共同主办。出版刊期为一周五刊，每周一、三、五出版四版，每周二、四出版八版，彩色印刷，面向全国发行。

2020年，科学报社努力克服新冠肺炎疫情带来的巨大冲击和不利影响，聚焦对中国科学院服务主责和科技传媒主业，大力提升对中国科学院宣传能力，深入实施移动优先战略，协同推进媒体融合发展，各项事业取得一系列新成绩。

在全面加强党的领导方面，科学报社贯彻中国科学院党组决策部署，完成领导体制改革任务，由社长负责制调整为党委领导下的社长负责制。制定巡视整改方案、明确整改任务、压实整改责任、狠抓措施落实，巡视反馈的问题均按计划整改完成。巡视整改与领导体制改革有机结合，建立健全报社章程及党委会、社务会议事规则，构建制度体系的“四梁八柱”，全年“废改立”制度文件共31个，编印14余万字的《中国科学报社规章制度文件汇编》，构建务实管用的规章制度体系。

在新闻采编业务和成果方面，科学报社紧扣行业媒体定位，聚焦科教热点、关注科技前沿、弘扬科学文化，策划系列有影响力的专题报道，产出一批有影响力的新闻作品和网络热文。

新冠肺炎疫情暴发后，科学报社不断提高政治站位，抢占新闻高地、第一时间报道习近平总书记重要指示精神和党中央、国务院决策部署，广泛报道中国科学院应对疫情的工作举措和相关成果。深入挖掘中国科学院一线科研团队和科研人员先进典型，凸显基层党组织战斗堡垒作用和党员先锋模范作用，突出科研“国家队”依靠科技创新助力打赢疫情防控阻击战的重要贡献。加强舆论引导，弘扬理性思维和科学精神，邀请钟南山、赵国屏、闻玉梅等院士专家，通过科学报社媒体平台发声，加强正面引导，实现权威声音与舆论的良性互动。有关疫情报道的11篇原创报道在微信公众号上阅读量突破10万，单篇最高达385万；在多个新媒体平台涌现超过千万的“现象级”视频。

2020年，科学报社充分展示中国科学院重大科研产出及应用，推出中国史前人群迁移、人脑海马体发育、“海斗一号”、黑洞、量子保密通信等一批重要成果和进展报道。集中力量做好中国科学院重大主题报道，策划“率先行动”计划第一阶段成效的系列报道，实施“重点实验室巡礼”传播项目，开设《国之重器中的中国科学院力量》栏目。大力弘扬新时代科学家精神，开设《弘扬新时代科学家精神》、《走近新院士》、《一所一人一事》等专栏；深入报道科技扶贫工作，开设《脱贫攻坚一线见闻》栏目，组织骨干力量深入田间地头挖掘科技扶贫战线的典型人物和经典案例。大量原创稿件被学习强国、人民网、央广网等重要平台转载，其中学习强国转载320余篇、中国科学院网站转载1000余篇。

2020年，科学报社开展视频新业务探索，形成以科学网视频频道为“大本营”，以抖音、哔哩哔哩、新浪微博、微信视频号等多个视频新媒体平台分发运营的科技视频传播格局，涌现一些播放量超千万级的“现象级”视频，“听钟南山老爷子的，准没错”抖音号点击量超过1000万；“疫情拐点将至？陈薇院士：要做最坏打算”微博观看量超过1100万。新闻AI平台建设进展顺利，化学领域机器人在2020年11月成功上线。新媒体业务持续增长，截至2020年底，《中国科学报》、科学网及新媒体受众（含微信、微博、抖音等）合计近500万；科学网微信公众号10万+文章数量近30篇，“今日头条”账号全年阅读（播放）量9000余万。

2020年，科学报社深化改革，优化管理部门设置，重新组建党委办公室（纪监审办公室）、综合处（财务室）、人事处（退休工作办公室）。

按照采编经营“两分开”要求，结合媒体单位特点，将广告经营、技术支撑以及网站内容基础性监管等支撑工作剥离出来，由报社下属全资公司北京科学网科技有限责任公司承担。推进新机制记者站共建工作，与中国科学院广州分院、深圳先进技术研究院、大连化学物理研究所、山西煤炭化学研究所、亚热带农业生态研究所等签署记者站共建协议，推动吉林、辽宁、江苏、云南等地记者站重建。

2020 年，科学报社落实与 Cell Press 的战略合作，组织举办“科学无界——中国科学家与 Cell Press”年度盛典暨在线学术论坛；创新举办方式，做好“两院院士评选中国、世界十大科技进展”等品牌活动。

（撰稿：潘　希　赵天书　审稿：刘峰松）

其他机构

行政管理局

局　　长：高春东
地　　址：北京市海淀区中关村南三街15号
邮政编码：100086
电　　话：010-62582327
传　　真：010-62560929
电子信箱：office@caseab.ac.cn
网　　址：http://www.ab.cas.cn

中国科学院行政管理局（以下简称“行管局”）成立于1955年，前身为中国科学院管理局，作为中国科学院机关职能部门之一，负责中国科学院机关和京区科研单位后勤保障工作。1991年中国科学院实行机构改革，行管局成为直属事业单位。2020年，根据中国科学院党组工作部署，行管局完成第十三届领导班子任期考核及经济责任审计，并作为领导体制改革试点单位，实行党委领导下的行政领导人负责制。

行管局设有13个机关处室、4个所属单位、1个局国有全资资产管理公司。截至2020年底，局及局属机构工作人员近千人。

2020年，行管局召开党委理论中心组学习扩大会6次，组织各级党组织深入学习习近平总书记重要讲话和对中国科学院系列重要指示批示精神，使党员干部职工进一步理解中国科学院作为国家战略科技力量的使命定位和责任担当。组织“诵读科学经典、弘扬科学精神”和“不忘初心、弘扬优良家风”等主题党日活动。通过开展“基层组织建设年”活动，梳理基层党组织问题清单和整改台账，制定达标评估办法，推进党组织机构建设、支部班子建设和制度文化建设。完成“四风”问题专项整治、自查自纠及督查检查。

2020年，行管局积极抓好新冠肺炎疫情防控。建立疫情防控工作体系及应急响应工作机制。局机关和局属单位按照防疫要求，落实居家办公、一线值守等措施，未发生感染情况。疫情严峻时期，局党员干部职工前往社区一线，配合属地单位完成居民健康检测、返京人员登记、涉疫环境消杀、防疫物资配送、防疫健康宣讲等工作。为院所筹措防疫物资，组织局管中小学、幼儿园开设在线课程，服务科研人员子女疫情期间不间断学习。

2020年，行管局持续推进京区“3H”工程建设。Housing工程方面，协调地方政府部门，争取人才保障房源，并为研究所做好服务。Home工程方面，完成年度院京区科研人员子女入园入学保障任务，完成中关村北一街4号院（二期）项目改造，中科启元学校增设初中部，院附属实验学校开办普通高中部，办学空间得到进一步拓展。Health工程方面，试点重点科研团队专属全科医生健康保障模式，并向西部地区推广，完成京区科研骨干第四期精准健康管理及京区研究所科研人员急救员培训。科教融合方面，实施中关村中学科教融合项目，以双导师制实施科技研究课程，“科学快车”推出“卡卡”讲科学等线上栏目，走进服贸会及多所中小学，服务公众约4.4万人。

2020年，行管局按照中国科学院定点扶贫的总体部署落实教育扶贫工作。实施远程、实地相结合的教育帮扶新模式，在学前教育、义务教育领域，加强对当地教师的辅导培训。中国科学院幼儿园赴库伦旗和水城县多所幼儿园实地培训，辅导教师1454人次。继续深化“一局三村”区域治理协作机制。与属地单位在疫情防控、接诉即办、“平安社区”建设、区域安全检查、拆违治乱、交通整治、民兵训练、施工保障、环境测评等领域开展社会综合治理合作。中关村南北区“智慧消防”二期安全建设项目通过验收。

2020年，行管局积极研究推进历史遗留问题解决。就科学园南里七区、中关村东区等方面问题，积极处置群众来信来访，多次组织接待并为居民解答问题、宣贯政策。在中国科学院统筹推进行发控股和中科建设相关问题工作专班领导下，积极推进中科建设司法重整和行发控股企业清理工作。

2020年，行管局严格按照国家和中国科学院关于中层领导人员选聘和岗位管理的制度规定，做好局内相关干部选聘及岗位竞聘等工作；开展局内各级各类人才评选，做好后备干部储备及中层干部队伍培养等工作。

（撰稿：侯秀睿　审稿：胡　伟）

青岛疗养院

院　　长：刘邦武
地　　址：山东省青岛市市南区珠海路1号
邮政编码：266071
电　　话：0532-85967888
传　　真：0532-85967888
电子信箱：bwliu@rose.cashq.ac.cn
网　　址：http://www.zylhotel.com

中国科学院青岛疗养院（以下简称“青岛疗养院”）始建于1956年，原址有青岛栖霞路12号、15号两处院落，郭沫若先生曾来休养过，时称中国科学院青岛休养所，隶属中国科学院海洋研究所。20世纪六七十年代，海洋研究所将栖霞路12号改为海洋所同位素实验室及职工宿舍使用，休养所停办。1978年5月18日，邓小平同志圈阅中国科学院《关于恢复中国科学院青岛疗养所和建立庐山疗养所的请示》（〔78〕科发计字0713号文），遂改为中国科学院直属事业单位。1983年改称中国科学院青岛疗养院。随后，中国科学院批准在青岛选址、征地（辛家庄）扩建新院，但1988年即将开工建设之际，国家政策性全面压缩基建项目，青岛疗养院新院缓建。1992年，青岛市政府土地管理局以青土管字（1992）第49号文《关于收回科学院青岛疗养院征而未用土地的通知》拟“收回”新址土地。1993年，中国科学院正式批复《关于集资扩建中国科学院青岛疗养院协议书》。1999年5月，疗养院新址康复中心大楼竣工并投入使用。同年，根据中国科学院领导指示，将栖霞路15号旧址全部移交中国科学院海洋研究所管理使用。

新建青岛疗养院位于青岛市东部政治、经济、文化、商贸中心地带，园区占地100亩，康复中心楼高15层，建筑面积15 000平方米，绿化面积达19 000平方米；拥有海景山景标准间、商务间、普通套房、豪华套房等277套，有会议室、餐厅、无柱多功能厅、商务中心等服务设施，还有大型停车场及室外足球场和篮球场，是中国科学院后勤单位对外服务的窗口。

青岛疗养院与青岛致远楼宾馆为一个单位两块牌子，设八部一室（总经理办公室、人事部、营销部、前厅部、客房部、餐饮部、财务部、保安部、工程部）。截至2020年底，青岛疗养院共有事业编在职职工2人，合同制员工41及劳务6人，退休返聘4人，其中高级技术工人2人。

青岛疗养院经营方针为“自力更生、艰苦奋斗、创新创业”，既为中国科学院服务，又面向社会大众。青岛疗养院是2019—2020年度财政部党政机关会议定点饭店，且获山东省卫生厅颁发的“餐饮业卫生信誉度A级单位”称号及青岛市卫生局卫生监管局颁发的“公共场所卫生信誉度A级单位”称号，每年通过审核保持至今。

2020年受新冠肺炎疫情影响，青岛旅游客源市场萧条，青岛疗养院经受前所未有的生存挑战，经营举步维艰，青岛市众多酒店关门或申请破产。青岛疗养院严抓疫情防控、加强组织领导、建章立制，组织专人每日对各区域进行全面消毒，对所有进入宾馆的人员（包括检查人员）验码测温登记，安排门岗24小时轮值，设置专人统计居民信息，张贴院区封闭管理通知，编制疗养院院区居民出入证300余份，在院区门口设置道闸和路障对所有进出院区人员实行登记、测温。积极加强疫情防控宣传，为值班人员购置食品原材料、口罩、消毒酒精、消毒液、检测试剂盒等，组织在岗人员进行核酸检测。

国内新冠肺炎疫情形势缓和后，青岛疗养

院积极复工复产，启动24小时应急响应机制，安排专人对进入宾馆的所有人员进行测温；对客房设施、食材等实行严格管理制度，要求餐饮部和财务部严格执行冷链管理相关规定，制定《冷链单位疫情防控应急预案》，严格落实疫情防控常态化管理措施。

2020年，青岛疗养院严抓安全生产，加强隐患排查治理和应急预案演练，宾馆安全生产管理委员会定期对各部门进行隐患排查，保安部、工程部定期组织应急预案演练。组织全员进行安全生产培训和参加“大学习大培训大考核”专项行动考试，被青岛市应急管理局评为安全生产标准化三级达标企业。

2020年，青岛疗养院积极做好青岛市创建文明城市和卫生城市的各项迎检工作。积极配合青岛市创建文明城市迎检工作，在大堂和营业区域张贴各类宣传标语，组织120人次清理院区卫生，数次满分通过青岛市、区文明办和文旅局的抽检验收。

2020年，青岛疗养院高度重视中国科学院控股有限公司党委巡察工作，立行立改存在问题。

2020年，青岛疗养院完成营业额631万元，共出租客房15 952间夜，接待宾客总人数16 140人次，其中内宾16 100人次，外宾40人次；接待山东铝业集团、市立医院等大中小型会议74个、团队29个；接待中国科学院系统会议3个；接待用餐人数4万余人次，会场接待280场次，接待婚宴1场次，2020年度资产保值增值率97.22%，现金总流量净流入7.42万元，略有盈余。

（撰稿：朱昌镜　李　霞　审稿：刘邦武）

庐山疗养院

院　　长：张纪文
地　　址：江西省庐山市芦林52号
邮政编码：332900
电　　话：0792-8282529；0792-8281940
传　　真：0792-8281412
电子信箱：hanpokoubinguan@sina.com
网　　址：http://www.hpkbg.com

中国科学院庐山疗养院（以下简称“庐山疗养院”）成立于1978年，是我国著名地质学家李四光创办的我国第一个地质研究所的旧址，当时主要服务于中国科学院长期从事野外、海上考察，常年与毒品、辐射物质接触的科技人员，恢复他们身体健康，使他们以更大的热情和积极性投身生产和科研。为使更多科研人员能从繁重的工作得到较好的疗养，1986年，庐山疗养院扩建两栋疗养楼一栋理疗楼。2005年，经中国科学院院长办公会研究决定，庐山疗养院定位确定为：中国科学院科技骨干疗休养基地及小型学术会议中心。

庐山疗养院坐落在芦林湖畔，园区面积20 000平方米，有4栋别墅疗养楼，拥有观景套房、豪华标间、豪华单间、普通标间等150套，设有宴会厅、小餐厅、贵宾厅、各式包厢，配有大、小会议室数间等其他配套设施。疗养院与著名的含鄱口景区相邻，可就近游览五老峰、三叠泉、三宝树、毛主席旧居景点；为花园式庭院格局，环境典雅、舒适、宁静，空气清新；院内有天然矿泉水，经国家有关部门鉴定含有10多种对人体有益的微量元素，尤其对心脑血管病人有显著疗效。从1979年3月至今，庐山疗养所接待了大量前来疗养的科研人员。

截至2020年底，庐山疗养院共有在职职工20人，管理岗位8人，技术岗位2人，工人10人；设有办公室、营销部、客房部、餐饮部、后勤部等管理机构。

2020年，庐山疗养院围绕年初制定的工作目标，以市场为导向、细化管理为手段，稳抓经营和管理，克服各种不利因素，全年共接待客人4150人次，其中中国科学院客人占总人次的90%。全年预算收入449.95万元，预算执行率100%，经营收入103.91万元。

（撰稿：曹俊升　刘　莉　审稿：梅庐溪）

中国科学院投资企业

中国科学院控股有限公司

董 事 长：索继栓
地　　址：北京市海淀区科学院南路2号融科资讯中心B座14层
邮政编码：100190
电　　话：010-62800118
传　　真：010-62800120
电子信箱：casholdings@rose.cashq.ac.cn
网　　址：http://www.casholdings.com.cn

经国务院批准，中国科学院控股有限公司（以下简称“国科控股”）于2002年4月12日注册成立，代表唯一出资人——中国科学院统一管理院、所两级的经营性国有资产。国科控股统一负责对院属全资、控股、参股企业经营性国有资产依法行使出资人权利，承担相应保值增值责任；根据《中国科学院章程》，对中国科学院所属事业单位占用的经营性国有资产的营运行使监管权。受中国科学院委托，代管中国科学院青岛疗养院、庐山疗养院；负责中国科学院联想学院日常组织管理工作。

中国科学院控股有限公司委员会由15人组成，党委常务委员会由7人组成，索继栓任党委书记。国科控股第六届董事会由7人组成，索继栓任董事长；第六届监事会由5人组成，陈晓峰任监事会主席；经营班子由4人组成，杨建华任总经理。截至2020年底，国科控股本部共有员工54人，设有综合管理部、财务管理部、股权管理部、资产监管与成果转化部、科技金融部、企业发展与对外合作部、党委办公室、纪检监督审计部8个部门。

截至2020年底，国科控股本部注册资本51亿元，资产总额317亿元，净资产249亿元。国科控股直接持股企业51家，其中全资和控股企业23家，直接持股的上市企业5家（表5）。

表5　国科控股持股企业及股权比例情况（截至2020年底）

序号	公司名称	成立日期	股权比例/%
1	联想控股股份有限公司（03396.HK）	1984年11月9日	29.04
2	中科实业集团（控股）有限公司	1993年6月8日	67.50
3	东方科仪控股集团有限公司	1983年10月22日	48.01
4	中国科技出版传媒集团有限公司	2005年6月21日	100.00
5	中国科技产业投资管理有限公司	1987年10月17日	39.16
6	国科科仪控股有限公司	2019年1月30日	100.00
7	中国科学院新材料技术有限公司	2018年4月16日	100.00
8	北京中科院软件中心有限公司	2001年9月17日	65.25
9	中科院建筑设计研究院有限公司	2001年10月24日	51.00
10	北京中科资源有限公司	2001年12月7日	45.92
11	中国科学院沈阳计算技术研究所有限公司	2001年6月25日	60.00

续表

序号	公司名称	成立日期	股权比例 /%
12	中科院广州化学有限公司	2001 年 12 月 21 日	55.30
13	中科院广州电子技术有限公司	2001 年 12 月 30 日	87.92
14	中国科学院成都有机化学有限公司	2001 年 6 月 8 日	65.00
15	中科院成都信息技术股份有限公司（300678.SZ）	2001 年 6 月 26 日	35.51
16	中科院科技服务有限公司	2002 年 12 月 25 日	65.00
17	上海碧科清洁能源技术有限公司	2009 年 1 月 21 日	45.33
18	深圳中科院知识产权投资有限公司	2009 年 2 月 3 日	85.71
19	国科健康生物科技有限公司	2015 年 4 月 2 日	34.00
20	中科院创新孵化投资有限责任公司	2015 年 10 月 12 日	100.00
21	国科羲裕（上海）投资管理有限公司	2016 年 4 月 12 日	100.00
22	国科健康管理股份有限公司	2016 年 6 月 23 日	33.00
23	北京科诺伟业科技股份有限公司	2001 年 1 月 31 日	33.85
24	国科量子通信网络有限公司	2016 年 11 月 29 日	36.20
25	喀斯玛控股有限公司	2016 年 12 月 12 日	81.96
26	国科离子医疗科技有限公司	2018 年 4 月 26 日	43.00
27	中科院创业投资管理有限公司	2017 年 11 月 26 日	35.00
28	国科华路航天科技有限公司	2018 年 10 月 17 日	26.00
29	北京中科普惠科技发展有限公司	2002 年 12 月 2 日	25.00
30	北京东方阳光国梦科技服务有限公司	2002 年 1 月 28 日	30.00
31	北京中科创嘉人力资源咨询有限公司	2002 年 7 月 3 日	30.00
32	北京中国科学院国际学术交流中心有限公司	2001 年 12 月 18 日	20.00
33	北京中科国金工程管理咨询有限公司	2002 年 6 月 25 日	5.99
34	中生北京医学检验所有限公司	2006 年 10 月 13 日	6.00
35	沈阳中科数控技术股份有限公司	2005 年 1 月 28 日	21.32
36	长春国科彩晶光电有限公司	2004 年 11 月 1 日	35.00
37	中国技术交易所有限公司	2009 年 8 月 8 日	10.71
38	国科嘉和（北京）投资管理有限公司	2011 年 8 月 24 日	41.00
39	中国科技出版传媒股份有限公司（601858.SH）	1999 年 4 月 15 日	0.74
40	北京国科航天发射科技有限公司	2020 年 5 月 7 日	32.00
41	北京中科纳新印刷技术有限公司	2009 年 11 月 20 日	6.67
42	海光信息技术有限公司	2014 年 10 月 24 日	3.04
43	科大国盾量子技术股份有限公司（688027.SH）	2009 年 5 月 27 日	5.7

续表

序号	公司名称	成立日期	股权比例 /%
44	苏州中科医疗器械产业发展有限公司	2016 年 2 月 2 日	48.00
45	中信国科资产管理有限公司	2016 年 2 月 6 日	19.00
46	渤海粮仓南皮种业有限公司	2016 年 7 月 13 日	20.00
47	联泓新材料科技股份有限公司（003022.SZ）	2009 年 5 月 21 日	25.27
48	中恩（天津）医药科技有限公司	2012 年 4 月 20 日	9.16
49	中科可控信息产业有限公司	2017 年 12 月 27 日	9.8
50	中科院资本管理有限公司	2018 年 4 月 19 日	41.00
51	上海国际知识产权运营管理有限公司	2018 年 11 月 3 日	3.3

2020 年，国科控股全面落实“率先行动”计划，纵深推进“联动创新”纲要，按照“深化改革，聚力创新，促进高质量发展”的年度工作主题，一手抓疫情防控，一手抓经营管理，努力推进科技创新、实体经济和现代金融间的深度融合，较好完成各项工作任务。

2020 年，全院纳入统计范围的 777 家院所投资企业预计实现营业收入 5236 亿元，同比增长 6.6%；利润总额 169 亿元，同比增长 14.8%；资产总额 9185 亿元，同比增长 6.6%。中国科学院经营性国有资产权益 489 亿元，同比增长 5.2%。其中，国科控股及持股企业实现营业收入 4444 亿元，同比增长 8.1%；利润总额 126 亿元，同比增长 3.2%；资产总额 7237 亿元，同比增长 5.6%；国科控股权益 302 亿元，同比增长 3.1%。

截至 2020 年底，中国科学院共有院所直接投资上市公司 36 家，新三板挂牌 15 家，按 2020 年 12 月 31 日收盘价计（不含新三板），直接持有股份市值约 759.80 亿元。

2020 年，国科控股经营管理工作取得系列进展。

一、切实加强党对企业的全面领导，以高质量党建引领高质量发展

进一步强化理论武装，年内开展 6 次中心组学习，组织多次集中学习和讲党课，深入学习宣传贯彻习近平新时代中国特色社会主义思想和党的十九届四中、五中全会精神，为企业改革发展提供思想武装。完善“四会一层”治理机制，制订党委常委会前置研究重大经营管理事项规定，进一步厘清国科控股党委常委会、董事会、经理层决策事项边界。落实党委常委会对“三重一大”事项的决策把关作用，全年前置研究审议“三重一大”议题 158 项。指导和推进控股企业将党的建设列入公司章程，建立“三重一大”事项决策清单，严格落实重大事项的集体决策制度。

为打好疫情防控阻击战和复工复产攻坚战，国科控股党委相继出台疫情防控、复工复产等指导意见，组织中国科学院企业并肩战“疫”、有序复工复产，联想集团向火神山、雷神山医院提供自研产品并深入一线提供技术支持，中科曙光提供超算资源助力发布 2019 新型冠状病毒信息库，新松机器人用短短十几天时间突击研发成功医用口罩智能生产线，国科控股已投基金管理人及其被投企业累计捐款超过 6 亿元，切实承担了科技国企的责任和义务，充分发挥了企业党组织的“两个作用”。

加强企业领导班子建设，出台企业领导人员管理规定和选拔任用工作办法，对企业领导人员进行分类分级管理，落实“双向交流、交叉任职”岗位设置和班子结构要求具体化，组织完成对本部 3 位副总经理和一家全资子公司总经理市场化选聘工作，对 8 家企业党政班子组织换届考核，对 13 家企业进行班子届中调整和人选推荐。

认真落实中央巡视反馈有关问题整改，完

成3个问题、13项举措的审核销账；着眼建立长效机制，围绕内控风险管理、监督监察及领导人员廉洁从业等重点，制修订相关制度14项。接受中国科学院党组巡视组巡视，认真落实巡视整改任务，明确和按期落实102项整改举措，制修订各项制度38项，长期性任务也取得扎实成效。认真落实企业巡察责任，开展6家企业政治巡察，完成2019年度巡察企业整改销账。

二、汇聚院内外优势资源，促进科技成果转移转化

研究形成改革创新三年行动方案，进一步明确战略方向。加强与中国科学院重大科技任务局、科技促进发展局等院机关相关单位的沟通联系，深入分院、研究所调研，了解梳理重大科技创新、成果转化及产业化发展情况，探索建立推进关键核心技术攻关及产业化发展的协同工作机制。

聚焦重大原创科技突破和创新成果产业化，强化内外协同与联动合作，深度参与中国科学院弘光专项与人才培训管理，联合国家空间科学中心等设立国科航天发射公司；参与推进中国科学院与上海等14个省市院地合作，组织与怀柔区政府等7家单位签署合作协议和备忘录，推动创新链、产业链、资本链联动发展与“基金、基业、基地”协同布局。

强化科技金融对科技成果转化的支撑，加强母子基金对中国科学院科技重大专项和重大科技成果产出项目的投资。截至2020年底，国科控股直接投资39支基金，认缴出资额110.8亿元，已投基金辐射资金总规模超1500亿元；已投资全院项目346项，金额达70.4亿元，覆盖全院63家研究所与大学，支持中国科学院一大批科技成果转化为现实生产力。发起设立中国科学院科技创新投资产业联盟，首期邀请院内部分研究所、上市公司、投资机构等55家单位成为联盟会员，汇聚中国科学院科技投资和产业化资源，引导更多社会资本关注和投资科技创新领域。

加强成果转移转化人才培训，与中国科学院培训体系建立联动机制，国科控股高管纳入院所局级干部培训体系；建立全周期培训体系，开设科技与经济结合研修班、创业CEO特训班、企业高管特训班、专项培训班等，构建培训、孵化和天使投资融合发展的新模式。全年累计线下培训1304人次，线上培训8万余人。

探索知识产权市场化运营，服务20余家研究所、30余家所办企业，协助培育国内专利1100余件、海外专利100余件，完成专利价值评估累计550件，筛选出可转化高价值专利27项。

三、推进监管改革试点，启动不良企业清理

主动谋划中国科学院集中统一监管改革试点方案，指导院所投资企业开展主业、非主业企业分类自查及不良企业情况自查，基本摸清院所企业情况及不良企业基本情况。启动院所企业分类清查和不良企业清理，中国科学院条件保障与财务局、监督与审计局、国科控股联合组建院清理工作组，多策并举推进清理工作。83家院属事业单位两轮自查申报不良企业409家，截至2020年末，已有71%不良企业清理工作取得进展。

积极配合推动中科建设、行发控股专项工作，摸排资产债务情况，完善重整方案；对接潜在投资人，积极争取各方支持；提出专项问题解决方案，督导推进实施，取得阶段性成效。

四、实施“一体两翼”产业体系布局，推进企业集群发展

积极推进中国科学院企业上市及资本运作，深化与证监会、上交所、深交所合作，建立企业上市协调服务内部工作机制，全力支持服务各层级企业做好上市申报工作。2020年，中国科学院院所上市公司阵营加快扩大，共7家企业登陆资本市场，其中科创板5家；多家上市企业利用资本市场积极开展增发、并购、股权激励等工作。

稳步推进院内产业整合，加强产业集团建设。持续强化现有四大集团核心业务发展，积极支持集团企业做强做优做大。着力发展高端仪器装备产业，指导国科科仪并购中国科学院空间应用工程与技术中心控股企业国科环宇。布局医用粒子产业，支持国科离子完成并购中国科学院近代物理研究所控股企业科近泰基，

联合中国科学院高能物理研究所研究布局硼中子俘获治疗项目。聚力打造新材料产业，积极推动联泓新科成功上市，指导国科新材料投资中科纳能。

加强企业内控体系建设，防范企业经营风险。积极探索建立各级纪委纵向统筹，各企业监事会、财务审计和业务监管等横向联合的“大监督”体系；将控股企业经理层副职纳入上级纪委监督范围，对企业领导职务特别是纪委书记、财务总监等岗位轮岗交流提出制度性要求；提升财务信息管理，防范企业重大经营风险。

强化战略动态监管，促进控股企业高质量发展。加强控股企业战略管理，推进多家企业制定新时期发展战略规划；督促持股企业建立健全公司治理制度，对公司治理存在突出问题的企业进行集中整改，督导企业严格落实“三重一大”信息定期披露制度；完善企业高管考核工作体系，将企业党建纪检考核纳入高管考核，与高管人员薪酬激励挂钩；落实企业工资总额管理，建立工资总额管理制度体系。

（撰稿：刘尚贤　王桢楠　审稿：谭　遂）

联想控股股份有限公司

董 事 长：宁　旻
地　　址：北京市海淀区科学院南路2号融科资讯中心B座18层
邮政编码：100190
电　　话：010-62509437
传　　真：010-62509168
电子信箱：jujs@legendholdings.com.cn
网　　址：http://www.legendholdings.com.cn

联想控股股份有限公司（以下简称“联想控股”）于1984年由中国科学院计算技术研究所投资，柳传志等11名科研人员创办，是一家根植中国、放眼全球的产业投资控股公司。

2020年，面对宏观环境和新冠肺炎疫情带来的诸多挑战，联想控股管理层团结一致，奋勇拼搏，在保证公司安全稳健运营的同时，抓住新的增长点化危为机，战略投资全年稳健经营，财务投资表现优异，实现良好利润贡献与现金回流。全年收入4175.67亿元，同比上升7%；归属于权益持有人应占净利润38.68亿元，同比上升7%。

2020年，联想控股加强战略研究，形成2021—2023年工作规划；积极拓展境内外融资渠道，顺利完成2020年融资工作；充分发挥君联、弘毅、联想之星三家基金项目资源，推动业务协同；提出“实质性管控和服务”理念，通过月度CEO办公会、季度业绩分析会等持续落实实质性投管，最终有效实现被投企业的价值提升和价值实现，联泓新科和东航物流两家被投企业实现IPO；助推卢森堡国际银行开拓新市场，拓展多元化的业务收入；探索在科技、医疗等领域布局，提升整体资产活力；设计并优化考核激励体系，强化业绩导向，提升公司人才队伍水平。

2020年，联想控股不断完善内部控制与风险管理体系，为实现长远愿景及使命，维护业务、股东、资产及资本，以及提升长远的股东价值提供强有力的保障。公司制定反舞弊和举报政策，建立各类举报渠道，强化风险事项及舞弊线索收集，进行不同层面的培训和宣贯，构建“不能为、不敢为、不想为”的反舞弊机制，形成二级反舞弊体系。

2020年初新冠肺炎疫情暴发后，联想控股旗下企业迅速响应，直接参与到抗疫救灾中。联想集团第一时间驰援武汉重灾区，为武汉应急医疗工程，火神山、雷神山医院捐建全部IT设备，并提供相关保障服务。联想控股旗下德济医院、金域医学应邀派出专业团队，组建首支社会办医救援队奔赴武汉重灾区，承担抗疫救灾医疗救治工作。旗下生产医用口罩、防护目镜等所需原材料的化工企业在保障防疫物资原材料价格稳定的同时，积极开展原材料生产供应。旗下佳沃集团联合上下游企业提供给全国超市、市场的生鲜果品充足稳定，保障人民群众在非常时期的菜篮子、果盘子不受重大影响；东航物流发挥700多架客机腹舱和中货航9架全货机的航空运力，累计运输防疫物资近2000吨。此外，联想控股重点在“支持教育”、“扶助创业”、“弘扬正气”等领域系统规划并长期投入，鼓励倡导员工参与社会公益活动。

2020年，联想控股党委书记作为第一责任人，认真履行全面从严治党主体责任和监督责任，团结带领广大党员和职工，发挥党委“把方向、管大局、保落实”的领导核心和政治核心作用，努力探索党建服务、引领和保障企业发展的有效方法，不断完善大监管体系，从严治党，强化企业反腐倡廉工作。

（撰稿：居劲松　审稿：李　蓬）

中科实业集团（控股）有限公司

董 事 长：张国宏

地　　址：北京海淀区苏州街3号大恒科技大厦南座15层

邮政编码：100080

电　　话：010-82569888

传　　真：010-82569875

电子信箱：xingmh@csh.com.cn

网　　址：http://www.csh.com.cn

中科实业集团（控股）有限公司（以下简称“中科集团”）原名中科实业集团公司，成立于1993年，由中国科学院将30余家院管企业资产及院投7500万元现金整合创办，是中国科学院“一院两制”办院方针指导下设立的大型高科技企业集团。1997年底，中科实业集团公司更名为中科实业集团（控股）公司。2008年6月6日，中科实业集团（控股）公司完成改制，更名为中科实业集团（控股）有限公司，成立了首届股东会、董事会、监事会。

经过20多年发展，中科集团从产业布局分散、经营管理良莠不齐的企业，到清理整顿，到战略转型，经历了探索发展实业和跨越式成长阶段，积极开辟新领域，投资新项目。目前，中科集团深耕新材料、环保、光通信三大主业领域，坚持高质量发展。

2020年，中科集团面对突如其来的新冠肺炎疫情，始终坚持“产业投资集团公司”的发展定位，以“围绕主业、聚焦主业、做强主业”为发展思路，新材料、环保和光通讯业务保持健康发展态势；以固废处置为核心的环保业务已完成上市申请提交，按照计划朝资本市场进军；持续打造生态体系，构建“一体两翼”格局，开拓科技金融业务，推动双轮驱动；继续发挥中国科学院绿色城市产业联盟（以下简称“绿盟”）“侦察兵”、“探照灯”作用，完善院地平台建设，促进科技成果转移转化，整体经营有序，坚持高质量稳健发展。截至2020年底，中科集团合并报表企业范围内共有员工6410人。

2020年，中科集团完成营业收入56.01亿元，实现净利润3.66亿元，归属于母公司净利润1.70亿元，国有资产保值增值率为104.91%。

2020年，中科集团主业板块及重点工作取得良好进展。

加强新材料板块战略合作。三环控股下属北京中科三环高技术股份有限公司（以下简称“中科三环”）是中国稀土永磁产业的代表企业，全球最大的钕铁硼永磁体制造商之一。2020年，三环控股关注钕铁硼产业链的原料保障，参股一家上游原料企业，确保了稀土原材料的稳定供应，为中科三环成为世界一流的磁性材料和器件供应商提供了有力支撑。

推进环保板块IPO筹备。2020年1月，北京中科润宇环保科技股份有限公司（以下简称“中科环保”）完成股份制改造，正式变更为股份有限公司。年内引入10位投资者，按时完成辅导备案申请，通过了北京证监局辅导验收，年底前深交所受理并正式审核中科环保的IPO申报材料。

平稳发展光通讯板块核心业务。上海中科股份有限公司（以下简称“上海中科”）整体经营平稳。已立项开展O-Band/E-Band Interleaver以及OPM新产品研发，根据5G市场需求，投资组建O-Band/E-Band Interleaver生产线，将产品逐渐批量生产。

有序推进基金投资管理。中科光荣一期基金已完成项目投资9个，其中投资的无锡德林海环保科技股份有限公司和安徽通源环境节能股份有限公司分别于2020年7月和12月在科创板上市；投资的北京中科博联环境工程有限公司完成C轮融资，北京远润绿产科技有限公司完成A+轮融资。2020年已启动中科光荣二期基金的设立工作。

2020年，中科集团积极发挥市场拓展作用，组织政企对接活动，相继在玉溪、榆林、江油等10余个城市举办座谈交流和考察调研活动，为成员单位推荐项目合作机会10余个。与玉溪市达成新一轮战略合作协议，中科环保与中科曙光分别与玉溪市签订循环经济产业园、工业互联网应用平台协议。

2020年，中科集团坚持党委常委会前置研究机制和督办机制，切实发挥党委在“四会一层”管理体系中对“三重一大”事项的领导作用。全年公司党委共召开战略会1次，全面从严治党专题会2次，党风廉政建设专题会2次，意识形态工作专题会2次，党委常委会16次，党委会6次。在人才选用方面，按照“双向进入、交叉任职”的干部任用机制，严格履行“凡提四必”要求。充分利用线上平台，通过《党旗飘扬》电子季刊、中科云学堂等网络媒介开展在线教育。通过开展“榜样在我身边”职工演讲比赛和中科集团建党99周年表彰交流会暨先进典型事迹报告会，以制作先进事迹汇编等方式，挖掘和宣扬企业家精神和工匠精神。在中国科学院纪念建党99周年评选表彰中，中科集团多个组织和个人被评为先进。

2020年，中科集团开展年度战略复盘及未来三年滚动战略规划制定，重点围绕国科控股《2020—2022年发展规划》，编制完成中科集团《2020—2022年发展规划初稿》，推动建设以计划、预算、评估、考核为核心的闭环战略管理体系，设计和搭建以“年度战略指导意见书”为载体的战略落地实施体系，为控股子公司制定经营计划，提高战略指导和管控能力，保障战略落地。

2020年，中科集团中科学院进一步完善“5+2”人才培养与发展体系。针对各级人才培养需求，举办“青禾班”、“郁树班”等核心培训项目，并通过搭建“中科小智”AI智能知识平台等方式提升培训效果。建立储备人才库和继任人才库、形成《员工职业规划与人才发展档案》，搭建有序人才梯队。

根据国科控股不良企业及僵尸企业清理工作要求，中科集团将不良企业清理工作纳入三重一大事项管理，成立专班，对拟认定的僵尸企业及其可能存在风险隐患进行系统排查，采用一企一策处置方案积极推进，2020年清理2家不良企业。

长年来，中科集团代管托管中国科学院、国科控股近300名老同志的离退休生活补贴预决算及发放工作；60余名老同志的国务院政府特殊津贴发放工作。妥善处理老同志待遇、公司归属、央产房处置、档案材料缺补等历史遗留问题，有效安抚老同志的情绪，维护院属企业和中国科学院和谐稳定局面。

（撰稿：刘　嘉　邢冕晖　审稿：张国宏）

东方科仪控股集团有限公司

董 事 长：王　戈

地　　址：北京市海淀区西三环北路甲2号院科技园6号楼12层

邮政编码：100081

电　　话：010-68290600

传　　真：010-68290530

电子信箱：osic@osic.com.cn

网　　址：http://www.osic.com.cn

东方科仪控股集团有限公司（以下简称“东方科仪”）于1980年经国务院批准成立，是中国科学院控股的大型专业科技综合服务集团企业。经过40年的发展，东方科仪已由一家从事国际贸易及相关服务的公司发展成集科技服务、电子信息、医疗健康、科技金投四大业务板块为一体的大型综合性科技服务集团企业。截至2020年底，东方科仪共有控股、参股企业25家，员工1741人。

东方科仪始终秉承“以人为本，追求卓越”的企业精神，依托中国科学院，立足科教领域，面向国内外市场，寻找新的发展机遇，持续推动创新转型，致力于把东方科仪建设成为卓越的中国科技服务产业的综合服务商。

2020年是东方科仪2019—2021年三年战略规划执行的关键之年。面对新冠肺炎疫情的不良影响，东方科仪坚持疫情防控与经营管理并重，推动各业务板块积极复产复工。围绕“稳中求进、重点突破、管控完善、文化融炼”的年度工作主线，在巩固主营业务的基础上勇于创新、开拓进取，在创新与发展的同时加强内部管控，为集团的健康稳定发展保驾护航，各项经营指标继续取得良好的增长趋势，完成了集团2019—2021年的三年战略规划的各项指标。截至2020年底，主要经济指标完成当年预算，实现营业收入突破100亿元，资产总额133亿元，跃升国科控股双百亿企业行列。

2020年，东方科仪在保障科研采购及条件建设的专业性、安全性（信息安全和生产安全）、合规性基础上，不断提升主营业务的服务效率和管理水平，提高客户满意度。积极推进四大科创中心及新型研究机构项目的扩张，促进国际贸易业务稳中求进，较好带动了进口和招标业务的开展。

2020年，东方科仪结合国家粤港澳大湾区发展纲要，在深圳成立全资的东方科仪深圳子公司，发挥集团各板块优势，促进公司在大湾区业务发展，打造新的利润增长点；结合国家发展的战略需求及公司长远发展，在信创行业和领域进行积极布局，充分发挥旗下上市公司优势，利用资本市场工具，形成双主业产业链优势，完善板块建设，实现快速做强做大；旗下成员企业国科恒泰利用行业内的头部效应，努力借助资本市场优势，健全集团医疗板块产业链发展，增强了集团整体资产规模和核心竞争力；旗下成员企业拉萨东仪和中科租赁，积极服务中国科学院科研成果转移转化，在融资租赁、商业保理和项目投资等领域创新业务布局，探索与院属、国科系各企业业务合作。

2020年，东方科仪积极响应国家“一带一路”重大倡议，在中国科学院控股有限公司的召集下发起成立中国科学院“一带一路”产业联盟，克服疫情不良影响积极开展相关工作，组织联盟成员为抗击疫情尽责尽力，并持续推进中国科学院“一带一路”对外项目。

2020年，东方科仪继续强化“一横八纵”管控体系，在内控体系建设试点基础上，完成控股集团本部内控体系修订与完善及重点控股企业内控体系建设推广工作，形成内控体系框架、制度体系、业务流程及授权手册等内控成果文件，初步实现重点企业内控体系全覆盖，同时加强审计成果整改应用，构建多方位监督管控体系。持续优化集团财务管理，通过完善相关制度，做好集团范围内自有资金的统筹安排。积极推动集团人才梯队建设，公司以中高层管理人员引进和后备人才储备与培养为重点，不断深入开展人才队伍建设工作。重点加强科技服务版块相关控股企业高管招聘工作，有针对性地开展各类人才培养工作，并通过持续完善制度建设，加强绩效考核、薪酬管理，针对集团高管、各控股企业高管等制定了相关管理制度。通过建设科技服务板块统一的ERP管理平台，将战略规划、内控管理、业务流程等要素通过信息化手段固化到日常业务管理中，为集团的“精细化管理”和“统一的业财管理”做出示范和尝试，为集团化管控奠定坚实基础。

2020年，东方科仪对公司成立40年来40件标志性事件、40位重要人物进行展播。通过员工座谈会、领导接待日和日常谈话等方式听取广大员工的意见建议，关心职工身心健康，营造以人为本的融合型文化氛围，促进企业文化建设，调动员工积极性，提高企业凝聚力。

2020年，东方科仪通过理论学习中心组学习、“三会一课”等方式，进一步夯实理论基础；继续探索发挥“四会一层”法人治理机制作用的有效途径，把党的领导融入公司治理各环节，充分发挥党委“把方向、管大局、保落实”的领导作用；新建及修订《党委委员联系党支部工作制度》等6项制度，为相关工作的规范深入开展提供依据；坚持“党管干部、党管人才”原则，坚持“凡提四必”；落实全面从严治党主体责任，持续正风肃纪。制定并签订个性化党风廉政建设责任书20余份，举行任前廉政谈话6人次，积极探索构建企业大监督体系，深入开展党风廉政建设及反腐败工作；指导集团工会、团委顺利换届，加强对群团工作的日常督导，促进群团“三性建设”。

（撰稿：张　洪　李明德　审稿：王　戈）

中国科技出版传媒集团有限公司

董 事 长：杨建华
地　　址：北京市东城区东黄城根北街16号
邮政编码：100717
电　　话：010-64002238
传　　真：010-64002238
电子信箱：cspmg@mail.sciencep.com
网　　址：http://www.cspmg.cn

中国科技出版传媒集团有限公司（以下简称“出版集团”）是我国最大的综合性科技出版机构，经国务院批准于2011年7月19日正式成立，是国家三大出版传媒集团之一。集团依托原中国科学出版集团组建而成，旗下拥有科学出版社、龙门书局、中国科学、国家科学评论、科学世界等著名出版品牌。主要业务包括组织所属单位出版物的出版、发行、印刷、复制、进出口相关业务；经营、管理所属单位的经营性国有资产（含国有股权）；文艺创作与表演；从事文化经济业务；广播电视节目制作；影视节目策划；组织文化艺术交流活动；承办展览展示；会议服务；礼仪服务；电影摄制；演出经纪。集团成员单位包括中国科技出版传媒股份有限公司（以下简称“中国科传”）、北京中科印刷有限公司、北京中科希望软件股份有限公司、国科科传（北京）创业投资管理有限公司等。

截至 2020 年底，出版集团本部及所属企业在职员工超 2100 人。其中，本部具有正高级职称的有 65 人，具有副高级职称的有 198 人，中级以上职称员工占比超过 60%。

2020 年，出版集团整体资产运行情况良好，收入利润再创新高，连续多年实现增长。截至 2020 年底，出版集团合并总资产为 71.14 亿元，同比增长 7.8%；归属于母公司的所有者权益 36.43 亿元，同比增长 9.1%；营业收入 27.92 亿元，同比下降 0.8%；净利润 4.89 亿元，同比增长 1.1%；归属于母公司的净利润 3.49 亿元，同比增长 0.2%。主要经营指标继续保持稳步增长。

2020 年，出版集团社会效益与品牌影响力持续提升。

一是国际传播能力大幅提升，中国科传再次入围“2020 年全球出版 50 强”，位列第 43 名，排名继续提升。中国科传 9 个项目入选“经典中国”、“丝路书香”、“中国图书对外推广计划”、“中华学术外译工程”等重点“走出去”项目，获资助额达 327.5 万元。在第 19 届输出版引进版优秀图书评选中，中国科传的《中国城市群》入选输出版优秀图书、《长寿密码：来自科学前沿的健康长寿秘诀》入选引进版科技类优秀图书。

二是行业示范地位稳固：“十三五”期间，中国科传积极推进国际化战略的实施。2019 年公司成功收购了法国 EDP Sciences，进一步完善公司海外布局。累计 116 种图书入选“经典中国国际出版工程”等“走出去”项目，12 种图书先后获“输出版、引进版优秀图书”称号。公司被商务部、中宣部等联合授予“国家文化出口重点企业”称号。

三是各类奖项成绩斐然。“十三五”期间，中国科传共获国家科学技术进步奖二等奖（科普类）1 项、中国出版政府奖 3 项、中华优秀出版物奖 3 项、郭沫若中国历史学奖 1 项、科技部全国优秀科普作品 8 项、中国科普作家协会优秀科普作品奖金奖 1 项，获行业重要奖项的数量位列全国科技出版社前茅。

四是期刊影响力持续提升。《国家科学评论》影响因子达 16.693，在全球多学科综合类期刊排名中位列第三，仅次于 *Science* 和 *Nature*。中国科技期刊“卓越行动计划”集群化试点项目第一期（年）建设任务通过验收，启动第二期（年）建设。中国科传专门成立期刊发展中心，不断强化 SciEngine 平台建设，推动集群化发展。截至 2020 年底，中国科传出版 424 种期刊（未含 EDP Sciences 公司出版的期刊），其中英文刊 175 种，约占全国英文期刊总数的 1/3；入选 EI 期刊 50 种左右；入选 SCI 期刊近 80 种，超过中国 SCI 期刊总数的 1/4。

五是重大项目不断突破。“十三五”期间，中国科传入选中宣部主题出版重点选题 5 项，入选“十三五”国家重点出版规划项目 70 项，入选国家出版基金项目 31 项、国家古籍整理出版基金项目 2 项、国家科学技术学术著作出版基金 593 项（每年占入选总数的一半以上）、国家文化产业发展专项资金支持项目 6 项、国家哲学社会科学成果文库项目 33 项；获得各类国家级规划和出版基金项目数量居全国出版单位前列。

2020 年，出版集团数字产品收入提升，中国科传的科学、教育、医疗等平台产品全实现收入 2100 余万元。新一批数字产品上线销售，中国科传的安徽信息技术教学辅助平台，细胞生物学 3D 模型与 3D 动画教学资源库，中国古生物地层知识库，大学物理、概率统计课程在线智慧云评测系统，经济统计教学资源库均完成开发工作。建设电子商务平台，在线优先出版平台，智能化按需印刷平台，科技出版云等多个数字平台，逐步构建贯穿产业上下游的一体化、网络化的智能出版系统。推动中科印刷有限公司宋庄厂区土地开发，厂区占地200亩、建筑面积8万平方米，实现年产值8亿元、利税8000万元。新工厂以印刷为主业，纸张供应链、图书物流为辅的一体两翼发展模式，并筹备在津冀区域再建设3—5个中型规模的子公司。逐层审议通过科传文化公司集团所持有的所有股权（40%）转让事宜，并于2020年全部完成，受让方所有款项全部到账。

2020年，出版集团严格按照“三重一大”事项管理办法和要求，努力做好各持股企业的服务和支撑。积极履行股东职责，发挥集团作为国有第一大股东的作用，督导中科印刷有限公司做好“三重一大”事项法人治理决策及执行工作，配合指导其换届工作，确保国有资产保值增值；健全内容质量把控体系，强化质量优先意识，指导高质量选题建设，筹备启动希望电子出版社的改制工作；积极与公司大股东沟通协调，跟进厘清嘉田公司业务债务、人员劳资纠纷等情况，做好风险防控，该公司已正式进入关闭流程。

为适应疫情防控工作需要，出版集团完成“质量大讲堂”和“创新业务论坛”部分培训数字课程制作，促进人才队伍素质提升。进一步认真贯彻执行党的干部路线方针政策，落实全面从严治党，落实国有文化出版企业党管干部的要求，结合集团及所属企业实际情况，不断探索建立科学规范的企业干部选拔任用制度。

（撰稿：王佳家　审稿：杨建华）

中国科技出版传媒股份有限公司

董 事 长：林　鹏
地　　址：北京市东城区东黄城根北街16号
邮政编码：100717
电　　话：010-64019823
传　　真：010-64019810
网　　址：http://www.sciencep.com

中国科技出版传媒股份有限公司（以下简称“中国科传”）前身为科学出版社。科学出版社由中国科学院编译局与1930年创建的龙门联合书局于1954年8月合并成立，并于2007年4月转制成为科学出版社有限责任公司。2011年，科学出版社有限责任公司完成股份制改造，整体变更设立为中国科技出版传媒股份有限公司。2017年1月18日，公司在上海证券交易所主板挂牌上市，成为中央出版集团上市第一股。2020年，公司再次入围“全球出版50强”榜单，位列第43位；公司被商务部、中宣部、财政部、文化和旅游部、国家广播电视总局五部委联合授予“国家文化出口重点企业”称号。

中国科传目前已形成科学（S）、技术（T）、医学（M）、教育（E）、人文社科（H）的出版业务架构，是国内学科分布最全、出版规模最大的综合性科技出版机构。拥有22个下属分子公司，在成都、武汉、南京、西安、石家庄、沈阳、广州均设有分支机构，在美国纽约、日本东京、法国巴黎均拥有海外子公司，建立了完善的全球出版发行和传播网络。

截至2020年底，中国科传共有职工1410人，其中正编审62人，副编审197人，编辑等中级专业技术人员574人，拥有中级及以上职称的员工占比59.08%。

中国科传始终坚持党的领导，坚持政治家办社，坚持正确的政治方向和出版导向，坚持把社会效益放在首位，致力打造具有行业领导力、核心竞争力、国际影响力的“中国科技出版旗舰”，为科研人员提供高质量的学术创新内容，为我国科技创新发挥更好的支撑服务作用。

2020年，中国科传坚决落实党管出版原则，不断加强企业党建工作，强化党的领导，面对新冠肺炎疫情的冲击和复杂多变的外部环境，公司在“围绕一个中心，推动两项创新，实现三大突破”的总体发展思路指导下，坚持疫情防控与经营生产两手抓、两不误，实现平稳运行和发展。全年实现营业收入25.24亿元，同比增长0.63%；实现净利润为4.7亿元，同比增长1.66%；实现归属于母公司的净利润4.65亿元，同比增长0.04%。截至2020年底，公司资产总额达60.32亿元，同比增长7.43%；净资产总额达42.86亿元，同比增长7.64%。2020年，公司每股收益0.59元，加权平均净资产收益率为11.29%。

2020年，中国科传重大项目不断突破策划了大批反映国家科技发展重大成就的选题，出版了系列面向国家重大需求的学术著作，10个项目获2020年度国家出版基金资助，年度入选项目数量位居全国出版社前列，分别为："中国海洋生物多样性丛书"、"5G关键技术与应用丛书"、"'两机'专项：航空发动机技术出版工程"、"华北克拉通破坏"、"应对老龄社会的基础科学问题研究丛书"、"矿区生态环境修复丛书"、《中国土系志》（中西部卷）、《协和急诊医学》（第二版）8个出版类项目，《神经外科名家经典3D手术精粹系列音像制品》1个电子音像类项目，"新时代马克思主义经典文献精学导读丛书"（第一批）1个主题出版项目。《〈水经注〉校笺图释》（洛水流域诸篇）入选2020年度国家古籍整理出版专项经费拟资助项目。

2020年，中国科传17个项目入选2019年国家哲学社会科学成果文库、118个项目入选2020年度国家科学技术学术著作出版基金资助项目，入选数量均在全国出版社中位列前茅。《迈向高质量发展之路》、"中国科技之路"丛书总览卷——《科技强国》入选中宣部主题出版重点出版物选题。《基因变迁史》、《让孩子远离近视》、《剑与盾之歌：人类对抗病毒的精彩瞬间》和《运动即良药》入选科技部2019年全国优秀科普作品。出版的科幻作品《月球旅店》获第六届中国科普作家协会优秀科普作品奖科普图书类金奖。

2020年，中国科传积极贯彻落实《关于深化改革 培育世界一流科技期刊的意见》等文件精神，加快推动中国科技期刊卓越行动计划各项目的实施，坚持以"精品化、国际化、集群化、数字化、专业化"的总体思路推动科技期刊业务加快发展。全年出版科技期刊424种（未含新收购的EDP Sciences公司出版的期刊），其中英文期刊178种，占中国英文科技期刊总数的1/3；SCI收录期刊67种，超过中国SCI期刊总数的1/4，其中Q1区期刊26种，占中国Q1区期刊（74种）的1/3；EI收录期刊53种，占中国EI期刊总数的1/4。2019年新收购的法国EDP Sciences公司现在出版期刊75种，其中英文期刊60种，法文期刊15种，SCI收录期刊29种，EI收录期刊27种。根据2020年6月29日科睿唯安（Clarivate Analytics）公布的2019年度《期刊引证报告》（*Journal Citation Reports*，*JCR*），中国科传科技期刊SCI影响因子全面提升。《中国科学》系列和《科学通报》（英文版）等期刊影响力有较大提升。《国家科学评论》（*National Science Review*）最新的影响因子为16.693，在全球多学科综合类期刊排名中位列第三，仅次于*Nature*和*Science*。《科学通报》的最新影响因子为9.511，在国际多学科综合类期刊排名中位列第八。中国科传还成立了期刊发展中心，不断强化SciEngine平台建设，做好科技期刊全流程数字出版服务，推动科技期刊集群化发展。

2020年，中国科传持续研发数字产品。打造的"科学文库"在疫情期间免费开放，积极服务抗疫工作，新增开通试用近100家高校。公司建成的专业数据库"科学智库""中国生物志库"等产品，内容资源不断丰富，新增开通试用120家，销售收入实现较快增长。在数字教育云服务方面，中国科传以数字教材、配套资源为基础，积极开拓在线教育业务，"中科云教育平台"、"状元共享课堂"等数字平台或产品积极服务于停课不停学。"中科云教育平台"新增上线课程近2000门，新增注册用户数超过50 000人，周均访问量超过35万人次。公司面向K-12用户开发的"状元共享课堂"等数字平台或产品内容资源大幅增长，全平台合计注册用户数量超过1000万人，销售收入实现较快增长。

在医疗健康大数据方面，中国科传打造的"中科医库"、"康复医学"等多媒体医学知识服务云平台，持续聚集优质医学资源，新增临床影像案例库、体格检查规范视频、中医名家案例库等多个新产品，不断加强与知名医院、权威专家合作，为临床医学人才培养、为辅助临床决策及提升医疗机构诊疗水平提供有力支持。该平台机构用户数量超过260家。在第四届中国数字出版创新论坛上，"中科医库"获出版融合创新优秀案例暨出版智库推优奖。

2020年，中国科传不断加快与新并购EDP Sciences的融合发展。公司全资子公司中科数字出版传媒有限公司已与EDP Sciences合作创办《可视化癌症医学》新型期刊，全资子公司《中国科学》杂志社有限责任公司与EDP Sciences合作创办开放获取期刊《国家科学进展》，以及首个专注网络安全交叉领域的开放获取国际期刊

《一体化安全》(*Security and Safety*)。在“全球出版50强”科技类出版机构中，中国科传位列第八位。

（撰稿：张　凡　李　洋　审稿：林　鹏）

北京中科印刷有限公司

董 事 长：沈幸华

地　　址：北京市通州区宋庄工业区一号楼101号

邮政编码：101118

电　　话：010-69590320

传　　真：010-69597200

电子信箱：zhanglong5369@163.com

网　　址：http://www.zkprint.com.cn

北京中科印刷有限公司（以下简称“中科印刷”）即原中国科学院印刷厂，成立于1957年10月，位于通州区宋庄工业区，占地200亩，建筑面积60 000多平方米，注册资本1.97亿元，总资产近6.2亿元，截至2020年底共有在职员工1000多人。

中科印刷现有海德堡、小森等国内外知名品牌平张及轮转印刷机60余台，从单色到多色、单面到双面满足各种印刷需求；有马天尼、柯尔布斯等国际知名品牌装订设备100余台，可实现骑马钉、胶订、精装、无线精装各种装帧方式要求。随着“数字时代”的到来，中科印刷引进Insite远程打样、GMG色彩管理系统、方正ERP等数字化生产流程，购置网屏Jet520EX连续纸喷墨数码印刷机、圣德可变数据喷码系统、马天尼全自动数码胶订机等数字印刷设备。

中科印刷现具备年生产平台彩色印刷30万纸令，八色轮转彩色印刷70万纸令；平台单、双色印刷90万纸令，单、双色轮转印刷50万纸令；骑马订30万纸令，胶订90万纸令，精装40万纸令的生产能力，年加工产值近4亿元，既能承担大量书刊、期刊印装任务，又能完成精美画册、商标印刷、豪华装帧制作，生产能力和技术水平位居国内书刊、期刊、画册印刷行业前列。

中科印刷注重加强现代化管理，先后通过国家秘密载体复制许可、高新技术企业、进出口许可、中央(市)两级政府采购资格;通过了绿色印刷、SEDEX、ISO9001、ISO14001、ISO27001、FSC森林体系认证、GB/T　28001等体系认证（证书)。

中科印刷坚持“质量为对外业务服务、质量为企业形象服务、质量为经济效益服务”的质量管理理念，2001年至今连续多年多品种获国家新闻出版总署全国书刊印刷质量优等品、质量管理十佳企业、印刷知名企业，并获多家出版社图书印装质量金奖等。公司与多家出版社、杂志社、出版公司及企业用户建立良好的合作关系。

2020年，中科印刷在京外设立子公司——河北中科印刷科技发展有限公司。该公司位于沧州肃宁县经济开发区，投资规模约2.5亿元，购置了上海高斯书刊轮转机、马天尼胶订联动线、日本小森胶印机等一大批具有国际领先技术的机器设备，已开始投产，解决当地劳动力300人。

（撰稿：张　龙　审稿：沈幸华）

国科科仪控股有限公司

董 事 长：张永明

地　　址：北京市海淀区中关村北二条13号2号楼7层

邮政编码：100190

电　　话：010-82548017

邮　　箱：bgs@cassih.com

国科科仪控股有限公司（以下简称“国科科仪”）成立于2019年1月30日，是中国科学院控股有限公司（以下简称“国科控股”）的全资公司。国科科仪致力于科学仪器设备及核心零部件领域成果转移转化，努力打造中国科学院高端仪器装备科技创新和产业发展平台。科仪集团现有业务覆盖电子光学和光电技术、半导体核心部件、真空获得与检测、天文仪器、关键电子系统等领域，拥有领先的核心技术研发、工程化制造和产业化能力，自主研制出多项国内“第一台”创新成果，代表了中国电子光学仪器、超高真空产业以及天文光学仪器研制最高水平。

国科科仪直接持股企业包括北京中科科仪股份有限公司、中国科学院沈阳科学仪器股份有限公司、中科院南京天文仪器有限公司、北京国科环宇科技股份有限公司和北京科益虹源光电技术有限公司。截至2020年底，集团员工总数1471人、本部15人。

2020年，国科科仪坚持贯彻落实国科控股“联动创新”纲要和“一体两翼”产业规划，致力于搭建高端仪器装备产业聚类发展平台，协同资源、构建体系、拓展增量、深耕存量，多项工作取得积极进展。2020年实现合并营业收入9.94亿元，合并净利润2024万元。

2020年，国科科仪研究制定了集团2021—2023年战略发展规划，确定了“培育尖端企业，助力科技创新”的公司使命和“整合资源、协同创新、筑建‘三基’、聚类发展”的总体思路。成功完成首个投资项目，经财政部审批，顺利完成北京国科环宇科技股份有限公司51%股权收购，成为集团产业布局的第一个成功案例和并购项目。

2020年，国科科仪着力推进“三基”建设，打造产业生态体系。积极筹建科学仪器技术创新与产业化联盟，完成联盟组建方案设计。组织召开科学仪器技术创新与产业化研讨会，汇聚院内、行业专家力量，探索建立与研究所、行业协会的协同创新机制。筹备设立高端仪器装备投资基金，以构建基金财务投资与集团战略直投相互配合支撑的多元化投资模式，争取各类优质资源共同参与中国科学院、国科控股高端装备产业发展。积极拓展融资渠道，以传统融资和结构化融资相结合，成功发行第一期债权融资计划，完成首笔融资，为集团战略布局提供资金保障。

2020年，国科科仪规范完善法人治理，提升集团管控水平。逐步完成股权管理工作由国科控股向国科科仪的转变，建立派出董事、监事机制，参与持股企业公司治理及重大事项决策过程，确保国有资产保值增值。建立三会材料审核决策机制，加强持股企业三会规范运作，切实履行出资人职责。积极为北京中科科仪股份有限公司、中国科学院沈阳科学仪器股份有限公司等持股企业实现IPO做好支持和服务，以推进产业与资本结合，为企业发展增添新动力。

2020年，国科科仪不断优化招聘渠道、创新招聘形式、加强复合考察、严格审核程序，进一步培养、历练75后和80后干部。通过内部专题分享交流、团建活动等培训培养，进一步提升现有团队的能力与担当，加强凝聚力和战斗力。

2020年，国科科仪全面落实疫情防控，有序推进经营管理，做好应急物资储备，加强办公环境消毒，落实访客严格管理，采用灵活办公会议形式，加强抗疫知识事迹宣传，通过科学防控、精准施策、积极部署、灵活应对，有效保障全体员工健康安全，确保企业复工复产、正常运转。

（撰稿：许　晶　汤晓斌　审稿：张永明）

北京中科科仪股份有限公司

董 事 长：张永明
地　　址：北京市海淀区中关村北二条13号
邮政编码：100190
电　　话：010-82548182
传　　真：010-62564613
电子信箱：zcb@kyky.com.cn
网　　址：http://www.kyky.com.cn

北京中科科仪股份有限公司（以下简称“中科科仪”），始建于1958年，其前身为中国科学院北京科学仪器研制中心（原中国科学院科学仪器厂）。承担多项重要科研支撑及攻关项目，成功研制出我国第一台扫描电子显微镜、第一台涡轮分子泵、第一台商用氦质谱检漏仪等，多次荣获国家、中国科学院等相关部门奖励，是国家首批通过的国家级高新技术企业，也是中国科学院首家获得此项认证的转改制企业。2000年12月28日，作为中国科学院第一家事业单位完成整体转改制，成为一家集科学仪器研制、开发、生产和经营为一体的综合性高新技术企业。2011年12月16日，完成股份制改造，整体变更为北京中科科仪股份有限公司。

近年来，中科科仪加快技术创新步伐，成功研制国内首台磁悬浮分子泵、首台场发射枪扫描电子显微镜，均达到国际一流水平。控股成都中科唯实仪器有限责任公司和北京中科科美科技股份有限公司，全资控股苏州中科科仪技术发展有限公司，整体运营良好。

截至2020年底，中科科仪员工总数为660人。

2020年，中科科仪在“科创引领、培育新动能，产业升级、发展高质量”总体经营工作指导方针指引下，各项经营管理工作取得新进展。实现合并营业收入4.11亿元，同比增长15.64%；净利润6760万元，同比增长31.97%。其中，净资产收益率、营业利润率、资产负债率均优于行业优秀值。

2020年，中科科仪强化国家企业技术中心平台建设，成立电子光学研发中心，加大研发投入，全年研发费用投入4023.08万元，占主营业务收入11.24%，高于国资委发布的通用仪器仪表行业优秀值7.0%。完成科技部、国家发展改革委、国防科工局等8个重大项目申报，其中国家发展改革委和国防科工局保密项目已正式批复，科创实力进一步增强，技术创新取得了重大进展。

2020年，中科科仪承担的国家重大科学仪器设备开发专项。“深紫外激光光发射电子显微镜工程化（PEEM）”项目突破了电子光学系统、高精度电控系统、对接系统和光源等关键技术，实现空间分辨率小于10纳米，能量分辨为0.2eV。2020年，项目顺利通过科技部验收，首台产品交付国内高校开展石墨烯研究，为我国前沿研究提供尖端科学仪器平台支撑，为高端科学仪器装备自主可控做出重大贡献。负责广东省重大科技专项“量子科学与工程”——“电子束曝光机研制”项目最核心的“电子光学系统开发”任务。电子束曝光机（EBL）是高精密微纳加工与芯片制造的核心设备，工业级高端产品遭国外禁运，严重制约我国基础科研与产业发展。中科科仪提前一年完成两套电子光学系统研制，入住南方科技大学量子科学与工程研究院。同时，50kV电子束曝光系统开发工作有序开展。

2020年，中科科仪参与的国家重点科研项目“龙翔工程”攻克多项关键核心技术，研制多个首台（套）空间核动力电源雏形机和地面样机真空测试装置等系列空间核反应堆电源性能测试装备，助力我国空间核动力研究装备自主可控水平提升。已完成关键技术演示验证项目，实现元件发电目标，项目组发来感谢信。

2020年，中科科仪参与的国家重大科技基础设施项目“高能同步辐射光源（HEPS）”继劳埃透镜镀膜系统顺利交付后，再次承担纳米聚焦镜镀制装置研制，该项目将攻克离子束加工工艺、关键部件、制备工艺等难题，研制国内首台纳米聚焦镜镀制系统，服务于重大科技基础设施高能同步辐射光源项目，助力我国前沿科学研究与尖端科学仪器设备国产化。

2020年，中科科仪参与的重大科技成果转化工作——磁悬浮分子泵系列产品取得系列进展，在苏州实现磁悬浮分子泵批量生产；面向半导体材料和晶圆制造，优化控制单元，提升电源抗干扰能力，提供定制化产品解决方案，实现第三代半导体材料领域销售收入1900万元；解决高温、防腐等问题，实现磁浮泵在前道刻蚀工艺1000小时以上连续无故障运行；开发离子注入专用磁悬浮分子泵，在行业重点客户成功试用。磁悬浮分子泵是半导体离子刻蚀、注入等核心工艺的关键部件，该产品的规模产业化对提升我国半导体制造装备核心零部件国产配套能力具有重大意义。参与的重大科技成果转化工作——场发射枪扫描电子显微镜产业化也取得积极进展：开发成功肖特基场发射枪扫描电子显微镜，以综合评分91.9分顺利通过科技部组织的综合验收，获评优秀，属国内首创，达到国际同类产品技术水平，具有自主知识产权。中标海关总署科技司集中采购项目，在检验检疫、半导体检测、生物制药等领域均实现行业应用突破。该仪器的研制成功和产业化，使我国自主品牌扫描电镜进入了高端市场，打破了完全依赖进口的局面，促进了我国电子光学类仪器的发展，对提高我国重大工程和战略新兴行业高端装备的国产化和自主化水平，发挥积极的推动作用。

2020年，中科科仪加速推进苏州高端仪器装备产业园建设，产业园建设将助力公司进一步承担更多科技成果转移转化任务，增强我国战略科技力量，实现科技自立自强做出新的贡献。

2020年，中科科仪转让成都唯实持有的成都瑞拓股权至中科信息，主营业务进一步聚焦。协同成都唯实承担国防科工局项目，实现中科科仪研发实力与成都唯实军工资质优势资源整合新突破，该项目将解决国防军工领域“卡脖子”问题，为国防安全建设做出贡献。

2020 年，中科科仪统筹做好生产过程防护、疫情应对、个体防护。全面加强党的领导，推进党建与生产经营深度融合，不断巩固深化主题教育成果。健全完善“四会一层”组织体系建设，严格执行“三重一大”决策制度，全年研究、审议议题 95 项。切实发挥好党委的领导和把关作用，审议重要干部任免。加强后备人才队伍建设，召开人才工作专项会议，研究确定后备人才名单和培养计划，建立内部导师制度，不断完善党委抓人才工作的有效机制。落实全面从严治党要求，营造风清气正政治生态。深入开展“精益改善、挖潜增效”品质提升活动，通过管理改进和技术创新，为公司高质量发展注入新动能。切实履行“一岗双责”，签订党风廉政建设责任书 121 份，把党风廉政建设工作与生产经营工作同部署、同落实、同考核。深入贯彻落实中央八项规定精神，认真开展“四风”问题专项整治。

（撰稿：郭晓玲　刘清清　审稿：陈　静）

中国科学院沈阳科学仪器股份有限公司

董 事 长：李昌龙
地　　址：辽宁省沈阳市浑南新区新源街 1 号
邮政编码：110179
电　　话：024-23826801
传　　真：024-23826800
电子信箱：sales@sky.ac.cn
网　　址：http://www.sky.ac.cn

中国科学院沈阳科学仪器股份有限公司（以下简称“沈阳科仪”）创建于 1958 年，前身为中国科学院沈阳科学仪器研制中心，2001 年 4 月整体转制为沈阳中科仪技术发展有限责任公司，2002 年 12 月更名为中国科学院沈阳科学仪器研制中心有限公司，2011 年 12 月更名为中国科学院沈阳科学仪器股份有限公司。2014 年 7 月，公司在全国中小企业股份转让系统正式挂牌。

沈阳科仪以“引领真空技术、支撑科技创新、促进产业发展”为使命，以“与所有利益相关者共同创造、共同分享、共同发展，让员工能够受人尊重和体面地生活”为愿景，以“真诚待人、敬重客户、勇于担当、乐于奉献”为核心价值观。

沈阳科仪主要从事干式真空泵、真空仪器设备的研发、生产和销售，并提供相关技术服务。设立有 2 个全资子公司——上海上凯仪真空技术有限公司、中科仪（南通）半导体设备有限责任公司，1 个分公司——中国科学院沈阳科学仪器股份有限公司上海分公司和 2 个参股公司——成都瑞拓科技股份有限公司、拓荆科技股份有限公司。截至 2020 年底，沈阳科仪在职员工总数为 482 人。

2020 年，沈阳科仪销售收入照比 2019 年提高 33%。其中真空仪器设备板块 MBE 设备研发取得较大成果，国产部件比例达到 70%，真空极限可达 1.5×10^{-9}Pa，优于国际同类产品；电控软控平台初步成型并推广，利用新软件平台完成项目 15 项。干式真空泵板块 10 种在研产品顺利进入客户端测试，新产品 SGL-120A、SGH-1800A 形成销售；通过质量提升，改进单晶炉工艺、管 P 工艺等共计七大问题，使客户端开箱不良率 2020 年同比下降 39.1%；通过产品产线铺设、改善和优化工序，生产效率同比提升 40.75%，并有效降低了成本。

2020 年，沈阳科仪积极参与承接国家重大基础设施项目共 50 项，参与硬 X 射线自由电子激光和北方光源项目预研。为服务长三角客户、扩充干泵产能、加大核心部件自制能力，公司成立中科仪（南通）半导体设备有限责任公司。真空干泵产品初步实现技术和产品更新、产品量产工作，2019 年获国家集成电路产业投资基金股份有限公司投资。真空仪器设备板块围绕国家重大基础设施项目和学校、科研、企业研发中心用户，瞄准超高真空仪器设备的高端用户群，签单客户 208 家。干式真空泵板块成功开发国内多家泛半导体重点客户。

2020 年，沈阳科仪实现网络安全零事故、系统硬件零事故、系统数据安全零事故，完成质量体系提档升级，重新起草或修订《负责人履职待遇、业务支出管理办法》、《业务招待费报销标准》、《差旅费报销管理办法》、《燃油补贴及公务车管理办法》和《通讯补贴管理办法》等11项制度。两次成功办理嵌入式软件增值税退税，新增银行授信7000万元。

2020年，沈阳科仪持续开展骨干员工一对一访谈，并通过满意度问卷调查进行组织文化诊断。完成第四届董事会、监事会、经营班子、党委纪委成员换届工作，调整并重新选聘了中层管理团队和部长助理，完善了技术和管理骨干队伍建设工作。

2020年4月28日，沈阳科仪向中国证监会辽宁监管局提交首次公开发行股票并上市的辅导备案申请材料。在招商证券辅导下，于2020年12月21日通过辽宁证监局辅导验收。2020年12月22日公司向上海证券交易所提交科创板上市申请材料，并于12月28日收到上海证券交易所出具的科创板上市申请材料受理通知。

2020年，沈阳科仪获国家“专精特新”小巨人企业称号，干式真空泵被认定为2020年度辽宁省中小企业“专精特新”产品。

2020年，沈阳科仪共召开13次党委会，研究讨论议题25项。其中，涉及“三重一大”事项决策20项，占议题总数的80%，党的领导在公司经营活动中的作用得到有效发挥。监督提醒党委主要领导与9名新任职的高中层干部进行任前廉政谈话。组织管理干部和关键岗位人员层层签订党风廉政责任书，进一步落实“两个责任”，明确各层级党员干部的“一岗双责”任务，对各项规定、固化的工作内容进行量化。

（撰稿：刘月鹏　杜若兰　审稿：郭东民）

中科院南京天文仪器有限公司

董 事 长：张永明
地　　址：江苏省南京市玄武区花园路6-10号
邮政编码：210042
电　　话：025-85482007
传　　真：025-85482009
电子信箱：office@nairc.ac.cn
网　　址：http://www.nairc.com

中科院南京天文仪器有限公司（以下简称“南京天仪”）是中国科学院直属的科技型企业，其前身是组建于1958年12月的中国科学院南京天文仪器厂，1991年10月更名为中国科学院南京天文仪器研制中心，2001年11月实行整体转制，2013年1月启用现名。

南京天仪注册资本3856万元，资产3.8亿元，占地面积167亩。下设耐尔思、天富公司2个子公司和研发、销售、生产、管理等9个部门。南京天仪是中国科学技术大学天体物理、天文技术与方法2个学科的硕士生培养单位。设有江苏省光电仪器设计与制造工程技术研究中心、江苏省企业院士工作站和中国科学院南京光学技术工程中心、江苏省认定企业技术中心等技术创新平台。

南京天仪科研方向为天文技术与方法、光机电一体化仪器设备的设计和制造。经多年的开拓创新，公司业务从以天文仪器为主，扩展到军用大型光学装备和民用大型光电机一体化仪器领域，为我国的国防和科技进步做出了重要贡献。南京天仪研制生产的产品分为四大板块。一是专业天文仪器：恒星仪器、太阳仪器、人卫观测仪器、空间碎片探测望远镜、射电望远镜等。二是光电空天科学仪器：激光测距望远镜、大气激光雷达望远镜、星地激光通信设备、星地量子通信设备、精密测试转台、天线背架、大口径平行光管等。三是光学精密制造及检测：光学精密加工、装调检测服务等。四是天文科普仪器：观测类天文科普仪器（科普望远镜及圆顶）、演示类天文科普仪器（天幕及天象仪）等。

截至2020年底，南京天仪共有员工226人，平均年龄36.6岁，其中中国工程院院士1人、副高级以上专业技术人员28人、15人入选省级人才。

2020年，面对新冠肺炎疫情带来的巨大压力，南京天仪紧抓经营生产这一主线，开拓市场、强化生产、规范管理，基本完成年度经营目标。全年实现营业收入1.59亿元，利润总额1103万元。

2020年，南京天仪持续加大研发投入力度，在研的自研项目共9项，年内投入研发经费1491万元。800毫米口径平面干涉仪研制、大镜面自动校正技术、2.7米标准球面镜系统研制、数字化加工技术等项目总体进展良好。其中，800毫米口径平面干涉仪研制项目完成样机总装测试，成为我国自主研发的最大口径的平面干涉仪，打破了美国在该领域的长期垄断。“2.7米标准球面镜”项目是现阶段我国最大口径的标准球面镜，是公司重点建设的项目之一，使公司具备了2.5米以下口径的镜面检测能力，将在公司生产急需检测的项目上发挥关键作用，同时也将进一步提升公司承接大口径光学镜面的实力。新立项“ASCOM驱动技术研究与应用”适用与公司天文设备的ASCOM驱动和控制程序，具有更好的稳定性和通用性，已开始在天文圆顶上开展试制工作；自主研发的大口径标准镜主动支撑技术，用于实时校正标准镜面形，完成标准镜多种支撑状态下保持面形精度的功能，具有一镜多用、降低镜面加工成本、自适应强等优点，已完成300毫米口径试验，正开展1米口径试验工作；“太阳光谱仪研制与光谱定标实验室建设”项目基本功能是对公司自研的Hα太阳滤光器进行光谱测试及定标，为滤光器提供实测数据，是实现滤光器成果产业化的必要支撑，还可为系列光谱仪器提供研制平台，已完成设计和实验室规划，即将进入样机试制与实验室建设。

2020年，南京天仪共授权发明专利3件、实用新型4件；登记软件著作权7件。公司积极承担各类政府科技计划项目，申报35项，立项20项，财政经费到款512.03万元。其中，“射电望远镜空间频域-光谱域融合三维扫描面形检测技术研究”获国家自然科学基金资助，这是南京天仪自改制以来首次有基础类研究项目获国家自然科学基金资助；“LCT亚毫米波射电望远镜关键技术合作开发”获南京市“一带一路”国际合作重点项目支持；“航天光学载荷光学参数综合测试系统关键核心技术攻关”获南京市企业院士工作站关键核心技术攻关项目支持。南京市政府授予公司2020年度创新名城建设突出贡献奖。

2020年，南京天仪有序推进国家重大仪器专项“大视场生物成像分析仪”、国家重大工程项目“微晶玻璃轻量化”的各项工作。

2020年，南京天仪根据实际发展需要，共录用新员工17人，其中硕士生5人，博士生2人。组织在职员工及研究生积极参加国内外学术会议，开阔视野，增加与国内外同行的学术交流，为员工提供各种技术技能培训，切实提技术人员专业水平。

南京天仪多年致力于多方位开展天文科普工作，是江苏省和中国科学院科普教育基地。2020年，公司参加中国科学院天文科普联盟组织的日环食全国联测，组织在天仪之星天文台观测南京日偏食，受到社会公众和天文界同行的广泛赞誉；组织中国科学院第三届科学节科普活动，录制科普视频《云游天仪之星天文台》、英文科普视频《天文望远镜原理》，分别被中国科学院第16届公众科学日、中俄两国青少年一桥两国同探月活动采用；开展周末观星活动12次、开展业务关联单位科普活动8次、参加省市科协科普讲座进校园活动3次、接待中国科学院行政管理局组织的中学生团体3次，通过不断创新科普方式，推动科普知识传播，宣传公司产品，扩大公司影响力。

（撰稿：程　妲　孙　涛　审稿：李奇志）

成都中科唯实仪器有限责任公司

董 事 长：陈　静

地　　址：四川省成都市高新区科园南一路7号

邮政编码：610041

电　　话：028-85121821

传　　真：028-85121830

电子信箱：zjlbgs@cdzkws.com

网　　址：http://www.cdzkws.com

成都中科唯实仪器有限责任公司（以下简称“成都唯实”）成立于2001年10月16日。其前身是中国科学院成都科学仪器研制中心，始创于1959年9月。

成都唯实位于成都市高新区科园南一路七号，占地50亩，是一个以科研试制、技术开发、生产经营为一体的高新技术企业。成都唯实致力于提供优质的真空控制、检测仪器、非标真空设备、光机电一体化设备，以卓越的产品和服务为客户创造价值。公司以技术创新为手段，以产品专业化、规模化生产为基础，努力发展成为国内仪器设备，特别是在真空领域具有竞争力的技术创新型企业。

成都唯实设有综合办公室、财务管理部、物业管理部、质量管理部、技术开发部、真空设备事业部、真空标品事业部、光电设备事业部、机加事业部共9个部门。截至2020年底，共有在岗职工145人，包括中高层19人、工程技术人员33人、工人66人。

2020年，成都唯实重点围绕“市场导向、提质增效、担当作为、实现突破”经营指导方针开展工作，合并营业收入同比增长18.8%；合并净利润同比减少10%。各业务板块并驾齐驱。外场保障工作比2019年增加6%，圆满完成设备保障任务。真空业务新增和销售收入同比增长64%和60%，标准产品实现海外市场销售、sic行业突破。建立旋片泵车间，核心技术自主可控，降本增效。对车间进行科学布局规划，提高产品质量和交付能力。

2020年，成都唯实持股公司发展势态良好。中科智成作为细分行业里唯一具有全系列产品的阀门制造商，公司业务量稳步上升，2020年销售收入同比增长10%。中科模具积极拓展电子器件和半导体封装业务，自助研发排片机系统并形成首台销售，2020年销售收入同比增长7%。

2020年6月，成都唯实完成两委换届工作。公司党委认真落实企业“三重一大”决策流程，针对干部任免、持股公司换届及股权变更等事项进行前置审议，始终坚持“三重一大”事项会议研究、集体讨论决定，实现党建工作与企业生产经营发展的同步进行。以开展“基层组织建设年”活动为载体，以业务单元为主建立党支部，推动支部工作与经营业务相融合。2020年，成都唯实在生产、科研骨干中发展3名党员，新吸纳入党积极分子8名。

2020年，成都唯实加强与外部高校、科研院所、企业技术创新方面的合作，积极争取各级政府对技术创新工作的支持，新产品研发进展显著，技术创新能力进一步增强，全年技术研发费用投入同比增长25%。实现新产品和改进产品的转产率70%以上。

2020年，成都唯实以“控制总量、提质创优、科学考核、增加效益”为人力资源工作指导思想，有效控制人员规模，持续优化人员结构，扎实抓好各类人才培养，员工素质、人均效率进一步提升。

（撰稿：葛　莹　杨文晴　审稿：张海军）

北京中科院软件中心有限公司

董 事 长：奉旭辉

地　　址：北京市海淀区中关村南四街四号4号楼南楼

邮政编码：100190

电　　话：010-62587492

传　　真：010-62649248

电子信箱：office@sec.ac.cn

网　　址：http://www.sec.ac.cn

北京中科院软件中心有限公司（以下简称“软件中心”）成立于1986年，前身中国科学院北京软件工程研制中心，是国内最早引入软件工程的机构之一。2001年9月在中国科学院知识创新工程中作为应用型研究机构成为首批转制单位。

软件中心是中国软件行业协会副理事长单位、中国软件行业协会分会主任委员单位、国家高新技术企业。主要从事软件研究开发、系统集成、科技服务、互联网基础服务等业务，科研成果和软件产品已广泛运用于政府和行业信息化、智慧城市、数字文化、嵌入式系统、工业互联网、互联网和移动互联网等众多行业及领域。软件中心旗下拥有国科元科技（北京）有限公司、北京中科三方网络技术有限公司、北京凯思昊鹏软件工程技术有限公司等控股公司。

软件中心长期承担国家科技重大专项、国家高技术研究发展计划（863计划）、国家科技支撑计划、国家重点研发计划等多项国家级科研课题，拥有一大批自主知识产权和专利，获得十余项国家和省部级科技进步奖，在技术、产品、市场、人才等方面有深厚的积累。

2020年，软件中心重点研发项目进展顺利，核心竞争力得到增强。软件中心本部研发的“AI+热成像联动无感知测温预警疫情防控系统”有效保障了首都国际机场、大兴国际机场、西客站和湛江机场的快速防疫及通关；网络视频评审系统服务了科技部组织的3000多名专家评审项目；子公司国科元公司为科技部搭建完成国家高新区复工复产信息服务平台、科技抗疫——先进技术成果信息共享与服务平台、企业技术需求与科技人才信息交互服务平台，在全国科技抗疫、企业复工复产、科技成果转移转化等方面起到重要作用；子公司中科三方公司为湖北省全部客户提供域名免费续费一年的活动，保证因疫情无法维持域名稳定使用的湖北省客户安心投入“战疫”工作。

2020年，软件中心不断聚焦互联网＋政务、智慧城市和军民融合业务等主营业务，深入推进以工业互联网标识解析为核心的自主软件产品研发。继续为科技部提供信息化支持，为上海市科委等单位提供新技术企业认定管理系统数据对接、高新技术企业认定等科技创新服务；为北京海关等单位做好预算管理、国资监管管理的服务和技术支撑。

2020年，软件中心在做好重点研发项目“工业互联网标识解析服务能力测试验证平台”的同时，着力加强工业互联网业务的市场运营，先后签订工业互联网重庆、武汉等国家级节点和行业二级节点测试服务；在课题成果及示范转化应用方面，和无锡市、青岛市等地市和行业龙头企业进行互动交流。

2020年，软件中心在“卡脖子”技术攻关方面，与中国科学院高能物理研究所合作，投入骨干力量共同研发基于国产操作系统的存算一体机；在工业互联网领域，与中国科学院软件研究所、信息工程创新研究院合作，成立工业互联网测试与监控中心地方分中心，面向地方开展入网验证和测试工作，为国家工业互联网网络检测保驾护航；在数字农业领域，与中国科学院南京土壤研究所合作开展丽水市的生态土壤数字化应用服务平台的建设。

软件中心拥有国家高新技术企业资质、CMMI3、ISO质量管理体系和信息安全管理体系认证、“双软”企业认证；已登记267项软件著作权、20项注册商标，拥有2项授权发明专利。子公司中科三方公司继续承担全国两会的重要时期网络安全保障工作，并圆满完成任务；承担第三届“数字中国”建设峰会官网（www.szzg.gov.cn）的重保工作，保障福建省政府官网的解析安全。

截至2020年底，软件中心职工总数近300人，硕士生、博士生占比40%以上。

2020年，软件中心坚持加强党的全面领导，完善企业“四会一层”公司治理机制，研究部署公司党建、意识形态、反腐倡廉等方面工作，对“三重一大”事项进行研究审议，按照“党管干部”原则和公司《直管干部选拔任用管理办法》，在干部选拔任用过程中坚持领导把关、政治把关。修订《关于推进“两学一做”学习教育常态化制度化实施方案》，出台《党支部量化考核管理办法》，落实党支部工作联系人制度。继续强化党风廉政建设的主体责任；公司纪委认真落实监督责任，以巡察整改工作为抓手，结合“四风”问题专项整治工作，加强日常监督和重点监督，强化执纪问责。

2020年，软件中心积极推进企业文化建设，搭建交流沟通平台，积极开展丰富多彩的文体活动。

（撰稿：李　静　张文卉　审稿：奉旭辉）

中科院建筑设计研究院有限公司

董 事 长：王全新
地　　址：北京市海淀区北三环西路45号院
邮政编码：100086
电　　话：010-62565107
传　　真：010-83427288
电子信箱：office@adcas.cn
网　　址：http:// www.adcas.cn

中科院建筑设计研究院有限公司（以下简称“中科设计”）成立于1951年，是直属于中国科学院的唯一一家建筑设计与研究机构，2001年整体转制，是中国科学院控股有限公司控股的国有企业。

中科设计在北京总部设有建筑、结构、机电、热力、照明、规划等28个设计所，在广东、浙江、江苏、河南、上海、天津等12个省（直辖市）设有分公司。截至2020年底，拥有全国工程勘察设计大师1人，高级以上职称135人，各专业国家一级注册人员74人，北京市评标专家库和国家发改委项目评审中心专家库入库专家近20人。公司拥有建筑行业建筑工程甲级、市政公用行业（热力）甲级、城乡规划编制乙级资质、工程咨询预乙级资质以及对外承包工程资格，致力于提供建筑行业全专业设计总承包业务，能够实现全过程、全专业的设计服务，包括城乡规划、建筑设计、市政热力设计、室内设计、光环境设计、园林景观设计、BIM信息化设计、视觉艺术设计、工程咨询、水环境研究咨询、标准化研究咨询等。

中科设计是《科研建筑设计规范》、《科学实验室建筑设计规范》、《科研建筑工程规划面积指标》的主编单位，主编国家建筑标准设计图集《实验室建筑设备》及《建筑设计资料集》的科研建筑部分。中科设计是国家高新技术企业、北京市设计创新中心、北京工程勘察设计协会理事单位，被中国勘察设计协会评为首批全国建筑设计行业诚信单位，被中国建筑学会评为当代中国建筑设计百家名院，被住建部中国建筑文化中心评为中国最具影响力建筑设计机构，被地产界评为北京地产十佳建筑设计机构，获得万科集团最佳设计合作伙伴奖，已通过ISO9001质量管理体系、ISO14001环境管理体系和OHSAS18001职业健康安全管理体系认证。

中科设计擅长大型科研、教育、文化、居住、办公、医疗、体育类建筑设计，完成多项国家级大型项目的建筑设计工作，创作设计了一批具有社会影响力的建筑精品。①科研、教育类作品：北京怀柔综合性国家科学中心协同创新交叉平台——脑认知功能图谱与类脑智能交叉研究平台、深部资源探测技术装备研发平台、环境污染物识别与控制协同创新平台，中国科学院大学怀柔校区、青岛科教园一期、重庆学院一期、杭州高等研究院石龙山先行启动区、南京学院等。②文化类作品：泰国的曼谷中国文化中心、神木新村艺术大厦、北京基督教丰台教堂和朝阳教堂、广州市亚运城岭南水乡民俗主体建筑工程、北京市门头沟区70周年国庆夜景照明工程、青岛市东海东路及其他节点亮化提升工程总承包等。③办公类作品：国家开发银行北京总部、京东商城北京总部基地、天津于家堡金融区、中国驻巴西圣保罗总领事馆、河南省能源大数据应用中心等。④居住类作品：郑州航空港河东九大安置区、阿尔山太伟温泉度假酒店、中关村人才苑、上海万科城市花园、万科环渤海地区住宅项目、陕西航空城·蘭园项目、河南开封晖达温莎尚郡项目等。⑤规划类作品：中国科学院大学南京学院园区规划、中国科学院大学杭州学院园区规划、中国科学院大学重庆学院园区规划、大邑县东湖新区总体规划等。⑥咨询类作品：清远市黑臭水体治理示范城市建设期（2019—2020年）咨询、广东省粤北南岭山区山水林田湖草生态保护修复咨询等。

中科设计先后获国家及省部级奖励百余项。近5年主要获奖项目有：曼谷中国文化中心项目获2015年度全国优秀工程勘察设计行业奖公共建筑一等奖、北京市第十八届优秀工程设计奖公共建筑一等奖、2016中国建筑学会建筑创作奖金奖；中国科学院研究生院新园区建设工程项目获2016—2017年度国家优质工程奖；神木少年宫（新村艺术大厦）项目获2017年陕西省第十九次优秀工程设计奖；上海市古北SOHO建筑景观、室内照明工程项目获2018年度中国景观照明奖一等奖及第十四届中照照明奖照明工程设计奖（室内照明）三等奖；重庆市万州区一江两岸夜景照明工程项目获第十四届中照照明奖照明工程设计奖二等奖；北京市望京中航资本大厦夜景照明工程项目获第十四届中照照明奖照明工程设计奖二等奖及2018年度中国景观照明奖三等奖；北京市中关村步行街（食宝街）夜景照明工程项目，2018年中国照明协会第十三届中照照明奖照明工程设计三等奖及2018年度中国景观照明奖二等奖。

中科设计先后与中国科学院重庆绿色智能技术研究院、中国科学院昆明分院、中国供销农产品批发市场控股有限公司、江西省婺源瑶湾景区、中房城市能源科技有限公司、安徽蓝海建设集团有限公司、中国科学院大学双创学院、中国科学院上海高等研究院、河北晨阳工贸集团有限公司、中航建设集团有限公司、美国科万尼国际集团、日本太平洋咨询株式会社、日本株式会社安井建筑设计事务所等单位签订了战略合作协议。

2011 年，中科设计在中国科学院大学教育基金会设立“中科设计志愿者基金”，并为基金累计捐款 125 万元，支持高校志愿者活动。

（撰稿：刘晨光　审稿：王冬松）

北京中科资源有限公司

董 事 长：赵晓军
地　　址：北京市海淀区中关村南三街 6 号
邮政编码：100190
电　　话：010-82648208
传　　真：010-62545879
电子邮箱：zkziyuan@zkzy.com.cn
网　　址：http://www.zkzy.com.cn

北京中科资源有限公司（以下简称“中科资源”）由原中国科学院科技物资中心于 2001 年 12 月整体转制设立，是中国科学院所属 13 个整体转制单位之一。公司注册资金 9200 万元，其中中国科学院控股有限公司（以下简称“国科控股”）持股 45.92%，北京市海淀区裕龙农工商公司持股 43.97%，76 名转制前职工持股 10.11%。截至 2020 年 12 月 31 日，中科资源经审计后的所有者权益为 2.66 亿元，国有资产得到较好增值保值。自整体转制以来至 2020 年，中科资源累计实现销售 86.16 亿元，累计实现净利润 1.52 亿元。

中科资源前身一直承担着中国科学院所属机构的科研、生产、开发、基建所需的各类物资材料器材和进口物资设备的归口管理及采购、仓储、供应业务，为中国科技事业的发展做出过重要贡献。转制后，中科资源按照法人治理要求，面对市场，自主经营，自负盈亏，承担国有资产增值保值义务，主要业务为科技服务和基于电子商务、电视购物、社交平台的现代商贸。中科资源按照“四会一层”的现代企业治理体系运行，加强党组织在企业运行中“把方向，管大局，保落实”和“党管干部，党管人才”的政治核心和服务保障作用。

中科资源设综合管理部（党群办）、资产财务部 2 个管理类部门，科创服务中心、平台运营部、储运服务部、业务拓展部 4 个业务类部门。截至 2020 年底，公司共有在岗人员 76 人，其中大学本科及以上人员占比 64%。公司另有 5 家参股企业、1 家全资子公司。

2020 年，中科资源克服新冠肺炎疫情和业务主体变更的影响，全面完成年度经营预算和各项重点工作，在 2019 年全面扭亏为盈的基础上继续盈利，2020 年收入、净利润均实现同比增长。2020 年，公司按照业务流程的关键节点，对业务单元进行组织重构，在保持存量品线销售的基础上，积极探索新渠道新产品新业务，积极开展与中国科学院系统科创企业在市场端的合作，围绕大健康品线在主流电子商务和电视购物平台上部署销售渠道；继续强化三条线管理和三个基本归零管控等举措，落地风险防控相关制度；继续加强“四会一层”法人治理结构和“三重一大”决策机制建设，加强干部梯队建设，落实干部管理的规范化要求；启动电商业务经营主体和员工由全资子公司向公司本部转移工作，为进一步提高经营质量和清理不良企业奠定基础。

中科资源共有两个业务板块，每个业务板块有三个业务单元，具体如下。

现代商贸板块。设有电子商务、电视购物和自主孵化培育业务三个业务单元。电子商务单元以韩国惠人、美国康宁、自主品牌的消费级基因检测服务为主品线，以天猫、京东等第三方平台为主要销售渠道；电视购物单元以持股企业中科康诺德为平台，以康诺德、新西兰 ELLIS、韩国前进生物等品牌的大健康产品为主品线，以拥有广电部牌照的家庭购物电视频道为主要销售渠道；消费级基因检测是孵化培育的新业务，开发 8 款基因检测业务新品，实现全生命周期从特质基因到疾病易感基因全产品体系覆盖。

科技服务板块。设有科创孵化器、科技养老（筹）、资产运营三个业务单元。科创孵化器单元以在中关村核心地区自有的近 5 万平方米的中科资源大厦为基础，面向中国科学院所属单位、科研人员创办的科技企业开展孵化业务；科技养老单元积极探索八达岭长城脚下约 26 万平方米土地的开发利用途径，初步形成库区规划方案；资产运营单元经营公司自有的除中科资源大厦以外的部分固定资产。

2020 年，中科资源全面加强党的建设，充分发挥党组织政治核心和服务保障作用。完善党建工作的领导机制，落实“一岗双责”党建工作要求；对涉及“三重一大”事项清单的内容由党总支前置研究并提出意见建议。

2020 年，中科资源第一时间制定《应对疫情防控工作方案》，建立联络值守机制，明确任务分工，压实责任，有序推进全面复工复产。组织召开疫情期间复工复产财税普惠政策解读，助力园区企业复工复产。响应国家号召，对受影响严重的小微租户租金或减免或缓收。

（撰稿：秦　瑶　审稿：赵晓军）

喀斯玛控股有限公司

董 事 长：张　平[①]
地　　址：北京市海淀区中关村南三街 6 号
邮政编码：100190
电　　话：010-82648580
电子信箱：hr@casmh.com.cn
网　　址：http://www.casmh.com.cn

喀斯玛控股有限公司（以下简称“喀斯玛控股”）是中国科学院投资企业，于 2016 年 12 月 12 日注册成立，注册资金 5000 万元，中国科学院控股有限公司持股 81.96%，自然人股东持股 18.04%。

喀斯玛控股是从北京中科资源有限公司分立形成的企业。喀斯玛是“CASMART”的音译，“CAS”是中国科学院的英文简称，“MART”代表市场，两者结合代表“科技 + 市场”的战略定位。喀斯玛控股充分依托中国科学院的科技资源，坚持面向市场，积极推动科技服务产业化、科技成果商品化、科技产品市场化，将逐步形成集科技产品开发与科技服务于一体、创新链与产业链有效衔接、线上线下互补共享的科技服务体系，有序构建科技创新价值链的智慧服务生态。

喀斯玛控股拥有喀斯玛（北京）科技有限公司、喀斯玛汇智（北京）科技有限公司、云南中科本草科技有限公司、北京中科喀斯玛科技孵化器有限公司、国科融易（北京）科技有限公司和喀斯玛乐园（北京）科技有限公司 6 家持股企业。喀斯玛控股本部设有综合管理中心（党群办公室合署办公）和运营管控中心 2 个职能部门，团购直营事业部和产业化中心 2 个业务部门。截至 2020 年底，喀斯玛控股共有员工 299 人，平均年龄 33 岁。

2020 年，喀斯玛控股贯彻“保增长、提质量、强规范、调结构、练队伍”的工作方针，以“完善法人治理结构，强化规范运行”及“加快构建风险防控体系”为着力点，积极应对新冠肺炎疫情对业务开展的影响，保持战略定力，公司全年实现合并营业收入 1.457 亿元，同比增长 23.02%，净利润 1816 万元，同比增长 191.03%。

喀斯玛商城（https://www.casmart.com.cn）通过区域（城市）合作，供应链金融合作、供应链平台合作、行业平台合作、行业协会合作及专项特殊服务资质合作等多种市场开发新模式的探索，业务规模持续增长，2020 年平台交易额超 50 亿元，较 2019 年增加 56.25%。截至 2020 年底，喀斯玛商城已在全国建立分站 35 个，配送区 71 个，入网供应商 9 万余家，在线商品数量 6200 万种（条），源头供应商占比达 77%。

控股企业喀斯玛汇智（北京）科技有限公司的科技成果转移转化工作成效突显，为山东滕州、江苏无锡、重庆合川、重庆江津等地成功引荐中国科学院科研院所成果技术或专家团队，不断打造科技服务核心价值。在无锡成功落地运营项目，成立全资子公司推进产业项目落地、产业资源导入以及无锡科创中心运营。

2020 年，喀斯玛控股充分落实“四会一层”运行机制，充分发挥党组织把方向、管大局、保落实的核心作用。随着公司股权结构多元化改革推进，喀斯玛控股不断审时度势地对不同持股企业的管控模式进行调整，将本部有限的管理及支持资源合理分配，对偏离或不符合企业战略主方向的业务进行叫停或缩减支持，对设立后经营业务不符合控股战略布局的持股企业的后续注资采取审慎态度，对长期经营不善的企业纳入不良企业坚决着手清理，保证公司

① 2020 年 12 月 28 日前。12 月 28 日后，由公司党总支书记、副总经理郭强主持工作。

主业更加聚焦，集中资源支持公司优势业务的快速发展。

2020年，喀斯玛控股在党总支的领导及纪检工作小组直接指导下，进行喀斯玛控股大监督体系建设的实践，发布《喀斯玛控股有限公司内部大监督体系建设大纲》，初步构建党组织内部监督、监事会出资人监督、内部审计监督和工会民主监督等各司其职，公司各部门、各企业各负其责，全员参与的覆盖公司及实际控制企业的综合监督体系，将纪检工作与监事会、巡察、审计、财务、内控、法务等监督工作有效联动。

2020年，喀斯玛控股注重打造公司软实力。喀斯玛（北京）科技有限公司获得国家高新技术企业认证，获得4项软件著作权，申请2项发明专利；喀斯玛商城获工信部国家中小企业公共服务示范平台、北京市科委新技术新产品（服务）认定；喀斯玛汇智（北京）科技有限公司成功申请成为国家高新技术企业、中关村高新技术企业、双软企业，获得10项软件著作权。

党的领导在喀斯玛控股2020年应对新冠肺炎疫情工作中得到充分体现。疫情发生后，公司各级党群组织在公司党总支统一部署下，迅速响应，成立3个专项领导小组和5个工作小组，不但保证喀斯玛控股全级次企业的疫情防控和复工复产，更为中国科学院科研人员提供了物资供应和服务保障。武汉封城期间，喀斯玛商城员工全员待命，跨区域统筹调度防疫物资，随时响应包括武汉病毒所在内的科研院所的物资采购需求，仅春节疫情期间，就为科研院所和企业提供N95口罩及医用口罩15.5万个、医疗护目镜879个、防护服4200套、手套51箱。喀斯玛控股团购直营事业部为京区15家研究所提供了口罩、酒精、防疫服、防护手套、消毒纸巾等防疫物资67.84万件，保证科研工作一路畅通，守护一线科研人员健康。北京中科喀斯玛科技孵化器有限公司响应国家号召，对于入驻企业的房租和待办服务费给予了不同程度的优惠政策，与在孵企业共克时艰。

中国科学院控股有限公司党委巡察组于2020年9月8日至20日对喀斯玛控股进行了巡察，12月10日，巡察组向公司反馈巡察意见。针对巡察反馈的问题，公司党总支高度重视，明确整改任务，细化分解整改措施，将通过整改，举一反三，建章立制，构建长效管理和风险防范机制。

（撰稿：杨　抑　审稿：郭　强）

中国科学院沈阳计算技术研究所有限公司

董 事 长：郭锐锋
地　　址：辽宁省沈阳市浑南新区南屏东路16号
邮政编码：110168
电　　话：024-24696180
传　　真：024-24696179
电子信箱：nielin@sict.ac.cn
网　　址：http://www.sict.ac.cn

中国科学院沈阳计算技术研究所有限公司（以下简称“沈阳计算”）始建于1958年8月，原为中国科学院沈阳计算技术研究所，2001年6月整体转制为高新技术企业。公司以数字化、信息化和智能化技术为主要研发方向，以技术、产品和服务创新及规模产业化为发展目标，重点面向能源行业、智能制造产业和智慧城市建设，提供综合解决方案及专业化服务。

沈阳计算拥有3个国家级创新平台，即高档数控国家工程研究中心、数控控制总线技术国家地方联合工程实验室、开放式数控系统支撑技术创新平台；5个省级研究中心，即IP通信工程技术研究中心、环境污染监控信息工程技术研究中心、智能电网云计算专业技术创新平台、辽宁省智能装配与检测技术工程研究中心等；并与中国科技大学共建联合网络与通信实验室，与新西兰奥克兰大学工程学院共建智能制造与工业互联网联合实验室。沈阳计算是全国机械电气系统标准化技术委员会安全控制系统分技术委员会、中国科学院数控技术创新联盟、《小型微型计算机系统》核心期刊、辽宁省计算机学会等机构的依托单位，中国科学院大学的博士、硕士培养单位，设有国家级博士后工作站。

截至2020年底，沈阳计算本部共有在职

员工321人，其中研发及工程技术人员228人。设有系统与软件事业部、智能控制与装备事业部、系统集成事业部、资环信息化事业部等业务部门。

2020年，沈阳计算围绕公司战略，强化聚焦“2+N”业务模式（即聚焦能源信息化、智能制造2个主营业务和N个创新业务），坚持疫情防控和经营发展两手抓，营业收入同比增长46%，超额完成全年经营指标。

在能源信息化业务方面，沈阳计算专注能源信息化领域，为电网、发电及新能源行业提供多层次信息技术及网络安全信息安全解决方案及专业运维服务。贯彻落实“三新”战略，不断开拓新市场、培育新业务、研发新产品，业务持续保持高速增长。先后承建呼和浩特市、乌海市、鄂尔多斯市、省调备调的电网调度座席协作管理系统，为省地县、调控配一体化提供有力保障；积极参与内蒙古自治区清洁能源外送重大民生工程——蒙东电力“五站五线”工程，克服新冠肺炎疫情及恶劣的工作环境影响，保质保量完成工作任务，为工程顺利投运提供强力支撑；大力推进网络工控安全、物联感知、数据工程与智能计算等多领域软硬件产品研发，寻求新的战略增长点。

在智能制造业务方面，沈阳计算实施融合联动和业务协同战略，面向航空航天、汽车制造、装备制造等行业提供智能制造综合解决方案及专业服务。拓展汽车制造行业变速箱领域业务，实施DCT270变速器装配线升级项目，进一步掌握整个变速器生产线装配流程，为后续设计和改造变速器生产线业务打下坚实的基础。泵阀检测系列产品成功在国内外龙头企业应用部署，起到行业示范引领作用，逐渐成为国内体系最全、技术最先进的水泵检测产品供应商。

在创新业务方面，积极拓展军民融合业务，服务国防信息化建设。初步形成以模拟仿真系统研制为主，软件开发为辅，兼顾集成服务的业务布局，完成多个项目的实施，成为公司业务新的增长点。智慧城市建设方面，水环境综合管控平台、空气质量监测分析等多个系统上线应用，为保障生态环境提供支撑；网络应急指挥中心项目，通过整合多种数据源及分析研判，实现互联网舆情信息的全过程管理，全面提升管网治网能力水平；远程医疗大数据分析与图像三维平台建设项目开拓了精准医疗和分级诊疗细分领域，提高了基层医院医疗质量、规范了基层医生的诊疗行为。

2020年，沈阳计算科技项目新立项23项，包括中央引导地方科技发展专项资金项目1项，中国科学院科技服务网络计划项目1项等；完成9个国家省市重点项目结题验收，其中国家科技重大专项01、04专项各1项；申请专利22件，授权12件，软件著作权17项。制定的开放式数控系统关键技术系列标准（GB/T 18759）获2020年中国标准创新贡献奖一等奖；作为牵头单位申报的“辽宁5G+工业互联网联合创新中心”被评定为国内首批5G应用产业方阵创新中心；获中国科学院第一届网络安全运维大师赛一等奖。

2020年，沈阳计算切实履行全面从严治党主体责任，推进基层党组织建设，提升党建工作质量和成效。日常工作中注重把经营工作和党建工作同要求、同部署，同落实，强化党建与业务工作的融合并向纵深发展。坚持通过学习提升党性修养、持续推进党建工作制度化规范化和组织建设、持续深化纠“四风”降低经营风险。公司在“四会一层”的机制下，严格执行“三重一大”决策制度，保证党委在重大事项决策中发挥关键和核心作用。

（撰稿：聂　林　李　清　审稿：郭锐锋）

中科院广州化学有限公司

董 事 长：胡美龙
地　　址：广东省广州市天河区兴科路368号
邮政编码：510650
电　　话：020-85231230
传　　真：020-85231119
电子信箱：bgs@gic.ac.cn
网　　址：http://www.gic.ac.cn

中科院广州化学有限公司（以下简称“广州化学”），前身为中国科学院广州化学研究所，成立于1958年10月，于2001年12月整体转制为由中国科学院直接控股的有限责任公司。

经过转制近20年的发展，广州化学已经成为集科研、研究生教育、化工新材料产品生产与销售、检验检测认证（权威的第三方检测服务）以及化工行业高新技术服务于一体的国家高新技术企业，为国家知识产权试点单位。

广州化学拥有三大业务板块（化工产品板块、化灌工程板块、检测检验及认证板块）、1个创新支撑板块（技术创新与技术服务板块）；拥有5家控股子公司，即中科检测技术服务（广州）股份有限公司（国家高新技术企业，以下简称“中科检测”）、中国科学院广州化灌工程有限公司（国家高新技术企业，以下简称“化灌公司”）、海南中科翔新材料科技有限公司、南雄中国科学院孵化器运营有限公司、国科广化（南雄）新材料研究院有限公司。

广州化学主要业务领域涉及：建材化学品、胶粘剂、电子化学品、有机新材料以及化学灌浆和防水材料等产品的研发、生产和销售；建筑、水利、交通、矿山、电力、地质灾害治理、文物保护等领域的化灌工程施工；成分分析、工业消费品检测、危废鉴别、土壤检测和调查，环境监测、可靠性测试、食品及农产品检测、再生资源鉴定、消毒检测、空气净化检测、公共卫生评价、净水检测、化妆品检测等测试技术服务及咨询服务等。

广州化学本部位于广州市天河区，毗邻华南植物园，园区面积27万平方米，在广东省韶关南雄精细化工园投资建设了材料生产基地，面积为6.67万平方米。广州化学设有综合办公室、党委办公室、人力资源部、财务管理部、物资物业保障部、技术服务部、营销中心、科技发展与创新中心。现有院士工作站、博士后科研工作站、省市级重点实验室和工程中心等研发机构，是中国科学院新型特种精细化学品技术创新与产业化联盟（以下简称“联盟”）牵头单位。

截至2020年底，广州化学共有员工951人，其中研究员17人，副研究员及高级工程师36人。

作为国家化学学科的高级人才培养基地，广州化学有博士生导师10人，硕士生导师15人，有3个博士生招生专业（有机化学、高分子化学与物理、材料与化工）和4个硕士生招生专业（有机化学、高分子化学与物理、应用化学、材料与化工），共有在读研究生107人，其中博士生45人、硕士生62人；2020年毕业博士生8人、硕士生11人。2020年获国家奖学金2人，中国科学院大学校级奖励19人。

2020年，广州化学实现营业收入60 057.29万元，利润总额9911.47万元，净利润8494.94万元，净利润较上年增长66.85%。

2020年，广州化学严格开展“三会一课”，在“三重一大”事项中充分发挥“把方向、管大局、保落实”的重要作用。公司党委和经营班子继续推进园区基础和美化建设，结合疫情防控常态化趋势，在园区进行大面积的绿化改造，修建玉兰园，进一步美化园区环境。大力支持工会加强园区内健身场所与设施的建设，对篮球场场地进行翻新，增加户外运动器材，方便职工和园区居民在园区运动和健身。

2020年，广州化学各业务板块不断深化推进各项改革措施，并通过统一规划、协调配备资源，全面建设并提升了各业务板块的技术创新能力、市场营销能力、创收及盈利能力。化工产品板块创新新产品营销模式，瞄准产业链，加强与行业领军企业的战略合作，协同产业上下游，创造存量；同时聚焦战略产品，凝练市场共性需求，突破产业化关键技术，形成高技术门槛，持续打造产品高附加值与强市场竞争力。化灌板块深耕工程领域，发挥工程业务优势的同时，积极整合资源，于2020年5月成立专事材料业务的控股公司，打造“工程＋材料”双轮驱动发展的新局面，为化灌业务板块持续、高质量地快速发展打下良好基础。检验检测及认证板块，继续完善战略布局，布局非检测业务，在生态环境检测、产品质量鉴定、医疗卫生检测等业务领域实现创新突破，为中科检测健康快速发展奠定了坚实基础。技术创新和技术服务板块继续推进联盟建设，集聚公司资源，全力推进中国科学院新型特种精细化学品工程实验室建设与发展。凝练对特种精细化学品的产业技术需求，以技术创新项目为牵引，聚集院内及院外技术创新资源，加快创新链和产业链的有效嫁接，实现科技成果高效转化与产业的转型升级。

2020年，广州化学积极拓展与社会企业的技术合作，发挥院地合作和研发平台作用，集聚资源争取重点、重大项目。根据公司各业务板块技术创新发展情况不断调整、优化公司知识产权工作。探索研究生资源在各板块的共享，探索重点领域前瞻性研究部署与推进，丰富关键技术储备。

2020 年，广州化学自主研制产品为液氢液氧发动机的顺利研制奠定坚实基础，助力长征五号 B 运载火箭以及长征五号遥五运载火箭飞行取得圆满成功。承建的中国科学院新型特种精细化学品工程实验室完成项目任务书签订。广州化学西部研究院获批重庆市博士后科研工作站，团队入选“重庆英才计划”，整体入驻重庆两江半导体产业园（重庆芯中心）。

2020 年，广州化学承担在研纵向项目 63 项（新增 18 项），到位经费 1022.85 万元。发表科技论文 47 篇，其中 SCI 收录 45 篇。申请国内发明专利 47 件，获授权 31 件。横向到款 105.0 万元。中国科学院技术创新与产业化联盟中试与产业化验证平台正式投入运营。

（撰稿：茅一梅　审稿：胡美龙）

中科院广州电子技术有限公司

董 事 长： 徐庆峰
地　　址： 广东省广州市越秀区先烈中路 100 号大院 23 栋
邮政编码： 510070
电　　话： 020-87682806
传　　真： 020-87683247
电子信箱： zhbgs@giet.ac.cn
网　　址： http://www.giet.ac.cn

中科院广州电子技术有限公司（以下简称“广州电子”）创建于 1970 年，前身为广东省 701 研究所，1978 年划归中国科学院，更名为中国科学院广州电子技术研究所，2001 年 12 月整体改制为有限责任公司，更为现名。

广州电子是国有控股有限责任公司，中国科学院控股有限公司持股比例为 87.92%。广州电子设有智慧城市业务部、公共安全业务部、科教与智能制造业务部、文博业务部、智能物业部、企业发展部、研发中心、资产财务部、综合办公室和人力资源部。主要产品和业务有 3D 打印机及服务、多媒体核心板、分子泵电源、光纤感温传感系统、人脸图像识别系统、机器视觉检测设备、信息系统集成等。

截至 2020 年底，广州电子共有在职职工 251 人（含子公司），其中科技人员 166 人，包括研究员 4 人、高级工程师 28 人。

广州电子是广东省 3D 打印产业技术创新联盟理事长单位，拥有两个省级科研平台，即广东省 3D 打印技术及装备工程研究中心和广东省增材制造工程实验室。广州电子通过了 ISO9001 质量管理体系认证和知识产权管理体系认证，拥有《广东省安全技术防范系统设计、施工、维修资格证书》、《信用等级 AAA 证书》、《企业市场服务能力等级证书（一级）》和《“守合同重信用”证书》等。2020 年获专利授权 4 项，其中发明专利授权 3 项。

广州电子现有投资企业 3 个，其中持股企业 1 个、控股企业 2 个。广州晶体科技有限公司成立于 2001 年 7 月，广州电子持股 49%，主要从事人造金刚石工具开发及生产，产品有锯片、磨轮、钻头、树脂砂轮 4 个系列，广泛用于石材、陶瓷、玻璃、宝玉石、硬质合金加工；中科智诚（广州）科技有限公司成立于 1998 年，是广州电子全资控股公司，主要从事计算机网络信息系统工程监理、技术设计咨询、技术服务业务；潍坊中科工业设计研究院有限公司成立于 2016 年 11 月，广州电子持股 85%，主要从事工业设计、产品验证等业务。

2020 年，广州电子采取有效措施，持续推进改革，不断完善各项管理制度，优化管理流程，提高管理效率，积极开拓市场，实现营业收入同比增长 26.8%，本部营收、利润基本达到预期目标。先后承担了中国长发科技馆项目的多媒体设计与实施、中远特运项目的多媒体设计与实施、楚文化博物馆的多媒体设计、广州市安全生产全民教育移动宣教车项目等多个项目。加大三维扫描仪的销售力度，培养代理销售队伍，开拓销售模式，积极将三维检测业务与人工智能算法结合起来，进一步拓展三维检测的行业应用。5 家下属企业基本完成年度目标，业务基本保持平稳。

2020 年，广州电子逐步向通信行业聚焦，成功服务于广东移动 5G 应用，单体合同逾 2500 万元。加大干部人才机构与梯队建设力度，完成副总经理内部选聘、基本完成后备干部（经理助理）配备。

（撰稿：马晶华　周冠花　审稿：徐庆峰）

中国科学院成都有机化学有限公司

董 事 长：曾凡琼
地　　址：四川省成都市人民南路四段 9 号
邮政编码：610041
电　　话：028-85240399
传　　真：028-85223978
电子信箱：guojie@cioc.ac.cn
网　　址：http://www.cioc.ac.cn

中国科学院成都有机化学有限公司（以下简称“成都有机”）是由成立于 1958 年的中国科学院成都有机化学研究所，于 2001 年整体转制为中国科学院控股的企业。成都有机致力于精细化工和新材料行业的成果转化及规模产业化，并提供有特色的产品和技术服务，已发展成为集研究开发、工程化验证、产品生产经营等为一体的综合性高新技术企业。

成都有机拥有手性药物国家工程研究中心、挥发性有机物污染控制与技术国家工程实验室（成都）、国家高技术研究发展计划（863 计划）成果产业化基地、四川省节能及清洁生产催化工程技术研究中心、不对称合成与手性技术四川省重点实验室、四川省企业技术中心、中国科学院成都分院分析测试中心等国家和省部级技术研发和服务平台，具有较强的技术创新和成果产业化能力。

成都有机设有综合管理部（党委办公室）、运营管理部、研发管理中心、财务资产部、人力资源部、HSE 部、大邑分公司共 7 个职能部门，拥有 4 个事业部（有机中间体产品事业部、绿色化工事业部、生物医学材料事业部、分析测试事业部）和 4 家全资或控股高新技术企业（成都丽凯手性技术有限公司、成都中科普瑞净化设备有限公司、成都中科凯特科技有限公司、成都中科时代纳能科技有限公司）。

截至 2020 年底，成都有机共有员工 235 人。其中，高级职称 75 人；硕士以上学位 83 人；获国务院政府特殊津贴 2 人。

2020 年，成都有机一手抓疫情防控，一手抓经营生产，借助巡察整改工作的良好契机，进一步深化和推进公司改革转型工作，以公司重点产品的产业布局优化调整、环保检测新业务打造、制度建设和业务流程再造、大邑产业园区生产规范化等工作为重点，全面推进公司各项工作，取得显著成效，基本实现年度预算目标，年度营业收入 14 318 万元。

2020 年，坚持和加强党的全面领导，发挥公司党委“把方向、管大局、保落实”作用，健全完善公司“四会一层”治理体系和治理能力，严格执行“三重一大”决策制度；深入开展基层组织建设年活动，推进基层党组织建设，严格“三会一课”、主题党日等组织生活。成立公司疫情防控专项工作小组，制定《应对新型冠状病毒感染肺炎疫情应急响应工作方案》，开展相关信息统计及上报、日常消毒、体温监测、人员管控、防疫物资保障等常态化工作，重视复工复产复学、节假日疫情防控等典型工作，保障公司经营工作正常开展。认真落实巡察整改政治任务，防范经营风险。成立以党政领导班子为主的巡察整改领导小组和以部门经理、纪委委员、内审人员为主的巡察整改工作小组，明确职责分工，统筹推进完成整改工作。通过巡察整改，经营班子强化公司职能部门的精细化管理，进一步推动工作规范化，严明工作纪律，加强职业培训，不断提升职能部门的专业水平、管理效率和服务意识。

2020 年，成都有机新一届领导班子通过多次战略研讨和业务调研，梳理公司未来三年的研发、产业重点和方向，聚焦产业方向、明确战略目标，形成“聚焦、开放、融合”的发展理念，打破传统领导班子分工模式，按照“大生产、大研发、大行政、大监督”的分工方式进行管理。进一步深化研发改革，强化科技创新。研发单元核算与考核全面向事业部趋同，创新绩效考核办法，调动研发人员创新积极性。加强公司研发实力宣传和推广。继续规范大邑园区生产建设，确保安全生产。2020 年，成都有机取得大邑产业园区《建设用地规划许可证》，并重新获取大邑分公司、中科普瑞公司、中科凯特公司、中科时代纳能公司的《排污许可证》。大邑分公司连续两年被评为环境信用诚信企业。

2016年，成都有机启动兴隆湖新园区建设，新园区选址成都天府新区科学城，占地约52.86亩，一期建设工作用房37 318.74平方米。2020年，新园区主体工程基本完成，实验室装修工作逐步推进。

2020年，成都有机获2020年四川企业技术创新发展能力100强企业、2020年四川企业技术创新发展最具潜力20强企业（第1名）、2020年四川企业发明专利拥有量100强企业等多项荣誉。

（撰稿：郭　捷　冯　丹　审稿：王公应）

中科院成都信息技术股份有限公司

董 事 长：史志明
地　　址：四川省成都市人民南路四段9号
邮政编码：610041
电　　话：028-85135151
传　　真：028-85229357
电子信箱：bgs@casit.com.cn
网　　址：http://www.casit.com.cn

中科院成都信息技术股份有限公司（以下简称“成都信息”）是由创立于1958年的中国科学院成都计算机应用研究所于2001年6月整体转制而来，是由中国科学院控股有限公司直接控股的高科技公司。1958年成立时命名为中国科学院四川分院数学所；1960年更名为中国科学院四川分院计算所；1962年更名为西南电子所计算站；1968年更名为总字821部队西南计算站；1971年更名为四川省计算站；1978年更名为中国科学院成都计算站；1981年更名为中国科学院成都计算机应用研究所；2001年6月，整体转制为四川中国科学院信息技术有限公司；2005年1月更名为中国科学院成都信息技术有限公司；2013年4月整体变更为中科院成都信息技术股份有限公司，并于2017年7月28日在深圳证券交易所创业板挂牌上市。

成都信息是中国软件行业协会理事单位、四川省计算机学会理事长单位、中国科学院智慧城市产业联盟副理事长单位、中国科学院人工智能产学研创新联盟理事单位和中国科学院上市企业联盟执行理事单位。2020年，成都信息作为发起单位之一，成功当选四川省信息技术应用创新产业联盟副理事长单位。

成都信息以智能识别和智能分析技术为中心，为智慧政务、智能制造、智慧城市、智慧健康领域和主要行业提供信息化整体解决方案、相关产品和服务。在会议选举与表决、工业机器视觉、行业大数据分析、数据中心平台等领域具有较高的创新水平和突出的应用特色。

截至2020年底，成都信息共有员工521人，其中硕士生81人，占比15.55%，本科生379人，占比72.74%。公司下设工业信息化事业部、工业视觉事业部、政务信息化事业部、应用软件事业部、油气信息化事业部、电子工程事业部、智慧医疗事业部等业务部门。另设有董事会办公室、公司办公室（保密办公室）、人力资源部、市场部、企业管理部、财务管理部、审计部、研发中心、采购服务中心、自动推理实验室、物业管理中心等管理与支撑部门。设有1家分公司、3家全资子公司和1家控股子公司。设有计算机软件与理论博士学位授予点，计算机软件与理论、计算机应用技术、计算机技术、软件工程硕士学位授予点，以及计算机科学与技术博士后科研流动站。

2020年，成都信息主要经营指标顺利完成，营收规模稳步提升，业务规模不断扩大，内部管理日益完善，经营实力持续增强。在疫情防控的关键时期紧急开发出国内首套远程表决系统，为全国人大、武汉市人大相关重大会议提供技术保障。圆满完成十三届全国人大三次会议、全国政协十三届三次会议以及全年全国人大常委会会议的现场技术保障和服务任务。公司智慧政务、智能制造、智慧城市、智慧医疗四大战略业务实现健康发展。数字会议业务市场占有率在高位持续攀升，盈利能力进一步提升。政务大数据业务成功研发“七人普辅助支撑系统”，服务第七次全国人口普查。烟草行业持续增长。油气信息化业务争取到中国寰球工程公司乙烷制乙烯处理厂通信系统项目，“智能一体化撬”在多地成功应用。印钞行业不断推出面向客户定制的新技术新产品。智慧城市领域业绩进一步提高。智慧医疗业务优化整合，细分领域市场初显成效。全年获授权专利 15 项，软件著作权登记 50 个。

2020 年，成都信息顺利取得国家保密局颁发的涉密系统集成（系统集成 / 运行维护）甲级资质，成为省内极其稀有的涉密“三甲”资质企业。获第四届中国安防百强工程（集成）商、2020 第十届中国上市公司口碑榜信息技术产业最具成长上市公司、四川省劳动保障先进单位多项荣誉。

2020 年，成都信息成功申报“西部之光”人才计划（A 类）2 人；推荐 5 位同志进入四川省高级评审委员会专家库成员。崔喆获“四川省劳动模范”称号。

（撰稿：梅　倩　陈　渝　审稿：尹邦明）

中科院科技服务有限公司

董 事 长： 赵红岩
地　　址： 北京市西城区三里河路 52 号
邮政编码： 100864
电　　话： 010-62578609；010-68597915
传　　真： 010-62578665
电子信箱： wuwenyang@cashq.ac.cn
网　　址： http://www.zkfw.com.cn

中科院科技服务有限公司（以下简称“中科服务”）是 2002 年 12 月由中国科学院机关服务中心（局）整体转制成立的现代服务企业，注册资本 2252.23 万元，其中中国科学院控股有限公司持有 65% 的股权，职工持有 35% 股权。

中科服务公司下设综合部、财务部、企业管理部 3 个职能部门和机关服务事业部、餐饮分公司、物业分公司 3 个业务单元；持有北京博思园客座公寓有限公司 64.5% 的股权，履行控股股东的职责。

截至 2020 年底，中科服务完成营业收入 10 797.77 万元，员工总数为 494 人（其中内部安置职工 12 人）。

2020 年，中科服务围绕“依法整改，创新发展，队伍建设，考核激励”的工作思路，遵循“经营规模化和管理规范化并重”的经营理念，按照年度工作计划和工作重点，全力推动历史遗留问题的解决，努力克服疫情带来的严重影响，各项工作取得明显成效，经营收入、利润总额均超额完成年度预算目标，利润总额创历史新高。

2020 年，中科服务严格落实各级疫情防控工作要求，及时成立疫情防控工作领导小组、工作组，研究制定工作措施、应急方案、值守机制，紧急采购防疫物资；平稳有序地做好疫情防控及各项服务保障工作；各单位根据自身业务特点、上级和甲方要求，加强与服务对象沟通，确保疫情防控和复工复产两不误。

2020 年，中科服务将落实巡视整改要求作为首要政治任务，全力推进整改工作，委托律师事务所出具《法律意见书》，研究制定《关于落实中科服务大楼有关问题整改工作方案》，并向中国科学院经管委进行专项汇报；主动与辖区公安机关沟通，依靠公安机关依法做好维稳，2020 年度未发生影响安全稳定的公共突发事件。

2020 年，中科服务机关服务事业部全力配合中国科学院机关做好新冠肺炎疫情防控工作，建立健全联防联控、群防群治、责任到人的工作机制；严格落实安全保密工作主体责任，持续推进质量管理体系落实，做好机关园区基础设施设备维护，各部门按照协调联动保障机制分工协作，圆满完成院机关日常后勤保障及重大院务活动服务保障工作。机关自管住宅项目部被西城区展览路街道朝阳庵社区党委评为“助力社区抗击疫情工作突出贡献单位”。

2020 年，中科服务餐饮分公司周密谋划部署，严格落实各项防护举措，全力为各单位提供安全、健康、优质的餐饮服务保障，收到包括国家卫健委、中国红十字会总会等疫情防控重点单位在内的 8 家单位 11 封感谢信、锦旗；制定发布《团餐业务拓展奖励办法》，以发展为导向优化考核激励措施，年度内拓展中国科学院文献情报中心、中化学路桥工程有限公司、国家卫健委人才交流中心 3 个餐饮项目；试点创建微信点餐小程序，餐饮网销、外卖业务运营初显成效。

2020 年，中科服务物业分公司根据战略发展规划进行结构调整，与相关部门妥善交接，各项业务平稳过渡；与各承租单位积极沟通，努力克服疫情造成的不利影响，90%以上房屋完成合同续签，资产经营业务稳步增长。

2020年，中科服务制定不良企业清理工作方案，多措并举推进不良企业清理工作，完成1家企业的清算注销，积极推进另1家企业的股权退出工作；继续高度重视安全管理工作，落实主体责任，根据疫情防控要求采取远程视频、拍照取证等方式开展安全巡检，确保在一定周期内实现全覆盖；在做好常态化疫情防控工作的前提下，完成质量管理体系内审、管理评审、监督审核等关键节点工作，顺利通过年度监督审核。

2020年，中科服务修订完善《管理干部选拔任用工作制度》、《后备管理员工队伍建设工作制度》，研究制定《公司及直接投资控股企业负责人履职待遇、业务支出管理实施细则》，进一步规范干部选拔任用和监督管理；公司党委通过组织研讨公司战略规划实施方案、人力资源规划方案，积极推动公司战略规划落实落地；通过党委书记、支部书记向党员报告年度工作、创办《科服之声》季刊等形式，认真落实党务公开制度；落实党风廉政建设责任制，组织公司管理岗位、关键岗位员工72人逐级签订个性化《党风廉政建设责任书》；与新提任职管理干部开展廉政谈话；发挥工会组织的桥梁纽带作用，根据疫情防控工作要求，组织形式多样的集体活动，积极构建和谐向上的企业文化氛围。

（撰稿：武文洋 审稿：赵红岩）

中科院创新孵化投资有限责任公司

董 事 长：谭 遂
地 址：北京市海淀区中关村南三街6号中科资源大厦7层
邮政编码：100190
电 话：010-82169107
电子信箱：gkcx@casii.ac.cn
网 址：http://www.casii.ac.cn

中科院创新孵化投资有限责任公司（以下简称“国科创新”）注册成立于2015年，注册资本1亿元。其成立基于新时期中国科学院积极响应国家深入实施创新驱动发展战略和“一带一路”科技创新行动计划的重大部署，以及“大众创业、万众创新”的新形势。国科创新致力于统筹和激活中国科学院创新资源要素，与科研院所、地方政府、企业集团等机构合力打造特色“双创平台”，营造良好“创新生态”，促进中国科学院科技成果转移转化和产业化工作，成为一流的科技创新资源整合和科技孵化全链条运营商。

国科创新以“面向国民经济主战场、运用市场机制促进中国科学院科技成果转化和产业化”为企业使命，以“建设集技术、人才、市场和资本四位一体的科技孵化体系，打造中国科学院特色的全球化科技孵化生态圈，形成国科创新集群”为发展目标。

国科创新下设综合管理部、财务管理部、股权管理部、孵化运营部、创新服务部。业务主要分布于产业培育、基金投资、科技服务三大业务领域。截至2020年底，公司本部员工共24人（含高管）。

2020年，国科创新聚焦重点业务，优化管理，强化风险防控，集中精力提升本部和持股企业的经营管理能力和企业发展水平，全力打造统一品牌、相互协同的体系化运作模式。

一是动员科研力量，践行科技抗疫。2020年，国科创新狠抓本部和持股企业疫情防控工作，实现全年全国科创新系“零感染”目标。立足自身资源和优势，积极动员旗下中科健康、南京健康院、国科医工和国科金服等平台联合中国科学院内外冠状病毒感染的主要研究单位、研究团队和研究成果共同抗疫。

中科健康在疫情期间邀请钟南山、乔杰、张文宏等国内专家，前哈佛大学公共卫生学院院长Barry R. Bloom（巴里·R. 布卢姆）教授，耶鲁大学公共卫生学院院长Sten H. Vermund（斯滕·H. 维蒙）教授等海外专家，成功举办全球抗疫经验交流线上论坛会议。

国科医工和国科金服迅速组织防病抗疫相关产业化项目的梳理和征集，筛选团队15个，征集到中国科学院内外相关项目8项，从院内20万件专利信息中筛选出43 888件抗疫相关基础专利数据，筛选防疫高度相关专利565件，支持相关研究成果落地到中国科学院系统的孵化器进行快速孵化、产品化。

南京健康院根据属地相关部门的疫情防控要求，落实当地疫情防控专题会议部署，研发相关康复系列产品和专业服务，研发项目通过江苏省“防控新冠肺炎应用型技术成果”审核。

二是优化平台布局，聚焦核心业务。2020年，国科创新整合创新资源丰富创新要素，集聚优质产业资源汇集平台，引领关键核心技术转化落地，构建创新创业全过程生态链，各孵化平台取得较好效果，有力支撑了科技成果转移转化和地方双创工作。

产业技术研究院各平台紧紧围绕当地产业技术创新发展需求，不断探索总结发展经验，实现新突破。江西平台2020年获批江西省唯一的国家发展改革委支撑关键领域技术创新的创新创业服务平台，获批江西省科普教育基地。3个项目完成中期验收：中医药有效成分高效提取技术、中药（材）提取过程及医疗垃圾灭菌防霉技术和装备研究项目、智慧医疗装备应用技术研发；与中科闻歌签约落地2个项目：药材产业链分析及制药生产能耗监管平台、医药知识图谱及应用服务平台；以知识产权作价出资设立1家注册资本1000万元的产业化公司，以知识产权许可使用形式孵化2家产业化公司，为本地60余个企业或项目提供科技服务、科技孵化服务。淮北平台引进萃取-热分离处理技术、碳纳米材料技术、高性能测试电源研发项目落地淮北。联合相关单位开发“科创信息平台”，实现科技资源与地方企业的实现资源对接和共享，该平台PC端、移动端已上线，并导入1800余个科技项目和专家资源，已在济南、重庆两地实现有偿试用，促成科技成果转化及科技项目落地十余个。建成大数据研究中心、物联网技术研究中心、网络数据安全研究中心、水处理新技术研究中心4个研发机构，完成10项知识产权申报工作。南京平台2020年初在南京市已备案的300多家研究院获新型研发机构（2019年）绩效考核评比二等奖，获知识产权管理体系标准GB/T 29490—2013，并提交江苏省企业知识产权贯标备案；进入2020年南京市高新技术企业培育库。

科技企业孵化器以培养人才和孵化项目为核心，持续开拓院地合作资源，进一步优化和提升了地方的创新创业软环境。成都平台2020年获评四川省2020年度省级众创空间，并申报了经费资助，国科成都下属遂宁科技成果转化中心获评四川省2020年省级技术转移示范机构。全年新引入实体入驻企业、虚拟孵化落地项目共计36家，为6项科技成果提供孵化服务，科技成果转化共促成技术交易、科技项目公司化运营以及项目示范合作共12项；与中国科学院在德阳、绵阳及乐山各育成中心共同发起组建“服务科技成果转化区域协同创新网络”。吉林平台获吉林省技术转移示范机构、长春新区创新券服务机构、吉林省创业孵化基地等资质。积极推动10个中国科学院科技成果项目转移转化，落位中科研伸、迈克赛德、中科优锐等50余家科技型企业，孵化面积达17 144平方米，帮助12家入孵企业获长春新区房租补贴312万元。北京平台入驻8家中国科学院初创企业，并收集展品数量50余件。开展各类孵化、路演、培训活动20余场，参加活动人数超3000余人。上海平台获上海市“品牌化”众创空间培育引导资质并完成市级众创空间入库备案；获批“上海市虹口区众创空间”；成功挂牌中国科学院联想学院上海基地、上海长三角科技合作促进中心示范基地、北外滩国际区块链创新示范港、虹口区5G创新产业基地等，已申报上海市“科技企业孵化器”。安徽平台2020年引进高校教授和博士技术团队人才30名，引进符合高新区招引项目和孵化企业50余个，举办创新创业培训、技术对接沙龙20场次，知识产权申请授权数30余件。

联动创新产业园稳步有序推进园区项目建设。加强对顺义园区项目工程进度和质量控制进行监督，项目2020年获北京市科委的科技成果转化平台建设奖一等奖（财政支持资金约150万元）。扎实推进济南园区项目建设。引进来自中国科学院体系内院所企业20余家，年内落地项目总产值约3亿元；围绕项目柔性引进行业领军人才50余人，相关专利技术100余项。设立科创板上市企业培育中心，提供全方位的“科技+金融”服务，储备上市潜力项目30余个，推动国科控股与济南市共建科创城母子基金，全面服务科创城高科技项目产业化。积极拓展南昌项目以及与佳兆业科创集团的项目合作。

三是完善科技服务体系，提升科技服务能力。国科创新加强智库建设，联合相关机构共同打造“联合科创”在线信息平台，已合作共建淮北信息平台、济南信息平台等；开展成果转化联盟建设，与国际欧亚科学院、中智科技评价研究中心等30余家机构联合发起筹建科技成果转化联盟暨科技产业智库(筹)。完善“双创”服务体系建设。筹建“国科创新学院”，组织各类培训、沙龙、技术对接会等10余次，培训服务淮北企业100余家。打造科技成果转移转化项目库、专家人才库，深入对接中国科学院成都生物研究所、中国科学院光电技术研究所、中国科学院合肥物质研究院等15家科技研发及科技创业机构，储备科技成果400余项。组建“服务科技成果转化区域协同创新网络”，储备科技成果100余项，对接企业需求20余项，进一步完善“国科创新全域专家”智库。加强知识产权业务板块建设。云南国科智融获得知识产权贯标信息化系统软件著作权。江西国科医工研究院获批2项自主专利。

（撰稿：王　坚　审稿：蒋　磊）

深圳中科院知识产权投资有限公司

董 事 长： 谭　遂

地　　址： 广东省深圳市南山区粤兴三道二号虚拟大学园产业化基地A701室

邮政编码： 518057

电　　话： 0755-86350111

传　　真： 0755-86180900

电子信箱： info@caship.ac.cn

网　　址： http://www.caship.ac.cn

深圳中科院知识产权投资有限公司（以下简称“深圳IP”）成立于2009年2月，由中国科学院控股有限公司投资在深圳注册成立。公司依托中国科学院研究院所和重大研发项目的知识产权全流程服务，成为中国科学院知识产权创造、应用、保护和运营管理的服务平台；通过建立与社会有机结合的知识产权运营模式，促进科技创新成果的知识产权化和高效的转移转化，成为知识产权运营价值链的专业化、市场化的系统服务商和系统集成商。

深圳IP下设运营部、信息部、市场部、财务部与综合部五个部门；在西安设有办事处，在长春设有子公司。截至2020年底，深圳IP有职工23名，其中硕士及以上学历6名，本科13名，专业涵盖知识产权、理工、法律、管理等方向；长春IP有职工14名，其中博士生1名，硕士生5名，本科生8名，专业涵盖机械、物理化学、光学等方向。

深圳IP主营业务为知识产权全流程服务、专利许可与转让、专利诉讼、专利投资、待上市企业知识产权尽职调查与无形资产包装等。通过承接中国科学院院所、院控股/持股企业和社会企业委托的知识产权服务，从前端的专利调研入手，通过深入的专利分析与规划，优化专利质量，实现后续专利许可、转让、拍卖等专利交易。截至2020年底，深圳IP服务中国科学院研究院所超过50家；服务中国科学院参股、持股企业近30家；并与数千家社会企业对接，实现知识产权服务与运营；共许可/转让院属专利近170项。

深圳IP积极展开知识产权转移转化工作，推进院属专利产业化、商业化。长春IP从创新源头把控专利质量，挖掘市场化项目，将技术优势转化为产业优势，已构建从宏观到微观的专利导航体系，服务科研院所成果转化项目超过20项。

深圳IP在中国科学院长春光学精密机械与物理研究所专利布局及高价值专利培育项目、深圳先进技术研究院全民低成本健康项目、理化技术研究所大型低温制冷系统项目、沈阳新松机器人项目、苏州生物医学工程技术研究所超分辨显微项目、地质与地球物理研究所深部资源探测核心装备研发项目、长春光学精密机械与物理研究所新型角度传感器项目、西安光学精密机械研究所超快激光精细加工项目等重大项目中取得突破性进展，并围绕该专利分析项目布局一批有价值专利，根据情况布局国外专利。

深圳IP进一步建设并完善中国科学院知识产权全流程服务与运营云平台——专利智能检

索平台、专题数据库平台、智能分析和预警平台、知识产权管理体系标准及管理平台、交易平台、投资平台、培训平台以及中国科学院知识产权专员与企业交流平台，已在广州生物医药与健康研究院、天津工业生物技术研究所等院所投入试点使用。

深圳IP相继获得国家技术转移示范机构、国家首批知识产权分析评议服务示范创建机构、全国知识产权服务品牌机构、国家向国外申请专利资助第三方检索机构、科技部火炬计划深圳市科技服务体系建设成员单位、国家专利运营试点企业等荣誉。

2020年，深圳IP主办、承办各类知识产权培训，对研究院所及企业的知识产权工作人员就知识产权运营、专利布局与规划策略、专利侵权分析与回避设计、商标基础、PCT专利申请、科技创新与知识产权管理等内容进行培训与交流。通过文化宣传、交流培训、文体活动、公益活动、节日庆典等系列方式推进企业文化落地，增强团队凝聚力。

（撰稿：莫李平　审稿：李　凯）

联泓新材料科技股份有限公司

董 事 长：郑月明
地　　址：山东省枣庄市滕州市木石镇鲁南高科技化工园区
邮政编码：277524
电　　话：010-62509680
传　　真：010-62509250
电子信箱：levima@levima.cn
网　　址：http://www.levima.cn

联泓新材料科技股份有限公司（以下简称“联泓新科”）是一家新材料产品和解决方案供应商，成立于2009年。联泓新科在山东滕州布局的以甲醇为原料生产高附加值产品的烯烃深加工产业链项目于2012年5月开工建设，2014年11月建成投产，成功实现中国科学院自主知识产权的甲醇制烯烃技术工业化商业运行。2017年5月，联泓新科获中国科学院控股有限公司（以下简称“国科控股”）8.5亿元战略投资。2020年12月，联泓新科在深圳证券交易所挂牌上市。

截至2020年底，联泓新科共有在职员工1045人。

联泓新科专注于先进高分子材料和特种精细材料的生产、研发与销售，是国家级“高新技术企业”、国家级“绿色工厂”。联泓新科依托领先的工艺技术、独特的产业布局与产品结构、高效的经营管理机制、优秀的运营管理能力、突出的研发创新能力等核心竞争优势，连续多年上榜中国石油和化工民营企业百强、山东省石油和化工行业百强、山东省化工新材料十强。

联泓新科主要产品包括乙烯-醋酸乙烯共聚物（EVA）、聚丙烯专用料（PP）、环氧乙烷及其衍生物（EO及EOD）等，广泛应用于光伏、线缆、鞋材、塑料、日化、纺织、建筑、路桥、皮革、涂料、农化、金属加工等领域，多个产品在细分市场份额领先，在行业中树立了良好的品牌知名度。

联泓新科积极促进新材料领域科技成果转移转化，在国科控股支持下，牵头成立“中国科学院化工新材料技术创新与产业化联盟”，依托中国科学院相关院所在化工新材料领域的研究力量和创新资源，进行化工新材料创新技术成果转化，形成创新生态圈。

2020年，联泓新科努力克服新冠肺炎疫情带来的挑战，着力做好安全环保、节能降耗、市场拓展、产品结构优化、新产品新工艺开发、募投及技改技措项目建设等工作，实现生产装置安全、稳定、满负荷、长周期、优化运行，产品全产全销，经营业绩稳定增长，实现营业收入59.31亿元，净利润6.55亿元，同比增长20.97%。

2020年，联泓新科运营效率不断提升，各生产装置均实现高效运行，产能利用率均超过100%，主要经济技术指标继续保持行业领先。根据市场需求持续优化产品结构，加大高毛利率产品比例。率先打破国外垄断的EVA光伏胶膜料产销量同比增长48%，EVA线缆专用料、聚丙烯薄壁注塑专用料市场占有率继续保持国内领先；持续开发特种精细材料新产品，在建筑、纺织、日化、农化、金属加工等细分市场占有率进一步提高。

2020 年，联泓新科创新平台持续优化，采用“自主研发 + 合作研发”相结合的模式，共完成 20 个新产品 / 新工艺的实验室开发、18 个新产品的生产工艺配方、14 个新产品的产业化。新增授权专利 22 项，其中发明专利 9 项，获得国家 CNAS 实验室认可证书，获评 2020 山东省技术创新示范企业和墨子创新奖。

2020 年，联泓新科重点项目建设稳步推进。IPO 募投项目“10 万吨 / 年副产碳四碳五综合利用及烯烃分离系统配套技术改造项目”于 2020 年第四季度成功投产，为经营业绩带来较为显著的积极影响。IPO 募投项目“EVA 装置管式尾技术升级改造项目”有序推进，计划于 2022 年上半年建成投产。“PP 装置二反技术改造项目”项目稳步实施，投产后高端 PP 专用料产能将增加约 8 万吨 / 年。控股子公司江苏超力建材科技有限公司新建的 20 万吨 / 年高性能减水剂项目于 2020 年 11 月正式投产，全年高性能减水剂产量同比增加 16%。

作为国科控股的新材料骨干企业、中国科学院化工新材料技术创新与产业化联盟理事长单位，联泓新科依托中国科学院在新材料领域的创新资源，成功探索出“联盟 + 平台 + 基金”+“专业化运营团队”的“3+1”协同创新模式，将创新链、产业链和资本链有效结合，推动新材料领域的创新技术成果转化和产业化。联盟已完成运营团队组建，中试转化基地正在建设，与地方政府共同设立新材料基金，首批科技成果项目已落地转化。

2020 年，联泓新科不断完善公司管理体系，健全内控制度，搭建人才发展体系，实施“泓杉树”、“泓星”、“泓才”、“高管提升”等多层次人才培训项目。积极践行企业社会责任，通过各种渠道累计捐赠抗疫款物超过 120 万元；组建公益志愿团队，对枣庄市儿童福利院和公司内部困难员工进行帮扶和救助。

2020 年，联泓新科充分发挥党委的领导核心和政治核心作用，按照程序完成董事会、监事会、经营班子及党委换届；深入学习贯彻党中央的各项方针政策，与业务紧密结合，积极探索多种形式的党员交流学习活动，开展“不忘初心、牢记使命”、党建知识竞赛等主题教育活动；切实抓好党风廉政建设，营造诚信经营、风清气正的组织氛围。

（撰稿：张 瑞 张 纯 审稿：蔡文权）

国科新材料技术有限公司

董 事 长：索继栓
地　　址：北京市海淀区中关村中科资源大厦南楼 8 层
邮政编码：100190
电　　话：13146889128
电子信箱：zhglb@casam.com.cn
网　　址：http://www.casam.com.cn

国科新材料技术有限公司（以下简称“国科新材料”）成立于 2018 年 4 月，是中国科学院控股有限公司（以下简称“国科控股”）为落实国家创新驱动发展战略和中国科学院“率先行动”计划，以“创新联盟、产业基金投资、科技成果产业化”三位一体方式打造中国科学院化工新材料产业集群战略布局而投资组建的全资子公司，是中国科学院化工新材料技术创新与产业化联盟秘书长单位，公司注册资金 1 亿元。

国科新材料主要业务是：运用中国科学院在新材料领域的研发资源及创新能力，通过建设新材料行业科技创新成果产业化的中试放大平台，实现中国科学院化工新材料领域关键与核心科技成果的工程化、产业化，为打造化工新材料产业重点领域的领先企业及产业集群提供技术支持，培育行业细分领域“隐形冠军”，创造显著的经济社会效益。

国科新材料已与山东省枣庄市滕州市政府、浙江省绍兴市上虞区政府共同设立两家中试转化平台公司，按照“基业、基地、基金”方式积极整合产业投资、创新研究与中试平台运营等多项职能，加速科技成果产业化进程。

国科新材料按照“总部负责战略管理 + 子公司负责具体项目运营”的架构，开展新材料领域科技成果工业化技术开发与产业化运作业务。公司不断加强与大连化学物理研究所、兰州化学物理研究所、过程工程研究所、宁波材料技术与工程研究所、长春应用化学研究所等联盟单位的技术对接，与工信部赛迪研究院、中国石油和化学工业联合会、中化国际等单位建立战略合作关系，共同打造新材料产业资源共享平台建设、促进技术转移转化。

2020年，国科新材料重点组织“卡脖子”新材料梳理，努力克服疫情带来的影响，积极推进两个中试基地建设。与中国科学院过程工程研究所合作，百吨级特种异氰酸酯项目（XDI）中试装置投料开工，打通工艺流程，产出合格产品。硝基丙烷及衍生物项目（PMN）工艺包设计通过专家评审。浙江基地建设取得标志性进展，首批5个项目中试服务项目通过准入评审，成功举办2020年中国（曹娥江）新材料产业创新发展论坛。

（撰稿：钟　奕　审稿：赵正昌）

国科量子通信网络有限公司

董 事 长：杨建华
地　　址：上海市浦东新区秀浦路99号
邮政编码：201315
电　　话：021-68021888
传　　真：021-68021888

国科量子通信网络有限公司（以下简称“国科量子”）是由中国科学院控股有限公司牵头发起并控股、联合中国科学技术大学等于2016年11月在上海成立的创新型企业。国科量子是新一代信息基础设施国家广域量子保密通信骨干网络（简称“国家量子骨干网”）的建设和运营主体，是国家级高新技术企业和国际电联部门成员，在国际电联和工信部中国通信标准化协会分别推动成立了“面向网络的量子信息技术”焦点组和“量子通信与信息技术”特设任务组。

国科量子核心业务是量子密钥基础业务、融合业务和增值业务；发展愿景是成为国际领先的量子技术（QT）与信息通信技术（ICT）融合服务商。

2020年，国科量子在国家量子骨干网建设方面，完成京汉干线河南段和沪合干线建设，以及济青干线、汉渝成干线成渝段等启动部署。开通成都、金华、海口等地量子城域网并提供服务。完成上海、重庆量子卫星地面站星地对接测试，联合济南量子技术研究院等成立微纳量子通信卫星用户总体，以用户需求牵引量子卫星研发和应用示范。

在市场拓展方面，国科量子推动QT与ICT融合发展，初步探索形成量子密钥基础业务、融合业务和增值业务三层业务体系。在基础业务方面，金融、政务等领域典型用例正式上线，具备向更大范围复制推广的条件。在融合业务方面，量子安全视频会议BOOM、量子安全云智能印章等产品加快推广。在增值业务方面，通过与电信运营商、经典安全厂商、系统集成商等合作，探索量子信息安全托管新业务，并在重庆成功试点。

在资金资源方面，国科量子新一轮融资工作进展顺利，共有10多家投资方参与增资。成功申报广东省重点领域研发计划“量子科学与工程”重大专项和国家重点研发计划前沿创新专项等项目。协助推动京沪干线资产处置工作，中国科学技术大学等单位就委托国科量子管理运行京沪干线等达成共识。

在可持续发展方面，国科量子初步建立网络运维体系，健全运维管理制度，对标电信运营商提供7×24小时监控和热线服务，获信息安全服务资质认证。加强知识产权工作，围绕量子通信组网、应用等提交专利申请32项。持续推进标准化工作，依托中国通信标准化协会“量子通信与信息技术”特设任务组牵头开展《量子保密通信应用场景和需求》等标准研制，在国际电联牵头研制的《量子密钥分发网络功能架构》等5项国际标准正式通过。

（撰稿：李飞龙　审稿：缪亚军）

中科院科技发展投资有限公司

董 事 长：吴乐斌
地　　址：北京市西城区北三环中路29号院3号楼10层1103、1105、1106
邮政编码：100029
电　　话：010-86411100

中科院科技发展投资有限公司（以下简称“国科发展”）前身为原国家计委国家经贸委中国科学院科技促进经济基金委员会（以下简称“基金会”），成立于1987年，是在时任国家经委副主任朱镕基同志和时任中国科学院院长周光召同志的共同倡导下、报国务院总理办公会议同意、经中国人民银行批准设立的机构，其宗旨是促进科技成果的转移转化和发展风险投资事业。根据中共中央办公厅、国务院办公厅关于事业单位分类改革的要求，基金会于2019年10月30日整体转企改制为中科院科技发展投资有限公司。

国科发展是国有法人单位一人独资企业，出资人为中国科学院，注册资本5.5亿元。根据中国科学院院长办公会审议批准的转企改制方案，国科发展将成为中国科学院控股有限公司（以下简称“国科控股”）的全资投资平台，通过开展私募股权基金投资、战略直投和战略跟投等支持战略性新兴产业发展。

截至2020年底，国科发展员工总数为17人。

2020年，国科发展总资产为62 388.48万元。其中营业总收入59.86万元，较2019年增长54.15万元，增幅948.34%；取得利息收入2001.38万元。

2020年，国科发展根据国科控股的发展战略积极开展行业研究和项目储备，通过各种途径寻找优质项目资源进行项目储备，先后挖掘到中国科学院及院外项目126个（院内80个，院外46个）。与中国科学院北京分院、武汉分院、赣江创新研究院等机构进行对接，探讨双方合作并在相关项目方面开展合作等。

2020年，国科发展积极开展战略直投相关准备工作，积极走访中国科学院机关相关部门和部分研究所，广泛寻找优质项目资源。广泛加强与中国科学院及院外机构的交流与合作。完成对增资盘锦蓝海项目的尽调、可行性报告和部分相关报批手续。加强内部管理，完善内部控制制度及加强人才队伍、社会责任、创新文化建设等情况。

2020年，国科发展积极推动公司党建筹备工作，加强内部控制配套体系建设，按照改制后公司的业务特点及管理需求对原事业单位各项管理制度进行重新修订和完善。建立规范的公司治理结构和科学的议事规则，制定符合公司发展要求的各项规章制度，明确决策、执行、监督等方面的职责权限，形成科学有效的职责分工和制衡机制。对原基金会签署合作项目进行清理。根据公司现阶段人力资源发展需求，不断加强人力资源管理制度的建设，充分调动员工的工作积极性。

（撰稿：刘 岩 审稿：白建伟）

中国科技产业投资管理有限公司

董 事 长：孙 华
地 址：北京市海淀区北四环西路58号理想国际大厦1601室
邮政编码：100080
电 话：010-82607629
传 真：010-62137930
电子信箱：casim@casim.cn
网 址：http://www.casim.cn

中国科技产业投资管理有限公司（以下简称“国科投资”）的前身是1987年设立的国家经济委员会、中国科学院科技促进经济发展基金会，1993年名称变更为中国科技促进经济投资公司，2006年1月改制为有限责任公司，并更名为中国科技产业投资管理有限公司。中国科学院控股有限公司是国科投资第一大股东，国务院国有资产监督管理委员会机关服务中心、星星集团有限公司、北京国科才俊咨询有限公司、共青城中实科技产业投资有限公司和北京国科启航咨询中心（有限合伙）为参股股东。经十余年发展，国科投资已发展成为一家股权多元化、运作专业化的私募股权基金管理机构，在高科技投资领域享有良好的声誉和丰富的资源。公司设置工业科技组、软件组、集成电路组、医疗组、天使组、投资分析部、投后管理部、投资者关系部、法务部、财务尽调部、证券投资部等业务部门，以及财务部、综合部2个支持部门。

截至2020年底，国科投资共有在册员工44人，其中具有博士学位5人、硕士学位27人；高级专业技术职称10人，中级专业技术职称7人。

国科投资主要从事私募股权基金管理业务。公司目前管理了国科瑞华、国科瑞祺、国科瑞孚、国科瑞华二期人民币基金和国科瑞华二期美元基金、国科瑞华三期人民币基金6支私募股权投资基金，并受托管理了中国科学院大学教育基金会部分资产。

2020年，在新冠肺炎疫情等重大不利事件重压下，国科投资克服重重困难，取得一定进展：2020年2月完成国科瑞华三期人民币基金注册，4月完成首轮缴资。年内确定美元基金的基石投资人。2020年超额完成项目投资。酷特智能、孚能科技、寒武纪三家公司成功上市，青云科技取得证监会发行注册。国科投资还按照既定原则较为顺利地完成股票减持工作，加大问题项目退出力度，取得较好效果。举办中国科学院科技创新投资产业联盟揭牌仪式，联盟与深交所签署战略合作协议，随后举办5次线上项目推介会。

2020年，国科投资获评清科2020年中国私募股权投资机构TOP30，先进制造领域投资机构TOP10；融资中国2020年度中国最佳创业投资机构TOP30，中国最佳回报创业投资机构TOP10。董事长孙华获评投中2019年中国最佳创业投资人TOP100、2019年最佳先进制造行业投资人TOP10，融资中国2020年度中国最佳投资人TOP50。总经理刘千宏获评融资中国2020年度中国股权投资杰出创新人物TOP30。所投资的寒武纪、芯源微、中航智、安德医智、酷特智能等项目荣获多个榜单的最佳案例奖。

（撰稿：王红姝　审稿：刘千宏）

中科院创业投资管理有限公司

董 事 长：吴乐斌
地　　址：北京市海淀区中关村大街22号中科大厦B座
邮政编码：100180
电　　话：010-86252888
传　　真：010-86252888-8088
电子信箱：oc@casvc.com
网　　址：http://www.casvc.com

中科院创业投资管理有限公司（以下简称“中科创投”）是按照中国科学院党组的决策部署，由中国科学院控股有限公司（以下简称“国科控股”）为主要发起方设立的。2016年3月，中国科学院印发《促进科技成果转移转化专项行动实施方案》提出设立“成果转化和知识产权运营基金”。2016年8月，中国科学院与科技部联合印发《关于新时期加快促进科技成果转移转化指导意见》提出设立科技成果转移转化重点专项资金和科技成果转化引导基金。2017年11月，中科院创业投资管理有限公司注册成立。

作为首个面向全院的科技成果转化投资平台，中科创投肩负着持续筛选、培育和转化中国科学院各院所科技成果、推动成果产业化的使命，其经营目标为：根据新时期中国科学院的要求，聚焦主责主业，梳理、调整母基金投资策略，紧密围绕“国家队、国家人、国家事、国家责”的使命担当，全力支持中国科学院科技成果转移转化。

中科创投下设6个部门，分别是投资业务部、投资管理部、风控合规部、财务部、人力资源部和综合管理部。对外参股投资企业15家，认缴总金额约5000万元。母基金一期封闭规模28.5亿元。

截至2020年底，中科创投员工总数为31人。

2020年，中科创投全年实现营业收入3671万元，比上年增长95%；实现净利润810万元，比上年增长136%。完成一期母基金的封闭工作，封闭规模28.5亿元，截至2020年底实缴24.89亿元，实缴完成87.3%。

2018年2月，中国科学院科技成果转化创业投资基金（武汉）合伙企业（有限合伙）成立。2020年12月，国科控股与广东省科学技术厅共建中国科学院（粤港澳大湾区）科技成果转化母基金（以下简称“母基金”）合作框架协议签约仪式在广州举行。2020年，母基金投委会共审议项目17个，决策项目13个，决策项目退出4个。母基金已投项目中，寒武纪已于2020年7月20日在上海证券交易所科创板挂牌上市，成为“科创板AI芯片第一股”。

2020年，中科创投进一步落实国科控股联动创新战略，积极拓展服务的研究机构，拓宽创新链源头科技资源，按照行业分类聚焦，同时积极对接产业龙头合作资源，优化母基金 LP 结构，实现创新链、资本链和产业链有机融合，更加有效促进科技成果转化。主办“科研院所成果转化基金专项公益培训”，为来自政府、央企、科研机构、投资机构、技术转移机构等1200 余名学员开展系列线上培训，课程总播放超过 23 857 人次。联合中关村技术经纪人协会主办硬科技成果项目推介会，聚焦科技成果转化，通过优秀科技项目的示范效应带动科技成果转化热情，打造科技成果信息发布对接平台。来自中国科学院研究所的 18 个项目参展路演，与到场投资机构进行交流及业务洽谈。举办科研院所成果转化基金专项培训，邀请 7 位专家型导师分享院所基金运作的经验，教授私募股权投资基金从登记备案、监管、税收规划到募投管退的全流程实务要点。

2020 年，中科创投积极筹备和推动中国科学院科技成果转化母基金二期的设立及募资工作，二期母基金目标规模 60 亿元，重点投向中国科学院在广东转化的“硬科技”、“绿科技”子基金及相关项目。

为规范运营和提升内部治理水平，建立更加市场化的私募股权基金管理体系，中科创投启动部署母基金项目库及信息系统，有效利用 IT 技术结合互联网平台建设，实施母基金项目库和信息系统的搭建。

2020 年，中科创投在商业模式上积极创新。一是打造基金与院属研究院所的协同和利益绑定机制。基金将联合政府、产业资本、社会资本与部分应用型成果多、产业化价值高的研究所，合作共建子基金，建立科研院所、科学家、资本和产业之间的联动机制。二是逐步形成符合自身业务发展特点的投资策略，对子基金明确要求其按母基金出资额 2 倍返投中国科学院项目，2 倍返投初创科技型企业，从顶层机制上撬动社会资本，实现对中国科学院科技成果转化的杠杆效应。三是加强内部管理，完善内部控制制度及加强人才队伍、社会责任、创新文化建设等情况。四是管理团队在经营方针上回归母基金的业务定位，规范母基金运营管理，为合理优化公司持股架构清理不良资产，让利研究所以及调动研究所基金管理团队积极性。对母基金历史已过会但未出资的子基金和子基金 GP 进行全面摸底和梳理，形成科学合理的处置方案。同时，结合公司实际财务状况，优化人员结构，缩减人力成本，清退多个异地办公室，合理控制各项费用支出。

2020 年，中科创投积极主动向疫区捐赠各类抗疫物资，联合旗下子基金发起防治新冠肺炎疫情的临床需求及创新方案征集活动，共收到 112 个临床一线医护人员提出的需求及解决方案，产生 19 个获奖案例和 33 个英雄榜案例。

2020 年 12 月，中科创投党支部完成支部书记改选；在上级党委领导下“抓党建、带队伍、促工作”，不断加强队伍建设，完善工作机制，严格落实“三会一课”，规范党内组织生活。

（撰稿：申特立　审稿：曹慧涛）

中科院资本管理有限公司

董 事 长：张　勇
地　　址：北京市海淀区知春路 65 号院中国卫星通信大厦 B 座 6 层
邮政编码：100190
电　　话：010-59217688
传　　真：010-59217659
电子信箱：admin@cascapital.cn
网　　址：http://www.cascapital.cn

中科院资本管理有限公司（以下简称“中科院资本”）成立于 2018 年，是在中国科学院控股有限公司（以下简称“国科控股”）资产营运部的基础上，由国科控股发起设立的投资平台。

中科院资本作为国科控股实施“联动创新”纲要的重要载体和部门机构化转型的先行试点，积极推进母基金投资业务市场化运营、专业化管理，承接国科控股已投基金的投后管理任务，同时通过母基金管理、产业基金直投和科技创新服务等业务模式，推动国科控股母基金业务转型升级，汇聚社会资本，聚力重大科技成果转化和产业化，推动“创新链、产业链、资本链”三链联动，实现科技创新、实体经济和现代金融间的良性循环。

2020 年，中科院资本按照“稳健经营、规范管理、夯实基础、建好队伍”的工作总要求，在投资专业化、管理制度化、运营信息化等方面积极探索，募资工作亮点显现，投资工作稳健开展，内部管理规范有序，各项工作稳步推进。

中科院资本受托管理国科控股历史已投资基金45支，认缴出资总额70.83亿元，基金总规模超过1200亿元，已投基金共投资项目1200余个。已发起设立并管理运营中国科学院联动创新产业（母）基金（以下简称“联动创新产业基金”）和中国科学院新材料产业基金。其中，联动创新产业基金依据国科控股“联动创新”纲要，联合社会资本发起设立，首期规模200亿元（总规模500亿元）。该基金以“科技创新”作为投资支点，围绕“中国科学院优势”和“科创中心建设及国家重大区域战略”两条主线进行投资布局，以“子基金投资＋直接投资＋基金二级份额交易”三种形式进行投资，旨在构建科技创新型企业全生命周期投资生态链，将科技资源和金融资源有效对接，实现科技成果转化和规模产业化，将科技创新与现代金融协同，以现代金融服务科技创新，推动实体经济发展。

2020年，中科院资本围绕国科控股总体战略布局，在一如既往做好母基金管理业务的同时，不断创新业务模式，拓宽能力边界，受托管理地方政府产业发展引导基金，更好地服务科技和经济的深度融合。公司构建了董事会、经营管理层和由投资部、投资者关系部、风控法务部、财务管理部和综合管理部组成的高效、集约型组织架构。截至2020年底，中国科学院资本共有在册员工22人。公司大力优化内部管理流程、持续加强制度建设，不断推进信息化管理建设，实现内部资源的沉淀积累和信息共享，打造“基层有责任心，中层有上进心，核心层有事业心”的团队，推动公司稳健发展。

2020年，中科院资本分别入选投中中国最佳有限合伙人TOP30、融资中国最佳科创母基金管理机构等榜单。与中国科学院其他投资机构形成了母基金和子基金，VC和PE相互支撑、互相联动、相互协同的基金管理体系，共同构建覆盖种子期、初创期、成长期、成熟期的全链条基金生态体系。

（撰稿：潘晓光　审稿：李　晔）

截至2020年底院级非法人单元列表

序号	院级非法人单元名称	依托单位	主管部门
1	中国科学院档案馆	文献情报中心	办公厅
2	中国科学院计算科学应用研究中心	计算机网络信息中心	办公厅
3	中国科学院中国创新战略和政策研究中心	科技战略咨询研究院	学部工作局
4	中国科学院青藏高原地球科学卓越创新中心	青藏高原研究所	前沿科学与教育局
5	中国科学院脑科学与智能技术卓越创新中心	脑科学与智能技术卓越创新中心	前沿科学与教育局
6	中国科学院大科学装置理论物理研究中心	高能物理研究所	前沿科学与教育局
7	中国科学院上海临床研究中心	上海营养与健康研究所	前沿科学与教育局
8	中国科学院上海植物逆境生物学研究中心	分子植物科学卓越创新中心	前沿科学与教育局
9	中国科学院广州天然气水合物研究中心	广州能源研究所	前沿科学与教育局
10	中国科学院中国人民解放军第二军医大学转化医学研究院	上海营养与健康研究所	前沿科学与教育局
11	中国科学院气候变化研究中心	大气物理研究所	前沿科学与教育局
12	中国科学院分子科学中心	化学研究所	前沿科学与教育局
13	中国科学院北京生命科学研究院	动物研究所	前沿科学与教育局
14	中国科学院北京转化医学研究院	生物物理研究所	前沿科学与教育局
15	中国科学院四川转化医学研究医院	成都生物研究所	前沿科学与教育局
16	中国科学院生物与化学交叉研究中心	上海有机化学研究所、上海药物研究所	前沿科学与教育局
17	中国科学院先进轨道交通力学研究中心	力学研究所	前沿科学与教育局
18	中国科学院国家数学与交叉科学中心	数学与系统科学研究院	前沿科学与教育局
19	中国科学院政府行政管理系统分析研究中心	数学与系统科学研究院	前沿科学与教育局

续表

序号	院级非法人单元名称	依托单位	主管部门
20	中国科学院珠江三角洲环境污染与控制研究中心	广州地球化学研究所	前沿科学与教育局
21	中国科学院资源环境科学数据中心	地理科学与资源研究所	前沿科学与教育局
22	中国科学院预测科学研究中心	数学与系统科学研究院	前沿科学与教育局
23	中国科学院虚拟经济与数据科学研究中心	中国科学院大学	前沿科学与教育局
24	中国科学院晨兴数学中心	数学与系统科学研究院	前沿科学与教育局
25	中国科学院减灾中心	大气物理研究所	前沿科学与教育局
26	中国科学院蛋白质科学中心	北京中心依托生物物理研究所；上海中心依托分子细胞科学卓越创新中心	前沿科学与教育局
27	中国科学院湿地研究中心	东北地理与农业生态研究所	前沿科学与教育局
28	中国科学院强磁场科学中心	合肥物质科学研究院	前沿科学与教育局
29	中国科学院新疆矿产资源研究中心	新疆生态与地理研究所	前沿科学与教育局
30	中国科学院磁约束等离子体物理理论研究中心	合肥物质科学研究院	前沿科学与教育局
31	中国科学院北京纳米能源与系统研究所	中国科学院大学	前沿科学与教育局
32	中国科学院流感研究与预警中心	微生物研究所	前沿科学与教育局
33	中国科学院纳米科学卓越创新中心	国家纳米科学中心	前沿科学与教育局
34	中国科学院分子植物科学卓越创新中心	分子植物科学卓越创新中心	前沿科学与教育局
35	中国科学院分子细胞科学卓越创新中心	分子细胞科学卓越创新中心	前沿科学与教育局
36	中国科学院区域大气环境研究卓越创新中心	城市环境研究所	前沿科学与教育局
37	中国科学院超导电子学卓越创新中心	上海微系统与信息技术研究所	前沿科学与教育局
38	中国科学院半导体材料与光电子器件科教融合卓越创新中心	半导体研究所	前沿科学与教育局
39	中国科学院生态环境科学科教融合卓越创新中心	生态环境研究中心	前沿科学与教育局
40	中国科学院生物大分子科教融合卓越创新中心	生物物理研究所	前沿科学与教育局
41	中国科学院分子科学科教融合卓越创新中心	化学研究所	前沿科学与教育局

续表

序号	院级非法人单元名称	依托单位	主管部门
42	中国科学院凝聚态物理科教融合卓越创新中心	物理研究所	前沿科学与教育局
43	中国科学院数学科学科教融合卓越创新中心	数学与系统科学研究院	前沿科学与教育局
44	中国科学院青岛科教园发展中心	海洋研究所	前沿科学与教育局
45	中国科学院肿瘤与基础医学研究所	中国科学院大学	前沿科学与教育局
46	中国科学院临床研究医院（合肥）	中国科学技术大学	前沿科学与教育局
47	中国科学院粒子物理前沿卓越创新中心	高能物理研究所	重大科技任务局
48	中国科学院02专项光刻机关键部件研发任务管理办公室	空天信息创新研究院	重大科技任务局
49	中国科学院月球与深空探测总体部	国家空间科学中心	重大科技任务局
50	中国科学院北方粳稻分子育种联合研究中心	遗传与发育生物学研究所	重大科技任务局
51	中国科学院钍基熔盐核能系统研究中心	上海应用物理研究所	重大科技任务局
52	中国科学院空间目标与碎片观测研究中心	紫金山天文台	重大科技任务局
53	中国科学院空间环境研究预报中心	国家空间科学中心	重大科技任务局
54	中国科学院空间科学与应用总体部（中国载人航天工程运行与管理支持中心）	空间应用工程与技术中心	重大科技任务局
55	中国科学院核能安全技术研究所	合肥物质科学研究院	重大科技任务局
56	中国科学院浮空器系统研究发展中心	空天信息创新研究院	重大科技任务局
57	中国科学院通用芯片与基础软件研究中心	上海高等研究院	重大科技任务局
58	中国科学院阿里巴巴量子计算实验室	中国科学技术大学	重大科技任务局
59	中国科学院量子信息与量子科技创新研究院	中国科学技术大学	重大科技任务局
60	中国科学院量子技术与应用研究中心	中国科学技术大学	重大科技任务局
61	中国科学院上海技术转移中心	上海分院	科技促进发展局
62	中国科学院上海辰山植物科学研究中心	分子植物科学卓越创新中心	科技促进发展局
63	中国科学院上海浦东科技园	上海分院	科技促进发展局
64	中国科学院山东综合技术转化中心	沈阳分院	科技促进发展局
65	中国科学院广州产业技术创新与育成中心	广州分院	科技促进发展局

续表

序号	院级非法人单元名称	依托单位	主管部门
66	中国科学院广州技术转移中心	广州分院	科技促进发展局
67	中国科学院天津产业技术创新与育成中心	天津工业生物技术研究所	科技促进发展局
68	中国科学院云计算产业技术创新与育成中心	广州分院	科技促进发展局
69	中国科学院内蒙古草业研究中心	植物研究所	科技促进发展局
70	中国科学院长春技术转移中心	长春分院	科技促进发展局
71	中国科学院北京技术转移中心	科技创新发展中心	科技促进发展局
72	中国科学院电子设计自动化软件中心	微电子研究所	科技促进发展局
73	中国科学院电动汽车研发中心	深圳先进技术研究院	科技促进发展局
74	中国科学院半导体照明研发中心	半导体研究所	科技促进发展局
75	中国科学院宁波产业技术创新与育成中心	宁波材料技术与工程研究所	科技促进发展局
76	中国科学院台州应用技术研发与产业化中心	上海分院	科技促进发展局
77	中国科学院扬州应用技术研发与产业化中心	南京分院	科技促进发展局
78	中国科学院成都技术转移中心	成都分院	科技促进发展局
79	中国科学院苏州产业技术创新与育成中心	苏州纳米技术与纳米仿生研究所	科技促进发展局
80	中国科学院佛山产业技术创新与育成中心	广州分院	科技促进发展局
81	中国科学院沈阳技术转移中心	沈阳分院	科技促进发展局
82	中国科学院青岛产业技术创新与育成中心	青岛生物能源与过程研究所	科技促进发展局
83	中国科学院昆明灵长类研究中心	昆明动物研究所	科技促进发展局
84	中国科学院知识产权研究与培训中心	科技战略咨询研究院	科技促进发展局
85	中国科学院知识产权信息服务中心	文献情报中心	科技促进发展局
86	中国科学院物联网研究发展中心	微电子研究所	科技促进发展局
87	中国科学院河南产业技术创新与育成中心	合肥物质科学研究院	科技促进发展局
88	中国科学院南京高新技术研发及产业化中心	南京分院	科技促进发展局
89	中国科学院贵州现代资源技术研究与成果转化中心	昆明分院	科技促进发展局

续表

序号	院级非法人单元名称	依托单位	主管部门
90	中国科学院哈尔滨产业技术创新与育成中心	长春分院	科技促进发展局
91	中国科学院重庆产业技术创新与育成中心	重庆绿色智能技术研究院	科技促进发展局
92	中国科学院泰州应用技术研发及产业化中心	南京分院	科技促进发展局
93	中国科学院烟台产业技术创新与育成中心	烟台海岸带研究所	科技促进发展局
94	中国科学院海西育成中心	福建物质结构研究所	科技促进发展局
95	中国科学院常州先进制造技术研发与产业化中心	南京分院	科技促进发展局
96	中国科学院银川科技创新与产业育成中心	西安分院	科技促进发展局
97	中国科学院厦门产业技术创新与育成中心	城市环境研究所	科技促进发展局
98	中国科学院湖北产业技术创新与育成中心	武汉分院	科技促进发展局
99	中国科学院湖州应用技术研究与产业化中心	上海分院	科技促进发展局
100	中国科学院湖南技术转移中心	武汉分院	科技促进发展局
101	中国科学院新农村信息化研究中心	合肥物质科学研究院	科技促进发展局
102	中国科学院嘉兴应用技术研究与转化中心	上海分院	科技促进发展局
103	中国科学院合肥技术创新工程院	合肥物质科学研究院	科技促进发展局
104	中国科学院知识产权运营管理中心	文献情报中心	科技促进发展局
105	中国科学院无人机应用与管控研究中心	地理科学与资源研究所	科技促进发展局
106	中国科学院包头稀土研发中心	科技创新发展中心	科技促进发展局
107	中国科学院江西产业技术创新与育成中心	南京分院	科技促进发展局
108	中国科学院庐山植物园	武汉植物园	科技促进发展局
109	中国科学院合肥大科学中心	合肥物质科学研究院	条件保障与财务局
110	中国科学院上海大科学中心	上海应用物理研究所	条件保障与财务局
111	中国科学院天文大科学研究中心	国家天文台	条件保障与财务局
112	中国科学院上海交叉学科研究中心	上海分院	发展规划局

续表

序号	院级非法人单元名称	依托单位	主管部门
113	中国科学院中国现代化研究中心	文献情报中心	发展规划局
114	中国科学院文化遗产科技认知研究中心	自然科学史研究所	发展规划局
115	中国科学院自然与社会交叉科学研究中心	科技战略咨询研究院	发展规划局
116	中国科学院创新发展研究中心	科技战略咨询研究院	发展规划局
117	中国科学院战略研究中心	科技战略咨询研究院	发展规划局
118	中国科学院管理创新与评估研究中心	科技战略咨询研究院	发展规划局
119	中国科学院水资源研究中心	地理科学与资源研究所	发展规划局
120	中国科学院可持续发展研究中心	地理科学与资源研究所	发展规划局
121	中国科学院农业政策研究中心	地理科学与资源研究所	发展规划局
122	中国科学院精准扶贫评估研究中心	地理科学与资源研究所	发展规划局
123	中国科学院科学新闻中心	计算机网络信息中心	科学传播局
124	中国科学院科学传播研究中心	中国科学技术大学	科学传播局

注：另有 6 个非法人单元不宜公开。

www.sciencep.com
(Q-4834.01)
ISBN 978-7-03-070466-5
9 787030 704665 >
定价：298.00 元